JN121008

特定化学物質障害
予防規則の解説

中央労働災害防止協会

序

　技術革新の激しい今日，新技術の導入や新素材の開発には目覚ましいものがあり，それに伴って職場で使用される化学物質の数も増加し，約6万種類を超えているものと推定されます。

　また，化学物質の利用は，化学工業のみならず他の製造業，さらにはサービス業等さまざまな業種にまで及んでいます。

　このような化学物質のうち，特定の物質については，がん，皮膚炎，神経障害その他の健康障害を発生させるおそれがあることから，それらの化学物質を製造し，または取り扱う事業場に対して健康障害の予防対策を義務付けるため，昭和46年4月に特定化学物質等障害予防規則が制定されました。その後，本規則は，昭和47年労働安全衛生法の制定に伴う改正以来，数次の改正が行われ，平成18年には「特定化学物質障害予防規則（以下「特化則」）」と名称が改められました。その後も逐次，所要の改正が行われてきました。

　現在，国内で輸入，製造，使用されている化学物質は数万種類に上ります。その中には危険性や有害性が不明な物質も少なくありません。こうした中で，化学物質による休業4日以上の労働災害（がんなどの遅発性疾病は除く。）のうち特化則等の特別則の規制の対象となっていない物質によるものが約8割を占めている状況にあります。

　このような状況のもと，令和4年に労働安全衛生法の政省令が改正され，新たな化学物質規制の制度の導入されました。

　本書は，これら最近の法令等の改正を踏まえて，改訂したものです。

　特定化学物質を製造し，または取り扱う事業場においては，本規則に基づき，適切な作業環境管理，作業管理，健康管理等を実施し，労働者の健康障害の予防に万全を期していただければ幸いです。

　令和6年4月

中央労働災害防止協会

目　　次

付　録

第1編

総　　説

第1章　規則制定の経緯等

　1950年代半ばから，わが国経済の発展とともに職場で製造・使用される化学物質の種類・量ともに急激に増加した。さらに1960年代に入ると，高度経済成長のひずみが顕在化し，工場・事業場から排出される排気・排液中に含まれる化学物質による公害問題が大きな社会問題となった。そのような中で，旧労働省は昭和45年に全国の労働基準監督官など労働基準関係職員を総動員して公害発生に関係の深い化学物質を製造・使用している全国の1万3,665の事業場の立入調査を実施した。

　その調査の結果に基づき，昭和46年4月28日に職場で使用される化学物質による職業がん，その他の重度の障害を予防するために，その製造等に係る設備，排気・排液等の用後処理，漏えいの防止，適正な製造・取扱いのための管理，健康診断の実施などについて規制した「特定化学物質等障害予防規則」（昭和46年労働省令第11号）およびこれに関連する3つの告示，すなわち，「ガス等の濃度の値を定める件」（昭和46年労働省告示第27号），「健康診断の対象となる物を指定する件」（昭和46年労働省告示第28号），「特定化学物質等作業主任者講習規程」（昭和46年労働省告示第29号）が制定，公布され，同年5月1日から施行された。その規則は，制定の翌年，昭和47年の労働安全衛生法（安衛法）の施行に伴い，同法に基づく労働省令となった。

　その後，技術の進歩により新しい化学物質の職場への導入や化学物質の人体に与える影響の新しい知見の進歩などに基づき幾度かの規制内容の改正がなされてきた。

　さらに「石綿」が同規則から分離独立して「石綿障害予防規則」（石綿則）とされたことに伴い，平成18年から同規則の名称から「等」が外され，「特定化学物質障害予防規則」（特化則）として現在に至っている。

第2章　改正の要点

1　昭和50年9月30日　労働省令第26号

⑴　規制対象物質を追加するとともに（ベンゼンほか），その規制区分を変更し，および規制対象となる特定化学物質等についてその含有物を定めたこと（第2条，別表第1，別表第2関係）。

⑵　第1類物質のうち塩素化ビフェニル等を製造する事業場以外の事業場で，容器への塩素化ビフェニル等の出し入れをする作業場所に設ける局所排気装置について特例を定めたこと（第3条関係）。

⑶　第1類物質のうちベリリウム等を加工する作業場所に局所排気装置を設けることとしたこと（第3条関係）。

⑷　従来，第2類物質については，局所排気装置の設置を義務づけていたが，特定第2類物質を製造する設備は，密閉式の構造とし，製造する特定第2類物質を計量し，容器に入れ，または袋詰めする作業を行う場合でこれによることが困難なときは局所排気装置の設置等一定の要件を満たさなければならないこととしたこと（第4条関係）。

⑸　除じん装置または排ガス処理装置を付設する局所排気装置のファンの位置についての特例を定めるとともに，第7条第5号により性能について規制する局所排気装置として第1類物質に係る局所排気装置を追加したこと（第7条関係）。

⑹　局所排気装置等に付設すべき排ガス処理装置に係る処理方式を追加するとともに，排液処理装置または排液処理装置に通じる排水溝もしくはピットについてその構造を定めたこと（第10条，第11条）。

⑺　特定化学物質等により汚染されたぼろ等については，当該化学物質等による汚染を防止するため所要の措置を講ずべきことを定めたこと（第12条の2関係）。

⑻　一定の特定化学設備（管理特定化学設備）については，計測装置そ

の他所定の装置を設けなければならないこととしたこと（第18条の2，第19条，第19条の2，第19条の3関係）。

　⑼　特定化学設備またはその附属設備に関し，従来の作業要領に代え，作業規程を定めることとし，これにより作業を行わなければならないこととしたこと（第20条関係）。

　⑽　作業場の床を不浸透性の材料で造らなければならない作業場として，管理第2類物質を製造し，または取り扱う作業場を追加したこと（第21条関係）。

　⑾　設備の改造，修理，清掃等で，設備を分解し，または設備の内部に立ち入る作業を行うときに講じなければならない措置として閉止板等を取り外す場合の措置等を追加したほか，し尿，パルプ液等を入れたタンク等で，特定化学物質等が滞留するおそれのあるものを追加したこと（第22条関係）。

　⑿　局所排気装置，除じん装置，排ガス処理装置，排液処理装置，特定化学設備等の点検を行ったときは，その結果を記録し，これを保存しなければならないこととしたこと（第34条の2関係）。

　⒀　作業環境測定の結果の記録のうち，一定の物質に係る記録については，これを30年間保存するものとしたこと（第36条関係）。

　⒁　一定の特定化学物質等（特別管理物質）を製造し，または取り扱う作業場には，所定の事項を掲示しなければならないこととしたこと（第38条の3関係）。

　⒂　特別管理物質を製造し，または取り扱う作業場において作業に従事する労働者について，当該労働者の作業記録を作成し，これを30年間保存するものとしたこと（第38条の4関係）。

　⒃　特定化学物質等のうち，一定の物質に係る特殊な作業等について，健康障害を防止するため必要な措置を具体的に定めたこと（第5章の2関係）。

　⒄　健康診断の項目の一部を改めるとともに，改正政令により新たにそ

の対象となった業務に係る健康診断の項目を定めたこと（第39条，別表第
3〜別表第5関係）。

　⒅　特別管理物質に係る特定化学物質等健康診断個人票については，30
年間保存するものとしたこと（第40条関係）。

　⒆　異常な事態により汚染された労働者に医師による診察または処置を
受けさせなければならない物質を特定化学物質等のすべてに拡大したこと
（第42条関係）。

　⒇　ベリリウム等に係る製造許可の基準を定めたこと（第50条の2関係）。

　㉑　特別管理物質を製造し，または取り扱う事業者が事業を廃止しよう
とするときは，当該物質に係る作業環境測定の結果の記録，作業に従事す
る労働者の作業の記録および特定化学物質等健康診断個人票を所轄労働基
準監督署に提出しなければならないこととしたこと（第53条関係）。

2　昭和51年3月25日　労働省令第4号

　ベンゾトリクロリドについて製造許可の基準等を定めたこと（第50条関
係）。

3　昭和52年3月22日　労働省令第3号

　製造等禁止物質の製造等の禁止の解除要件が従来の届出制から許可制に
改められたことに伴い，規定の整備を行ったこと（第46条関係）。

4　昭和53年8月16日　労働省令第33号

　健康診断結果報告書の様式の一部を改正したこと（様式第3号関係）。

5　昭和57年5月20日　労働省令第18号

　酸素欠乏症防止規則の一部改正に伴い，関係条文の整備を行ったこと（第
22条関係）。

6　昭和59年2月27日　労働省令第3号

　局所排気装置のフードの分類について整備を行ったこと（第3条，第4
条，第38条の12，第50条，第50条の2関係）。

7　昭和61年3月18日　労働省令第8号

　「雇用の分野における男女の均等な機会及び待遇の確保を促進するため

の労働省関係法律の整備等に関する法律（昭和60年 6 月 1 日公布。法律第45号）」により，労働基準法について，女子に関し，妊娠および出産に関わる母性保護措置を拡充する一方で，これ以外の女子保護措置について廃止または緩和する旨の改正が行われ，女子の就業制限業務が大幅に緩和され，昭和61年 4 月 1 日から施行されることに伴い，労働安全衛生法令において女子であることを安衛法第14条または第61条第 1 項の免許の取得の欠格事由としている11種の免許について，当該事由を欠格事項から削除し，女子による取得を可能とすることとするものである（労働安全衛生規則第64条，ボイラー及び圧力容器安全規則第98条，第105条および第114条，クレーン等安全規則第224条，第230条および第236条ならびに高気圧作業安全衛生規則第48条関係）が，このほか，今回の改正により労働安全衛生規則等中の用語等について所要の整備を図ることとしたこと。

8　昭和63年 9 月 1 日　労働省令第26号

⑴　第 1 類物質および第 2 類物質のうち一定のものに係る屋内作業場について作業環境測定を行ったときは，作業環境評価基準に従って，作業環境の管理の状態に応じ，第 1 管理区分，第 2 管理区分または第 3 管理区分に区分することにより測定結果の評価を行い，およびその結果を記録しておかなければならないものとしたこと（第36条の 2 関係）。

⑵　⑴の評価の結果，第 3 管理区分に区分された場所について講ずべき措置を規定したこと（第36条の 3 関係）。

⑶　⑴の評価の結果，第 2 管理区分に区分された場所について講ずるよう努めるべき措置を規定したこと（第36条の 4 関係）。

9　平成 2 年12月18日　労働省令第30号

光学的文字読み取り装置（OCR）で処理できるようにするため，健康診断結果報告書の様式を改正したこと（様式第 3 号関係）。

10　平成 6 年 3 月30日　労働省令第20号

規制緩和等の推進については，政府全体として検討を進め，平成 6 年 2 月15日の「今後における行政改革の推進方策について」（行革大綱）によ

って当面の規制緩和等の措置が閣議決定されたところである。

　今回の改正は，この行革大綱等を受けて，職場における労働者の安全と健康を確保する観点から設けられている安衛法等に基づく届出，報告等についても，事業者等の負担の軽減を図りつつ他の代替措置をとること等により安全衛生水準の低下をもたらさない事項について，整理を行うこととしたこと。

11　平成7年1月26日　労働省令第3号

　(1)　事業者は，設備の改造等で，当該設備を分解する作業または当該設備の内部に立ち入る作業を行う場合において，当該設備の溶断，研磨等により特定化学物質等を発生させるおそれのあるときは，作業の方法および順序を決定し，あらかじめ，これを作業に従事する労働者に周知させる等の措置を講じなければならないものとしたこと（第22条の2関係）。

　(2)　作業環境測定の結果の評価を行わなければならない特定化学物質等として，塩素化ビフェニル，エチレンイミン，塩化ビニル，コールタール，3・3′-ジクロロ-4・4′-ジアミノジフェニルメタン，トリレンジイソシアネート，ニッケルカルボニル，ベーター プロピオラクトン，硫酸ジメチルの9物質を新たに追加するものとしたこと。また，このうち，エチレンイミン等特別管理物質である6物質については作業環境測定の結果の評価の記録を30年間保存するものに追加するものとしたこと（第36条の2関係）。

　(3)　事業者は，石綿等の切断，穿孔，研磨等の作業に労働者を従事させるとき，建築物の解体等の作業を行うときに事業者が行う措置を定めたこと（第38条の9～第38条の11関係）。

　(4)　石綿の含有物の範囲を含有量が5％を超えるものから1％を超えるものに拡大するものとしたこと（別表第1および別表第5関係）。

12　平成8年9月13日　労働省令第35号

　(1)　健康診断の結果についての医師からの意見の聴取の期限および方法を定めたこと（第40条の2関係）。

　(2)　特定化学物質等健康診断個人票に医師の意見の欄等を追加したこと

（様式第 2 号関係）。

13　平成 9 年 3 月25日　労働省令第13号

許可物質の製造許可を受けようとする場合に添付することとされている摘要書について，労働者数の男，女および年少者の内訳の記入を要しないものとしたこと（様式第 6 号関係）。

14　平成 9 年10月 1 日　労働省令第32号

計量単位の SI 単位への変更のため,「ミクロン」を「マイクロメートル」に改正したこと（第 9 条関係）。

15　平成11年 1 月11日　労働省令第 4 号

様式中の押印部分を署名でも可としたこと。

16　平成12年 1 月31日　労働省令第 2 号

都道府県労働基準局長を都道府県労働局長に改めたこと。

17　平成12年 3 月24日　労働省令第 7 号

第40条の 2 中「第66条の 2 」を「第66条の 4 」に改めたこと（第40条の 2 関係）。

18　平成12年10月31日　労働省令第41号

「労働省」を「厚生労働省」に,「労働大臣」を「厚生労働大臣」に改めたこと。

19　平成13年 4 月27日　厚生労働省令第122号

⑴　エチレンオキシドを譲渡・提供する場合は，名称等の表示をしなければならないこととしたこと。

⑵　安衛令別表第 3 の第 2 類物質としてエチレンオキシドを加えたこと。

⑶　エチレンオキシドを製造し，または取り扱う業務を行う事業場は，特殊健康診断の対象としないこととしたこと。

20　平成13年 7 月16日　厚生労働省令第172号

特定化学設備および予備動力源等のバルブ等の誤操作を防止するための措置として色分けを行う場合は，色分け以外の措置を併せて講じるものとしたこと（第15条，第19条の 3 関係）。

21　平成15年12月10日　厚生労働省令第174号

　事業者が一定の化学物質等に係る作業に従事させるときに設けなければ
ならない設備として，一定の要件を具備するプッシュプル型換気装置を，
局所排気装置と同様に認めたこと。

22　平成15年12月19日　厚生労働省令第175号

　公益法人に係る改革を推進するための厚生労働省関係法律の整備に関す
る法律の施行に伴い，「指定教習機関」を「登録教習機関」に改めるなど
の改正を行ったこと。

23　平成16年10月1日　厚生労働省令第146号

　製造等が禁止される有害物質として，石綿を含有する建材，ブレーキ，
クラッチ等の摩擦材および接着剤（石綿セメント円筒，押出成形セメント
板など10製品）を追加したこと（第38条の8関係）。

24　平成16年10月1日　厚生労働省令第147号

　三酸化砒素について，作業環境測定の結果の評価を行わなければならな
い物に追加するとともに，その評価の記録を30年間保存する物に追加した
こと（第38条の2関係）。

25　平成17年2月24日　厚生労働省令第21号

　石綿障害予防規則の施行に伴い，関係規定を改めたこと。

26　平成18年1月5日　厚生労働省令第1号

　題名を「特定化学物質障害予防規則」に改めるとともに，特定化学物質
作業主任者を特定化学物質及び四アルキル鉛等作業主任者技能講習修了者
から選任することとしたこと。また，健康診断の結果について，遅滞なく，
労働者に対して通知しなければならないこととしたこと。

27　平成18年8月2日　厚生労働省令第147号

　石綿障害予防規則の改正に伴い，関係規定を改めたこと。

28　平成19年12月28日　厚生労働省令第155号

　⑴　特定第2類物質に，ホルムアルデヒドおよびホルムアルデヒドをそ
の重量の1％を超えて含有する製剤その他の物（以下「ホルムアルデヒド

等」という。）を追加し特別管理物質としたこと。

　⑵　ホルムアルデヒドに係る作業環境測定の記録および作業環境測定の結果の評価の記録については，30年間保存することとしたこと。

　⑶　1・3-ブタジエン等を製造し，もしくは取り扱う設備から試料を採取し，または当該設備の保守点検を行う作業，硫酸ジエチル等を触媒として取り扱う作業について，講じなければならない措置を定めたこと。

29　平成20年11月12日　厚生労働省令第158号

　⑴　第2条第5号に規定する管理第2類物質に，①ニッケル化合物およびニッケル化合物をその重量の1％を超えて含有する製剤その他の物（以下「ニッケル化合物等」という。），②砒素およびその化合物ならびにこれらをその重量の1％を超えて含有する製剤その他の物（以下「砒素等」という。）を追加し，特別管理物質としたこと。

　⑵　第38条の14（燻蒸作業に係る措置）の対象物質としてホルムアルデヒドを追加したこと。また，シアン化水素，臭化メチルを用いて燻蒸した場所に労働者が立ち入る場合の濃度基準値を見直すほか，当該基準値以下とすることが著しく困難な場合には，一定の条件のもとで労働者の立ち入りを認めることとしたこと。

30　平成23年1月14日　厚生労働省令第5号

　⑴　第2条第3項に規定する特定第2類物質に，①酸化プロピレンおよび酸化プロピレンをその重量の1％を超えて含有する製剤その他の物（以下「酸化プロピレン等」という。），②1・1-ジメチルヒドラジンおよび1・1-ジメチルヒドラジンをその重量の1％を超えて含有する製剤その他の物（以下「1・1-ジメチルヒドラジン等」という。）を追加し，特別管理物質としたこと。

　⑵　酸化プロピレン等に係る一部の業務に係る適用除外を規定したこと。

　⑶　第38条の17（1・3-ブタジエン等に係る措置）の対象物質として現行の1・3-ブタジエン等に1・4-ジクロロ-2-ブテンおよび1・4-ジクロロ-2-ブテンをその重量の1％を超えて含有する製剤その他の物（以下「1・4-ジクロ

ロ-2-ブテン等」という。）を追加したこと。

　⑷　1・3-プロパンスルトン等を製造し，または取り扱う作業に労働者を
従事させるときに，事業者に義務付ける措置を定めたこと。

31　平成24年2月7日　厚生労働省令第18号

　「ベンゾトリクロリド」について，従来から，作業環境測定を行った結
果については記録し保存しなければならないが（第36条第2項），管理濃
度を新たに設定することから作業環境測定の結果を評価しなければならな
いこととしたこと。測定した結果と併せて，評価した結果を記録すること
としたこと（第36条の2関係）。

32　平成24年4月2日　厚生労働省令第71号

　事業者は，局排等以外の発散防止抑制措置を講ずることにより，特定化
学物質を製造し，または取り扱う業務を行う作業場の作業環境測定の結果
が第1管理区分となるときは，所轄労働基準監督署長の許可を受けて，局
排等（第4条第3項および第5条第1項の規定により設けられるものに限
る。）を設けないことができることとしたこと（第6条の2～第6条の3，
第36条の2～第36条の4関係）。

33　平成24年10月1日　厚生労働省令第143号

　⑴　インジウム化合物等およびコバルト等，エチルベンゼン等の管理
第2類物質への追加を行ったこと（第2条，別表第1関係）。

　⑵　インジウム化合物等，エチルベンゼン等またはコバルト等を製造
し，または取り扱う業務を特殊健康診断の対象業務として規定し，様式
第3号のほか所要の改正を行ったこと（第39条～第41条の2，別表第3
～第5，様式第3号（裏面）関係）。

34　平成25年3月5日　厚生労働省令第21号

　オルト-フタロジニトリルについて，新たに作業環境測定の結果の評価
等の対象としたこと。

35　平成25年8月13日　厚生労働省令第96号

　1・2-ジクロロプロパンの「エチルベンゼン等」への追加し，所要の改正

を行ったこと(第 2 条，別表第 1 関係)。

36　平成26年 8 月25日　厚生労働省令第101号

(1)　ジメチル-2·2-ジクロロビニルホスフェイト（別名「DDVP」。以下「DDVP」という。）等を「特定第 2 類物質」へ追加し，所要の改正を行ったこと。

(2)　クロロホルム，四塩化炭素，1·4-ジオキサン，1·2-ジクロロエタン（別名「二塩化エチレン」），ジクロロメタン（別名「二塩化メチレン」），スチレン，1·1·2·2-テトラクロロエタン（別名「四塩化アセチレン」），テトラクロロエチレン（別名「パークロルエチレン」），トリクロロエチレンおよびメチルイソブチルケトンの10物質を「特別有機溶剤」へ追加し，所要の改正を行ったこと。

37　平成27年 9 月17日　厚生労働省令第141号

(1)　ナフタレン等を「特定第 2 類物質」へ追加し，所要の改正を行ったこと。

(2)　リフラクトリーセラミックファイバー（略称「RCF」）等を「管理第 2 類物質」へ追加し，所要の改正を行ったこと。

38　平成28年11月30日　厚生労働省令第172号

(1)　オルト-トルイジン等を「特定第 2 類物質」へ追加し，所要の改正を行ったこと。

(2)　保護衣等の規定を追加し，対象となる化学物質の範囲を拡大したこと。

39　平成29年 2 月16日　厚生労働省令第 8 号

3·3′-ジクロロ-4·4′-ジアミノジフェニルメタン（略称「MOCA」）に係る特殊健康診断の項目に，膀胱がん等の尿路系腫瘍を予防・早期発見するための項目（尿中の潜血検査，膀胱鏡検査等）を追加したこと（別表第 3 および別表第 4 関係）。

40　平成29年 3 月29日　厚生労働省令第29号

産業医への，労働者の業務に関する情報の提供義務を定めた規定を追加

したこと（第40条の2第2項関係）。

41　平成29年4月27日　厚生労働省令第60号

三酸化二アンチモンを特定化学物質に新たに追加し，所要の改正を行ったこと。

42　平成30年4月6日　厚生労働省令第59号

石綿則の改正に伴い，関係規定を改めたこと（第36条関係）。

43　令和元年5月7日　厚生労働省令第1号

元号の改正のため，特定化学物質健康診断結果報告書の元号の表記を改正したこと（様式第3号関係）。

44　令和2年3月3日　厚生労働省令第20号

昭和46年に特化則が制定されて以来，翌昭和47年の安衛法の施行に伴い，同法に基づく労働省令となり，同法の体系に則った省令とされたが，健康診断項目を含む基本的な規制内容は制定当時のものが踏襲された。その後，昭和50年に大改正が行われ，その後，特定化学物質の追加などが行われてきたが，健康診断項目の基本が制定されて以来，すでに40年以上が経過した。その後の医学的知見の進歩，化学物質の使用状況の変化，労働災害の発生状況など，化学物質による健康障害に関する事情は大きく変化してきた。このことは有機溶剤，鉛，四アルキル鉛などに係る健康診断項目についての同様な事情にあったといえる。

そのため，厚生労働省において専門家による検討会が設置され，日本産業衛生学会，国際がん研究機関（IARC），米国衛生管理者会議（ACGIH）等，国内外の研究文献等の最新の知見を踏まえて化学物質取扱業務従事者に係る特殊健康診断の健診項目の見直しについての検討が行われ，今般，その検討結果に基づき，特化則の健康診断項目をはじめ，安衛法第67条の健康管理手帳関係の様式（健康診断項目を含む），有機溶剤中毒予防規則，鉛中毒予防規則および四アルキル鉛中毒予防規則の健康診断項目の改正が行われた。

⑴　特殊健康診断の項目の改正を行ったこと（別表第3および別表第4

関係)。

① 　ベンジジン等の尿路系腫瘍を発生させる特定化学物質（11物質）の特殊健康診断の項目について，オルト−トルイジン等に係る特殊健康診断の項目と整合等させたこと。

② 　トリクロロエチレン等の特別有機溶剤（9物質）について，発がんリスクや物質の特性に応じた健診項目に見直したこと。

③ 　カドミウムまたはその化合物について，腎臓機能障害を予防・早期発見するための項目の追加等の改正を行ったこと。

④ 　塩素化ビフェニル等の11物質については，肝機能検査の項目を削除したこと。ただし，高濃度職業ばく露で肝機能障害のリスクを否定できない，塩素化ビフェニル等6物質については，二次検診で医師が認めた場合に肝機能検査を実施することとしたことなど，以上の改正に加え，効果的・効率的な特殊健康診断を実施するための健診項目の整備を行ったこと。

(2) 　特殊健康診断の項目の改正に伴い，特定化学物質健康診断個人票について，所要の改正を行ったこと（様式第2号関係）。

※編注：詳細は第2編を参照のこと。

45　令和2年4月22日　政令第148号

(1) 　特定化学物質（第2類物質）に，「溶接ヒューム」を追加するとともに，「マンガン及びその化合物（塩基性酸化マンガンを除く。）」の「（塩基性酸化マンガンを除く。）」を削除したこと。この結果，溶接ヒューム及び塩基性酸化マンガンに係る作業または業務について，新たに作業主任者の選任（安衛法第14条関係），作業環境測定の実施（安衛法第65条関係。塩基性酸化マンガンに係る業務に限る。）および有害な業務に現に従事する労働者に対する健康診断の実施（安衛法第66条第2項前段関係）が必要となること。

(2) 　特定化学物質（第2類物質）に適用される規制のうち，作業環境測定を行うべき作業場については，溶接ヒュームに係る作業を行う屋内作業

場を除いたこと。

46　令和2年4月22日　厚生労働省令第89号

○溶接ヒュームへのばく露防止関係

⑴　金属をアーク溶接する作業，アークを用いて金属を溶断し，または
ガウジングする作業その他の溶接ヒュームを製造し，または取り扱う作業
（以下「金属アーク溶接等作業」という。）を行う屋内作業場については，
当該金属アーク溶接等作業に係る溶接ヒュームを減少させるため，全体換
気装置による換気の実施またはこれと同等以上の措置を講じることを義務
付けたこと。

⑵　金属アーク溶接等作業を継続して行う屋内作業場において，新たな
金属アーク溶接等作業の方法を採用しようとするとき，または当該作業の
方法を変更しようとするときは，あらかじめ，当該金属アーク溶接等作業
に従事する労働者の身体に装着する試料採取機器等を用いて行う測定によ
り，当該作業場について，空気中の溶接ヒュームの濃度を測定することを
義務付けたこと。

⑶　⑵による空気中の溶接ヒュームの濃度の測定の結果に応じて，換気
装置の風量の増加その他必要な措置を講じることを義務付けたこと。

⑷　⑶の措置を講じたときは，その効果を確認するため，⑵の作業場に
ついて，⑵の測定により，空気中の溶接ヒュームの濃度を測定することを
義務付けたこと。

⑸　金属アーク溶接等作業に労働者を従事させるときは，当該労働者に
有効な呼吸用保護具を使用させることを義務付けたこと。

⑹　金属アーク溶接等作業を継続して行う屋内作業場において当該金属
アーク溶接等作業に労働者を従事させるときは，当該作業場についての⑵
および⑷による空気中の溶接ヒュームの濃度の測定の結果に応じて，当該
労働者に有効な呼吸用保護具を使用させることを義務付けたこと。

⑺　⑹の呼吸用保護具（面体を有するものに限る。）を使用させるとき
は，1年以内ごとに1回，定期に，⑹の呼吸用保護具が適切に装着されて

いることを確認し，その結果を3年間保存することを義務付けたこと。

⑻　⑵または⑷による測定を行ったときは，その都度，必要な事項を記録し，これを当該測定に係る金属アーク溶接等作業を行わなくなった日から起算して3年を経過する日まで保存することを義務付けたこと。

⑼　金属アーク溶接等作業に労働者を従事させるときは，当該作業を行う屋内作業場の床等を，水洗等によって容易に掃除できる構造のものとし，水洗等粉じんの飛散しない方法によって，毎日1回以上掃除することを義務付けたこと。

⑽　事業者から⑸または⑹の呼吸用保護具の使用を命じられたときは，これを使用することを労働者に義務付けたこと。

○健康診断関係

　金属アーク溶接等作業に係る業務に従事する労働者について，雇入れまたは当該業務への配置換えの際および6月以内ごとに1回，定期に，医師による健康診断の実施を義務付けたこと。さらに，健康診断の結果，他覚症状が認められる者等で，医師が必要と認めるものについては，医師による追加の健康診断の実施を義務付けたこと。

47　令和2年7月1日　厚生労働省令第134号

　石綿則の解説の改正に伴い，関係規定を改めたこと。

48　令和2年8月28日　厚生労働省令第154号

　行政手続きにおける書面への医師，産業医の押印を不要としたこと。

　（様式第2号，様式第3号関係）

49　令和2年12月25日　厚生労働省令第208号

　行政手続きにおける書面への申請・届出者の押印等を不要としたこと。

　（様式第1号，様式第1号の2，様式第3号，様式第4号，様式第5号関係，様式第8号，様式第11号関係）

50　令和4年2月24日　厚生労働省令第25号

　労働安全衛生法施行令の施行に伴い，関係規定を改めたこと。

51　令和4年4月15日　厚生労働省令第82号

　安衛法第22条に規定する健康障害を防止するため，安衛則，特化則ほか
関係省令（11省令）を改正し，当該健康障害に係る業務または作業を行う
事業者に対して，

・当該業務または作業の一部を請負人に請け負わせるときは，当該請負人
　に対しても労働者と同等の保護措置を講ずる義務を課す

・当該業務または作業を行う場所において，他の作業に従事する一人親方
　等の労働者以外の者に対しても労働者と同等の保護措置を講ずる義務を
　課す

こととし，具体的には次の(1)から(5)までのとおりとしたこと。

　(1)　健康障害防止のための設備等の稼働等に係る規定の改正

　　　ア　設備の稼働に関する配慮義務の新設（改正省令による改正後の特
　　　　化則（以下「改正特化則」という。）第8条第2項，第22条第2項，
　　　　第22条の2第2項および第38条の13第4項第2号関係）

　　　　　事業者は，特定の危険有害業務または作業を行うときは，局所排
　　　　気装置，プッシュプル型換気装置，全体換気装置，排気筒その他の
　　　　換気のための設備を設け，一定の条件の下に稼働させる義務がある
　　　　ところ，当該業務または作業の一部を請負人に請け負わせる場合に
　　　　おいて，当該請負人のみが業務または作業を行うときは，これらの
　　　　設備を一定の条件の下に稼働させること等について配慮しなければ
　　　　ならないこととしたこと。

　　　イ　設備の使用等に関する配慮義務の新設（改正特化則第4条第3項
　　　　および第38条の12第2項第1号関係）

　　　　　事業者は，特定の危険有害業務または作業を行うときは，保護具
　　　　等の保管設備，汚染を洗浄するための設備，遠隔操作のための隔離
　　　　室等を設け，労働者に使用させる義務があるところ，当該業務また
　　　　は作業の一部を請負人に請け負わせるときは，これらの設備を当該
　　　　請負人に使用させる等の必要な配慮をしなければならないこととし

たこと。

ウ　設備の整備等に係る措置に関する配慮義務の新設（改正特化則第
22条第 2 項および第22条の 2 第 2 項関係）

　　事業者は，特定の危険有害業務または作業を行うときは，当該業
務または作業に係る設備や原材料等について，一定の措置を講ずる
義務があるところ，当該業務または作業の一部を請負人に請け負わ
せるときは，当該請負人に関してこれらの措置を講ずること等につ
いて配慮しなければならないこととしたこと。

⑵　作業実施上の健康障害防止（作業方法，保護具使用等）に係る規定
の改正

ア　作業方法に関する周知義務の新設（改正特化則第 4 条第 3 項およ
び第 5 項，第12条第 2 項，第12条の 2 第 2 項，第20条第 2 項，第22
条第 3 項および第 4 項，第38条の 5 第 2 項，第38条の10第 6 号，第
38条の12第 2 項，第38条の13第 3 項第 1 号，第38条の15第 2 項，第
38条の16第 2 項，第38条の19第 2 項ならびに第38条の20第 4 項第 1
号および第 6 項関係）

　　事業者は，特定の危険有害業務または作業を行うときは，一定の
作業方法による義務があるところ，当該業務または作業の一部を請
負人に請け負わせるときは，当該請負人に対し，一定の作業方法に
より当該業務または作業を行う必要がある旨を周知させなければな
らないこととしたこと。

イ　特定の作業実施時の保護具使用の必要性に関する周知義務の新設
（改正特化則第 6 条の 2 第 1 項第 3 号，第22条第 3 項，第22条の 2
第 2 項，第38条の 7 第 2 項，第38条の13第 4 項第 4 号，第38条の14
第 1 項第 2 号および第11号ハ，第38条の19第 2 項，第38条の20第 4
項第 2 号，第38条の21第 6 項および第 8 項ならびに第44条第 2 項お
よび第 4 項関係）

　　事業者は，特定の危険有害業務または作業を行うときは，当該業

務または作業に従事する労働者に必要な保護具を使用させる義務が
あるところ，当該業務または作業の一部を請負人に請け負わせると
きは，当該請負人に対し，必要な保護具を使用する必要がある旨を
周知させなければならないこととしたこと。

ウ　特定の場所における保護具使用の必要性に関する周知義務の新設
（改正特化則第6条の3第5項第4号，第36条の3第4項，第38条
の17第1項第1号および第38条の18第1項第1号関係）

　　事業者は，特定の危険有害業務または作業を行うときは，当該業
務または作業を行う場所で作業に従事する労働者に必要な保護具を
使用させる義務があるところ，請負関係の有無に関わらず，労働者
以外の者も含めて，当該場所で作業に従事する者に対し，必要な保
護具を使用する必要がある旨を周知させなければならないこととし
たこと。

エ　汚染の除去等に関する周知義務の新設（改正特化則第38条第3項，
第38条の7第2項，第38条の13第2項ならびに第42条第2項および
第4項関係）

　　事業者は，特定の危険有害業務または作業に関して労働者が有害
物により汚染等されたときは，汚染の除去，医師による診断の受診
等をさせる義務があるところ，当該業務または作業の一部を請負人
に請け負わせるときは，当該請負人に対し，有害物により汚染等さ
れたときは，汚染の除去，医師による診断の受診等をする必要があ
る旨を周知させなければならないこととしたこと。

(3)　場所に関わる健康障害防止（立入禁止，退避等）に係る規定の改正

ア　特定の場所への立入禁止等の対象拡大（改正特化則第25条第5項
第1号，第38条の13第4項第5号，第38条の14第1項第5号，第7
号ハ，第9号ハおよび第12号ならびに第2項第2号ならびに第38条
の19第1項第10号関係）

　　事業者は，特定の危険有害な環境にある場所，特定の危険有害な

物を取り扱う場所または特定の危険有害な物が発生するおそれがある場所には，必要がある労働者を除き，労働者が立ち入ることを禁止し，その旨を見やすい箇所に表示する義務があるところ，請負関係の有無に関わらず，労働者以外の者も含めて，必要がある者を除き，当該場所で作業に従事する者が立ち入ることを禁止し，その旨を見やすい箇所に表示しなければならないこととしたこと。

イ　事故等発生時の退避の対象拡大（改正特化則第23条第1項ならびに第38条の14第1項第7号ロ，第10号ホおよび第11号ロ関係）

事業者は，特定の事故等が発生し，労働者に健康障害のおそれがあるときは，事故等が発生した場所から労働者を退避させる義務があるところ，請負関係の有無に関わらず，労働者以外の者も含めて，当該場所で作業に従事する者を退避させなければならないこととしたこと。

ウ　特定の場所での喫煙および飲食の禁止の対象拡大（改正特化則第38条の2第1項関係）

事業者は，特定の場所においては，労働者が喫煙し，または飲食することを禁止し，その旨を見やすい箇所に表示する義務があるところ，請負関係の有無に関わらず，労働者以外の者も含めて，当該場所で作業に従事する者が喫煙し，または飲食することを禁止し，その旨を見やすい箇所に表示しなければならないこととしたこと。

(4)　有害物の有害性等を周知させるための掲示に係る規定の改正

ア　有害物の有害性等に関する掲示による周知の対象拡大（改正特化則第38条の3，第38条の17第1項第2号，第38条の18第1項第2号および第38条の19第1項第18号関係）

事業者は，特定の有害物を取り扱う場所については，有害物の有害性等を周知させるため，必要な事項について労働者が見やすい箇所に掲示する義務があるところ，労働者以外の者も含めて，見やすい箇所に掲示しなければならないこととしたこと。

イ　有害物の有害性等に関する掲示内容の見直し（改正特化則第38条
の3，第38条の17第1項第2号，第38条の18第1項第2号および第
38条の19第1項第18号関係）

事業者は，特定の有害物を取り扱う場所については，有害物の有
害性等を周知させるため，有害物の人体に及ぼす作用等について掲
示する義務があるところ，掲示すべき事項のうち，「特定の有害物
の人体に及ぼす作用」を「特定の有害物により生ずるおそれのある
疾病の種類及びその症状」に改めるとともに，「保護具を使用しな
ければならない旨」を掲示すべき事項に追加したこと。

ウ　特定の場所における掲示等による必要事項の周知の対象拡大（改
正安衛則第583条の2および第595条第4項，改正特化則第17条およ
び第38条の19第1項第7号関係）

事業者は，特定の場所について，装置故障時の連絡方法，事故発
生時の応急措置等必要な事項を労働者が見やすい箇所に掲示または
明示する義務があるところ，労働者以外の者も含めて，見やすい箇
所に掲示または明示しなければならないこととしたこと。

(5)　労働者以外の者による喫煙および飲食禁止等の遵守義務に係る規定
の整備

ア　労働者以外の者による喫煙および飲食禁止の遵守義務の対象拡大
（改正特化則第38条の2第2項関係）

労働者は，特定の場所では喫煙または飲食してはならないとされ
ているところ，(3)ウにより新たに禁止対象とされた労働者以外の者
も含め，当該場所で作業に従事する者は，喫煙または飲食してはな
らないこととしたこと。

イ　特定の場所における入退出時の汚染等の除去義務の対象拡大（改
正特化則第37条第3項関係）

労働者は，特定の場所に立ち入るときまたは特定の場所から退出
するときは，汚染等を除去する義務があるところ，労働者以外の者

も含め，特定の場所に立ち入るときまたは特定の場所から退出するときは，汚染等を除去しなければならないこととしたこと。

52　令和4年5月31日　厚生労働省令第91号

○安衛則関係

⑴　リスクアセスメントが義務付けられている化学物質（以下「リスクアセスメント対象物」という。）の製造，取扱いまたは譲渡提供を行う事業場ごとに，化学物質管理者を選任し，化学物質の管理に係る技術的事項を担当させる等の事業場における化学物質に関する管理体制の強化

⑵　化学物質のSDS（安全データシート）等による情報伝達について，通知事項である「人体に及ぼす作用」の内容の定期的な確認・見直しや，通知事項の拡充等による化学物質の危険性・有害性に関する情報の伝達の強化

⑶　事業者が自ら選択して講ずるばく露防止措置により，労働者がリスクアセスメント対象物にばく露される程度を最小限度にすること（加えて，一部物質については厚生労働大臣が定める濃度基準以下とすること）や，皮膚または眼に障害を与える化学物質を取り扱う際に労働者に適切な保護具を使用させること等の化学物質の自律的な管理体制の整備

⑷　衛生委員会において化学物質の自律的な管理の実施状況の調査審議を行うことを義務付ける等の化学物質の管理状況に関する労使等のモニタリングの強化

⑸　雇入れ時等の教育について，特定の業種で一部免除が認められていた教育項目について，全業種での実施を義務とする（教育の対象業種の拡大/教育の拡充）を全業種に拡大

○特化則関係

⑴　化学物質管理の水準が一定以上の事業場に対する個別規制の適用除外（特化則第2条の3関係）

①　特化則等の規定（健康診断及び呼吸用保護具に係る規定を除く。）は，専属の化学物質管理専門家が配置されていること等の一定の要

件を満たすことを所轄都道府県労働局長が認定した事業場について
は，特化則等の規制対象物質を製造し，または取り扱う業務等につ
いて，適用しないこと。

②　①の適用除外の認定を受けようとする事業者は，適用除外認定申
請書（特化則様式第1号）に，当該事業場が①の要件に該当するこ
とを確認できる書面を添えて，所轄都道府県労働局長に提出しなけ
ればならないこと。

③　所轄都道府県労働局長は，適用除外認定申請書の提出を受けた場
合において，認定をし，またはしないことを決定したときは，遅滞
なく，文書でその旨を当該申請書を提出した事業者に通知すること。

④　認定は，3年ごとにその更新を受けなければ，その期間の経過に
よって，その効力を失うこと。

⑤　上記の①から③までの規定は，④の認定の更新について準用する
こと。

⑥　認定を受けた事業者は，当該認定に係る事業場が①の要件を満た
さなくなったときは，遅滞なく，文書で，その旨を所轄都道府県労
働局長に報告しなければならないこと。

⑦　所轄都道府県労働局長は，認定を受けた事業者が①の要件を満た
さなくなったと認めるとき等の取消要件に該当するに至ったときは，
その認定を取り消すことができること。

⑵　作業環境測定結果が第3管理区分の事業場に対する作業環境の改善
措置の強化

①　作業環境測定の評価結果が第3管理区分に区分された場合の義務
（特化則第36条の3の2第1項から第3項まで関係）
特化則等に基づく作業環境測定結果の評価の結果，第3管理区分
に区分された場所について，作業環境の改善を図るため，事業者に
対して以下の措置の実施を義務付けたこと。

ア　当該場所の作業環境の改善の可否および改善が可能な場合の改

善措置について，事業場における作業環境の管理について必要な
能力を有すると認められる者（以下「作業環境管理専門家」とい
う。）であって，当該事業場に属さない者からの意見を聴くこと。
イ　アにおいて，作業環境管理専門家が当該場所の作業環境の改善
が可能と判断した場合，当該場所の作業環境を改善するために必
要な措置を講じ，当該措置の効果を確認するため，当該場所にお
ける対象物質の濃度を測定し，その結果の評価を行うこと。

② 作業環境管理専門家が改善困難と判断した場合等の義務（特化則
第36条の3の2第4項関係）

①アで作業環境管理専門家が当該場所の作業環境の改善は困難と
判断した場合および①イの評価の結果，なお第3管理区分に区分さ
れた場合，事業者は，以下の措置を講ずること。

ア　労働者の身体に装着する試料採取器等を用いて行う測定その他
の方法による測定（以下「個人サンプリング測定等」という。）
により対象物質の濃度測定を行い，当該測定結果に応じて，労働
者に有効な呼吸用保護具を使用させること。また，当該呼吸用保
護具（面体を有するものに限る。）が適切に着用されていること
を確認し，その結果を記録し，これを3年間保存すること。なお，
当該場所において作業の一部を請負人に請け負わせる場合にあっ
ては，当該請負人に対し，有効な呼吸用保護具を使用する必要が
ある旨を周知させること。

イ　保護具に関する知識および経験を有すると認められる者のうち
から，保護具着用管理責任者を選任し，呼吸用保護具に係る業務
を担当させること。

ウ　①アの作業環境管理専門家の意見の概要ならびに①イの措置お
よび評価の結果を労働者に周知すること。

エ　上記アからウまでの措置を講じたときは，第3管理区分措置状
況届（特化則様式第1号の4）を所轄労働基準監督署長に提出す

　ること。

③　作業環境測定の評価結果が改善するまでの間の義務（特化則第36
　条の３の２第５項関係）

　　特化則等に基づく作業環境測定結果の評価の結果，第３管理区分
　に区分された場所について，第１管理区分または第２管理区分と評
　価されるまでの間，上記②アの措置に加え，以下の措置を講ずるこ
　と。６月以内ごとに１回，定期に，個人サンプリング測定等により
　特定化学物質等の濃度を測定し，その結果に応じて，労働者に有効
　な呼吸用保護具を使用させること。

④　記録の保存

　　②アまたは③の個人サンプリング測定等を行ったときは，その都
　度，結果および評価の結果を記録し，３年間（ただし，粉じんにつ
　いては７年間，クロム酸等については30年間）保存すること。

⑶　作業環境管理やばく露防止措置等が適切に実施されている場合にお
ける特殊健康診断の実施頻度の緩和（特化則第39条第４項関係）

　本規定による特殊健康診断の実施について，以下の①から③までの要件
のいずれも満たす場合には，当該特殊健康診断の対象業務に従事する労働
者に対する特殊健康診断の実施頻度を６月以内ごとに１回から，１年以内
ごとに１回に緩和することができること。ただし，危険有害性が特に高い
製造禁止物質および特別管理物質に係る特殊健康診断の実施については，
特化則第39条第４項に規定される実施頻度の緩和の対象とはならないこと。

①　当該労働者が業務を行う場所における直近３回の作業環境測定の
　評価結果が第１管理区分に区分されたこと。

②　直近３回の健康診断の結果，当該労働者に新たな異常所見がない
　こと。

③　直近の健康診断実施後に，軽微なものを除き作業方法の変更がな
　いこと。

53　令和5年1月18日　厚生労働省令第5号

別表および様式について所要の規定の整理を行ったこと。

特化則別表第1，第3，第4および第5ならびに様式第3号（裏面）中
「3・3'−ジクロロ−4・4'−ジアミノジフエニルメタン」を「3・3'−
ジクロロ−4・4'−ジアミノジフェニルメタン」（従来の「エ」の表記が
小文字に変更された。）に改めたこと。

54　令和5年3月27日　厚生労働省令第29号

防毒マスクの使用が義務付けられている作業場所等で，防毒機能を有す
る電動ファン付き呼吸用保護具も使用することができるようにすること。

55　令和5年4月3日　厚生労働省令第66号

○安衛則関係

作業主任者の選任に関する作業の区分，資格を有する者および名称につ
いて，金属アーク溶接等作業主任者に係るものを追加したものであること
（安衛則別表第1関係）。

○特化則関係

⑴　金属アーク溶接等作業については，金属アーク溶接等限定技能講習
を修了した者のうちから，金属アーク溶接等作業主任者を選任することが
できることとしたものであること（特化則第27条第2項関係）。

⑵　金属アーク溶接等作業主任者の新設に伴い，当該作業主任者の職務
を新たに規定したものであること（特化則第28条の2関係）。

⑶　金属アーク溶接等限定技能講習に係る学科講習の科目等は特化物技
能講習のものを準用することとしたものであること（特化則第51条第4項
関係）。

56　令和5年4月21日　厚生労働省令第69号

特化則第38条の3に規定する有害性等の掲示の対象物質を全ての特定化
学物質とするとともに，特化則の掲示の規定について，所要の改正を行っ
たこと。

57　令和 5 年 4 月24日　厚生労働省令第70号

　労働安全衛生規則等の一部を改正する省令（令和 4 年厚生労働省令第91号）による改正後の特化則第36条の 3 の 2 第 5 項の規定による測定を行い，その結果に応じて労働者に有効な呼吸用保護具を使用させる等の措置を講じた場合は，特化則第36条第 1 項の規定による作業環境測定を行うことを要しないこととしたこと。

58　令和 5 年12月27日　厚生労働省令第165号

　労働基準法施行規則（昭和22年厚生省令第23号）等において民間事業者等に文書の作成・保存等を求めている規定であって，磁気ディスク等の記録媒体の使用を求めている規定について，クラウドサービス等の幅広い情報通信技術が利用可能であることを明確化するための見直しを行ったこと。

第2編

逐 条 解 説

・第2編ケイ囲み内条文の末尾にある(**根22**-(1))は根拠条文である労働
安全衛生法の条文とその項・号を示したものである。上記の例は同法第22
条第1号を示したもの。なお，条文中の項は①，②で表示してある。

第1章　総　　　則

　本章は，化学物質等による労働者のがん，皮膚炎，神経障害その他の健康障害の予防に必要な各種措置の実施についての事業者の努力義務ならびにこの規則の対象とされている物質についての定義および範囲を，それぞれ規定したものである。

（事業者の責務）

第1条　事業者は，化学物質による労働者のがん，皮膚炎，神経障害その他の健康障害を予防するため，使用する物質の毒性の確認，代替物の使用，作業方法の確立，関係施設の改善，作業環境の整備，健康管理の徹底その他必要な措置を講じ，もって，労働者の危険の防止の趣旨に反しない限りで，化学物質にばく露される労働者の人数並びに労働者がばく露される期間及び程度を最小限度にするよう努めなければならない。

【要旨および解説】

　新技術の導入，新原材料の採用等により，化学物質等による健康障害が種々の態様，原因のもとに発生しているので，これを予防するために第2条以下に規定するところにより，具体的に規制を行う一方，一般的に化学物質等を取り扱う際には，常に実情に即した適切な対策を講ずることによって労働者が有害な化学物質等にばく露され障害を受けることをできるだけ少なくする必要がある。このため，本条は，あらかじめその毒性等について調査，研究を行い，毒性の確認，作業方法の確立その他の基本的な問題の解決および作業環境の整備，健康管理の徹底等の予防対策を積極的に講ずべきこと，特にがん原性物質については，可能な限り代替物を使用することおよび関係施設の改善等の措置を講ずることにより，ばく露される労働者の人数ならびにばく露される期間および程度を最小限にするよう努めなければならないことを明確にしたものである。

　ただ，数多い化学物質等のすべてについて，徹底した毒性調査を求めることは，中小企業等の調査能力や毒性試験機関等の現状からみても相当の困難があることが想定されるが，労働者に健康障害を生じるおそれのある化学物質等を不用意に持ち込み，使用することがあってはならないことであり，安衛法第28条の2において，リスクアセスメントの実施等について規定されているところである。なお，平成26年6月の安衛法の改正により，安衛法第57条の3に基づき安衛法第57条第1項に規定する化学物質についてのリスクアセスメントが義務となった。

　(1)　本条の「その他必要な措置」には，製造方法の適正化等があること。

(昭和46年基発第399号)

　(2)　本条の「労働者の危険の防止の趣旨に反しない限り」とは，化学物質等にばく露される労働者の人数ならびにばく露期間，程度を最小限にすることを重視するあまり，かえってプラントの運転等が危険に陥り，労働者の安全の確保に反することのないように留意すべきことをいうこと。

(昭和50年基発第573号)

【疑義および解釈】

問1　毒性の確認とは，どのようなことをいうのか。

答　事業場等で製造し，または使用される化学物質は，毎年増加の傾向にあり，これら化学物質のすべてについて毒性実験を行うことは，相当の困難を伴うことが想定されることから，特に，新化学物質については，試験，研究機関による動物実験等によりその有害性の有無および程度を調査すること，その他の化学物質等については，文献，専門家，労働衛生コンサルタント，産業医等により有害性を調査するとともに，特に許容濃度の有無およびその定められた根拠，なかんずく災害発生事例の有無について調査する等のことをいう。また，化学物質を使用する事業場においては，それらの物質を製造した者に，その有害性等を照会することも必要である。

(昭和47年基発第799号)

（定義等）

第2条　この省令において，次の各号に掲げる用語の意義は，当該各号に定めるところによる。

1　第1類物質　労働安全衛生法施行令（以下「令」という。）別表第3第1号に掲げる物をいう。

2　第2類物質　令別表第3第2号に掲げる物をいう。

3　特定第2類物質　第2類物質のうち，令別表第3第2号1，2，4から7まで，8の2，12，15，17，19，19の4，19の5，20，23，23の2，24，26，27，28から30まで，31の2，34，35及び36に掲げる物並びに別表第1第1号，第2号，第4号から第7号まで，第8号の2，第12号，第15号，第17号，第19号，第19号の4，第19号の5，第20号，第23号，第23号の2，第24号，第26号，第27号，第28号から第30号まで，第31号の2，第34号，第35号及び第36号に掲げる物をいう。

3の2　特別有機溶剤　第2類物質のうち，令別表第3第2号3の3，11の2，18の2から18の4まで，19の2，19の3，22の2から22の5まで及び33の2に掲げる物をいう。

3の3　特別有機溶剤等　特別有機溶剤並びに別表第1第3号の3，第11号の2，第18号の2から第18号の4まで，第19号の2，第19号の3，第22号の2から第22号の5まで，第33号の2及び第37号に掲げる物をいう。

4　オーラミン等　第2類物質のうち，令別表第3第2号8及び32に掲げる物並びに別表第1第8号及び第32号に掲げる物をいう。

5　管理第2類物質　第2類物質のうち，特定第2類物質，特別有機溶剤等及びオーラミン等以外の物をいう。

6　第3類物質　令別表第3第3号に掲げる物をいう。

7　特定化学物質　第1類物質，第2類物質及び第3類物質をいう。

②　令別表第3第2号37の厚生労働省令で定める物は，別表第1に掲げる物とする。

③　令別表第3第3号9の厚生労働省令で定める物は，別表第2に掲げる物とする。

【要　旨】

　本条は，この規則で用いられている物質についての規制区分および含有物の範囲を規定したものである。

【解　説】

　⑴　第1項第1号の「第1類物質」とは，安衛法第56条の製造許可の対象物（安衛令別表第3第1号）をいうこと。

　⑵　第1項第1号の「第1類物質」のうち，ベリリウム化合物の主なものとしては，硫酸ベリリウム，水酸化ベリリウム，酸化ベリリウム，ハロゲン化ベリリウム，炭酸ベリリウムおよびけい酸ベリリウム亜鉛等が，合金としては，ベリリウム－銅合金およびベリリウム－アルミニウム合金等があること。

　⑶　第1項第2号の「第2類物質」とは，主として，慢性障害の発生を防止するため，ガス，蒸気または粉じんの発散源を密閉させる設備または局所排気装置を設けるための設備を必要とする物をいうこと。

　また，第2類物質は，設備について講ずべき基準等の区分に応じ，「特定第2類物質」，「特別有機溶剤等」，「オーラミン等」および「管理第2類物質」に分類されていること。

　⑷　第1項第2号の「第2類物質」のうち，化合物については，次のとおりであること。

　ア　アルキル水銀化合物は，アルキル基がメチル基（CH_3）またはエチル基（C_2H_5）であるものに限られており，主なものとしては，ジメチル水銀およびジエチル水銀があること。

　イ　カドミウム化合物の主なものとしては，酸化カドミウム，炭酸カドミウム，硫化カドミウム，硫酸カドミウム，塩化カドミウムおよび硝酸カドミウム等があること。

　ウ　クロム酸には，無水クロム酸を含むこと。また，クロム酸塩は$MCrO_4$の組成を有するものをいい，置換する金属としては，アルカリ金属（ナトリウム，カリウム等），アルカリ土金属（マグネシウム，カルシウ

　ム等），その他（鉛，水銀，銀等）であり，主なものとしては，クロ
　ム酸亜鉛，クロム酸カリウム，クロム酸銀，クロム酸鉛等があること。
エ　重クロム酸塩は，MCr_2O_7の組成を有するものをいい，置換する金
　属は，クロム酸塩と同様であること。
オ　水銀無機化合物の主なものとしては，塩化水銀，酸化水銀および硝
　酸水銀があること。
カ　マンガン化合物の主なものとしては，二酸化マンガン，塩化マンガ
　ン，硝酸マンガン，マンガン塩および過マンガン酸塩があること。

（昭和46年基発第399号）

　⑸　オルト-トルイジンおよびこれを重量の１％を超えて含有する製剤
その他の物（以下「オルト-トルイジン等」という。）については，リスク
評価において，これを製造し，または取り扱う業務に従事する労働者につ
いて健康障害のリスクが高いとされたことから，平成28年の改正により特
定化学物質に追加したものであること。また，この物質は，高沸点の液体
物質ではあるが，ヒトにおける吸入ばく露または経皮ばく露による慢性の
影響である尿路系の障害（腫瘍等）に加えて，急性の影響として，溶血性
貧血，メトヘモグロビン血症等（具体的な症状は，頭重，頭痛，めまい，
倦怠感，疲労感，顔面蒼白，チアノーゼ，心悸亢進，尿の着色等）が報告
されていることを考慮して，大量漏えいによる急性中毒の防止にも対処で
きるようオルト-トルイジン等を「特定第２類物質」として規定したこと。

（平成28年基発1130第４号）

　⑹　有機溶剤と同様に作用し，蒸気による中毒を発生させるおそれがあ
るため，その予防の観点から，エチルベンゼンおよびこれを重量の１％を
超えて含有する製剤その他の物（別表第１第３号の３），1・2-ジクロロプ
ロパンおよびこれを重量の１％を超えて含有する製剤その他の物（別表第
１第19号の２），クロロホルム他９物質およびこれらのいずれかをその重
量の１％を超えて含有する製剤その他の物に加えて，エチルベンゼンもし
くは1・2-ジクロロプロパン，クロロホルム他９物質の含有量が重量の１％

以下であって，エチルベンゼンもしくは1・2-ジクロロプロパン，クロロホルム他9物質または有機溶剤の含有量の合計が重量の5％を超える製剤その他の物（別表第1第37号）を「特別有機溶剤等」として規定したこと。

　　　　（平成24年基発1026第6号，平成25年基発0827第6号，平成26年基発0924第6号）

　なお，別表第1第37号においては，エチルベンゼン，クロロホルム，四塩化炭素，1・4-ジオキサン，1・2-ジクロロエタン，1・2-ジクロロプロパン，ジクロロメタン，スチレン，1・1・2・2-テトラクロロエタン，テトラクロロエチレン，トリクロロエチレン，メチルイソブチルケトンおよび個々の有機溶剤に係る裾切値を規定していないが，法に基づく表示や通知により，それぞれの物質を含有している旨の情報提供を受けない含有量である場合には，別表第1第37号に該当しないものであること。

（平成24年基発1026第6号，平成29年3月24日付け厚生労働省化学物質対策課長事務連絡）

　(7)　エチルベンゼン，1・2-ジクロロプロパンもしくはクロロホルム他9物質のいずれかの物質およびこれを重量の1％を超えて含有する製剤その他の物については，第2章に規定する措置のほかは特定化学物質および第2類物質に係る措置※の対象とすることとし，それぞれの物質の含有量が重量の1％以下の製剤その他の物については，これらによる慢性障害のリスクが低いことから，通常の作業時の健康障害防止措置を定める規定は，原則として適用しないこととしたこと。

　ただし，エチルベンゼンもしくは1・2-ジクロロプロパンの含有量が重量の1％以下の製剤その他の物についても，特化則第25条第1項および第4項の規定等，有機溶剤中毒予防規則（昭和47年労働省令第36号。以下「有

(※)　クロロホルム他9物質については，今後，ばく露実態調査に基づくさらに詳細なリスク評価を行い，リスクの程度に応じたばく露低減措置を検討する予定であり，ばく露防止措置については，当面は改正省令による改正前の有機則で規定していた措置を講ずることを基本とし，特化則第12条の2，第22条，第22条の2，第24条，第25条第2項および第3項，第37条，第38条の2ならびに第43条から第45条までの規定については適用しないこととした。
　　　　　　　　　　　　　　　（平成26年基発0924第6号・雇児発0924第7号）

機則」という。）において同様の措置が規定されているなど，蒸気による
中毒の予防の観点から必要な措置を定める規定については適用することと
したこと。

　　　（平成24年基発1026第６号，平成25年基発0827第６号，平成26年基発0924第６号）

　⑻　特別有機溶剤等に係る特化則の適用については「特別有機溶剤等に
係る洗浄設備及び保護衣の適用整理表」（174頁，285頁）および「特別有
機溶剤等に係る安衛法及び特化則の適用整理表」（46頁）を，特別有機溶
剤等について準用する有機則の規定については「特別有機溶剤等に係る有
機則の準用整理表」（47頁）を参照すること。

　⑼　クロロホルム他９物質については，リスク評価において，「有機溶
剤業務について有機溶剤中毒予防規則により一連のばく露低減措置が義務
づけられているが，職業がんの原因となる可能性があることを踏まえ，記
録の保存期間の延長等の措置について検討する必要がある」とされたこと

【参　考】

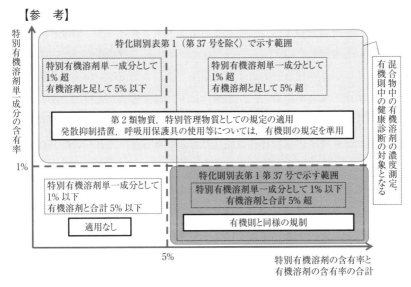

　　　平成 24 年 10 月 26 日基発 1026 第 6 号・雇児発 1026 第 2 号，平成 25 年 8 月 27 日基発 0827 第 6 号，
　　　平成 26 年 9 月 24 日付け基発 0924 第 6 号より作成

特別有機溶剤等に係る規制内容　概念図

から特定化学物質に追加したものであること。 （平成26年基発0924第6号）

⑽ 1・2-ジクロロプロパンについては，国内で長期間にわたる高濃度の
ばく露があった労働者に胆管がんを発症した事例により，ヒトに胆管がん
を発症する可能性が明らかになったことに加え，国が専門家を参集して行
った化学物質による労働者の健康障害防止に係るリスク評価（以下「リス
ク評価」という。）において，洗浄または払拭の業務に従事する労働者に
高濃度のばく露が生ずるリスクが高く，健康障害のリスクが高いとされた
ことから，特定化学物質に追加したものであること。（平成25年基発0827第6
号）

⑾ ナフタレンおよびこれを重量の1％を超えて含有する製剤その他の
物（以下「ナフタレン等」という。）については，リスク評価において，こ
れを製造し，または取り扱う業務に従事する労働者について健康障害のリ
スクが高いとされたことから，特定化学物質に追加したものであること。
また，この物質は，昇華性のある物質であることを考慮して，大量漏えい
による急性中毒の防止にも対処できるようナフタレン等を「特定第2類物
質」として規定したこと。 （平成27年基発0930第9号）

⑿ インジウム化合物等およびコバルト等については，いずれも動物実
験の結果がん原性が認められ，かつ，ヒトに対する発がん性のおそれが指
摘されるなど，慢性障害のリスクが高いことが確認されたため，平成24年
の改正により特定化学物質に追加したものであるが，これらの物質は大量
漏えいによる急性中毒のリスクは低いものであることから，管理第2類物
質として規定したこと。（平成24年基発1026第6号・雇児発1026第2号等）

⒀ リフラクトリーセラミックファイバー（以下「RCF」という。）お
よびこれを重量の1％を超えて含有する製剤その他の物（以下「RCF等」
という。）については，リスク評価において，これを製造し，または取り
扱う業務に従事する労働者について，健康障害のリスクが高いとされたこ
とから特定化学物質に追加したものであるが，大量漏えいによる急性中毒
のリスクは低いものであることから，「管理第2類物質」として規定した

こと。

　なお，平成27年の改正により規制の対象とする RCF は，国際がん研究機関（IARC）で発がん性分類が２Ｂとなった，シリカとアルミナを主成分とした非晶質の人造鉱物繊維のことをいうこと。(平成27年基発0930第９号)

　⑭　三酸化二アンチモンおよびこれを重量の１％を超えて含有する製剤その他の物（以下「三酸化二アンチモン等」という。）については，リスク評価において，これを製造し，または取り扱う業務に従事する労働者について，健康障害のリスクが高いとされたことから，平成29年の改正により特定化学物質に追加したものであるが，大量漏えいによる急性中毒のリスクは低いものであることから，特定化学物質の第２類物質のうち，「管理第２類物質」として規定したこと。　　　　　　(平成29年基発0519第６号)

　⑮　第１項第６号の「第３類物質」は，特定第２類物質と同様，設備からの大量漏えいによる急性中毒を防止するため，一定の設備を必要とすべき物質をいうこと。

　⑯　第２項および第３項は，それぞれ第２類物質および第３類物質を含有する製剤その他の物の範囲を定めたものであること。

特別有機溶剤等に係る安衛法及び特化則の適用整理表

	条文	規制内容	エチルベンゼン等	1・2-ジクロロプロパン等	クロロホルムほか9物質等
安衛法	57	表示	○[1]	○[1]	○[1]
	57の2	文書の交付	○[1]	○[1]	○[1]
	88	計画の届出	○	○	○
			エチルベンゼン塗装業務	1・2-ジクロロプロパン洗浄・払拭業務	クロロホルム等有機溶剤業務
特定化学物質障害予防規則	3	第1類物質の取扱いに係る設備	×	×	×
	4	特定第2類物質，オーラミン等の製造等に係る設備	×	×	×
	5	特定第2類物質，管理第2類物質に係る設備	×	×	×
	6~6の3	第4~第5条の措置の適用除外	×	×	×
	7	局所排気装置等の要件	×	×	×
	8	局所排気装置等の稼働時の要件	×	×	×
	9	除じん装置	×	×	×
	10	排ガス処理装置	×	×	×
	11	排液処理装置	×	×	×
	12	残さい物処理	×	×	×
	12の2	ぼろ等の処理	A1, A2	A1, A2	
	13~20	第3類物質等の漏洩の防止	×	×	×
	21	床の構造	×	×	×
	22・22の2	設備の改造等	A1, A2	A1, A2	×
	23	第3類物質が漏洩した場合の退避等	×	×	×
	24	立入禁止措置	A1, A2	A1, A2	×
	25	容器等	A1, A2, B[3]	A1, A2, B[3]	○[3]
	26	第3類物質が漏洩した場合の救護組織等	×	×	×
	27・28	作業主任者の選任，職務	○[4]	○[4]	○[4]
	29~35	定期自主検査，点検，補修等	×	×	×
	36~36の4	作業環境測定	A1, A2	A1, A2	A1, A2
	37	休憩室	A1, A2	A1, A2	×
	38	洗浄設備	特別有機溶剤等に係る洗浄設備の適用整理表[7]		
	38の2	喫煙，飲食等の禁止	A1, A2	A1, A2	A1, A2
	38の3	掲示	A1, A2	A1, A2	A1, A2
	38の4	作業記録	A1, A2	A1, A2	A1, A2
	39~41	健康診断	A1, A2	A1, A2	A1, A2
	42	緊急診断	A1, A2, B[3]	A1, A2, B[3]	A1, A2, B[3]
	43・45	呼吸用保護具の備え付け等	A1, A2	A1, A2	A1, A2
	44・45	保護衣等	特別有機溶剤等に係る保護衣の適用整理表[8]		
	46~50の2	製造許可等に係る手続き等	×	×	×
	51	特定化学物質及び四アルキル鉛等作業主任者技能講習	×	×	×
	53	記録の報告	A1, A2	A1, A2	A1, A2

A1：当該特別有機溶剤の含有量が重量の1％を超え，特別有機溶剤と有機溶剤との合計含有量が5％以下のもの，A2：同・合計含有量が5％超のもの，B:当該特別有機溶剤の含有量が重量の1％以内で，他の有機溶剤との合計含有量が5％超のもの（他の有機溶剤のみで5％超のものを除く）

1：当該物質を0.1％以上含有する場合，2：塗装業務以外の業務を除外，3：一部適用，4：有機溶剤作業主任者技能講習を修了した者から選任，5：洗浄・払拭業務以外の業務を除外，6：有機溶剤業務以外の業務を除外，7：174頁，8：285頁

特別有機溶剤等に係る有機則の準用整理表

条文		内容	特別有機溶剤の含有量が1％超	特別有機溶剤の含有量が1％以下(注)
第1章 総則	1	定義	●	
	2	適用除外（許容消費量）	●（※1）	●（※3）
	3・4	適用除外（署長認定）	●（※2）	●（※4）
	4の2	適用除外（局長認定）	●（※5）	●（※6）
第2章 設備	5	第1種有機溶剤等，第2種有機溶剤等に係る設備	●	
	6	第3種有機溶剤等に係る設備	●	
	7～13の3	第5条，第6条の措置の適用除外	●	
第3章 換気装置 の性能等	14～17	局所排気装置等の要件	●	
	18	局所排気装置等の稼動時の要件	●	
	18の2・ 18の3	局所排気装置等の稼動の特例許可	●	
第4章 管理	19・19の2	作業主任者の選任，職務	×	
	20～23	定期自主検査，点検，補修	●	
	24	掲示	●	
	25	区分の表示	●	
	26	タンク内作業	●	
	27	事故時の退避等	●	
第5章 測定	28～28の4	作業環境測定	●（※7・8）	●（※8）
第6章 健康診断	29～30の3	健康診断	●（※7・9）	●（※9）
	30の4	緊急診断	×	
	31	健康診断の特例	●（※7）	●
第7章 保護具	32～34	送気マスク等の使用，保護具の備え付け等	●	
第8章 貯蔵と 空容器 の処理	35・36	貯蔵，空容器の処理	×	
第9章 技能講習	37	有機溶剤作業主任者技能講習	● （特化則第27条により適用）	

(注)　特別有機溶剤と有機溶剤の含有量の合計が重量の5％を超えるものに限る。
※1　第2章，第3章，第4章（第27条を除く。），第7章及び第9章について適用除外
※2　第2章，第3章，第4章（第27条を除く。），第5章，第6章，第7章，第9章及び特化則第42条第3項について適用除外
※3　第2章，第3章，第4章（第27条を除く。），第7章，第9章及び特化則第26条について適用除外
※4　第2章，第3章，第4章（第27条を除く。），第5章，第6章，第7章，第9章及び特化則第26条，第42条第3項について適用除外
※5　第2章，第3章，第4章（第27条を除く。），第5章，第7章（第32条及び第33条を除く。），第9章及び特化則第42条第3項について適用除外
※6　第2章，第3章，第4章（第27条を除く。），第5章，第7章（第32条及び第33条を除く），第9章及び特化則第27条，第42条第3項について適用除外
※7　特別有機溶剤及び有機溶剤の含有量が5％以下のものを除く。
※8・9　作業環境測定に係る保存義務は3年間，健康診断に係る保存義務は5年間。

【疑義および解釈】

問1　第2類物質とされている「コールタール」とは，どのようなものを
いうのか。

答　石炭の乾溜によって生ずる黒色油状物質をいい，粗タール，精製ター
ル，無水タールおよび舗装タールがこれに該当すること。また，コール
タールピッチが含まれる。

問2　第2類物質とされている「重クロム酸塩」とは，どのようなものを
いうのか。

答　MCr_2O_7の一般式で表されるものをいい，置換する（M）としては，ア
ルカリ金属（ナトリウム，カリウム等），アルカリ土金属（マグネシウ
ム，カルシウム等），その他（鉛，水銀，銀等）があり主なものとして
は，重クロム酸カリウム，重クロム酸ナトリウム等がある。

問3　次の物質は許可物質に該当するか。

①　Aldol–α–Naphthylamine

②　Phenyl–α–Naphthylamine

③　ベンジジンエロー

答　①および②については，アルファーナフチルアミンの含有量が，③に
ついては，ジクロルベンジジンの含有量が，重量の1パーセントを超え
ない限り該当しない。

問4　第2類物質とされている「弗化水素」には，弗化水素酸が含まれる
か。

答　弗化水素の水溶液である弗化水素酸（「弗酸」とも呼ばれる。）は弗化
水素に含まれる。

問5　第1類物質とされている「塩素化ビフェニル」とは，三塩化物，五
塩化物等を総称するものと考えるが如何。

答　塩素化ビフェニルには，一塩化物から十塩化物まであり，見解のとお
り。

問6　フェロシアン化カリウムは，シアン化カリウムに含まれるか。

答　設問の化合物は，鉄の錯化合物であり，シアン化物としての毒性はないので，これに含まれない。　　　　　　　　　　　　　（昭和47年基発第799号）

問7　管理第2類物質となったニッケル化合物の粉状のものとは何か。

答　ニッケル化合物（ニッケルカルボニルを除く。）であって，粉状の物が管理第2物質とされたが，「粉状の物」とは流体力学的粒子径が0.1mm以下の粒子をいうこと。したがって，これより大きなニッケル化合物（ニッケルカルボニルを除く。）の粒子，塊または液体の状態の物については，化学的にはニッケル化合物に該当したとしても，表示をしなければならない物である「ニッケル化合物（ニッケルカルボニルを除き，粉状の物に限る。）」には該当しないこと。ただし，ニッケル化合物（ニッケルカルボニルを除く。）を含有する液体を乾燥させて粉状のニッケル化合物を生じさせた場合には，その粒子径および含有量が上記の条件を満たせば，該当するものであること。ニッケル化合物（ニッケルカルボニルを除く。）の大きな粒子または塊を粉砕した場合も同様であること。（平成20年11月の改正）　　　　　　　　　　（平成20年基発第1126001号）

（適用の除外）

第2条の2　この省令は，事業者が次の各号のいずれかに該当する業務に労働者を従事させる場合は，当該業務については，適用しない。ただし，令別表第3第2号11の2，18の2，18の3，19の3，19の4，22の2から22の4まで若しくは23の2に掲げる物又は別表第1第11号の2，第18号の2，第18号の3，第19号の3，第19号の4，第22号の2から第22号の4まで，第23号の2若しくは第37号（令別表第3第2号11の2，18の2，18の3，19の3又は22の2から22の4までに掲げる物を含有するものに限る。）に掲げる物を製造し，又は取り扱う業務に係る第44条および第45条の規定の適用については，この限りでない。

　1　次に掲げる業務（以下「特別有機溶剤業務」という。）以外の特別有機溶剤等を製造し，又は取り扱う業務

　　イ　クロロホルム等有機溶剤業務（特別有機溶剤等（令別表第3第2号11の2，18の2から18の4まで，19の3，22の2から22の5まで

又は33の2に掲げる物及びこれらを含有する製剤その他の物（以下「クロロホルム等」という。）に限る。）を製造し，又は取り扱う業務のうち，屋内作業場等（屋内作業場及び有機溶剤中毒予防規則（昭和47年労働省令第36号。以下「有機則」という。）第1条第2項各号に掲げる場所をいう。以下この号及び第39条第7項第2号において同じ。）において行う次に掲げる業務をいう。）

(1) クロロホルム等を製造する工程におけるクロロホルム等のろ過，混合，攪拌，加熱又は容器若しくは設備への注入の業務

(2) 染料，医薬品，農薬，化学繊維，合成樹脂，有機顔料，油脂，香料，甘味料，火薬，写真薬品，ゴム若しくは可塑剤又はこれらのものの中間体を製造する工程におけるクロロホルム等のろ過，混合，攪拌又は加熱の業務

(3) クロロホルム等を用いて行う印刷の業務

(4) クロロホルム等を用いて行う文字の書込み又は描画の業務

(5) クロロホルム等を用いて行うつや出し，防水その他物の面の加工の業務

(6) 接着のためにするクロロホルム等の塗布の業務

(7) 接着のためにクロロホルム等を塗布された物の接着の業務

(8) クロロホルム等を用いて行う洗浄（(12)に掲げる業務に該当する洗浄の業務を除く。）又は払拭の業務

(9) クロロホルム等を用いて行う塗装の業務（(12)に掲げる業務に該当する塗装の業務を除く。）

(10) クロロホルム等が付着している物の乾燥の業務

(11) クロロホルム等を用いて行う試験又は研究の業務

(12) クロロホルム等を入れたことのあるタンク（令別表第3第2号11の2，18の2から18の4まで，19の3，22の2から22の5まで又は33の2に掲げる物の蒸気の発散するおそれがないものを除く。）の内部における業務

ロ エチルベンゼン塗装業務（特別有機溶剤等（令別表第3第2号3の3に掲げる物及びこれを含有する製剤その他の物に限る。）を製造

　　し，又は取り扱う業務のうち，屋内作業場等において行う塗装の業
　　務をいう。以下同じ。）

　ハ　1・2-ジクロロプロパン洗浄・払拭業務（特別有機溶剤等（令別表
　　第3第2号19の2に掲げる物及びこれを含有する製剤その他の物に
　　限る。）を製造し，又は取り扱う業務のうち，屋内作業場等において
　　行う洗浄又は払拭の業務をいう。以下同じ。）

2　令別表第3第2号13の2に掲げる物又は別表第1第13号の2に掲げ
　る物（第38条の11において「コバルト等」という。）を触媒として取り
　扱う業務

3　令別表第3第2号15に掲げる物又は別表第1第15号に掲げる物（以
　下「酸化プロピレン等」という。）を屋外においてタンク自動車等から
　貯蔵タンクに又は貯蔵タンクからタンク自動車等に注入する業務（直
　結できる構造のホースを用いて相互に接続する場合に限る。）

4　酸化プロピレン等を貯蔵タンクから耐圧容器に注入する業務（直結
　できる構造のホースを用いて相互に接続する場合に限る。）

5　令別表第3第2号15の2に掲げる物又は別表第1第15号の2に掲げ
　る物（以下この号及び第38条の13において「三酸化二アンチモン等」と
　いう。）を製造し，又は取り扱う業務のうち，樹脂等により固形化され
　た物を取り扱う業務

6　令別表第3第2号19の4に掲げる物又は別表第1第19号の4に掲げ
　る物を製造し，又は取り扱う業務のうち，これらを成形し，加工し，又
　は包装する業務以外の業務

7　令別表第3第2号23の2に掲げる物又は別表第1第23号の2に掲げ
　る物（以下この号において「ナフタレン等」という。）を製造し，又は
　取り扱う業務のうち，次に掲げる業務

　イ　液体状のナフタレン等を製造し，又は取り扱う設備（密閉式の構
　　造のものに限る。ロにおいて同じ。）からの試料の採取の業務

　ロ　液体状のナフタレン等を製造し，又は取り扱う設備から液体状の
　　ナフタレン等をタンク自動車等に注入する業務（直結できる構造の
　　ホースを用いて相互に接続する場合に限る。）

　ハ　液体状のナフタレン等を常温を超えない温度で取り扱う業務（イ
　　　及びロに掲げる業務を除く。）
　8　令別表第3第2号34の3に掲げる物又は別表第1第34号の3に掲げ
　　る物（以下この号及び第38条の20において「リフラクトリーセラミッ
　　クファイバー等」という。）を製造し，又は取り扱う業務のうち，バイ
　　ンダーにより固形化された物その他のリフラクトリーセラミックファ
　　イバー等の粉じんの発散を防止する処理が講じられた物を取り扱う業
　　務（当該物の切断，穿孔，研磨等のリフラクトリーセラミックファイ
　　バー等の粉じんが発散するおそれのある業務を除く。）

【要　旨】

　本条は，特別有機溶剤等やコバルト等，酸化プロピレン等，DDVP等
に係る作業のうち，リスク評価の結果，労働者のばく露による健康障害の
おそれが低いと判断されたものについて，表示以外の規制の適用を除外す
ることとしたものである。

【解　説】

　(1)　リスク評価の結果，クロロホルム等有機溶剤業務以外のクロロホル
ム等を製造し，または取り扱う業務については，クロロホルム等の労働者
へのばく露の状況が現時点では把握できておらず，労働者の健康障害のお
それが高いと判断できないとされたため，作業主任者の選任等の規定およ
び特化則の規定の適用を除外したこと。なお，クロロホルム等有機溶剤業
務以外のクロロホルム等を製造し，または取り扱う業務には，例えば，ク
ロロホルム等の運搬，クロロホルム等を用いて行う掻き落とし等の業務が
含まれること。　　　　　　　　　　　　　　　　（平成26年基発0924第6号）

　(2)　第2条の2に規定され，作業主任者の選任等の規定および特化則の
規定の適用が除外される業務は，(1)のとおり労働者の健康障害のおそれが
高いとは判断できなかったものであるが，クロロホルム他9物質について
は，国際がん研究機関（IARC）の発がん性分類において2B以上に区分
されるなど発がんのおそれがあることから，「労働安全衛生法第28条第3

項の規定に基づき厚生労働大臣が定める化学物質による健康障害を防止するための指針（平成25年10月１日健康障害を防止するための指針公示第24号）」（がん原性指針）に，これらの業務について，ばく露を低減するための措置，作業環境測定や労働衛生教育の実施，労働者の把握，危険有害性等の作業場への掲示等事業者が講ずべき措置を示したこと。

（平成26年基発0924第６号）

　⑶　国が行った化学物質による労働者の健康障害防止に係るリスク評価の結果，エチルベンゼン等またはコバルト等，1・2-ジクロロプロパン等の労働者へのばく露の程度が低く，労働者の健康障害のおそれが低いと判断されたため，次の業務については作業主任者の選任等の規定および特化則の規定の適用を除外したこと。

　　①　エチルベンゼン等を製造し，または取り扱う業務のうち，屋内作
　　　業場等において行う塗装の業務（以下「エチルベンゼン塗装業務」
　　　という。）以外のエチルベンゼン等を製造し，または取り扱う業務
　　②　コバルト等を触媒として取り扱う業務
　　③　1・2-ジクロロプロパン洗浄・払拭業務以外の1・2-ジクロロプロパ
　　　ン等を製造し，または取り扱う業務

（平成24年基発1026第６号，平成25年基発0827第６号）

　⑷　エチルベンゼン塗装業務以外のエチルベンゼン等を製造し，または取り扱う業務には，例えば，エチルベンゼンを原料として製剤等を製造する業務，エチルベンゼンと混合したガソリンを取り扱う業務等が含まれること。

（平成24年基発1026第６号）

　⑸　1・2-ジクロロプロパン洗浄・払拭業務には，金属製品等の洗浄等の業務（例えば機械または工具の洗浄，金属部品または製品の脱脂等）が含まれること。

（平成25年基発0827第６号）

　⑹　1・2-ジクロロプロパン洗浄・払拭業務以外の1・2-ジクロロプロパン等を製造し，または取り扱う業務には，例えば，1・2-ジクロロプロパンを原料として製剤等を製造する業務，他の有機化合物を製造する過程で生成

する1・2-ジクロロプロパンを取り扱う業務，洗浄用溶剤を製造する工程に
おける1・2-ジクロロプロパンのろ過，混合，攪拌，加熱または容器もしく
は設備への注入の業務等が含まれること。　　　　　　（平成25年基発0827第6号）

　(7)　コバルト等を触媒として取り扱う業務とは，コバルト等以外の物質
の合成工程等において，触媒としてコバルト等を反応槽，反応塔等へ投入
し，または取り出す等の業務をいい，触媒としてのコバルト等を製造する
業務は含まれないこと。　　　　　　　　　　　　　（平成24年基発1026第6号）

　(8)　本条に規定される業務は，(3)のとおり労働者の健康障害のおそれは
低いと判断されたものであるが，エチルベンゼンならびにコバルトおよび
その無機化合物は，ヒトに対する発がん性のおそれが指摘されるなど，有
害性が認められる物質であることから，これらの業務について自主的な管
理を徹底する必要があること。　　　　　　　　　　（平成24年基発1026第6号）

　(9)　本条に規定される業務は，(3)のとおり労働者の健康障害のおそれは
低いと判断されたものであるが，1・2-ジクロロプロパンは，長期間にわた
る高濃度ばく露により胆管がんを発症し得ると医学的に推定されるなど，
その有害性が認められる物質であることから，これらの業務については，
「労働安全衛生法第28条第3項の規定に基づく健康障害を防止するための
指針（平成24年10月10日健康障害を防止するための指針公示第23号）」（が
ん原性指針）により，ばく露を低減するための措置，作業環境測定，労働
衛生教育，労働者の把握，危険有害性等の作業場への掲示等必要な措置を
講ずること。　　　　　　　　　　　　　　　　　　（平成25年基発0827第6号）

　(10)　第3項のタンク自動車等の「等」には，タンカーおよびタンクコン
テナが含まれること。また，直結式のホースはカプラー式，フランジ式，
ねじ式等により，ガスや液体の漏れがないように接続する方式をいうこと。
　　　　　　　　　　　　　　　　　　　　　　　　（平成23年基発0204第4号）

　(11)　本条に規定される作業にのみ労働者を従事させる場合は，作業主任
者の選任，当該作業場所における作業環境測定の実施，特殊健康診断の実
施等の措置を要さないが，事業場内において酸化プロピレンに係る他の作

業（サンプリング作業等）がある場合は，当該作業についてこれらの措置を講ずる必要があることに留意すること。 （平成23年基発0204第4号）

⑿ 本条に規定される作業については，リスクは低いと判断されたものであるが，酸化プロピレン自体は有害性が認められる物質であることから，これらの作業であっても事業場においては自主的な管理を徹底することが必要であること。 （平成23年基発0204第4号）

⒀ 酸化プロピレン以外の特定化学物質に係る同種の作業については，ばく露実態調査等に基づくリスク評価において安全性を確認しておらず，物性および取扱い設備等が異なることから，規制の適用を除外することはできないことに留意すること。 （平成23年基発0204第4号）

⒁ リスク評価の結果，以下の①から④までの作業については，ナフタレン等またはRCF等の労働者へのばく露の程度が低く，労働者の健康障害のおそれが低いと判断されたため，作業主任者の選任等の規定および特化則の規定の適用を除外したこと。ただし，以下の①から③までのナフタレン等にナフタレン以外の特定化学物質が含まれている場合，または④のRCF等にRCF以外の特定化学物質が含まれている場合には，当該特定化学物質に着目した規制が必要であることから，作業主任者の選任等の規定および特化則の規定の適用除外とはならないこと。

②のタンク自動車等の「等」には，密閉式の構造の設備が含まれること。

① 液体状のナフタレン等を製造し，または取り扱う設備（密閉式の構造のものに限る。②において同じ。）から試料の採取の業務

② 液体状のナフタレン等を製造し，または取り扱う設備から液体状のナフタレン等をタンク自動車等に注入する業務（直結できる構造のホースを用いて相互に接続する場合に限る。）

③ 液体状のナフタレン等を常温を超えない温度で取り扱う業務（①および②に掲げる業務を除く。）

④ RCF等を製造し，または取り扱う業務のうち，バインダー（RCFの発じん防止に用いられる接合剤等）により固形化された物その他

のRCF等の粉じんの発散を防止する処理が講じられた物を取り扱う業務（当該物の切断，穿孔，研磨等のRCF等の粉じんが発散するおそれのある業務を除く。）　　　　　　　　（平成27年基発0930第9号）

⒂　リスク評価の結果，「樹脂等により固形化された物を取り扱う業務」については，三酸化二アンチモン等の労働者へのばく露の程度が低く，労働者の健康障害を生じさせるおそれが低いと判断されたため，特化則の規定の適用を除外したこと。ただし，当該固形化された物に三酸化二アンチモン以外の特定化学物質が含まれている場合には，当該特定化学物質について特化則に基づく措置が必要であること。　　　（平成29年基発0519第6号）

⒃　「樹脂等により固形化された物」とは，液体状の樹脂等（スラリー状，ペースト状のものを含む。）は含まれないが，それが乾燥等により固形化されたものは含まれること。　　　　　　（平成29年基発0519第6号）

⒄　第2条の2に規定される業務は，⒂のとおり労働者の健康障害を生じさせるおそれが低いと判断されたものであるが，三酸化二アンチモンは，ヒトに対する発がんのおそれがあることから，これらの業務について自主的な管理をする必要があること。また，第2条の2に規定される業務であっても，三酸化二アンチモンにより皮疹等の皮膚障害をおこすおそれがある業務は，安衛則第594条および第596条の規定の適用を受けること。

（平成29年基発0519第6号）

⒅　「樹脂等により固形化された物」を取り扱う業務については，特化則に基づく特殊健康診断の実施義務はないが，皮膚への接触による健康障害のおそれがあることから，一般健康診断における「自覚症状及び他覚症状の有無の検査」の中で，アンチモン皮疹等の皮膚症状について確認することが望ましいこと。　　　　　　　　（平成29年基発0519第6号）

⒆　液体状のナフタレン等を常温を超えない温度で取り扱う業務の「常温」とは，概ね，日本工業規格（編注：現 日本産業規格。）（JIS Z 8703試験場所の標準状態）における常温の上限（35℃）を超えない程度の温度域をいうこと。この温度を超える場合は，作業方法によってはばく露の可

能性を否定できないため，今回の政省令改正による措置が必要になること。

（平成27年基発0930第9号）

⑳　「RCF等の粉じんの発散を防止する処理が講じられた物」とは，バインダーの使用または熱処理加工により発じん防止処理がされた成形品およびペースト状の湿潤化されたRCF等の製剤をいうこと。また，一定の形状を保つよう加工がされた製品であれば，その製品自体を切断・研磨等，粉じんが発散するおそれのある取扱いを行わない限り，適用除外業務に該当すること。

（平成27年基発0930第9号）

㉑　第2条の2に規定される業務は，⑭のとおり労働者の健康障害のおそれは低いと判断されたものであるが，ナフタレンおよびRCFは，ヒトに対する発がんのおそれがあることから，これらの業務について自主的な管理をする必要があること。

（平成27年基発0930第9号）

第2条の3　この省令（第22条，第22条の2，第38条の8（有機則第7章の規定を準用する場合に限る。），第38条の13第3項から第5項まで，第38条の14，第38条の20第2項から第4項まで及び第7項，第6章並びに第7章の規定を除く。）は，事業場が次の各号（令第22条第1項第3号の業務に労働者が常時従事していない事業場については，第4号を除く。）に該当すると当該事業場の所在地を管轄する都道府県労働局長（以下この条において「所轄都道府県労働局長」という。）が認定したときは，第36条の2第1項に掲げる物（令別表第3第1号3，6又は7に掲げる物を除く。）を製造し，又は取り扱う作業又は業務（前条の規定により，この省令が適用されない業務を除く。）については，適用しない。

1　事業場における化学物質の管理について必要な知識および技能を有する者として厚生労働大臣が定めるもの（第5号において「化学物質管理専門家」という。）であつて，当該事業場に専属の者が配置され，当該者が当該事業場における次に掲げる事項を管理していること。

　イ　特定化学物質に係る労働安全衛生規則（昭和47年労働省令第32号）第34条の2の7第1項に規定するリスクアセスメントの実施に関す

　　　ること。

　　ロ　イのリスクアセスメントの結果に基づく措置その他当該事業場に
　　　おける特定化学物質による労働者の健康障害を予防するため必要な
　　　措置の内容及びその実施に関すること。

　2　過去3年間に当該事業場において特定化学物質による労働者が死亡
　　する労働災害又は休業の日数が4日以上の労働災害が発生していない
　　こと。

　3　過去3年間に当該事業場の作業場所について行われた第36条の2第
　　1項の規定による評価の結果が全て第1管理区分に区分されたこと。

　4　過去3年間に当該事業場の労働者について行われた第39条第1項の
　　健康診断の結果,新たに特定化学物質による異常所見があると認めら
　　れる労働者が発見されなかつたこと。

　5　過去3年間に1回以上,労働安全衛生規則第34条の2の8第1項第
　　3号及び第4号に掲げる事項について,化学物質管理専門家（当該事
　　業場に属さない者に限る。）による評価を受け,当該評価の結果,当該
　　事業場において特定化学物質による労働者の健康障害を予防するため
　　必要な措置が適切に講じられていると認められること。

　6　過去3年間に事業者が当該事業場について労働安全衛生法（以下「法」
　　という。）及びこれに基づく命令に違反していないこと。

②　前項の認定（以下この条において単に「認定」という。）を受けようと
　する事業場の事業者は,特定化学物質障害予防規則適用除外認定申請書
　（様式第1号）により,当該認定に係る事業場が同項第1号及び第3号か
　ら第5号までに該当することを確認できる書面を添えて,所轄都道府県
　労働局長に提出しなければならない。

③　所轄都道府県労働局長は,前項の申請書の提出を受けた場合において,
　認定をし,又はしないことを決定したときは,遅滞なく,文書で,その
　旨を当該申請書を提出した事業者に通知しなければならない。

④　認定は,3年ごとにその更新を受けなければ,その期間の経過によつ
　て,その効力を失う。

⑤　第1項から第3項までの規定は,前項の認定の更新について準用する。

⑥ 認定を受けた事業者は，当該認定に係る事業場が第1項第1号から第5号までに掲げる事項のいずれかに該当しなくなつたときは，遅滞なく，文書で，その旨を所轄都道府県労働局長に報告しなければならない。

⑦ 所轄都道府県労働局長は，認定を受けた事業者が次のいずれかに該当するに至つたときは，その認定を取り消すことができる。

　1　認定に係る事業場が第1項各号に掲げる事項のいずれかに適合しなくなつたと認めるとき。

　2　不正の手段により認定又はその更新を受けたとき。

　3　特定化学物質に係る法第22条及び第57条の3第2項の措置が適切に講じられていないと認めるとき。

⑧ 前三項の場合における第1項第3号の規定の適用については，同号中「過去3年間に当該事業場の作業場所について行われた第36条の2第1項の規定による評価の結果が全て第1管理区分に区分された」とあるのは，「過去3年間の当該事業場の作業場所に係る作業環境が第36条の2第1項の第1管理区分に相当する水準にある」とする。

【要　旨】

本条は，特化則の規定（健康診断および呼吸用保護具に係る規定を除く。）は，専属の化学物質管理専門家が配置されていること等の一定の要件を満たすことを所轄都道府県労働局長が認定した事業場については，特化則等の規制対象物質を製造し，または取り扱う業務等について，適用しないこととしたものである。

【解　説】

⑴　本規定は，事業者による化学物質の自律的な管理を促進するという考え方に基づき，作業環境測定の対象となる化学物質を取り扱う業務等について，化学物質管理の水準が一定以上であると所轄都道府県労働局長が認める事業場に対して，当該化学物質に適用される特化則等の特別則の規定の一部の適用を除外することを定めたものであること。適用除外の対象とならない規定は，特殊健康診断に係る規定および保護具の使用に係る規

定である。なお，作業環境測定の対象となる化学物質以外の化学物質に係る業務等については，本規定による適用除外の対象とならないこと。

　また，所轄都道府県労働局長が特化則等で示す適用除外の要件のいずれかを満たさないと認めるときには，適用除外の認定は取消しの対象となること。適用除外が取り消された場合，適用除外となっていた当該化学物質に係る業務等に対する特化則等の規定が再び適用されること。

　⑵　第1項第1号の化学物質管理専門家については，作業場の規模や取り扱う化学物質の種類，量に応じた必要な人数が事業場に専属の者として配置されている必要があること。

　⑶　第1項第2号については，過去3年間，申請に係る当該物質による死亡災害または休業4日以上の労働災害を発生させていないものであること。「過去3年間」とは，申請時を起点としてさかのぼった3年間をいうこと。

　⑷　第1項第3号については，申請に係る事業場において，申請に係る特化則等において作業環境測定が義務付けられている全ての化学物質等（例えば，特化則であれば，申請に係る全ての特定化学物質）について特化則等の規定に基づき作業環境測定を実施し，作業環境の測定結果に基づく評価が第1管理区分であることを過去3年間維持している必要があること。

　⑸　第1項第4号については，申請に係る事業場において，申請に係る特化則等において健康診断の実施が義務付けられている全ての化学物質等（例えば，特化則であれば，申請に係る全ての特定化学物質）について，過去3年間の健康診断で異常所見がある労働者が1人も発見されないことが求められること。

　なお，安衛則に基づく定期健康診断の項目だけでは，特定化学物質等による異常所見かどうかの判断が困難であるため，安衛則の定期健康診断における異常所見については，適用除外の要件とはしないこと。

　⑹　第1項第5号については，客観性を担保する観点から，認定を申請

する事業場に属さない化学物質管理専門家から，安衛則第34条の２の８第
１項第３号および第４号に掲げるリスクアセスメントの結果やその結果に
基づき事業者が講ずる労働者の危険または健康障害を防止するため必要な
措置の内容に対する評価を受けた結果，当該事業場における化学物質によ
る健康障害防止措置が適切に講じられていると認められることを求めるも
のであること。なお，本規定の評価については，ISO（JISQ）45001の認
証等の取得を求める趣旨ではないこと。

　⑺　第１項第６号については，過去３年間に事業者が当該事業場につい
て法およびこれに基づく命令に違反していないことを要件とするが，軽微
な違反まで含む趣旨ではないこと。なお，法およびそれに基づく命令の違
反により送検されている場合，労働基準監督機関から使用停止等命令を受
けた場合，または労働基準監督機関から違反の是正の勧告を受けたにもか
かわらず期限までに是正措置を行わなかった場合は，軽微な違反には含ま
れないこと。

　⑻　第２項に係る申請を行う事業者は，適用除外認定申請書に，様式ご
とにそれぞれ，⑵，⑷から⑹までに規定する要件に適合することを証する
書面に加え，適用除外認定申請書の備考欄で定める書面を添付して所轄都
道府県労働局長に提出する必要があること。

　⑼　第４項について，適用除外の認定は，３年以内ごとにその更新を受
けなければ，その期間の経過によって，その効果を失うものであることか
ら，認定の更新の申請は，認定の期限前に十分な時間的な余裕をもって行
う必要があること。

　⑽　第５項については，認定の更新に当たり，第２条の３第１項から第
３項までの規定が準用されるものであること。

　⑾　第６項は，所轄都道府県労働局長が遅滞なく事実を把握するため，
当該認定に係る事業場が⑵から⑹までに掲げる事項のいずれかに該当しな
くなったときは，遅滞なく報告することを事業者に求める趣旨であること。

　⑿　第７項は，認定を受けた事業者が第２条の３第７項に掲げる認定の

取消し要件のいずれかに該当するに至ったときは，所轄都道府県労働局長
は，その認定を取り消すことができることを規定したものであること。こ
の場合，認定を取り消された事業場は，適用を除外されていた全ての特化
則等の規定を速やかに遵守する必要があること。

⒀　第5項から第7項までの場合における第2条の3第1項第3号の規
定の適用については，過去3年の期間，申請に係る当該物質に係る作業環
境測定の結果に基づく評価が，第1管理区分に相当する水準を維持してい
ることを何らかの手段で評価し，その評価結果について，当該事業場に属
さない化学物質管理専門家の評価を受ける必要があること。なお，第1管
理区分に相当する水準を維持していることを評価する方法には，個人ばく
露測定の結果による評価，作業環境測定の結果による評価または数理モデ
ルによる評価が含まれること。これらの評価の方法については，別途示す
ところに留意する必要があること。

⒁　特化則様式第1号について，適用除外の認定の申請は，特化則にお
いては，対象となる製造または取り扱う化学物質を，列挙する必要がある
こと。

（令和4年基発0531第9号）

第2章　製造等に係る措置

　本章は，第1類物質の取扱い作業または第2類物質の製造および取扱いの作業に労働者を従事させる場合におけるそれらの物質のガス，蒸気または粉じんによる作業場内の空気の汚染と障害を防止するため，第1類物質または第2類物質の区分に応じた設備上の措置について規定するとともに，これらの設備上の措置についての適用除外の特例を規定したものである。

　（第1類物質の取扱いに係る設備）

第3条　事業者は，第1類物質を容器に入れ，容器から取り出し，又は反応槽等へ投入する作業（第1類物質を製造する事業場において当該第1類物質を容器に入れ，容器から取り出し，又は反応槽等へ投入する作業を除く。）を行うときは，当該作業場所に，第1類物質のガス，蒸気若しくは粉じんの発散源を密閉する設備，囲い式フードの局所排気装置又はプッシュプル型換気装置を設けなければならない。ただし，令別表第3第1号3に掲げる物又は同号8に掲げる物で同号3に係るもの（以下「塩素化ビフエニル等」という。）を容器に入れ，又は容器から取り出す作業を行う場合で，当該作業場所に局所排気装置を設けたときは，この限りでない。　　　　　　　　　　　　　　　　　　　　　（根22—(1)）

②　事業者は，令別表第3第1号6に掲げる物又は同号8に掲げる物で同号6に係るもの（以下「ベリリウム等」という。）を加工する作業（ベリリウム等を容器に入れ，容器から取り出し，又は反応槽等へ投入する作業を除く。）を行うときは，当該作業場所に，ベリリウム等の粉じんの発散源を密閉する設備，局所排気装置又はプッシュプル型換気装置を設けなければならない。　　　　　　　　　　　　　　　　　（根22—(1)）

【要　旨】

　本条は，第1類物質を製造する事業場以外の事業場において，第1類物質を取り扱う一定の作業を行うときは，当該物質のガス，蒸気または粉じ

んにより汚染することを防止するため，原則として，当該作業場所の発散
源を密閉する設備，一定の型式のフードを有する局所排気装置またはプッ
シュプル型換気装置を設置すべきことおよびベリリウム等の加工作業を行
う作業場所に，ベリリウム等の粉じんの発散源を密閉する設備，局所排気
装置またはプッシュプル型換気装置を設置すべきことを規定したものであ
る。

【解　説】

(1)　本条第1項は，第1類物質を製造する事業場以外の事業場において，
第1類物質を容器に出し入れする作業または染料等を製造する事業場にお
いて，第1類物質を反応槽へ投入する作業を行うときは，第1類物質のガ
ス，蒸気または粉じんの発散源を密閉する設備，一定の型式のフードを有
する局所排気装置またはプッシュプル型換気装置を設置すべきことを明確
にしたものであり，塩素化ビフェニル等を容器へ出し入れする場合で，当
該作業場所に局所排気装置を設けたときは，発散源を密閉する設備または
囲い式フードを有する局所排気装置を設けなくてもよいとの特例を設けた
ものであること。

(2)　第1項の「囲い式フード」とは，第1図に例示するごときもので，
作業に支障のない範囲でできる限り発生源を覆うようにし，その開口部を
できるだけ狭くした型式のフードをいうものであること。

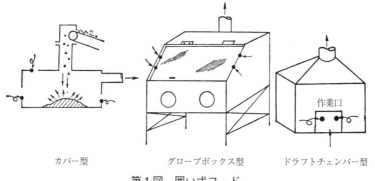

カバー型　　　　　グローブボックス型　　　ドラフトチェンバー型

第1図　囲い式フード

(3)　第2項は，ベリリウム等を加工する作業を行う作業場所に，ベリリウム等の粉じんの発生源を密閉する設備，局所排気装置またはプッシュプル型換気装置を設置すべきことを規定したものであること。

なお，第2項は，ベリリウム等を製造する事業場において，製造工程に引き続いて加工する作業を行う場合においても適用があること。

（第2類物質の製造等に係る設備）

第4条　事業者は，特定第2類物質又はオーラミン等（以下「特定第2類物質等」という。）を製造する設備については，密閉式の構造のものとしなければならない。　　　　　　　　　　　　　　　　　　（根22―⑴）

②　事業者は，その製造する特定第2類物質等を労働者に取り扱わせるときは，隔離室での遠隔操作によらなければならない。ただし，粉状の特定第2類物質等を湿潤な状態にして取り扱わせるときは，この限りでない。　　　　　　　　　　　　　　　　　　　　　　　　　　　　（根22―⑴）

③　事業者は，その製造する特定第2類物質等を取り扱う作業の一部を請負人に請け負わせるときは，当該請負人に対し，隔離室での遠隔操作による必要がある旨を周知させるとともに，当該請負人に対し隔離室を使用させる等適切に遠隔操作による作業が行われるよう必要な配慮をしなければならない。ただし，粉状の特定第2類物質等を湿潤な状態にして取り扱うときは，この限りでない。

④　事業者は，その製造する特定第2類物質等を計量し，容器に入れ，又は袋詰めする作業を行う場合において，第1項及び第2項の規定によることが著しく困難であるときは，当該作業を当該特定第2類物質等が作業中の労働者の身体に直接接触しない方法により行い，かつ，当該作業を行う場所に囲い式フードの局所排気装置又はプッシュプル型換気装置を設けなければならない。　　　　　　　　　　　　　　　　　　（根22―⑴）

⑤　事業者は，前項の作業の一部を請負人に請け負わせる場合において，第1項の規定によること及び隔離室での遠隔操作によること又は粉状の特定第2類物質等を湿潤な状態にして取り扱うことが著しく困難であるときは，当該請負人に対し，当該作業を当該特定第2類物質等が身体に直

| 接接触しない方法により行う必要がある旨を周知させなければならない。 |

【要　旨】

　本条は，特定第2類物質またはオーラミン等の製造装置について，これらの物質の蒸気または粉じんが装置外に発散しないようにした密閉式の構造のものとすること，ならびにこれらの物質の製造に伴う取扱い作業において労働者がばく露されないための取扱い措置を講ずべきことを規定したものである。

　また，健康障害に係る業務または作業を行う事業者に対して当該業務または作業の一部を請負人に請け負わせるときは，当該請負人に対しても労働者と同等の保護措置を講ずる義務を課すこととしたものである。

【解　説】

　(1)　本条第1項は，特定第2類物質またはオーラミン等を製造するための装置（原料を投入し，生成したこれらの物質を装置から取り出すまでの一連の装置をいう。）について，その密閉化を規定したものであり，その装置が設置されている場所が屋内，屋外を問わないものであること。

　(2)　第1項の「密閉式の構造」とは，特定第2類物質またはオーラミン等を製造するための装置について，原料を投入し，および製品を取り出す箇所（分析のため製品試料を取り出す箇所を含む。）以外の箇所から，原料および特定第2類物質またはオーラミン等の蒸気または粉じんが装置外に発散しないようにした構造をいうこと。　　　　　　　（昭和46年基発第399号）

　(3)　第2項の「取り扱わせる」とは，製造装置から取り出した特定第2類物質またはオーラミン等のかん詰め，袋詰め，計量等の作業を行うことをいうこと。　　　　　　　　　　　　　　　　　（昭和46年基発第399号）

　(4)　第2項の「隔離室での遠隔操作」とは，製造する特定第2類物質またはオーラミン等を取り扱う場所から隔離された計器室（コントロールルーム）等から装置を運転操作することをいうこと。　　（昭和46年基発第399号）

　(5)　第2項の「湿潤な状態」のものとは，当該物質をスラリー化したも

のまたは溶媒に溶解させたものをいうこと。　　　　　（昭和47年基発第591号）

　⑹　第3項について，事業者は，特定の危険有害業務または作業を行う
ときは，保護具等の保管設備，汚染を洗浄するための設備，遠隔操作のた
めの隔離室等を設け，労働者に使用させる義務があるところ，当該業務ま
たは作業の一部を請負人に請け負わせるときは，これらの設備を当該請負
人に使用させる等の必要な配慮をしなければならないこととしたこと。

（令和4年基発0415第1号）

　⑺　第4項は，特定第2類物質またはオーラミン等を製造する事業場に
おいて，当該物質を容器詰めする等労働者に取り扱わせる場合には，原則
として当該物質を湿潤な状態なものとするかまたは遠隔操作によらなけれ
ばならないこととされているが，これらの措置を講ずることが著しく困難
なときは，当該作業を作業中の労働者の身体に直接接触しない方法により
行い，かつ，当該作業を行う場所に一定の型式のフードを有する局所排気装
置またはプッシュプル型換気装置を設置すべきことを定めたものであるこ
と。　　　　　　　　　　　　　　　　　　　　　　（昭和47年基発第591号）

　⑻　第4項の「労働者の身体に直接接触しない方法」とは，製品を入れ
たホッパーから，スクリューコンベヤー等により直接収かんする等の方法
をいうこと。　　　　　　　　　　　　　　　　　　（昭和47年基発第591号）

　⑼　第5項について，事業者は，特定の危険有害業務または作業を行う
ときは，一定の作業方法による義務があるところ，当該業務または作業の
一部を請負人に請け負わせるときは，当該請負人に対し，一定の作業方法
により当該業務または作業を行う必要がある旨を周知させなければならな
いこととしたこと。　　　　　　　　　　　　　　　（令和4年基発0415第1号）

第5条　事業者は，特定第2類物質のガス，蒸気若しくは粉じんが発散す
　る屋内作業場（特定第2類物質を製造する場合，特定第2類物質を製造
　する事業場において当該特定第2類物質を取り扱う場合，燻蒸作業を行
　う場合において令別表第3第2号5，15，17，20若しくは31の2に掲げ
　る物又は別表第1第5号，第15号，第17号，第20号若しくは第31号の2

に掲げる物（以下「臭化メチル等」という。）を取り扱うとき，及び令別
表第3第2号30に掲げる物又は別表第1第30号に掲げる物（以下「ベン
ゼン等」という。）を溶剤（希釈剤を含む。第38条の16において同じ。）
として取り扱う場合に特定第2類物質のガス，蒸気又は粉じんが発散す
る屋内作業場を除く。）又は管理第2類物質のガス，蒸気若しくは粉じん
が発散する屋内作業場については，当該特定第2類物質若しくは管理第
2類物質のガス，蒸気若しくは粉じんの発散源を密閉する設備，局所排
気装置又はプッシュプル型換気装置を設けなければならない。ただし，当
該特定第2類物質若しくは管理第2類物質のガス，蒸気若しくは粉じん
の発散源を密閉する設備，局所排気装置若しくはプッシュプル型換気装
置の設置が著しく困難なとき，又は臨時の作業を行うときは，この限り
でない。　　　　　　　　　　　　　　　　　　　　　　　（根22―(1)）

②　事業者は，前項ただし書の規定により特定第2類物質若しくは管理第
2類物質のガス，蒸気若しくは粉じんの発散源を密閉する設備，局所排
気装置又はプッシュプル型換気装置を設けない場合には，全体換気装置
を設け，又は当該特定第2類物質若しくは管理第2類物質を湿潤な状態
にする等労働者の健康障害を予防するため必要な措置を講じなければな
らない。　　　　　　　　　　　　　　　　　　　　　　　（根22―(1)）

【要　旨】

　本条は，特定第2類物質のガス，蒸気または粉じんを発散する屋内作業
場（特定第2類物質を製造する事業場において製造し，取り扱う場合，臭
化メチル等を用いて行う燻蒸作業を行う場合において取り扱う場合および
ベンゼン等を溶剤等として取り扱う場合を除く。）または管理第2類物質
のガス，蒸気または粉じんを発散する屋内作業場における特定第2類物質
または管理第2類物質のガス，蒸気または粉じんの発散源には，その発散
源を密閉する設備，局所排気装置またはプッシュプル型換気装置の設置そ
の他必要な処置を講ずべきことを規定したものである。

【解　説】

　(1)　本条は，特定第2類物質（一定の取扱いを除く。）または管理第2

類物質のガス，蒸気または粉じんの発散源について適用されるものであり，したがって，特定第2類物質または管理第2類物質以外の物質の取扱い等において，特定第2類物質または管理第2類物質が生成され発散する場合（例えば紡糸作業における硫化水素の発生等）または特定第2類物質または管理第2類物質のガス，蒸気または粉じんが発散する場合（例えば，ポリ塩化ビニルの加工作業における塩化ビニルの発生等）等についても，本条の適用があることに留意すること。

⑵　第1項の「設置が著しく困難な」場合については，通達により次の場合が示されている。

①　種々の場所に短期間ずつ出張して行う作業の場合または発散源が一定していないために技術的に設置が困難な場合があること。

（昭和46年基発第399号）

②　エチレンオキシド等を用いる殺菌設備において，滅菌する物の出し入れを行うために労働者が当該設備の内部に立ち入る必要がある場合は，第1項ただし書きにいう「設置が著しく困難なとき」に該当すること。

（平成13年基発第413号）

③　ホルムアルデヒド等を用いて行う燻蒸の作業またはガス滅菌の作業において，労働者が燻蒸する場所または滅菌設備の内部に立ち入る必要がある場合は，第1項ただし書きにいう「設置が著しく困難なとき」に該当すること。

（平成20年基発第0229001号）

④　ニッケル化合物等および砒素等に係る第1項ただし書きにいう「設置が著しく困難なとき」に該当するものとして次のような例があること。

（ア）　ニッケル化合物または砒素化合物を含有する鉱石等から金属を精錬する事業場において，コンベヤーにより当該鉱石等を運搬する場合

（イ）　ニッケル化合物または砒素化合物を含有する鉱石等から金属を精錬する事業場において当該鉱石等を貯蔵する倉庫内でショベルローダー等により当該鉱石等を運搬する場合　　　（平成20年基発第1126001号）

(3)　第1項の「臨時の作業を行う」場合とは，その事業において通常行っている作業のほかに一時的必要に応じて行う特定第2類物質または管理第2類物質に係る作業を行う場合をいうこと。したがって，一般的には，作業時間が短時間の場合が少なくないが，必ずしもそのような場合のみに限られる趣旨ではないこと。　　　　　　　　　　　(昭和46年基発第399号)

(4)　本規則において，「屋内作業場」には，作業場の建家の側面の半分以上にわたって壁，羽目板その他のしゃへい物が設けられておらず，かつガス，蒸気または粉じんがその内部に滞留するおそれがない作業場は含まれないこと。　　　　　　　　　　　　　　　　　(昭和46年基発第399号)

(5)　第2項の「湿潤な状態にする等」の「等」には，短期間出張して行う作業または臨時の作業を行う場合における適切な労働衛生保護具の使用が含まれること。　　　　　　　　　　　　　　　　　(昭和46年基発第399号)

(6)　(2)の②の場合に講ずべき第2項の「必要な措置」には，第38条の12第2号から第5号に定める措置を講じた上で，内部に残留するエチレンオキシド等によるばく露を防止するため，滅菌設備の内部に立ち入る労働者に対する有機ガス用防毒マスク等適切な呼吸用保護具を使用させることが含まれること。　　　　　　　　　　　　　　　　(平成13年基発第413号)

(7)　(2)の③の場合に講ずべき第2項の「必要な措置」には，労働者に送気マスク，空気呼吸器その他有効な呼吸用保護具を使用させることが含まれること。　　　　　　　　　　　　　　　(平成20年基発第0229001号)

【疑義および解釈】

問1　第2項の規定により設ける全体換気装置の性能如何。

答　作業環境中の第2類物質の濃度を労働大臣が定める値をこえないものとすることができる性能を有するものであること。(昭和47年基発第799号)

　　すなわち，第2項により設ける全体換気装置は，特定第2類物質または管理第2類物質のうち第7条第1項第5号の「厚生労働大臣が定める値」(昭和50年労働省告示第75号)第1号に規定されている物にあっては，それぞれの濃度を超えないものとすることができる性能を有する必

要がある。

　なお，同告示に規定されている物以外の特定第2類物質または管理第2類物質にあっては，当該物質の濃度が，作業環境測定基準に基づく測定の結果，検知できないことを目途としたものとすることができる性能を有するものとすることが望ましいが，これが著しく困難な場合は，全体換気装置の設置に加え，所要の呼吸用保護具の使用が必要の場合もあること。

問2　カドミウム等の合金を溶融する場所については，局所排気装置の設置が必要か。

答　カドミウム合金等の溶融場所からは，カドミウム等のヒュームが発散することから，局所排気装置の設置が必要である。（昭和47年基発第799号）

第6条　前二条の規定は，作業場の空気中における第2類物質のガス，蒸気又は粉じんの濃度が常態として有害な程度になるおそれがないと当該事業場の所在地を管轄する労働基準監督署長（以下「所轄労働基準監督署長」という。）が認定したときは，適用しない。　　　　　（根22—⑴）

②　前項の規定による認定を受けようとする事業者は，特定化学物質障害予防規則一部適用除外認定申請書（様式第1号の2）に作業場の見取図を添えて，所轄労働基準監督署長に提出しなければならない。

③　所轄労働基準監督署長は，前項の申請書の提出をうけた場合において，第1項の規定による認定をし，又は認定をしないことを決定したときは，遅滞なく，文書で，その旨を当該申請者に通知しなければならない。

④　第1項の規定による認定を受けた事業者は，第2項の申請書又は作業場の見取図に記載された事項を変更したときは，遅滞なく，その旨を所轄労働基準監督署長に報告しなければならない。　　　　　（根100—⑴）

⑤　所轄労働基準監督署長は，第1項の規定による認定をした作業場の空気中における第2類物質のガス，蒸気又は粉じんの濃度が同項の規定に適合すると認められなくなつたときは，遅滞なく，当該認定を取り消すものとする。

【要　旨】

　本条は，第2類物質の製造または取扱いに関して，その取扱い量，生産工程，作業方法，作業場内におけるこれらの物質の気中濃度等からみて，常態として衛生上有害な状態になるおそれがないことを所轄労働基準監督署長が認定した場合における第4条または第5条の規定による措置についての適用除外を規定したものである。

　なお，本条の規定により，第4条または第5条の適用が除外される場合は，安衛則第577条の規定は，適用される余地がないこと。

【参　考】

```
労働安全衛生規則
（ガス等の発散の抑制等）
第577条　事業者は，ガス，蒸気又は粉じんを発散する屋内作業場において
　は，当該屋内作業場における空気中のガス，蒸気又は粉じんの含有濃度
　が有害な程度にならないようにするため，発散源を密閉する設備，局所
　排気装置又は全体換気装置を設ける等必要な措置を講じなければならな
　い。
```

【解　説】

　本条第1項の「作業場の空気中における第2類物質のガス，蒸気または粉じんの濃度が常態として有害な程度になるおそれがない」とは，次の各号の一の基準に該当する場合をいうこと。

　ア　連続する2日間にわたり次の要領により測定した作業場の空気中における第2類物質（昭和50年労働省告示第75号本則第1号に規定する物に限る。）のガス，蒸気または粉じんの濃度が，同号の表に定める値を超えない場合。

　（ア）　測定点

　　　測定点は，立作業にあたっては作業場所の床上1.5m，座作業にあたっては，作業場所の床上0.5mの高さの水平面上の**第2図**に示

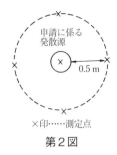

×印……測定点

第2図

す位置とすること（図の点線上の測定点は，4点以上とする。)。

（イ）　測定時刻

　　測定は，作業が定常的に行われている時間（作業開始後1時間を経過しない間を除く。）に行うこと。

（ウ）　測定回数

　　測定は，1日について(イ)の測定点ごとに1回以上行うこと。

（エ）　試料空気の採取時間

　　一の測定点における試料空気の採取時間は，10分間以上の継続した時間とすること。ただし，直接捕集方法または検知管方式による測定機器を用いる方法による測定については，この限りでない。

（オ）　測定方法

　　測定方法については，作業環境測定基準（昭和51年労働省告示第46号）第10条第1項または第2項に定めるところによること。

（カ）　気中濃度の計算法

　　作業場の空気中における第2類物質のガス，蒸気または粉じんの濃度は，次の式により計算を行って得た値とすること。

$$Mg = \sqrt[n]{A_1 \cdot A_2 \cdots A_n}$$

（この式において，$A_1 \cdot A_2 \cdots A_n$ は各測定点における測定値を表すものとする。)

（キ）　その他

　　申請に係る第2類物質の発散源の付近に，全体換気装置等が設置

してある場合は，当該装置の稼働を停止した上で測定すること。

イ　屋内作業場（通風が不十分な屋内作業場を除く。）において，1日に取り扱う第2類物質の量が，次の表の左欄に掲げる第2類物質の種類に応じて，それぞれ，同表の右欄の1日に取り扱う量を常に超えないとき。なお，この場合，1日に取り扱う第2類物質の量は，申請前おおむね6か月間の取扱量について調査の結果，それぞれ同表の値を超えるおそれがないことが明らかなものであり，かつ，申請後においても，使用設備の増設が予定されていない等，これを超えるおそれがないものであること。

第2類物質の種類	1日に取り扱う量(g)
オルト－フタロジニトリル	24
カドミウムおよびその化合物	24
クロム酸およびその塩	24
シアン化カリウム	12
シアン化ナトリウム	12
水銀およびその無機化合物（硫化水銀を除く。）	24
ペンタクロルフェノール（別名PCP）およびそのナトリウム塩	120
マンガンおよびその化合物（塩基性酸化マンガンを除く。）	1,200
硫酸ジメチル	120

ウ　水銀については，当該物質を用いて圧力測定のみを行う場合

エ　カドミウム合金またはマンガン合金については，当該物質の切断または加工（動力によるものを除く）をする場合　　（昭和58年基発第383号）

オ　シアン化合物を用いて行う電解脱脂およびめっき作業については，次の基準に該当する場合

（ア）　次の組成と条件に該当する電解脱脂浴，銅めっきおよび亜鉛めっき浴作業

⑦　銅めっき工程における電解脱脂浴の組成と条件

シアン化ナトリウム	30g/L 以下
水酸化ナトリウム	40g/L 以下
ph	11以上
液　　　　温	常温以下
電　流　密　度	$2 \, A/dm^2$以下

⑦　銅めっき浴の組成と条件

シアン化ナトリウム	30g/L 以下
水酸化ナトリウム	40g/L 以下
ph	11以上
液　　　　温	42℃以下
電　流　密　度	$2 \, A/dm^2$以下

⑦　亜鉛めっき工程における電解脱脂浴の組成と条件

シアン化ナトリウム	15g/L 以下
水酸化ナトリウム	100g/L 以下
ph	13以上
液　　　　温	50℃以下
電　流　密　度	$6 \, A/dm^2$以下

㋔　亜鉛めっき浴の組成と条件

シアン化ナトリウム	15g/L 以下
水酸化ナトリウム	90g/L 以下
ph	11以上
液　　　　温	30℃以下
電　流　密　度	$10A/dm^2$以下

（昭和47年基発第410号）

【疑義および解釈】

問　屋内作業場におけるガス，蒸気または粉じんの気中濃度が抑制濃度を
　　超えていないときについても，局所排気装置の設置義務はあるか。

答　局所排気装置にかかる適用除外については，所轄労働基準監督署長の
　　認定を受けることとされており，その認定基準としては，1日に取り扱
　　う第2類物質の量がそれぞれ所定量を超えない場合，または一定位置に
　　おける作業環境気中の第2類物質の濃度が，厚生労働大臣が定める値を

常態として超えないことが明らかな場合または検出されない場合に限ることとしている。

(昭和47年・基発第799号)

【参　考】

労働安全衛生規則

（ばく露の程度の低減等）

第577条の2　事業者は，リスクアセスメント対象物を製造し，又は取り扱う事業場において，リスクアセスメントの結果等に基づき，労働者の健康障害を防止するため，代替物の使用，発散源を密閉する設備，局所排気装置又は全体換気装置の設置及び稼働，作業の方法の改善，有効な呼吸用保護具を使用させること等必要な措置を講ずることにより，リスクアセスメント対象物に労働者がばく露される程度を最小限度にしなければならない。

②　事業者は，リスクアセスメント対象物のうち，一定程度のばく露に抑えることにより，労働者に健康障害を生ずるおそれがない物として厚生労働大臣が定めるものを製造し，又は取り扱う業務（主として一般消費者の生活の用に供される製品に係るものを除く。）を行う屋内作業場においては，当該業務に従事する労働者がこれらの物にばく露される程度を，厚生労働大臣が定める濃度の基準以下としなければならない。

③　事業者は，リスクアセスメント対象物を製造し，又は取り扱う業務に常時従事する労働者に対し，法第66条の規定による健康診断のほか，リスクアセスメント対象物に係るリスクアセスメントの結果に基づき，関係労働者の意見を聴き，必要があると認めるときは，医師又は歯科医師が必要と認める項目について，医師又は歯科医師による健康診断を行わなければならない。

④　事業者は，第2項の業務に従事する労働者が，同項の厚生労働大臣が定める濃度の基準を超えてリスクアセスメント対象物にばく露したおそれがあるときは，速やかに，当該労働者に対し，医師又は歯科医師が必要と認める項目について，医師又は歯科医師による健康診断を行わなければならない。

⑤　事業者は，前二項の健康診断（以下この条において「リスクアセスメ

ント対象物健康診断」という。）を行つたときは，リスクアセスメント対象物健康診断の結果に基づき，リスクアセスメント対象物健康診断個人票（様式第24号の２）を作成し，これを５年間（リスクアセスメント対象物健康診断に係るリスクアセスメント対象物ががん原性がある物として厚生労働大臣が定めるもの（以下「がん原性物質」という。）である場合は，30年間）保存しなければならない。

⑥　事業者は，リスクアセスメント対象物健康診断の結果（リスクアセスメント対象物健康診断の項目に異常の所見があると診断された労働者に係るものに限る。）に基づき，当該労働者の健康を保持するために必要な措置について，次に定めるところにより，医師又は歯科医師の意見を聴かなければならない。

１　リスクアセスメント対象物健康診断が行われた日から３月以内に行うこと。

２　聴取した医師又は歯科医師の意見をリスクアセスメント対象物健康診断個人票に記載すること。

⑦　事業者は，医師又は歯科医師から，前項の意見聴取を行う上で必要となる労働者の業務に関する情報を求められたときは，速やかに，これを提供しなければならない。

⑧　事業者は，第６項の規定による医師又は歯科医師の意見を勘案し，その必要があると認めるときは，当該労働者の実情を考慮して，就業場所の変更，作業の転換，労働時間の短縮等の措置を講ずるほか，作業環境測定の実施，施設又は設備の設置又は整備，衛生委員会又は安全衛生委員会への当該医師又は歯科医師の意見の報告その他の適切な措置を講じなければならない。

⑨　事業者は，リスクアセスメント対象物健康診断を受けた労働者に対し，遅滞なく，リスクアセスメント対象物健康診断の結果を通知しなければならない。

⑩　事業者は，第１項，第２項及び第８項の規定により講じた措置について，関係労働者の意見を聴くための機会を設けなければならない。

⑪　事業者は，次に掲げる事項（第３号については，がん原性物質を製造

し，又は取り扱う業務に従事する労働者に限る。）について，1年を超えない期間ごとに1回，定期に，記録を作成し，当該記録を3年間（第2号（リスクアセスメント対象物ががん原性物質である場合に限る。）及び第3号については，30年間）保存するとともに，第1号及び第4号の事項について，リスクアセスメント対象物を製造し，又は取り扱う業務に従事する労働者に周知させなければならない。

1　第1項，第2項及び第8項の規定により講じた措置の状況

2　リスクアセスメント対象物を製造し，又は取り扱う業務に従事する労働者のリスクアセスメント対象物のばく露の状況

3　労働者の氏名，従事した作業の概要及び当該作業に従事した期間並びにがん原性物質により著しく汚染される事態が生じたときはその概要及び事業者が講じた応急の措置の概要

4　前項の規定による関係労働者の意見の聴取状況

⑫　前項の規定による周知は，次に掲げるいずれかの方法により行うものとする。

1　当該リスクアセスメント対象物を製造し，又は取り扱う各作業場の見やすい場所に常時掲示し，又は備え付けること。

2　書面を，当該リスクアセスメント対象物を製造し，又は取り扱う業務に従事する労働者に交付すること。

3　事業者の使用に係る電子計算機に備えられたファイル又は電磁的記録媒体をもつて調製するファイルに記録し，かつ，当該リスクアセスメント対象物を製造し，又は取り扱う各作業場に，当該リスクアセスメント対象物を製造し，又は取り扱う業務に従事する労働者が当該記録の内容を常時確認できる機器を設置すること。

第577条の3　事業者は，リスクアセスメント対象物以外の化学物質を製造し，又は取り扱う事業場において，リスクアセスメント対象物以外の化学物質に係る危険性又は有害性等の調査の結果等に基づき，労働者の健康障害を防止するため，代替物の使用，発散源を密閉する設備，局所排気装置又は全体換気装置の設置及び稼働，作業の方法の改善，有効な保護具を使用させること等必要な措置を講ずることにより，労働者がリス

クアセスメント対象物以外の化学物質にばく露される程度を最小限度に
するよう努めなければならない。

「12　労働安全衛生規則等の一部を改正する省令等の施行について
(抄)」(684頁) 参照

第6条の2　事業者は，第4条第4項及び第5条第1項の規定にかかわら
ず，次条第1項の発散防止抑制措置（第2類物質のガス，蒸気又は粉じ
んの発散を防止し，又は抑制する設備又は装置を設置することその他の
措置をいう。以下この条及び次条において同じ。）に係る許可を受けるた
めに同項に規定する第2類物質のガス，蒸気又は粉じんの濃度の測定を
行うときは，次の措置を講じた上で，第2類物質のガス，蒸気又は粉じ
んの発散源を密閉する設備，局所排気装置及びプッシュプル型換気装置
を設けないことができる。

1　次の事項を確認するのに必要な能力を有すると認められる者のうち
　　から確認者を選任し，その者に，あらかじめ，次の事項を確認させる
　　こと。

　　イ　当該発散防止抑制措置により第2類物質のガス，蒸気又は粉じん
　　　が作業場へ拡散しないこと。

　　ロ　当該発散防止抑制措置が第2類物質を製造し，又は取り扱う業務
　　　（臭化メチル等を用いて行う燻蒸作業を除く。以下同じ。）に従事す
　　　る労働者に危険を及ぼし，又は労働者の健康障害を当該措置により
　　　生ずるおそれのないものであること。

2　当該発散防止抑制措置に係る第2類物質を製造し，又は取り扱う業
　　務に従事する労働者に有効な呼吸用保護具を使用させること。

3　前号の業務の一部を請負人に請け負わせるときは，当該請負人に対
　　し，有効な呼吸用保護具を使用する必要がある旨を周知させること。

②　労働者は，事業者から前項第2号の保護具の使用を命じられたときは，
これを使用しなければならない。

【解　説】

(1)　第1項の「発散防止抑制措置」には，第2類物質の蒸気等を吸着，分解等することにより濃度を低減させるもの，気流を工夫することにより第2類物質の蒸気等の発散を防止するもの，冷却することにより空気中の第2類物質の濃度を低減させるもの等が含まれること。

（平成24年基発0517第2号）

(2)　第1項第1号の「確認するのに必要な能力を有すると認められる者」には，次の者が該当すること。

　　ア　3年以上労働衛生コンサルタント（試験の区分が労働衛生工学であるものに合格した者に限る。）としてその業務に従事した経験を有する者
　　イ　6年以上作業環境測定士としてその業務に従事した経験を有する者
　　ウ　6年以上衛生工学衛生管理者としてその業務に従事した経験を有する者

（平成24年基発0517第2号）

(3)　第1項第1号ロの「労働者に危険を及ぼし，又は労働者の健康障害を当該措置により生ずるおそれ」には，例えば，発散防止抑制措置を講じて有害物質を分解する場合に，危険性または有害性を有する物質が生成されることによるものがあること。

（平成24年基発0517第2号）

(4)　本条は，発散防止抑制措置の許可を受けるための濃度測定を行うときに局排等を設置しないことを認めるものであり，所轄労働基準監督署長への許可申請後，許可を受けるまでの間は，第4条第3項および第5条第1項の規定が適用されること。

（平成24年基発0517第2号）

(5)　第1項第3号について，事業者は，特定の危険有害業務または作業を行うときは，当該業務または作業に従事する労働者に必要な保護具を使用させる義務があるところ，当該業務または作業の一部を請負人に請け負わせるときは，当該請負人に対し，必要な保護具を使用する必要がある旨を周知させなければならないこととしたこと。　　（令和4年基発0415第1号）

第6条の3　事業者は，第4条第4項及び第5条第1項の規定にかかわらず，発散防止抑制措置を講じた場合であつて，当該発散防止抑制措置に係る作業場の第2類物質のガス，蒸気又は粉じんの濃度の測定（当該作業場の通常の状態において，法第65条第2項及び作業環境測定法施行規則（昭和50年労働省令第20号）第3条の規定に準じて行われるものに限る。以下この条において同じ。）の結果を第36条の2第1項の規定に準じて評価した結果，第1管理区分に区分されたときは，所轄労働基準監督署長の許可を受けて，当該発散防止抑制措置を講ずることにより，第2類物質のガス，蒸気又は粉じんの発散源を密閉する設備，局所排気装置及びプッシュプル型換気装置を設けないことができる。

②　前項の許可を受けようとする事業者は，発散防止抑制措置特例実施許可申請書（様式第1号の3）に申請に係る発散防止抑制措置に関する次の書類を添えて，所轄労働基準監督署長に提出しなければならない。

　1　作業場の見取図

　2　当該発散防止抑制措置を講じた場合の当該作業場の第2類物質のガス，蒸気又は粉じんの濃度の測定の結果及び第36条の2第1項の規定に準じて当該測定の結果の評価を記載した書面

　3　前条第1項第1号の確認の結果を記載した書面

　4　当該発散防止抑制措置の内容及び当該措置が第2類物質のガス，蒸気又は粉じんの発散の防止又は抑制について有効である理由を記載した書面

　5　その他所轄労働基準監督署長が必要と認めるもの

③　所轄労働基準監督署長は，前項の申請書の提出を受けた場合において，第1項の許可をし，又はしないことを決定したときは，遅滞なく，文書で，その旨を当該事業者に通知しなければならない。

④　第1項の許可を受けた事業者は，第2項の申請書及び書類に記載された事項に変更を生じたときは，遅滞なく，文書で，その旨を所轄労働基準監督署長に報告しなければならない。

⑤　第1項の許可を受けた事業者は，当該許可に係る作業場についての第36条第1項の測定の結果の評価が第36条の2第1項の第1管理区分でな

　かつたとき及び第１管理区分を維持できないおそれがあるときは，直ち
に，次の措置を講じなければならない。
　１　当該評価の結果について，文書で，所轄労働基準監督署長に報告す
　　ること。
　２　当該許可に係る作業場について，当該作業場の管理区分が第１管理
　　区分となるよう，施設，設備，作業工程又は作業方法の点検を行い，そ
　　の結果に基づき，施設又は設備の設置又は整備，作業工程又は作業方
　　法の改善その他作業環境を改善するため必要な措置を講ずること。
　３　当該許可に係る作業場については，労働者に有効な呼吸用保護具を
　　使用させること。
　４　当該許可に係る作業場において作業に従事する者（労働者を除く。）
　　に対し，有効な呼吸用保護具を使用する必要がある旨を周知させるこ
　　と。
⑥　第１項の許可を受けた事業者は，前項第２号の規定による措置を講じ
　たときは，その効果を確認するため，当該許可に係る作業場について当
　該第２類物質の濃度を測定し，及びその結果の評価を行い，並びに当該
　評価の結果について，直ちに，文書で，所轄労働基準監督署長に報告し
　なければならない。
⑦　所轄労働基準監督署長は，第１項の許可を受けた事業者が第５項第１
　号及び前項の報告を行わなかつたとき，前項の評価が第１管理区分でな
　かつたとき並びに第１項の許可に係る作業場についての第36条第１項の
　測定の結果の評価が第36条の２第１項の第１管理区分を維持できないお
　それがあると認めたときは，遅滞なく，当該許可を取り消すものとする。

【解　説】
　⑴　第５項の「第１管理区分を維持できないおそれがある」場合には，
発散防止抑制措置として設置された設備等のレイアウトや特定化学物質の
消費量に大幅な変更があった場合等があること。　（平成24年基発0517第２号）
　⑵　特例の許可および当該許可の取消しについては，「発散防止抑制措
置特例実施許可等要領」（平成24年基発0629第３号）に従って行われることと

されている。

　⑶　第5項第4号について，事業者は，特定の危険有害業務または作業
を行うときは，当該業務または作業を行う場所で作業に従事する労働者に
必要な保護具を使用させる義務があるところ，請負関係の有無に関わらず，
労働者以外の者も含めて，当該場所で作業に従事する者に対し，必要な保
護具を使用する必要がある旨を周知させなければならないこととしたこと。

（令和4年基発0415第1号）

（局所排気装置等の要件）

第7条　事業者は，第3条，第4条第4項又は第5条第1項の規定により
　設ける局所排気装置（第3条第1項ただし書の局所排気装置を含む。次
　条第1項において同じ。）については，次に定めるところに適合するもの
　としなければならない。

　1　フードは，第1類物質又は第2類物質のガス，蒸気又は粉じんの発
　　散源ごとに設けられ，かつ，外付け式又はレシーバー式のフードにあ
　　つては，当該発散源にできるだけ近い位置に設けられていること。

　2　ダクトは，長さができるだけ短く，ベンドの数ができるだけ少なく，
　　かつ，適当な箇所に掃除口が設けられている等掃除しやすい構造のも
　　のであること。

　3　除じん装置又は排ガス処理装置を付設する局所排気装置のファンは，
　　除じん又は排ガス処理をした後の空気が通る位置に設けられているこ
　　と。ただし，吸引されたガス，蒸気又は粉じんによる爆発のおそれが
　　なく，かつ，ファンの腐食のおそれがないときは，この限りでない。

　4　排気口は，屋外に設けられていること。

　5　厚生労働大臣が定める性能を有するものであること。

②　事業者は，第3条，第4条第4項又は第5条第1項の規定により設け
　るプッシュプル型換気装置については，次に定めるところに適合するも
　のとしなければならない。

　1　ダクトは，長さができるだけ短く，ベンドの数ができるだけ少なく，
　　かつ，適当な箇所に掃除口が設けられている等掃除しやすい構造のも
　　のであること。

　2　除じん装置又は排ガス処理装置を付設するプッシュプル型換気装置

のファンは，除じん又は排ガス処理をした後の空気が通る位置に設けられていること。ただし，吸引されたガス，蒸気又は粉じんによる爆発のおそれがなく，かつ，ファンの腐食のおそれがないときは，この限りでない。

3　排気口は，屋外に設けられていること。

4　厚生労働大臣が定める要件を具備するものであること。　（根22─(1)）

【要　旨】

　本条は，第3条，第4条第4項または第5条第1項の規定により設ける局所排気装置に関し，有効な稼働効果を確保するための構造上の要件および能力について規定したものである。

【解　説】

(1)　第1項第1号は，局所排気装置のフードが適切な位置に設けられていないためにその効果がしばしば減殺されることがあるので，その効果を期するために必要なフードの設置位置について規定したものであること。

（昭和46年基発第399号）

(2)　第1項第1号の「発散源にできるだけ近い位置に設ける」とは，局所排気装置の吸引効果は，フード開口面と発散源との間の距離の2乗に比例して低下することから，フードが十分に機能するようフード開口面を発散源に近づけることをいうこと。　（昭和46年基発第399号）

(3)　第1項第1号の「外付け式フード」とは，第3図に示すように，フード開口部が発散源から離れている方式のフードをいうこと。

（昭和46年基発第399号）

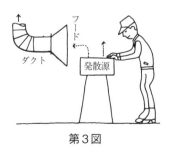
第3図

第4図

(4)　第1項第1号の「レシーバー式フード」とは，**第4図**に示すように外付け式フードに類似しているが，発散源からの熱上昇気流等による一定方向への気流に対して開口部がその気流を受ける方向にあるものをいうこと。
（昭和46年基発第399号）

(5)　第1項第2号および第2項第1号は，局所排気装置またはプッシュプル型換気装置のダクトの配置が不良のために，ダクトが長くなりすぎたり，ベンドが多くなったりして圧力損失（抵抗）が増大し，その結果，より大きな能力のファンが必要となること，または，稼働中に粉じんが堆積して著しく局所排気装置またはプッシュプル型換気装置の能力が低下することがしばしばあるので，装置の効果を期するために必要なダクトの構造について規定したものであること。　　　　　　（昭和46年基発第399号）

(6)　第1項第2号および第2項第1号の「適当な箇所」としては，ベンドの部分または粉じんが堆積しやすい箇所があること。
（昭和46年基発第399号）

(7)　第1項第2号および第2項第1号の「掃除口が設けられている等」の「等」には，ダクトを差込み式にして容易に取りはずしすることができる構造にすることが含まれること。　　　　　　（昭和46年基発第399号）

(8)　第1項第3号および第2項第2号は，フードから吸引した第2類物質のガス，蒸気または粉じんを含んだ空気がファンの羽根車を直接通過すると，これらが羽根車に付着し，排気効果の低下または羽根車の摩耗による破損が生ずるので，これを防止するために規定したものであること。
（昭和46年基発第399号）

ただし，フードから吸引した第1類物質または第2類物質のガス，蒸気または粉じんによる爆発のおそれがなく，かつ，当該物質を含有する空気がファンの羽根車に直接接触することにより，当該ファンの羽根車に腐食を生じ，排気効果の低下等をきたすおそれのない場合に限って特例を認めたものであること。　　　　　　（昭和50年基発第573号）

(9)　第1項第4号および第2項第3号は，局所排気装置からの汚染空気

が作業場内に排出されることを防ぐために規定したものであること。

（昭和46年基発第399号）

⑽　第1項第4号および第2項第3号の「排気口」には，第9条，第10条等により除じんまたは排ガス処理した後の排気口が含まれること。

（昭和46年基発第399号）

⑾　第1項第5号は，局所排気装置の具備すべき性能について定めたものであるが，第1類物質または第2類物質の種類およびそのガス，蒸気または粉じんの発散状態が多様であり，一律に制御風速等をもって性能を示すことには問題がある。このため，規制対象物質のうち，いわゆる許容濃度が文献等で示されている物質に係る局所排気装置については，そのフードの周囲の所定位置において，また通常の発散状態にあったときにおいて，当該第1類物質または第2類物質のガス，蒸気または粉じんの濃度の幾何平均値が，常態として，それぞれ厚生労働大臣が定める値（いわゆる抑制濃度）を超えないようにすることのできる性能のものであるべきこと。

（昭和46年基発第399号）

または規制対象物質のうち，いわゆる許容濃度が文献等で示されていない物質に係る局所排気装置については，発散する物の状態に応じ，およびフードの型式に応じ厚生労働大臣が定める制御風速を出し得ることのできる性能のものであるべきことを規定したものであること。

⑿　第1項第5号の「厚生労働大臣が定める性能」は，昭和50年労働省告示第75号で示されたこと（参照592頁）。

⒀　第1項第5号の局所排気装置の性能の具体的判定方法は，次によること。

〔参考〕昭和58年7月18日基発第383号

　局所排気装置が次のいずれかに該当する場合は，それぞれ，特化則第7条第5号（第38条の12第2項において準用する場合を含む。）または第50条第1項第7号ヘ（第50条の2第2項において準用する場合を含む。）に規定する性能を有するものと判定して差し支えないこと。

① 昭和50年労働省告示第75号（以下「特化則告示」という。）第1号の局所排気装置にあっては，下記アの方法により同号の物の空気中の濃度を測定した結果その濃度が同号の表に定める値を超えないこと。

② 特化則告示本則第1号の局所排気装置で過去に下記アの方法により同号の物の空気中の濃度を測定した際，①に適合している場合の下記イに定める位置における制御風速を測定しているものにあっては，その制御風速が過去に測定した制御風速以上であること。

③ 特化則告示本則第2号の局所排気装置にあっては，下記イの方法により当該局所排気装置の制御風速を測定した結果，その制御風速が同号の表に定める制御風速以上であること。

ア　局所排気装置の性能が，いわゆる抑制濃度で示されている場合
　　局所排気装置を作動させ，次に定めるところにより，当該局所排気装置に係る空気中の有害物質の濃度を測定する。

（ア）測定点は，次に定める位置とすること。

　　㋐　囲い式フードの局所排気装置にあっては，次の図に示す位置

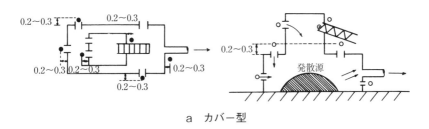

a　カバー型

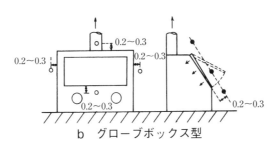

b　グローブボックス型

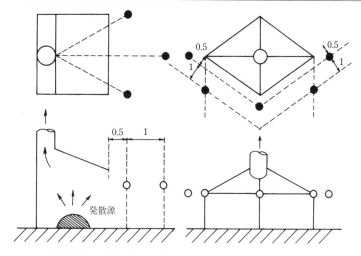

c　一側面開放の建築ブース型　　d　二側面開放の建築ブース型

備考　1　寸法の単位は，メートルとする。
　　　2　○印および●印は測定点を表す。
　　　3　図aのカバー型の囲い式フードの局所排気装置については，すべてのすき
　　　　間を測定点とすること。ただし，対向するすき間または並列するすき間で排
　　　　気ダクトからの距離が等しいものについては，そのうちの1つを測定点とし
　　　　て差し支えない。
　　　4　図aおよびbに示す型式以外の型式のフードの局所排気装置に係る測定点
　　　　の位置については，同図に準ずるものとする。

⑦　外付け式フードの局所排気装置にあっては，次の図に示す位置

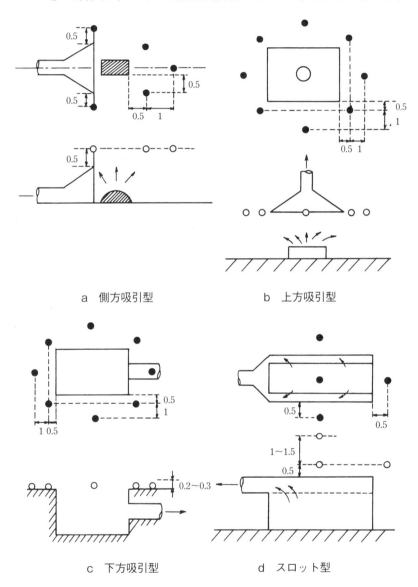

a　側方吸引型　　　　　　　b　上方吸引型

c　下方吸引型　　　　　　　d　スロット型

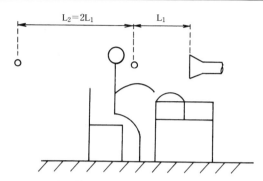

e その他（フードの開口面が小さく，かつ作業位
置が一定の机上作業等について設けるもの）

備考1　寸法の単位は，メートルとする。
　　2　〇印および●印は，測定点を表す。
　　3　図bの上方吸引型の外付け式フードのうち，フードが円形のものにあっ
　　　ては，測定点を同心円上にとる。
　　4　図eのL₁は，フードの開口面から作業者の呼吸位置までの距離（その距
　　　離が0.5メートル以上であるときは，0.5メートル）を表す。
　　5　図aからeまでに示す型式以外の型式のフードの局所排気装置に係る測定
　　　点の位置については，同図に準ずるものとする。

　⑰　レシーバー式フードの局所排気装置にあたっては，次の図に示
　　す位置

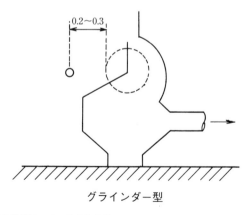

グラインダー型

備考1　寸法の単位は，メートルとする。
　　2　〇印は，測定点を表す。
　　3　この図に示す型式以外の型式のフードの局所排気装置に係る測定点の位
　　　置については，同図または他の方式の同型のものに準ずるものとする。

（イ）　測定は，1日について（ア）の測定点ごとに1回以上行うこと。

（ウ）　測定は，作業が定常的に行われている時間（作業開始後1時間を経過しない間を除く。）に行うこと。

（エ）　一の測定点における試料空気の採取時間は，10分間以上の継続した時間とすること。ただし，直接捕集方法または検知管方式による測定機器を用いる方法による測定については，この限りでない。

（オ）　測定方法については，作業環境測定基準（昭和51年労働省告示第46号）に定めるところによること。

（カ）　空気中の有害物質の濃度は，次の式により計算を行って得た値とすること。

$$Mg = \sqrt[n]{A_1 \cdot A_2 \cdots A_n}$$

（この式において，$A_1 \cdot A_2 \cdots$，A_n は，各測定点における測定値を表すものとする。）

イ　局所排気装置の性能が制御風速で示されている場合

局所排気装置を作動させ，熱線風速計を用いて，次に定める位置における吸い込み気流の速度を測定する。

（ア）　囲い式フードまたはレシーバー式フード（キャノピー式のものを除く。）の局所排気装置にあっては，次の図に示す位置

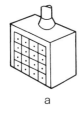
a

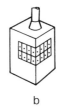
b

備考1　●印は，フードの開口面をそれぞれの面積が等しく，かつ，一辺が0.5メートル以下となるように16以上（ただし，フードの開口面が著しく小さい場合はこの限りでない）の部分に分割して各部分の中心であって，吸い込み気流の速度を測定する位置を表す。
　　2　図aおよびbに示す型式以外の型式のフードの局所排気装置に係る位置については，同図に準ずるものとする。

（イ）　外付け式フードまたはレシーバー式フード（キャノピー型のものに限る。）の局所排気装置にあっては，次の図に示す位置

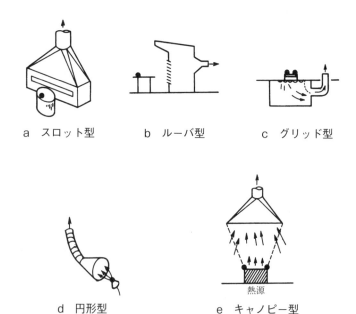

a　スロット型　　　b　ルーバ型　　　c　グリッド型

d　円形型　　　　　e　キャノピー型

　備考1　●印は，フードの開口面から最も離れた作業位置であって，吸い込み気流の速度を測定する位置を表す。
　　　 2　図aからeまでに示す型式以外の型式のフードの局所排気装置に係る位置については，同図に準ずるものとする。

⒁　第2項第4号の「厚生労働大臣が定める要件」は，平成15年厚生労働省告示第377号で示されたこと（参照596頁）。

【疑義および解釈】

問1　カドミウム化合物のような化合物については，厚生労働大臣が定める値（濃度）は，どのように適用するか。

答　第1類物質または第2類物質である化合物のうち，次表の左欄に掲げるものについては，それぞれ右欄に掲げる物の値によることとし，その他の化合物については，それぞれの化合物の値によるものである。

ベリリウム化合物	ベリリウム
カドミウム化合物	カドミウム
クロム酸およびその塩ならびに重クロム酸およびその塩	三酸化クロム
コールタール	ベンゼン可溶性成分
マンガン化合物	マンガン

問2　清浄装置を設けた場合であっても，局所排気装置の排出口は屋外に設ける必要があるか。

答　清浄装置を設置しても100％の処理効率は期し難いので，局所排気装置の排出口は屋外に設けることが必要である。　　（昭和47年基発第799号）

（局所排気装置等の稼働）

第8条　事業者は，第3条，第4条第4項又は第5条第1項の規定により設ける局所排気装置又はプッシュプル型換気装置については，労働者が第1類物質又は第2類物質に係る作業に従事している間，厚生労働大臣が定める要件を満たすように稼働させなければならない。　　（根22―⑴）

②　事業者は，前項の作業の一部を請負人に請け負わせるときは，当該請負人が当該作業に従事する間（労働者が当該作業に従事するときを除く。），同項の局所排気装置又はプッシュプル型換気装置を同項の厚生労働大臣が定める要件を満たすように稼働させること等について配慮しなければならない。

③　事業者は，前二項の局所排気装置又はプッシュプル型換気装置の稼働時においては，バッフルを設けて換気を妨害する気流を排除する等当該装置を有効に稼働させるため必要な措置を講じなければならない。

（根22―⑴）

【要　旨】

本条は，局所排気装置等の有効稼働について定めたものである。

【解　説】

⑴　第2項について，事業者は，特定の危険有害業務または作業を行うときは，局所排気装置，プッシュプル型換気装置，全体換気装置，排気筒

その他の換気のための設備を設け，一定の条件の下に稼働させる義務があるところ，当該業務または作業の一部を請負人に請け負わせる場合において，当該請負人のみが業務または作業を行うときは，これらの設備を一定の条件の下に稼働させること等について配慮しなければならないこととしたこと。

(令和4年基発0415第1号)

⑵　第3項の「バッフル」とは，じゃま板ともいい，発散源付近の吸込み気流を外部の気流等からの影響からしゃ断するため設ける衝立等をいうこと。

(昭和46年基発第399号)

⑶　第3項の「換気を妨害する気流を排除する等」の「等」には，風向板を設けて気流の方向を変えること，開放された窓を閉じることが含まれること。

(昭和46年基発第399号)

⑷　第3項の「有効に稼働させる」とは，平成15年厚生労働省告示第378号に規定する稼働の要件を満たしていること（参照599頁）。

(平成16年基発第0319008号)

第3章　用後処理

⑴　本章は，安衛法第27条第2項の趣旨に基づき第1類物質，第2類物質その他，特に問題がある物質について，これらの物質のガス，蒸気または粉じんが局所排気装置，生産設備等から排出された場合の付近一帯の汚染または作業場の再汚染，およびこれらの物質を含有する排液による有害ガス等の発生または地下水等の汚染等による，労働者の障害を防止し，あわせて付近住民の障害の防止にも資するようそれぞれ有効な処理装置等を付設すべきこと等を規定したものであり，その遵守によって公害の防止にも寄与することができるものであること。

⑵　本章第9条〜第11条は，排出される物質の性状に応じて，それぞれの処理装置の主処理方式等を列挙し，その設置を規定したものであること。したがって，今後の処理技術の進歩によりこれらの主処理方式以外の処理方式が確立された場合には，それがこれらの主処理方式と同等以上の性能を有する限り，それによってもさしつかえないものであること。

⑶　本章第9条〜第11条に規定する処理装置については，それぞれの排出される物質の形状，性質，濃度または量等を勘案して，障害予防のために有効な性能をもつものであることが必要であるとともに，公害防止の関係法令（条例を含む。）による排出基準が適用されるものにあっては，これらの基準に合致する性能のものとすること。

⑷　本章でいう「処理装置」とは，排出される第1類物質，第2類物質等のガス，蒸気または粉じん等を除去し，もしくは無害化し，またはその他の有害性の少ない物質に変化させることができるものをいい，単に稀釈のみを行うようなものは，該当しないこと。

⑸　排ガス処理，排液処理および廃棄物処理については，当面，第2類物質およびその他の物質のうち，特に労働衛生上問題があり，かつ技術的に有効な処理技術が開発されているものに限り規制の対象としたものであ

り，今後処理技術の進歩等により順次規制の対象を追加するよう検討する
方針であること。

（除じん）

第9条　事業者は，第2類物質の粉じんを含有する気体を排出する製造設
備の排気筒又は第1類物質若しくは第2類物質の粉じんを含有する気体
を排出する第3条，第4条第4項若しくは第5条第1項の規定により設
ける局所排気装置若しくはプッシュプル型換気装置には，次の表の上欄
（編注：左欄）に掲げる粉じんの粒径に応じ，同表の下欄（編注：右欄）
に掲げるいずれかの除じん方式による除じん装置又はこれらと同等以上
の性能を有する除じん装置を設けなければならない。

粉じんの粒径 (単位マイクロメートル)	除　じ　ん　方　式
5未満	ろ過除じん方式 電気除じん方式
5以上20未満	スクラバによる除じん方式 ろ過除じん方式 電気除じん方式
20以上	マルチサイクロン(処理風量が毎分20立方メート ル以内ごとに1つのサイクロンを設けたものをい う。)による除じん方式 スクラバによる除じん方式 ろ過除じん方式 電気除じん方式
備考　この表における粉じんの粒径は，重量法で測定した粒径分布において最大頻度を示す粒径をいう。	

②　事業者は，前項の除じん装置には，必要に応じ，粒径の大きい粉じん
を除去するための前置き除じん装置を設けなければならない。

（根22-(4)）

③　事業者は，前二項の除じん装置を有効に稼働させなければならない。

（根22-(4)）

【要　旨】

　本条は，化学物質等の含じん気体をそのまま大気中に放出すると，作業環境を汚染して労働者に中毒，障害をおよぼすおそれがあるのみならず，ひいては公害をもたらすことになるので，その放出源である局所排気装置もしくはプッシュプル型換気装置のダクトまたは生産設備等の排気用スタックについて有効な除じん方式の除じん装置を設けること，およびそれを有効に維持稼働させることを規定したものである。

【解　説】

　(1)　本条の「粉じん」は，ヒューム，ミスト等を含む粒子状物質をいうものであること。

　(2)　第1項にいう除じん方式は，全体の除じん過程における主たる除じん方式をいうものであり，除じん方式の選択は，次の例のように行うものであること。

　ア　約50マイクロメートル以下の対象粉じんにつき，粒径分布（重量法による頻度分布）の図を作成する。

　イ　アにより作成した粒径分布の曲線においてピークを示す点が横軸において，5マイクロメートル未満，5マイクロメートル以上20マイクロメートル未満または20マイクロメートル以上のどこに位置するかをみて，該当する粒径に対応する除じん方式を本項の表から求めるものとする。たとえば，粒径分布が**第5図**のとおりであったとすれば，そのピークは5マイクロメートルと20マイクロメートルの間にあるからスクラバによる除じん方式，ろ過除じん方式または電気除じん方式の

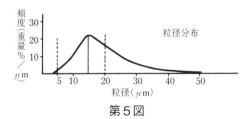

第5図

　いずれかを選択すべきものである。

（昭和46年基発第399号・平成17年基発第0318003号）

　(3)　第1項の「ろ過除じん方式」とは，ろ層に含じん気体を通して，粉じんをろ過捕集する原理によるものをいい，バグフィルター（ろ布の袋）によるものとスクリーンフィルター（ろ布の幕）によるものとがあること。

　(4)　第1項の「電気除じん方式」とは，高電圧の直流のコロナ放電を利用して，粉じんを荷電し，電気的引力により捕集する原理によるものをいうこと。
（昭和46年基発第399号・平成17年基発第0318003号）

　(5)　第1項の「スクラバによる除じん方式」とは，水等の液体を噴射または起泡し，含じん気体中の粉じんを加湿凝集させて捕集する原理によるものをいい，一般に湿式または洗浄式除じん方式と言われているものであること。
（昭和46年基発第399号・平成17年基発第0318003号）

　(6)　第1項の「マルチサイクロンによる除じん方式」とは，2個以上のサイクロン（含じん気体を円筒内で旋回させ，その遠心力で外方に分離される粉じんを落下させるもの）を並列に接続したものであり，サイクロン系としては高性能を有するものであること。

　サイクロンを2個または4個接続したものは，通常それぞれダブルサイクロン，テトラサイクロンといわれ，これらはマルチサイクロン方式のものに含まれるが，単体サイクロンは，これに含まないものであること。

（昭和46年基発第399号・平成17年基発第0318003号）

　(7)　プッシュプル型換気装置に除じん装置を設けるときは，吸込み側フードから吸引された粉じんを含む空気を除じんするためのものであることから，排気側に設けること。
（平成16年基発第0319008号）

　(8)　第2項は，含じん濃度が高い場合または粒径の大きい粉じんが多い場合において，第1項の除じん装置の効果を期待するためには，事前に含じん気体中の粉じんを一部除去しておく必要があるため規定されたものであること。
（昭和46年基発第399号・平成17年基発第0318003号）

　(9)　第2項の「前置き除じん装置」には重力沈降室，ルーバ等の慣性除

じん装置，サイクロン等があること。

(昭和46年基発第399号・平成17年基発第0318003号)

　⑽　第3項は，除じん装置について，捕集粉じんの取除き(ダスト抜き)，破損の修理，除じん効果の確認等をしばしば行う等によって所定の性能を維持しながら稼働させることを規定したものであること。

(昭和46年基発第399号・平成17年基発第0318003号)

【疑義および解釈】

問1　クロム酸のミストは，ガス，蒸気，粉じんのうち，いずれのものとして取り扱うべきものか。また，粉じんとすればその粒径は如何。

答　粉じんとして取り扱う。なお，クロム酸のミストは，粒子が比較的大きく，第9条の表中，粉じんの粒径は「5以上20マイクロメートル未満」に該当するものとして取り扱う。

(昭和47年基発第799号)

問2　粉じんの粒径分布は，どこから採取した試料で測定すればよいか。

答　原則として，発散粉じんまたはダクトから採取した試料により測定すること。ただし，設備の新設の場合等試料の採取が困難な場合は，堆積粉じん試料または既存の資料により測定または推定すること。

(昭和47年基発第799号)

問3　用後処理方式が「同等以上の性能を有する」とあるが，その性能判定の方法如何。

答　その性能は，第1次的には当該処理方式のもつ除じん効率等の処理能力をもって判定すること。　　　　　　　　　(昭和47年基発第799号)

問4　用後処理装置の性能については，どの程度であればよいか。

答　用後処理装置の性能は，当面，当該事業場の敷地内の作業場所における対象物質の気中濃度が常時，次の基準を超えないものであること。

　①　第1類物質に該当するもの(安衛令別表第3第1号3，6に掲げる物を除く)，および第2類物質に該当するもののうち，設置すべき局所排気装置の性能について「厚生労働大臣が定める値」が制御風速で定められている物にあっては，検出されないこと。

② 安衛令別表第3第1号3，6および第2類物質に該当するもののうち設置すべき局所排気装置の性能について「厚生労働大臣が定める値」が濃度で定められている物にあっては，それぞれの値（濃度）を超えないこと。

③ アクロレインについては，0.1ppm を超えないこと。

なお，公害防止の関係法令（条例を含む。）による排出基準が適用される物質にあっては，これら基準もあわせ適合する性能のものとするよう指導されたい。

（排ガス処理）

第10条 事業者は，次の表の上欄（編注：左欄）に掲げる物のガス又は蒸気を含有する気体を排出する製造設備の排気筒又は第4条第4項若しくは第5条第1項の規定により設ける局所排気装置若しくはプッシュプル型換気装置には，同表の下欄（編注：右欄）に掲げるいずれかの処理方式による排ガス処理装置又はこれらと同等以上の性能を有する排ガス処理装置を設けなければならない。

物	処理方式
アクロレイン	吸収方式 直接燃焼方式
弗化水素	吸収方式 吸着方式
硫化水素	吸収方式 酸化・還元方式
硫酸ジメチル	吸収方式 直接燃焼方式

② 事業者は，前項の排ガス処理装置を有効に稼働させなければならない。

(根22-(4))

【要　旨】

本条は，第2類物質のうちの弗化水素，硫化水素および硫酸ジメチルならびにアクロレインのガスまたは蒸気を含む排気について，それぞれ一定の主処理方式またはこれと同等以上の性能を有する方式の処理装置を設置

して処理すべきことを規定したものである。

　なお，一層有効な処理を期するためには，これらの方式の併用が望ましい場合があること。

【解　説】

　⑴　アクロレインについては，当面アクロレインの製造またはこれを原材料として使用する化学設備の排気用スタックの部分を対象とすること。

　⑵　第1項の「吸収方式」とは，充てん塔，段塔等を用い，対象物質に適応した吸収液によってガスまたは蒸気を吸収処理する方式をいうこと。

（昭和46年基発第399号）

　⑶　第1項の「直接燃焼方式」とは，高濃度の可燃性のガスの場合は，そのまま完全燃焼させ，低濃度の可燃性のガスの場合は，燃料を加えまたは燃焼器の火炎をあてて完全燃焼させる方式をいうこと。

（昭和46年基発第399号）

　⑷　第1項の「吸着方式」とは，例えば弗化水素を活性アルミナに吸着させる方式をいうこと。

　⑸　第1項の「酸化・還元方式」とは，必要な酸化剤または還元剤を用いて排ガス中の対象物質を反応分離する方式をいうこと。

（昭和46年基発第399号）

　⑹　プッシュプル型換気装置に排ガス処理装置を設けるときは，吸込み側フードから吸引されたガスまたは蒸気を処理するためのものであることから，排気側に設けること。　　　　　　　　（平成16年基発第0319008号）

　（排液処理）

第11条　事業者は，次の表の上欄（編注：左欄）に掲げる物を含有する排液（第1類物質を製造する設備からの排液を除く。）については，同表の下欄（編注：右欄）に掲げるいずれかの処理方式による排液処理装置又はこれらと同等以上の性能を有する排液処理装置を設けなければならない。　　　　　　　　　　　　　　　　　　　　　（根22−⑷）

物	処 理 方 式
アルキル水銀化合物（アルキル基がメチル基又は エチル基である物に限る。以下同じ。）	酸化・還元方式
塩　酸	中和方式
硝　酸	中和方式
シアン化カリウム	酸化・還元方式 活性汚泥方式
シアン化ナトリウム	酸化・還元方式 活性汚泥方式
ペンタクロルフエノール（別名 PCP）及びその ナトリウム塩	凝集沈でん方式
硫　酸	中和方式
硫化ナトリウム	酸化・還元方式

② 　事業者は，前項の排液処理装置又は当該排液処理装置に通じる排水溝
　　若しくはピットについては，塩酸，硝酸又は硫酸を含有する排液とシア
　　ン化カリウム若しくはシアン化ナトリウム又は硫化ナトリウムを含有す
　　る排液とが混合することにより，シアン化水素又は硫化水素が発生する
　　おそれのあるときは，これらの排液が混合しない構造のものとしなけれ
　　ばならない。　　　　　　　　　　　　　　　　　　　　　　（根22-(4)）
③ 　事業者は，第1項の排液処理装置を有効に稼働させなければならない。
　　　　　　　　　　　　　　　　　　　　　　　　　　　　　　（根22-(4)）

【要　旨】

　本条は，製造工程または取扱い工程から排出される排液のうち，有害性
の大きいものおよび排水の流出経路において，他の物質と反応することに
より有害なガス等を発生するおそれがあるものについて，それぞれ一定の
主処理方式またはこれと同等以上の性能を有する方式の処理装置を設置し
て処理すべきことおよび一定の化学物質の排液処理に係る排水溝等の構造
について規定したものである。

【解　説】

(1)　第1項の「酸化・還元方式」とは，必要な酸化剤または還元剤を用いて排液中の対象物質を反応分離する方式をいうこと。

（昭和46年基発第399号）

(2)　第1項の「中和方式」とは，排液中の対象物質に適応した中和剤を用いて，排液を中和処理する方式をいうこと。　　　（昭和46年基発第399号）

(3)　第1項の「活性汚泥方式」とは，排液中の非沈でん性浮遊物および溶解性物質を微生物の働きによって，吸着，凝集および酸化を行わせ，ガスおよび沈でんしやすい汚泥に変えてこの汚泥を分離する方式をいうこと。

（昭和46年基発第399号）

(4)　第1項の「凝集沈でん方式」とは，排液中の対象物質に適応した界面活性剤その他の凝集剤を用いて，排液中の対象物質を凝集させて沈でんさせ除去する方式をいうこと。　　　　　　　　　（昭和46年基発第399号）

(5)　第2項の「混合しない構造」には，塩酸，硝酸または硫酸を含有する排水と，シアン化カリウムもしくはシアン化ナトリウムまたは硫酸ナトリウムを含有する排水が未処理の状態で混合しないよう，異なる排水溝もしくは，ピットを通じ，排水をそれぞれの処理装置へ送るようになっている構造があること。　　　　　　　　　　　　（昭和50年基発第573号）

【疑義および解釈】

問　めっき排液処理の処理剤の使用にあたり，処理液の必要量が計算されず用いられている事例が多いが如何。

答　本条に規定する排液の処理は，第2項の規定に基づき，常に，完全に行われるよう一定の廃液処理装置を有効に稼働させなければならないものであり，したがって，質問のめっきの排液の処理にあたっては，あらかじめ，めっき浴槽中のシアン化合物を処理するに必要な処理剤の量を計算し，その量の処理液が常に用いられなければならない。

（昭和47年基発第799号）

（残さい物処理）

第12条　事業者は，アルキル水銀化合物を含有する残さい物については，除
毒した後でなければ，廃棄してはならない。　　　　　　　（根22-(4)）

②　事業者は，アルキル水銀化合物を製造し，又は取り扱う業務の一部を
請負人に請け負わせるときは，当該請負人に対し，アルキル水銀化合物
を含有する残さい物については，除毒した後でなければ，廃棄してはな
らない旨を周知させなければならない。

【要旨および解説】

(1)　本条は，アルキル水銀化合物の製造装置，収納容器等の清掃，用後
処理等に際しアルキル水銀化合物を含有する残さいスラッジを廃棄する場
合には，分解その他の処理により除毒した後でなければ，廃棄してはなら
ないことを規定したものである。なお，当該残さいスラッジが，廃棄物の
処理および清掃に関する法律施行令（昭和46年政令第300号）第6条第2
項の廃棄物であって，その埋立処分を行う場合は，同項に規定する埋立処
分の基準によって行わなければならないことに留意すること。

（昭和47年基発第591号・昭和58年基発第383号）

(2)　第1項の「除毒」の方法には，焙焼処理，コンクリート固型化等の
方法があること。

(3)　第2項について，事業者は，特定の危険有害業務または作業を行う
ときは，一定の作業方法による義務があるところ，当該業務または作業の
一部を請負人に請け負わせるときは，当該請負人に対し，一定の作業方法
により当該業務または作業を行う必要がある旨を周知させなければならな
いこととしたこと。　　　　　　　　　　　　　　（令和4年基発0415第1号）

（ぼろ等の処理）

第12条の2　事業者は，特定化学物質（クロロホルム等及びクロロホルム
等以外のものであつて別表第1第37号に掲げる物を除く。次項，第22条
第1項，第22条の2第1項，第25条第2項及び第3項並びに第43条にお
いて同じ。）により汚染されたぼろ，紙くず等については，労働者が当該

特定化学物質により汚染されることを防止するため，蓋又は栓をした不浸透性の容器に納めておく等の措置を講じなければならない。(根22-(4))

② 事業者は，特定化学物質を製造し，又は取り扱う業務の一部を請負人に請け負わせるときは，当該請負人に対し，特定化学物質により汚染されたぼろ，紙くず等については，前項の措置を講ずる必要がある旨を周知させなければならない

【要　旨】

本条は，特定化学物質に汚染されたぼろ，紙くず等を作業場内に放置することにより労働者等が特定化学物質により汚染され，またはこれらの物を廃棄する場合に運搬等の業務に従事する者が特定化学物質により汚染されることを防止するため，これらの物を一定の容器に納めておく等の措置を講ずべきことを定めたものである。

【解　説】

(1)　第1項の紙くず等の「等」には，特定化学物質が漏えいした場合，その除毒または処理に用いられた薬剤，おがくずまたは廃棄される塩素化ビフェニルが塗布された感圧紙等が該当すること。

(2)　第1項の容器に納めておく等の「等」には，特定化学物質が汚染されているぼろ等から特定化学物質のガス，蒸気または粉じんが発散するおそれがないものにあっては，屋外の区画された一定場所に集積しておく等の措置をいうこと。

(3)　「第1章第2条」の【解説】(8)と同じ（43頁参照）。

(4)　第2項について，事業者は，特定化学物質を製造し，または取り扱う業務の一部を請負人に請け負わせるときは，当該請負人に対し，特定化学物質により汚染されたぼろ，紙くず等については，第1項の措置を講ずる必要がある旨を周知させなければならないところ，当該業務を請負人に請け負わせるに当たって，作業内容等に鑑み，特定化学物質により汚染されたぼろ，紙くず等が生じることが想定されない場合においては，第2項の周知は不要であること。

（令和4年基発0415第1号）

第4章　漏えいの防止

　本章は，第3類物質等の製造および取扱いに係る設備（特定化学設備）についての構造その他設備上の措置，維持管理上の措置および取扱い上の措置に伴う漏えい事故による急性中毒等の障害の予防，第1類物質を製造し，または取り扱う作業場および特定化学設備を設置する屋内作業場の床の構造ならびに第1類物質，第2類物質および第3類物質に係る設備の修理作業の方法，これらの物質に係る容器および包装の管理について定めたものである。

　なお，本章の規定中，特定化学設備に関するものは，安衛則第2編第4章「爆発，火災等の防止」中の相当する規定とほぼ同様の趣旨であること。

（腐食防止措置）

第13条　事業者は，特定化学設備（令第15条第1項第10号の特定化学設備をいう。以下同じ。）（特定化学設備のバルブ又はコックを除く。）のうち特定第2類物質又は第3類物質（以下この章において「第3類物質等」という。）が接触する部分については，著しい腐食による当該物質の漏えいを防止するため，当該物質の種類，温度，濃度等に応じ，腐食しにくい材料で造り，内張りを施す等の措置を講じなければならない。

（根22-(1)）

【要　旨】

　本条は，特定化学設備について，腐食による内容物の漏えい事故を防止するための必要な措置を講ずべきことを規定したものである。

【解　説】

⑴　「特定化学設備」とは，反応器，蒸留塔，吸収塔，抽出器，混合器，沈でん分離器，熱交換器，計量タンク，貯蔵タンク等の容器本体ならびにこれらの容器本体に付属するバルブおよびコック，これらの容器本体の内部に設けられた管，たな，ジャケット等の部分および容器本体を連結する

配管をいうこと。

　⑵　「移動式のもの」の主なものとしては，タンク自動車，タンク車，ボンベ，ドラムかんおよびガロンかんがあること。

　⑶　本条の「特定化学設備のうち第3類物質等が接触する部分」とは，特定化学設備の構成部分であって，通常の使用に伴って第3類物質等が気体，液体または固体の状態で接触する部分をいうこと。

　⑷　本条の「著しい腐食による当該物質の漏えい」とは，第3類物質等が及ぼす腐食による損傷によって，損傷部分から第3類物質等が漏えいすること，またはその損傷部分から空気，水等が侵入し，内部で異常反応等が発生し，これによる損壊等によって，第3類物質等が大気中に漏えいすることをいうこと。
（昭和46年基発第399号）

　⑸　本条の「濃度等」の「等」には，圧力および流速が含まれること。
（昭和46年基発第399号）

　⑹　本条の「内張りを施す」とは，不銹鋼，チタン，ガラス，陶磁器，ゴム，合成樹脂等腐食しにくい材料を用いてライニングすることをいうこと。
（昭和46年基発第399号）

　⑺　本条の「内張りを施す等」の「等」には，防食塗料の塗布，酸化皮膜による処理，電気防食による処理等のほか，構成部分の耐用期間を適切に定め，その期間ごとにその部分を確実に切り替えることが含まれること。
（昭和46年基発第399号）

【疑義および解釈】

問1　第3類物質等が生産工程中において副生する設備は，「特定化学設備」に該当するかどうか。

答　第3類物質等が副生し，漏えいによる危険がある設備については，「特定化学設備」に該当する。

問2　特定化学設備には，テストプラントを含むか。

答　移動式以外のものであれば，これに該当する。

問3　浄水場における塩素取扱い設備は，「特定化学設備」に該当するか。

答　浄水場の塩素取扱い設備については，次により判断する。

①　運搬用の塩素ボンベは，「特定化学設備」に該当しないこと。

②　気化装置，塩素水を作る殺菌装置等であって移動式以外のものは，「特定化学設備」に該当すること。　　　　　　　　　　（昭和47年基発第799号）

（接合部の漏えい防止措置）

第14条　事業者は，特定化学設備のふた板，フランジ，バルブ，コック等の接合部については，当該接合部から第3類物質等が漏えいすることを防止するため，ガスケットを使用し，接合面を相互に密接させる等の措置を講じなければならない。　　　　　　　　　　　　　　**(根22-(1))**

【要　旨】

本条は，特定化学設備について，ふた板，フランジ等の接合部からの内容物の漏えい事故を予防するために必要な措置を講ずべきことを規定したものである。

【解　説】

⑴　本条の「コック等」の「等」には，管，栓，点検孔およびそうじ孔が含まれること。　　　　　　　　　　　　　　　　　（昭和46年基発第399号）

⑵　本条の「接合部」とは，つぎ合わせ，重ね合わせ，かん合等の方法により接合されている部分をいい，溶接により接合されている部分は，これに含まないこと。　　　　　　　　　　　　　　　　（昭和46年基発第399号）

⑶　本条の「ガスケット」とは，固定用シールのことをいい，静止部分の密閉に用いられるものであること。

なお，従来，パッキンとガスケットの用語の使用があいまいな面があったが，本条のガスケットとは，JIS B0116「パッキン及びガスケット用語」に定められた用語例によったものであること。　　　　　（昭和50年基発第573号）

⑷　本条の「ガスケットを使用し」とは，接合部の形状に応じた適切な形状および寸法で，かつ，使用される第3類物質等の種類および状態に応じて必要な化学的または物理的性質（耐水性，耐熱性，耐アルカリ性，耐

圧性等）を有する材料のガスケットを使用することをいうこと。

（昭和46年基発第399号）

　⑸　本条の「接合面を相互に密接させる」とは，接合面の形状，寸法，仕上げの程度等を適切にすることにより，第3類物質等が漏えいしないよう接合させることをいうこと。 （昭和46年基発第399号）

　⑹　本条の「接合面を相互に密接させる等」の「等」には，液体シーリングまたは漏れ止め用充てん物の使用が含まれること。

（昭和46年基発第399号）

（バルブ等の開閉方向の表示等）

第15条　事業者は，特定化学設備のバルブ若しくはコック又はこれらを操作するためのスイッチ，押しボタン等については，これらの誤操作による第3類物質等の漏えいを防止するため，次の措置を講じなければならない。

　1　開閉の方向を表示すること。

　2　色分け，形状の区分等を行うこと。

②　前項第2号の措置は，色分けのみによるものであつてはならない。

（根22-⑴）

【要　旨】

　本条は，特定化学設備のバルブもしくはコックまたはこれらを操作するためのスイッチ，押しボタン等のうち，その誤操作により第3類物質等が漏えいするおそれのあるものについて開閉の方向の表示および操作部の色分けや形状の区分等の措置を講じなければならないことを規定したものである。

【解　説】

　⑴　本条の「押しボタン等」の「等」には，遠隔操作用のコック，レバー等が含まれること。 （昭和50年基発第573号）

　⑵　本条の「誤操作」とは，開閉操作の際にその操作方向を誤り，原料または材料の送給の過剰，不足等により異常な反応，突沸時の漏えい事故

の原因を生ずることをいう。　　　（昭和46年基発第399号，昭和50年基発第573号）

⑶　本条の「開閉の方向を表示し」とは，「開」および「閉」について
矢印，文字等で表示することで足り，開閉の度合についての表示をする必
要はないこと。

なお，二箇以上のバルブまたはコックを同一の操作場所で操作する場合
には，誤操作による漏えい事故の防止が可能な範囲ごとに，操作者が見や
すい位置にその「開閉の方向」を一括して掲示してもさしつかえないこと。

（昭和46年基発第399号，昭和50年基発第573号）

⑷　第1項第1号の「開閉の方向を表示する」とは，矢印，文字等で「開」
および「閉」の方向を表示することをいうこと。　　　（昭和50年基発第573号）

⑸　第1項第2号の「形状の区分等」の「等」には，操作部の大きさに
よる区分，操作様式（動作の方向，変位の量等）の区分が含まれること。

（昭和50年基発第573号）

【疑義および解釈】

問　バルブの開閉表示で，ほとんど左まわりで「開」であるので，右まわ
　　りで「開」のもののみについて表示すれば足りるか。また，誤操作が考
　　えられるもののみに限定してさしつかえないか。

答　本条は，通常作業時における誤操作の防止のほか，異常事態における
　　誤操作の防止をも防止するためのものであるので，すべて表示の対象で
　　あること。したがって，バルブまたはコックの開閉方向の如何を問わず
　　表示を行う必要がある。　　　　　　　　　　　　　（昭和47年基発第799号）

（バルブ等の材質等）

第16条　事業者は，特定化学設備のバルブ又はコックについては，次に定
　めるところによらなければならない。

　1　開閉のひん度及び製造又は取扱いに係る第3類物質等の種類，温度，
　　濃度等に応じ，耐久性のある材料で造ること。

　2　特定化学設備の使用中にしばしば開放し，又は取り外すことのある
　　ストレーナ等とこれらに最も近接した特定化学設備（配管を除く。第

20条を除き，以下この章において同じ。）との間には，二重に設けるこ
と。ただし，当該ストレーナ等と当該特定化学設備との間に設けられ
るバルブ又はコックが確実に閉止していることを確認することができ
る装置を設けるときは，この限りでない。　　　　　　（根22-(1)）

【要　旨】

　本条は，特定化学設備のバルブまたはコックについて，これらの損傷等
により第3類物質等が漏えいすることを防止するために定められたもので
あること。

【解　説】

　(1)　第1号の「濃度等」の「等」には，圧力および流量が含まれること。
　　　　　　　　　　　　　　　　　　　　　　　（昭和50年基発第537号）

　(2)　第1号の「耐久性のある」とは，振動，衝撃，摩耗，腐食等に耐え
る意であること。　　　　　　　　　　　　　　（昭和50年基発第537号）

　(3)　第2号の「使用中にしばしば開放し，又は取り外す」とは，当該バ
ルブまたはコックが接続している特定化学設備を本来の目的に使用してい
る場合に，ある期間をおき，または随時に，開放し，または取り外すこと
をいうこと。

　(4)　第2号の「ストレーナ等」の「等」には補助クーラーが含まれるこ
と。　　　　　　　　　　　　　　　　　　　　（昭和50年基発第573号）

　(5)　第2号の「これらに最も近接した特定化学設備」とは，第3類物質
等の流れに従って，ストレーナ等の上流および下流にある直近の特定化学
設備をいうこと。　　　　　　　　　　　　　　（昭和50年基発第573号）

　(6)　第2号の「二重に設ける」とは，
ストレーナ等の開放部分に対して特定
化学設備の内部にある第3類物質等が
常にダブルロックされている状態に配
置することをいい，例えば，配管の方
法に応じ，それぞれ第6図のような方

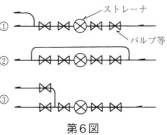

第6図

法であること。

　なお，二重に設けられるバルブまたはコックは，その間隔をできるだけ
近づけ，ストレーナ等を目視できる位置に設けることが望ましい。

(昭和50年基発第573号)

　⑺　第2号の「バルブ又はコックが確実に閉止していることを確認する
ことができる装置」とは，ストレーナ等とこれらに最も近接した化学設備
との間に設けられているバルブまたはコックを閉止したときに，ストレー
ナ等を開放し，または取り外すことなく，これらのバルブまたはコックに
より完全に危険物の流れが遮断されていることを確認することができる装
置をいうこと。なお，当該装置には，当該ストレーナ等に直結する配管内
への危険物の流入を検知し得る圧力計が含まれるものであること。

(昭和50年基発第415号・平成18年基安化発第0831003号)

（送給原材料等の表示）

第17条　事業者は，特定化学設備に原材料その他の物を送給する者が当該
　　送給を誤ることによる第3類物質等の漏えいを防止するため，見やすい
　　位置に，当該原材料その他の物の種類，当該送給の対象となる設備その
　　他必要な事項を表示しなければならない。　　　　　　　　**(根22-(1))**

【要　旨】

　本条は，特定化学設備に原材料を送給する際の操作の誤りによる内容物
の漏えい事故を予防するため必要な表示をすべきことを規定したものであ
る。

【解　説】

　⑴　本条の「原料」には，第3類物質等を製造するための原料として用
いられる物質のほか，製造された第3類物質等を原料として用いる場合の
第3類物質等が含まれること。　　　　　　　　　　　(昭和46年基発第399号)

　⑵　本条の「材料」とは，反応の促進，加熱，冷却，不活性化等のため
に用いられる触媒，空気，水蒸気，水，ガス等をいうこと。

（昭和46年基発第399号）

⑶　本条の「見やすい位置」とは，原料または材料の送給操作に際して容易に確認できる箇所をいい，具体的にはバルブ，コック，スイッチ等の操作部分またはその周辺の配管，壁，柱等の箇所がこれに含まれること。

（昭和46年基発第399号）

⑷　本条の「その他必要な事項」とは，その操作順序，開閉の度合等を誤ることにより漏えい事故を生ずるバルブ，コック等についての操作順序，開閉の度合等をいうこと。　　　　　　　　　　（昭和46年基発第399号）

⑸　本条の「表示」については，略称，記号または色彩により表示してさしつかえないこと。　　　　　　　　　　　　（昭和46年基発第399号）

⑹　事業者は，特定の場所について，装置故障時の連絡方法，事故発生時の応急措置等必要な事項を労働者が見やすい箇所に掲示または明示する義務があるところ，労働者以外の者も含めて，見やすい箇所に掲示または明示しなければならないこととしたこと。　　（令和4年基発0415第1号）

【疑義および解釈】

問1　表示の方法は，各事業場の実情に応じて行ってさしつかえないか。

答　略称，記号，色彩などについては，各事業場で定められたものでさしつかえないが，法令等で定められたものについては，それによれば足りる。

（昭和47年基発第799号）

（出入口）

第18条　事業者は，特定化学設備を設置する屋内作業場及び当該作業場を有する建築物の避難階（直接地上に通ずる出入口のある階をいう。以下同じ。）には，当該特定化学設備から第3類物質等が漏えいした場合に容易に地上の安全な場所に避難することができる2以上の出入口を設けなければならない。　　　　　　　　　　　　　　　　　**（根22-⑴）**

②　事業者は，前項の作業場を有する建築物の避難階以外の階については，その階から避難階又は地上に通ずる2以上の直通階段又は傾斜路を設けなければならない。この場合において，それらのうちの一については，す

　べり台，避難用はしご，避難用タラップ等の避難用器具をもつて代える
　ことができる。　　　　　　　　　　　　　　　　　　　　（根22-(1)）
③　前項の直通階段又は傾斜路のうちの一は，屋外に設けられたものでな
　ければならない。ただし，すべり台，避難用はしご，避難用タラップ等
　の避難用器具が設けられている場合は，この限りでない。　　（根22-(1)）

【解　説】

第3項ただし書き中の「避難用タラップ等」の「等」には，避難橋，救
助袋等が含まれるものであること。　　　　　　　　　（昭和46年基発第399号）

（計測装置の設置）
第18条の2　事業者は，特定化学設備のうち発熱反応が行われる反応槽^{そう}等
　で，異常化学反応等により第3類物質等が大量に漏えいするおそれのあ
　るもの（以下「管理特定化学設備」という。）については，異常化学反応
　等の発生を早期には握するために必要な温度計，流量計，圧力計等の計
　測装置を設けなければならない。　　　　　　　　　　　（根22-(1)）

【要　旨】

本条は，管理特定化学設備について，異常化学反応等による第3類物質
等の漏えいを防止するため，その内部で行われる異常化学反応等の異常な
事態の発生を早期に把握することのできる計測装置を設置すべきことを規
定したものである。

なお，計測装置の監視は，中央制御室等管理特定化学設備から離れた場
所で行うことが望ましいこと。

【解　説】

(1)　「管理特定化学設備」とは，化学反応，蒸留等の化学的または物理
的処理が行われる特定化学設備であって，次のいずれかに該当するものを
いうこと。

ア　発熱反応が行われる反応器

イ　蒸留器であって，蒸留される第3類物質等の爆発範囲内で操作する

ものまたは加熱する熱媒等の温度が蒸留される第3類物質等の分解温
度または発火点より高いもの。

ウ　アおよびイ以外のもので，爆発性物質を生成するおそれがあるもの
等異常化学反応等により第3類物質等の漏えいのおそれのあるもの。

(昭和50年基発第573号)

⑵　本条の「異常化学反応等の発生を早期には握する」とは，特定化学
設備の内部で化学反応等が行われる場合に，温度，流量，圧力等の条件を
あらかじめ設定しておき，設定条件を外れたときにこれを早期に把握する
ことの意であること。

(昭和50年基発第573号)

⑶　本条の「圧力計等」の「等」には，液面計，容量計，pH計，液組
成分析計およびガス組成分析計が含まれること。

(昭和50年基発第573号)

⑷　本条の「計測装置」には，温度，流量，圧力等を自動的に記録する
装置が含まれること。

(昭和50年基発第573号)

⑸　本条の「計測装置を設け」とは，当該管理特定化学設備の内部で発
生した異常化学反応等による第3類物質等の漏えいを防止するために必要
な温度，流量，圧力等の条件について，それらを把握するのに適した1以
上の箇所を選び，各箇所に1以上の計測装置を設けることをいうこと。

(昭和50年基発第573号)

（警報設備等）

第19条　事業者は，特定化学設備を設置する作業場又は特定化学設備を設
置する作業場以外の作業場で，第3類物質等を合計100リットル（気体で
ある物にあつては，その容積1立方メートルを2リットルとみなす。次
項及び第24条第2号において同じ。）以上取り扱うものには，第3類物質
等が漏えいした場合に関係者にこれを速やかに知らせるための警報用の
器具その他の設備を備えなければならない。　　　**(根22-(1))**

②　事業者は，管理特定化学設備（製造し，又は取り扱う第3類物質等の
量が合計100リットル以上のものに限る。）については，異常化学反応等
の発生を早期には握するために必要な自動警報装置を設けなければなら

ない。　　　　　　　　　　　　　　　　　　　　　　　　（根22-(1)）

③　事業者は，前項の自動警報装置を設けることが困難なときは，監視人
を置き，当該管理特定化学設備の運転中はこれを監視させる等の措置を
講じなければならない。　　　　　　　　　　　　　　　（根22-(1)）

④　事業者は，第1項の作業場には，第3類物質等が漏えいした場合にそ
の除害に必要な薬剤又は器具その他の設備を備えなければならない。

　　　　　　　　　　　　　　　　　　　　　　　　　　（根22-(1)）

【要　旨】

　本条は，特定化学設備を設置する作業場のほか，第3類物質等を一定量
以上取り扱う作業場について，漏えい事故の発生に備えて必要な警報用の
器具等および必要な除害用の薬剤等の設置を規定するとともに，特に，管
理特定化学設備については，自動警報装置を設置しなければならないこと
を規定したものである。

【解　説】

　⑴　本条の「特定化学設備を設置する作業場以外の作業場」には，タン
ク，自動車，タンク車，ボンベ，ドラムかん，ガロンかん等の移動式容器に
第3類物質等を移注する作業，第3類物質等の入ったこれらの移動式容器
の運搬，積みおろし，貯蔵等を行う作業，第3類物質等の入ったこれらの
移動式容器を置いて第3類物質等を使用する作業等を行う場所があること。

　　　　　　　　　　　（昭和46年基発第399号・昭和50年基発第573号）

　⑵　第1項の「合計100リットル（気体である物にあつては，その容積
1立方メートルを2リットルとみなす。）以上」とは，その作業場におけ
る第3類物質等の最大停滞量が，15度（摂氏），1気圧において，液状の
ものでは100リットル以上であり，気体状のものでは50立方メートル以上
であることの意であること。

　なお，これらのうち，液状状態にあるアンモニア，塩素およびホスゲン
については，次により換算して気体としての量を算定すること。

$$V = C \times G$$

この場合

　　V：15度（摂氏），１気圧におけるガスの量（単位　立方メートル）

　　C：換算係数で，アンモニアでは1.85，塩素およびホスゲンでは0.85
　　　　とする。

　　G：液状状態における質量（単位　キログラム）

　したがって，液化状態のアンモニアでは27.5キログラム，塩素およびホ
スゲンでは58.8キログラムが気体としての50立方メートルに相当すること。

（昭和46年基発第399号・昭和50年基発第573号）

　(3)　第１項の「気体である物」とは，アンモニア，塩素，ホスゲン，一酸
化炭素，シアン化水素，二酸化硫黄，弗化水素および硫化水素をいうこと。

（昭和46年基発第399号・昭和50年基発第573号）

　(4)　第１項の「警報用の器具その他の設備」とは，自動警報装置，非常
ベル装置，拡声装置，モーターサイレン，ハンドサイレン，警鐘，振鈴等
をいうこと。　　　　　　　　　　（昭和46年基発第399号・昭和50年基発第573号）

　(5)　第２項の「自動警報装置」とは，異常化学反応等による第３類物質
等の漏えいを防止するために設定する温度，流量，圧力等の条件が設定条
件を外れたとき，ブザー，点滅灯等により警報を発する装置をいうこと。

（昭和50年基発第573号）

　(6)　第２項の「自動警報装置を設け」とは，当該管理特定化学設備の内
部で発生した異常化学反応等による第３類物質等の漏えいを防止するため
に必要な温度，流量，圧力等の条件について，それらを把握するのに適し
た１以上の箇所を選び，各箇所に１以上の自動警報装置を設けることをい
うこと。　　　　　　　　　　　　　　　　　　　　　（昭和50年基発第573号）

　(7)　第３項の「前項の自動警報装置を設けることが困難なとき」とは，
特定化学設備の内部で行われる化学反応等の温度，流量，圧力等の時間的
変化が著しい等の技術的な理由により，自動警報装置の設置が困難である
場合をいうこと。　　　　　　　　　　　　　　　　　（昭和50年基発第573号）

　(8)　第３項の「管理特定化学設備の運転中はこれを監視させる」とは，

警報を必要とする化学反応等の設定条件について，当該管理特定化学設備の運転中は，常時，当該設備を監視させることをいうこと。

（昭和50年基発第573号）

　(9)　第4項の「除害に必要な薬剤又は器具その他の設備」とは，それぞれの第3類物質等の種類，性状，量等に応じて，稀釈，反応，洗浄，消火等によりその有害作用を除去することができる薬液，圧力水，消火剤およびこれらを収める器具または設備をいうこと。

（昭和46年基発第399号・昭和50年基発第573号）

【疑義および解釈】

問1　警報用の設備として，電話およびホイッスル（口で吹くようなもの）は該当するか。

答　本条の「警報用の器具その他の設備」とは，関係者に異常事態をすみやかに知らせるための設備をいい，電話およびホイッスルはこれに該当しない。

問2　除害に必要な薬剤等とその除害方法如何。

答　本条第4項の規定は，第3類物質等の種類，量，その取扱いの実態に応じ，それぞれ異常事態の発生に際し，応急処置として適切な除害処理をするために必要な薬剤等を備えなければならないものであり，除害方法としては，次のような方法があること。

　①　アクリロニトリル……大量の水で処理する。

　②　アンモニア……大量の水で処理する。

　③　エチレンイミン……大量の水（できれば酢酸で酸性にしたもの）で処理する。

　④　塩素……苛性ソーダ溶液，水酸化アンモニウム等で中和する。

　⑤　シアン化水素……硫酸鉄の水酸化ナトリウム溶液で中和する。

　⑥　硝酸……大量の水で処理する。

　⑦　トリレンジイソシアネート（TDI）
　　次のいずれかの方法により処理する。

（ア）　次により混合される中和剤をこぼれたTDIの4倍量だけ散布し中和する。

　　㋐　おがくず　　23％

　　㋑　白土　　38.5％

　　㋒　エタノール　　19.2％

　　㋓　トリエタノールアミン　　3.8％

　　㋔　濃アンモニア水　　3.8％

　　㋕　水　　11.5％

　　㋖　染料（水溶性）　　0.2％

（イ）　白土，吸収用粘土またはおがくずでおおい，その後これを5％アンモニア水で流す。

（ウ）　製造装置または配管からの漏出に対して，次の組成の混合液を噴霧して中和する。

　　㋐　エタノール　　50％

　　㋑　水　　40％

　　㋒　濃アンモニア水　　10％

⑧　フェノール……大量の水または水酸化ナトリウム溶液（2〜5％）で処理する。

⑨　弗化水素……液状（弗化水素酸）のものについては，ソーダ水，石灰等で中和後，水洗する。

　　なお，ガス状で漏えいした場合は，石膏で漏えい箇所をおおう。

⑩　ホスゲン……アンモニアを浸した紙または布で漏えいを防止する。

⑪　硫酸……大量の水で処理し，または石灰で中和する。

　　なお，ホスゲン，塩素等ガス状のものについては，ガスが大気中に漏出しないよう屋内作業場においては漏出の際自動的に除害設備に吸引され処理できるような設備であることが望ましいこと。

（昭和47年基発第799号）

（緊急しや断装置の設置等）

第19条の2　事業者は，管理特定化学設備については，異常化学反応等による第3類物質等の大量の漏えいを防止するため，原材料の送給をしや断し，又は製品等を放出するための装置，不活性ガス，冷却用水等を送給するための装置等当該異常化学反応等に対処するための装置を設けなければならない。　　　　　　　　　　　　　　　　　　　（根22－(1)）

② 前項の装置に設けるバルブ又はコックについては，次に定めるところによらなければならない。

1　確実に作動する機能を有すること。

2　常に円滑に作動できるような状態に保持すること。

3　安全かつ正確に操作することのできるものとすること。

　　　　　　　　　　　　　　　　　　　　　　　　　　　（根22－(1)）

③ 事業者は，第1項の製品等を放出するための装置については，労働者が当該装置から放出される特定化学物質により汚染されることを防止するため，密閉式の構造のものとし，又は放出される特定化学物質を安全な場所へ導き，若しくは安全に処理することができる構造のものとしなければならない。　　　　　　　　　　　　　　　　　　　（根22－(1)）

【要　旨】

　本条は，管理特定化学設備の運転中または運転中断時において，異常化学反応が発生するなどにより，管理特定化学設備から第3類物質等が漏えいするまでに至らないようにするため，原材料の緊急しゃ断，冷却，脱圧，不活性ガスシール等を行うことのできる装置の設置，これらの装置が緊急時において確実に目的を達することができ，かつ，確実に作動することのできるように関係するバルブ等の機能および管理について規定するとともに，管理特定化学設備等に取り付けた安全弁等の放出するための装置を安全な構造のものとしなければならないことを規定したものである。

【解　説】

　(1)　第1項は，管理特定化学設備の内部において異常化学反応等が発生

した場合であっても，当該管理特定化学設備から第3類物質等が漏えいするまでに至らないようにするため，緊急しゃ断装置の設置等について定めたものであり，通常の生産に用いられる冷却装置等はこれに該当しないものであること。

なお，これらの装置は，一般的には温度計，圧力計等の計測装置とインターロックすることが望ましいこと。　　　　　　　　(昭和50年基発第573号)

(2)　第1項の「製品等」の「等」には，中間製品，原材料および異常化学反応等により生成したガスが含まれること。　　　　(昭和50年基発第573号)

(3)　第1項の「製品等を放出するための装置」には，脱圧装置が含まれること。　　　　　　　　　　　　　　　　　　　　(昭和50年基発第573号)

(4)　第1項の「冷却用水等」の「等」には，反応抑制剤が含まれること。
　　　　　　　　　　　　　　　　　　　　　　　　(昭和50年基発第573号)

(5)　第1項の「送給するための装置等」の「等」には，不活性ガスの貯蔵のための設備および冷却用水の確保のための設備が含まれること。

　　　　　　　　　　　　　　　　　　　　　　　　(昭和50年基発第573号)

(6)　第1項の「当該異常化学反応等に対処するための装置」には，管理特定化学設備と他の設備とを隔離するためのしゃ断バルブが含まれること。

　　　　　　　　　　　　　　　　　　　　　　　　(昭和50年基発第573号)

(7)　第2項第1号の「確実に作動する」とは，開または閉が確実に行われることの意であること。　　　　　　　　　　　(昭和50年基発第573号)

(8)　第2項第2号の「常に円滑に作動できるような状態に保持する」とは，緊急の際に容易に作動できるようバルブまたはコックについて，常時，破損，変形，さびつき等がないようにしておくことをいうこと。

　　　　　　　　　　　　　　　　　　　　　　　　(昭和50年基発第573号)

(9)　第2項第3号の「安全かつ正確に操作することのできる」とは，操作する位置と化学設備との間に隔壁を設けること，制御室で遠隔操作をすること等により安全に操作することができるようにするとともに，操作位置において開閉の度合がわかるような表示をすること等により正確に操作

することができるようにすることの意であること。（昭和50年基発第573号）

（予備動力源等）

第19条の３　事業者は，管理特定化学設備，管理特定化学設備の配管又は
　管理特定化学設備の附属設備に使用する動力源については，次に定める
　ところによらなければならない。
　　１　動力源の異常による第３類物質等の漏えいを防止するため，直ちに
　　　使用することができる予備動力源を備えること。
　　２　バルブ，コック，スイッチ等については，誤操作を防止するため，施
　　　錠，色分け，形状の区分等を行うこと。
　②　前項第２号の措置は，色分けのみによるものであつてはならない。

　　　　　　　　　　　　　　　　　　　　　　　　　　　　　（根22−(1)）

【要　旨】

　本条は，動力源が突然中断した場合に管理特定化学設備等の内部で異常
化学反応等が発生し第３類物質等が漏えいすることを防止し，および動力
源のバルブ，コック等について誤操作を防止するために規定されたもので
ある。

【解　説】

　(1)　本条の「附属設備」とは，特定化学設備およびその配管以外の設備
で，特定化学設備に付設されたものをいい，その主なものとしては，動力
装置，圧縮装置，給水装置，計測装置，安全装置等があること。

　　　　　　　　　　　　　　　　　　　　　　　　　　（昭和50年基発第573号）

　(2)　本条の「動力源」には，電気，圧縮空気，油圧，蒸気等があること。
　なお，動力源にはその故障の場合に，直ちに故障箇所等が把握できる設
備（例えば，圧縮空気を動力源とする場合における圧力計，圧力警報装置
等）を設けることが望ましいこと。　　　　　　　　　（昭和50年基発第573号）

　(3)　第１項第１号の「直ちに使用することができる」とは，使用中の動
力源が中断した場合，直ちに切り換えて使用することができる状態に保持
されていることの意であること。　　　　　　　　　　（昭和50年基発第573号）

(4)　第1項第1号の「予備動力源」には，予備電源，電動式以外の動力発生装置であるスチームタービン，内燃機関等のエアーレシーバー等があること。

なお，予備動力源は，動力源の中断によって生ずる管理特定化学設備の内部で異常化学反応等が発生し，第3類物質等が漏えいすることの危険性を排除する作業を行うに十分な時間使用することができる能力を有すれば足りること。　　　　　　　　　　　　　　　　　　（昭和50年基発第573号）

(5)　第1項第2号の「スイツチ等」の「等」には，押しボタンが含まれること。　　　　　　　　　　　　　　　　　　　　（昭和50年基発第573号）

（作業規程）

第20条　事業者は，特定化学設備又はその附属設備を使用する作業に労働者を従事させるときは，当該特定化学設備又はその附属設備に関し，次の事項について，第3類物質等の漏えいを防止するため必要な規程を定め，これにより作業を行わなければならない。

1　バルブ，コック等（特定化学設備に原材料を送給するとき，及び特定化学設備から製品等を取り出すときに使用されるものに限る。）の操作

2　冷却装置，加熱装置，攪拌装置及び圧縮装置の操作

3　計測装置及び制御装置の監視及び調整

4　安全弁，緊急遮断装置その他の安全装置及び自動警報装置の調整

5　蓋板，フランジ，バルブ，コック等の接合部における第3類物質等の漏えいの有無の点検

6　試料の採取

7　管理特定化学設備にあつては，その運転が一時的又は部分的に中断された場合の運転中断中及び運転再開時における作業の方法

8　異常な事態が発生した場合における応急の措置

9　前各号に掲げるもののほか，第3類物質等の漏えいを防止するため必要な措置　　　　　　　　　　　　　　　　　　　　　　**（根22－(1)）**

②　事業者は，前項の作業の一部を請負人に請け負わせるときは，当該請負人に対し，同項の規程により作業を行う必要がある旨を周知させなけ

ればならない。

【要　旨】

本条は，特定化学設備またはその附属設備の運転操作等の作業について，第3類物質等の漏えい事故を予防するため必要な一定事項の作業要領を定めて行わせるべきものを規定したものである。

【解　説】

(1)　作業規程を作成する場合には，関係労働者の意見を取り入れる等により，できるだけ実効のあるものを作成すること。　　（昭和50年基発第573号）

(2)　本条の「附属設備」とは，特定化学設備以外の設備であって，特定化学設備に付設されたものをいいその主なものとしては，動力装置，圧縮装置，給水装置，計測装置，安全装置，除害のための装置等がある。

（昭和46年基発第399号）

(3)　第1号については，運転開始時，運転停止時および運転中の特に必要な場合におけるバルブ，コック等の操作に関し，開閉の時期，順序および度合，送給時間等について定めること。　　（昭和50年基発第573号）

(4)　第1号の「バルブ，コック等」の「等」には，ダンパーが含まれること。　　（昭和50年基発第573号）

(5)　第1号の「製品等」の「等」には，原材料および中間製品のほか，残渣，廃棄物等が含まれること。　　（昭和50年基発第573号）

(6)　第2号については，運転開始時，運転停止時および運転中の特に必要な場合におけるそれぞれの装置の操作に関し，操作の時期，順序および運転状態（攪拌装置の攪拌軸，攪拌翼等の作動状態，冷却装置の冷媒の温度，量等の状態，圧縮装置の吸入圧力および吐出温度の状態等）の適正保持等に必要な事項を定めること。　　（昭和50年基発第573号）

(7)　第2号の「冷却装置」には，凝縮器（コンデンサー）が含まれること。

（昭和50年基発第573号）

(8)　第3号については，監視の時期，監視結果の記録，調整の方法，時

期等について必要な事項を定めること。　　　　(昭和50年基発第573号)

(9)　第4号については，運転開始時および運転中の特に必要な場合における安全装置の調整に関し，調整の時期，作動テスト等について定めること。

(昭和50年基発第573号)

(10)　第4号の「その他の安全装置」とは，破壊板，緊急放出装置，不活性ガス，冷却用水等の送給装置，リリーフバルブ等であって，特定化学設備またはその附属設備の内部を安全な状態に保つための装置をいうこと。

(昭和50年基発第573号)

(11)　第5号については，点検を行う箇所，時期，点検の方法，点検結果の記録等について定めること。　　　　(昭和50年基発第573号)

(12)　第6号については，試料の採取の時期，方法等について定めること。

(昭和50年基発第573号)

(13)　第6号の「試料の採取」とは，分析，試験等のために内容物を取り出すいわゆるサンプリングをいうこと。　　　　(昭和50年基発第573号)

(14)　第7号については，管理特定化学設備の運転を停電等により一時的に中断すると作業再開時に異常反応が発生するおそれがあること，管理特定化学設備の内部に原材料等を保有したまま運転を中断すると当該設備の内部で化学反応が進行し，局部的に蓄熱されて異常化学反応等が発生するおそれがあること等から，これによる第3類物質等の漏えいを防止するために必要な作業の方法を定めることとしたものであること。

(昭和50年基発第573号)

(15)　第7号の「部分的に中断」には，例えば，原材料の送給が続けられているにもかかわらず，攪拌装置の故障のために停止している場合が含まれること。　　　　(昭和50年基発第573号)

(16)　第8号については，緊急調整または緊急停止を行う場合における原材料，不活性ガス等の供給装置，電源装置，動力装置等の運転操作の時期および順序，関係部署への緊急連絡，安全を保持するための要員の配置等について定めること。　　　　(昭和50年基発第573号)

⒄　第8号の「異常な事態」とは，電気，冷却用水，原材料，燃料，圧縮ガス等の供給設備の故障，温度，圧力等の異常な変動等により第3類物質等が漏えいするおそれがある状態をいうこと。　　　　（昭和50年基発第573号）

⒅　第9号には，運転開始時および運転停止時における関連設備相互間の連絡調整等に関する事項が含まれること。　　　　（昭和50年基発第573号）

⒆　第2項について，事業者は，特定の危険有害業務または作業を行うときは，一定の作業方法による義務があるところ，当該業務または作業の一部を請負人に請け負わせるときは，当該請負人に対し，一定の作業方法により当該業務または作業を行う必要がある旨を周知させなければならないこととしたこと。　　　　（令和4年基発0415第1号）

（床）

第21条　事業者は，第1類物質を取り扱う作業場（第1類物質を製造する事業場において当該第1類物質を取り扱う作業場を除く。），オーラミン等又は管理第2類物質を製造し，又は取り扱う作業場及び特定化学設備を設置する屋内作業場の床を不浸透性の材料で造らなければならない。

（根22−⑴）

【要　旨】

本条は，第1類物質の取扱いを行う作業場（第1類物質を製造する事業場における作業場を除く。），オーラミン等または管理第2類物質を製造し，または取り扱う作業場および特定化学設備を設置する屋内作業場の床を不浸透性のものとすべきことを規定したものである。

【解　説】

本条の「不浸透性の材料」には，コンクリート，陶製タイル，合成樹脂の床材，鉄板等があること。　　　　（昭和46年基発第399号）

【疑義および解釈】

問1　不浸透性の床とする範囲如何。

答　本条の規定は，第1類物質については，発じん防止またはその漏えい

物の処理の見地からこれを取り扱う作業場の床を，オーラミン等または管理第2類物質については，発じん防止またはその漏えい物の処理の見地からこれを製造し，または取り扱う作業場の床を，第3類物質等については，大量漏えい事故が発生した場合に，その漏えい物の処理を容易にし，かつ，地下への浸透を防止するため，特定化学設備が設置されている屋内作業場の床を，それぞれ不浸透性のものとしなければならないものであるから，当該影響を及ぼすおそれのある区画された作業場をいうものであること。なお，第1類物質，オーラミン等，管理第2類物質または第3類物質等が収められた密閉した移動用容器を運搬する場所または船倉については，本条の作業場には該当しない。

問2　特定化学設備が中2階に設けられており，その床が鉄格子（すのこ状のもの）でできている場合，不浸透性の床とみなしてさしつかえないか。

答　基礎床が不浸透性であり，かつ，当該床が水洗できる構造のものであればさしつかえない。

問3　電解工場で，第7図のような場合，本条の不浸透性の床とみなしてさしつかえないか。

答　基礎床がコンクリート製であるから，当該床が水洗できる構造のものであるのでさしつかえない。　　　　　　　　　　　　　（昭和47年基発第799号）

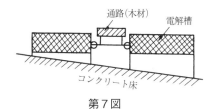

第7図

（設備の改造等の作業）

第22条　事業者は，特定化学物質を製造し，取り扱い，若しくは貯蔵する設備又は特定化学物質を発生させる物を入れたタンク等で，当該特定化学物質が滞留するおそれのあるものの改造，修理，清掃等で，これらの設備を分解する作業又はこれらの設備の内部に立ち入る作業（酸素欠乏症等防止規則（昭和47年労働省令第42号。以下「酸欠則」という。）第２条第８号の第２種酸素欠乏危険作業及び酸欠則第25条の２の作業に該当するものを除く。）に労働者を従事させるときは，次の措置を講じなければならない。

1　作業の方法及び順序を決定し，あらかじめ，これを作業に従事する労働者に周知させること。

2　特定化学物質による労働者の健康障害の予防について必要な知識を有する者のうちから指揮者を選任し，その者に当該作業を指揮させること。

3　作業を行う設備から特定化学物質を確実に排出し，かつ，当該設備に接続している全ての配管から作業箇所に特定化学物質が流入しないようバルブ，コック等を二重に閉止し，又はバルブ，コック等を閉止するとともに閉止板等を施すこと。

4　前号により閉止したバルブ，コック等又は施した閉止板等には，施錠をし，これらを開放してはならない旨を見やすい箇所に表示し，又は監視人を置くこと。

5　作業を行う設備の開口部で，特定化学物質が当該設備に流入するおそれのないものを全て開放すること。

6　換気装置により，作業を行う設備の内部を十分に換気すること。

7　測定その他の方法により，作業を行う設備の内部について，特定化学物質により健康障害を受けるおそれのないことを確認すること。

8　第３号により施した閉止板等を取り外す場合において，特定化学物質が流出するおそれのあるときは，あらかじめ，当該閉止板等とそれに最も近接したバルブ，コック等との間の特定化学物質の有無を確認し，必要な措置を講ずること。

　　9　非常の場合に，直ちに，作業を行う設備の内部の労働者を退避させ
　　　るための器具その他の設備を備えること。

　　10　作業に従事する労働者に不浸透性の保護衣，保護手袋，保護長靴，呼
　　　吸用保護具等必要な保護具を使用させること。　　　　　　（根22-(1)）

②　事業者は，前項の作業の一部を請負人に請け負わせるときは，当該請
　　負人に対し，同項第3号から第6号までの措置を講ずること等について
　　配慮しなければならない。

③　事業者は，前項の請負人に対し，第1項第7号及び第8号の措置を講
　　ずる必要がある旨並びに同項第10号の保護具を使用する必要がある旨を
　　周知させなければならない。

④　事業者は，第1項第7号の確認が行われていない設備については，当
　　該設備の内部に頭部を入れてはならない旨を，あらかじめ，作業に従事
　　する者に周知させなければならない。　　　　　　　　　　（根22-(1)）

⑤　労働者は，事業者から第1項第10号の保護具の使用を命じられたとき
　　は，これを使用しなければならない。　　　　　　　　　　　　（根26）

【要　旨】

　本条は，特定化学物質を製造し，取扱いもしくは貯蔵する設備または特
定化学物質を発生させる物を入れたタンク等で，当該化学物質が滞留する
おそれのある設備についての内部修理等の作業における障害を予防するた
め，作業の現場指揮，作業開始前および作業中における換気，測定，保護
具の使用，器具の備付け等必要な措置ならびに労働者等の保護具の使用義
務について規定したものである。

【解　説】

　(1)　第1項の「清掃等」の「等」には，塗装，解体および内部検査が含
まれること。　　　　　　　　　　（昭和46年基発第399号・昭和50年基発第573号）

　(2)　第1項第3号は，特定化学物質を送給するための配管についての措
置を規定したものであるが，特定化学物質以外の中毒性または腐食性の物，
引火性の油類，高温の水蒸気，熱水等のための配管についても，これに準

じて流入の防止措置を講ずることが望ましいこと。

(昭和46年基発第399号・昭和50年基発第573号)

　⑶　第1項第3号，第4号および第8号の「閉止板等」の「等」には，閉止栓が含まれること。 (昭和50年基発第573号)

　⑷　第1項第4号については，施錠，表示または監視人の配置のいずれかの措置を講ずれば足りること。(昭和46年基発第399号・昭和50年基発第573号)

　⑸　第1項第5号の「開口部」には，入口，検査孔，製品取出し口，ダンパー等があること。 (昭和46年基発第399号・昭和50年基発第573号)

　⑹　第1項第6号の「十分に換気する」とは，タンク内作業を行う設備の内部の容積の3倍以上の量の新鮮な空気を送気し，かつ，その作業中も継続して行うべきものであること。

(昭和46年基発第399号・昭和50年基発第573号)

　⑺　第1項第7号の「測定」とは，検知管，粉じん計など簡易に気中濃度を測ることができる器具を用いて濃度を測定することをいうこと。

(昭和46年基発第399号・昭和50年基発第573号)

　⑻　第1項第7号の「その他の方法」には臭気，色，石けんの泡の利用または付着状態により判別する方法があること。

(昭和46年基発第399号・昭和50年基発第573号)

　⑼　第1項第7号の「特定化学物質により労働者が健康障害を受けるおそれのないこと」とは，特定化学物質のうち，その気中濃度が昭和50年9月30日労働省告示第75号（592頁参照）に定めのある物質についてはその値，同告示に定めのないもののうち，第1類物質については，それが気中に発散していないこと，第2類物質および第3類物質については，その気中濃度が日本産業衛生学会で定める「許容濃度」に定めのある物質についてはその値（フェノールについては5ppm，または19mg/m³），同「許容濃度」に定めのないものについては，それが気中に発散していないことをいうこと。 (昭和46年基発第399号・昭和50年基発第573号)

　⑽　第1項第9号の「器具その他の設備」とは，命綱，巻上げ可能な吊

り足場，はしご等をいうこと。　　（昭和46年基発第399号・昭和50年基発第573号）

⑾　第2項について，事業者は，特定の危険有害業務または作業を行う
ときは，局所排気装置，プッシュプル型換気装置，全体換気装置，排気筒
その他の換気のための設備を設け，一定の条件の下に稼働させる義務があ
るところ，当該業務または作業の一部を請負人に請け負わせる場合におい
て，当該請負人のみが業務または作業を行うときは，これらの設備を一定
の条件の下に稼働させること等について配慮しなければならないこととし
たこと。　　　　　　　　　　　　　　　　　　　（令和4年基発0415第1号）

⑿　第2項について，事業者は，特定の危険有害業務または作業を行う
ときは，当該業務または作業に係る設備や原材料等について，一定の措置
を講ずる義務があるところ，当該業務または作業の一部を請負人に請け負
わせるときは，当該請負人に関してこれらの措置を講ずること等について
配慮しなければならないこととしたこと。　　　（令和4年基発0415第1号）

⒀　第3項および第4項について，事業者は，特定の危険有害業務また
は作業を行うときは，一定の作業方法による義務があるところ，当該業務
または作業の一部を請負人に請け負わせるときは，当該請負人に対し，一
定の作業方法により当該業務または作業を行う必要がある旨を周知させな
ければならないこととしたこと。　　　　　　　（令和4年基発0415第1号）

⒁　第3項について，事業者は，特定の危険有害業務または作業を行う
ときは，当該業務または作業に従事する労働者に必要な保護具を使用させ
る義務があるところ，当該業務または作業の一部を請負人に請け負わせる
ときは，当該請負人に対し，必要な保護具を使用する必要がある旨を周知
させなければならないこととしたこと。　　　　（令和4年基発0415第1号）

⒂　第4項は，測定その他の方法により，設備の内部で作業を行っても
労働者が特定化学物質により健康障害を受けるおそれのないことが確認さ
れていない設備には，当該設備の中に立ち入らせることはもとより，頭部
をも入れてはならないことを周知させることとしたものであること。

　　　　　　　　　　　　　　　　　　　　　　　　　（昭和50年基発第573号）

【疑義および解釈】

問１　第１項第２号の「指揮者を選任し，その者に当該作業を指揮させる」とは，その作業に常時ついていなければならないことをいうのか。

答　特定化学物質の製造，取扱い設備の改造等の作業においては，本条各号に掲げる措置が十分遵守されるよう指揮監督が行われることが必要であり，その作業に専任でなければならないこと。なお，指揮者は，当該指揮に専任とすることが望ましい。

問２　第１項第２号の「必要な知識を有する者」とは，どの程度の知識を有する者をいうのか。

答　関係物質についての有害性，その作業における障害予防措置の具体的方法，事故が発生した場合の応急措置の要領等についての知識のある者をいい，特定化学物質作業主任者の資格を有する者，安衛法第60条の規定によりその作業についての所定の職長教育を受けた者等がこれに該当する。

問３　本条は，船倉内の作業について適用があるか。

答　特定化学物質を取り扱うための船倉における作業については，本条の適用をうける。　　　　　　　　　　　　　　　　　　　（昭和47年基発第799号）

第22条の２　事業者は，特定化学物質を製造し，取り扱い，若しくは貯蔵する設備等の設備（前条第１項の設備及びタンク等を除く。以下この条において同じ。）の改造，修理，清掃等で，当該設備を分解する作業又は当該設備の内部に立ち入る作業（酸欠則第２条第８号の第２種酸素欠乏危険作業及び酸欠則第25条の２の作業に該当するものを除く。）に労働者を従事させる場合において，当該設備の溶断，研磨等により特定化学物質を発生させるおそれのあるときは，次の措置を講じなければならない。

　１　作業の方法及び順序を決定し，あらかじめ，これを作業に従事する労働者に周知させること。

　２　特定化学物質による労働者の健康障害の予防について必要な知識を有する者のうちから指揮者を選任し，その者に当該作業を指揮させること。

　　3　作業を行う設備の開口部で，特定化学物質が当該設備に流入するお
　　　それのないものを全て開放すること。
　　4　換気装置により，作業を行う設備の内部を十分に換気すること。
　　5　非常の場合に，直ちに，作業を行う設備の内部の労働者を退避させ
　　　るための器具その他の設備を備えること。
　　6　作業に従事する労働者に不浸透性の保護衣，保護手袋，保護長靴，呼
　　　吸用保護具等必要な保護具を使用させること。　　　　　（根22−⑴）
②　事業者は，前項の作業の一部を請負人に請け負わせる場合において，同
　項の設備の溶断，研磨等により特定化学物質を発生させるおそれのある
　ときは，当該請負人に対し，同項第3号及び第4号の措置を講ずること
　等について配慮するとともに，当該請負人に対し，同項第6号の保護具
　を使用する必要がある旨を周知させなければならない。
③　労働者は，事業者から第1項第6号の保護具の使用を命じられたとき
　は，これを使用しなければならない。　　　　　　　　　　　（根26）

【要　旨】

　改造，修理，清掃等の際に労働者等が特定化学物質により健康障害を受
けるおそれのある設備は，第22条で規定している設備だけではなく，設備
の溶断等により特定化学物質が発生するものもあり，過去において労働災
害も発生していることから，このような設備においても一定の措置を講じ
るべきことを規定したものである。

【解　説】

⑴　第1項の「清掃等」の「等」には，解体が含まれること。

（平成7年基発第76号）

⑵　第1項の「研磨等」の「等」には，酸による清掃等が含まれること。

（平成7年基発第76号）

⑶　第1項第1号から第6号までの措置は，それぞれ，第22条第1項第
1号，第2号，第5号，第6号，第9号および第10号の措置と同意であること。

（平成7年基発第76号）

⑷　第2項について，事業者は，特定の危険有害業務または作業を行う
ときは，局所排気装置，プッシュプル型換気装置，全体換気装置，排気筒
その他の換気のための設備を設け，一定の条件の下に稼働させる義務があ
るところ，当該業務または作業の一部を請負人に請け負わせる場合におい
て，当該請負人のみが業務または作業を行うときは，これらの設備を一定
の条件の下に稼働させること等について配慮しなければならないこととし
たこと。　　　　　　　　　　　　　　　　　（令和4年基発0415第1号）

⑸　第2項について，事業者は，特定の危険有害業務または作業を行う
ときは，当該業務または作業に係る設備や原材料等について，一定の措置
を講ずる義務があるところ，当該業務または作業の一部を請負人に請け負
わせるときは，当該請負人に関してこれらの措置を講ずること等について
配慮しなければならないこととしたこと。　　　（令和4年基発0415第1号）

⑹　第2項について，事業者は，特定の危険有害業務または作業を行う
ときは，当該業務または作業に従事する労働者に必要な保護具を使用させ
る義務があるところ，当該業務または作業の一部を請負人に請け負わせる
ときは，当該請負人に対し，必要な保護具を使用する必要がある旨を周知
させなければならないこととしたこと。　　　　（令和4年基発0415第1号）

（退避等）

第23条　事業者は，第3類物質等が漏えいした場合において健康障害を受
　けるおそれのあるときは，作業に従事する者を作業場等から退避させな
　ければならない。　　　　　　　　　　　　　　　　　　　　　　**(根25)**

②　事業者は，前項の場合には，第3類物質等による健康障害を受けるお
　それのないことを確認するまでの間，作業場等に関係者以外の者が立ち
　入ることについて，禁止する旨を見やすい箇所に表示することその他の
　方法により禁止するとともに，表示以外の方法により禁止したときは，当
　該作業場等が立入禁止である旨を見やすい箇所に表示しなければならな
　い。　　　　　　　　　　　　　　　　　　　　　　　　　　　**(根25)**

【要　旨】

本条は，安衛法第25条の規定に基づき，特定化学設備その他の設備からの第3類物質の漏えい事故が発生した場合において，作業に従事する者を危険区域から退避させるとともに，危険な状態がなくなるまでの間，関係者以外の者をその区域内に立ち入らせないよう措置し，その旨の表示を行うべきことを規定したものである。

【解　説】

(1)　本条の「作業場等」の「等」とは，作業場以外の区域であって，第3類物質等が漏えいした場合にこれにばく露されるおそれがある区域をいうこと。

（昭和46年基発第799号）

(2)　第2項の「関係者」とは，被害者の救出，緊急時の物品等の持ち出し汚染除去または修理等の作業のため，やむをえず事故現場内などに立ち入る者をいうこと。

（昭和46年基発第799号）

（立入禁止措置）

第24条　事業者は，次の作業場に関係者以外の者が立ち入ることについて，禁止する旨を見やすい箇所に表示することその他の方法により禁止するとともに，表示以外の方法により禁止したときは，当該作業場が立入禁止である旨を見やすい箇所に表示しなければならない。

1　第1類物質又は第2類物質（クロロホルム等及びクロロホルム等以外のものであつて別表第1第37号に掲げる物を除く。第37条及び第38条の2において同じ。）を製造し，又は取り扱う作業場（臭化メチル等を用いて燻蒸作業を行う作業場を除く。）

2　特定化学設備を設置する作業場又は特定化学設備を設置する作業場以外の作業場で第3類物質等を合計100リットル以上取り扱うもの

（根22－(1)）

【要旨および解説】

⑴　本条は，第１類物質または第２類物質の製造または取扱いを行う作業場，特定化学設備を設置する作業場または一定量以上第３類物質等を移動容器等で取り扱う作業場について，関係者以外の者がみだりに立ち入らないよう措置し，その旨を表示すべきことを規定したものである。

（昭和46年基発第399号）

⑵　第２号の「第３類物質等を合計100リットル以上」とは，第19条関係のそれと同意であること。　　　　　　　　　　（昭和46年基発第399号）

⑶　「第１章第２条」の【解説】⑻と同じ（43頁参照）。

（容器等）

第25条　事業者は，特定化学物質を運搬し，又は貯蔵するときは，当該物質が漏れ，こぼれる等のおそれがないように，堅固な容器を使用し，又は確実な包装をしなければならない。　　　　　　　　　　**(根22−⑴)**

②　事業者は，前項の容器又は包装の見やすい箇所に当該物質の名称及び取扱い上の注意事項を表示しなければならない。　　　　**(根22−⑴)**

③　事業者は，特定化学物質の保管については，一定の場所を定めておかなければならない。　　　　　　　　　　　　　　　　　**(根22−⑴)**

④　事業者は，特定化学物質の運搬，貯蔵等のために使用した容器又は包装については，当該物質が発散しないような措置を講じ，保管するときは，一定の場所を定めて集積しておかなければならない。　　**(根22−⑴)**

⑤　事業者は，特別有機溶剤等を屋内に貯蔵するときは，その貯蔵場所に，次の設備を設けなければならない。

　１　当該屋内で作業に従事する者のうち貯蔵に関係する者以外の者がその貯蔵場所に立ち入ることを防ぐ設備

　２　特別有機溶剤又は令別表第６の２に掲げる有機溶剤（第36条の５及び別表第１第37号において単に「有機溶剤」という。）の蒸気を屋外に排出する設備　　　　　　　　　　　　　　　　**(根22−⑴)**

【要　旨】

本条は，第1類物質，第2類物質または第3類物質の運搬または貯蔵の場合における堅固な容器または確実な包装の使用およびこれらの容器，包装への必要な表示，ならびにこれらの物質またはその空容器についての保管上の措置等について規定したものである。

【解　説】

(1)　第1項の「こぼれる等」の「等」には，しみ出すことおよび発じんすることがあること。　　　　　　（昭和46年基発第399号・平成17年基発第0318003号）

(2)　第1項の措置は，マンガン原鉱石，カドミウムを含む原鉱石，ベリリウムを含む原鉱石等のように塊状であって，そのままの状態では発じんのおそれがないものについては，適用されない趣旨であること。

（昭和46年基発第399号・平成17年基発第0318003号）

(3)　第2項の表示は，安衛法第57条の規定に基づき，譲渡し，提供しようとする者が表示した容器については，その限度において本規定による表示が行われたものとみなされること。なお，安衛法第57条の表示対象物質の範囲と本規定による表示対象物の範囲が異なっていることに留意すること。

(4)　第2項の「名称」については，化学名等これらを取り扱う関係労働者が容易に判るものであれば，略称，場合によっては記号でもさしつかえないこと。　　　　　　（昭和46年基発第399号・平成17年基発第0318003号）

(5)　第2項の「取扱い上の注意事項」については，たとえば，その物質を口にしないこと，その物質に触れないこと，保護具を着用すべきこと，みだりに他のものと混合しないこと，みだりに加湿，加水しないこと，みだりに火気に接近しないこと等，それぞれの物質の取扱いに際し障害を予防するため，特に留意すべき事項を具体的に表示する必要があること。

（昭和46年基発第399号・平成17年基発第0318003号）

(6)　第5項第1号の「設備」とは，施錠，縄による区画等をいうこと。

（平成24年基発1026第6号・平成25年基発0827第6号）

(7)　第5項第2号の「設備」とは，窓，排気管等をいい，必ずしも動力により特別有機溶剤等の蒸気を排出することを要しないこと。

（平成24年基発1026第6号）

(8)　「クロロホルム等」のうち，別表第1第37号の物についても，第25条第1項および第4項の規定など，有機則においても規定されている蒸気による中毒の予防のための措置を適用することとしたこと。

（平成26年基発0924第6号）

(9)　クロロホルム等を屋内に貯蔵するときは，その貯蔵場所に，関係労働者以外の労働者が立ち入ることを防ぐ設備およびクロロホルム他9物質の蒸気を屋外に排出する設備を設けなければならないこととしたこと。

（平成26年基発0924第6号）

(10)　第5項第1号について，事業者は，特定の危険有害な環境にある場所，特定の危険有害な物を取り扱う場所または特定の危険有害な物が発生するおそれがある場所には，必要がある労働者を除き，労働者が立ち入ることを禁止し，その旨を見やすい箇所に表示する義務があるところ，請負関係の有無に関わらず，労働者以外の者も含めて，必要がある者を除き，当該場所で作業に従事する者が立ち入ることを禁止し，その旨を見やすい箇所に表示しなければならないこととしたこと。　　（令和4年基発0415第1号）

（救護組織等）

第26条　事業者は，特定化学設備を設置する作業場については，第3類物質等が漏えいしたときに備え，救護組織の確立，関係者の訓練等に努めなければならない。

【要旨および解説】

(1)　本条は，特定化学設備を設置する作業場について，第3類物質の漏えい事故の発生時に備え，被災者の救護に必要な組織を設け，その組織に関して，定期または随時の訓練，必要な装備，機器等の整備等に努めるべきことを規定したものである。

⑵　本条の「訓練等」の「等」には，所要の装備，機器の整備，緊急時の要員の招集方法の確立，医療機関および関係行政機関への連絡その他救護組織の活動に必要な自主規程の作成等があること。（昭和46年基発第399号）

第5章　管　　　理

　本章は，特定化学物質を製造し，または取り扱う作業（試験研究のため
取り扱う作業を除く。）について一定の資格を有する者を作業主任者とし
て選任し，その者にこれらの物質による障害を予防するために必要な職務
を遂行させること，局所排気装置，特定化学設備等一定の設備に対し定期
自主検査および点検とその記録を実施すること，第1類物質または第2類
物質を製造し，または取り扱う作業場について定期的な作業環境測定評価
とその記録，休憩室および洗浄設備の設置，喫煙等を禁止することならび
に第1類物質または第2類物質のうち一定の物（特別管理物質）を製造し，
または取り扱う作業場について，一定事項を記載した掲示板の掲示，作業
労働者の作業の記録について規定したものである。

（特定化学物質作業主任者等の選任）

第27条　事業者は，令第6条第18号の作業については，特定化学物質及び
　四アルキル鉛等作業主任者技能講習（次項に規定する金属アーク溶接等
　作業主任者限定技能講習を除く。第51条第1項及び第3項において同
　じ。）（特別有機溶剤業務に係る作業にあつては，有機溶剤作業主任者技
　能講習）を修了した者のうちから，特定化学物質作業主任者を選任しな
　ければならない。

②　事業者は，前項の規定にかかわらず，令第6条第18号の作業のうち，金
　属をアーク溶接する作業，アークを用いて金属を溶断し，又はガウジン
　グする作業その他の溶接ヒュームを製造し，又は取り扱う作業（以下「金
　属アーク溶接等作業」という。）については，講習科目を金属アーク溶接
　等作業に係るものに限定した特定化学物質及び四アルキル鉛等作業主任
　者技能講習（第51条第4項において「金属アーク溶接等作業主任者限定
　技能講習」という。）を修了した者のうちから，金属アーク溶接等作
　業主任者を選任することができる。

③　令第6条第18号の厚生労働省令で定めるものは，次に掲げる業務とす

る。　　　　　　　　　　　　　　　　　　　　　　　　　　（根14）
　1　第2条の2各号に掲げる業務
　2　第38条の8において準用する有機則第2条第1項及び第3条第1項
　　の場合におけるこれらの項の業務（別表第1第37号に掲げる物に係る
　　ものに限る。）

【要　旨】

　本条は，安衛法第14条の規定に基づき，安衛令第6条第18号に定めると
ころにより特定化学物質を製造し，または取り扱う作業（試験研究のため
取り扱う作業を除く。）について，労働者の健康障害を防止するための措
置を担当させるため，特定化学物質及び四アルキル鉛等作業主任者講習の
修了者を作業主任者として選任しなければならないことを規定したもので
ある。

　なお，金属アーク溶接等作業については，金属アーク溶接等限定技能講
習を修了した者のうちから，金属アーク溶接等作業主任者を選任すること
ができることとされている。

【解　説】

　⑴　本条は，安衛令第6条第18号の規定に基づき，特定化学物質を製造
し，または取り扱う作業について適用されるものであるが，これらの物質
を「取り扱う作業」には，次のような，特定化学物質のガス，蒸気，粉じ
ん等に労働者の身体がばく露されるおそれがない作業は含まれないもので
あること。

　ア　隔離された室内において，リモートコントロール等により監視また
　　はコントロールを行う作業
　イ　亜硫酸ガス，一酸化炭素等を排煙脱硫装置等により処理する作業の
　　うち，当該装置からの漏えい物によりばく露されるおそれがないもの。

　⑵　特定化学物質作業主任者は，安衛法第14条の規定に基づき，作業の
区分に応じて選任が必要であるが，具体的には，各作業場ごと（必ずしも
単位作業室ごとに選任を要するものでなく，次条に掲げる事項の遂行が可

能な範囲ごと）に選任し配置することが必要であること。

　(3)　「選任」にあたっては，その者が次条各号に掲げる事項を常時遂行することができる立場にある者を選任することが必要であること。

(昭和46年基発第399号)

　(4)　特定化学物質作業主任者の選任は，安衛令第6条第18号に定めるところにより「試験研究のために取り扱う作業」については，一般に，取り扱う特定化学物質の量が少ないこと，特定化学物質についての知識を有する者によって取り扱われていること等にかんがみ，作業主任者を選任すべき作業から除外されていること。また，酸化プロピレン等を取り扱う作業のうち，第2条の2に掲げる作業についても適用除外とされたこと。

　なお，「試験研究」には，分析作業（作業環境測定または計量のため日常的に行うものを含む。）が含まれること。

　(5)　エチルベンゼン塗装業務，1・2-ジクロロプロパン洗浄・払拭業務，クロロホルム等有機溶剤業務に係る作業主任者については，特別有機溶剤が溶剤として使用される実態に応じた適切な作業の管理を行わせるため，有機溶剤作業主任者技能講習を修了した者のうちから選任しなければならないこととしたこと。このため，特定化学物質及び四アルキル鉛等作業主任者技能講習を修了した者のうちから選任することはできないことに留意すること。

　(6)　金属アーク溶接等作業については，金属アーク溶接等限定技能講習を修了した者のうちから，金属アーク溶接等作業主任者を選任することができることとしたものであること。

　今回の改正は，事業者に対し，金属アーク溶接等作業を行う場合は，今回新設された金属アーク溶接等限定技能講習を修了した者のうちから金属アーク溶接等作業主任者を選任することを可能とするものであり，当然，事業者は，従前どおり，金属アーク溶接等作業を行う場合において特化物技能講習を修了した者のうちから特定化学物質作業主任者を選任しても差し支えないこと。

　　　　　　（平成24年基発1026第6号，平成25年基発0827第6号，平成26年基発0924第6号，
　　　　　　　　　　　　　　　　　　　　　　　　　　　令和5年基発0403第6号）

　⑺　第38条の8において準用する有機則第2条または第3条の規定により，エチルベンゼン等，1・2-ジクロロプロパン等，クロロホルム他9物質の消費量が許容消費量を超えないことにつき労働基準監督署長の認定を受けた場合等には，特別有機溶剤業務（特別有機溶剤の含有量が重量の1％以下の製剤その他の物に係るものに限る。）について，作業主任者の選任を要しないこととしたこと。

　　　　　　（平成24年基発1026第6号，平成25年基発0827第6号，平成26年基発0924第6号）

　⑻　RCF等を製造し，または取り扱う事業場における作業主任者については，特定化学物質及び四アルキル鉛等作業主任者技能講習を修了した者のうちから選任しなければならないこととなっていること。

　　　　　　　　　　　　　　　　　　　　　　　　　　（平成27年基発0930第9号）

【疑義および解釈】

問1　石油精製等の作業について，硫化水素は副生品であり，かつ，石油精製系統の装置内から系統外に漏えいすることはないが，この場合にも作業主任者の選任が必要か。

答　石油精製等の作業であって，硫化水素が副生するものについては，その硫化水素を捕集精製して使用する場合に限って，硫化水素を製造する作業とみなされ，所定の作業主任者を選任する必要がある。

　　なお，硫化水素を製造する作業に該当しない場合であっても，第28条に掲げる事項を行わせる者を選任することが望ましいこと。

問2　交替制の場合，作業主任者は，各直ごとに選任する必要があると考えるがどうか。

答　作業主任者は，作業が行われる現場において，労働者の指揮，保護具の使用状況の監視等の職務を遂行しなければならないものであり，貴見のとおり。

　　　　　　　　　　　　　　　　　　　　　　　　　　（昭和47年基発第799号）

（特定化学物質作業主任者の職務）

第28条　事業者は，特定化学物質作業主任者に次の事項を行わせなければ
ならない。

　1　作業に従事する労働者が特定化学物質により汚染され，又はこれら
　　を吸入しないように，作業の方法を決定し，労働者を指揮すること。

　2　局所排気装置，プッシュプル型換気装置，除じん装置，排ガス処理
　　装置，排液処理装置その他労働者が健康障害を受けることを予防する
　　ための装置を1月を超えない期間ごとに点検すること。

　3　保護具の使用状況を監視すること。

　4　タンクの内部において特別有機溶剤業務に労働者が従事するときは，
　　第38条の8において準用する有機則第26条各号（第2号，第4号及び
　　第7号を除く。）に定める措置が講じられていることを確認すること。

（根14）

【要　旨】

　本条は，安衛法第14条の規定に基づき，前条により選任された特定化学
物質作業主任者に当該作業に従事する労働者の指揮，関係装置の月例点検
および保護具の使用状況の監督を行わせること等の職務について規定した
ものである。

【解　説】

　⑴　第1号の「作業の方法」については，もっぱら労働者の健康障害の
予防に必要な事項に限るものであり，たとえば，関係装置の起動，停止，
監視，調整等の要領，対象物質の送給，取出し，サンプリング等の方法，
対象物質についての洗浄，そうじ等の汚染除去および廃棄処理の方法，そ
の他相互間の連絡，合図の方法等があること。　　　（昭和46年基発第399号）

　⑵　第2号の「その他労働者が健康障害を受けることを予防するための
装置」には，全体換気装置，密閉式の構造の製造装置，安全弁またはこれ
に代わる装置等があること。　　　　　　　　　　（昭和46年基発第399号）

　⑶　第2号の「点検する」とは，関係装置について，第3条，第4条，

第5条および第7条から第11条までに規定する障害予防の措置に係る事項を中心に点検することをいい，その主な内容としては，装置の主要部分の損傷，脱落，腐食，異常音等の異常の有無，対象物質の漏えいの有無，排液処理用の調整剤の異常の有無，局所排気装置その他の排出処理のための装置等の効果の確認等があること。　　　　　　　　　　　（昭和46年基発第399号）

(4)　「第5章第27条」の【解説】(5)と同じ（142頁参照）。

（金属アーク溶接等作業主任者の職務）

第28条の2　事業者は，金属アーク溶接等作業主任者に次の事項を行わせなければならない。

1　作業に従事する労働者が溶接ヒュームにより汚染され，又はこれを吸入しないように，作業の方法を決定し，労働者を指揮すること。

2　全体換気装置その他労働者が健康障害を受けることを予防するための装置を1月を超えない期間ごとに点検すること。

3　保護具の使用状況を監視すること。

【要旨および解説】

金属アーク溶接等作業主任者の新設に伴い，当該作業主任者の職務を新たに規定したものであること。

（定期自主検査を行うべき機械等）

第29条　令第15条第1項第9号の厚生労働省令で定める局所排気装置，プッシュプル型換気装置，除じん装置，排ガス処理装置及び排液処理装置（特定化学物質（特別有機溶剤等を除く。）その他この省令に規定する物に係るものに限る。）は，次のとおりとする。

1　第3条，第4条第4項，第5条第1項，第38条の12第1項第2号，第38条の17第1項第1号若しくは第38条の18第1項第1号の規定により，又は第50条第1項第6号若しくは第50条の2第1項第1号，第5号，第9号若しくは第12号の規定に基づき設けられる局所排気装置（第3条第1項ただし書及び第38条の16第1項ただし書の局所排気装置を含む。）

2　第3条，第4条第4項，第5条第1項，第38条の12第1項第2号，第38条の17第1項第1号若しくは第38条の18第1項第1号の規定により，又は第50条第1項第6号若しくは第50条の2第1項第1号，第5号，第9号若しくは第12号の規定に基づき設けられるプッシュプル型換気装置（第38条の16第1項ただし書のプッシュプル型換気装置を含む。）

3　第9条第1項，第38条の12第1項第3号若しくは第38条の13第4項第1号イの規定により，又は第50条第1項第7号ハ若しくは第8号（これらの規定を第50条の2第2項において準用する場合を含む。）の規定に基づき設けられる除じん装置

4　第10条第1項の規定により設けられる排ガス処理装置

5　第11条第1項の規定により，又は第50条第1項第10号（第50条の2第2項において準用する場合を含む。）の規定に基づき設けられる排液処理装置　　　　　　　　　　　　　　　　　　　（根45-①　103-①）

【要　旨】

本条は，安衛法第45条の規定に基づき，事業者自らが，一定時期ごとに主要構造や機能の状況について，自主検査を行うべき機械等について，安衛令第15条第1項第9号および第10号で定めるもののうち，特定化学物質に係る定期自主検査の対象となる設備を規定したものである。

【解　説】

第38条の13第4項第1号イにより，全体換気装置に設置を義務づける除じん装置について，定期自主検査を行うべき機械に追加することとしたこと。　　　　　　　　　　　　　　　　　　　（平成29年基発0519第6号）

（定期自主検査）

第30条　事業者は，前条各号に掲げる装置については，1年以内ごとに1回，定期に，次の各号に掲げる装置の種類に応じ，当該各号に掲げる事項について自主検査を行わなければならない。ただし，1年を超える期間使用しない同項の装置の当該使用しない期間においては，この限りでない。

1　局所排気装置

イ　フード，ダクト及びファンの摩耗，腐食，くぼみ，その他損傷の有無及びその程度

ロ　ダクト及び排風機におけるじんあいのたい積状態

ハ　ダクトの接続部における緩みの有無

ニ　電動機とファンを連結するベルトの作動状態

ホ　吸気及び排気の能力

ヘ　イからホまでに掲げるもののほか，性能を保持するため必要な事項

2　プッシュプル型換気装置

イ　フード，ダクト及びファンの摩耗，腐食，くぼみ，その他損傷の有無及びその程度

ロ　ダクト及び排風機におけるじんあいのたい積状態

ハ　ダクトの接続部における緩みの有無

ニ　電動機とファンを連結するベルトの作動状態

ホ　送気，吸気及び排気の能力

ヘ　イからホまでに掲げるもののほか，性能を保持するため必要な事項

3　除じん装置，排ガス処理装置及び排液処理装置

イ　構造部分の摩耗，腐食，破損の有無及びその程度

ロ　除じん装置又は排ガス処理装置にあつては，当該装置内におけるじんあいのたい積状態

ハ　ろ過除じん方式の除じん装置にあつては，ろ材の破損又はろ材取付部等の緩みの有無

ニ　処理薬剤，洗浄水の噴出量，内部充てん物等の適否

ホ　処理能力

ヘ　イからホまでに掲げるもののほか，性能を保持するため必要な事項　　　　　　　　　　　　　　　　　　　　　（根45−①）

②　事業者は，前項ただし書の装置については，その使用を再び開始する際に同項各号に掲げる事項について自主検査を行なわなければならない。　　　　　　　　　　　　　　　　　　　　　　　　（根45−①）

【要　旨】

　本条は，安衛法第45条および安衛令第15条第1項第9号の規定により，定期に自主検査を行わなければならないこととされた第29条第1項各号に掲げる装置について検査すべき事項を，装置の種類に応じて定めたものである。

【解　説】

　⑴　第1項第1号ホの「吸気及び排気の能力」については，所定要領によって換気中の有害物質の濃度の測定を実施することによる検査の実施が必要であるが，この方法によることが困難な場合は，局所排気装置の性能が確保されている場合の測定位置における制御風速をあらかじめ測定により明らかにしておき，検査の場合，風速を測定し，前記風速と比較することにより局所排気装置の性能の有無を検査してもさしつかえないこと。

（昭和47年基発第591号・平成16年基発第0319008号）

　⑵　第1項第1号へおよび第1項第2号への「必要な事項」とは，ダンパーの調節，排風機の注油状態等をいうこと。

（昭和47年基発第591号・平成16年基発第0319008号）

　⑶　第1項第2号ホの「送気，吸気及び排気の能力」の検査に当たっては，平成15年厚生労働省告示第377号に規定されている要件を満たしていることを確認しなければならないこと。（平成16年基発第0319008号）

　⑷　第1項第3号ホの「処理能力」については，除じん，除ガスまたは排液処理の効果を確保するための測定が必要であること。

（昭和47年基発第591号・平成16年基発第0319008号）

　⑸　第1項第3号への「必要な事項」とは，除じん装置等の性能が低下した場合における排気または排液の量の調整を含むこと。

（昭和47年基発第591号・平成16年基発第0319008号）

第31条　事業者は，特定化学設備又はその附属設備については，2年以内ごとに1回，定期に，次の各号に掲げる事項について自主検査を行わなければならない。ただし，2年を超える期間使用しない特定化学設備又

はその附属設備の当該使用しない期間においては，この限りでない。

　1　特定化学設備又は附属設備（配管を除く。）については，次に掲げる事項

　　イ　設備の内部にあつてその損壊の原因となるおそれのある物の有無

　　ロ　内面及び外面の著しい損傷，変形及び腐食の有無

　　ハ　ふた板，フランジ，バルブ，コツク等の状態

　　ニ　安全弁，緊急しや断装置その他の安全装置及び自動警報装置の機能

　　ホ　冷却装置，加熱装置，攪拌装置，圧縮装置，計測装置及び制御装置の機能

　　ヘ　予備動力源の機能

　　ト　イからヘまでに掲げるもののほか，特定第2類物質又は第3類物質の漏えいを防止するため必要な事項

　2　配管については，次に掲げる事項

　　イ　溶接による継手部の損傷，変形及び腐食の有無

　　ロ　フランジ，バルブ，コツク等の状態

　　ハ　配管に近接して設けられた保温のための蒸気パイプの継手部の損傷，変形及び腐食の有無　　　　　　　　　　　　（根45－①）

②　事業者は，前項ただし書の設備については，その使用を再び開始する際に同項各号に掲げる事項について自主検査を行なわなければならない。
　　　　　　　　　　　　　　　　　　　　　　　　　（根45－①）

【要　旨】

　本条は，安衛法第45条および安衛令第15条第1項第10号の規定により，定期に自主検査を行わなければならないこととされた特定化学設備およびその付属設備について，検査すべき事項を定めたものである。

【解　説】

　(1)　第1項第1号イの「設備の内部にあつてその損壊の原因となるおそれのある物」とは，特定化学設備またはその付属設備の使用中に，異常な反応，閉塞等により設備が損壊し，漏えい事故の原因となる油類，水，金

属片，さび，ぼろ等の異物をいうこと。
（昭和46年基発第399号）

　⑵　第1項第1号ハの「コツク等」とは，第14条の「コツク等」と同意であること。
（昭和46年基発第399号）

　⑶　第1項第1号ハの「状態」には，接合部についてのすり合わせ不良，摩耗，変形，ゆるみ，パッキンの脱落，締付けボルトの欠損等の有無の状態のほか，バルブおよびコックについては，その作動の良否の状態が含まれること。
（昭和46年基発第399号）

　⑷　第1項第1号への「機能」とは，出力，切替時限等についての必要な定格をいい，検査については，無負荷の状態で行ってさしつかえないこと。
（昭和46年基発第399号）

　⑸　第1項第1号トについては，緊急調整または緊急停止を必要とする場合における原料，材料，不活性ガス等の供給装置，逆流等の防止装置，緊急警報装置およびパイロットランプ等の運転指示装置の状態を検査すること。
（昭和46年基発第399号）

　⑹　第1項第2号ハの「配管に近接して設けられた」とは，たとえば，第8図に示すごとく有害物用の配管の保温用として添管して設けられたものをいうこと。
（昭和47年基発第591号）

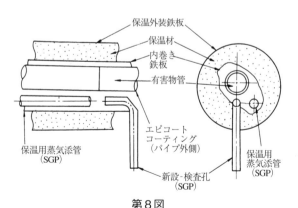

第8図

（定期自主検査の記録）

第32条　事業者は，前二条の自主検査を行なつたときは，次の事項を記録し，これを3年間保存しなければならない。

1　検査年月日

2　検査方法

3　検査箇所

4　検査の結果

5　検査を実施した者の氏名

6　検査の結果に基づいて補修等の措置を講じたときは，その内容

（根45−①　103−①）

【要　旨】

本条は，安衛法第45条の規定に基づき，事業者が定期自主検査を行った場合の記録すべき事項について定めるとともに，安衛法第103条の規定に基づき，これを3年間保存しなければならないことを規定したものである。

（点検）

第33条　事業者は，第29条各号に掲げる装置を初めて使用するとき，又は分解して改造若しくは修理を行つたときは，当該装置の種類に応じ第30条第1項各号に掲げる事項について，点検を行わなければならない。

（根22−(1)）

【要　旨】

本条は，局所排気装置，除じん装置等をはじめて使用するとき，分解して改造もしくは修理を行ったときは，その効果を確認するため，一定の事項について点検しなければならないことを定めたものである。

第34条　事業者は，特定化学設備又はその附属設備をはじめて使用するとき，分解して改造若しくは修理を行なつたとき，又は引続き1月以上使用を休止した後に使用するときは，第31条第1項各号に掲げる事項について，点検を行なわなければならない。

（根22−(1)）

② 事業者は，前項の場合のほか，特定化学設備又はその附属設備（配管を除く。）の用途の変更（使用する原材料の種類を変更する場合を含む。以下この項において同じ。）を行なつたときは，第31条第1項第1号イ，ニ及びホに掲げる事項並びにその用途の変更のために改造した部分の異常の有無について，点検を行なわなければならない。　　　　(根22−(1))

【要　旨】

本条は，特定化学設備またはその付属設備について，新設時，変更時，休止後の再使用時および用途変更時には，一定事項の点検をすべきことを規定したものである。

【解　説】

(1) 第1項の「はじめて使用するとき」とは，設備を新設して最初に使用する場合，および既存の設備を特定化学設備またはその附属設備に用途変更して最初に使用する場合をいうこと。

(2) 第2項の「用途の変更」とは，特定化学設備を他の目的で使用する特定化学設備に変更して使用すること（転用）をいい，特定化学設備またはその附属設備以外の用途に変更する場合は，これに含まれないこと。

（点検の記録）

第34条の2　事業者は，前二条の点検を行つたときは，次の事項を記録し，これを3年間保存しなければならない。

1　点検年月日

2　点検方法

3　点検箇所

4　点検の結果

5　点検を実施した者の氏名

6　点検の結果に基づいて補修等の措置を講じたときは，その内容

　　　　　　　　　　　　　　　(根22−(1)　103−①)

（補修等）

第35条　事業者は，第30条若しくは第31条の自主検査又は第33条若しくは
第34条の点検を行つた場合において，異常を認めたときは，直ちに補修
その他の措置を講じなければならない。　　　　　　　　　　（根22 −(1)）

【要　旨】

本条は，定期自主検査または点検を行った結果，異常を認めた場合は，
補修等の措置を講ずべきことを規定したものであること。なお，これらの
措置が講ぜられない限り当該設備については稼働させてはならないもので
ある。

【解　説】

⑴　本条の「異常を認めたとき」とは，局所排気装置，除じん装置，排
ガス処理装置または排液処理装置については，物理的異常が認められる場
合のほか，性能の低下等の異常が認められる場合が含まれること。

⑵　「その他の措置」とは，補修には至らない程度のものであって，当
該設備の有効稼働を保持するために必要な措置をいうこと。

（昭和47年基発第591号）

（測定及びその記録）

第36条　事業者は，令第21条第7号の作業場（石綿等（石綿障害予防規則（平
成17年厚生労働省令第21号。以下「石綿則」という。）第2条第1項に規
定する石綿等をいう。以下同じ。）に係るもの及び別表第1第37号に掲げ
る物を製造し，又は取り扱うものを除く。）について，6月以内ごとに1
回，定期に，第1類物質（令別表第3第1号8に掲げる物を除く。）又は
第2類物質（別表第1に掲げる物を除く。）の空気中における濃度を測定
しなければならない。　　　　　　　　　　　　　　　　　（根65 −①）

②　事業者は，前項の規定による測定を行つたときは，その都度次の事項
を記録し，これを3年間保存しなければならない。

　1　測定日時

　2　測定方法

　3　測定箇所

　4　測定条件

　5　測定結果

　6　測定を実施した者の氏名

　7　測定結果に基づいて当該物質による労働者の健康障害の予防措置を講じたときは，当該措置の概要　　　　　　　　　（根65-①　103-①）

③　事業者は，前項の測定の記録のうち，令別表第3第1号1，2若しくは4から7までに掲げる物又は同表第2号3の2から6まで，8，8の2，11の2，12，13の2から15の2まで，18の2から19の5まで，22の2から22の5まで，23の2から24まで，26，27の2，29，30，31の2，32，33の2若しくは34の3に掲げる物に係る測定の記録並びに同号11若しくは21に掲げる物又は別表第1第11号若しくは第21号に掲げる物（以下「クロム酸等」という。）を製造する作業場及びクロム酸等を鉱石から製造する事業場においてクロム酸等を取り扱う作業場について行つた令別表第3第2号11又は21に掲げる物に係る測定の記録については，30年間保存するものとする。

④　令第21条第7号の厚生労働省令で定めるものは，次に掲げる業務とする。　　　　　　　　　　　　　　　　　　（根65-①　103-①）

　1　第2条の2各号に掲げる業務

　2　第38条の8において準用する有機則第3条第1項の場合における同項の業務（別表第1第37号に掲げる物に係るものに限る。）

　3　第38条の13第3項第2号イ及びロに掲げる作業（同条第4項各号に規定する措置を講じた場合に行うものに限る。）

【要　旨】

　本条は，安衛法第65条の規定に基づき，第1類物質または第2類物質の製造または取扱いが常時行われる屋内作業場(石綿等に係るものを除く。)について，その作業環境内のこれらの物質のガス，蒸気または粉じんの気中濃度を定期的に測定すること，およびその測定結果についての記録とそ

の保存について規定したものである。

　なお，本条の測定は，作業環境内におけるこれらのガス，蒸気または粉
じんの発散を抑制するための設備面の改善措置および健康管理を進める上
でも極めて重要な意義をもつものであること。

【解　説】

　⑴　第2項第4号の「測定条件」とは，使用した測定器具の種類，測定
時の気温，湿度，風速および風向，局所排気装置等の稼働状況，製造装置
の稼働状況，作業の実施状況等測定結果に影響を与える諸条件をいうこと。

（昭和46年基発第399号・昭和63年基発第602号）

　⑵　第2項第5号の「測定結果」については，実測値およびこれを一定
の方法で換算した数値を記録すること。

　⑶　第3項は，第1類物質または第2類物質のうち，悪性新生物等遅発
性の健康障害を発生するおそれのある物について，当該物に係る測定結果
の保存期間を測定を行った後30年間は保存しなければならないことを規定
したものであること。

　　①　第3項中「8の2」は，オルト-トルイジン等を製造し，または
　　　取り扱う屋内作業場について，作業環境測定を行い，結果の記録を
　　　30年間保存しなければならないこととしたこと。

（平成28年基発1130第4号）

　　②　第3項中「15の2」は，三酸化二アンチモン等を製造し，または
　　　取り扱う屋内作業場について，作業環境測定を行い，結果の記録を
　　　30年間保存しなければならないこととしたこと。

（平成29年基発0519第6号）

　⑷　第4項は，酸化プロピレン等を取り扱う作業のうち，第2条の2に
掲げる作業について，本条の適用を除外したものであること。

　⑸　本条の測定は，作業環境測定法の制定に伴い，作業環境測定基準に
従って，作業環境測定士によりこれを実施しなければならないことに留意
すること。

⑹　コークス炉に係る本条の測定対象作業場は,「コークス炉上におい
て……コークス製造の作業を行う場合」の当該作業場および「コークス炉
に接してコークス製造の作業を行う場合の当該作業場」が該当すること。
なお,前者は,コークス炉に石炭等の原料を装入する作業,上昇管内部の
堆積物を除去する作業等が行われる炉上の作業場をいうものであり,後者
は,一般に「コークス炉の炉側(そく)の作業場」と称されているもので,具体的
には,押出し機,ガイド車,消火車等の運転の作業,稼働中のコークス炉
の炉壁の補修の作業,炉ふたの保守点検の作業,プラットホームの清掃の
作業等コークス炉からの発散物に直接被ばくして作業が行われる作業場を
いい,貯炭場,炉ふたの修理工場等は,これに含まれないものであること。

⑺　本条の作業環境測定は,作業環境中に発散する第1類物質または第
2類物質のガス,蒸気または粉じんの濃度を測定し,作業環境の状態を把
握することにより,当該場所で作業に従事する労働者がこれら物質へのば
く露をより少なくするため,作業環境の改善等に資するものである。した
がって,測定値が一定の濃度を上回る場合には,施設の整備,作業方法の
改善等の措置を講ずるよう指導する必要があること。

⑻　事業者は,以下の作業場について,それぞれエチルベンゼン,1・2-
ジクロロプロパン,クロロホルム他9物質の空気中の濃度を測定しなけれ
ばならないこととしたこと。

　①　エチルベンゼンまたはこれを重量の1%を超えて含有する製剤そ
　　の他の物を用いて行う塗装業務を行う作業場

　②　1・2-ジクロロプロパンまたはこれを重量の1%を超えて含有する
　　製剤その他の物を用いて印刷機等の洗浄または払拭の業務を行う作
　　業場

　③　クロロホルム等有機溶剤業務を行う作業場(クロロホルム他9物
　　質を重量の1%を超えて含有する製剤その他の物を製造し,取り扱
　　う作業場に限る。)

また,当該作業環境測定の結果およびその評価の結果の記録については,

30年間保存しなければならないこととしたこと。

　　　（平成24年基発1026第6号，平成25年基発0827第6号，平成26年基発0924第6号）

　⑼　⑻の測定のほか，事業者は，特別有機溶剤等が有機溶剤と同様に作用し，蒸気による中毒を発生させるおそれがあることから，以下の場合には，それぞれの物質および安衛令別表第6の2第1号から第47号までに掲げる有機溶剤の空気中の濃度を測定しなければならないこととしたこと。

　　①　エチルベンゼンおよび有機溶剤の含有量の合計が重量の5％を超える製剤その他の物を用いて屋内作業場で塗装業務を行う場合。

　　②　1・2－ジクロロプロパンおよび有機溶剤の含有量の合計が重量の5％を超える製剤その他の物を用いて屋内作業場で印刷機等の洗浄または払拭の業務を行う場合。

　　③　クロロホルム等のうち，特別有機溶剤または有機溶剤の含有量の合計が重量の5％を超える製剤その他の物を用いて屋内作業場で有機溶剤業務を行う場合。

　　　（平成24年基発1026第6号，平成25年基発0827第6号，平成26年基発0924第6号）

　⑽　第38条の8の規定において準用する有機則第3条の規定により，特別有機溶剤等の消費量が許容消費量を超えないことにつき労働基準監督署長の認定を受けた場合には，⑼の測定の実施を要しないこととしたこと。

　　　（平成24年基発1026第6号，平成25年基発0827第6号，平成26年基発0924第6号）

　⑾　第38条の13第3項第2号イおよびロに掲げる作業については，第38条の13第4項各号に規定するばく露防止対策を講じたときに限り，第5条の作業環境管理のための局所排気装置等の規定の適用が除外されることから，作業環境測定の対象から除外したこと。　　　（平成29年基発0519第6号）

【疑義および解釈】

問1　生産条件が不変もしくは労働衛生面からみて改善された場合であっても，それ以後の測定は省略できないか。

答　一般に，作業環境中における有害物の発散および気中濃度は変化するので，これらを正確に把握するためには定期的に環境測定を行って確認

することが必要であり，生産条件が一定している場合，労働衛生面から改善された場合等であっても本条の測定は省略できない。なお，設備の密閉状況，局所排気装置の性能，作業方法等の適否のチェックおよびこれらの改善のためにも適時の測定を実施することが望ましい。

問2　常時労働者がいないような場所についても測定を実施する必要があるか。

答　測定の目的が，労働者の健康障害の防止にあることから，通常の状態における労働者の作業行動範囲内については，測定しなければならない。

（昭和47年基発第799号）

（測定結果の評価）

第36条の2　事業者は，令別表第3第1号3，6若しくは7に掲げる物又は同表第2号1から3まで，3の3から7まで，8の2から11の2まで，13から25まで，27から31の2まで若しくは33から36までに掲げる物に係る屋内作業場について，前条第1項又は法第65条第5項の規定による測定を行つたときは，その都度，速やかに，厚生労働大臣の定める作業環境評価基準に従つて，作業環境の管理の状態に応じ，第1管理区分，第2管理区分又は第3管理区分に区分することにより当該測定の結果の評価を行わなければならない。　　　　　　　　　　　　**（根65の2−②）**

②　事業者は，前項の規定による評価を行つたときは，その都度次の事項を記録して，これを3年間保存しなければならない。

　1　評価日時

　2　評価箇所

　3　評価結果

　4　評価を実施した者の氏名　　　　　　　　　　　　**（根65の2−③）**

③　事業者は，前項の評価の記録のうち，令別表第3第1号6若しくは7に掲げる物又は同表第2号3の3から6まで，8の2，11の2，13の2から15の2まで，18の2から19の5まで，22の2から22の5まで，23の2から24まで，27の2，29，30，31の2，33の2若しくは34の3に掲げる物に係る評価の記録並びにクロム酸等を製造する作業場及びクロム酸等を

> 鉱石から製造する事業場においてクロム酸等を取り扱う作業場について
> 行つた令別表第3第2号11又は21に掲げる物に係る評価の記録について
> は，30年間保存するものとする。　　　　　　　（根65の2-③）

【要　旨】

本条は，安衛法第65条の2の規定に基づき，作業環境測定結果の評価を
行い，その結果を記録しなければならないこと，およびその評価結果につ
いての記録とその保存について規定したものであること。

【解　説】

⑴　第1管理区分から第3管理区分までの区分の方法は，作業環境評価
基準により定められるものであること。

（昭和63年基発第602号・平成7年基発第76号）

⑵　第1管理区分が一定期間継続した場所については，作業環境測定基
準に定めるところに従い，通常の方法に代わる測定方法が認められること
となったこと。　　　　　　　（昭和63年基発第602号・平成7年基発第76号）

⑶　測定対象物質のうち評価対象となっていない物質については，作業
場の気中濃度を可能な限り低いレベルにとどめる等ばく露の機会を極力減
少させることを基本として管理すべきものであること。

（昭和63年基発第602号・平成7年基発第76号）

⑷　以下の作業場については，作業環境測定およびその結果の評価を行
い，これらの結果の記録を30年間保存しなければならないこととしたこと。

　　①　インジウム化合物等，エチルベンゼン等（エチルベンゼンおよび
　　　これを重量の1％を超えて含有する製剤その他の物に限る。）また
　　　はコバルト等を製造し，または取り扱う屋内作業場（インジウム化
　　　合物等については，作業環境測定に限る。）

　　②　オルト-トルイジン等を製造し，または取り扱う屋内作業場

　　③　クロロホルム等有機溶剤業務を行う作業場（クロロホルム他9物
　　　質を重量の1％を超えて含有する製剤その他の物を製造し，取り扱

う作業場に限る。）

④　三酸化二アンチモン等を製造し，または取り扱う屋内作業場

⑤　1·2-ジクロロプロパン洗浄・払拭業務（1·2-ジクロロプロパンおよびこれを重量の1％を超えて含有する製剤その他の物を用いて行う業務に限る。）を行う屋内作業場

⑥　ナフタレン等またはRCF等を製造し，または取り扱う屋内作業場

（平成24年基発1026第6号，平成25年基発0827第6号，平成26年基発0924第6号，平成27年基発0930第9号，平成28年基発1130第4号，平成29年基発0519第6号）

⑸　特別有機溶剤と有機溶剤の含有量の合計が5％を超える製剤その他の物を用いて，屋内作業場でエチルベンゼン塗装業務，1·2-ジクロロプロパン洗浄・払拭業務もしくはクロロホルム等有機溶剤業務を行う場合の作業環境の測定の結果およびその評価の結果の記録については，3年間保存しなければならないとしたこと。

（平成24年基発1026第6号，平成25年基発0827第6号，平成26年基発0924第6号）

（評価の結果に基づく措置）

第36条の3　事業者は，前条第1項の規定による評価の結果，第3管理区分に区分された場所については，直ちに，施設，設備，作業工程又は作業方法の点検を行い，その結果に基づき，施設又は設備の設置又は整備，作業工程又は作業方法の改善その他作業環境を改善するため必要な措置を講じ，当該場所の管理区分が第1管理区分又は第2管理区分となるようにしなければならない。　　　　　　　　　　　　　　　（根65の2-①）

②　事業者は，前項の規定による措置を講じたときは，その効果を確認するため，同項の場所について当該特定化学物質の濃度を測定し，及びその結果の評価を行わなければならない。　　　　　　　　　　（根65の2-①）

③　事業者は，第1項の場所については，労働者に有効な呼吸用保護具を使用させるほか，健康診断の実施その他労働者の健康の保持を図るため必要な措置を講ずるとともに，前条第2項の規定による評価の記録，第1項の規定に基づき講ずる措置及び前項の規定に基づく評価の結果を次に掲げるいずれかの方法によつて労働者に周知させなければならない。

1　常時各作業場の見やすい場所に掲示し，又は備え付けること。

2　書面を労働者に交付すること。

3　事業者の使用に係る電子計算機に備えられたファイル又は電磁的記録媒体（電磁的記録（電子的方式，磁気的方式その他人の知覚によっては認識することができない方式で作られる記録であつて，電子計算機による情報処理の用に供されるものをいう。）に係る記録媒体をいう。以下同じ。）をもつて調製するファイルに記録し，かつ，各作業場に労働者が当該記録の内容を常時確認できる機器を設置すること。

（根65の２－①）

④　事業者は，第１項の場所において作業に従事する者（労働者を除く。）に対し，有効な呼吸用保護具を使用する必要がある旨を周知させなければならない。

【要　旨】

本条は，評価の結果第３管理区分に区分された場所について講ずべき措置について規定したものであること。

【解　説】

⑴　第１項の「直ちに」とは，施設，設備，作業工程または作業方法の点検および点検結果に基づく改善措置を直ちに行う趣旨であるが，改善措置については，これに要する合理的な時間については考慮されるものであること。

⑵　第２項の測定および評価は，第１項の規定による措置の効果を確認するために行うものであるから，措置を講ずる前に行った方法と同じ方法で行うこと，すなわち作業環境測定基準および作業環境評価基準に従って行うことが適当であること。

⑶　第３項の「労働者に有効な呼吸用保護具を使用させる」のは，第１項の規定による措置を講ずるまでの応急的なものであり，呼吸用保護具の使用をもって当該措置に代えることができる趣旨ではないこと。なお，局部的に濃度の高い場所があることにより第３管理区分に区分された場所に

ついては，当該場所の労働者のうち，濃度の高い位置で作業を行うものに
のみ呼吸用保護具を着用させることとしてさしつかえないこと。

　⑷　第３項の「健康診断の実施その他労働者の健康の保持を図るため必
要な措置」については，作業環境測定の評価の結果，労働者に著しいばく
露があったと推定される場合等で，産業医等が必要と認めたときに行うべ
きものであること。　　　　　　　　　　　　　　　　　（昭和63年基発第602号）

　⑸　第36条の作業環境測定を行い，第３管理区分に区分された場合には，
第36条の２第２項に基づく評価の記録，第36条の３第１項に基づき講ずる
措置および同条第２項に基づく評価の結果を，第２管理区分に区分された
場合には，第36条の２第２項に基づく評価の記録および第36条の４第１項
に基づき講ずる措置を，労働者に周知させなければならないこと。

　　　　　　　　　　　　　　　　　　　　　　　　（平成24年基発0517第２号）

　⑹　周知の対象となる労働者には，直接雇用関係にある産業保健スタッ
フおよび労働者派遣事業の適正な運営の確保及び派遣労働者の保護等に関
する法律（労働者派遣法）第45条第３項(略)の規定により，派遣労働者が
含まれること。なお，直接雇用関係にない産業保健スタッフに対しても周
知を行うことが望ましいこと。また，請負人の労働者に対しては請負人で
ある事業者が周知を行うこととなるが，元方指針通達（編注：平成18年基
発第0801010号）別添１第１の10(略)において，元方事業者が実施した作
業環境測定の結果は，当該測定の範囲において作業を行う関係請負人が活
用できることとしていること。

　なお，周知に当たっては，可能な限り作業環境の評価結果の周知と同じ
時期に労働者に作業環境を改善するため必要な措置について説明を併せて
行うことが望ましいこと。また，特化則による規制対象とされていない有
害物が併用されている場合，仮に規制対象物の評価結果が第１管理区分で
あっても，当該有害物へのばく露により労働者に危険を及ぼし，または労
働者の健康障害を生ずるおそれのある場合には，事業者は労働者に呼吸用
保護具着用等の措置が必要であることについても説明を行うことが望まし

いこと。　　　　　　　　　　　　　　　　　（平成24年基発0517第2号）

　⑺　事業者は，特定の危険有害業務または作業を行うときは，当該業務または作業を行う場所で作業に従事する労働者に必要な保護具を使用させる義務があるところ，請負関係の有無に関わらず，労働者以外の者も含めて，当該場所で作業に従事する者に対し，必要な保護具を使用する必要がある旨を周知させなければならないこととしたこと。

　　　　　　　　　　　　　　　　　　　　　（令和4年基発0415第1号）

> **第36条の3の2**　事業者は，前条第2項の規定による評価の結果，第3管理区分に区分された場所（同条第1項に規定する措置を講じていないこと又は当該措置を講じた後同条第2項の評価を行つていないことにより，第1管理区分又は第2管理区分となつていないものを含み，第5項各号の措置を講じているものを除く。）については，遅滞なく，次に掲げる事項について，事業場における作業環境の管理について必要な能力を有すると認められる者（当該事業場に属さない者に限る。以下この条において「作業環境管理専門家」という。）の意見を聴かなければならない。
> 　1　当該場所について，施設又は設備の設置又は整備，作業工程又は作業方法の改善その他作業環境を改善するために必要な措置を講ずることにより第1管理区分又は第2管理区分とすることの可否
> 　2　当該場所について，前号において第1管理区分又は第2管理区分とすることが可能な場合における作業環境を改善するために必要な措置の内容
> ②　事業者は，前項の第3管理区分に区分された場所について，同項第1号の規定により作業環境管理専門家が第1管理区分又は第2管理区分とすることが可能と判断した場合は，直ちに，当該場所について，同項第2号の事項を踏まえ，第1管理区分又は第2管理区分とするために必要な措置を講じなければならない。
> ③　事業者は，前項の規定による措置を講じたときは，その効果を確認するため，同項の場所について当該特定化学物質の濃度を測定し，及びその結果を評価しなければならない。

④　事業者は，第1項の第3管理区分に区分された場所について，前項の
規定による評価の結果，第3管理区分に区分された場合又は第1項第1
号の規定により作業環境管理専門家が当該場所を第1管理区分若しくは
第2管理区分とすることが困難と判断した場合は，直ちに，次に掲げる
措置を講じなければならない。

　1　当該場所について，厚生労働大臣の定めるところにより，労働者の
　　身体に装着する試料採取器等を用いて行う測定その他の方法による測
　　定（以下この条において「個人サンプリング測定等」という。）により，
　　特定化学物質の濃度を測定し，厚生労働大臣の定めるところにより，そ
　　の結果に応じて，労働者に有効な呼吸用保護具を使用させること（当
　　該場所において作業の一部を請負人に請け負わせる場合にあつては，労
　　働者に有効な呼吸用保護具を使用させ，かつ，当該請負人に対し，有
　　効な呼吸用保護具を使用する必要がある旨を周知させること。）。ただ
　　し，前項の規定による測定（当該測定を実施していない場合（第1項
　　第1号の規定により作業環境管理専門家が当該場所を第1管理区分又
　　は第2管理区分とすることが困難と判断した場合に限る。）は，前条第
　　2項の規定による測定）を個人サンプリング測定等により実施した場
　　合は，当該測定をもつて，この号における個人サンプリング測定等と
　　することができる。

　2　前号の呼吸用保護具（面体を有するものに限る。）について，当該呼
　　吸用保護具が適切に装着されていることを厚生労働大臣の定める方法
　　により確認し，その結果を記録し，これを3年間保存すること。

　3　保護具に関する知識及び経験を有すると認められる者のうちから保
　　護具着用管理責任者を選任し，次の事項を行わせること。

　　イ　前二号及び次項第1号から第3号までに掲げる措置に関する事項
　　　（呼吸用保護具に関する事項に限る。）を管理すること。

　　ロ　特定化学物質作業主任者の職務（呼吸用保護具に関する事項に限
　　　る。）について必要な指導を行うこと。

　　ハ　第1号及び次項第2号の呼吸用保護具を常時有効かつ清潔に保持
　　　すること。

　4　第1項の規定による作業環境管理専門家の意見の概要，第2項の規定に基づき講ずる措置及び前項の規定に基づく評価の結果を，前条第3項各号に掲げるいずれかの方法によつて労働者に周知させること。

⑤　事業者は，前項の措置を講ずべき場所について，第1管理区分又は第2管理区分と評価されるまでの間，次に掲げる措置を講じなければならない。この場合においては，第36条第1項の規定による測定を行うことを要しない。

　1　6月以内ごとに1回，定期に，個人サンプリング測定等により特定化学物質の濃度を測定し，前項第1号に定めるところにより，その結果に応じて，労働者に有効な呼吸用保護具を使用させること。

　2　前号の呼吸用保護具（面体を有するものに限る。）を使用させるときは，1年以内ごとに1回，定期に，当該呼吸用保護具が適切に装着されていることを前項第2号に定める方法により確認し，その結果を記録し，これを3年間保存すること。

　3　当該場所において作業の一部を請負人に請け負わせる場合にあつては，当該請負人に対し，第1号の呼吸用保護具を使用する必要がある旨を周知させること。

⑥　事業者は，第4項第1号の規定による測定（同号ただし書の測定を含む。）又は前項第1号の規定による測定を行つたときは，その都度，次の事項を記録し，これを3年間保存しなければならない。

　1　測定日時
　2　測定方法
　3　測定箇所
　4　測定条件
　5　測定結果
　6　測定を実施した者の氏名
　7　測定結果に応じた有効な呼吸用保護具を使用させたときは，当該呼吸用保護具の概要

⑦　第36条第3項の規定は，前項の測定の記録について準用する。

⑧　事業者は，第4項の措置を講ずべき場所に係る前条第2項の規定によ

る評価及び第3項の規定による評価を行つたときは，次の事項を記録し，
これを3年間保存しなければならない。
1　評価日時
2　評価箇所
3　評価結果
4　評価を実施した者の氏名
⑨　第36条の2第3項の規定は，前項の評価の記録について準用する。

【要　旨】

作業環境測定結果が第3管理区分の作業場所に対する措置の強化につい
て規定したものである。

【解　説】

⑴　作業環境測定の評価結果が第3管理区分に区分された場合の義務
（第1項から第3項まで関係）

特化則に基づく作業環境測定結果の評価の結果，第3管理区分に区分さ
れた場所について，作業環境の改善を図るため，事業者に対して以下の措
置の実施を義務付けたこと。

①　当該場所の作業環境の改善の可否および改善が可能な場合の改善
措置について，事業場における作業環境の管理について必要な能力を
有すると認められる者（以下「作業環境管理専門家」という。）であ
って，当該事業場に属さない者からの意見を聴くこと。

②　①において，作業環境管理専門家が当該場所の作業環境の改善が
可能と判断した場合，当該場所の作業環境を改善するために必要な措
置を講じ，当該措置の効果を確認するため，当該場所における対象物
質の濃度を測定し，その結果の評価を行うこと。

⑵　作業環境管理専門家が改善困難と判断した場合等の義務（第4項関
係）

⑴①で作業環境管理専門家が当該場所の作業環境の改善は困難と判断し
た場合および⑴②の評価の結果，なお第3管理区分に区分された場合，事

業者は，以下の措置を講ずること。

① 労働者の身体に装着する試料採取器等を用いて行う測定その他の方法による測定（以下「個人サンプリング測定等」という。）により対象物質の濃度測定を行い，当該測定結果に応じて，労働者に有効な呼吸用保護具を使用させること。また，当該呼吸用保護具（面体を有するものに限る。）が適切に着用されていることを確認し，その結果を記録し，これを３年間保存すること。なお，当該場所において作業の一部を請負人に請け負わせる場合にあっては，当該請負人に対し，有効な呼吸用保護具を使用する必要がある旨を周知させること。

② 保護具に関する知識および経験を有すると認められる者のうちから，保護具着用管理責任者を選任し，呼吸用保護具に係る業務を担当させること。

③ ⑴①の作業環境管理専門家の意見の概要ならびに⑴②の措置および評価の結果を労働者に周知すること。

④ 上記①から③までの措置を講じたときは，第３管理区分措置状況届（特化則様式第１号の４）を所轄労働基準監督署長に提出すること。

⑶ 作業環境測定の評価結果が改善するまでの間の義務（第５項関係）

① 特化則等に基づく作業環境測定結果の評価の結果，第３管理区分に区分された場所について，第１管理区分または第２管理区分と評価されるまでの間，上記⑵①の措置に加え，以下の措置を講ずること。

　　６月以内ごとに１回，定期に，個人サンプリング測定等により特定化学物質等の濃度を測定し，その結果に応じて，労働者に有効な呼吸用保護具を使用させること。　　　　　　　　　　（令和４年基発0531第９号）

② 特化則第36条の３の２第５項において第３管理区分に区分された場所は，作業環境管理専門家の判断により改善措置等を実施しても改善困難な場所であること，６月以内ごとに１回，個人サンプリング測定等により物質の濃度の測定（以下「保護具選択測定」という。）を行い，呼吸用保護具の有効性を担保していることから，重ねて６月以内

ごとに1回の作業環境測定を義務付けなくても，有効なばく露防止対策を実施することは可能であること。これを踏まえ，本項は，2種類の測定義務による現場の混乱を防ぐことを目的とし，6月以内ごとに1回の保護具選択測定を実施する第3管理区分場所においては，6月以内ごとに1回の作業環境測定を実施することは要しないとする趣旨であること。

③　今回の改正は，作業環境測定の実施を「要しない」とするものであり，事業者は，使用する化学物質や作業方法等を変更した場合，任意に作業環境測定を実施し，その結果によって第1管理区分又は第2管理区分へ環境が改善していることを確認することができること。

（令和5年基発0424第2号）

(4)　記録の保存

(2)①または(3)の個人サンプリング測定等を行ったときは，その都度，結果および評価の結果を記録し，3年間（ただし，粉じんについては7年間，クロム酸等については30年間）保存すること。　　（令和4年基発0531第9号）

第36条の3の3　事業者は，前条第4項各号に掲げる措置を講じたときは，遅滞なく，第3管理区分措置状況届（様式第1号の4）を所轄労働基準監督署長に提出しなければならない。

第36条の4　事業者は，第36条の2第1項の規定による評価の結果，第2管理区分に区分された場所については，施設，設備，作業工程又は作業方法の点検を行い，その結果に基づき，施設又は設備の設置又は整備，作業工程又は作業方法の改善その他作業環境を改善するため必要な措置を講ずるよう努めなければならない。　　　　　　　　（根65の2-①）

②　前項に定めるもののほか，事業者は，同項の場所については，第36条の2第2項の規定による評価の記録及び前項の規定に基づき講ずる措置を次に掲げるいずれかの方法によつて労働者に周知させなければならない。

1　常時各作業場の見やすい場所に掲示し，又は備え付けること。

2　書面を労働者に交付すること。

3　事業者の使用に係る電子計算機に備えられたファイル又は電磁的記録媒体をもつて調製するファイルに記録し，かつ，各作業場に労働者が当該記録の内容を常時確認できる機器を設置すること。

【要　旨】

本条は，評価の結果第2管理区分に区分された場所について講ずべき措置について規定したものであること。

【解　説】

「第5章第36条の3」の【解説】(5)，(6)（162頁）参照

（特定有機溶剤混合物に係る測定等）

第36条の5　特別有機溶剤又は有機溶剤を含有する製剤その他の物（特別有機溶剤又は有機溶剤の含有量（これらの物を2以上含む場合にあつては，それらの含有量の合計）が重量の5パーセント以下のもの及び有機則第1条第1項第2号に規定する有機溶剤含有物（特別有機溶剤を含有するものを除く。）を除く。第41条の2において「特定有機溶剤混合物」という。）を製造し，又は取り扱う作業場（第38条の8において準用する有機則第3条第1項の場合における同項の業務を行う作業場を除く。）については，有機則第28条（第1項を除く。）から第28条の4までの規定を準用する。この場合において，有機則第28条第2項中「当該有機溶剤の濃度」とあるのは「特定有機溶剤混合物（特定化学物質障害予防規則（昭和47年労働省令第39号）第36条の5に規定する特定有機溶剤混合物をいう。以下同じ。）に含有される同令第2条第3号の2に規定する特別有機溶剤（以下「特別有機溶剤」という。）又は令別表第6の2第1号から第47号までに掲げる有機溶剤の濃度（特定有機溶剤混合物が令別表第6の2第1号から第47号までに掲げる有機溶剤を含有する場合にあつては，特別有機溶剤及び当該有機溶剤の濃度。以下同じ。）」と，同条第3項第7号，有機則第28条の3第2項並びに第28条の3の2第3項，第4項第1号及び第5項第1号中「有機溶剤」とあるのは「特定有機溶剤混合物に含有される特別有機溶剤又は令別表第6の2第1号から第47号までに掲

げる有機溶剤」と，同条第4項第3号ロ中「有機溶剤作業主任者」とあるのは「特定化学物質作業主任者」と読み替えるものとする。

【解　説】

(1)　以下の物質に係る作業環境測定および特殊健康診断については，それぞれの当該物質が有機溶剤と同様に作用し，蒸気による中毒を発生させるおそれがあることから，それぞれの当該物質と併せて有機溶剤の空気中の濃度の測定の実施および有機溶剤に係る特殊健康診断の項目についての特殊健康診断の実施を義務付けることとしたこと。

①　エチルベンゼンおよび有機溶剤の含有量の合計が重量の5％を超える製剤その他の物。

②　1・2-ジクロロプロパンおよび有機溶剤の含有量の合計が重量の5％を超える製剤その他の物。

③　クロロホルム等のうち，特別有機溶剤または有機溶剤の含有量の合計が重量の5％を超える製剤その他の物。

（平成24年基発1026第6号，平成25年基発0827第6号，平成26年基発0924第6号）

(2)　事業者は，特別有機溶剤等が有機溶剤と同様に作用し，蒸気による中毒を発生させるおそれがあることから，以下の場合には，第36条の【解説】(8)（156頁参照）の測定のほか，それぞれの物質および安衛令別表第6の2第1号から第47号までに掲げる有機溶剤の空気中の濃度を測定しなければならないこととしたこと。

①　エチルベンゼンおよび有機溶剤の含有量の合計が重量の5％を超える製剤その他の物を用いて屋内作業場で塗装業務を行う場合。

②　1・2-ジクロロプロパンおよび有機溶剤の含有量の合計が重量の5％を超える製剤その他の物を用いて屋内作業場で印刷機等の洗浄または払拭の業務を行う場合。

③　クロロホルム等のうち，特別有機溶剤または有機溶剤の含有量の合計が重量の5％を超える製剤その他の物を用いて屋内作業場で有機溶

剤業務を行う場合。

　なお，当該作業環境測定の結果およびその評価の結果の記録については，
3年間保存しなければならないこととしたこと。

　　　（平成24年基発1026第6号，平成25年基発0924第6号，平成26年基発0924第6号）

　⑶　第38条の8において準用する有機則第3条の規定により，特別有機
溶剤等の消費量が許容消費量を超えないことにつき労働基準監督署長の認
定を受けた場合には，⑵の測定の実施を要しないこととしたこと。

　　　（平成24年基発1026第6号，平成25年基発0924第6号，平成26年基発0924第6号）

（休憩室）

第37条　事業者は，第1類物質又は第2類物質を常時，製造し，又は取り
　扱う作業に労働者を従事させるときは，当該作業を行う作業場以外の場
　所に休憩室を設けなければならない。　　　　　　　　　　　**(根22-(1))**

②　事業者は，前項の休憩室については，同項の物質が粉状である場合は，
　次の措置を講じなければならない。

　1　入口には，水を流し，又は十分湿らせたマットを置く等労働者の足
　　部に付着した物を除去するための設備を設けること。

　2　入口には，衣服用ブラシを備えること。

　3　床は，真空掃除機を使用して，又は水洗によつて容易に掃除できる
　　構造のものとし，毎日1回以上掃除すること。　　　　　　**(根22-(1))**

③　第1項の作業に従事した者は，同項の休憩室に入る前に，作業衣等に
　付着した物を除去しなければならない。　　　　　　　　　　　**(根26)**

【要　旨】

　本条は，第1類物質または第2類物質の製造または取扱いを常時行う場
合に，その作業所以外の場所に休憩室を設け，その休憩室についてこれら
の物質の粉じんによる汚染を予防するための処置を講ずべきことを規定し
たものである。

【解　説】

　⑴　第1項の「作業場以外の場所」には，作業場のある建家の内部の場

所であって作業場と確実に区画されている場所を含むこと。

(昭和46年基発第399号)

⑵　第2項第3号の「容易に掃除できる構造」とは，水が流れやすいよう傾斜をつけ，溝を設け，かつ平滑にした不浸透性の構造等をいうこと。

(昭和46年基発第399号)

⑶　第3項の「作業衣等」の「等」には，作業手袋，作業帽，作業靴があること。

(昭和46年基発第399号)

【疑義および解釈】

問1　休憩室は，専用のものでなければならないか。

答　必ずしも専用であることを要しない。なお，有害物による休憩室の汚染および健康管理の面からみた場合，専用であることが望ましいこと。

(昭和47年基発第799号)

（洗浄設備）

第38条　事業者は，第1類物質又は第2類物質を製造し，又は取り扱う作業に労働者を従事させるときは，洗眼，洗身又はうがいの設備，更衣設備及び洗濯のための設備を設けなければならない。　　　　**(根22－⑴)**

②　事業者は，労働者の身体が第1類物質又は第2類物質により汚染されたときは，速やかに，労働者に身体を洗浄させ，汚染を除去させなければならない。

③　事業者は，第1項の作業の一部を請負人に請け負わせるときは，当該請負人に対し，身体が第1類物質又は第2類物質により汚染されたときは，速やかに身体を洗浄し，汚染を除去する必要がある旨を周知させなければならない。　　　　**(根22－⑴)**

④　労働者は，第2項の身体の洗浄を命じられたときは，その身体を洗浄しなければならない。　　　　**(根26)**

【要　旨】

　本条は，第1類物質または第2類物質の製造または取扱いの作業を労働者等に行わせる場合には，洗眼，洗身その他必要な洗浄設備等を設けるべ

きことを規定したものである。

【解　説】

⑴　第1項の「洗身の設備」とは，シャワー，入浴設備等の体の汚染した部分を洗うための設備をいうこと。　　　　　　　（昭和46年基発第399号）

⑵　第1項の「更衣設備」とは，更衣用のロッカーまたは更衣室をいい，汚染を広げないため作業用の衣服等と通勤用の衣服等とを区別しておくことができるものであること。　　　　　　　　　　　（昭和46年基発第399号）

⑶　第1項の「洗濯のための設備」の設置には，労働者の使用した作業衣等の洗濯を同一事業者の他の事業場で行う場合や他の事業者と契約して事業場外で行う場合を含むこと。

（平成24年基発1026第6号，平成25年基発0827第6号）

⑷　第2項および第4項は，化学物質が労働者の皮膚から吸収されること等による健康影響の防止を徹底するため，シャワー等の洗浄設備の設置に加え，化学物質の飛散等により労働者の身体が汚染された場合，速やかにシャワー等の洗浄設備による労働者の身体の洗浄を義務づけることとしたこと。なお，洗浄に当たっては，水や石鹸等で皮膚を洗浄するなど，安全データシートに記載されている方法を参考に行うこととし，衣服が汚染された場合は，再度身体が汚染されないよう，洗浄の際にあわせて更衣を行うべきであるのはもちろんであること。

また，「クロロホルム等」および「クロロホルム等以外のものであつて別表第1第37号に掲げる物」についても，洗浄設備に係る第38条各項の条文を適用することとしたこと。　　　　　　　　（平成28年基発1130第4号）

⑸　第3項は，事業者は，特定の危険有害業務または作業に関して労働者が有害物により汚染等されたときは，汚染の除去，医師による診断の受診等をさせる義務があるところ，当該業務または作業の一部を請負人に請け負わせるときは，当該請負人に対し，有害物により汚染等されたときは，汚染の除去，医師による診断の受診等をする必要がある旨を周知させなければならないこととしたこと。　　　　　　　　　　（令和4年基発0415第1号）

【疑義および解釈】

問1 第2類物質のうち，気体または液体であって揮発性のものについて
も，洗身設備，更衣設備等が必要か。

答 有害物による労働者の健康障害の防止をはかるためには，有害物への
ばく露をさけるため，身体，作業衣等を常に清潔に保持しておくことが
必要であり，特に，有害性の高い第2類物質については，それが常温，
常圧で気体であっても，皮膚粘膜に障害を与えることが多いので，本条
の物質の性状いかんを問わず洗浄設備を設けなければならない。

(昭和47年基発第799号)

特別有機溶剤等に係る洗浄設備の適用整理表

条文 業務 特定化学物質		洗浄設備（特化則第38条）	
		クロロホルム等有機溶剤業務 エチルベンゼン塗装業務 1・2-ジクロロプロパン 洗浄・払拭業務	左以外の業務
特別有機溶剤	○クロロホルム ○四塩化炭素 ○1・4-ジオキサン ○ジクロロメタン ○スチレン ○1・1・2・2-テトラクロロエタン ○テトラクロロエチレン	◎	×
	○1・2-ジクロロエタン ○トリクロロエチレン ○メチルイソブチルケトン ○エチルベンゼン ○1・2-ジクロロプロパン	◎	×

◎：実施義務がかかっている。
×：特化則の義務はないが，安衛則第594，596～598条（保護具），第625条（洗浄設
　備等）が適用される場合，それらに基づく措置が必要であること。

(喫煙等の禁止)

第38条の2 事業者は，第1類物質又は第2類物質を製造し，又は取り扱
う作業場における作業に従事する者の喫煙又は飲食について，禁止する
旨を当該作業場の見やすい箇所に表示することその他の方法により禁止
するとともに，表示以外の方法により禁止したときは，当該作業場にお
いて喫煙又は飲食が禁止されている旨を当該作業場の見やすい箇所に表
示しなければならない。　　　　　　　　　　　　　　　　**(根22-(1))**

②　前項の作業場において作業に従事する者は，当該作業場で喫煙し，又は飲食してはならない。　　　　　　　　　　　　　　　　　　（根26）

【要　旨】

本条は，第1類物質または第2類物質を製造し，または取り扱う業務に従事する者が作業場内で喫煙，飲食することにより第1類物質または第2類物質を経口的に摂取することによる健康障害を予防するため，その禁止等を規定したものであり，あわせて，当該作業場において作業に従事する者にもその遵守を規定したものである。

【解　説】

(1)　喫煙等を禁止すべき場所は，第1類物質または第2類物質のガス，蒸気または粉じんが発散する態様に応じて，事業主があらかじめ特定することが望ましいこと。

(2)　事業者は，特定の場所においては，労働者が喫煙し，または飲食することを禁止し，その旨を見やすい箇所に表示する義務があるところ，請負関係の有無に関わらず，労働者以外の者も含めて，当該場所で作業に従事する者が喫煙し，または飲食することを禁止し，その旨を見やすい箇所に表示しなければならないこととしたこと。

（掲示）

第38条の３　事業者は，特定化学物質を製造し，又は取り扱う作業場には，次の事項を，見やすい箇所に掲示しなければならない。

1　特定化学物質の名称

2　特定化学物質により生ずるおそれのある疾病の種類及びその症状

3　特定化学物質の取扱い上の注意事項

4　次条に規定する作業場（次号に掲げる場所を除く。）にあつては，使用すべき保護具

5　次に掲げる場所にあつては，有効な保護具を使用しなければならない旨及び使用すべき保護具

イ　第6条の2第1項の許可に係る作業場（同項の濃度の測定を行うと

きに限る。)

- ロ　第6条の3第1項の許可に係る作業場であつて，第36条第1項の測
  定の結果の評価が第36条の2第1項の第1管理区分でなかつた作業場
  及び第1管理区分を維持できないおそれがある作業場
- ハ　第22条第1項第10号の規定により，労働者に必要な保護具を使用さ
  せる作業場
- ニ　第22条の2第1項第6号の規定により，労働者に必要な保護具を使
  用させる作業場
- ホ　金属アーク溶接等作業を行う作業場
- ヘ　第36条の3第1項の場所
- ト　第36条の3の2第4項及び第5項の規定による措置を講ずべき場所
- チ　第38条の7第1項第2号の規定により，労働者に有効な呼吸用保護
  具を使用させる作業場
- リ　第38条の13第3項第2号に該当する場合において，同条第4項の措
  置を講ずる作業場
- ヌ　第38条の20第2項各号に掲げる作業を行う作業場
- ル　第44条第3項の規定により，労働者に保護眼鏡並びに不浸透性の保
  護衣，保護手袋及び保護長靴を使用させる作業場　　　　（根22−⑴）

【要　旨】

本条は，特定化学物質を製造し，または取り扱う作業場には，取扱い上
の注意事項等を記載した掲示板を掲示すべきことを規定したものである。

【解　説】

⑴　本条について，特化則の有害性の掲示対象は，全ての特定化学物質
に拡大されるが，使用すべき保護具の掲示の対象については，特別管理物
質及び保護具の使用義務がある作業場所に限定されることに留意すること。

（令和5年基発0421第1号）

⑵　有機則第24条第2項が削除されることに伴い，「有機溶剤中毒予防
規則の規定により掲示すべき事項の内容及び掲示方法」（昭和47年労働省
告示第123号。以下「廃止告示」という。）については，「昭和47年労働省

告示第123号（有機溶剤中毒予防規則の規定により掲示すべき事項の内容
及び掲示方法を定める等の件）を廃止する件」（令和5年厚生労働省告示
第113号）により，令和5年3月30日をもって廃止されていること。

（令和5年基発0421第1号）

　⑶　廃止告示に規定されていた掲示の内容及び方法等については，「労
働安全衛生規則第592条の8等で定める有害性等の掲示内容について」（令
和5年3月29日付け基発0329第32号）で具体的に示しているので，今後は，
当該通達に基づき掲示することが求められること。（令和5年基発0421第1号）

　⑷　インジウム化合物等，エチルベンゼン等（エチルベンゼンを重量の
1％を超えて含有する製剤その他の物に限る。），コバルト等，1・2-ジクロ
ロプロパン等（1・2-ジクロロプロパンを重量の1％を超えて含有する製剤
その他の物に限る。），DDVP等，クロロホルム等（クロロホルム他9物
質を重量の1％を超えて含有する製剤その他の物に限る。以下，この項に
おいて同じ。），ナフタレン等，RCF等，オルト-トルイジン等および三酸
化二アンチモン等を特別管理物質に追加したこと。

　これに伴い，第38条の3の作業場内掲示，第38条の4の作業記録の作成
および記録の30年間保存，第40条第2項の特殊健康診断の結果の記録の30
年間保存ならびに第53条の記録の提出の対象となることに留意すること。
なお，クロロホルム他9物質について，発がん性のおそれがあることを踏
まえ，改正省令施行前に作成され，現時点で保存中の当該物質に関する作
業環境測定およびその結果の評価に関する記録についても，30年間保存す
ることが望ましいこと。

（平成24年基発1026第6号，平成25年基発0827第6号，平成26年基発0924第6号，
平成27年基発0930第9号，平成28年基発1130第4号，平成29年基発0519第6号）

（作業の記録）
第38条の4　事業者は，第1類物質（塩素化ビフェニル等を除く。）又は令
　　別表第3第2号3の2から6まで，8，8の2，11から12まで，13の2
　　から15の2まで，18の2から19の5まで，21，22の2から22の5まで，23

の2から24まで，26，27の2，29，30，31の2，32，33の2若しくは34
の3に掲げる物若しくは別表第1第3号の2から第6号まで，第8号，第
8号の2，第11号から第12号まで，第13号の2から第15号の2まで，第
18号の2から第19号の5まで，第21号，第22号の2から第22号の5まで，
第23号の2から第24号まで，第26号，第27号の2，第29号，第30号，
第31号の2，第32号，第33号の2若しくは第34号の3に掲げる物（以下「特
別管理物質」と総称する。）を製造し，又は取り扱う作業場（クロム酸等
を取り扱う作業場にあつては，クロム酸等を鉱石から製造する事業場に
おいてクロム酸等を取り扱う作業場に限る。）において常時作業に従事す
る労働者について，1月を超えない期間ごとに次の事項を記録し，これ
を30年間保存するものとする。

1　労働者の氏名

2　従事した作業の概要及び当該作業に従事した期間

3　特別管理物質により著しく汚染される事態が生じたときは，その概
　要及び事業者が講じた応急の措置の概要　　　　　（根22-(1)　103-①)

【要　旨】

本条は，特別管理物質を製造し，または取り扱う作業場において，常時
当該作業に従事する労働者については，その作業の記録および事故等によ
る汚染の概要を記録し，これを保存させておくことを規定したものである。

【解　説】

(1)　本条の記録は，第36条の作業環境測定結果の記録および第40条の健
康診断の結果の記録とあわせて，特別管理物質による被ばく状況を把握し，
健康管理に資することとしたものであること。　　　　（昭和50年基発第573号）

(2)　記録の保存期間については，特別管理物質が人体に遅発性効果の健
康障害を与えること等にかんがみ，その被ばく状況等を長期間把握させる
ため，30年間としたものであること（第36条第2項の作業環境測定の結果の
記録および第40条第2項の特定化学物質等健康診断個人票において同趣
旨）。

なお，本条の施行日前の作業についても，本条各号の事項を記録し，こ
れを保存すること。　　　　　　　　　　　　　　　　　　（昭和50年基発第573号）

　⑶　本条による作業の記録は，例えば個人別出勤簿に所要事項を記載す
る方法があること。　　　　　　　　　　　　　　　　　　（昭和50年基発第573号）

　⑷　第3号の「著しく汚染される事態」とは，設備の故障等により特別
管理物質が大量に漏えいした場合，特別管理物質に係る設備の内部の清掃，
修理等の作業で特別管理物質に汚染された場合等があること。

　　　　　　　　　　　　　　　　　　　　　　　　　　　（昭和50年基発第573号）

　⑸　第3号の「その概要」とは，汚染の程度（ばく露期間，濃度等），
汚染により生じた健康障害等をいうこと。　　　　　　　（昭和50年基発第573号）

第5章の2　特殊な作業等の管理

　本章は，塩素化ビフェニルの取扱い作業，コークス炉作業，燻蒸作業，ニトログリコール作業等一定の物に係る特殊な作業に従事する労働者が，これら物質のガス，蒸気または粉じんにばく露することによる健康障害を防止するため，それぞれ必要な措置を講ずべきことを規定したものである。

（塩素化ビフェニル等に係る措置）

第38条の5　事業者は，塩素化ビフェニル等を取り扱う作業に労働者を従事させるときは，次に定めるところによらなければならない。

　1　その日の作業を開始する前に，塩素化ビフェニル等が入つている容器の状態及び当該容器が置いてある場所の塩素化ビフェニル等による汚染の有無を点検すること。

　2　前号の点検を行つた場合において，異常を認めたときは，当該容器を補修し，漏れた塩素化ビフェニル等を拭き取る等必要な措置を講ずること。

　3　塩素化ビフェニル等を容器に入れ，又は容器から取り出すときは，当該塩素化ビフェニル等が漏れないよう，当該容器の注入口又は排気口に直結できる構造の器具を用いて行うこと。　　　　　　　　（根22-(1)）

②　事業者は，前項の作業の一部を請負人に請け負わせるときは，当該請負人に対し，同項第3号に定めるところによる必要がある旨を周知させなければならない。

【要　旨】

　本条は，塩素化ビフェニル等を入れてあるコンデンサー，ドラム缶等を取り扱う場合において，その日の作業を開始する前にコンデンサー，ドラム缶およびそれらが置いてある場所の点検，汚染されている場合の汚染の除去ならびに塩素化ビフェニル等の容器への出し入れの場合に講ずべき措置について規定したものである。

【解　説】

⑴　第1項第3号の「直結できる構造の器具」とは，塩素化ビフェニル
を含有する油等に係る容器と容器の口を管で直結し，ポンプ等で出し入れ
することのできる構造の器具をいうこと。　　　　　（昭和50年基発第573号）

⑵　第1項第2号の規定により塩素化ビフェニル等をふき取ったぼろ等
は，第12条の2の規定に基づく処理が必要であること。

（昭和50年基発第573号）

⑶　第2項は，事業者は，特定の危険有害業務または作業を行うときは，
一定の作業方法による義務があるところ，当該業務または作業の一部を請
負人に請け負わせるときは，当該請負人に対し，一定の作業方法により当
該業務または作業を行う必要がある旨を周知させなければならないことと
したこと。　　　　　　　　　　　　　　　　　（令和4年基発0415第1号）

> **第38条の6**　事業者は，塩素化ビフエニル等の運搬，貯蔵等のために使用
> した容器で，塩素化ビフエニル等が付着しているのものについては，当
> 該容器の見やすい箇所にその旨を表示しなければならない。　（**根22−⑴**）

【要旨および解説】

本条は，塩素化ビフエニル等の運搬，貯蔵等に使用した容器で，塩素化
ビフエニル等により汚染されているものを知らずに運搬し，洗浄する等に
より塩素化ビフエニル等により汚染されることを防止するため，当該容器
には塩素化ビフエニル等が付着している旨の表示をしなければならないこ
ととしたこと。

> （インジウム化合物等に係る措置）
> **第38条の7**　事業者は，令別表第3第2号3の2に掲げる物又は別表第1
> 第3号の2に掲げる物（第3号において「インジウム化合物等」という。）
> を製造し，又は取り扱う作業に労働者を従事させるときは，次に定める
> ところによらなければならない。
> 　1　当該作業を行う作業場の床等は，水洗等によつて容易に掃除できる

　　構造のものとし，水洗する等粉じんの飛散しない方法によつて，毎日
　　1回以上掃除すること。
　2　厚生労働大臣の定めるところにより，当該作業場についての第36条
　　第1項又は法第65条第5項の規定による測定の結果に応じて，労働者
　　に有効な呼吸用保護具を使用させること。
　3　当該作業に使用した器具，工具，呼吸用保護具等について，付着し
　　たインジウム化合物等を除去した後でなければ作業場外に持ち出さな
　　いこと。ただし，インジウム化合物等の粉じんが発散しないように当
　　該器具，工具，呼吸用保護具等を容器等に梱包したときは，この限り
　　でない。
②　事業者は，前項の作業の一部を請負人に請け負わせるときは，当該請
　負人に対し，同項第2号の呼吸用保護具を使用する必要がある旨を周知
　させるとともに，当該作業に使用した器具，工具，呼吸用保護具等であ
　つて，インジウム化合物等の粉じんが発散しないように容器等に梱包さ
　れていないものについては，付着したインジウム化合物等を除去した後
　でなければ作業場外に持ち出してはならない旨を周知させなければなら
　ない。
③　労働者は，事業者から第1項第2号の呼吸用保護具の使用を命じられ
　たときは，これを使用しなければならない。

【解　説】

⑴　インジウム化合物は，特に有害性が高く，労働者へのばく露の程度
を低減する必要がある物であることから，インジウム化合物等を製造し，
または取り扱う作業について，作業環境測定の結果に応じて労働者に有効
な呼吸用保護具を使用させる措置および二次発じんを防止するための措置
を規定したこと。　　　　　　　　　　　　　　　　（平成24年基発1026第6号）

⑵　第1項第1号の「床等」の「等」には，窓枠，棚が含まれること。
　　　　　　　　　　　　　　　　　　　　　　　　（平成24年基発1026第6号）

⑶　第1項第1号の「水洗等」，「水洗する等」の「等」には，超高性能

（HEPA）フィルター付きの真空掃除機による清掃が含まれること。なお，当該真空掃除機を用いる際には粉じんの再飛散に注意する必要があること。

　　　　　　　　　　　　　　　　　　　　　　（平成24年基発1026第6号）

⑷　第1項第3号の「器具，工具，呼吸用保護具等」の「等」には，作業場内において使用され，粉じんが付着した全ての物が含まれる趣旨であり，作業衣，ぼろ等が含まれること。　　　　　　（平成24年基発1026第6号）

⑸　「付着した物を除去」する方法は，インジウム化合物等を製造し，または取り扱う作業を行う作業場を他の作業場と隔離し，作業場間にエアシャワー室を設ける方法，付着物を拭き取る方法，作業場の出入り口に粘着性マットを設ける方法等汚染の程度に応じて適切な方法を用いること。

　　また，フィルター等の付着した物の除去が困難な物は，廃棄物として処分すること。　　　　　　　　　　　　　　　（平成24年基発1026第6号）

⑹　上記のほか，当該作業を行う労働者に日本工業規格（編注：現　日本産業規格。以下同様。）T8115に定める規格に適合する浮遊固体粉じん防護用密閉服，日本工業規格 T8118に定める規格に適合する静電気帯電防止用作業服等を使用させることが望ましいこと。　（平成24年基発1026第6号）

⑺　除じん機から粉じんを回収する作業については，リスク評価において，労働者への特に高いばく露が確認されたので，集じんする容器内の粉じんを湿った状態に保つこと，第1項第2号の規定に基づき呼吸用保護具を使用させる場合のほか，当該作業を行う労働者に有効な呼吸用保護具を使用させること，日本工業規格 T8115に定める規格に適合する使い捨て式の浮遊固体粉じん防護用密閉服を使用させること等適切なばく露防止対策を講じる必要があること。　　　　　　　　　（平成24年基発1026第6号）

⑻　第1項第2号の呼吸用保護具は，平成24年厚生労働省告示第579号で示されたこと。（編注：671頁参照）

⑼　第2項は，事業者は，特定の危険有害業務または作業を行うときは，当該業務または作業に従事する労働者に必要な保護具を使用させる義務があるところ，当該業務または作業の一部を請負人に請け負わせるときは，

当該請負人に対し，必要な保護具を使用する必要がある旨を周知させなけ
ればならないこととしたこと。　　　　　　　　　　（令和４年基発0415第１号）

（特別有機溶剤等に係る措置）

第38条の８　事業者が特別有機溶剤業務に労働者を従事させる場合には，有
　機則第１章から第３章まで，第４章（第19条及び第19条の２を除く。）及
　び第７章の規定を準用する。この場合において，次の表の上欄（編注：
　左欄）に掲げる有機則の規定中同表の中欄に掲げる字句は，それぞれ同
　表の下欄（編注：右欄）に掲げる字句と読み替えるものとする。

第１条第１項第１号	労働安全衛生法施行令（以下「令」という。）	労働安全衛生法施行令（以下「令」という。）別表第３第２号３の３，11の２，18の２から18の４まで，19の２，19の３，22の２から22の５まで若しくは33の２に掲げる物（以下「特別有機溶剤」という。）又は令
第１条第１項第２号	５パーセントを超えて含有するもの	５パーセントを超えて含有するもの（特別有機溶剤を含有する混合物にあつては，有機溶剤の含有量が重量の５パーセント以下の物で，特別有機溶剤のいずれか１つを重量の１パーセントを超えて含有するものを含む。）
第１条第１項第３号イ	令別表第６の２	令別表第３第２号11の２，18の２，18の４，22の３若しくは22の５に掲げる物又は令別表第６の２
	又は	若しくは
第１条第１項第３号ハ	５パーセントを超えて含有するもの	５パーセントを超えて含有するもの（令別表第３第２号11の２，18の２，18の４，22の３又は22の５に掲げる物を含有する混合物にあつては，イに掲げる物の含有量が重量の５パーセント以下の物で，同号11の２，18の２，18の４，22の３又は22の５に掲げる物のいずれか１つを重量の１パーセントを超えて含有するものを含む。）
第１条第１項第４号イ	令別表第６の２	令別表第３第２号３の３，18の３，19の２，19の３，22の２，22の４若しくは33の２に掲げる物又は令別表第６の２
	又は	若しくは

第1条第1項第4号ハ	5パーセントを超えて含有するもの	5パーセントを超えて含有するもの（令別表第3第2号3の3，18の3，19の2，19の3，22の2，22の4又は33の2に掲げる物を含有する混合物にあつては，イに掲げる物又は前号イに掲げる物の含有量が重量の5パーセント以下の物で，同表第2号3の3，18の3，19の2，19の3，22の2，22の4又は33の2に掲げる物のいずれか1つを重量の1パーセントを超えて含有するものを含む。）
第4条の2第1項	第28条第1項の業務（第2条第1項の規定により，第2章，第3章，第4章中第19条，第19条の2及び第24条から第26条まで，第7章並びに第9章の規定が適用されない業務を除く。）	特定化学物質障害予防規則（昭和47年労働省令第39号）第2条の2第1号に掲げる業務
第33条第1項	有機ガス用防毒マスク又は有機ガス用の防毒機能を有する電動ファン付き呼吸用保護具	有機ガス用防毒マスク又は有機ガス用の防毒機能を有する電動ファン付き呼吸用保護具（タンク等の内部において第4号に掲げる業務を行う場合にあつては，全面形のものに限る。次項において同じ。）

【解　説】

⑴　エチルベンゼン塗装業務について，また1・2-ジクロロプロパン洗浄・払拭業務，クロロホルム等有機溶剤業務については，それぞれ当該物質が溶剤として使用されている実態があり，その実態に応じた健康障害防止措置を規定する必要があることから，第5条の規定およびその関連規定の対象とせず，有機則第1章から第3章まで，第4章（第19条および第19条の2を除く。）および第7章の規定を準用することとしたこと。

（平成24年基発1026第6号，平成25年基発0827第6号，平成26年基発0924第6号）

(2)　エチルベンゼンが溶剤として使用される実態に応じ，その蒸気の発散面が広いため局所排気装置等の設置が困難な場合の措置などを規定する必要があることから，有機則の規定の一部を準用することとしたこと。

（平成24年基発1026第6号）

(3)　エチルベンゼン等，1・2-ジクロロプロパン等およびクロロホルム等については，その含有する有機溶剤の有無，種類および量によって有機則第1条第1項第3号の「第1種有機溶剤等」，同項第4号の「第2種有機溶剤等」または同項第5号の「第3種有機溶剤等」に相当する場合があり，それに応じて，準用する有機則の規定が区別されるものであること。

エチルベンゼン，1・2-ジクロロプロパンまたはクロロホルム他9物質を勘案しない場合に「第3種有機溶剤等」に区分される物について，本条において準用する有機則第1条第1項の規定により「第1種有機溶剤等」または「第2種有機溶剤等」に相当することとなる場合，有機則第25条の適用に際し，それぞれ「第1種有機溶剤等」または「第2種有機溶剤等」として取り扱うこと。

（平成24年基発1026第6号，平成25年基発0827第6号，平成26年基発0924第6号）

(4)　リスク評価の結果，タンクの内部等で労働者への特に高いばく露が確認されたため，本条において準用する有機則第33条第4号の規定に基づき当該場所でエチルベンゼン塗装業務に従事する労働者に使用させる有機ガス用防毒マスクは，全面形のものに限ることとしたこと。

（平成24年基発1026第6号）

(5)　吹付けによる塗装作業等で，エチルベンゼンの蒸気と塗料の粒子等の粉じんとが混在する作業に従事する労働者には，防じん機能を有する防毒マスクを使用させること。　（平成24年基発1026第6号）

(6)　造船所等において，エチルベンゼン塗装業務を行う作業場で他の作業が行われる場合には，当該他の作業を行う労働者は第24条の立入禁止措置の対象とはならないこと。

ただし，事業者は，当該他の作業を行う労働者に対し，エチルベンゼン塗

装業務が行われることを周知し，必要に応じて，有効な呼吸用保護具の使用等の健康障害防止措置を講じる必要があること。　（平成24年基発1026第6号）

⑺　本条において準用する有機則第24条の掲示事項と，第38条の3の掲示事項をまとめて掲示して差し支えないこと。この場合，共通の事項について重ねて掲示する必要はないこと。

（平成24年基発1026第6号，平成25年基発0827第6号，平成26年基発0924第6号）

⑻　特別有機溶剤等について準用する有機則の規定については，「有機則の準用整理表」（47頁）を参照すること。

第38条の9　削除

（エチレンオキシド等に係る措置）

第38条の10　事業者は，令別表第3第2号5に掲げる物及び同号37に掲げる物で同号5に係るもの（以下この条において「エチレンオキシド等」という。）を用いて行う滅菌作業に労働者を従事させる場合において，次に定めるところによるときは，第5条の規定にかかわらず，局所排気装置又はプッシュプル型換気装置を設けることを要しない。

1　労働者がその中に立ち入ることができない構造の滅菌器を用いること。

2　滅菌器には，エアレーション（エチレンオキシド等が充填された滅菌器の内部を減圧した後に大気に開放することを繰り返すこと等により，滅菌器の内部のエチレンオキシド等の濃度を減少させることをいう。第4号において同じ。）を行う設備を設けること。

3　滅菌器の内部にエチレンオキシド等を充填する作業を開始する前に，滅菌器の扉等が閉じていることを点検すること。

4　エチレンオキシド等が充填された滅菌器の扉等を開く前に労働者が行うエアレーションの手順を定め，これにより作業を行うこと。

5　当該滅菌作業を行う屋内作業場については，十分な通気を行うため，全体換気装置の設置その他必要な措置を講ずること。　　（根22-⑴）

6　当該滅菌作業の一部を請負人に請け負わせる場合においては，当該請負人に対し，第3号の点検をする必要がある旨及び第4号の手順に

> より作業を行う必要がある旨を周知させること。

【要　旨】

　本条は，エチレンオキシドによる滅菌作業において，局所排気装置またはプッシュプル型換気装置を設けることを要しないための要件を定めたものである。

【解　説】

　⑴　エアレーションを行う設備に係るエチレンオキシド等の排出口は，屋外に設けること。また，エアレーションは，滅菌設備に応じて適した手順により行い，エチレンオキシド等の濃度を十分に減少させる必要があること。

（平成13年基発第413号）

　⑵　第3号の「扉等が閉じていることを点検すること」とは，扉等の隙間からエチレンオキシド等が漏えいしていないかを点検することを含む趣旨であること。

（平成13年基発第413号）

　⑶　第6号は，事業者は，特定の危険有害業務または作業を行うときは，一定の作業方法による義務があるところ，当該業務または作業の一部を請負人に請け負わせるときは，当該請負人に対し，一定の作業方法により当該業務または作業を行う必要がある旨を周知させなければならないこととしたこと。

（令和4年基発0415第1号）

（コバルト等に係る措置）

第38条の11　事業者は，コバルト等を製造し，又は取り扱う作業に労働者を従事させるときは，当該作業を行う作業場の床等は，水洗等によつて容易に掃除できる構造のものとし，水洗する等粉じんの飛散しない方法によつて，毎日1回以上掃除しなければならない。

【解　説】

　⑴　コバルトおよびその無機化合物は，特に有害性が高く，労働者へのばく露の程度を低減する必要がある物であることから，二次発じんを防止するための措置を規定したこと。

（平成24年基発1026第6号）

⑵　「床等」の「等」については，「インジウム化合物等に係る措置（第38条の7）」【解説】⑵と同様であること（182頁参照）。

（平成24年基発1026第6号）

（コークス炉に係る措置）

第38条の12　事業者は，コークス炉上において又はコークス炉に接して行うコークス製造の作業に労働者を従事させるときは，次に定めるところによらなければならない。

1　コークス炉に石炭等を送入する装置，コークス炉からコークスを押し出す装置，コークスを消火車に誘導する装置又は消火車については，これらの運転室の内部にコークス炉等から発散する特定化学物質のガス，蒸気又は粉じん（以下この項において「コークス炉発散物」という。）が流入しない構造のものとすること。

2　コークス炉の石炭等の送入口及びコークス炉からコークスが押し出される場所に，コークス炉発散物を密閉する設備，局所排気装置又はプッシュプル型換気装置を設けること。

3　前号の規定により設ける局所排気装置若しくはプッシュプル型換気装置又は消火車に積み込まれたコークスの消火をするための設備には，スクラバによる除じん方式若しくはろ過除じん方式による除じん装置又はこれらと同等以上の性能を有する除じん装置を設けること。

4　コークス炉に石炭等を送入する時のコークス炉の内部の圧力を減少させるため，上昇管部に必要な設備を設ける等の措置を講ずること。

5　上昇管と上昇管のふた板との接合部からコークス炉発散物が漏えいすることを防止するため，上昇管と上昇管のふた板との接合面を密接させる等の措置を講ずること。

6　コークス炉に石炭等を送入する場合における送入口の蓋の開閉は，労働者がコークス炉発散物により汚染されることを防止するため，隔離室での遠隔操作によること。

7　コークス炉上において，又はコークス炉に接して行うコークス製造の作業に関し，次の事項について，労働者がコークス炉発散物により

汚染されることを防止するために必要な作業規程を定め，これにより
作業を行うこと。

　イ　コークス炉に石炭等を送入する装置の操作

　ロ　第4号の上昇管部に設けられた設備の操作

　ハ　ふたを閉じた石炭等の送入口と当該ふたとの接合部及び上昇管と
　　　上昇管のふた板との接合部におけるコークス炉発散物の漏えいの有
　　　無の点検

　ニ　石炭等の送入口のふたに付着した物の除去作業

　ホ　上昇管の内部に付着した物の除去作業

　ヘ　保護具の点検及び管理

　ト　イからヘまでに掲げるもののほか，労働者がコークス炉発散物に
　　　より汚染されることを防止するために必要な措置　　　　（根22-(1)）

②　事業者は，前項の作業の一部を請負人に請け負わせるときは，当該請
　負人に対し，次に掲げる措置を講じなければならない。

　1　コークス炉に石炭等を送入する場合における送入口の蓋の開閉を当
　　　該請負人が行うときは，当該請負人がコークス炉発散物により汚染さ
　　　れることを防止するため，隔離室での遠隔操作による必要がある旨を
　　　周知させるとともに，隔離室を使用させる等適切に遠隔操作による作
　　　業が行われるよう必要な配慮を行うこと。

　2　コークス炉上において，又はコークス炉に接して行うコークス製造
　　　の作業に関し，前項第7号の事項について，同号の作業規程により作
　　　業を行う必要がある旨を周知させること。

③　第7条第1項第1号から第3号まで及び第8条の規定は第1項第2号
　の局所排気装置について，第7条第2項第1号及び第2号並びに第8条
　の規定は第1項第2号のプッシュプル型換気装置について準用する。

　　　　　　　　　　　　　　　　　　　　　　　　　　　　（根22-(1)）

【要　旨】

　本条は，コークス炉に係る作業に従事する労働者がコールタールなどの
コークス炉発散物により汚染されることを防止するため，各種装置の運転

室の構造，コークス炉からの発散物を抑制するための設備，局所排気装置等の設置，作業規程の作成等について規定したものである。

【解　説】

(1)　第1項第1号の「石炭等を送入する装置」とは装炭車を，「コークスを押し出す装置」とは押出機を，「コークスを消火車に誘導する装置」とはガイド車をいうものであること。なお，コークス炉の構造を模式的に示せば**第9図**のような例があること。　　　　　　　　　　　（昭和50年基発第573号）

①コークス炉炭化室　⑦コーク　ワーフ
②コークス炉蓄熱室　⑧コ　ン　ベ　ア
③押　　　　　出　　　機　⑨石　　炭　　塔
④装　　炭　　車　⑩消　　火　　塔
⑤ガ　イ　ド　車　⑪ガイド車集塵装置
⑥消　　火　　車　⑫装炭車集塵装置

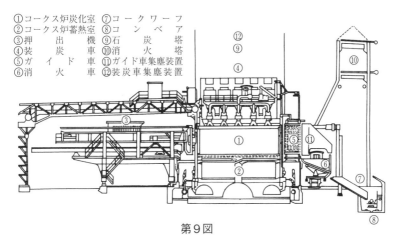

第9図

(2)　第1項第1号の「コークス炉発散物が流入しない構造」とは，運転室の内部に洗浄な空気を送ることによりその内部を陽圧にする等の措置を講じたものまたは装炭車，押出機，ガイド車もしくは消火車の操作が隔離室において遠隔操作により行われ，コークス炉発散物が運転室の内部に流入するおそれのないものをいうこと。　　　　　　　　　（昭和50年基発第573号）

(3)　第1項第4号の「上昇管部に必要な設備」とは，上昇管部にスプレーノズルを付設し，コークス炉へ石炭等を送入する時にこれをガス収集方向へスプレーさせることによりコークス炉内部のガスをガス収集管へ吸引するための設備をいい，図示すれば，**第10図**のような例があること。

　　　　　　　　　　　　　　　　　　　　　　　　（昭和50年基発第573号）

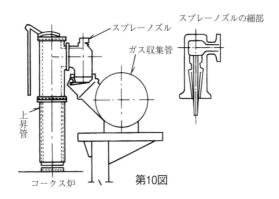

スプレーノズル

スプレーノズルの細部

ガス収集管

上昇管

コークス炉　　　　第10図

　⑷　第1項第5号の「上昇管と上昇管のふた板との接合面を密接させる等の措置」とは，上昇管と上昇管のふたを水封シールする等の措置をいい，**第11図**のような例があること。　　　　　　　　（昭和50年基発第573号）

　⑸　第2項第1号は，事業者は，特定の危険有害業務または作業を行うときは，保護具等の保管設備，汚染を洗浄するための設備，遠隔操作のための隔離室等を設け，労働者に使用させる義務があるところ，当該業務または作業の一部を請負人に請け負わせるときは，これらの設備を当該請負人に使用させる等の必要な配慮をしなければならないこととしたこと。

（令和4年基発0415第1号）

　⑹　第2項第2号は，コークス炉上において，またはコークス炉に接して行う製造の作業に関し，事業者は，第38条の12第1項第7号において，労働者がコークス炉発散物により汚染されることを防止するために必要な作業規程を定め，これにより作業を行うこととされているところであるが，当該作業規程は，労働者が安全に作業を行うために遵守すべき設備等に関する作業方法，留意事項等を定めるものであり，作業の一部を請け負った請負人が安全に作業を行うためには，当該作業規程を承知しておくことが重要であることから，事業者は，当該作業の一部を請負人に請け負わせるときは，当該請負人に対しても当該作業規程を周知させなければならない

こととしたものであること。　　　　　　　　　　　　（令和4年基発0415第1号）

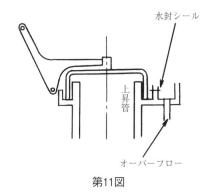

第11図

（三酸化二アンチモン等に係る措置）

第38条の13　事業者は，三酸化二アンチモン等を製造し，又は取り扱う作業に労働者を従事させるときは，次に定めるところによらなければならない。

　1　当該作業を行う作業場の床等は，水洗等によつて容易に掃除できる構造のものとし，水洗する等粉じんの飛散しない方法によつて，毎日1回以上掃除すること。

　2　当該作業に使用した器具，工具，呼吸用保護具等について，付着した三酸化二アンチモン等を除去した後でなければ作業場外に持ち出さないこと。ただし，三酸化二アンチモン等の粉じんが発散しないように当該器具，工具，呼吸用保護具等を容器等に梱包したときは，この限りでない。

②　事業者は，三酸化二アンチモン等を製造し，又は取り扱う作業の一部を請負人に請け負わせるときは，当該請負人に対し，当該作業に使用した器具，工具，呼吸用保護具等であつて，三酸化二アンチモン等の粉じんが発散しないように容器等に梱包されていないものについては，付着した三酸化二アンチモン等を除去した後でなければ作業場外に持ち出してはならない旨を周知させなければならない。

③　事業者は，三酸化二アンチモン等を製造し，又は取り扱う作業に労働者を従事させる場合において，次の各号のいずれかに該当するときは，第5条の規定にかかわらず，三酸化二アンチモン等のガス，蒸気若しくは粉じんの発散源を密閉する設備，局所排気装置又はプッシュプル型換気装置を設けることを要しない。

　1　粉状の三酸化二アンチモン等を湿潤な状態にして取り扱わせるとき（三酸化二アンチモン等を製造し，又は取り扱う作業の一部を請負人に請け負わせる場合にあつては，労働者に，粉状の三酸化二アンチモン等を湿潤な状態にして取り扱わせ，かつ，当該請負人に対し，粉状の三酸化二アンチモン等を湿潤な状態にして取り扱う必要がある旨を周知させるとき）

　2　次のいずれかに該当する作業に労働者を従事させる場合において，次項に定める措置を講じたとき

　　イ　製造炉等に付着した三酸化二アンチモン等のかき落としの作業
　　ロ　製造炉等からの三酸化二アンチモン等の湯出しの作業

④　事業者が講ずる前項第2号の措置は，次の各号に掲げるものとする。

　1　次に定めるところにより，全体換気装置を設け，労働者が前項第2号イ及びロに掲げる作業に従事する間，これを有効に稼働させること。

　　イ　当該全体換気装置には，第9条第1項の表の上欄に掲げる粉じんの粒径に応じ，同表の下欄に掲げるいずれかの除じん方式による除じん装置又はこれらと同等以上の性能を有する除じん装置を設けること。

　　ロ　イの除じん装置には，必要に応じ，粒径の大きい粉じんを除去するための前置き除じん装置を設けること。

　　ハ　イ及びロの除じん装置を有効に稼働させること。

　2　前項第2号イ及びロに掲げる作業の一部を請負人に請け負わせるときは，当該請負人が当該作業に従事する間（労働者が当該作業に従事するときを除く。），前号の全体換気装置を有効に稼働させること等について配慮すること。

　3　労働者に有効な呼吸用保護具及び作業衣又は保護衣を使用させるこ

と。

　4　第2号の請負人に対し，有効な呼吸用保護具及び作業衣又は保護衣を使用する必要がある旨を周知させること。

　5　前項第2号イ及びロに掲げる作業を行う場所に当該作業に従事する者以外の者（有効な呼吸用保護具及び作業衣又は保護衣を使用している者を除く。）が立ち入ることについて，禁止する旨を見やすい箇所に表示することその他の方法により禁止するとともに，表示以外の方法により禁止したときは，当該場所が立入禁止である旨を見やすい箇所に表示すること。

⑤　労働者は，事業者から前項第3号の保護具等の使用を命じられたときは，これらを使用しなければならない。

【要旨および解説】

(1)　三酸化二アンチモンは発じん性が高く，労働者へのばく露の程度を低減させる必要があることから，三酸化二アンチモン等を製造し，または取り扱う作業に関し，二次発じんを防止するための措置として，床等の掃除のほか，当該作業に使用した器具，工具，呼吸用保護具等を作業場外に持ち出す場合に付着した三酸化二アンチモン等の除去について規定したこと。

　また，「労働者の化学物質による健康障害防止措置に係る検討会」における検討の結果，湿潤な状態で取り扱うときは，労働者へのばく露の程度が低いため，第5条の局所排気装置等の適用を除外することとしたこと。

　さらに，三酸化二アンチモンの製造炉等におけるかき落としおよび湯出しの作業は，それぞれ，高温の気相に対して空気を供給するための吸気口および炉等内部の析出物を除去する湯出し口において，手工具を炉内部等に侵入させて行う作業であり，気相のものを開放系で扱う特殊なものであるため，これらの作業については全体換気装置の設置，呼吸用保護具の使用およびこれらの作業に従事する労働者等以外の者の立入禁止の措置を講じた場合には，第5条第1項の局所排気装置等を講じる必要はないこと

したこと。 (平成29年基発0519第6号)

(2) 第1項第1号の「床等」の「等」には，窓枠，棚が含まれること。
(平成29年基発0519第6号)

(3) 第1項第1号の「水洗等」，「水洗する等」の「等」には，超高性能
（HEPA）フィルター付きの真空掃除機による清掃が含まれること。なお，
当該真空掃除機を用いる際には，フィルターの交換作業等による粉じんの
再飛散に注意する必要があること。 (平成29年基発0519第6号)

(4) 第1項第2号の「器具，工具，呼吸用保護具等」の「等」には，作
業場内において使用され，粉じんが付着した全ての物が含まれる趣旨であ
り，作業衣，ぼろ等が含まれること。 (平成29年基発0519第6号)

(5) 第1項第2号の「付着した物を除去」する方法は，三酸化二アンチ
モン等を製造し，または取り扱う作業を行う作業場を他の作業場と隔離し，
作業場間にエアシャワー室を設ける方法，付着物を拭き取る方法，作業場
の出入り口に粘着性マットを設ける方法等汚染の程度に応じて適切な方法
を用いること。また，フィルター等の付着した物の除去が困難な物は，廃
棄物として処分すること。 (平成29年基発0519第6号)

(6) 第2項について，事業者は，特定の危険有害業務または作業に関し
て労働者が有害物により汚染等されたときは，汚染の除去，医師による診
断の受診等をさせる義務があるところ，当該業務または作業の一部を請負
人に請け負わせるときは，当該請負人に対し，有害物により汚染等された
ときは，汚染の除去，医師による診断の受診等をする必要がある旨を周知
させなければならないこととしたこと。 (令和4年基発0415第1号)

(7) 第3項第1号の「湿潤な状態」には，スラリー化したもの，溶媒に
溶解させたものが含まれること。

なお，同号の規定に関し，粉状の三酸化二アンチモン等を湿潤化せずに
取り扱う場所が作業場内に別途ある場合には，当該粉状の三酸化二アンチ
モン等を取り扱う作業について，第5条の規定に基づく措置が必要である
ので留意すること。 (平成29年基発0519第6号)

⑻　第3項第1号について，事業者は，特定の危険有害業務または作業を行うときは，一定の作業方法による義務があるところ，当該業務または作業の一部を請負人に請け負わせるときは，当該請負人に対し，一定の作業方法により当該業務または作業を行う必要がある旨を周知させなければならないこととしたこと。　　　　　　　　　　（令和4年基発0415第1号）

⑼　第3項第2号については，かき落としの作業等に係る発散源について第5条の適用除外を設ける趣旨であり，製造炉等が稼働しているか否かにかかわらず，同号のイまたはロの作業が行われているときには，全体換気装置の有効な稼働，立入禁止措置の実施等，第4項各号に基づく措置を講じた場合には，第5条の局所排気装置等を設けることを要しないこと。

　また，第4項第5号の立入禁止の対象となる作業場所とは，作業場内において当該作業が行われている個々の作業場所をいうものであること。保護具等を使用した者は立入禁止の対象としていないが，みだりに当該作業場所で他の作業を行うべきでなく，第1項第1号の清掃，除じん装置の点検，必要な衛生巡視など必要最小限の立入りに限るべきであること。

（平成29年基発0519第6号）

⑽　第4項第1号のイからハまでの除じん装置の留意点等については，第9条の除じん装置と同様であること。　　　（平成29年基発0519第6号）

⑾　第4項第1号の「全体換気装置を設け，有効に稼働」の「有効」とは他の作業場所への発散が十分に抑制されることをいい，基本的に，第36条第4項第3号の規定により作業環境測定の実施を要しない場所以外の場所について第36条に基づき作業環境測定により確かめることで足りること。

（平成29年基発0519第6号）

⑿　第4項第2号について，事業者は，特定の危険有害業務または作業を行うときは，局所排気装置，プッシュプル型換気装置，全体換気装置，排気筒その他の換気のための設備を設け，一定の条件の下に稼働させる義務があるところ，当該業務または作業の一部を請負人に請け負わせる場合において，当該請負人のみが業務または作業を行うときは，これらの設備

を一定の条件の下に稼働させること等について配慮しなければならないこととしたこと。 (令和4年基発0415第1号)

⒀ 第4項第3号の「作業衣」は粉じんの付着しにくいものとすること。また,「保護衣」は,日本工業規格(編注:現 日本産業規格)T8115に定める規格に適合する浮遊固体粉じん防護用密閉服を含むこと。

(平成29年基発0519第6号)

⒁ 第4項第4号について,事業者は,特定の危険有害業務または作業を行うときは,当該業務または作業に従事する労働者に必要な保護具を使用させる義務があるところ,当該業務または作業の一部を請負人に請け負わせるときは,当該請負人に対し,必要な保護具を使用する必要がある旨を周知させなければならないこととしたこと。 (令和4年基発0415第1号)

⒂ 第4項第5号について,事業者は,特定の危険有害な環境にある場所,特定の危険有害な物を取り扱う場所または特定の危険有害な物が発生するおそれがある場所には,必要がある労働者を除き,労働者が立ち入ることを禁止し,その旨を見やすい箇所に表示する義務があるところ,請負関係の有無に関わらず,労働者以外の者も含めて,必要がある者を除き,当該場所で作業に従事する者が立ち入ることを禁止し,その旨を見やすい箇所に表示しなければならないこととしたこと。 (令和4年基発0415第1号)

⒃ 三酸化二アンチモン等に係る作業主任者においては,更衣時飛散した三酸化二アンチモン等を吸入しないよう,作業方法を決定し,労働者を指揮すること。 (平成29年基発0519第6号)

(燻蒸作業に係る措置)

第38条の14 事業者は,臭化メチル等を用いて行う燻蒸作業に労働者を従事させるときは,次に定めるところによらなければならない。

1 燻蒸に伴う倉庫,コンテナー,船倉等の燻蒸する場所における空気中のエチレンオキシド,酸化プロピレン,シアン化水素,臭化メチル又はホルムアルデヒドの濃度の測定は,当該倉庫,コンテナー,船倉等の燻蒸する場所の外から行うことができるようにすること。

2　投薬作業は，倉庫，コンテナー，船倉等の燻蒸しようとする場所の外から行うこと。ただし，倉庫燻蒸作業又はコンテナー燻蒸作業を行う場合において，投薬作業を行う労働者に送気マスク，空気呼吸器，隔離式防毒マスク又は防毒機能を有する電動ファン付き呼吸用保護具を使用させたとき，及び投薬作業の一部を請負人に請け負わせる場合において当該請負人に対し送気マスク，空気呼吸器，隔離式防毒マスク又は防毒機能を有する電動ファン付き呼吸用保護具を使用する必要がある旨を周知させたときは，この限りでない。

3　倉庫，コンテナー，船倉等の燻蒸中の場所からの臭化メチル等の漏えいの有無を点検すること。

4　前号の点検を行つた場合において，異常を認めたときは，直ちに目張りの補修その他必要な措置を講ずること。

5　倉庫，コンテナー，船倉等の燻蒸中の場所に作業に従事する者が立ち入ることについて，禁止する旨を見やすい箇所に表示することその他の方法により禁止するとともに，表示以外の方法により禁止したときは，当該場所が立入禁止である旨を見やすい箇所に表示すること。ただし，燻蒸の効果を確認する場合において，労働者に送気マスク，空気呼吸器，隔離式防毒マスク又は防毒機能を有する電動ファン付き呼吸用保護具を使用させ，及び当該確認を行う者（労働者を除く。）が送気マスク，空気呼吸器，隔離式防毒マスク又は防毒機能を有する電動ファン付き呼吸用保護具を使用していることを確認し，かつ，監視人を置いたときは，当該労働者及び当該確認を行う者（労働者を除く。）を，当該燻蒸中の場所に立ち入らせることができる。

6　倉庫，コンテナー，船倉等の燻蒸中の場所の扉，ハッチボード等を開放するときは，当該場所から流出する臭化メチル等による労働者の汚染を防止するため，風向を確認する等必要な措置を講ずること。

7　倉庫燻蒸作業又はコンテナー燻蒸作業にあつては，次に定めるところによること。

　イ　倉庫又はコンテナーの燻蒸しようとする場所は，臭化メチル等の漏えいを防止するため，目張りをすること。

　ロ　投薬作業を開始する前に，目張りが固着していること及び倉庫又
　　はコンテナーの燻蒸しようとする場所から投薬作業以外の作業に従
　　事する者が退避したことを確認すること。

　ハ　倉庫の一部を燻蒸するときは，当該倉庫内の燻蒸が行われていな
　　い場所に当該倉庫内で作業に従事する者のうち燻蒸に関係する者以
　　外の者が立ち入ることについて，禁止する旨を見やすい箇所に表示
　　することその他の方法により禁止するとともに，表示以外の方法に
　　より禁止したときは，当該場所が立入禁止である旨を見やすい箇所
　　に表示すること。

　ニ　倉庫若しくはコンテナーの燻蒸した場所に扉等を開放した後初め
　　て作業に従事する者を立ち入らせる場合又は一部を燻蒸中の倉庫内
　　の燻蒸が行われていない場所に作業に従事する者を立ち入らせる場
　　合には，あらかじめ，当該倉庫若しくはコンテナーの燻蒸した場所
　　又は当該燻蒸が行われていない場所における空気中のエチレンオキ
　　シド，酸化プロピレン，シアン化水素，臭化メチル又はホルムアル
　　デヒドの濃度を測定すること。この場合において，当該燻蒸が行わ
　　れていない場所に係る測定は，当該場所の外から行うこと。

8　天幕燻蒸作業にあつては，次に定めるところによること。

　イ　燻蒸に用いる天幕は，臭化メチル等の漏えいを防止するため，網，ロ
　　ープ等で確実に固定し，かつ，当該天幕の裾を土砂等で押えること。

　ロ　投薬作業を開始する前に，天幕の破損の有無を点検すること。

　ハ　ロの点検を行つた場合において，天幕の破損を認めたときは，直
　　ちに補修その他必要な措置を講ずること。

　ニ　投薬作業を行うときは，天幕から流出する臭化メチル等による労
　　働者の汚染を防止するため，風向を確認する等必要な措置を講ずる
　　こと。

9　サイロ燻蒸作業にあつては，次に定めるところによること。

　イ　燻蒸しようとするサイロは，臭化メチル等の漏えいを防止するた
　　め，開口部等を密閉すること。ただし，開口部等を密閉することが
　　著しく困難なときは，この限りでない。

　　ロ　投薬作業を開始する前に，燻蒸しようとするサイロが密閉されて
　　　いることを確認すること。

　　ハ　臭化メチル等により汚染されるおそれのないことを確認するまで
　　　の間，燻蒸したサイロに作業に従事する者が立ち入ることについて，
　　　禁止する旨を見やすい箇所に表示することその他の方法により禁止
　　　するとともに，表示以外の方法により禁止したときは，当該サイロ
　　　が立入禁止である旨を見やすい箇所に表示すること。

10　はしけ燻蒸作業にあつては，次に定めるところによること。

　　イ　燻蒸しようとする場所は，臭化メチル等の漏えいを防止するため，
　　　天幕で覆うこと。

　　ロ　燻蒸しようとする場所に隣接する居住室等は，臭化メチル等が流
　　　入しない構造のものとし，又は臭化メチル等が流入しないように目
　　　張りその他の必要な措置を講じたものとすること。

　　ハ　投薬作業を開始する前に，天幕の破損の有無を点検すること。

　　ニ　ハの点検を行つた場合において，天幕の破損を認めたときは，直
　　　ちに補修その他必要な措置を講ずること。

　　ホ　投薬作業を開始する前に，居住室等に臭化メチル等が流入するこ
　　　とを防止するための目張りが固着していることその他の必要な措置
　　　が講じられていること及び燻蒸する場所から作業に従事する者が退
　　　避したことを確認すること。

　　ヘ　燻蒸した場所若しくは当該燻蒸した場所に隣接する居住室等に天
　　　幕を外した直後に作業に従事する者を立ち入らせる場合又は燻蒸中
　　　の場所に隣接する居住室等に作業に従事する者を立ち入らせる場合
　　　には，当該場所又は居住室等における空気中のエチレンオキシド，酸
　　　化プロピレン，シアン化水素，臭化メチル又はホルムアルデヒドの
　　　濃度を測定すること。この場合において，当該居住室等に係る測定
　　　は，当該居住室等の外から行うこと。

11　本船燻蒸作業にあつては，次に定めるところによること。

　　イ　燻蒸しようとする船倉は，臭化メチル等の漏えいを防止するため，
　　　ビニルシート等で開口部等を密閉すること。

　ロ　投薬作業を開始する前に，燻蒸しようとする船倉がビニルシート
　　等で密閉されていることを確認し，及び当該船倉から投薬作業以外
　　の作業に従事する者が退避したことを確認すること。
　ハ　燻蒸した船倉若しくは当該燻蒸した船倉に隣接する居住室等にビ
　　ニルシート等を外した後初めて作業に従事する者を立ち入らせる場
　　合又は燻蒸中の船倉に隣接する居住室等に作業に従事する者を立ち
　　入らせる場合には，当該船倉又は居住室等における空気中のエチレ
　　ンオキシド，酸化プロピレン，シアン化水素，臭化メチル又はホル
　　ムアルデヒドの濃度を測定すること。この場合において，当該居住
　　室等に係る測定は，労働者に送気マスク，空気呼吸器，隔離式防毒
　　マスク若しくは防毒機能を有する電動ファン付き呼吸用保護具を使
　　用させるとき，又は当該測定を行う者（労働者を除く。）に対し送気
　　マスク，空気呼吸器，隔離式防毒マスク若しくは防毒機能を有する
　　電動ファン付き呼吸用保護具を使用する必要がある旨を周知させる
　　ときのほか，当該居住室等の外から行うこと。
12　第7号ニ，第10号ヘ又は前号ハの規定による測定の結果，当該測定
　　に係る場所における空気中のエチレンオキシド，酸化プロピレン，シ
　　アン化水素，臭化メチル又はホルムアルデヒドの濃度が，次の表の上
　　欄（編注：左欄）に掲げる物に応じ，それぞれ同表の下欄（編注：右
　　欄）に掲げる値を超えるときは，当該場所に作業に従事する者が立ち
　　入ることについて，禁止する旨を見やすい箇所に表示することその他
　　の方法により禁止しなければならない。ただし，エチレンオキシド，酸
　　化プロピレン，シアン化水素，臭化メチル又はホルムアルデヒドの濃
　　度を当該値以下とすることが著しく困難な場合であつて当該場所の排
　　気を行う場合において，労働者に送気マスク，空気呼吸器，隔離式防
　　毒マスク又は防毒機能を有する電動ファン付き呼吸用保護具を使用さ
　　せ，及び作業に従事する者（労働者を除く。）が送気マスク，空気呼吸
　　器，隔離式防毒マスク又は防毒機能を有する電動ファン付き呼吸用保
　　護具を使用していることを確認し，かつ，監視人を置いたときは，当
　　該労働者及び当該保護具を使用している作業に従事する者（労働者を

除く。）を，当該場所に立ち入らせることができる。

物	値
エチレンオキシド	２ミリグラム又は１立方センチメートル
酸化プロピレン	５ミリグラム又は２立方センチメートル
シアン化水素	３ミリグラム又は３立方センチメートル
臭化メチル	４ミリグラム又は１立方センチメートル
ホルムアルデヒド	0.1ミリグラム又は0.1立方センチメートル

備考　この表の値は，温度25度，１気圧の空気１立方メートル当たりに
　　　占める当該物の重量又は容積を示す。

(根22－(1))

② 事業者は，倉庫，コンテナー，船倉等の臭化メチル等を用いて燻蒸し
た場所若しくは当該場所に隣接する居住室等又は燻蒸中の場所に隣接す
る居住室等において燻蒸作業以外の作業に労働者を従事させようとする
ときは，次に定めるところによらなければならない。ただし，労働者が
臭化メチル等により汚染されるおそれのないことが明らかなときは，こ
の限りでない。

1　倉庫，コンテナー，船倉等の燻蒸した場所若しくは当該場所に隣接
　する居住室等又は燻蒸中の場所に隣接する居住室等における空気中の
　エチレンオキシド，酸化プロピレン，シアン化水素，臭化メチル又は
　ホルムアルデヒドの濃度を測定すること。

2　前号の規定による測定の結果，当該測定に係る場所における空気中
　のエチレンオキシド，酸化プロピレン，シアン化水素，臭化メチル又
　はホルムアルデヒドの濃度が前項第12号の表の上欄（編注：左欄）に
　掲げる物に応じ，それぞれ同表の下欄（編注：右欄）に掲げる値を超
　えるときは，当該場所に作業に従事する者が立ち入ることについて，
　禁止する旨を見やすい箇所に表示することその他の方法により禁
　止すること。

(根22－(1))

【要　旨】

本条は，食料，試料，木材等の輸入等に際し，有害動植物の駆除のため

臭化メチル等を使用して燻蒸作業を行うときの必要な措置を当該作業の方法の区分に応じて定めたものである。

【解　説】

(1)　第1項第2号および第11号ハについて，事業者は，特定の危険有害業務または作業を行うときは，当該業務または作業に従事する労働者に必要な保護具を使用させる義務があるところ，当該業務または作業の一部を請負人に請け負わせるときは，当該請負人に対し，必要な保護具を使用する必要がある旨を周知させなければならないこととしたこと。

（令和4年基発0415第1号）

(2)　第1項第3号の臭化メチル等の漏えいの有無の点検は，臭化メチルにあっては炎色反応もしくは検知管法またはこれらと同等以上の性能を有する方法により，シアン化水素にあっては検知管またはこれらと同等以上の性能を有する方法により実施されるものであること。

（昭和50年基発第573号）

(3)　第1項第5号について，事業者は，特定の危険有害な環境にある場所，特定の危険有害な物を取り扱う場所又は特定の危険有害な物が発生するおそれがある場所には，必要がある労働者を除き，労働者が立ち入ることを禁止し，その旨を見やすい箇所に表示する義務があるところ，請負関係の有無に関わらず，労働者以外の者も含めて，必要がある者を除き，当該場所で作業に従事する者が立ち入ることを禁止し，その旨を見やすい箇所に表示しなければならないこととしたこと。　　（令和4年基発0415第1号）

(4)　第1項第7号ロ，第10号ホおよび第11号ロについて，事業者は，特定の事故等が発生し，労働者に健康障害のおそれがあるときは，事故等が発生した場所から労働者を退避させる義務があるところ，請負関係の有無に関わらず，労働者以外の者も含めて，当該場所で作業に従事する者を退避させなければならないこととしたこと。　　（令和4年基発0415第1号）

(5)　第1項第9号イの「著しく困難なとき」とは，ガス循環装置が付設されていないサイロで穀類搬入の流れに従い投薬する場合をいうものであ

ること。

　なお，投薬作業中におけるサイロ上部の作業場所または燻蒸後の穀類排
出中のサイロ下部の作業場所は，臭化メチル等が高濃度となるおそれがあ
るので，当該場所における作業に際しては，換気を十分行うとともに関係
作業者に送気マスクまたは空気呼吸器を使用させ，かつ，監視人を置くよ
う指導すること。　　　　　　　　　　　　　　　　　　　（昭和50年基発第573号）

　この場合，隔離式防毒マスクの使用を認めていないのは，当該作業時間
が比較的長時間となりがちであり，防毒マスクの破過時間を超える（ガス
吸収缶の除毒能力がなくなる。）おそれがあるためであること。

　(6)　第1項第11号イの「開口部」には，倉口，船倉への昇降口，ベンチ
レーター等が該当すること。　　　　　　　　　　　　　　（昭和50年基発第573号）

　(7)　第1項第7号ニ，第10号ヘ，第11号ハまたは第2項第1号の規定に
よる空気中のシアン化水素，臭化メチルまたはホルムアルデヒドの濃度の
測定については，安衛法第65条に定める作業環境測定には該当しないので，
作業環境測定法に規定する作業環境測定士による測定は必要としないが，
できるだけ作業環境測定士による測定が望ましいこと。

　(8)　エチレンオキシドおよび酸化プロピレンについて，これらの物質を
成分とする燻蒸剤が文化財の燻蒸等のために使用されていることから，本
条の燻蒸作業に係る措置の対象となる物質として規定したこと。

　　　　　　　　　　　　　　　　　　　　　　　　（平成24年基発1026第6号）

　(9)　「倉庫，コンテナー，船倉等」の「等」には，博物館等の収蔵庫，展
示室が含まれること。　　　　　　　　　　　　　　　（平成24年基発1026第6号）

　(10)　第38条の14第1項第11号ハの「労働者に送気マスク，空気呼吸器，
隔離式防毒マスク若しくは防毒機能を有する電動ファン付き呼吸用保護具
を使用させるとき，又は当該測定を行う者（労働者を除く。）に対し送気
マスク，空気呼吸器，隔離式防毒マスク若しくは防毒機能を有する電動フ
ァン付き呼吸用保護具を使用する必要がある旨を周知させるときのほか，
当該居住室等の外から行うこと」とは，労働者に送気マスク，空気呼吸器，

隔離式防毒マスク若しくは防毒機能を有する電動ファン付き呼吸用保護具を使用させるとき（労働者以外の者が測定を行うときは，当該者に対し，送気マスク，空気呼吸器，隔離式防毒マスク若しくは防毒機能を有する電動ファン付き呼吸用保護具を使用する必要がある旨を周知させるとき）以外は，当該居住室等の外から測定を行う必要があることをいうこと。

（令和4年基発0415第1号，令和5年基発0327第16号）

（ニトログリコールに係る措置）

第38条の15　事業者は，ダイナマイトを製造する作業に労働者を従事させるときは，次に定めるところによらなければならない。

1　薬（ニトログリコールとニトログリセリンとを硝化綿に含浸させた物及び当該含浸させた物と充填剤等とを混合させた物をいう。以下この条において同じ。）を圧伸包装し，又は填薬する場合は，次の表の上欄（編注：左欄）に掲げる区分に応じ，それぞれニトログリコールの配合率（ニトログリコールの重量とニトログリセリンの重量とを合計した重量中に占めるニトログリコールの重量の比率をいう。）が同表の下欄（編注：右欄）に掲げる値以下である薬を用いること。

区　　　　　　　分			値（単位　パーセント）
夏季において填薬する場合	隔離室での遠隔操作によらないで填薬する場合	薬の温度が28度を超える場合	20
		薬の温度が28度以下である場合	25
	隔離室での遠隔操作により填薬する場合		30
夏季において手作業により圧伸包装する場合			30
その他の場合			38
備考　夏季とは，北海道においては7月及び8月の2月，その他の地域においては5月から9月までの5月をいう。			

2　次の表の上欄（編注：左欄）に掲げる作業場におけるニトログリコール及び薬の温度は，それぞれ同表の下欄（編注：右欄）に掲げる値以下とすること。ただし，隔離室での遠隔操作により作業を行う場合

は，この限りでない。

作　　業　　場	値（単位　度）
硝化する作業場	
洗浄する作業場	22
配合する作業場	
その他の作業場	32

3　手作業により填薬する場合には，作業場の床等に薬がこぼれたとき
　　は，速やかに，あらかじめ指名した者に掃除させること。

4　ニトログリコール又は薬が付着している器具は，使用しないときは，
　　ニトログリコールの蒸気が漏れないように蓋又は栓をした堅固な容器
　　に納めておくこと。この場合において，当該容器は，通風がよい一定
　　の場所に置くこと。　　　　　　　　　　　　　　　　　（根22−(1)）

② 事業者は，前項の作業の一部を請負人に請け負わせるときは，当該請
　　負人に対し，同項第1号から第3号までに定めるところによる必要があ
　　る旨を周知させなければならない。

【要　旨】

　本条は，ダイナマイトを製造する工程において発散するニトログリコー
ルの蒸気の発散を抑制するため，配合率，薬温について規制を行うととも
に，填薬作業場の掃除および薬が付着した器具の処理について定めたもの
である。

【解　説】

　第2項は，事業者は，特定の危険有害業務または作業を行うときは，一
定の作業方法による義務があるところ，当該業務または作業の一部を請負
人に請け負わせるときは，当該請負人に対し，一定の作業方法により当該
業務又は作業を行う必要がある旨を周知させなければならないこととした
こと。　　　　　　　　　　　　　　　　　（令和4年基発0415第1号）

（ベンゼン等に係る措置）

第38条の16　事業者は，ベンゼン等を溶剤として取り扱う作業に労働者を

　従事させてはならない。ただし，ベンゼン等を溶剤として取り扱う設備
　を密閉式の構造のものとし，又は当該作業を作業中の労働者の身体にベ
　ンゼン等が直接接触しない方法により行わせ，かつ，当該作業を行う場
　所に囲い式フードの局所排気装置又はプッシュプル型換気装置を設けた
　ときは，この限りでない。　　　　　　　　　　　　　　　　　　(根22-(1))

②　事業者は，前項の作業の一部を請負人に請け負わせるときは，当該請
　負人に対し，当該作業を身体にベンゼン等が直接接触しない方法により
　行う必要がある旨を周知させなければならない。ただし，ベンゼン等を
　溶剤として取り扱う設備を密閉式の構造のものとするときは，この限り
　でない。

③　第6条の2及び第6条の3の規定は第1項ただし書の局所排気装置及
　びプッシュプル型換気装置について，第7条第1項及び第8条の規定は
　第1項ただし書の局所排気装置について，第7条第2項及び第8条の規
　定は第1項ただし書のプッシュプル型換気装置について準用する。

　　　　　　　　　　　　　　　　　　　　　　　　　　　　　　(根22-(1))

【要　旨】

　本条は，原則としてベンゼン等を溶剤または希釈剤として使用する作業
に労働者を従事させてはならないことを定めたものであること。

【解　説】

　第2項は，事業者は，特定の危険有害業務又は作業を行うときは，一定
の作業方法による義務があるところ，当該業務又は作業の一部を請負人に
請け負わせるときは，当該請負人に対し，一定の作業方法により当該業務
又は作業を行う必要がある旨を周知させなければならないこととしたこと。

　　　　　　　　　　　　　　　　　　　　　(令和4年基発0415第1号)

　(1・3-ブタジエン等に係る措置)
第38条の17　事業者は，1・3-ブタジエン若しくは1・4-ジクロロ-2-ブテン又
　は1・3-ブタジエン若しくは1・4-ジクロロ-2-ブテンをその重量の1パーセ
　ントを超えて含有する製剤その他の物(以下この条において「1・3-ブタジ

エン等」という。）を製造し，若しくは取り扱う設備から試料を採取し，
又は当該設備の保守点検を行う作業に労働者を従事させるときは，次に
定めるところによらなければならない。

1　1・3-ブタジエン等を製造し，若しくは取り扱う設備から試料を採取
し，又は当該設備の保守点検を行う作業場所に，1・3-ブタジエン等の
ガスの発散源を密閉する設備，局所排気装置又はプッシュプル型換気
装置を設けること。ただし，1・3-ブタジエン等のガスの発散源を密閉
する設備，局所排気装置若しくはプッシュプル型換気装置の設置が著
しく困難な場合又は臨時の作業を行う場合において，全体換気装置を
設け，又は労働者に呼吸用保護具を使用させ，及び作業に従事する者
（労働者を除く。）に対し呼吸用保護具を使用する必要がある旨を周知
させる等健康障害を予防するため必要な措置を講じたときは，この限
りでない。

2　1・3-ブタジエン等を製造し，若しくは取り扱う設備から試料を採取
し，又は当該設備の保守点検を行う作業場所には，次の事項を，見や
すい箇所に掲示すること。ただし，前号の規定により1・3-ブタジエン
等のガスの発散源を密閉する設備，局所排気装置若しくはプッシュプ
ル型換気装置を設けるとき，又は同号ただし書の規定により全体換気
装置を設けるときは，ニの事項については，この限りでない。

イ　1・3-ブタジエン等を製造し，若しくは取り扱う設備から試料を採
取し，又は当該設備の保守点検を行う作業場所である旨

ロ　1・3-ブタジエン等により生ずるおそれのある疾病の種類及びその
症状

ハ　1・3-ブタジエン等の取扱い上の注意事項

ニ　当該作業場所においては呼吸用保護具を使用する必要がある旨及
び使用すべき呼吸用保護具

3　1・3-ブタジエン等を製造し，若しくは取り扱う設備から試料を採取
し，又は当該設備の保守点検を行う作業場所において常時作業に従事
する労働者について，1月を超えない期間ごとに次の事項を記録し，こ
れを30年間保存すること。

　　イ　労働者の氏名

　　ロ　従事した作業の概要及び当該作業に従事した期間

　　ハ　1・3-ブタジエン等により著しく汚染される事態が生じたときは，そ
　　　の概要及び事業者が講じた応急の措置の概要

　4　1・3-ブタジエン等を製造し，若しくは取り扱う設備から試料を採取
　　し，又は当該設備の保守点検を行う作業に労働者を従事させる事業者
　　は，事業を廃止しようとするときは，特別管理物質等関係記録等報告
　　書（様式第11号）に前号の作業の記録を添えて，所轄労働基準監督署
　　長に提出すること。

②　第7条第1項及び第8条の規定は前項第1号の局所排気装置について，
　第7条第2項及び第8条の規定は同号のプッシュプル型換気装置につい
　て準用する。ただし，前項第1号の局所排気装置が屋外に設置されるも
　のである場合には第7条第1項第4号及び第5号の規定，前項第1号の
　プッシュプル型換気装置が屋外に設置されるものである場合には同条第
　2項第3号及び第4号の規定は，準用しない。　　　　　　（根22−(1)）

【要　旨】

　本条は，1・3-ブタジエン等を製造し，もしくは取り扱う設備から試料を
採取し，または当該設備の保守点検を行う作業について，1・3-ブタジエン
等のガスの発散源を密閉する設備，局所排気装置またはプッシュプル型換
気装置を設けること等の措置を講じなければならないことを定めたものであ
る。

　なお，平成23年4月施行の改正により，本条に規定する措置の規制対象
に1・4-ジクロロ-2-ブテン等（1・4-ジクロロ-2-ブテンおよびこれをその重
量の1％を超えて含有する製剤その他の物をいう。）が追加された。

【解　説】

　(1)　「試料の採取」の作業とは，分析，試験等のために内容物を取り出
すいわゆるサンプリングをいうこと。　　　　　　（平成20年基発第0229001号）

　(2)　「保守点検」には，1・3-ブタジエン等を製造し，または取り扱う設

備の分解，組立ておよび修理が含まれること。なお，「保守点検」の作業
には，開放作業を伴わない設備外面の保守点検作業およびプラントのうち
1・3-ブタジエン等が取り扱われていない部分の開放作業は含まれないもの
であること。　　　　　　　　　　　　　　　　　　　（平成20年基発第0229001号）

⑶　「設置が著しく困難な場合」には，種々の場所に短期間ずつ出張し
て行う作業の場合，発散源が一定していないため技術的に設置が困難な場
合および屋外の作業場所において自然環境等の影響により発散抑制の設備
が有効に機能しない場合が含まれるものであること。
　　　　　　　　　　　　　　　　　　　　　　　　　（平成20年基発第0229001号）

⑷　「臨時の作業を行う場合」とは，その事業において通常行っている
作業のほかに一時的必要に応じて行う1・3-ブタジエン等に係る作業を行う
場合をいうこと。したがって，一般的には，作業時間が短時間の場合が少
なくないが，必ずしもそのような場合に限られる趣旨ではないこと。
　　　　　　　　　　　　　　　　　　　　　　　　　（平成20年基発第0229001号）

⑸　1・3-ブタジエンおよび1・4-ジクロロ-2-ブテン等については，動物
実験の結果がん原性が認められているため，特別管理物質に準じ掲示，作
業の記録および記録の提出を義務づけたものであること。
　　　　　　　　　　　　　　　　　　　　　　　　　（平成20年基発第0229001号）

⑹　屋外等で発散抑制の設備を設けることが困難な場合に，1・4-ジクロ
ロ-2-ブテン等を製造し，または取り扱う設備から試料を採取し，または
当該設備の保守点検を行う作業に従事する労働者に呼吸用保護具を使用さ
せる際は，送気マスクを採用することが望ましいこと。やむを得ず防毒マ
スクを使用する場合は，1・4-ジクロロ-2-ブテン等の有害性に鑑み有機ガ
ス用防毒マスクの着用を必須とし，リスクアセスメントを行った上で，指
定防護係数を考慮して全面形マスクを選択するなど適切な保護具を使用す
ること。
　さらに，1・4-ジクロロ-2-ブテンは皮膚からの吸収の危険性も指摘され
ており，全面形マスクまたは保護眼鏡ならびに不浸透性の保護衣，保護手

袋および保護長靴の使用が望ましいこと。　　　　（平成23年基発0204第4号）

　⑺　第1項第1号について，事業者は，特定の危険有害業務または作業
を行うときは，当該業務または作業を行う場所で作業に従事する労働者に
必要な保護具を使用させる義務があるところ，請負関係の有無に関わらず，
労働者以外の者も含めて，当該場所で作業に従事する者に対し，必要な保
護具を使用する必要がある旨を周知させなければならないこととしたこと。

（令和4年基発0415第1号）

　⑻　第1項第2号について，事業者は，特定の有害物を取り扱う場所に
ついては，有害物の有害性等を周知させるため，必要な事項について労働
者が見やすい箇所に掲示する義務があるところ，労働者以外の者も含めて，
見やすい箇所に掲示しなければならないこととしたこと。

　また，有害物の人体に及ぼす作用等について掲示する義務があるところ，
掲示すべき事項のうち，「1・3-ブタジエン等の人体に及ぼす作用」を「1・3
-ブタジエン等により生ずるおそれのある疾病の種類及びその症状」に改
めるとともに，「保護具を使用しなければならない旨」を掲示すべき事項
に追加したこと。　　　　　　　　　　　　　　　（令和4年基発0415第1号）

（硫酸ジエチル等に係る措置）

第38条の18　事業者は，硫酸ジエチル又は硫酸ジエチルをその重量の1パ
　ーセントを超えて含有する製剤その他の物（以下この条において「硫酸
　ジエチル等」という。）を触媒として取り扱う作業に労働者を従事させる
　ときは，次に定めるところによらなければならない。

1　硫酸ジエチル等を触媒として取り扱う作業場所に，硫酸ジエチル等
　の蒸気の発散源を密閉する設備，局所排気装置又はプッシュプル型換
　気装置を設けること。ただし，硫酸ジエチル等の蒸気の発散源を密閉
　する設備，局所排気装置若しくはプッシュプル型換気装置の設置が著
　しく困難な場合又は臨時の作業を行う場合において，全体換気装置を
　設け，又は労働者に呼吸用保護具を使用させ，及び作業に従事する者
　（労働者を除く。）に対し呼吸用保護具を使用する必要がある旨を周知

　させる等健康障害を予防するため必要な措置を講じたときは，この限
　りでない。

2　硫酸ジエチル等を触媒として取り扱う作業場所には，次の事項を，見
　やすい箇所に掲示すること。ただし，前号の規定により硫酸ジエチル
　等の蒸気の発散源を密閉する設備，局所排気装置若しくはプッシュプ
　ル型換気装置を設けるとき，又は同号ただし書の規定により全体換気
　装置を設けるときは，ニの事項については，この限りでない。

　イ　硫酸ジエチル等を触媒として取り扱う作業場所である旨

　ロ　硫酸ジエチル等により生ずるおそれのある疾病の種類及びその症
　　状

　ハ　硫酸ジエチル等の取扱い上の注意事項

　ニ　当該作業場所においては呼吸用保護具を使用しなければならない
　　旨及び使用すべき呼吸用保護具

3　硫酸ジエチル等を触媒として取り扱う作業場所において常時作業に
　従事する労働者について，1月を超えない期間ごとに次の事項を記録
　し，これを30年間保存すること。

　イ　労働者の氏名

　ロ　従事した作業の概要及び当該作業に従事した期間

　ハ　硫酸ジエチル等により著しく汚染される事態が生じたときは，そ
　　の概要及び事業者が講じた応急の措置の概要

4　硫酸ジエチル等を触媒として取り扱う作業に労働者を従事させる事
　業者は，事業を廃止しようとするときは，特別管理物質等関係記録等
　報告書（様式第11号）に前号の作業の記録を添えて，所轄労働基準監
　督署長に提出すること。

②　第7条第1項及び第8条の規定は前項第1号の局所排気装置について，
　第7条第2項及び第8条の規定は同号のプッシュプル型換気装置につい
　て準用する。ただし，前項第1号の局所排気装置が屋外に設置されるも
　のである場合には第7条第1項第4号及び第5号の規定，前項第1号の
　プッシュプル型換気装置が屋外に設置されるものである場合には同条第
　2項第3号及び第4号の規定は，準用しない。　　　　　（根22－⑴）

【要　旨】

硫酸ジエチル等を触媒として取り扱う作業について，硫酸ジエチル等の蒸気の発散源を密閉する設備，局所排気装置またはプッシュプル型換気装置を設けること等の措置を講じなければならないことを定めたものである。

【解　説】

⑴　「設置が著しく困難な場合」には，種々の場所に短期間ずつ出張して行う作業の場合，発散源が一定していないため技術的に設置が困難な場合および屋外の作業場所において自然環境等の影響により発散抑制の設備が有効に機能しない場合が含まれるものであること。

（平成20年基発第0229001号）

⑵　「臨時の作業を行う場合」とは，その事業において通常行っている作業のほかに一時的必要に応じて行う硫酸ジエチル等に係る作業を行う場合をいうこと。したがって，一般的には，作業時間が短時間の場合が少なくないが，必ずしもそのような場合に限られる趣旨ではないこと。

（平成20年基発第0229001号）

⑶　「触媒として取り扱う作業」には，樹脂の合成工程等における混合，攪拌，混練，加熱等の作業で，硫酸ジエチル等を触媒として使用する作業をいうものであること。なお，硫酸ジエチル等を単にエチル化剤等として化成品の合成原料等として使用する作業は含まれないものであること。

（平成20年基発第0229001号）

⑷　硫酸ジエチルについては，動物実験の結果がん原性が認められているため，特別管理物質に準じ掲示，作業の記録および記録の提出を義務づけたものであること。

（平成20年基発第0229001号）

⑸　第1項第2号は，事業者は，特定の有害物を取り扱う場所については，有害物の有害性等を周知させるため，必要な事項について労働者が見やすい箇所に掲示する義務があるところ，労働者以外の者も含めて，見やすい箇所に掲示しなければならないこととしたこと。

また，事業者は，特定の有害物を取り扱う場所については，有害物の有害性

等を周知させるため，有害物の人体に及ぼす作用等について掲示する義務があるところ，掲示すべき事項のうち，「硫酸ジエチル等の人体に及ぼす作用」を「硫酸ジエチル等により生ずるおそれのある疾病の種類及びその症状」に改めるとともに，「保護具を使用しなければならない旨」を掲示すべき事項に追加したこと。

（令和4年基発0415第1号）

（1・3-プロパンスルトン等に係る措置）

第38条の19　事業者は，1・3-プロパンスルトン又は1・3-プロパンスルトンをその重量の1パーセントを超えて含有する製剤その他の物（以下この条において「1・3-プロパンスルトン等」という。）を製造し，又は取り扱う作業に労働者を従事させるときは，次に定めるところによらなければならない。

1　1・3-プロパンスルトン等を製造し，又は取り扱う設備については，密閉式の構造のものとすること。

2　1・3-プロパンスルトン等により汚染されたぼろ，紙くず等については，労働者が1・3-プロパンスルトン等により汚染されることを防止するため，蓋又は栓をした不浸透性の容器に納めておき，廃棄するときは焼却その他の方法により十分除毒すること。

3　1・3-プロパンスルトン等を製造し，又は取り扱う設備（当該設備のバルブ又はコックを除く。）については，1・3-プロパンスルトン等の漏えいを防止するため堅固な材料で造り，当該設備のうち1・3-プロパンスルトン等が接触する部分については，著しい腐食による1・3-プロパンスルトン等の漏えいを防止するため，1・3-プロパンスルトン等の温度，濃度等に応じ，腐食しにくい材料で造り，内張りを施す等の措置を講ずること。

4　1・3-プロパンスルトン等を製造し，又は取り扱う設備の蓋板，フランジ，バルブ，コック等の接合部については，当該接合部から1・3-プロパンスルトン等が漏えいすることを防止するため，ガスケットを使用し，接合面を相互に密接させる等の措置を講ずること。

5　1・3-プロパンスルトン等を製造し，又は取り扱う設備のバルブ若しくはコック又はこれらを操作するためのスイッチ，押しボタン等につ

いては，これらの誤操作による1·3-プロパンスルトン等の漏えいを防止するため，次の措置を講ずること。

イ　開閉の方向を表示すること。

ロ　色分け，形状の区分等を行うこと。ただし，色分けのみによるものであつてはならない。

6　1·3-プロパンスルトン等を製造し，又は取り扱う設備のバルブ又はコックについては，次に定めるところによること。

イ　開閉の頻度及び製造又は取扱いに係る1·3-プロパンスルトン等の温度，濃度等に応じ，耐久性のある材料で造ること。

ロ　1·3-プロパンスルトン等を製造し，又は取り扱う設備の使用中にしばしば開放し，又は取り外すことのあるストレーナ等とこれらに最も近接した1·3-プロパンスルトン等を製造し，又は取り扱う設備（配管を除く。次号，第9号及び第10号において同じ。）との間には，二重に設けること。ただし，当該ストレーナ等と当該設備との間に設けられるバルブ又はコックが確実に閉止していることを確認することができる装置を設けるときは，この限りでない。

7　1·3-プロパンスルトン等を製造し，又は取り扱う設備に原材料その他の物を送給する者が当該送給を誤ることによる1·3-プロパンスルトン等の漏えいを防止するため，見やすい位置に，当該原材料その他の物の種類，当該送給の対象となる設備その他必要な事項を表示すること。

8　1·3-プロパンスルトン等を製造し，又は取り扱う作業を行うときは，次の事項について，1·3-プロパンスルトン等の漏えいを防止するため必要な規程を定め，これにより作業を行うこと。

イ　バルブ，コック等（1·3-プロパンスルトン等を製造し，又は取り扱う設備又は容器に原材料を送給するとき，及び当該設備又は容器から製品等を取り出すときに使用されるものに限る。）の操作

ロ　冷却装置，加熱装置，攪拌装置及び圧縮装置の操作

ハ　計測装置及び制御装置の監視及び調整

ニ　安全弁その他の安全装置の調整

　　ホ　蓋板，フランジ，バルブ，コック等の接合部における1・3-プロパ
　　　　ンスルトン等の漏えいの有無の点検
　　ヘ　試料の採取及びそれに用いる器具の処理
　　ト　容器の運搬及び貯蔵
　　チ　設備又は容器の保守点検及び洗浄並びに排液処理
　　リ　異常な事態が発生した場合における応急の措置
　　ヌ　保護具の装着，点検，保管及び手入れ
　　ル　その他1・3-プロパンスルトン等の漏えいを防止するため必要な措
　　　　置
9　1・3-プロパンスルトン等を製造し，又は取り扱う作業場及び1・3-プ
　　ロパンスルトン等を製造し，又は取り扱う設備を設置する屋内作業場
　　の床を不浸透性の材料で造ること。
10　1・3-プロパンスルトン等を製造し，又は取り扱う設備を設置する作
　　業場又は当該設備を設置する作業場以外の作業場で1・3-プロパンスル
　　トン等を合計100リットル以上取り扱うものに関係者以外の者が立ち入
　　ることについて，禁止する旨を見やすい箇所に表示することその他の
　　方法により禁止するとともに，表示以外の方法により禁止したときは，
　　当該作業場が立入禁止である旨を見やすい箇所に表示すること。
11　1・3-プロパンスルトン等を運搬し，又は貯蔵するときは，1・3-プロ
　　パンスルトン等が漏れ，こぼれる等のおそれがないように，堅固な容
　　器を使用し，又は確実な包装をすること。
12　前号の容器又は包装の見やすい箇所に1・3-プロパンスルトン等の名
　　称及び取扱い上の注意事項を表示すること。
13　1・3-プロパンスルトン等の保管については，一定の場所を定めてお
　　くこと。
14　1・3-プロパンスルトン等の運搬，貯蔵等のために使用した容器又は
　　包装については，1・3-プロパンスルトン等が発散しないような措置を
　　講じ，保管するときは，一定の場所を定めて集積しておくこと。
15　その日の作業を開始する前に，1・3-プロパンスルトン等を製造し，又
　　は取り扱う設備及び1・3-プロパンスルトン等が入つている容器の状態

並びに当該設備又は容器が置いてある場所の1・3-プロパンスルトン等
による汚染の有無を点検すること。

16　前号の点検を行つた場合において，異常を認めたときは，当該設備
又は容器を補修し，漏れた1・3-プロパンスルトン等を拭き取る等必要
な措置を講ずること。

17　1・3-プロパンスルトン等を製造し，若しくは取り扱う設備若しくは
容器に1・3-プロパンスルトン等を入れ，又は当該設備若しくは容器か
ら取り出すときは，1・3-プロパンスルトン等が漏れないよう，当該設
備又は容器の注入口又は排気口に直結できる構造の器具を用いて行う
こと。

18　1・3-プロパンスルトン等を製造し，又は取り扱う作業場には，次の
事項を，見やすい箇所に掲示すること。

イ　1・3-プロパンスルトン等を製造し，又は取り扱う作業場である旨

ロ　1・3-プロパンスルトン等により生ずるおそれのある疾病の種類及
びその症状

ハ　1・3-プロパンスルトン等の取扱い上の注意事項

ニ　当該作業場においては有効な保護具を使用しなければならない旨
及び使用すべき保護具

19　1・3-プロパンスルトン等を製造し，又は取り扱う作業場において常
時作業に従事する労働者について，1月を超えない期間ごとに次の事
項を記録し，これを30年間保存すること。

イ　労働者の氏名

ロ　従事した作業の概要及び当該作業に従事した期間

ハ　1・3-プロパンスルトン等により著しく汚染される事態が生じたと
きは，その概要及び事業者が講じた応急の措置の概要

20　1・3-プロパンスルトン等による皮膚の汚染防止のため，保護眼鏡並
びに不浸透性の保護衣，保護手袋及び保護長靴を使用させること。

21　事業を廃止しようとするときは，特別管理物質等関係記録等報告書
（様式第11号）に第19号の作業の記録を添えて，所轄労働基準監督署長
に提出すること。

② 事業者は，前項の作業の一部を請負人に請け負わせるときは，当該請
　負人に対し，同項第2号及び第17号の措置を講ずる必要がある旨，同項
　第8号の規程により作業を行う必要がある旨並びに1・3-プロパンスルトン
　等による皮膚の汚染防止のため，同項第20号の保護具を使用する必要が
　ある旨を周知させなければならない。
③ 労働者は，事業者から第1項第20号の保護具の使用を命じられたとき
　は，これを使用しなければならない。

【要　旨】

本条は，1・3-プロパンスルトン等を製造し，または取り扱う作業に労働
者を従事させるときに講ずべき措置を定めたものである。経皮ばく露を防
止するための対策に重点を置いた措置を講ずることを義務付けている。

【解　説】

⑴　1・3-プロパンスルトンは，吸入ばく露のリスクが低いため，呼吸用
保護具の使用等は義務付けられていないが，経皮ばく露の防止に加え，万
一の際の吸入ばく露リスクへの備えのため，保護眼鏡の代わりに全面形防
じん機能付き防毒マスクを採用することが望ましいこと。

⑵　経皮ばく露の防止については，接触防止のため設備の漏えい防止を
含む安全性評価に重点を置いたセーフティ・アセスメントが重要であるた
め，平成12年3月21日付け基発第149号「化学プラントにかかるセーフ
ティ・アセスメントについて」を参考として取り組むことが望ましいこと。

⑶　第1項第10号は，事業者は，特定の危険有害な環境にある場所，特
定の危険有害な物を取り扱う場所または特定の危険有害な物が発生するお
それがある場所には，必要がある労働者を除き，労働者が立ち入ることを
禁止し，その旨を見やすい箇所に表示する義務があるところ，請負関係の
有無に関わらず，労働者以外の者も含めて，必要がある者を除き，当該場
所で作業に従事する者が立ち入ることを禁止し，その旨を見やすい箇所に
表示しなければならないこととしたこと。　　　　　（令和4年基発0415第1号）

⑷　第1項第18号は，事業者は，特定の有害物を取り扱う場所について

は，有害物の有害性等を周知させるため，必要な事項について労働者が見やすい箇所に掲示する義務があるところ，労働者以外の者も含めて，見やすい箇所に掲示しなければならないこととしたこと。

　また，事業者は，特定の有害物を取り扱う場所については，有害物の有害性等を周知させるため，有害物の人体に及ぼす作用等について掲示する義務があるところ，掲示すべき事項のうち，「1・3-プロパンスルトンの人体に及ぼす作用」を「1・3-プロパンスルトンにより生ずるおそれのある疾病の種類及びその症状」に改めるとともに，「保護具を使用しなければならない旨」を掲示すべき事項に追加したこと。

　⑸　第2項は，事業者は，特定の危険有害業務または作業を行うときは，一定の作業方法による義務があるところ，当該業務または作業の一部を請負人に請け負わせるときは，当該請負人に対し，一定の作業方法により当該業務または作業を行う必要がある旨を周知させなければならないこととしたこと。

　また，事業者は，特定の危険有害業務または作業を行うときは，当該業務または作業に従事する労働者に必要な保護具を使用させる義務があるところ，当該業務または作業の一部を請負人に請け負わせるときは，当該請負人に対し，必要な保護具を使用する必要がある旨を周知させなければならないこととしたこと。
　　　　　　　　　　　　　　　　　　　　　　　　（令和4年基発0415第1号）

　⑹　第3項について，1・3-プロパンスルトンについては，第44条【解説】⑺（282頁）に掲げる ACGIH（米国産業衛生専門家会議）または日本産業衛生学会が勧告する物質には含まれないが，動物実験の単回皮膚投与において，極めて強い発がん性が認められることなどから，保護具の使用による防護対策を一層徹底するため，労働者に対し，その使用義務を課すこととしたこと。
　　　　　　　　　　　　　　　　　　　　　　　　（平成28年基発1130第4号）

（リフラクトリーセラミックファイバー等に係る措置）
第38条の20　事業者は，リフラクトリーセラミックファイバー等を製造し，

又は取り扱う作業に労働者を従事させるときは，当該作業を行う作業場の床等は，水洗等によつて容易に掃除できる構造のものとし，水洗する等粉じんの飛散しない方法によつて，毎日1回以上掃除しなければならない。

② 事業者は，次の各号のいずれかに該当する作業に労働者を従事させるときは，次項に定める措置を講じなければならない。

　1　リフラクトリーセラミックファイバー等を窯，炉等に張り付けること等の断熱又は耐火の措置を講ずる作業

　2　リフラクトリーセラミックファイバー等を用いて断熱又は耐火の措置を講じた窯，炉等の補修の作業（前号及び次号に掲げるものを除く。）

　3　リフラクトリーセラミックファイバー等を用いて断熱又は耐火の措置を講じた窯，炉等の解体，破砕等の作業（リフラクトリーセラミックファイバー等の除去の作業を含む。）

③ 事業者が講ずる前項の措置は，次の各号に掲げるものとする。

　1　前項各号に掲げる作業を行う作業場所を，それ以外の作業を行う作業場所から隔離すること。ただし，隔離することが著しく困難である場合において，前項各号に掲げる作業以外の作業に従事する者がリフラクトリーセラミックファイバー等にばく露することを防止するため必要な措置を講じたときは，この限りでない。

　2　労働者に有効な呼吸用保護具及び作業衣又は保護衣を使用させること。

④ 事業者は，第2項各号のいずれかに該当する作業の一部を請負人に請け負わせるときは，当該請負人に対し，次の事項を周知させなければならない。ただし，前項第1号ただし書の措置を講じたときは，第1号の事項については，この限りでない。

　1　当該作業を行う作業場所を，それ以外の作業を行う作業場所から隔離する必要があること

　2　前項第2号の保護具等を使用する必要があること

⑤ 事業者は，第2項第3号に掲げる作業に労働者を従事させるときは，第1項から第3項までに定めるところによるほか，次に定めるところによ

らなければならない。

1　リフラクトリーセラミックファイバー等の粉じんを湿潤な状態にす
る等の措置を講ずること。

2　当該作業を行う作業場所に，リフラクトリーセラミックファイバー
等の切りくず等を入れるための蓋のある容器を備えること。

⑥　事業者は，第2項第3号に掲げる作業の一部を請負人に請け負わせる
ときは，当該請負人に対し，前項各号に定めるところによる必要がある
旨を周知させなければならない。

⑦　労働者は，事業者から第3項第2号の保護具等の使用を命じられたと
きは，これらを使用しなければならない。

【要　旨】

　RCFは発じん性が高く，労働者等へのばく露の程度を低減する必要が
ある物であることから，RCF等を製造し，または取り扱う作業について，
二次発じんを防止するための措置を規定し，また特に発じんのおそれが高
い，RCF等を窯，炉等に張り付けること等の断熱または耐火の措置を講
ずる作業またはRCF等を用いて断熱または耐火の措置を講じた窯，炉等
の補修，解体，破砕等の作業に労働者等を従事させるときは，当該労働者
等に有効な呼吸用保護具を使用させる等の措置を定めたものである。

【解　説】

　(1)　第1項第1号の「床等」の「等」には，窓枠，棚が含まれること。

（平成27年基発0930第9号・平成28年基発1130第4号）

　(2)　「水洗等」，「水洗する等」の「等」には，超高性能（HEPA）フィ
ルター付きの真空掃除機による清掃が含まれること。なお，当該真空掃除
機を用いる際には，フィルターの交換作業等による粉じんの再飛散に注意
する必要があること。　　　（平成27年基発0930第9号・平成28年基発1130第4号）

　(3)　第2項第1号の「RCF等を窯，炉等に張り付けること等」の「等」
には，例えば，ブランケット状のRCFを含有する耐熱材を窯または炉等
の内側に貼りつける作業等があること。

（平成27年基発0930第9号・平成28年基発1130第4号）

⑷　第2項第2号の「窯，炉等の補修の作業」および第3号の「窯，炉等の解体，破砕等の作業」には，RCF等にばく露するおそれのない窯，炉等における作業は含まれないものであること。

（平成27年基発0930第9号・平成28年基発1130第4号）

⑸　第3項第1号の「それ以外の作業を行う作業場所から隔離すること」とは，例えば，同条第2項各号の作業場所をビニールシート等で覆うこと等により，RCF等の粉じんが他の作業場所に漏れないようにするものであること。（平成27年基発0930第9号・平成28年基発1130第4号）

⑹　第3項第1号ただし書にいう「隔離することが著しく困難である場合」には，窯，炉等の配管等の構造上の理由により隔離することが技術的に困難な場合が含まれるものであること。また，「必要な措置」には以下のものが含まれること。

①　前項各号に掲げる作業を行う作業場所からのRCFの粉じんにばく露するおそれがある作業場所において作業に従事する労働者に⑺に掲げる呼吸用保護具を含む適切な呼吸用保護具および作業衣または保護衣を着用させること

②　可能な場合にあっては，RCFを湿潤な状態とすること

（平成27年基発0930第9号・平成28年基発1130第4号）

⑺　第3項第2号の「有効な呼吸用保護具」とは，各部の破損，脱落，弛み，湿気の付着，変形，耐用年数の超過等保護具の性能に支障をきたしていない状態となっており，かつ，100以上の防護係数が確保できるものであり，具体的には，粒子捕集効率が99.97％以上，漏れ率が1％以下（電動ファン付き呼吸用保護具の規格（平成26年厚生労働省告示第455号）で定める漏れ率による等級がS級またはA級）の電動ファン付き呼吸用保護具が含まれること。（平成27年基発0930第9号・平成28年基発1130第4号）

⑻　⑺の労働者ごとの防護係数の確認は，当該確認に係る電動ファン付き呼吸用保護具を第38条の20第3項の規定に基づき，当該労働者に初めて

使用させるときおよびその後6月以内ごとに1回，定期に，日本産業規格T8150で定める方法により防護係数を求めることにより行うこと。

　なお，事業者は，当該確認を行ったときは，労働者の氏名，呼吸用保護具の種類，確認を行った年月日および防護係数の値を記録し，これを30年間保存すること。　　　　　　　　　（平成27年基発0930第9号・平成28年基発1130第4号）

　(9)　有効な呼吸用保護具については，(7)でその具体的な内容を示しているところであるが，「100以上の防護係数が確保できるものであり，(8)の方法により，労働者ごとに防護係数が100以上であることが確認されたものが含まれること。」とは，平成27年度および平成28年度の化学物質による労働者の健康障害防止措置に係る検討会での専門家による検討結果を踏まえ，防護係数を測定することにより，当該防護係数が100以上であることが確認されれば，いかなるものであってもよいという趣旨ではなく，防護係数が100以上であることが確認できる電動ファン付き呼吸用保護具と同等以上の性能を最低限必要としているものであり，具体的には以下の表に示すものであること。なお，これは従来の取扱について変更するものではない。

防護係数の確認の要否／呼吸用保護具の種類	労働者ごとに防護係数が100以上であることの確認を行うことにより有効な呼吸用保護具となるもの	労働者ごとに防護係数が100以上であることの確認を行うことを要せずに有効な呼吸用保護具となるもの
電動ファン付き呼吸用保護具		電動ファン付き呼吸用保護具の規格（平成26年厚生労働省告示第455号）に定める粒子捕集効率が99.97％以上かつ漏れ率が1％以下のもの
電動ファン付き呼吸用保護具以外の呼吸用保護具	①送気マスク（日本産業規格T8153）のうち，半面形面体を有するプレッシャデマンド形エアラインマスク，一定流量形エアラインマスク（全面形面体を有するものを除く。）または電動送風機形ホー	①送気マスク（日本産業規格T8153）のうち，全面形面体を有するプレッシャデマンド形エアラインマスク，全面形面体を有する一定流量形エアラインマスク又は全面形面体を有する電動送風機形ホ

	スマスク（全面形面体を有するものを除く。）②空気呼吸器（日本産業規格 T8155）のうち，半面形面体を有するプレッシャデマンド形空気呼吸器	ースマスク②空気呼吸器（日本産業規格 T8155）のうち，全面形面体を有するプレッシャデマンド形空気呼吸器

（平成28年基安化発1227第 1 号）

⑽　労働者ごとの防護係数の確認の頻度等については，⑻で示しているところであるが，「日本産業規格 T8150で定める方法により防護係数を求めることにより行う」とは，①事業者が保護具アドバイザー※等の協力を得て自ら防護係数を測定する機器を利用するなどして行う方法または②事業者が呼吸用保護具の製造者等に相談する等により防護係数を求める方法であること。

なお，この場合の費用負担については，契約自由の原則に基づき，事業者と公益社団法人日本保安用品協会（または保護具アドバイザー），製造者等との契約において，その内容に応じて決定されるべきものであること。

※保護具アドバイザーとは，公益社団法人日本保安用品協会が運営している保護具アドバイザー制度に基づき保護具アドバイザーとして登録を受けた者をいう。　　　　　　　　　　　　　　　（平成28年基安化発1227第 1 号）

⑾　第 3 項第 2 号の「作業衣」は粉じんの付着しにくいものとすること。また，「保護衣」は，日本産業規格 T8115に定める規格に適合する浮遊固体粉じん防護用密閉服が含まれること。なお，RCF 等を窯，炉等に張り付けること等の断熱または耐火の措置を講ずる作業等においては，支持金物等に接触し作業衣等が破れるおそれがあるため，支持金物等に保護キャップやテープを巻くなどの対策を行うことが望ましいこと。また，粉じんの発散の状況等に応じて保護眼鏡を使用することが望ましいこと。

（平成27年基発0930第 9 号・平成28年基発1130第 4 号）

⑿　RCF 等に係る作業主任者においては，更衣時飛散した RCF 等を吸入しないよう，作業方法を決定し，労働者を指揮すること。

（平成27年基発0930第9号・平成28年基発1130第4号）

⒀　第4項第1号および第6項は，事業者は，特定の危険有害業務または作業を行うときは，一定の作業方法による義務があるところ，当該業務または作業の一部を請負人に請け負わせるときは，当該請負人に対し，一定の作業方法により当該業務または作業を行う必要がある旨を周知させなければならないこととしたこと。　　　　　　　　　　　（令和4年基発0415第1号）

⒁　第4項第2号は，事業者は，特定の危険有害業務又は作業を行うときは，当該業務又は作業に従事する労働者に必要な保護具を使用させる義務があるところ，当該業務又は作業の一部を請負人に請け負わせるときは，当該請負人に対し，必要な保護具を使用する必要がある旨を周知させなければならないこととしたこと。　　　　　　　　　　　（令和4年基発0415第1号）

⒂　第5項第1号の「湿潤な状態にする等」の「等」には，集じん機による粉じんの吸引等により作業場所の粉じんの濃度を湿潤化した場合と同等程度に低減させることが含まれること。

（平成27年基発0930第9号・平成28年基発1130第4号）

（金属アーク溶接等作業に係る措置）

第38の21　事業者は，金属アーク溶接等作業を行う屋内作業場については，当該金属アーク溶接等作業に係る溶接ヒュームを減少させるため，全体換気装置による換気の実施又はこれと同等以上の措置を講じなければならない。この場合において，事業者は，第5条の規定にかかわらず，金属アーク溶接等作業において発生するガス，蒸気若しくは粉じんの発散源を密閉する設備，局所排気装置又はプッシュプル型換気装置を設けることを要しない。

②　事業者は，金属アーク溶接等作業を継続して行う屋内作業場において，新たな金属アーク溶接等作業の方法を採用しようとするとき，又は当該作業の方法を変更しようとするときは，あらかじめ，厚生労働大臣の定めるところにより，当該金属アーク溶接等作業に従事する労働者の身体に装着する試料採取機器等を用いて行う測定により，当該作業場につい

て，空気中の溶接ヒュームの濃度を測定しなければならない。

③　事業者は，前項の規定による空気中の溶接ヒュームの濃度の測定の結
　果に応じて，換気装置の風量の増加その他必要な措置を講じなければな
　らない。

④　事業者は，前項に規定する措置を講じたときは，その効果を確認する
　ため，第2項の作業場について，同項の規定により，空気中の溶接ヒュ
　ームの濃度を測定しなければならない。

⑤　事業者は，金属アーク溶接等作業に労働者を従事させるときは，当該
　労働者に有効な呼吸用保護具を使用させなければならない。

⑥　事業者は，金属アーク溶接等作業の一部を請負人に請け負わせるとき
　は，当該請負人に対し，有効な呼吸用保護具を使用する必要がある旨を
　周知させなければならない。

⑦　事業者は，金属アーク溶接等作業を継続して行う屋内作業場において
　当該金属アーク溶接等作業に労働者を従事させるときは，厚生労働大臣
　の定めるところにより，当該作業場についての第2項及び第4項の規定
　による測定の結果に応じて，当該労働者に有効な呼吸用保護具を使用さ
　せなければならない。

⑧　事業者は，金属アーク溶接等作業を継続して行う屋内作業場において
　当該金属アーク溶接等作業の一部を請負人に請け負わせるときは，当該
　請負人に対し，前項の測定の結果に応じて，有効な呼吸用保護具を使用
　する必要がある旨を周知させなければならない。

⑨　事業者は，第7項の呼吸用保護具（面体を有するものに限る。）を使用
　させるときは，1年以内ごとに1回，定期に，当該呼吸用保護具が適切
　に装着されていることを厚生労働大臣の定める方法により確認し，その
　結果を記録し，これを3年間保存しなければならない。

⑩　事業者は，第2項又は第4項の規定による測定を行つたときは，その
　都度，次の事項を記録し，これを当該測定に係る金属アーク溶接等作業
　の方法を用いなくなつた日から起算して3年を経過する日まで保存しな
　ければならない。

　1　測定日時

　2　測定方法

　3　測定箇所

　4　測定条件

　5　測定結果

　6　測定を実施した者の氏名

　7　測定結果に応じて改善措置を講じたときは，当該措置の概要

　8　測定結果に応じた有効な呼吸用保護具を使用させたときは，当該呼吸用保護具の概要

⑪　事業者は，金属アーク溶接等作業に労働者を従事させるときは，当該作業を行う屋内作業場の床等を，水洗等によつて容易に掃除できる構造のものとし，水洗等粉じんの飛散しない方法によつて，毎日1回以上掃除しなければならない。

⑫　労働者は，事業者から第5項又は第7項の呼吸用保護具の使用を命じられたときは，これを使用しなければならない。

【要　旨】

　本条は，金属アーク溶接等作業を行う屋内作業場については，当該作業にかかる溶接ヒュームを減少させるため，全体換気装置による換気の実施またはこれと同等以上の措置を講ずること，当該作業を継続して行う屋内作業場について，金属アーク溶接等作業を新たに採用し，または変更するときに，個人サンプリングにより空気中の溶接ヒューム濃度を測定すること等，当該作業に係る措置を定めたものである。

【解　説】

　(1)　第1項の「金属アーク溶接等作業」には，作業場所が屋内または屋外であることにかかわらず，アークを熱源とする溶接，溶断，ガウジングの全てが含まれ，燃焼ガス，レーザービーム等を熱源とする溶接，溶断，ガウジングは含まれないこと。なお，自動溶接を行う場合，「金属アーク溶接等作業」には，自動溶接機による溶接中に溶接機のトーチ等に近付く等，溶接ヒュームにばく露するおそれのある作業が含まれ，溶接機のトー

チ等から離れた操作盤の作業，溶接作業に付帯する材料の搬入・搬出作業，片付け作業等は含まれないこと。

⑵　第1項の「全体換気装置による換気の実施またはこれと同等以上の措置」の「同等以上の措置」には，プッシュプル型換気装置および局所排気装置が含まれること。

⑶　第2項で規定する空気中の溶接ヒューム濃度の測定は，屋内作業場における作業環境改善のための測定でもあることから，金属アーク溶接等作業を継続して行う屋内作業場に限定して義務付けたこと。

⑷　第2項の「金属アーク溶接等作業を継続して行う屋内作業場」には，建築中の建物内部等で当該建築工事等に付随する金属アーク溶接等作業であって，同じ場所で繰り返し行われないものを行う屋内作業場は含まれないこと。

⑸　第2項の金属アーク溶接等作業の方法を「変更しようとするとき」には，溶接方法が変更された場合，および，溶接材料，母材や溶接作業場所の変更が溶接ヒュームの濃度に大きな影響を与える場合が含まれること。

⑹　第2項および第4項で規定する測定は，第一種作業環境測定士，作業環境測定機関等，当該測定について十分な知識および経験を有する者により実施されるべきであること。

⑺　第3項の「その他必要な措置」には，溶接方法，母材もしくは溶接材料等の変更による溶接ヒューム発生量の低減，集じん装置による集じんまたは移動式送風機による送風の実施が含まれること。

⑻　第3項は，本条第2項の測定結果がマンガンとして$0.05mg/m^3$を下回る場合，または，同一事業場における類似の金属アーク溶接等作業を継続して行う屋内作業場において，当該作業場に係る本条第2項の測定結果に応じて換気装置の風量の増加等の措置を十分に検討した場合であって，その結果を踏まえた必要な措置をあらかじめ実施しているときに，さらなる改善措置を求める趣旨ではないこと。

⑼　第5項は，作業場所が屋内または屋外であることにかかわらず，金

属アーク溶接等作業に労働者を従事させるときには，当該労働者に有効な
呼吸用保護具を使用させることを義務付ける趣旨であること。

((1)～(9)：令和2年基発0422第4号)

⑽　第6項および第8項は，事業者は，特定の危険有害業務または作業
を行うときは，当該業務または作業に従事する労働者に必要な保護具を使
用させる義務があるところ，当該業務または作業の一部を請負人に請け負
わせるときは，当該請負人に対し，必要な保護具を使用する必要がある旨
を周知させなければならないこととしたこと。　　　（令和4年基発0415第1号）

⑾　第9項に規定する呼吸用保護具の装着の定期的な確認は，面体と顔
面の密着性等について確認する趣旨であることから，「呼吸用保護具（面
体を有するものに限る。）」という規定は，フード形，フェイスシールド形
等の面体を有しない呼吸用保護具を本項の確認の対象から除く趣旨である
こと。
（令和2年基発0422第4号）

⑿　第9項の規定により記録の対象となる確認の「結果」には，確認を
受けた者の氏名，確認の日時および装着の良否が含まれ，当該確認を外部
に委託して行った場合は，受託者の名称等が含まれること。

（令和2年基発0422第4号）

⒀　第11項の「水洗等」の「等」には，超高性能（HEPA）フィルター
付きの真空掃除機による清掃が含まれるが，当該真空掃除機を用いる際に
は，粉じんの再飛散に注意する必要があること。　　（令和2年基発0422第4号）

第6章　健康診断

　本章は，第1類物質または第2類物質の製造または取扱いの作業に常時
従事する労働者に対し，雇入れ時，配置換えして就業させる直前およびそ
の後の定期において，一定項目の検診または検査による健康診断を行うこ
と，過去においてその事業場で，ベンジジン，ベーターナフチルアミンな
らびにビス（クロロメチル）エーテルおよび特別管理物質の取扱い作業に
従事した在職労働者に対し定期的に一定項目の検診または検査による健康
診断を行うこと，およびこれらの健康診断に伴う必要な手続に関すること，
ならびに第3類物質等の漏えい事故による被災者に対し緊急の診断を受け
させることについて規定したものである。

　（健康診断の実施）
第39条　事業者は，令第22条第1項第3号の業務（石綿等の取扱い若しく
　　は試験研究のための製造又は石綿分析用試料等（石綿則第2条第4項に
　　規定する石綿分析用試料等をいう。）の製造に伴う石綿の粉じんを発散す
　　る場所における業務及び別表第1第37号に掲げる物を製造し，又は取り
　　扱う業務を除く。）に常時従事する労働者に対し，別表第3の上欄（編注：
　　左欄）に掲げる業務の区分に応じ，雇入れ又は当該業務への配置替えの
　　際及びその後同表の中欄に掲げる期間以内ごとに1回，定期に，同表の
　　下欄（編注：右欄）に掲げる項目について医師による健康診断を行わな
　　ければならない。　　　　　　　　　　　　　　　　　　　（根66－②）
②　事業者は，令第22条第2項の業務（石綿等の製造又は取扱いに伴い石
　　綿の粉じんを発散する場所における業務を除く。）に常時従事させたこと
　　のある労働者で，現に使用しているものに対し，別表第3の上欄（編注：
　　左欄）に掲げる業務のうち労働者が常時従事した同項の業務の区分に応
　　じ，同表の中欄に掲げる期間以内ごとに1回，定期に，同表の下欄（編
　　注：右欄）に掲げる項目について医師による健康診断を行わなければな
　　らない。　　　　　　　　　　　　　　　　　　　　　　　（根66－②）

③　事業者は，前二項の健康診断（シアン化カリウム（これをその重量の
　5パーセントを超えて含有する製剤その他の物を含む。），シアン化水素
　（これをその重量の1パーセントを超えて含有する製剤その他の物を含
　む。）及びシアン化ナトリウム（これをその重量の5パーセントを超えて
　含有する製剤その他の物を含む。）を製造し，又は取り扱う業務に従事す
　る労働者に対し行われた第1項の健康診断を除く。）の結果，他覚症状が
　認められる者，自覚症状を訴える者その他異常の疑いがある者で，医師
　が必要と認めるものについては，別表第4の上欄（編注：左欄）に掲げ
　る業務の区分に応じ，それぞれ同表の下欄（編注：右欄）に掲げる項目
　について医師による健康診断を行わなければならない。　　　（根66－②）

④　第1項の業務（令第16条第1項各号に掲げる物（同項第4号に掲げる
　物及び同項第9号に掲げる物で同項第4号に係るものを除く。）及び特別
　管理物質に係るものを除く。）が行われる場所について第36条の2第1項
　の規定による評価が行われ，かつ，次の各号のいずれにも該当するとき
　は，当該業務に係る直近の連続した3回の第1項の健康診断（当該健康
　診断の結果に基づき，前項の健康診断を実施した場合については，同項
　の健康診断）の結果，新たに当該業務に係る特定化学物質による異常所
　見があると認められなかつた労働者については，当該業務に係る第1項
　の健康診断に係る別表第3の規定の適用については，同表中欄中「6月」
　とあるのは，「1年」とする。

　1　当該業務を行う場所について，第36条の2第1項の規定による評価
　　の結果，直近の評価を含めて連続して3回，第1管理区分に区分され
　　た（第2条の3第1項の規定により，当該場所について第36条の2第
　　1項の規定が適用されない場合は，過去1年6月の間，当該場所の作
　　業環境が同項の第1管理区分に相当する水準にある）こと。

　2　当該業務について，直近の第1項の規定に基づく健康診断の実施後
　　に作業方法を変更（軽微なものを除く。）していないこと。

⑤　令第22条第2項第24号の厚生労働省令で定める物は，別表第5に掲げ
　る物とする。　　　　　　　　　　　　　　　　　　　　　（根66－②）

⑥　令第22条第1項第3号の厚生労働省令で定めるものは，次に掲げる業

務とする。　　　　　　　　　　　　　　　　　　　　　　（根66-②）

　1　第2条の2各号に掲げる業務

　2　第38条の8において準用する有機則第3条第1項の場合における同
　　項の業務（別表第1第37号に掲げる物に係るものに限る。次項第3号
　　において同じ。）

⑦　令第22条第2項の厚生労働省令で定めるものは，次に掲げる業務とする。

　1　第2条の2各号に掲げる業務

　2　第2条の2第1号イに掲げる業務（ジクロロメタン（これをその重
　　量の1パーセントを超えて含有する製剤その他の物を含む。）を製造し，
　　又は取り扱う業務のうち，屋内作業場等において行う洗浄又は払拭の
　　業務を除く。）

　3　第38条の8において準用する有機則第3条第1項の場合における同
　　項の業務

【要　旨】

　本条は，安衛法第66条第2項前段の規定に基づき，第1類物質もしくは
第2類物質等を製造し，もしくは取り扱う業務（オーラミン等を製造する
事業場以外の事業場においてこれらの物を取り扱う業務を除く。）または
禁止物質を試験研究のため製造し，もしくは使用する業務に従事する労働
者に対し，定期健康診断等の実施ならびに安衛法第66条第2項後段の規定
に基づき，特別管理物質を製造し，または取り扱う業務もしくはベンジジ
ン，ベーター－ナフチルアミンまたはビス（クロロメチル）エーテルを試験
研究のため製造し，または取り扱う業務に従事したことのある在籍労働者
に対する定期健康診断の実施とともに，その健康診断項目について規定し
たものである。

【解　説】

　⑴　第1項の「当該業務への配置替えの際」とは，その事業場において，
他の作業から本条に規定する受診対象作業に配置転換する直前においての
意であること。

　　　　　　　　　　　　　　　　　　　　　　　（昭和46年基発第399号）

⑵ 第1項の「雇入れの際」とは，当該作業に雇い入れる直前または直後においての意であること。なお，健康診断実施者の都合によりやむを得ない場合であっても，雇入れ後おおむね2週間以内に行う必要があること。

⑶ 第1項の別表第3（編注：520頁参照）に掲げる検診または検査の内容は，ばく露した有害物による異常の有無を推定し第2次健康診断の対象者を選定するいわゆるスクリーニングのためのものであること。

⑷ 第1項別表第3の下欄（編注：右欄）に掲げる項目のうち，「既往歴の有無の検査」，「業務の経歴の調査」および「作業条件の調査」は，次により調査すること。

　ア　既往歴の有無の調査

　　「既往歴」については，雇入れの際または配置替えする際の健康診断にあってはその時までの症状または疾病を，定期の健康診断にあっては前回の健康診断以降の症状または疾病を調査するものとすること。

　　なお，既往歴については，各物質ごとに示されている症状を中心に，その労働者がばく露する物質と関係があると考えられるその他の症状についてもあわせて聴取するものとすること。

　イ　業務の経歴の調査

　　「業務の経歴」については，雇入れの際またはその健康診断の対象物質に係る作業に配置替えする際に詳細に聴取すること。

　ウ　作業条件の調査

　　「作業条件の調査」については，受診者個々の対象物質へのばく露状況を推測することができる事項，たとえば対象物質の取扱い方法，環境気中濃度，対象物質のガス，蒸気，粉じん等の発散源からの距離，作業時間，使用保護具の種別および装着状況等を受診者，衛生管理者などから聴取する等の方法により調査するものとすること。

⑸ 第1項の別表第3（編注：520頁）の下欄（編注：右欄）に掲げる項目のうち，「等」とあるものについては，次に掲げる業務および当該業務により惹起されるおそれのある主要な障害に応じて，健康診断に医師が

必要と認める項目を追加するものであること。

ア　(ア)ベンジジンおよびその塩,(イ)ベーターナフチルアミンおよび
　　その塩, (ウ)ジクロルベンジジンおよびその塩, (エ)アルファーナフ
　　チルアミンおよびその塩, (オ)オルトートリジンおよびその塩,(カ)
　　ジアニシジンおよびその塩, (キ)パラージメチルアミノアゾベンゼン,
　　(ク)マゼンタならびに(ア)から(ク)までの物をその重量の１％を超え
　　て含有する製剤その他の物を製造し, または取り扱う業務

　　(ア)　泌尿器系の障害（炎症, 腫瘍）

　　(イ)　「尿沈渣検鏡」とは, パパニコラ法による細胞診を追加して行
　　　　う必要の有無についてのふるいわけ検査をいうものであること（編
　　　　注：262頁(31)参照）。

イ　ビス（クロロメチル）エーテル（これをその重量の１％を超えて含
　　有する製剤その他の物を含む。）を製造し, または取り扱う業務
　　　呼吸器系の障害（腫瘍等）

ウ　塩素化ビフエニル等を製造し, または取り扱う業務
　　　消化器系（特に肝臓）の障害, 血液系の障害, 皮膚の障害

エ　ベリリウム等を製造し, または取り扱う業務
　　　呼吸器系の障害（ベリリウム肺とよばれる。）, 皮膚の障害

オ　ベンゾトリクロリド（これをその重量の0.5％を超えて含有する製
　　剤その他のものを含む。）を製造し, または取り扱う業務
　　　呼吸器系の障害, 皮膚の障害

カ　アクリルアミド（これをその重量の１％を超えて含有する製剤その
　　他の物を含む。）を製造し, または取り扱う業務
　　　自律神経系の障害, 四肢の運動神経障害, 皮膚の障害

キ　アクリロニトリル（これをその重量の１％を超えて含有する製剤そ
　　の他の物を含む。）を製造し, または取り扱う業務
　　　呼吸器系の障害, 消化器系の障害, 中枢神経系の障害, 皮膚および
　　粘膜の障害

ク　アルキル水銀化合物（これをその重量の1％を超えて含有する製剤
　その他の物を含む。）を製造し，または取り扱う業務
　　中枢神経系の障害，皮膚の障害

ケ　エチレンイミン（これをその重量の1％を超えて含有する製剤その
　他の物を含む。）を製造し，または取り扱う業務
　　呼吸器系の障害，中枢神経系の障害，皮膚および粘膜（特に眼およ
　び上気道）の障害

コ　塩化ビニル（これをその重量の1％を超えて含有する製剤その他の
　物を含む。）を製造し，または取り扱う業務
　　呼吸器系の障害，中枢神経系の障害，肝臓の障害（肝血管肉腫，門
　脈圧亢進症等），指端骨溶解症

サ　塩素（これをその重量の1％を超えて含有する製剤その他の物を含
　む。）を製造し，または取り扱う業務
　　呼吸器系の障害，歯牙の障害，皮膚および粘膜（特に眼および上気
　道）の障害

シ　オーラミン（これをその重量の1％を超えて含有する製剤その他の
　物を含む。）を製造し，または取り扱う業務
　　泌尿器系の障害（炎症，腫瘍等），肝臓の障害
　　（編注：262頁(31)参照）

ス　オルト－フタロジニトリル（これをその重量の1％を超えて含有す
　る製剤その他の物を含む。）を製造し，または取り扱う業務
　　中枢神経系の障害（てんかん様発作等）

セ　カドミウムまたはその化合物（これらの物をその重量の1％を超え
　て含有する製剤その他の物を含む。）を製造し，または取り扱う業務
　　呼吸器系の障害，消化器系の障害，腎臓の障害
　　（編注：269頁(33)参照）

ソ　クロム酸等を製造し，または取り扱う業務
　　呼吸器系の障害（腫瘍等），鼻腔の障害，皮膚の障害

タ　クロロメチルメチルエーテル（これをその重量の1％を超えて含有
　　する製剤その他の物を含む。）を製造し，または取り扱う業務
　　　呼吸器系の障害（腫瘍等）

チ　五酸化バナジウム（これをその重量の1％を超えて含有する製剤そ
　　の他の物を含む。）を製造し，または取り扱う業務
　　　呼吸器系の障害

ツ　コールタール（これをその重量の5％を超えて含有する製剤その他
　　の物を含む。）を製造し，または取り扱う業務
　　　呼吸器系の障害（腫瘍等），消化器系の障害，眼の障害，皮膚の障害

テ　（ア）シアン化カリウム，（イ）シアン化水素，（ウ）シアン化ナト
　　リウム，（ア）または（ウ）の物をその重量の5％を超えて含有する
　　製剤その他の物および（イ）の物をその重量の1％を超えて含有する
　　製剤その他の物を製造し，または取り扱う業務
　　　中枢神経系の障害，消化器系の障害，粘膜の障害

ト　3・3′－ジクロロ－4・4′－ジアミノジフェニルメタン（これをその重量
　　の1％を超えて含有する製剤その他の物を含む。）を製造し，または
　　取り扱う業務
　　　呼吸器系の障害（腫瘍等），消化器系の障害，腎臓の障害

ナ　臭化メチル（これをその重量の1％を超えて含有する製剤その他の
　　物を含む。）を製造し，または取り扱う業務
　　　呼吸器系の障害，中枢神経系の障害，視力の障害，皮膚の障害

ニ　水銀またはその無機化合物（これらの物をその重量の1％を超えて
　　含有する製剤その他の物を含む。）を製造し，または取り扱う業務
　　　中枢神経系の障害，腎臓の障害

ヌ　トリレンジイソシアネート（これをその重量の1％を超えて含有す
　　る製剤その他の物を含む。）を製造し，または取り扱う業務
　　　呼吸器系の障害，眼および視力の障害，粘膜および皮膚の障害

ネ　ニッケル化合物（これをその重量の1％を超えて含有する製剤その

他のものを含む。）を製造し，または取り扱う業務

皮膚および粘膜の障害

ノ　ニッケルカルボニル（これをその重量の1％を超えて含有する製剤
その他の物を含む。）を製造し，または取り扱う業務

中枢神経系の障害，呼吸器系の障害

ハ　ニトログリコール（これをその重量の1％を超えて含有する製剤そ
の他の物を含む。）を製造し，または取り扱う業務

中枢および末梢神経系の障害，心血管系の障害，血液系の障害

ヒ　パラ-ニトロクロルベンゼン（これをその重量の5％を超えて含有
する製剤その他の物を含む。）を製造し，または取り扱う業務

中枢神経系の障害，血管系の障害，血液系の障害

フ　砒素またはその化合物（これらをその重量の1％を超えて含有する
製剤その他のものを含む。）を製造し，または取り扱う業務

呼吸器系の障害，皮膚および粘膜の障害

ヘ　弗化水素（これをその重量の5％を超えて含有する製剤その他の物
を含む。）を製造し，または取り扱う業務

呼吸器系の障害，眼の障害，粘膜および皮膚の障害

ホ　ベーター-プロピオラクトン（これをその重量の1％を超えて含有す
る製剤その他の物を含む。）を製造し，または取り扱う業務

呼吸器系の障害，皮膚の障害

マ　ベンゼン等を製造し，または取り扱う業務

中枢および末梢神経系の障害，造血系の障害

ミ　ペンタクロルフェノール（別名PCP）またはそのナトリウム塩（こ
れらの物をその重量の1％を超えて含有する製剤その他の物を含
む。）を製造し，または取り扱う業務

呼吸器系の障害，消化器系の障害，神経系の障害，皮膚および粘膜
の障害

ム　マンガンまたはその化合物（これらの物をその重量の1％を超えて

含有する製剤その他の物を含む。）を製造し，または取り扱う業務

　　呼吸器系の障害，中枢神経系の障害（パーキンソン症候群様）

メ　沃化メチル（これをその重量の１％を超えて含有する製剤その他の
　　物を含む。）を製造し，または取り扱う業務

　　中枢神経系の障害，皮膚の障害

モ　硫化水素（これをその重量の１％を超えて含有する製剤その他の物
　　を含む。）を製造し，または取り扱う業務

　　呼吸器系の障害，中枢神経系の障害，粘膜の障害

ヤ　硫酸ジメチル（これをその重量の１％を超えて含有する製剤その他
　　の物を含む。）を製造し，または取り扱う業務

　　呼吸器系の障害，眼の障害，皮膚および粘膜の障害

ユ　（ア）４-アミノジフェニルおよびその塩，（イ）４-ニトロジフェニル
　　およびその塩ならびに（ア）または（イ）の物をその重量の１％を超えて
　　含有する製剤その他の物を製造し，または取り扱う業務

　　泌尿器系の障害（炎症，腫瘍等）

⑹　血液中および尿中の当該物質の量の測定および尿中の代謝物の量の
測定は，当該物質による障害の有無の判定のみならず，ばく露状態を知る
上でも重要な指標となりうるので，別表第４（編注：551頁参照）に掲げ
るもののほか，ベンゼンにおける尿中のフェノールの量の測定等を追加し
て行うよう指導すること。

⑺　第２項の「常時従事させたことのある労働者で，現に使用している
もの」とは，事業者が過去に常時従事させたことのある労働者であってそ
の事業場に在職している者をいい，退職者までを含む趣旨ではないこと。

（昭和46年基発第399号）

⑻　第３項の健康診断は，個々の受診者についてそれぞれがばく露した
物質による影響の有無を確定するために必要なものであること。

　しかしながら，検診または検査の項目に掲げる項目のみではばく露した
物質による影響の有無を確定しえない場合もあると考えられるので，その

場合には，健康診断を行う医師が必要と認める項目，例えば他の疾病との
鑑別に必要な項目を追加してさしつかえないこと。

　なお，「シアン化カリウム」，「シアン化水素」および「シアン化ナトリ
ウム」については，第1項に規定する健康診断の項目について検診または
検査を行うことにより，それぞれの物質に係る異常の有無を確認しうるも
のと考えられるもので，第3項の健康診断に関しては定めなかったもので
あること。

　(9)　第3項の「前二項の健康診断の結果」の判定にあたっては，生体の
機能および症状が絶えず変動していることなど一過性の状態の場合もあり，
1回の検診または検査のみによっては必ずしもその対象物質による影響の
有無を確定しえない場合もあるので，医師が必要と認めるときには，検診
または検査の項目のすべてまたは一部について繰り返して行い，結果を判
定することが必要であること。

　(10)　第3項の健康診断は，第1項または第2項の健康診断実施後，でき
るだけ速やかに実施するものとし，少なくとも1月以内に行うべきもので
あること。なお，第3項の健康診断の結果の判定にあっても，前記(9)の「前
二項の健康診断の結果」の判定と同様な点に留意すること。

　(11)　第3項の別表第4（編注：551頁）の下欄（編注：右欄）に掲げる
項目の詳細については，上欄（編注：左欄）に掲げる業務の区分に応じて，
それぞれ次によること。

　ア　塩素化ビフェニルを製造し，または取り扱う業務
　　　第2号の「赤血球数等」の「等」には，血色素量，ヘマトクリット
　　値があること。またオルト-フタロジニトリルまたは弗化水素を製造
　　し，または取り扱う業務についても同様であること。

　イ　アルキル水銀化合物を製造し，または取り扱う業務
　　（ア）　第2号の「水銀量の測定」にあたっては，尿中の水銀量が低い
　　　値であっても，毛髪中の水銀量が著しく高い値を示すこともあるの
　　　で，毛髪中の水銀量についてもあわせて行うことが望ましいこと。

　（イ）　第5号の「神経学的検査」には，指−指試験，指−鼻試験があ
　　　　ること。

ウ　水銀またはその無機化合物を製造し，または取り扱う業務
　　第3号の「神経学的検査」には，上肢落下試験，閉眼片足立ち試験，
　指−指試験，病的反射の有無の検査，眼振の有無の検査および構語障
　害の有無の検査があること。

⑿　健康診断の結果，障害または異常が認められる労働者については，
就業場所の変更や作業の転換等の措置を講ずるほか，作業環境測定の実施
および設備の整備等の適切な措置を講ずる必要があり，また，特に健康の
保持に努める必要があると認められる労働者に対しては，保健指導を行う
ように努めること(安衛法第66条の5，第66条の7)。

⒀　インジウム化合物については，ヒトに対する発がん性のおそれや間
質性肺炎等の不可逆的な健康影響を引き起こす可能性が指摘されたことを
踏まえ，インジウム化合物等を製造し，または取り扱う業務に常時従事す
る労働者等に対する特殊健康診断の項目の趣旨等については，次のとおり
とすること。

　①　「作業条件の簡易な調査」は，労働者の当該物質へのばく露状況の
　　概要を把握するため，前回の特殊健康診断以降の作業条件の変化，環
　　境中のインジウム化合物の濃度に関する情報，作業時間，ばく露の頻
　　度，インジウム化合物の粉じん等の発生源からの距離，呼吸用保護具
　　の使用状況等について，医師が主に当該労働者から聴取することによ
　　り調査するものであること。このうち，環境中のインジウム化合物の
　　濃度に関する情報の収集については，当該労働者から聴取する方法の
　　ほか，衛生管理者等からあらかじめ聴取する方法があること。

　②　「せき，たん，息切れ等の他覚症状又は自覚症状の有無の検査」は，
　　インジウム化合物により生じる症状の検査をいうこと。

　③　「インジウム化合物によるせき，たん，息切れ等の他覚症状又は自
　　覚症状の既往歴の有無の検査」では，インジウム化合物による肺の気

腫性変化の評価の参考とするため，労働者の喫煙歴についても聴取すること。

④　「血清シアル化糖鎖抗原KL-6の量の測定」は，肺の間質性変化および気腫性変化を評価するための検査であること。

⑤　「胸部のエックス線直接撮影又は特殊なエックス線撮影による検査」は，肺の間質性変化および気腫性変化を把握するための検査であること。また，「胸部のエックス線直接撮影又は特殊なエックス線撮影による検査」は，雇入れまたは当該業務への配置換えの際に行う健康診断で実施しなければならないこととし，雇入れまたは当該業務への配置換えの際以外の健康診断においても，医師が必要と認める場合には実施しなければならないこととしたこと。

　雇入れまたは当該業務への配置換えの際以外の健康診断において，医師が必要と認めて「胸部のエックス線直接撮影若しくは特殊なエックス線撮影による検査」を行う場合には，雇入れまたは当該業務への配置換えの際に行う健康診断における「胸部のエックス線直接撮影」または「特殊なエックス線撮影による検査」の結果と比較することが重要であること。

　なお，「特殊なエックス線撮影による検査」は，CT（コンピュータ一断層撮影）による検査等をいうこと。

⑥　「作業条件の調査」は，労働者の当該物質へのばく露状況の詳細について，当該労働者，衛生管理者，作業主任者等の関係者から聴取することにより調査するものであること。

⑦　「血清サーファクタントプロテインD（血清SP-D）の検査等の血液化学検査」は，肺の間質性変化および気腫性変化を把握するための検査をいうこと。

⑧　「肺機能検査」は，スパイロメトリーおよびフローボリューム曲線による肺換気機能検査，動脈血ガスを分析する検査並びに一酸化炭素による拡散能力検査等をいうこと。

（平成24年基発1026第6号）

⒁　コバルトについては，ヒトに対する発がん性のおそれや呼吸器障害，皮膚症状等を引き起こす可能性が指摘されたことを踏まえ，コバルト等を製造し，または取り扱う業務に常時従事する労働者等に対する特殊健康診断の項目の趣旨等については，次のとおりとすること。

① 　「作業条件の簡易な調査」，「作業条件の調査」，「胸部のエツクス線直接撮影若しくは特殊なエツクス線撮影による検査」および「肺機能検査」については，インジウム化合物等に係る特殊健康診断の項目と同様であること（【解説】⒀(241頁)参照）。

② 　「せき，息苦しさ，息切れ，喘鳴，皮膚炎等の他覚症状又は自覚症状の有無の検査」は，コバルトにより生じる症状の検査をいうこと。

（平成24年基発1026第6号）

⒂　事業者は，DDVP 成形・加工・包装業務に常時従事する労働者およびDDVP 成形・加工・包装業務に常時従事させたことのある労働者で，現に使用しているものに対し，特化則第39条の特殊健康診断を実施しなければならないこととしたこと。　　　　　　　　（平成26年基発0924第6号）

⒃　DDVP については，ヒトに対する発がんのおそれや有機リン剤の中毒症状，皮膚障害，コリンエステラーゼ活性の低下等を引き起こす可能性が指摘されたことを踏まえ，DDVP 成形・加工・包装業務に常時従事する労働者等に対する特殊健康診断の項目の趣旨等については，次のとおりとすること。

① 　「業務の経歴の調査」は，当該業務に常時従事する労働者に対して行う健康診断におけるものに限るものであること。なお，本項目については，当該業務に常時従事する労働者以外のものは対象とならないが，当該業務に常時従事させたことがあり，かつ，現に使用している労働者のうち，過去に「業務の経歴の調査」を実施していないものに対しても，当該労働者の次回の健康診断において「業務の経歴の調査」を行うことが望ましいこと。

② 　「作業条件の簡易な調査」は，労働者の当該物質へのばく露状況の

概要を把握するため，前回の特殊健康診断以降の作業条件の変化，環境中のDDVPの濃度に関する情報，作業時間，ばく露の頻度，DDVPの蒸気の発散源からの距離，呼吸用保護具の使用状況等について，医師が主に当該労働者から聴取することにより調査するものであること。このうち，環境中のDDVPの濃度に関する情報の収集については，当該労働者から聴取する方法のほか，衛生管理者等からあらかじめ聴取する方法があること。

　なお，本項目については，当該業務に常時従事する労働者以外のものは対象とならないが，当該業務に常時従事させたことがあり，かつ，現に使用している労働者で，過去に「作業条件の簡易な調査」を実施していないものに対しても，当該労働者の次回の健康診断において「作業条件の簡易な調査」を行うことが望ましいこと。

③　「DDVPによる皮膚炎，縮瞳，流涙，唾液分泌過多，めまい，筋線維束れん縮，悪心，下痢等の他覚症状又は自覚症状の既往歴の有無の検査」は，DDVPにより生じるこれらの症状の既往歴の有無の検査をいうこと。なお，「皮膚炎，縮瞳，流涙等の急性の疾患に係る症状」については，当該業務に常時従事する労働者に対して行う健康診断におけるものに限るものであること。

④　「皮膚炎，縮瞳，流涙，唾液分泌過多，めまい，筋線維束れん縮，悪心，下痢等の他覚症状又は自覚症状の有無の検査」は，DDVPにより生じるこれらの症状の検査をいうこと。なお，「皮膚炎，縮瞳，流涙等の急性の疾患に係る症状」については，当該業務に常時従事する労働者に対して行う健康診断におけるものに限るものであること。

⑤　「血清コリンエステラーゼ活性値の測定」は，DDVPによるコリン作動性の自他覚症状に先行して評価するための検査であること。なお，「血清コリンエステラーゼ活性値の測定」は，当該業務に常時従事する労働者に対して行う健康診断におけるものに限るものであること。

⑥　「作業条件の調査」は，労働者の当該物質へのばく露状況の詳細に

ついて，当該労働者，衛生管理者，作業主任者等の関係者から聴取することにより調査するものであること。なお，「作業条件の調査」は，当該業務に常時従事する労働者に対して行う健康診断におけるものに限るものであること。

⑦　「肝機能検査」は，DDVP による肝機能の異常の有無を評価するための検査であること。なお，「肝機能検査」は，当該業務に常時従事する労働者に対して行う健康診断におけるものに限るものであること。

⑧　「白血球数及び白血球分画の検査」は，白血病等が存在する可能性や病勢等について評価するための検査であること。

⑨　「神経学的検査」は，DDVP による神経系の異常を評価するための検査であること。なお，「神経学的検査」は，当該業務に常時従事する労働者に対して行う健康診断におけるものに限るものであること。

（平成26年基発0924第6号）

⒄　事業者は，エチルベンゼン等（エチルベンゼンおよびこれを重量の1％を超えて含有する製剤その他の物に限る。）を製造し，または取り扱う業務，1・2-ジクロロプロパン洗浄・払拭業務（1・2-ジクロロプロパンおよびこれを重量の1％を超えて含有する製剤その他の物を用いて行う業務に限る。以下，同じ），クロロホルム等有機溶剤業務に常時従事する労働者に対し，第39条の特殊健康診断を実施しなければならないこととしたこと。また，事業者は，クロロホルム等有機溶剤業務のうち，ジクロロメタンおよびこれを重量の1％を超えて含有する製剤その他の物を用いて行う洗浄または払拭の業務に常時従事させたことのある労働者で，現に使用しているものに対し，第39条の特殊健康診断を実施しなければならないこととしたこと。

（平成24年基発1026第6号，平成25年基発0827第6号，平成26年基発0924第6号）

⒅　エチルベンゼンについては，ヒトに対する発がん性のおそれや中枢神経の抑制，肝機能障害，腎機能障害，眼や上気道の刺激症状を引き起こす可能性が指摘されたことを踏まえ，エチルベンゼン等を製造し，または

取り扱う業務に常時従事する労働者等に対する特殊健康診断の項目の趣旨
等については，次のとおりとすること。

⑴　「作業条件の簡易な調査」および「作業条件の調査」については，イ
ンジウム化合物等に係る特殊健康診断の項目と同様であること（【解
説】⒀（241頁）参照）。

⑵　「眼の痛み，発赤，せき，咽頭痛，鼻腔刺激症状，頭痛，倦怠感等
の他覚症状又は自覚症状の有無の検査」は，エチルベンゼンにより生
じる症状の検査をいうこと。　　　　　　　　（平成24年基発1026第6号）

⒆　エチルベンゼンおよびこれを重量の1％を超えて含有する製剤その
他の物に係る特殊健康診断の項目のうち，尿中のマンデル酸の量の測定に
ついては，尿中マンデル酸の半減期を踏まえ，当該業務に常時従事する労
働者に対して行う健康診断におけるものに限ることとしたこと。

（平成25年基発0827第6号）

⒇　1・2-ジクロロプロパンについては，ヒトに対する発がん性のおそれ
や肝機能障害，皮膚粘膜の刺激症状，溶血性貧血等を引き起こす可能性が
指摘されたことを踏まえ，1・2-ジクロロプロパン洗浄・払拭業務に常時従
事する労働者等に対する特殊健康診断の項目の趣旨等については，次のと
おりとすること。

⑴　「業務の経歴の調査」は，当該業務に常時従事する労働者に対して
行う健康診断におけるものに限るものであること。なお，本項目につ
いては，当該業務に常時従事する労働者以外のものは対象とならない
が，当該業務に常時従事させたことがあり，かつ，現に使用している
労働者のうち，過去に「業務の経歴の調査」を受けていないものに対
しても，当該労働者の次回の健康診断において「業務の経歴の調査」
を行うことが望ましいこと。

⑵　「作業条件の簡易な調査」は，労働者の当該物質へのばく露状況の
概要を把握するため，前回の特殊健康診断以降の作業条件の変化，環
境中の1・2-ジクロロプロパンの濃度に関する情報，作業時間，ばく露

の頻度，1・2-ジクロロプロパンの蒸気の発散源からの距離，呼吸用保
護具の使用状況等について，医師が主に当該労働者から聴取すること
により調査するものであること。このうち，環境中の1・2-ジクロロプ
ロパンの濃度に関する情報の収集については，当該労働者から聴取す
る方法のほか，衛生管理者等からあらかじめ聴取する方法があること。

　なお，本項目については，当該業務に常時従事する労働者以外のも
のは対象とならないが，当該業務に常時従事させたことがあり，かつ，
現に使用している労働者で，過去に「作業条件の簡易な調査」を実施
していないものに対しても，当該労働者の次回の健康診断において「作
業条件の簡易な調査」を行うことが望ましいこと。

③　「眼の痛み，発赤，せき，咽頭痛，鼻腔刺激症状，皮膚炎，悪心，嘔
吐，黄疸，体重減少，上腹部痛等の他覚症状又は自覚症状の有無の検
査」は，1・2-ジクロロプロパンにより生じるこれらの症状の検査をい
うこと。発赤とは，眼の発赤をいうこと。なお，「眼の痛み，発赤，せ
き，咽頭痛，鼻腔刺激症状，皮膚炎，悪心，嘔吐等の急性の疾患に係
る症状」については，当該業務に常時従事する労働者に対して行う健
康診断におけるものに限るものであること。

④　「血清総ビリルビン，血清グルタミックオキサロアセチックトラン
スアミナーゼ（GOT），血清グルタミックピルビックトランスアミナ
ーゼ（GPT），ガンマーグルタミルトランスペプチダーゼ（γ-GTP）お
よびアルカリホスフアターゼの検査」は，1・2-ジクロロプロパンによ
る肝・胆道系の障害を評価するための検査であること。

⑤　「作業条件の調査」は，労働者の当該物質へのばく露状況の詳細に
ついて，当該労働者，衛生管理者，作業主任者等の関係者から聴取す
ることにより調査するものであること。

　なお，「作業条件の調査」は，当該業務に常時従事する労働者に対
して行う健康診断におけるものに限るものであること。

⑥　「腹部の超音波による検査等の画像検査」は，肝・胆道系の異常を

評価するための検査で，腹部の超音波検査，磁気共鳴画像検査，CT
（コンピューター断層撮影）による検査等をいうこと。

⑦　「CA19−9等の血液中の腫瘍マーカーの検査」は，胆管がん等が存
在する可能性や病勢等について評価するための検査であること。

⑧　「赤血球数等の赤血球系の血液検査又は血清間接ビリルビンの検査」
は，1・2−ジクロロプロパンによる溶血性貧血等の血液学的異常を評価
するための検査であること。

　　なお，「赤血球系の血液検査及び血清間接ビリルビンの検査」は，当
該業務に常時従事する労働者に対して行う健康診断におけるものに限
るものであること。　　　　　　　　　　　　　　（平成25年基発0827第6号）

⑳　ジクロロメタンについては，有機則に基づく特殊健康診断の対象と
されていたところであるが，ヒトに対する発がんのおそれや肝機能障害，
中枢神経症状等を引き起こす可能性が指摘されたことを踏まえ，健康診断
項目の見直しを行い，特化則において特殊健康診断の実施を義務付けるこ
ととしたこと。

　また，ジクロロメタンおよびこれを重量の1％を超えて含有する製剤そ
の他の物を用いて行う有機溶剤業務（③から⑤までについては，印刷機等
の洗浄または払拭の業務に限る。）に常時従事する労働者等に対する特殊
健康診断の項目の趣旨等については，次のとおりとすること。

①　「業務の経歴の調査」および「作業条件の簡易な調査」については，
DDVP等に係る特殊健康診断の趣旨等（【解説】⑯①および②（243頁）
参照）と同様であること。

②　「ジクロロメタンによる集中力の低下，頭重，頭痛，めまい，易疲
労感，倦怠感，悪心，嘔吐，黄疸，体重減少，上腹部痛等の他覚症状
又は自覚症状の既往歴の有無の検査」は，ジクロロメタンにより生じ
るこれらの症状の既往歴の検査をいうこと。なお，「集中力の低下，頭
重，頭痛等の急性の疾患に係る症状」については，当該業務に常時従
事する労働者に対して行う健康診断におけるものに限るものであるこ

と。

③　「集中力の低下，頭重，頭痛，めまい，易疲労感，倦怠感，悪心，嘔吐，黄疸，体重減少，上腹部痛等の他覚症状又は自覚症状の有無の検査」は，ジクロロメタンにより生じるこれらの症状の検査をいうこと。なお，「集中力の低下，頭重，頭痛等の急性の疾患に係る症状」については，当該業務に常時従事する労働者に対して行う健康診断におけるものに限るものであること。

④　「血清総ビリルビン，血清グルタミックオキサロアセチックトランスアミナーゼ（GOT），血清グルタミックピルビックトランスアミナーゼ（GPT），血清ガンマーグルタミルトランスペプチダーゼ（γ-GTP）及びアルカリホスフアターゼの検査」は，ジクロロメタンによる肝・胆道系の障害を評価するための検査であること。

⑤　「作業条件の検査」については，DDVP等に係る特殊健康診断の趣旨等（【解説】⒃⑥（244頁）参照）と同様であること。

⑥　「腹部の超音波検査等の画像検査」は，肝・胆道系の異常を評価するための検査で，腹部の超音波検査，磁気共鳴画像検査，CT（コンピューター断層撮影）による検査等をいうこと。

⑦　「CA19-9等の腫瘍マーカーの検査」は，胆管がん等が存在する可能性や病勢等について評価するための検査であること。

⑧　「血液中のカルボキシヘモグロビンの量の測定又は呼気中の一酸化炭素の量の測定」は，ジクロロメタンによるばく露状況を評価するための検査であること。　　　　　　　　　　　　　　　（平成26年基発0924第6号）

⑵　クロロホルム他9物質（ジクロロメタンを除く。）については，有機則に基づく特殊健康診断を実施していたところであるが，ヒトに対する発がんのおそれが指摘されたことを踏まえ，特化則において特殊健康診断の実施を義務付けることとしたこと。なお，クロロホルム等有機溶剤業務（ジクロロメタンに係るものを除く。）に常時従事する労働者等に対する特殊健康診断の項目については，有機則第29条に基づく特殊健康診断と同様

とすることとしたこと。　（平成26年基発0924第6号）（編注：264頁㉜参照）

㉓　以下に掲げる業務に常時従事する労働者に対しては，第39条の特殊健康診断と有機則第29条の特殊健康診断を，重ねて実施する必要はないこと。

・エチルベンゼン有機溶剤混合物を製造し，または取り扱う業務
・1・2-ジクロロプロパン洗浄・払拭業務
・クロロホルム等特定有機溶剤混合物に係る業務のうちジクロロメタンに係るもの
・クロロホルム等特定有機溶剤混合物に係る業務（ジクロロメタンに係る業務を除く。）

ただし，当該項目についての結果の記録については，特化則および有機則それぞれの規定に基づき作成し，保存しなければならないこと。

（平成24年基発1026第6号，平成25年基発0827第6号，平成26年基発0924第6号）

㉔　事業者は，ナフタレン等またはRCF等またはオルト-トルイジン等または三酸化二アンチモン等を製造し，または取り扱う業務に常時従事する労働者（以下「業務従事労働者」という。）およびこれらの業務に常時従事させたことのある労働者で，現に使用しているもの（以下「配置転換後労働者」という。）に対し，本条の特殊健康診断を実施しなければならないこととしたこと。

この配置転換後労働者は，事業者が過去に当該業務に常時従事させたことのある労働者で，現に使用しているものをいい，退職者までを含む趣旨ではないことは，従前のとおりであること。

なお，配置転換後労働者には，本省令の施行日（ナフタレン等またはRCF等については平成27年11月1日，オルト-トルイジン等については平成29年1月1日，三酸化二アンチモン等については平成29年6月1日）より前に当該業務に常時従事させ，施行日以降に当該業務に従事させていない労働者で，現に使用しているものが含まれること。

（平成27年基発0930第9号，平成28年基発1130第4号，平成29年基発0519第6号）

㉕　ナフタレンについては，ヒトに対する発がんのおそれや頭痛，食欲不振，悪心，嘔吐の症状，溶血性貧血，ヘモグロビン尿，眼および呼吸器系の刺激，眼毒性（白内障，視神経，レンズの混濁，網膜変性）を引き起こす可能性が指摘されたことを踏まえ，ナフタレン等の業務従事労働者および配置転換後労働者に対する特殊健康診断の項目の趣旨等については，次のとおりとすること。

①　「業務の経歴の調査」は，業務従事労働者に対して行う健康診断におけるものに限るものであること。なお，この項目については，業務従事労働者以外のものは対象とならない。ただし，配置転換後労働者が改正省令の施行日以降に初めて受ける健康診断が，安衛法第66条第２項後段に規定する配置転換後健康診断に当たる場合には，当該健康診断の際に「業務の経歴の調査」を行うことが望ましいこと。

②　「作業条件の簡易な調査」は，労働者の当該物質へのばく露状況の概要を把握するため，前回の特殊健康診断以降の作業条件の変化，環境中のナフタレンの濃度に関する情報，作業時間，ばく露の頻度，ナフタレンの蒸気の発散源からの距離，呼吸用保護具の使用状況等について，医師が主に当該労働者から聴取することにより調査するものであること。このうち，環境中のナフタレンの濃度に関する情報の収集については，当該労働者から聴取する方法のほか，衛生管理者等からあらかじめ聴取する方法があること。なお，この項目については，業務従事労働者以外のものは対象とならないが，配置転換後労働者への取扱いについては，上記①と同様であること。

③　「ナフタレンによる眼の痛み，流涙，眼のかすみ，羞明，視力低下，せき，たん，咽頭痛，頭痛，食欲不振，悪心，嘔吐，皮膚の刺激等の他覚症状又は自覚症状の既往歴の有無の検査」は，ナフタレンにより生じるこれらの症状の既往歴の有無の検査をいうこと。「羞明」とは，まぶしさをいうこと。なお，「眼の痛み，流涙，せき，たん，咽頭痛，頭痛，食欲不振，悪心，嘔吐，皮膚の刺激等の急性の疾患に係る症状」

については，業務従事労働者に対して行う健康診断におけるものに限るものであること。

④　「眼の痛み，流涙，眼のかすみ，羞明，視力低下，せき，たん，咽頭痛，頭痛，食欲不振，悪心，嘔吐等の他覚症状又は自覚症状の有無の検査」は，ナフタレンにより生じるこれらの症状の有無の検査をいうこと。なお，「眼の痛み，流涙，せき，たん，咽頭痛，頭痛，食欲不振，悪心，嘔吐等の急性の疾患に係る症状」については，業務従事労働者に対して行う健康診断におけるものに限るものであること。

⑤　「皮膚炎等の皮膚所見の有無の検査」は，業務従事労働者に対して行う健康診断におけるものに限るものであること。

⑥　「尿中の潜血検査」は，腎臓，尿管，膀胱等の尿路系の異常を評価するための検査であること。なお，この項目は，業務従事労働者に対して行う健康診断におけるものに限るものであること。

⑦　「作業条件の調査」は，労働者の当該物質へのばく露状況の詳細について，当該労働者，衛生管理者，作業主任者等の関係者から聴取することにより調査するものであること。なお，この項目は，業務従事労働者に対して行う健康診断におけるものに限るものであること。

⑧　「尿中のヘモグロビンの有無の検査」は，溶血性貧血等の血液学的異常を評価するための検査であること。なお，この項目は，業務従事労働者に対して行う健康診断におけるものに限るものであること。

⑨　「尿中の1-ナフトール及び2-ナフトールの量の測定」は，ナフタレンによるばく露状況を評価するための検査であること。なお，この項目は，業務従事労働者に対して行う健康診断におけるものに限るものであること。

⑩　「赤血球数等の赤血球系の血液検査又は血清間接ビリルビンの検査」は，ナフタレンによる溶血性貧血等の血液学的異常を評価するための検査であること。なお，この項目は，業務従事労働者に対して行う健康診断におけるものに限るものであること。

㉖　RCF については，ヒトに対する発がんのおそれや眼の損傷ならびに皮膚炎等の刺激症状を引き起こす可能性が指摘されたことを踏まえ，RCF 等の業務従事労働者および配置転換後労働者に対する特殊健康診断の項目の趣旨等については，次のとおりとすること。

① 「業務の経歴の調査」および「作業条件の簡易な調査」については，ナフタレン等に係る特殊健康診断の趣旨等（【解説】㉕①および②（251頁）参照）と同様であること。

② 「喫煙歴及び喫煙習慣の状況に係る調査」は，喫煙が肺疾患を進展させる要因となり得ることから行うものであること。

③ 「リフラクトリーセラミックファイバーによるせき，たん，息切れ，呼吸困難，胸痛，呼吸音の異常，眼の痛み，皮膚の刺激等についての他覚症状又は自覚症状の既往歴の有無の検査」は，RCF により生じるこれらの症状の既往歴の有無の検査をいうこと。なお，「眼の痛み，皮膚の刺激等の急性の疾患に係る症状」については，業務従事労働者に対して行う健康診断におけるものに限るものであること。

④ 「せき，たん，息切れ，呼吸困難，胸痛，呼吸音の異常，眼の痛み等についての他覚症状又は自覚症状の有無の検査」は，RCF により生じるこれらの症状の有無の検査をいうこと。なお，「眼の痛み等の急性の疾患に係る症状」については，業務従事労働者に対して行う健康診断におけるものに限るものであること。

⑤ 「皮膚炎等の皮膚所見の有無の検査」は，業務従事労働者に対して行う健康診断におけるものに限るものであること。

⑥ 「胸部のエックス線直接撮影による検査」については，肺がん等を評価するための検査であること。

⑦ 「作業条件の調査」については，ナフタレン等に係る特殊健康診断の趣旨等（【解説】㉕の⑦（前頁）参照）と同様であること。

⑧ 「特殊なエックス線撮影による検査」は，CT（コンピューター断層撮影）による検査等をいうこと。

⑨　「血清シアル化糖鎖抗原KL-6の量の検査若しくは血清サーファク
タントプロテインD（血清SP-D）の検査等の血液生化学検査」は，
肺がん等が存在する可能性や病勢等について評価するための検査であ
ること。

⑩　「喀痰の細胞診又は気管支鏡検査」は，肺がん等が存在する可能性
や病勢等について評価するための検査であること。

（平成27年基発0930第9号）

⑵　オルト-トルイジンについては，ヒトに対する尿路系の障害（腫瘍
等），溶血性貧血，メトヘモグロビン血症等を引き起こす可能性が指摘さ
れたことを踏まえ，オルト-トルイジン等の業務従事労働者および配置転
換後労働者に対する特殊健康診断の項目の趣旨等については，次のとおり
とすること。

（ア）別表第3（編注：520頁）（いわゆる「一次健康診断」）関係

①　「業務の経歴の調査」は，オルト-トルイジン等を製造し，または取
り扱う業務について聴取するものであり，業務従事労働者に対して行
う健康診断におけるものに限るものであること。

　　ただし，オルト-トルイジン等配置転換後労働者がオルト-トルイジ
ン等改正省令の施行日以降に初めて受ける健康診断が，安衛法第66条
第2項後段に規定する配置転換後健康診断に当たる場合には，当該健
康診断の際に「業務の経歴の調査」を行うことが望ましいこと。

②　「作業条件の簡易な調査」は，労働者のオルト-トルイジンへのばく
露状況の概要を把握するため，前回の特殊健康診断以降の作業条件の
変化，環境中のオルト-トルイジンの濃度に関する情報，作業時間，ば
く露の頻度，オルト-トルイジンの蒸気の発散源からの距離，保護具
の使用状況等について，医師が主に当該労働者から聴取することによ
り調査するものであること。このうち，環境中のオルト-トルイジン
の濃度に関する情報の収集については，当該労働者から聴取する方法
のほか，衛生管理者等から作業環境測定の結果等をあらかじめ聴取す

る方法があること。

　なお，この項目については，オルト-トルイジン等業務従事労働者
に対して行う健康診断におけるものに限るものであるが，配置転換後
労働者への取扱いについては，上記①と同様であること。

③　「オルト-トルイジンによる頭重，頭痛，めまい，倦怠感，疲労感，
顔面蒼白，チアノーゼ，心悸亢進，尿の着色，血尿，頻尿，排尿痛等
の他覚症状又は自覚症状の既往歴の有無の検査」は，オルト-トルイ
ジンにより生じるこれらの症状の既往歴の有無の検査をいうこと。こ
のうち「既往歴」とは，雇入れの際または配置替えの際の健康診断に
あってはその時までの症状を，定期の健康診断にあっては前回の健康
診断以降の症状をいうこと。

　また，喫煙は尿路系腫瘍の原因の一つであることや，喫煙によりオ
ルト-トルイジンにばく露することが知られていることから，オルト-
トルイジンによる健康影響やばく露状況の評価の参考とするため，喫
煙歴についても聴取することが望ましい。

　なお，これらの症状のうち「頭重，頭痛，めまい，倦怠感，疲労感，
顔面蒼白，チアノーゼ，心悸亢進，尿の着色等の急性の疾患に係る症
状」については，オルト-トルイジン等業務従事労働者に対して行う
健康診断におけるものに限るものであること。

④　「頭重，頭痛，めまい，倦怠感，疲労感，顔面蒼白，チアノーゼ，心
悸亢進，尿の着色，血尿，頻尿，排尿痛等の他覚症状又は自覚症状の
有無の検査」は，オルト-トルイジンにより生じるこれらの症状の有
無の検査をいうこと。

　なお，これらの症状のうち「頭重，頭痛，めまい，倦怠感，疲労感，
顔面蒼白，チアノーゼ，心悸亢進，尿の着色等の急性の疾患に係る症
状」については，オルト-トルイジン等業務従事労働者に対して行う
健康診断におけるものに限るものであること。

⑤　「尿中の潜血検査」は，腎臓，尿管，膀胱等の尿路系の障害（腫瘍

等）および溶血性貧血を把握するための検査であり，試験紙法による
ものをさすこと。

⑥　「尿中のオルト-トルイジンの量の検査」は，医師が必要と認める場
合に行う検査であり，オルト-トルイジンのばく露状況を把握するた
めの検査であること。

　なお，オルト-トルイジンは経皮吸収性があり，作業環境測定のみ
では労働者のばく露状況の把握が不十分であることから，この項目に
ついても，作業条件の簡易な調査，他覚症状および自覚症状の有無の
検査等の結果を踏まえて，できるだけ実施することが望ましいこと。

　また，オルト-トルイジンの体外への排泄速度を考慮すると，尿の
採取時期は，連続する作業日のうちの後半の作業日の作業終了時に行
うことが望ましいこと。

　さらに，この項目については，オルト-トルイジン等業務従事労働
者に対して行う健康診断におけるものに限るものであること。

⑦　「尿沈渣検鏡の検査」と「尿沈渣のパパニコラ法による細胞診の検
査」は，医師が必要と認める場合に行う検査であり，いずれも尿路系
の障害（腫瘍等）を把握するために行う検査であること。

（イ）別表第4（編注：551頁）（いわゆる「二次健康診断」）関係

①　「作業条件の調査」は，労働者のオルト-トルイジンへのばく露状況
の詳細について，当該労働者，衛生管理者，作業主任者等の関係者か
ら聴取することにより調査するものであること。

　なお，この項目は，オルト-トルイジン等業務従事労働者に対して
行う健康診断におけるものに限るものであること。

②　「膀胱鏡検査」と「腹部の超音波による検査，尿路造影検査等の画
像検査」は，医師が必要と認める場合に行う検査であり，いずれも尿
路系腫瘍を把握するための検査であること。なお，膀胱鏡検査は内視
鏡検査の一種であり，膀胱鏡には軟性のものと硬性のものがあるとこ
ろ，いわゆるファイバースコープは，軟性の膀胱鏡をさしており，膀胱

鏡検査にはファイバースコープによる検査が含まれること。

　また，画像検査には，腹部の超音波による検査や尿路造影検査のほか，造影剤を用いないエックス線撮影による検査等があり，さらに，尿路造影検査の撮影方法としては，エックス線直接撮影やコンピュータ断層撮影（CT）があること。

③　「赤血球数，網状赤血球数，メトヘモグロビンの量等の赤血球系の血液検査」は，医師が必要と認める場合に行う検査であり，オルトートルイジンによる溶血性貧血，メトヘモグロビン血症等の血液学的異常を把握するための検査であること。

　なお，これらの症状は急性のものであることから，この項目は，オルトートルイジン等業務従事労働者に対して行う健康診断におけるものに限るものであること。

(ウ)　「医師が必要と認める場合」に行う検査の実施の要否の判断について

　オルトートルイジンについては，一次健康診断および二次健康診断のそれぞれにおける項目に「医師が必要と認める場合」に行う検査を規定したが，それぞれの検査の実施の要否は，次により医師が判断すること。また，この場合の「医師」は，健康診断を実施する医師，事業場の産業医，産業医の選任義務のない労働者数50人未満の事業場において健康管理を行う医師等があること。

①　一次健康診断における「医師が必要と認める場合」に行う検査

　一次健康診断における業務の経歴の調査，作業条件の簡易な調査，他覚症状および自覚症状の既往歴の有無の検査，他覚症状および自覚症状の有無の検査の結果，前回までの当該物質に係る健康診断の結果等を踏まえて，当該検査の実施の要否を判断すること。

②　二次健康診断における「医師が必要と認める場合」に行う検査

　一次健康診断の結果，前回までの当該物質に係る健康診断の結果等を踏まえて，当該検査の実施の要否を判断すること。

（平成28年基発1130第4号）

⑱　3・3′－ジクロロ－4・4′－ジアミノジフェニルメタン（以下「MOCA」という。）に係る特殊健康診断の項目については，これまで，呼吸器系の障害（腫瘍等），消化器系の障害，腎臓の障害等を予防・早期発見するための項目を規定してきたが，膀胱がん発症事案や，国際がん研究機関（IARC）等におけるMOCAはヒトに対して尿路系の障害（腫瘍等）を引き起こす可能性があるとの指摘を踏まえて，健康診断項目について専門家による検討を行い，膀胱がん等の尿路系の障害（腫瘍等）を予防・早期発見するための項目を追加したものであること。

ア　別表第3（編注：520頁）（いわゆる「一次健康診断」）関係

①　「業務の経歴の調査」は，MOCA等を製造し，または取り扱う業務について聴取するものであること。なお，本項目はMOCA改正省令により，MOCA等業務従事労働者に対して行う健康診断におけるものに限ることとしたものであること。

②　「作業条件の簡易な調査」は，労働者のMOCAへのばく露状況の概要を把握するため，前回の特殊健康診断以降の作業条件の変化，環境中のMOCAの濃度に関する情報，作業時間，ばく露の頻度，MOCAの蒸気等の発散源からの距離，保護具の使用状況等について，医師が主に当該労働者から聴取することにより調査するものであること。このうち，環境中のMOCAの濃度に関する情報の収集については，当該労働者から聴取する方法のほか，衛生管理者等から作業環境測定の結果等をあらかじめ聴取する方法があること。なお，本項目は，MOCA等業務従事労働者に対して行う健康診断におけるものに限るものであり，MOCA改正省令により追加した項目であること。

③　「MOCAによる腹部の異常感，倦怠感，せき，たん，胸痛，血尿，頻尿，排尿痛等の他覚症状又は自覚症状の既往歴の有無の検査」は，MOCAにより生じるこれらの症状の既往歴の有無の検査をいうこと。このうち「既往歴」とは，雇入れの際または配置替えの際の健康診断

にあってはその時までの症状を，定期の健康診断にあっては前回の健
康診断以降の症状をいうこと。また，喫煙は尿路系腫瘍の原因の一つ
であることから，MOCAによる健康影響やばく露状況の評価の参考
とするため，喫煙歴についても聴取することが望ましいこと。なお，
これらの症状のうち，「頻尿」および「排尿痛」は，MOCA改正省令
により追加したものであること。

④　「腹部の異常感，倦怠感，せき，たん，胸痛，血尿，頻尿，排尿痛
　　等の他覚症状又は自覚症状の有無の検査」は，MOCAにより生じる
　　これらの症状の有無の検査をいうこと。なお，これらの症状のうち，「頻
　　尿」および「排尿痛」は，MOCA改正省令により追加したものであ
　　ること。

⑤　「尿中の潜血検査」は，腎臓，尿管，膀胱等の尿路系の障害（腫瘍
　　等）を把握するための検査であり，試験紙法によるものをさすこと。
　　なお，本項目は，MOCA改正省令により追加した項目であること。

⑥　「尿中のMOCAの量の測定」は，医師が必要と認める場合に行う，
　　MOCAのばく露状況を把握するための検査であること。なお，MOCA
　　は経皮吸収性があり，作業環境測定のみでは労働者のばく露状況の把
　　握が不十分であることから，本項目についても，作業条件の簡易な調
　　査，他覚症状および自覚症状の有無の検査等の結果を踏まえて，でき
　　るだけ実施することが望ましいこと。また，MOCAの体外への排泄
　　速度を考慮すると，尿の採取時期は，連続する作業日のうちの最終日
　　の作業終了時に行うことが望ましいこと。さらに，本項目は，MOCA
　　等業務従事労働者に対して行う健康診断におけるものに限るものであ
　　り，MOCA改正省令により追加した項目であること。

⑦　「尿沈渣検鏡の検査」および「尿沈渣のパパニコラ法による細胞診
　　の検査」は，いずれも医師が必要と認める場合に行う，尿路系の障害
　　（腫瘍等）を把握するために行う検査であること。なお，本項目は，
　　MOCA改正省令により追加した項目であること。

⑧ 「肝機能検査」は，肝臓の障害を把握するために行うものであり，血清グルタミックオキサロアセチックトランスアミナーゼ（GOT），血清グルタミックピルビックトランスアミナーゼ（GPT）および血清ガンマーグルタミルトランスペプチダーゼ（γ-GTP）の検査等があること。なお，本項目は，これまで一次健康診断の必須項目であったが，MOCA改正省令により，一次健康診断において医師が必要と認める場合に行う項目に変更されたこと。

⑨ 「腎機能検査」は，腎臓の障害を把握するために行うものであり，尿中蛋白量，尿中糖量，尿比重，血清クレアチニン量等の検査があること。なお，本項目は，これまで二次健康診断において医師が必要と認める場合に行う項目であったが，MOCA改正省令により，一次健康診断において医師が必要と認める場合に行う項目に変更したものであること。

イ 別表第4（編注：551頁）（いわゆる「二次健康診断」）関係

① 「作業条件の調査」は，労働者のMOCAへのばく露状況の詳細について，当該労働者，衛生管理者，作業主任者等の関係者から聴取することにより調査するものであること。なお，本項目は，MOCA改正省令により，MOCA等業務従事労働者に対して行う健康診断におけるものに限ることとしたものであること。

② 「膀胱鏡検査」および「腹部の超音波による検査，尿路造影検査等の画像検査」は，いずれも医師が必要と認める場合に行う，尿路系腫瘍を把握するための検査であること。なお，膀胱鏡検査は内視鏡検査の一種であり，膀胱鏡には軟性のものと硬性のものが存在するところ，いわゆるファイバースコープは，軟性の膀胱鏡をさしており，膀胱鏡検査にはファイバースコープによる検査が含まれること。また，画像検査には，腹部の超音波による検査や尿路造影検査のほか，造影剤を用いないエックス線撮影による検査等があり，さらに，尿路造影検査の撮影方法としては，エックス線直接撮影やコンピュータ断層撮影

（CT）があること。さらに，本項目は，MOCA改正省令により追加した項目であること。

③　「胸部のエックス線直接撮影若しくは特殊なエックス線撮影による検査，喀痰の細胞診又は気管支鏡検査」は，いずれも医師が必要と認める場合に行う，呼吸器系の障害（腫瘍等）を把握するための検査であること。また，これらのうち，「特殊なエックス線撮影による検査」は，コンピュータ断層撮影（CT）による検査等をいうこと。

ウ　「医師が必要と認める場合」に行う検査項目の実施の要否の判断について

MOCAに係る特殊健康診断の項目については，一次健康診断および二次健康診断のそれぞれにおける項目に「医師が必要と認める場合」に行う検査項目を規定したが，それぞれの検査項目の実施の要否を判断する方法は，オルトートルイジン等に係る特殊健康診断と同様であること。
（平成29年基発0036第5号）

㉙　第4項の規定による特殊健康診断の実施について，以下の①から③までの要件のいずれも満たす場合には，当該特殊健康診断の対象業務に従事する労働者に対する特殊健康診断の実施頻度を6月以内ごとに1回から，1年以内ごとに1回に緩和することができること。ただし，危険有害性が特に高い製造禁止物質及び特別管理物質に係る特殊健康診断の実施については，第4項に規定される実施頻度の緩和の対象とはならないこと。

①　当該労働者が業務を行う場所における直近3回の作業環境測定の評価結果が第1管理区分に区分されたこと。

②　直近3回の健康診断の結果，当該労働者に新たな異常所見がないこと。

③　直近の健康診断実施後に，軽微なものを除き作業方法の変更がないこと。
（令和4年基発0531第9号）

㉚　第5項の別表第5（編注：564頁）は，改正政令による安衛令第22条第2項の改正により，安衛法第66条第2項後段の特殊健康診断の対象業

務として，オルト-トルイジンまたはこれを含有する製剤その他の物で，厚生労働省令で定めるものを製造し，または取り扱う業務が規定されたことに伴い，これらの物に係る裾切値を１％としたこと。

（平成28年基発1130第４号）

⑶1)　尿路系の障害と関係のある化学物質（ベンジジンおよびその塩，ベータ-ナフチルアミンおよびその塩，ジクロルベンジジンおよびその塩，アルファ-ナフチルアミンおよびその塩，オルト-トリジンおよびその塩，ジアニシジンおよびその塩，オーラミン，パラ-ジメチルアミノアゾベンゼン，マゼンタ，4-アミノジフェニルおよびその塩，4-ニトロジフェニルおよびその塩）の業務従事労働者および配置転換後労働者に対する特殊健康診断の項目の趣旨等については，次のとおりとすること。

①　「業務の経歴の調査」は，当該物質に係る業務について聴取するものであること。

　なお，この項目については，業務従事労働者に対して行う健康診断におけるものに限るものであること。

②　「作業条件の簡易な調査」は，労働者の当該物質へのばく露状況の概要を把握するため，前回の特殊健康診断以降の作業条件の変化，環境中の当該物質の濃度に関する情報，作業時間，ばく露の頻度，当該物質の蒸気の発散源からの距離，保護具の使用状況等について，医師が主に当該労働者から聴取することにより調査するものであること。このうち，環境中の当該物質の濃度に関する情報の収集については，当該労働者から聴取する方法のほか，衛生管理者等から作業環境測定の結果等をあらかじめ聴取する方法があること。

　また，経皮吸収されやすい化学物質については，皮膚への付着が常態化している状況や，保護具を着用していない皮膚に固体，液体または高濃度の気体の状態で接触している状況等がある場合に過剰なばく露をしているおそれがあるため，必ず皮膚接触の有無を確認すること。

　なお，「作業条件の簡易な調査」の問診票については，平成21年３

月25日付け基安労発第0325001号「「ニッケル化合物」及び「砒素及び
その化合物」に係る健康診断の実施に当たって留意すべき事項につい
て」別紙「作業条件の簡易な調査における問診票（例）」（編注：266
頁）を参考にすること。

　なお，この項目については，業務従事労働者に対して行う健康診断
におけるものに限るものであること。

　ただし，配置転換後労働者であって，過去に「作業条件の簡易な調
査」を実施していない労働者に対しても，当該労働者の次回の健康診
断において，従事していた特化則別表第3（編注：520頁）および別表
4（編注：551頁）に掲げる化学物質を製造し，または取り扱う業務
等に係る「作業条件の簡易な調査」を行うことが望ましいこと。

③　「当該化学物質による他覚症状又は自覚症状の既往歴の有無の検査」
　は，当該化学物質により生じる症状の既往歴の有無の検査をいうこと。
　このうち「既往歴」とは，雇入れの際または配置替えの際の健康診断
　にあってはその時までの症状を，定期の健康診断にあっては前回の健
　康診断以降の症状をいうこと。

④　「他覚症状又は自覚症状の有無の検査」は，当該化学物質により生
　じる症状の有無の検査をいうこと。

⑤　「皮膚炎等の皮膚所見の有無の検査」は，業務従事労働者に対して
　行う健康診断におけるものに限るものであること。

⑥　「尿中の潜血検査」は，腎臓，尿管，膀胱等の尿路系の障害（腫瘍
　等）等を把握するための検査であり，試験紙法によるものをさすこと。

⑦　「尿沈渣検鏡の検査」および「尿沈渣のパパニコラ法による細胞診
　の検査」は，いずれも医師が必要と認める場合に行う，尿路系の障害
　（腫瘍等）を把握するために行う検査であること。

⑧　「作業条件の調査」は，労働者の当該物質へのばく露状況の詳細に
　ついて，当該労働者，衛生管理者，作業主任者等の関係者から聴取す
　ることにより調査するものであること。

　　　なお，この項目については，業務従事労働者に対して行う健康診断
　におけるものに限るものであること。

⑨　「膀胱鏡検査」および「腹部の超音波による検査，尿路造影検査等
　の画像検査」は，いずれも医師が必要と認める場合に行う，尿路系腫
　瘍を把握するための検査であること。

　　　なお，膀胱鏡検査は内視鏡検査の一種であり，膀胱鏡には軟性のも
　のと硬性のものが存在するところ，いわゆるファイバースコープは，
　軟性の膀胱鏡をさしており，膀胱鏡検査にはファイバースコープによ
　る検査が含まれること。

　　　また，画像検査には，腹部の超音波による検査や尿路造影検査のほ
　か，造影剤を用いないエックス線撮影による検査等があり，さらに，
　尿路造影検査の撮影方法としては，エックス線直接撮影やコンピュー
　タ断層撮影（CT）があること。

⑩　「赤血球数，網状赤血球数，メトヘモグロビンの量等の赤血球系の
　血液検査」は，医師が必要と認める場合に行う検査であり，当該化学
　物質による溶血性貧血，メトヘモグロビン血症等の血液学的異常を把
　握するための検査であること。

　　　なお，これらの症状は急性のものであることから，この項目は，業
　務従事労働者に対して行う健康診断におけるものに限るものであるこ
　と。

　　　　　　　　　　　　　　　　　　　　（令和2年基発0304第3号）

㉜　発がん性等に関係する有機溶剤（クロロホルム，四塩化炭素，1,4-
ジオキサン，1,2-ジクロロエタン，スチレン，1,1,2,2-テトラクロロエタ
ン，テトラクロロエチレン，トリクロロエチレン，メチルイソブチルケト
ン）の業務従事労働者に対する特殊健康診断の項目の趣旨等については，
次のとおりとすること。

①　「業務の経歴の調査」は，当該物質に係る業務について聴取するも
　のであること。

②　「作業条件の簡易な調査」は，労働者の当該物質へのばく露状況の

概要を把握するため，前回の特殊健康診断以降の作業条件の変化，環
境中の当該物質の濃度に関する情報，作業時間，ばく露の頻度，当該
物質の蒸気の発散源からの距離，保護具の使用状況等について，医師
が主に当該労働者から聴取することにより調査するものであること。
このうち，環境中の当該物質の濃度に関する情報の収集については，
当該労働者から聴取する方法のほか，衛生管理者等から作業環境測定
の結果等をあらかじめ聴取する方法があること。

　　また，経皮吸収されやすい化学物質については，皮膚への付着が常
態化している状況や，保護具を着用していない皮膚に固体，液体また
は高濃度の気体の状態で接触している状況等がある場合に過剰なばく
露をしているおそれがあるため，必ず皮膚接触の有無を確認すること。

　　なお，「作業条件の簡易な調査」の問診票については，平成21年3
月25日付け基安労発第0325001号「「ニッケル化合物」及び「砒素及び
その化合物」に係る健康診断の実施に当たって留意すべき事項につい
て」別紙「作業条件の簡易な調査における問診票（例）」（編注：266
頁）を参考にすること。

③　「当該化学物質による他覚症状又は自覚症状の既往歴の有無の検査」
　　は，(31)③と同様。

④　「他覚症状又は自覚症状の有無の検査」は，(31)④と同様。

⑤　「皮膚炎等の皮膚所見の有無の検査」は，特別有機溶剤による皮膚
　　の障害を評価するための検査であること。

⑥　「血清グルタミックオキサロアセチックトランスアミナーゼ（GOT），
　　血清グルタミックピルビックトランスアミナーゼ（GPT）及び血清
　　ガンマーグルタミルトランスペプチダーゼ（γ-GTP）の検査」は，特
　　別有機溶剤による肝・胆道系の障害を評価するための検査であること。

⑦　「尿中のトリクロル酢酸又は総三塩化物の量の測定」は，テトラク
　　ロロエチレンまたはトリクロロエチレンによるばく露状況を評価する
　　ための検査であること。

別紙

作業条件の簡易な調査における問診票（例）

　最近6ヶ月の間の，あなたの職場や作業での化学物質ばく露に関する以下の質問にお答え下さい。

（注：ばく露とは，化学物質を吸入したり，化学物質に触れたりすること。）

1）該当する化学物質について，通常の作業での平均的な使用頻度をお答え下さい。

　　　　　　（　　　　時間／日）

　　　　　　（　　　　日／週）

2）作業工程や取扱量等に変更がありましたか？

　　・作業工程の変更⇒有り・無し・わからない

　　・取扱量・使用頻度⇒増えた・減った・変わらない・わからない

3）局所排気装置を作業時に使用していますか？

　　・常に使用している

　　・時々使用している

　　・設置されていない

4）保護具を使用していますか？

　　・常に使用している⇒保護具の種類（　　　　　　）

　　・時々使用している⇒保護具の種類（　　　　　　）

　　・使用していない

5）事故や修理等で，当該化学物質に大量にばく露したことがありましたか？

　　・あった

　　・なかった

　　・わからない

※この問診票(例)は，当該物質の製造または取扱い業務に常時従事する労働者に対して定期に実施する健康診断における例示であり，雇入れまたは配置替えの際の健康診断および過去に当該物質の製造または取扱い業務に常時従事した労働者に対する健康診断においては，適宜必要な項目を聴取すること（令和2年基発0304第3号）。

⑧　「尿中の潜血検査」は，(31)⑥と同様。

⑨　「腹部の超音波による検査，尿路造影検査等の画像検査」は，いずれも医師が必要と認める場合に行う，尿路系腫瘍を把握するための検査であること。また，画像検査には，腹部の超音波による検査や尿路造影検査のほか，造影剤を用いないエックス線撮影による検査等があり，さらに，尿路造影検査の撮影方法としては，エックス線直接撮影やコンピュータ断層撮影（CT）があること。

⑩　「尿中のマンデル酸及びフェニルグリオキシル酸の総量の測定」は，スチレンによるばく露状況を評価するための検査であること。

⑪　「尿中のメチルイソブチルケトンの量の測定」は，メチルイソブチルケトンによるばく露状況を評価するための検査であること。

⑫　「作業条件の調査」は，労働者の当該物質へのばく露状況の詳細について，当該労働者，衛生管理者，作業主任者等の関係者から聴取することにより調査するものであること。

⑬　「神経学的検査」は，特別有機溶剤による神経系の異常を評価するための検査であること。

⑭　「肝機能検査」は，特別有機溶剤による肝機能の異常の有無を評価するための検査であること。

⑮　「腎機能検査」は，特別有機溶剤による腎機能の異常の有無を評価するための検査であること。

⑯　「白血球数及び白血球分画の検査」は，白血病等が存在する可能性や病勢等について評価するための検査であること。

⑰　「血液像その他の血液に関する精密検査」は，スチレンまたはトリクロロエチレンによる造血器がんを評価する検査であること。

⑱　「CA19-9等の血液中の腫瘍マーカーの検査」は，四塩化炭素，1,2-ジクロロエタンまたはトリクロロエチレンによる肝胆道系がん等が存在する可能性や病勢等について評価するための検査であること。

⑲　「特殊なエックス線撮影による検査又は核磁気共鳴画像診断装置に

よる画像検査」は，いずれも医師が必要と認める場合に行う，スチレンまたはトリクロロエチレンによる造血器がんを評価する検査であること。

　また，これらのうち，「特殊なエックス線撮影による検査」は，コンピュータ断層撮影（CT）による検査等をいい，「核磁気共鳴画像診断装置による画像検査」はMRIによる検査等をいうこと。

⑳　「腹部の超音波検査等の画像検査」は，四塩化炭素，1,2-ジクロロエタンによる肝・胆道系の異常を評価するための検査で，腹部の超音波検査，核磁気共鳴画像検査（MRI），コンピュータ断層撮影（CT）による検査等をいうこと。

㉑　「尿沈渣検鏡の検査」および「尿沈渣のパパニコラ法による細胞診の検査」は，いずれも医師が必要と認める場合に行う，テトラクロロエチレンによる尿路系の障害（腫瘍等）を把握するために行う検査であること。

㉒　「膀胱鏡検査」および「腹部の超音波による検査，尿路造影検査等の画像検査」は，いずれも医師が必要と認める場合に行う，テトラクロロエチレンによる尿路系腫瘍を把握するための検査であること。

　なお，膀胱鏡検査は内視鏡検査の一種であり，膀胱鏡には軟性のものと硬性のものが存在するところ，いわゆるファイバースコープは，軟性の膀胱鏡をさしており，膀胱鏡検査にはファイバースコープによる検査が含まれること。

㉓　「聴力低下の検査等の耳鼻科学的検査」は，スチレンによる聴力の異常を評価するための検査であること。

㉔　「色覚検査等の眼科学的検査」は，スチレンによる色覚の異常を評価するための検査であること。

㉕　「赤血球数等の赤血球系の血液検査」は，1,1,2,2-テトラクロロエタンによる血液学的異常を評価するための検査であること。

（令和2年基発0304第3号）

⑶　カドミウムまたはその化合物の業務従事労働者に対する特殊健康診断の項目の趣旨等については，次のとおりとすること。

①　「業務の経歴の調査」は，⑶①と同様。

②　「作業条件の簡易な調査」は，⑶②と同様。

③　「当該化学物質による他覚症状又は自覚症状の既往歴の有無の検査」は，㉛③と同様。

④　「他覚症状又は自覚症状の有無の検査」は，㉛④と同様。

⑤　「血中のカドミウムの量の測定」，「尿中のベータ２-ミクログロブリンの量の測定」，「尿中のカドミウムの量の測定」，「尿中のアルファ１-ミクログロブリンの量の測定」および「Ｎ-アセチルグルコサミニダーゼの量の測定」は，カドミウムによるばく露状況を評価するための検査であること。

⑥　「作業条件の調査」は，⑶⑫と同様。

⑦　「腎機能検査」は，カドミウムによる腎機能の異常の有無を評価するための検査であること。

⑧　「胸部のエックス線直接撮影若しくは特殊なエックス線撮影による検査又は喀痰の細胞診」は，いずれも医師が必要と認める場合に行う，肺がん等を評価する検査であること。

　　また，これらのうち，「特殊なエックス線撮影による検査」は，コンピュータ断層撮影（CT）による検査等をいうこと。

⑨　「肺換気機能検査」は，呼吸器に係る他覚症状または自覚症状がある場合に行う，呼吸器系の障害（腫瘍等）を把握するための検査であること。（令和２年基発0304第３号）

⑶　「医師が必要と認める場合」に行う検査の実施の要否の判断

　一次健康診断または二次健康診断のそれぞれにおける項目に「医師が必要と認める場合」に行う検査を規定しているが，それぞれの検査の実施の要否は，次に掲げる項目により医師が判断すること。また，この場合の「医師」は，主に，健康診断を実施する医師，事業場の産業医，産業医の選任

義務のない労働者数50人未満の事業場において健康管理を行う医師等があること。

①　一次健康診断における「医師が必要と認める場合」に行う検査

　一次健康診断における業務の経歴の調査，作業条件の簡易な調査，他覚症状および自覚症状の既往歴の有無の検査，他覚症状および自覚症状の有無の検査の結果，前回までの当該物質に係る健康診断の結果等を踏まえて，当該検査の実施の要否を判断すること。

②　二次健康診断における「医師が必要と認める場合」に行う検査

　一次健康診断の結果，前回までの当該物質に係る健康診断の結果等を踏まえて，当該検査の実施の要否を判断すること。

(令和2年基発0304第3号)

㉟　別表第3及び別表第4関係

①　別表第3第62号および別表第4第51号に規定する業務に係る健康診断は，作業場所が屋内または屋外であることにかかわらず，医師による特殊健康診断を行うことを義務付ける趣旨であること。

②　別表第3第62号および別表第4第51号に規定する健康診断の項目は，マンガンおよびその化合物に係る健康診断の項目と基本的に同一であること。

③　金属アーク溶接等作業については，従来，じん肺法（昭和35年法律第30号）に基づくじん肺健康診断が義務付けられていることに留意すること。なお，同法の解釈（昭和53年4月28日付け基発第250号）では，「常時粉じん作業に従事する」とは，労働者が業務の常態として粉じん作業に従事することをいうが，必ずしも労働日の全部について粉じん作業に従事することを要件とするものではないと示されていること。当該健康診断と同様，特化則に基づく健康診断に係る対象者についても，作業頻度のみならず，個々の作業内容や取扱量等を踏まえて個別に判断する必要があること。

(令和2年基発0422第4号)

【疑義および解釈】

問1　第1類物質または第2類物質の製造または取扱いの業務に常時従事
　　　しているが，その物質との接触が少なく，かつ，著しくその気中濃度が
　　　低く常識的に判断して長期微量ばく露による慢性中毒が考えられない場
　　　合でも，健康診断を実施しなければならないか。

答　第1類物質または第2類物質の製造または取扱いの業務に常時従事す
　　　る労働者は，程度の差こそあれ，当該物質へのばく露は避け得ないもの
　　　であるので健康診断を行わなければならないこと。なお，たとえば製造
　　　工程での業務の一環であっても，隔離された計器室での計器監視の業務
　　　等，有害物質へのばく露が明らかに考えられないような業務に従事する
　　　労働者に対しては，本条の適用はないこと。

問2　第1類物質または第2類物質を製造する設備等を清掃し，または修
　　　理する作業者も健康診断が必要か。また，この場合数種類の有害物にさ
　　　らされる作業者の健康診断はどのようにすればよいか。

答　業として，清掃し，または修理を行っている者については，本条の健
　　　康診断が必要であること。この場合，数種の有害物にばく露されるとき
　　　は，おのおのの有害物についての項目の検診，検査を行う必要があるこ
　　　と。なお，有害物の人体への影響は，数種の有害物による複合汚染の場
　　　合がより有害度が大きいことがあるので，医師が必要と認める項目を追
　　　加して行うことが望ましい。

問3　第3類物質についての健康診断は必要ないか。

答　第3類物質は，大量漏えい等の事故を防止する対象として規定された
　　　ものであり，本条による健康診断は必要ないこと。なお，万一，事故が
　　　発生し，ばく露した場合は，定期健康診断を待つまでもなく，緊急の診断
　　　が必要と考えられるので，第42条の規定の適用を受けるものであること。

問4　別表第3(28)(531頁)「コールタールを製造し，又は取り扱う業務」
　　　の項下欄（編注：右欄）第3号の「コールタールによる胃腸症状，呼吸
　　　器症状，皮膚症状等の既往歴の有無の検査」の項目についての具体的な

内容如何。

答　別表第3(28)下欄（編注：右欄）の第4号から第6号までに掲げる検査項目に対応する内容について，それらの既往歴の有無を検査すること。

（昭和47年基発第799号）

（健康診断の結果の記録）

第40条　事業者は，前条第1項から第3項までの健康診断（法第66条第5項ただし書の場合において当該労働者が受けた健康診断を含む。次条において「特定化学物質健康診断」という。）の結果に基づき，特定化学物質健康診断個人票（様式第2号）を作成し，これを5年間保存しなければならない。　　　　　　　　　　　　　　　（根66の3　103−①）

②　事業者は，特定化学物質健康診断個人票のうち，特別管理物質を製造し，又は取り扱う業務（クロム酸等を取り扱う業務にあつては，クロム酸等を鉱石から製造する事業場においてクロム酸等を取り扱う業務に限る。）に常時従事し，又は従事した労働者に係る特定化学物質健康診断個人票については，これを30年間保存するものとする。　　　　　（根66の3　103−①）

【要　旨】

本条は，第39条の検診または検査に関する記録の作成および保存について規定したものである。

【解　説】

(1)　第1項の「健康診断個人票」（様式第2号）については，以下に留意して記入すること。

ア　「既往歴調査」欄

過去における対象物質による症状，疾病等に関する問診の結果について記入すること。

イ　「業務歴」欄

(ア)　ベンジジン等禁止物質，第1類物質および第2類物質に係る経歴のほか，有機溶剤中毒予防規則，鉛中毒予防規則，電離放射線障害防止規則および四アルキル鉛中毒予防規則のそれぞれに掲げる業

務に係る経歴についても該当があれば明記すること。

（イ）「業務名」

　作業の名称，職名等について具体的に明記すること。

（ウ）「業務に従事した期間の合計」

　当該健康診断の対象物質に係る業務に従事した期間のみを記入すること。

⑵　第2項は，特別管理物質に係る健康診断個人票についてはこれを30年間保存するものとしたこと。　　　　　　　　　　（昭和50年基発第573号）

⑶　「健康診断個人票」については，様式第2号に掲げる項目が充足されていれば，これと異式の個人票によるほか，たとえば，コンピューターによる処理等であって，受診者ごとの所定項目の結果が容易に把握できる方法であってもさしつかえないこと。

⑷　インジウム化合物等，エチルベンゼン等（エチルベンゼンおよびこれを重量の1％を超えて含有する製剤その他の物に限る。）またはコバルト等を製造し，または取り扱う業務，1・2-ジクロロプロパン洗浄・払拭業務，DDVP等またはクロロホルム等を製造し，または取り扱う業務に常時従事する労働者に対して実施した特殊健康診断の結果の記録（第39条の特殊健康診断に係るものに限る。）について，30年間保存しなければならないこととしたこと。

　　　（平成24年基発1026第6号，平成25年基発0827第6号，平成26年基発0924第6号）

（健康診断の結果についての医師からの意見聴取）

第40条の2　特定化学物質健康診断の結果に基づく法第66条の4の規定による医師からの意見聴取は，次に定めるところにより行わなければならない。

1　特定化学物質健康診断が行われた日（法第66条第5項ただし書の場合にあつては，当該労働者が健康診断の結果を証明する書面を事業者に提出した日）から3月以内に行うこと。

2　聴取した医師の意見を特定化学物質健康診断個人票に記載すること。

② 事業者は，医師から，前項の意見聴取を行う上で必要となる労働者の業務に関する情報を求められたときは，速やかに，これを提供しなければならない。　　　　　　　　　　　　　　　　　　　　　　　　　　（根66の4）

【解　説】

⑴ 医師からの意見聴取は労働者の健康状態から緊急に安衛法第66条の5第1項の措置を講ずべき必要がある場合には，できるだけ速やかに行われる必要があること。　　　　　　　　　　　　　　　　（平成8年基発第566号）

⑵ 意見聴取は，事業者が意見を述べる医師に対し，健康診断の個人票の様式の「医師の意見欄」に当該意見を記載させ，これを確認することとすること。　　　　　　　　　　　　　　　　　　　　（平成8年基発第566号）

⑶ 「労働者の業務に関する情報」には，特殊健康診断の対象となる有害業務以外の業務を含む，労働者の作業環境，労働時間，作業態様，作業負荷の状況，深夜業等の回数・時間数等があること。

　　　　　　　　　　　　　　　　　　　　　（平成29年基発0331第68号）

（健康診断の結果の通知）
第40条の3　事業者は，第39条第1項から第3項までの健康診断を受けた労働者に対し，遅滞なく，当該健康診断の結果を通知しなければならない。　　　　　　　　　　　　　　　　（根66の6，罰120-①）

【解　説】

「遅滞なく」とは，事業者が，健康診断を実施した医師，健康診断機関等から結果を受け取った後，速やかにという趣旨であること。

　　　　　　　　　　　　　　　　　　　　（平成18年基発第0224003号）

（健康診断結果報告）
第41条　事業者は，第39条第1項から第3項までの健康診断（定期のものに限る。）を行つたときは，遅滞なく，特定化学物質健康診断結果報告書（様式第3号）を所轄労働基準監督署長に提出しなければならない。

　　　　　　　　　　　　　　　　　　　　　　　　　（根100-①）

【要　旨】

本条は，定期健康診断結果の報告について規定したものである。

【解　説】

⑴　本条の「健康診断結果報告書」は，第39条により定期的に行った健康診断の結果について，所轄労働基準監督署長に遅滞なく（健康診断完了後おおむね1カ月以内に）提出すること。

なお，その報告書は，労働者数のいかんを問わず第39条により健康診断を行ったすべての事業場が提出する必要があること。（昭和46年基発第399号）

⑵　特定化学物質健康診断結果報告書（特化則様式第3号）について，行政手続における押印等の見直しやオンライン利用率の向上が求められている中，産業医の電子署名の取得が負担となって事業者による電子申請が進まないという意見を踏まえ，産業医による押印等を不要とすることとした。

医師等の押印等が不要となったことは，事業者が医師等による健康診断やその結果に基づく医師等からの意見聴取を実施する義務がなくなったことを意味するものではなく，引き続き，安衛法第66条第1項等に基づき，事業者は医師等による健康診断やその結果に基づく医師等からの意見聴取等を実施しなければならないこと。また，事業者が産業医に対して健康診断等に係る情報を提供する義務がなくなったことを意味するものではなく，引き続き，事業者は健康診断等に係る情報を法令に基づき産業医に提供する必要があること。

（特定有機溶剤混合物に係る健康診断）

第41条の2　特定有機溶剤混合物に係る業務（第38条の8において準用する有機則第3条第1項の場合における同項の業務を除く。）については，有機則第29条（第1項，第3項，第4項及び第6項を除く。）から第30条の3まで及び第31条の規定を準用する。

【解　説】

(1)　「第5章第36条の5」の【解説】(1)と同じ（170頁参照）。

(2)　「第1章第2条」の【解説】(8)と同じ（43頁参照）。

(3)　事業者は，特別有機溶剤等が有機溶剤と同様に作用し，蒸気による中毒を発生させるおそれがあることから，以下の場合には，有機則第29条第2項および第5項に規定する項目について特殊健康診断を実施しなければならないこととしたこと。

① 　エチルベンゼンおよび有機溶剤の含有量の合計が重量の5％を超える製剤その他の物を用いて屋内作業場で塗装業務を行う場合。

② 　1・2-ジクロロプロパンおよび有機溶剤の含有量の合計が重量の5％を超える製剤その他の物を用いて屋内作業場で印刷機等の洗浄または払拭の業務を行う場合。

③ 　クロロホルム等のうち，特別有機溶剤または有機溶剤の含有量の合計が重量の5％を超える製剤その他の物を用いて屋内作業場で有機溶剤業務を行う場合。

（平成24年基発1026第6号，平成25年基発0827第6号，平成26年基発0924第6号）

(4)　第38条の8の規定において準用する有機則第3条の規定により，特別有機溶剤等の消費量が許容消費量を超えないことにつき労働基準監督署長の認定を受けた場合には，(3)の特殊健康診断の実施を要しないこととしたこと。

（平成24年基発1026第6号，平成25年基発0827第6号，平成26年基発0924第6号）

(5)　(3)の特殊健康診断の結果の記録については，5年間保存しなければならないこととしたこと。

（平成24年基発1026第6号，平成25年基発0827第6号，平成26年基発0924第6号）

(6)　(3)の特殊健康診断を行ったときは，本条において準用する有機則第30条の3の規定に基づき，有機溶剤等健康診断結果報告書を労働基準監督署長に提出しなければならないこととしたこと。

（平成24年基発1026第6号，平成25年基発0827第6号，平成26年基発0924第6号）

（緊急診断）

第42条　事業者は，特定化学物質（別表第1第37号に掲げる物を除く。以下この項及び次項において同じ。）が漏えいした場合において，労働者が当該特定化学物質により汚染され，又は当該特定化学物質を吸入したときは，遅滞なく，当該労働者に医師による診察又は処置を受けさせなければならない。　　　　　　　　　　　　　　　　　　　　　　（根22－(1)）

②　事業者は，特定化学物質を製造し，又は取り扱う業務の一部を請負人に請け負わせる場合において，当該請負人に対し，特定化学物質が漏えいした場合であつて，当該特定化学物質により汚染され，又は当該特定化学物質を吸入したときは，遅滞なく医師による診察又は処置を受ける必要がある旨を周知させなければならない。

③　第1項の規定により診察又は処置を受けさせた場合を除き，事業者は，労働者が特別有機溶剤等により著しく汚染され，又はこれを多量に吸入したときは，速やかに，当該労働者に医師による診察又は処置を受けさせなければならない。

④　第2項の診察又は処置を受けた場合を除き，事業者は，特別有機溶剤等を製造し，又は取り扱う業務の一部を請負人に請け負わせる場合において，当該請負人に対し，特別有機溶剤等により著しく汚染され，又はこれを多量に吸入したときは，速やかに医師による診察又は処置を受ける必要がある旨を周知させなければならない。

⑤　前二項の規定は，第38条の8において準用する有機則第3条第1項の場合における同項の業務については適用しない。

【解　説】

(1)　本条については，それぞれの対象物質の種類，性状，汚染または吸入の程度等に応じ，急性中毒，皮膚障害等について診断を行うこと。

　なお，救援活動その他により関係労働者以外の者が受ける障害も予想されるので，第26条の救護組織の活動の一環としても，これらの者に対する緊急診断を行うよう指導すること。

(2)　事業者は，特定の危険有害業務または作業に関して労働者が有害物

により汚染等されたときは，汚染の除去，医師による診断の受診等をさせる義務があるところ，当該業務または作業の一部を請負人に請け負わせるときは，当該請負人に対し，有害物により汚染等されたときは，汚染の除去，医師による診断の受診等をする必要がある旨を周知させなければならないこととしたこと。　　　　　　　　　　　　　　（令和 4 年基発0415第 1 号）

第7章 保 護 具

　本章は，本規則において第1類物質，第2類物質および第3類物質のガス，蒸気または粉じんによる障害の予防については，まず設備上の措置によることとしているが，作業の実態によりかかる措置のみではなお不十分な場合，臨時の作業の場合，異常事態発生の場合等もあるので，これらの場合に対処するために呼吸用保護具，保護衣等の備付けを規定したものである。なお，本章の規定により備え付けるべき保護具等の種類は，それぞれの対象物質の種類および業務の態様に応じたものであること。

　（呼吸用保護具）

第43条　事業者は，特定化学物質を製造し，又は取り扱う作業場には，当該物質のガス，蒸気又は粉じんを吸入することによる労働者の健康障害を予防するため必要な呼吸用保護具を備えなければならない。

（**根22**−(1)）

【要旨および解説】

　(1)　本条は，特定化学物質の製造または取扱いを行う作業場における呼吸用保護具の備付けについて規定したものである。

　(2)　本条の「呼吸用保護具」とは，送気マスク等給気式呼吸用保護具（簡易救命器および酸素発生式自己救命器を除く。），防毒マスク，防じんマスクならびに面体形およびルーズフィット形の電動ファン付き呼吸用保護具をいい，これらのうち，防じんマスクおよび防毒マスクであって，ハロゲンガス用，有機ガス用，一酸化炭素用，アンモニア用，亜硫酸ガス用および亜硫酸・いおう用のものならびに電動ファン付き呼吸用保護具については，国家検定に合格したものであること。

（昭和46年基発第399号・平成2年基発第592号・平成26年基発1128第12号）

（保護衣等）

第44条　事業者は，特定化学物質で皮膚に障害を与え，若しくは皮膚から吸収されることにより障害をおこすおそれのあるものを製造し，若しくは取り扱う作業又はこれらの周辺で行われる作業に従事する労働者に使用させるため，不浸透性の保護衣，保護手袋及び保護長靴並びに塗布剤を備え付けなければならない。　　　　　　　　　　　　　　　（根22－(1)）

② 　事業者は，前項の作業の一部を請負人に請け負わせるときは，当該請負人に対し，同項の保護衣等を備え付けておくこと等により当該保護衣等を使用することができるようにする必要がある旨を周知させなければならない。

③ 　事業者は，令別表第3第1号1，3，4，6若しくは7に掲げる物若しくは同号8に掲げる物で同号1，3，4，6若しくは7に係るもの若しくは同表第2号1から3まで，4，8の2，9，11の2，16から18の3まで，19，19の3から20まで，22から22の4まで，23，23の2，25，27，28，30，31（ペンタクロルフエノール（別名PCP）に限る。），33（シクロペンタジエニルトリカルボニルマンガン又は2－メチルシクロペンタジエニルトリカルボニルマンガンに限る。），34若しくは36に掲げる物若しくは別表第1第1号から第3号まで，第4号，第8号の2，第9号，第11号の2，第16号から第18号の3まで，第19号，第19号の3から第20号まで，第22号から第22号の4まで，第23号，第23号の2，第25号，第27号，第28号，第30号，第31号（ペンタクロルフエノール（別名PCP）に係るものに限る。），第33号（シクロペンタジエニルトリカルボニルマンガン又は2－メチルシクロペンタジエニルトリカルボニルマンガンに係るものに限る。），第34号若しくは第36号に掲げる物を製造し，若しくは取り扱う作業又はこれらの周辺で行われる作業であつて，皮膚に障害を与え，又は皮膚から吸収されることにより障害をおこすおそれがあるものに労働者を従事させるときは，当該労働者に保護眼鏡並びに不浸透性の保護衣，保護手袋および保護長靴を使用させなければならない。　　　　　　　　　　　（根22－(1)）

④ 　事業者は，前項の作業の一部を請負人に請け負わせるときは，当該請負人に対し，同項の保護具を使用する必要がある旨を周知させなければ

> ならない。
> ⑤ 労働者は，事業者から第3項の保護具の使用を命じられたときは，こ
> れを使用しなければならない。 （根26）

【要 旨】

本条は，特定化学物質のうち，皮膚障害または経皮侵入による障害をおこすものの取扱い等の場合における保護衣等の備付けおよび使用について規定したものである。

【解 説】

⑴ 特定化学物質の第1類物質および第2類物質が重度の慢性毒性を及ぼす物質であることに鑑み，保護具等による防護対策を一層徹底するため，以下の内容および趣旨による関連規定の改正を行ったこと。

（ア）クロロホルム等およびクロロホルム等以外のものであって別表第1第37号に掲げる物について，第12条の2を改正し，第44条および第45条を適用することとしたこと。

（イ）従来第2条の2の規定による適用除外の対象とされていた業務のうち，日本産業衛生学会において，皮膚と接触することにより，経皮的に吸収される量が全身への健康影響または吸収量からみて無視できない程度に達することがあると考えられると勧告がなされている物質もしくはACGIHにおいて皮膚吸収があると勧告がなされている物質およびこれらを含有する製剤その他の物を製造し，もしくは取り扱う作業またはこれらの周辺で行われる作業であって，皮膚に障害を与え，または皮膚から吸収されることにより障害をおこすおそれがあるものについては，保護衣等に係る第44条および第45条の規定の対象とすることとしたこと。例えば，次の物質を製造し，もしくは取り扱う作業が対象となること。

・クロロホルム

・四塩化炭素

・1・4-ジオキサン

・ジクロロメタン（別名二塩化メチレン）

・ジメチル-2・2-ジクロロビニルホスフェイト（別名 DDVP）

・スチレン

・1・1・2・2-テトラクロロエタン（別名四塩化アセチレン）

・テトラクロロエチレン（別名パークロルエチレン）

・ナフタレン　　　　　　　　　　　　　　（平成28年基発1130第4号）

⑵　第1項の「皮膚に障害を与え」とは，硝酸，硫酸，エチレンイミン，フェノール，ペンタクロルフェノールのようなものにより，皮膚に腐食性の障害を受けることをいうこと。　　　　　　　　　（昭和46年基発第399号）

⑶　第1項の「皮膚から吸収されることにより障害をおこす」とは，塩素化ビフェニル，アクリルアミド，パラ－ニトロクロルベンゼン，アルキル水銀，エチレンイミン，シアン化水素，水銀，フェノール，ペンタクロルフェノール，硫酸ジメチルのようなものが皮膚から体内に吸収されることにより中毒等の障害を受けることをいうこと。

⑷　第1項の改正は，「製造する作業」も対象であることを明確にしたものであり，従来の内容と変更はないこと。なお，本条は，特定化学物質の飛散等により汚染されるおそれがある作業が対象となるものであり，例えば密閉する設備内で製造する場合におけるばく露のない作業を含む趣旨ではないこと。　　　　　　　　　　　　　　（平成28年基発1130第4号）

⑸　第1項の「これらの周辺で行われる作業」とは，特定化学物質を直接取り扱ってはいないが，これらの物質の飛散等により汚染されるおそれがある場所における作業をいうこと。　　　　　　　　（昭和46年基発第399号）

⑹　第1項の「塗布剤」とは，それぞれの物質に応じて効果のある保護クリームをいうこと。　　　　　　　　　　　　　　（昭和46年基発第399号）

⑺　保護衣等を備え付けているものの，それらが使用されていない場合が考えられるため，保護具の使用義務に係る第44条第2項および第3項を新たに規定したものであること。対象物質は，第1類物質および第2類物質のうち，日本産業衛生学会において，皮膚と接触することにより，経皮的に吸収される量が全身への健康影響または吸収量からみて無視できない

程度に達することがあると考えられると勧告がなされている物質または
ACGIH において皮膚吸収があると勧告がなされている物質およびこれら
を含有する製剤その他の物としたこと。具体的には，次の物質が該当する
こと。

【第1類物質】

ジクロルベンジジンおよびその塩，塩素化ビフェニル（別名 PCB），オル
ト－トリジンおよびその塩，ベリリウムおよびその化合物，ベンゾトリク
ロリド

【第2類物質】

アクリルアミド，アクリロニトリル，アルキル水銀化合物（アルキル基が
メチル基またはエチル基である物に限る。），エチレンイミン，オルト－ト
ルイジン，オルト－フタロジニトリル，クロロホルム，シアン化カリウム，
シアン化水素，シアン化ナトリウム，四塩化炭素，1・4－ジオキサン，3・3′
－ジクロロ－4・4′－ジアミノジフェニルメタン，ジクロロメタン（別名二塩
化メチレン），ジメチル－2・2－ジクロロビニルホスフェイト（別名 DDVP），
1・1－ジメチルヒドラジン，臭化メチル，水銀及びその無機化合物（硫化水
銀を除く。），スチレン，1・1・2・2-テトラクロロエタン（別名四塩化アセチ
レン），テトラクロロエチレン（別名パークロルエチレン），トリレンジイ
ソシアネート，ナフタレン，ニトログリコール，パラ－ニトロクロロベン
ゼン，弗化水素，ベンゼン，ペンタクロロフェノール（別名 PCP），シク
ロペンタジエニルトリカルボニルマンガンまたは2－メチルシクロペンタ
ジエニルトリカルボニルマンガン，沃化メチル，硫酸ジメチル

（平成28年基発1130第4号）

⑻ 第3項の対象作業に関して，「皮膚に障害を与え，又は皮膚から吸
収されることにより障害をおこすおそれがあるもの」には，特定化学物質
に直接触れる作業，特定化学物質を手作業で激しくかき混ぜることにより
身体に飛散することが常態として予想される作業等が含まれること。一方
で，突発的に特定化学物質の液体等が飛散することがある作業，特定化学

設備に係る作業であって特定化学設備を開放等しないで行う作業を含むものではないこと。

　なお，本条はばく露の高い作業を対象とするものであることから，保護具によるばく露防止を義務づけたものであるが，それに加えて，効果の確認された塗布剤を補助的な役割として用いることは差し支えないこと。

（平成28年基発1130第4号）

　(9)　皮膚障害防止用保護具に係る規格として，日本産業規格 T8115（化学防護服），日本産業規格 T8116（化学防護手袋），日本産業規格 T8117（化学防護長靴），日本産業規格 T8147（保護めがね）等があるので，これを参考に保護具を選択・使用されたいこと。

　なお，本条の「不浸透性」とは，有害物等と直接接触することがないような性能を有することを指すものであり，保護衣，保護手袋等の労働衛生保護具に係る日本工業規格における「浸透」しないこと及び「透過」しないことのいずれも含む概念であること。 （平成28年基発1130第4号）

　(10)　第2項および第4項について，事業者は，特定の危険有害業務または作業を行うときは，当該業務または作業に従事する労働者に必要な保護具を使用させる義務があるところ，当該業務または作業の一部を請負人に請け負わせるときは，当該請負人に対し，必要な保護具を使用する必要がある旨を周知させなければならないこととしたこと。

（令和4年基発0415第1号）

特別有機溶剤等に係る保護衣の適用整理表

条文		保護衣等（特化則第44条）	
	業務	クロロホルム等有機溶剤業務 エチルベンゼン塗装業務 1・2-ジクロロプロパン 洗浄・払拭業務	左以外の業務
特定化学物質			
特別有機溶剤	○クロロホルム ○四塩化炭素 ○1・4-ジオキサン ○ジクロロメタン ○スチレン ○1・1・2・2-テトラクロロエタン ○テトラクロロエチレン	◎	◎
	○1・2-ジクロロエタン ○トリクロロエチレン ○メチルイソブチルケトン ○エチルベンゼン ○1・2-ジクロロプロパン	○	×

◎：実施義務がかかっている。
○：特化則第44条第1項に基づき，保護衣等の備え付けが必要であること。同条第2項は適用されないが，リスクアセスメントを行い，保護衣等の使用の要否を判断しなければならないこと。
×：特化則の義務はないが，安衛則第594，596～598条（保護具），第625条（洗浄設備等）が適用される場合，それらに基づく措置が必要であること。

（保護具の数等）

第45条　事業者は，前二条の保護具については，同時に就業する労働者の人数と同数以上を備え，常時有効かつ清潔に保持しなければならない。

（**根22**-(1)）

【要旨および解説】

(1)　本条は，第43条および第44条により備え付ける保護具等の数ならびにその効力および清潔の保持について規定したものである。

(2)　本条の「有効」とは，各部の破損，脱落，弛み，腐食，湿気の付着，吸収缶の破過限度の超過その他耐用年数の超過等保護具の性能に支障をきたしている状態がないことをいうこと。

（昭和46年基発第399号）

第8章　製造許可等

　本章は，ベンジジン等の製造の禁止（安衛法第55条）の解除手続ならび
に禁止物質を製造するときの基準およびアルファーナフチルアミン等の製
造許可（安衛法第56条）の手続きならびに製造許可基準について定めたも
のである。

（製造等の禁止の解除手続）

第46条　令第16条第2項第1号の許可（石綿等に係るものを除く。以下同
　じ。）を受けようとする者は，様式第4号による申請書を，同条第1項各
　号に掲げる物（石綿等を除く。以下「製造等禁止物質」という。）を製造
　し，又は使用しようとする場合にあつては当該製造等禁止物質を製造し，
　又は使用する場所を管轄する労働基準監督署長を経由して当該場所を管
　轄する都道府県労働局長に，製造等禁止物質を輸入しようとする場合に
　あつては当該輸入する製造等禁止物質を使用する場所を管轄する労働基
　準監督署長を経由して当該場所を管轄する都道府県労働局長に提出しな
　ければならない。　　　　　　　　　　　　　　　　　　　（根55但書）

②　都道府県労働局長は，令第16条第2項第1号の許可をしたときは，申
　請者に対し，様式第4号の2による許可証を交付するものとする。

【要　旨】

　本条は，安衛法第55条ただし書の規定により，ベンジジン等製造禁止物
質（石綿等を除く。）を試験研究のため製造し，輸入し，または使用する
場合の手続について規定したものである。

【解　説】

　(1)　安衛法第55条ただし書の規定による製造は，試験研究する者が直接
行うべきものであり，他に委託して製造することは認められないこと。た
だし，輸入にあたり，輸入事務の代行を商社等が行うことはさしつかえな
いが，商社等があらかじめ禁止物質を輸入しておき，試験研究者の要請に

よって提供することは認められず，したがって，輸入する場合も試験研究に必要な最小限度の量（おおむね３年間程度）であることが必要であること。
（昭和47年基発第591号・昭和52年基発第292号）

(2)　安衛法第55条ただし書の「試験研究」には，ベンジジン等がペルオキシダーゼ反応検査，便の潜血反応検査等の試薬として使用される場合も含まれること。

（禁止物質の製造等に係る基準）

第47条　令第16条第２項第２号の厚生労働大臣が定める基準（石綿等に係るものを除く。）は，次のとおりとする。

1　製造等禁止物質を製造する設備は，密閉式の構造のものとすること。ただし，密閉式の構造とすることが作業の性質上著しく困難である場合において，ドラフトチエンバー内部に当該設備を設けるときは，この限りでない。

2　製造等禁止物質を製造する設備を設置する場所の床は，水洗によつて容易にそうじできる構造のものとすること。

3　製造等禁止物質を製造し，又は使用する者は，当該物質による健康障害の予防について，必要な知識を有する者であること。

4　製造等禁止物質を入れる容器については，当該物質が漏れ，こぼれる等のおそれがないように堅固なものとし，かつ，当該容器の見やすい箇所に，当該物質の成分を表示すること。

5　製造等禁止物質の保管については，一定の場所を定め，かつ，その旨を見やすい箇所に表示すること。

6　製造等禁止物質を製造し，又は使用する者は，不浸透性の保護前掛及び保護手袋を使用すること。

7　製造等禁止物質を製造する設備を設置する場所には，当該物質の製造作業中関係者以外の者が立ち入ることを禁止し，かつ，その旨を見やすい箇所に表示すること。
（根55但書）

【要　旨】

本条は，安衛法第55条ただし書および安衛令第16条第２項第２号の規定

に基づき，ベンジジン等の禁止物質（石綿等を除く。）を試験・研究のた
め製造する時の設備基準等を規定したものである。

【解　説】

⑴　第1号の「作業の性質上著しく困難である場合」とは，禁止物質を
製造するにあたって，その量が少量であるため，工業的な製造設備を設け
ることが困難であることから，製造装置の密閉化ができず，手動によって
操作しなければならない場合をいうこと。　　　　　　（昭和47年基発第591号）

⑵　第2号の「水洗によつて容易にそうじできる構造」とは，コンクリ
ート，合成樹脂の床材等で造られており，表面が平滑で，裂け目等がない
ことをいうこと。

⑶　第3号は，試験・研究の業務に従事する者は，一般的に，その取り
扱う物質の物性等には熟知しているが，必ずしも当該物質の有害性につい
ては了知しないことがあり，そのため，取扱いに適切を欠くことも少なく
ないので，ベンジジン等の人体に対する有害性等についてあらかじめ周知
させておかなければならないこととしたものである。

（製造の許可）

第48条　法第56条第1項の許可は，令別表第3第1号に掲げる物ごとに，か
つ，当該物を製造するプラントごとに行なうものとする。

（**根56−①**）

【要旨および解説】

本条は，安衛法第56条第1項の規定により行われる製造の許可の単位に
ついて規定したものである。したがって，同一の事業場において，2種類
の物質が製造されている場合には，それぞれが許可の対象となり，また，
1種類の物質について，2系列で製造されている場合にも，それぞれの系
列別に許可を受けさせる必要がある。　　　　　　　（昭和47年基発第591号）

（許可手続）

第49条　法第56条第1項の許可を受けようとする者は，様式第5号による
申請書に摘要書（様式第6号）を添えて，当該許可に係る物を製造する

　場所を管轄する労働基準監督署長を経由して厚生労働大臣に提出しなけ
　ればならない。　　　　　　　　　　　　　　　　　　　　（根56－①）

②　厚生労働大臣は，法第56条第1項の許可をしたときは，申請者に対し，
　様式第7号による許可証（以下この条において「許可証」という。）を交
　付するものとする。

③　許可証の交付を受けた者は，これを滅失し，又は損傷したときは，様
　式第8号による申請書を第1項の労働基準監督署長を経由して厚生労働
　大臣に提出し，許可証の再交付を受けなければならない。

④　許可証の交付を受けた者は，氏名（法人にあつては，その名称）を変
　更したときは，株式第8号による申請書を第1項の労働基準監督署長を
　経由して厚生労働大臣に提出し，許可証の書替えを受けなければならない。

【要旨および解説】

⑴　本条は，安衛法第56条第1項の製造の許可を受けようとする場合の
手続等について規定したものである。

⑵　安衛法第56条第1項の製造の許可を受けた者がその工程について，
設備等の一部を変更しようとする場合（主要構造部分について変更しよう
とする場合を除く。）または作業方法を変更しようとする場合には，あら
かじめ，次の事項を記載した書面を許可申請書を提出した労働基準監督署
長に提出しなければならないこと。

　ア　変更の目的

　イ　変更しようとする機械等または作業方法

　ウ　変更後の構造または作業方法

　なお，安衛法第56条第1項の製造の許可を受けた者が，製造工程を変更
しようとする場合，許可物質の生産量を増加しようとする場合等において
は再び同項の許可を受けなければならないこと。　　（昭和47年基発第591号）

　また，安衛法第56条第1項の製造の許可を受けた者が設備等の主要部分
を変更しようとする場合には，安衛法第88条第1項の規定に基づき，労働
基準監督署長に届け出なければならないこと。

（製造許可の基準）

第50条 第1類物質のうち，令別表第3第1号1から5まで及び7に掲げる物並びに同号8に掲げる物で同号1から5まで及び7に係るもの（以下この条において「ジクロルベンジジン等」という。）の製造（試験研究のためのジクロルベンジジン等の製造を除く。）に関する法第56条第2項の厚生労働大臣の定める基準は，次のとおりとする。

1　ジクロルベンジジン等を製造する設備を設置し，又はその製造するジクロルベンジジン等を取り扱う作業場所は，それ以外の作業場所と隔離し，かつ，その場所の床及び壁は，不浸透性の材料で造ること。

2　ジクロルベンジジン等を製造する設備は，密閉式の構造のものとし，原材料その他の物の送給，移送又は運搬は，当該作業を行う労働者の身体に当該物が直接接触しない方法により行うこと。

3　反応槽については，発熱反応又は加熱を伴う反応により，攪拌機等のグランド部からガス又は蒸気が漏えいしないようガスケット等により接合部を密接させ，かつ，異常反応により原材料，反応物等が溢出しないようコンデンサーに十分な冷却水を通しておくこと。

4　ふるい分け機又は真空ろ過機で，その稼動中その内部を点検する必要があるものについては，その覆いは，密閉の状態で内部を観察できる構造のものとし，必要がある場合以外は当該覆いが開放できないようにするための施錠等を設けること。

5　ジクロルベンジジン等を労働者に取り扱わせるときは，隔離室での遠隔操作によること。ただし，粉状のジクロルベンジジン等を湿潤な状態にして取り扱わせるときは，この限りでない。

6　ジクロルベンジジン等を計量し，容器に入れ，又は袋詰めする作業を行う場合において，前号に定めるところによることが著しく困難であるときは，当該作業を作業中の労働者の身体に当該物が直接接触しない方法により行い，かつ，当該作業を行う場所に囲い式フードの局所排気装置又はプッシュプル型換気装置を設けること。

7　前号の局所排気装置については，次に定めるところによること。

イ　フードは，ジクロルベンジジン等のガス，蒸気又は粉じんの発散

源ごとに設けること。

ロ　ダクトは，長さができるだけ短く，ベンドの数ができるだけ少な
く，かつ，適当な箇所に掃除口が設けられている等掃除しやすい構
造とすること。

ハ　ジクロルベンジジン等の粉じんを含有する気体を排出する局所排
気装置にあつては，第9条第1項の表の上欄（編注：左欄）に掲げ
る粉じんの粒径に応じ，同表の下欄（編注：右欄）に掲げるいずれ
かの除じん方式による除じん装置又はこれらと同等以上の性能を有
する除じん装置を設けること。この場合において，当該除じん装置
には，必要に応じ，粒径の大きい粉じんを除去するための前置き除
じん装置を設けること。

ニ　ハの除じん装置を付設する局所排気装置のファンは，除じんをし
た後の空気が通る位置に設けること。ただし，吸引された粉じんに
よる爆発のおそれがなく，かつ，ハの除じん装置を付設する局所排
気装置のファンの腐食のおそれがないときは，この限りでない。

ホ　排気口は，屋外に設けること。

ヘ　厚生労働大臣が定める性能を有するものとすること。

8　第6号のプッシュプル型換気装置については，次に定めるところに
よること。

イ　ダクトは，長さができるだけ短く，ベンドの数ができるだけ少な
く，かつ，適当な箇所に掃除口が設けられている等掃除しやすい構
造とすること。

ロ　ジクロルベンジジン等の粉じんを含有する気体を排出するプッシ
ュプル型換気装置にあっては，第9条第1項の表の上欄（編注：左
欄）に掲げる粉じんの粒径に応じ，同表の下欄（編注：右欄）に掲
げるいずれかの除じん方式による除じん装置又はこれらと同等以上
の性能を有する除じん装置を設けること。この場合において，当該
除じん装置には，必要に応じ，粒径の大きい粉じんを除去するため
の前置き除じん装置を設けること。

ハ　ロの除じん装置を付設するプッシュプル型換気装置のファンは，除
じんをした後の空気が通る位置に設けること。ただし，吸引された
粉じんによる爆発のおそれがなく，かつ，ロの除じん装置を付設す

　　るプッシュプル型換気装置のファンの腐食のおそれがないときは，この限りでない。

　ニ　排気口は，屋外に設けること。

　ホ　厚生労働大臣が定める要件を具備するものとすること。

9　ジクロルベンジジン等の粉じんを含有する気体を排出する製造設備の排気筒には，第7号ハ又は前号ロの除じん装置を設けること。

10　第6号の局所排気装置及びプッシュプル型換気装置は，ジクロルベンジジン等に係る作業が行われている間，厚生労働大臣が定める要件を満たすように稼動させること。

11　第7号ハ，第8号ロ及び第9号の除じん装置は，ジクロルベンジジン等に係る作業が行われている間，有効に稼動させること。

12　ジクロルベンジジン等を製造する設備からの排液で，第11条第1項の表の上欄（編注：左欄）に掲げる物を含有するものについては，同表の下欄（編注：右欄）に掲げるいずれかの処理方式による排液処理装置又はこれらと同等以上の性能を有する排液処理装置を設け，当該装置を有効に稼動させること。

13　ジクロルベンジジン等を製造し，又は取り扱う作業に関する次の事項について，ジクロルベンジジン等の漏えい及び労働者の汚染を防止するため必要な作業規程を定め，これにより作業を行うこと。

　イ　バルブ，コック等（ジクロルベンジジン等を製造し，又は取り扱う設備に原材料を送給するとき，及び当該設備から製品等を取り出すときに使用されるものに限る。）の操作

　ロ　冷却装置，加熱装置，攪拌装置及び圧縮装置の操作

　ハ　計測装置及び制御装置の監視及び調整

　ニ　安全弁，緊急しや断装置その他の安全装置及び自動警報装置の調整

　ホ　ふた板，フランジ，バルブ，コック等の接合部におけるジクロルベンジジン等の漏えいの有無の点検

　ヘ　試料の採取及びそれに用いる器具の処理

　ト　異常な事態が発生した場合における応急の措置

　チ　保護具の装着，点検，保管及び手入れ

　　リ　その他ジクロルベンジジン等の漏えいを防止するため必要な措置

　14　ジクロルベンジジン等を製造する設備から試料を採取するときは，次

　　に定めるところによること。

　　イ　試料の採取に用いる容器等は，専用のものとすること。

　　ロ　試料の採取は，あらかじめ指定された箇所において，試料が飛散

　　　しないように行うこと。

　　ハ　試料の採取に用いた容器等は，温水で十分洗浄した後，定められ

　　　た場所に保管しておくこと。

　15　ジクロルベンジジン等を取り扱う作業に労働者を従事させるときは，

　　当該労働者に作業衣並びに不浸透性の保護手袋及び保護長靴を着用さ

　　せること。　　　　　　　　　　　　　　　　　　　　（根56－②）

②　試験研究のためジクロルベンジジン等の製造に関する法第56条第2項

　の厚生労働大臣の定める基準は，次のとおりとする。

　1　ジクロルベンジジン等を製造する設備は，密閉式の構造のものとす

　　ること。ただし，密閉式の構造とすることが作業の性質上著しく困難

　　である場合において，ドラフトチエンバー内部に当該設備を設けると

　　きは，この限りでない。

　2　ジクロルベンジジン等を製造する装置を設置する場所の床は，水洗

　　によつて容易に掃除できる構造のものとすること。

　3　ジクロルベンジジン等を製造する者は，ジクロルベンジジン等によ

　　る健康障害の予防について，必要な知識を有する者であること。

　4　ジクロルベンジジン等を製造する者は，不浸透性の保護前掛及び保

　　護手袋を使用すること。　　　　　　　　　　　　　（根56－②）

【要　旨】

　本条は，「ジクロルベンジジン等」の製造許可物質を製造しようとする
者が，許可に際して適合していなければならない基準を，試験研究機関で
製造しようとする場合と工場で製造しようとする場合とに区分して規定し
たものである。

【解　説】

(1)　本条および次条の基準は，製造設備および作業方法について規定したものであり，本条の基準に適合していないと認められるときは，安衛法第56条第5項の適合命令により基準に適合させる必要があること。

　　　　　　　　　　　　　　（昭和47年基発第591号・平成16年基発第0319008号）

(2)　第1類物質の製造については，本条または次条の許可基準のほか，許可基準を除く本則（たとえば，第22条（設備の改造等の作業），第23条（退避等），第24条（立入禁止措置），第25条（容器等），第27条（作業主任者の選任）等）の適用があることに留意すること。

　　　　　　　　　　　　　　（昭和47年基発第591号・平成16年基発第0319008号）

(3)　第1項第1号の「それ以外の作業場所と隔離し」とは，「ジクロルベンジジン等」の製造に係る作業が行われている作業場所とそれ以外の作業が行われている作業場所との建屋が別棟であるか，または隔壁をもって区画することをいうこと。　　（昭和47年基発第591号・平成16年基発第0319008号）

(4)　第1項第2号の「労働者の身体に当該物が直接接触しない方法」とは，各装置の落差を利用して配管により行うこと，スクリューフィダーまたはバケットコンベアなどを用いて機械的に行うことをいうものであること。　　　　　　　　　　　（昭和47年基発第591号・平成16年基発第0319008号）

(5)　第1項第4号は，「ジクロルベンジジン等」の製造工程において，ジクロルベンジジン等の発散が多いふるい分け機または真空ろ過機について設ける覆いの構造について規定したものであり，同号の「内部を観察できる構造」とは，当該装置の覆いの一部をガラスまたは透明なプラスチックをもって造り，当該場所から内部を観察できるような構造をいうこと。また，同号の「施錠等」の「等」には，当該装置の覆いを緊結すること等をいうこと。　　　　　　（昭和47年基発第591号・平成16年基発第0319008号）

(6)　第1項第6号は，「ジクロルベンジジン等」を製造する事業場において，製品を容器詰めする作業等，「ジクロルベンジジン等」を取り扱う場合で，湿潤な状態のものとしまたは隔離室での遠隔操作によることが著

しく困難である場合の措置について規定したものであること。なお，「湿潤な状態」とは，当該物質をスラリー化したものまたは溶媒に溶解させたものをいうものであること。「粉状のもの」とは，当該物質をスラリー化したものまたは溶媒に溶解させたもの以外のものをいうこと。

（昭和47年基発第591号・平成16年基発第0319008号）

　⑺　第1項第14号は，製造設備からサンプリングする場合の措置について規定したものであること。なお，サンプリングは，所定位置において，できるだけ風上に位置し，あらかじめ定められた量以上は採取しないこと。

（昭和47年基発第591号・平成16年基発第0319008号）

第50条の2　ベリリウム等の製造（試験研究のためのベリリウム等の製造を除く。）に関する法第56条第2項の厚生労働大臣の定める基準は，次項によるほか，次のとおりとする。

1　ベリリウム等を焼結し，又は煆焼する設備（水酸化ベリリウムから高純度酸化ベリリウムを製造する工程における設備を除く。次号において同じ。）は他の作業場所と隔離された屋内の場所に設置し，かつ，当該設備を設置した場所に局所排気装置又はプッシュプル型換気装置を設けること。

2　ベリリウム等を製造する設備（ベリリウム等を焼結し，又は煆焼する設備，アーク炉等により溶融したベリリウム等からベリリウム合金を製造する工程における設備及び水酸化ベリリウムから高純度酸化ベリリウムを製造する工程における設備を除く。）は，密閉式の構造のものとし，又は上方，下方及び側方に覆い等を設けたものとすること。

3　前号の規定により密閉式の構造とし，又は上方，下方及び側方に覆い等を設けたベリリウム等を製造する設備で，その稼動中内部を点検する必要があるものについては，その設備又は覆い等は，密閉の状態又は上方，下方及び側方が覆われた状態で内部を観察できるようにすること。その設備の外板等又は覆い等には必要がある場合以外は開放できないようにするための施錠等を設けること。

4　ベリリウム等を製造し，又は取り扱う作業場の床及び壁は，不浸透

性の材料で造ること。

5　アーク炉等により溶融したベリリウム等からベリリウム合金を製造する工程において次の作業を行う場所に，局所排気装置又はプッシュプル型換気装置を設けること。

イ　アーク炉上等において行う作業

ロ　アーク炉等からの湯出しの作業

ハ　溶融したベリリウム等のガス抜きの作業

ニ　溶融したベリリウム等から浮渣を除去する作業

ホ　溶融したベリリウム等の鋳込の作業

6　アーク炉については，電極を挿入する部分の間隙を小さくするため，サンドシール等を使用すること。

7　水酸化ベリリウムから高純度酸化ベリリウムを製造する工程における設備については，次に定めるところによること。

イ　熱分解炉は，他の作業場所と隔離された屋内の場所に設置すること。

ロ　その他の設備は，密閉式の構造のものとし，上方，下方及び側方に覆い等を設けたものとし，又はふたをすることができる形のものとすること。

8　焼結，煅焼等を行つたベリリウム等は，吸引することにより匣鉢から取り出すこと。

9　焼結，煅焼等に使用した匣鉢の破砕は他の作業場所と隔離された屋内の場所で行い，かつ，当該破砕を行う場所に局所排気装置又はプッシュプル型換気装置を設けること。

10　ベリリウム等の送給，移送又は運搬は，当該作業を行う労働者の身体にベリリウム等が直接接触しない方法により行うこと。

11　粉状のベリリウム等を労働者に取り扱わせるとき（送給し，移送し，又は運搬するときを除く。）は，隔離室での遠隔操作によること。

12　粉状のベリリウム等を計量し，容器に入れ，容器から取り出し，又は袋詰めする作業を行う場合において，前号に定めるところによることが著しく困難であるときは，当該作業を行う労働者の身体にベリリウ

ム等が直接接触しない方法により行い，かつ，当該作業を行う場所に囲い式フードの局所排気装置又はプッシュプル型換気装置を設けること。

13　ベリリウム等を製造し，又は取り扱う作業に関する次の事項について，ベリリウム等の粉じんの発散及び労働者の汚染を防止するために必要な作業規程を定め，これにより作業を行うこと。

イ　容器へのベリリウム等の出し入れ

ロ　ベリリウム等を入れてある容器の運搬

ハ　ベリリウム等の空気輸送装置の点検

ニ　ろ過集じん方式の集じん装置（ろ過除じん方式の除じん装置を含む。）のろ材の取替え

ホ　試料の採取及びそれに用いる器具の処理

ヘ　異常な事態が発生した場合における応急の措置

ト　保護具の装着，点検，保管及び手入れ

チ　その他ベリリウム等の粉じんの発散を防止するために必要な措置

14　ベリリウム等を取り扱う作業に労働者を従事させるときは，当該労働者に作業衣及び保護手袋（湿潤な状態のベリリウム等を取り扱う作業に従事する労働者に着用させる保護手袋にあつては，不浸透性のもの）を着用させること。　　　　　　　　　　　　　　　　（根56－②）

②　前条第1項第7号から第12号まで及び第14号の規定は，前項のベリリウム等の製造に関する法第56条第2項の厚生労働大臣の定める基準について準用する。この場合において，前条第1項第7号中「前号」とあるのは「第50条の2第1項第1号，第5号，第9号及び第12号」と，「ジクロルベンジジン等」とあるのは「ベリリウム等」と，同項第8号中「第6号」とあるのは「第50条の2第1項第1号，第5号，第9号及び第12号」と，「ジクロルベンジジン等」とあるのは「ベリリウム等」と，同項第9号中「ジクロルベンジジン等」とあるのは「ベリリウム等」と，同項第10号中「第6号」とあるのは「第50条の2第1項第1号，第5号，第9号及び第12号」と，「ジクロルベンジジン等」とあるのは「ベリリウム等」と，同項第11号，第12号及び第14号中「ジクロルベンジジン等」とあるのは「ベリリウム等」と読み替えるものとする。

③　前条第２項の規定は，試験研究のためのベリリウム等の製造に関する
　法第56条第２項の厚生労働大臣の定める基準について準用する。この場
　合において，前条第２項各号中「ジクロルベンジジン等」とあるのは「ベ
　リリウム等」と読み替えるものとする。　　　　　　　　　（根56－②）

【要　旨】

　本条は，「ベリリウム等」の製造許可物質を製造しようとする者が，許
可に際して適合していなければならない基準を，試験研究機関で製造しよ
うとする場合と工場で製造しようとする場合とに区分して規定したもので
ある。

【解　説】

　(1)　第１項第１号の「他の場所と隔離された」とは，ベリリウム等を焼
結し，または煆焼する設備を設置する作業場所とそれ以外の作業場所とが
別の建屋であるか，または隔壁をもって全面的に区画することをいうこと
（以下第50条の２第１項第７号および第９号において同じ。）

　　　　　　　　　　　　　　　　　　　　　　（昭和50年基発第573号）

　(2)　第１項第２号の「覆い等」とは，本号のベリリウム等を製造する設
備を包み込めるような天幕等をいうこと。

　(3)　第１項第３号の「内部を観察できる」とは，当該装置の覆いの一部
をガラスまたは透明なプラスチックで造り当該場所から内部を観察できる
ことをいうこと。　　　　　　　　　　　　　　（昭和50年基発第573号）

　また，同号の「施錠等」の「等」には，当該装置の覆いを緊結すること
が含まれること。　　　　　　　　　　　　　　（昭和50年基発第573号）

　(4)　第１項第５号のイからホまでの作業場所に設ける局所排気装置には
下図のようなものがあること。　　　　　　　　（昭和50年基発第573号）

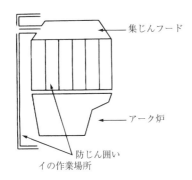

イの作業場所

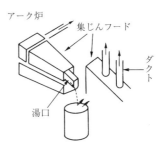

ロ，ハ，ニおよびホの作業場所

(5)　第1項第6号「サンドシール等」の使用例としては，下図のような
ものがあること。　　　　　　　　　　　　　　　　　（昭和50年基発第573号）

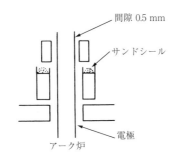

(6)　第1項第7号の水酸化ベリリウムから高純度酸化ベリリウムを製造
する工程における設備は，当該設備にふたをすることができる形のもので
もよいこと。　　　　　　　　　　　　　　　　　　　（昭和50年基発第573号）

(7)　第1項第8号の「吸引することにより匣鉢（さや）から取り出す」例として
は，次のようなものがあること。　　　　　　　　　　（昭和50年基発第573号）

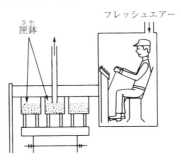

第9章　特定化学物質及び四アルキル鉛等
作業主任者技能講習

　本章は，第27条に係る特定化学物質等作業主任者の講習についての内容および実施についての必要な事項を規定したものである。

　なお，本章第51条第3項に基づき，平成6年6月労働省告示第65号「化学物質関係作業主任者技能講習規程」が告示され，これにより講習が実施されるものであること。

第51条　特定化学物質及び四アルキル鉛等作業主任者技能講習は，学科講習によつて行う。　　　　　　　　　　　　　　　　　　　　　　**（根76-③）**

②　学科講習は，特定化学物質及び四アルキル鉛に係る次の科目について行う。

1　健康障害及びその予防措置に関する知識

2　作業環境の改善方法に関する知識

3　保護具に関する知識

4　関係法令　　　　　　　　　　　　　　　　　　　　　　　　　**（根76-③）**

③　労働安全衛生規則第80条から第82条の2まで及び前二項に定めるもののほか，特定化学物質及び四アルキル鉛等作業主任者技能講習の実施について必要な事項は，厚生労働大臣が定める。　　　　　　　　　　　　**（根76-③）**

④　前三項の規定は，金属アーク溶接等作業主任者限定技能講習について準用する。この場合において，「特定化学物質及び四アルキル鉛等作業主任者技能講習」とあるのは「金属アーク溶接等作業主任者限定技能講習」と，「特定化学物質及び四アルキル鉛に係る」とあるのは「溶接ヒュームに係る」と読み替えるものとする。

【要　旨】

　本条は，学科講習についての科目，受講手続，技能講習修了証の交付，再交付または書替えについて定めたものである。

【解　説】

⑴　金属アーク溶接等限定技能講習に係る学科講習の時間数については，特化物技能講習の講習科目の範囲との違いを踏まえ定めたものであること。また，金属アーク溶接等限定技能講習を修了した者が特化物技能講習を受講する場合において，特化物技能講習に係る講習科目の省略や講習時間の短縮は認められないこと。

⑵　金属アーク溶接等作業主任者限定技能講習に係る修了試験の各科目ごとの配点は，次のとおりとすること。

　　ア　健康障害およびその予防措置に関する知識　20点
　　イ　作業環境の改善方法に関する知識　30点
　　ウ　保護具に関する知識　30点
　　エ　関係法令　20点

⑶　採点は各科目の点数の合計100点をもって満点とし，各科目の得点が⑵に掲げる配点の40パーセント以上であって，かつ，全科目の合計得点が60点以上である場合を合格とすること。　　　　（令和5年基発0908第1号）

【参　考】

---- 労働安全衛生規則 ----------------------------------

（受講手続）

第80条　技能講習を受けようとする者は，技能講習受講申込書（様式第15号）を当該技能講習を行う登録教習機関に提出しなければならない。

（技能講習修了証の交付）

第81条　技能講習を行つた登録教習機関は，当該講習を修了した者に対し，遅滞なく，技能講習修了証（様式第17号）を交付しなければならない。

（技能講習修了証の再交付等）

第82条　技能講習修了証の交付を受けた者で，当該技能講習に係る業務に現に就いているもの又は就こうとするものは，これを滅失し，又は損傷したときは，第3項に規定する場合を除き，技能講習修了証再交付申込書（様式第18号）を技能講習修了証の交付を受けた登録教習機関に提出

し，技能講習修了証の再交付を受けなければならない。

② 　前項に規定する者は，氏名を変更したときは，第3項に規定する場合を除き，技能講習修了証書替申込書（様式第18号）を技能講習修了証の交付を受けた登録教習機関に提出し，技能講習修了証の書替えを受けなければならない。

③ 　第1項に規定する者は，技能講習修了証の交付を受けた登録教習機関が当該技能講習の業務を廃止した場合（当該登録を取り消された場合及び当該登録がその効力を失つた場合を含む。）及び労働安全衛生法及びこれに基づく命令に係る登録及び指定に関する省令（昭和47年労働省令第44号）第24条第1項ただし書に規定する場合に，これを滅失し，若しくは損傷したとき又は氏名を変更したときは，技能講習修了証明書交付申込書（様式第18号）を同項ただし書に規定する厚生労働大臣が指定する機関に提出し，当該技能講習を修了したことを証する書面の交付を受けなければならない。

④ 　前項の場合において，厚生労働大臣が指定する機関は，同項の書面の交付を申し込んだ者が同項に規定する技能講習以外の技能講習を修了しているときは，当該技能講習を行つた登録教習機関からその者の当該技能講習の修了に係る情報の提供を受けて，その者に対して，同項の書面に当該技能講習を修了した旨を記載して交付することができる。

第10章　報　　　告

　本章は，特化則の一部改正（昭和50年９月30日公布のもの）により30年間保存義務が設けられた記録等の報告を規定したものである。

> **第52条**　削除
>
> **第53条**　特別管理物質を製造し，又は取り扱う事業者は，事業を廃止しようとするときは，特別管理物質等関係記録等報告書（様式第11号）に次の記録及び特定化学物質健康診断個人票又はこれらの写しを添えて，所轄労働基準監督署長に提出するものとする。
>
> 　1　第36条第３項の測定の記録
>
> 　2　第38条の４の作業の記録
>
> 　3　第40条第２項の特定化学物質健康診断個人票　　　　（根100－①）

【要　旨】

　本条は，特別管理物質を製造し，または取り扱う事業者が事業を廃止しようとするときは，当該物質に係る作業環境測定の結果の記録，作業に従事する労働者の作業の記録および特定化学物質健康診断個人票を所轄労働基準監督署長に提出しなければならないことを規定したものである。

【解　説】

⑴　本条は，特別管理物質が人に対し明らかに発がん性が認められる物はもちろん，いまだ人に対する発がんは認められてないが動物実験の結果，そのおそれのある物質を規定していることから，これらの物質にばく露する者の個人的または集団的な健康管理に万全を期するためには，その記録の活用が必要である。

　このため，関係事業場については，所定の記録の保存は30年間とするとともに，これらの記録が事業廃止によって散逸しないよう所轄労働基準監督署長への提出を規定したものである。

⑵　本条の「事業を廃止しようとするとき」とは，事業の廃止により解散してしまう場合をいい，単に，事業主の交替等は該当しないこと。

【参　考】

┌─ 労働安全衛生規則 ─────────────────────────────┐

（疾病の報告）

第97条の2　事業者は，化学物質又は化学物質を含有する製剤を製造し，又は取り扱う業務を行う事業場において，1年以内に2人以上の労働者が同種のがんに罹患したことを把握したときは，当該罹患が業務に起因するかどうかについて，遅滞なく，医師の意見を聴かなければならない。

②　事業者は，前項の医師が，同項の罹患が業務に起因するものと疑われると判断したときは，遅滞なく，次に掲げる事項について，所轄都道府県労働局長に報告しなければならない。

　1　がんに罹患した労働者が当該事業場で従事した業務において製造し，又は取り扱つた化学物質の名称（化学物質を含有する製剤にあつては，当該製剤が含有する化学物質の名称）

　2　がんに罹患した労働者が当該事業場において従事していた業務の内容及び当該業務に従事していた期間

　3　がんに罹患した労働者の年齢及び性別

└──────────────────────────────────────┘

第**3**編

関 係 法 令

【労働衛生関係法令】

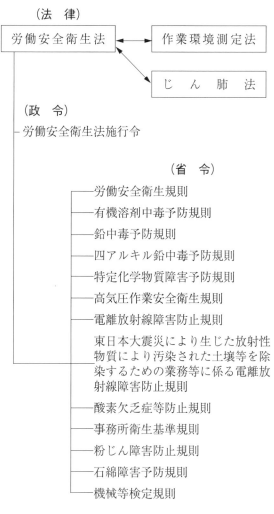

（法　律）

労働安全衛生法　⟷　作業環境測定法

じ　ん　肺　法

（政　令）

－労働安全衛生法施行令

（省　令）

──労働安全衛生規則

──有機溶剤中毒予防規則

──鉛中毒予防規則

──四アルキル鉛中毒予防規則

──特定化学物質障害予防規則

──高気圧作業安全衛生規則

──電離放射線障害防止規則

東日本大震災により生じた放射性物質により汚染された土壌等を除染するための業務等に係る電離放射線障害防止規則

──酸素欠乏症等防止規則

──事務所衛生基準規則

──粉じん障害防止規則

──石綿障害予防規則

──機械等検定規則

労働基準監督機関

厚生労働省労働基準局
｜
都道府県労働局
｜
労働基準監督署

第1章 労働安全衛生法（抄）

(昭和47年6月8日法律第57号)

(改正 令和4年6月17日法律第68号)

労働安全衛生法施行令（抄）

(昭和47年8月19日政令第318号)

(改正 令和5年9月6日政令第276号)

労働安全衛生規則（抄）

(昭和47年9月30日労働省令第32号)

(改正 令和5年12月27日厚生労働省令第165号)

第1章 総則

（目的）

第1条 この法律は，労働基準法（昭和22年法律第49号）と相まつて，労働災害の防止のための危害防止基準の確立，責任体制の明確化及び自主的活動の促進の措置を講ずる等その防止に関する総合的計画的な対策を推進することにより職場における労働者の安全と健康を確保するとともに，快適な職場環境の形成を促進することを目的とする。

（定義）

第2条 この法律において，次の各号に掲げる用語の意義は，それぞれ当該各号に定めるところによる。

　1　労働災害　労働者の就業に係る建設物，設備，原材料，ガス，蒸気，粉じん等により，又は作業行動その他業務に起因して，労働者が負傷し，疾病にかかり，又は死亡することをいう。

　2　労働者　労働基準法第9条に規定する労働者（同居の親族のみを使用する事業又は事務所に使用される者及び家事使用人を除く。）をいう。

　3　事業者　事業を行う者で，労働者を使用するものをいう。

3の2　化学物質　元素及び化合物をいう。

4　作業環境測定　作業環境の実態をは握するため空気環境その他の作業環境について行うデザイン，サンプリング及び分析（解析を含む。）をいう。

（事業者等の責務）

第3条　事業者は，単にこの法律で定める労働災害の防止のための最低基準を守るだけでなく，快適な職場環境の実現と労働条件の改善を通じて職場における労働者の安全と健康を確保するようにしなければならない。また，事業者は，国が実施する労働災害の防止に関する施策に協力するようにしなければならない。

②　機械，器具その他の設備を設計し，製造し，若しくは輸入する者，原材料を製造し，若しくは輸入する者又は建設物を建設し，若しくは設計する者は，これらの物の設計，製造，輸入又は建設に際して，これらの物が使用されることによる労働災害の発生の防止に資するように努めなければならない。

③　建設工事の注文者等仕事を他人に請け負わせる者は，施工方法，工期等について，安全で衛生的な作業の遂行をそこなうおそれのある条件を附さないように配慮しなければならない。

第4条　労働者は，労働災害を防止するため必要な事項を守るほか，事業者その他の関係者が実施する労働災害の防止に関する措置に協力するように努めなければならない。

（事業者に関する規定の適用）

第5条　二以上の建設業に属する事業の事業者が，一の場所において行われる当該事業の仕事を共同連帯して請け負つた場合においては，厚生労働省令で定めるところにより，そのうちの1人を代表者として定め，これを都道府県労働局長に届け出なければならない。

②　前項の規定による届出がないときは，都道府県労働局長が代表者を指名する。

③　前二項の代表者の変更は，都道府県労働局長に届け出なければ，その
　効力を生じない。

④　第1項に規定する場合においては，当該事業を同項又は第2項の代表
　者のみの事業と，当該代表者のみを当該事業の事業者と，当該事業の仕
　事に従事する労働者を当該代表者のみが使用する労働者とそれぞれみな
　して，この法律を適用する。

第3章　安全衛生管理体制

（総括安全衛生管理者）

第10条　事業者は，政令で定める規模の事業場ごとに，厚生労働省令で定
　めるところにより，総括安全衛生管理者を選任し，その者に安全管理者，
　衛生管理者又は第25条の2第2項の規定により技術的事項を管理する者
　の指揮をさせるとともに，次の業務を統括管理させなければならない。

　　1　労働者の危険又は健康障害を防止するための措置に関すること。

　　2　労働者の安全又は衛生のための教育の実施に関すること。

　　3　健康診断の実施その他健康の保持増進のための措置に関すること。

　　4　労働災害の原因の調査及び再発防止対策に関すること。

　　5　前各号に掲げるもののほか，労働災害を防止するため必要な業務で，
　　　厚生労働省令で定めるもの

②　総括安全衛生管理者は，当該事業場においてその事業の実施を統括管
　理する者をもつて充てなければならない。

③　都道府県労働局長は，労働災害を防止するため必要があると認めると
　きは，総括安全衛生管理者の業務の執行について事業者に勧告すること
　ができる。

　労働安全衛生法施行令

　（総括安全衛生管理者を選任すべき事業場）

　第2条　労働安全衛生法（以下「法」という。）第10条第1項の政令で定め

る規模の事業場は，次の各号に掲げる業種の区分に応じ，常時当該各号に掲げる数以上の労働者を使用する事業場とする。

1　林業，鉱業，建設業，運送業及び清掃業　100人

2　製造業（物の加工業を含む。），電気業，ガス業，熱供給業，水道業，通信業，各種商品卸売業，家具・建具・じゅう器等卸売業，各種商品小売業，家具・建具・じゅう器小売業，燃料小売業，旅館業，ゴルフ場業，自動車整備業及び機械修理業　300人

3　その他の業種　1000人

労働安全衛生規則

（総括安全衛生管理者の選任）

第2条　法第10条第1項の規定による総括安全衛生管理者の選任は，総括安全衛生管理者を選任すべき事由が発生した日から14日以内に行なわなければならない。

②　事業者は，総括安全衛生管理者を選任したときは，遅滞なく，様式第3号による報告書を，当該事業場の所在地を管轄する労働基準監督署長（以下「所轄労働基準監督署長」という。）に提出しなければならない。

（総括安全衛生管理者の代理者）

第3条　事業者は，総括安全衛生管理者が旅行，疾病，事故その他やむを得ない事由によつて職務を行なうことができないときは，代理者を選任しなければならない。

（総括安全衛生管理者が統括管理する業務）

第3条の2　法第10条第1項第5号の厚生労働省令で定める業務は，次のとおりとする。

1　安全衛生に関する方針の表明に関すること。

2　法第28条の2第1項又は第57条の3第1項及び第2項の危険性又は有害性等の調査及びその結果に基づき講ずる措置に関すること。

3　安全衛生に関する計画の作成，実施，評価及び改善に関すること。

（安全管理者）

第11条

① 略

② 労働基準監督署長は，労働災害を防止するため必要があると認めるときは，事業者に対し，安全管理者の増員又は解任を命ずることができる。

（衛生管理者）

第12条　事業者は，政令で定める規模の事業場ごとに，都道府県労働局長の免許を受けた者その他厚生労働省令で定める資格を有する者のうちから，厚生労働省令で定めるところにより，当該事業場の業務の区分に応じて，衛生管理者を選任し，その者に第10条第1項各号の業務（第25条の2第2項の規定により技術的事項を管理する者を選任した場合においては，同条第1項各号の措置に該当するものを除く。）のうち衛生に係る技術的事項を管理させなければならない。

② 前条第2項の規定は，衛生管理者について準用する。

労働安全衛生法施行令

（衛生管理者を選任すべき事業場）

第4条　法第12条第1項の政令で定める規模の事業場は，常時50人以上の労働者を使用する事業場とする。

労働安全衛生規則

（衛生管理者の選任）

第7条　法第12条第1項の規定による衛生管理者の選任は，次に定めるところにより行わなければならない。

1　衛生管理者を選任すべき事由が発生した日から14日以内に選任すること。

2　その事業場に専属の者を選任すること。ただし，2人以上の衛生管理者を選任する場合において，当該衛生管理者の中に第10条第3号に掲げる者がいるときは，当該者のうち1人については，この限りでない。

3　次に掲げる業種の区分に応じ，それぞれに掲げる者のうちから選任

すること。

イ　農林畜水産業，鉱業，建設業，製造業（物の加工業を含む。），電気業，ガス業，水道業，熱供給業，運送業，自動車整備業，機械修理業，医療業及び清掃業　第1種衛生管理者免許若しくは衛生工学衛生管理者免許を有する者又は第10条各号に掲げる者

ロ　その他の業種　第1種衛生管理者免許，第2種衛生管理者免許若しくは衛生工学衛生管理者免許を有する者又は第10条各号に掲げる者

4　次の表の上欄（編注：左欄）に掲げる事業場の規模に応じて，同表の下欄（編注：右欄）に掲げる数以上の衛生管理者を選任すること。

事業場の規模（常時使用する労働者数）	衛生管理者数
50人以上200人以下	1人
200人を超え500人以下	2人
500人を超え1000人以下	3人
1000人を超え2000人以下	4人
2000人を超え3000人以下	5人
3000人を超える場合	6人

5　次に掲げる事業場にあつては，衛生管理者のうち少なくとも1人を専任の衛生管理者とすること。

イ　常時1000人を超える労働者を使用する事業場

ロ　常時500人を超える労働者を使用する事業場で，坑内労働又は労働基準法施行規則（昭和22年厚生省令第23号）第18条各号に掲げる業務に常時30人以上の労働者を従事させるもの

6　常時500人を超える労働者を使用する事業場で，坑内労働又は労働基準法施行規則第18条第1号，第3号から第5号まで若しくは第9号に掲げる業務に常時30人以上の労働者を従事させるものにあつては，衛生管理者のうち1人を衛生工学衛生管理者免許を受けた者のうちから選任すること。

②　第2条第2項及び第3条の規定は，衛生管理者について準用する。

（衛生管理者の選任の特例）

第8条　事業者は，前条第1項の規定により衛生管理者を選任することができないやむを得ない事由がある場合で，所轄都道府県労働局長の許可を受けたときは，同項の規定によらないことができる。

（共同の衛生管理者の選任）

第9条　都道府県労働局長は，必要であると認めるときは，地方労働審議会の議を経て，衛生管理者を選任することを要しない2以上の事業場で，同一の地域にあるものについて，共同して衛生管理者を選任すべきことを勧告することができる。

（衛生管理者の資格）

第10条　法第12条第1項の厚生労働省令で定める資格を有する者は，次のとおりとする。

1　医師

2　歯科医師

3　労働衛生コンサルタント

4　前三号に掲げる者のほか，厚生労働大臣の定める者

（衛生管理者の定期巡視及び権限の付与）

第11条　衛生管理者は，少なくとも毎週1回作業場等を巡視し，設備，作業方法又は衛生状態に有害のおそれがあるときは，直ちに，労働者の健康障害を防止するため必要な措置を講じなければならない。

②　事業者は，衛生管理者に対し，衛生に関する措置をなし得る権限を与えなければならない。

（衛生工学に関する事項の管理）

第12条　事業者は，第7条第1項第6号の規定により選任した衛生管理者に，法第10条第1項各号の業務のうち衛生に係る技術的事項で衛生工学に関するものを管理させなければならない。

（安全衛生推進者等）

第12条の2　事業者は，第11条第1項の事業場及び前条第1項の事業場以

外の事業場で,厚生労働省令で定める規模のものごとに,厚生労働省令で
定めるところにより,安全衛生推進者（第11条第1項の政令で定める業
種以外の業種の事業場にあつては,衛生推進者）を選任し,その者に第
10条第1項各号の業務（第25条の2第2項の規定により技術的事項を管
理する者を選任した場合においては,同条第1項各号の措置に該当する
ものを除くものとし,第11条第1項の政令で定める業種以外の業種の事
業場にあつては,衛生に係る業務に限る。）を担当させなければならない。

労働安全衛生規則

（安全衛生推進者等を選任すべき事業場）

第12条の2　法第12条の2の厚生労働省令で定める規模の事業場は,常時
10人以上50人未満の労働者を使用する事業場とする。

（安全衛生推進者等の選任）

第12条の3　法第12条の2の規定による安全衛生推進者又は衛生推進者（以
下「安全衛生推進者等」という。）の選任は,都道府県労働局長の登録を
受けた者が行う講習を修了した者その他法第10条第1項各号の業務（衛
生推進者にあつては,衛生に係る業務に限る。）を担当するため必要な能
力を有すると認められる者のうちから,次に定めるところにより行わな
ければならない。

1　安全衛生推進者等を選任すべき事由が発生した日から14日以内に選
任すること。

2　その事業場に専属の者を選任すること。ただし,労働安全コンサル
タント,労働衛生コンサルタントその他厚生労働大臣が定める者のう
ちから選任するときは,この限りでない。

②　次に掲げる者は,前項の講習の講習科目（安全衛生推進者に係るもの
に限る。）のうち厚生労働大臣が定めるものの免除を受けることができる。

1　第5条各号に掲げる者

2　第10条各号に掲げる者

（安全衛生推進者等の氏名の周知）

第12条の4　事業者は,安全衛生推進者等を選任したときは,当該安全衛

　生推進者等の氏名を作業場の見やすい箇所に掲示する等により関係労働
　者に周知させなければならない。

（産業医等）

第13条　事業者は，政令で定める規模の事業場ごとに，厚生労働省令で定
　めるところにより，医師のうちから産業医を選任し，その者に労働者の
　健康管理その他の厚生労働省令で定める事項（以下「労働者の健康管理
　等」という。）を行わせなければならない。

②　産業医は，労働者の健康管理等を行うのに必要な医学に関する知識に
　ついて厚生労働省令で定める要件を備えた者でなければならない。

③　産業医は，労働者の健康管理等を行うのに必要な医学に関する知識に
　基づいて，誠実にその職務を行わなければならない。

④　産業医を選任した事業者は，産業医に対し，厚生労働省令で定めると
　ころにより，労働者の労働時間に関する情報その他の産業医が労働者の
　健康管理等を適切に行うために必要な情報として厚生労働省令で定める
　ものを提供しなければならない。

⑤　産業医は，労働者の健康を確保するため必要があると認めるときは，
　事業者に対し，労働者の健康管理等について必要な勧告をすることがで
　きる。この場合において，事業者は，当該勧告を尊重しなければならな
　い。

⑥　事業者は，前項の勧告を受けたときは，厚生労働省令で定めるところ
　により，当該勧告の内容その他の厚生労働省令で定める事項を衛生委員
　会又は安全衛生委員会に報告しなければならない。

---- 労働安全衛生法施行令 ------------------------------------
　（産業医を選任すべき事業場）
第5条　法第13条第1項の政令で定める規模の事業場は，常時50人以上の
　労働者を使用する事業場とする。

―― 労働安全衛生規則 ―――――――――――――――――――――――

（産業医の選任等）

第13条　法第13条第1項の規定による産業医の選任は，次に定めるところにより行わなければならない。

1　産業医を選任すべき事由が発生した日から14日以内に選任すること。

2　次に掲げる者（イ及びロにあつては，事業場の運営について利害関係を有しない者を除く。）以外の者のうちから選任すること。

　イ　事業者が法人の場合にあつては当該法人の代表者

　ロ　事業者が法人でない場合にあつては事業を営む個人

　ハ　事業場においてその事業の実施を統括管理する者

3　常時1,000人以上の労働者を使用する事業場又は次に掲げる業務に常時500人以上の労働者を従事させる事業場にあつては，その事業場に専属の者を選任すること。

　イ　多量の高熱物体を取り扱う業務及び著しく暑熱な場所における業務

　ロ　多量の低温物体を取り扱う業務及び著しく寒冷な場所における業務

　ハ　ラジウム放射線，エックス線その他の有害放射線にさらされる業務

　ニ　土石，獣毛等のじんあい又は粉末を著しく飛散する場所における業務

　ホ　異常気圧下における業務

　ヘ　さく岩機，鋲打機等の使用によつて，身体に著しい振動を与える業務

　ト　重量物の取扱い等重激な業務

　チ　ボイラー製造等強烈な騒音を発する場所における業務

　リ　坑内における業務

　ヌ　深夜業を含む業務

　ル　水銀，砒素，黄りん，弗化水素酸，塩酸，硝酸，硫酸，青酸，か性アルカリ，石炭酸その他これらに準ずる有害物を取り扱う業務

　ヲ　鉛，水銀，クロム，砒素，黄りん，弗化水素，塩素，塩酸，硝酸，亜硫酸，硫酸，一酸化炭素，二硫化炭素，青酸，ベンゼン，アニリンその他これらに準ずる有害物のガス，蒸気又は粉じんを発散する

　　場所における業務

　ワ　病原体によつて汚染のおそれが著しい業務

　カ　その他厚生労働大臣が定める業務

　4　常時3,000人をこえる労働者を使用する事業場にあつては，2人以上
　の産業医を選任すること。

②　第2条第2項の規定は，産業医について準用する。ただし，学校保健
　安全法（昭和33年法律第56号）第23条（就学前の子どもに関する教育，保
　育等の総合的な提供の推進に関する法律（平成18年法律第77号。以下この
　項及び第44条の2第1項において「認定こども園法」という。）第27条に
　おいて準用する場合を含む。）の規定により任命し，又は委嘱された学校
　医で，当該学校（同条において準用する場合にあつては，認定こども園
　法第2条第7項に規定する幼保連携型認定こども園）において産業医の
　職務を行うこととされたものについては，この限りでない。

③　第8条の規定は，産業医について準用する。この場合において，同条
　中「前条第1項」とあるのは，「第13条第1項」と読み替えるものとする。

④　事業者は，産業医が辞任したとき又は産業医を解任したときは，遅滞
　なく，その旨及びその理由を衛生委員会又は安全衛生委員会に報告しな
　ければならない。

（産業医及び産業歯科医の職務等）

第14条　法第13条第1項の厚生労働省令で定める事項は，次に掲げる事項
　で医学に関する専門的知識を必要とするものとする。

　1　健康診断の実施及びその結果に基づく労働者の健康を保持するため
　　の措置に関すること。

　2　法第66条の8第1項，第66条の8の2第1項及び第66条の8の4第
　　1項に規定する面接指導並びに法第66条の9に規定する必要な措置の
　　実施並びにこれらの結果に基づく労働者の健康を保持するための措置
　　に関すること。

　3　法第66条の10第1項に規定する心理的な負担の程度を把握するため
　　の検査の実施並びに同条第3項に規定する面接指導の実施及びその結
　　果に基づく労働者の健康を保持するための措置に関すること。

   4　作業環境の維持管理に関すること。

   5　作業の管理に関すること。

   6　前各号に掲げるもののほか，労働者の健康管理に関すること。

   7　健康教育，健康相談その他労働者の健康の保持増進を図るための措置に関すること。

   8　衛生教育に関すること。

   9　労働者の健康障害の原因の調査及び再発防止のための措置に関すること。

② 法第13条第2項の厚生労働省令で定める要件を備えた者は，次のとおりとする。

   1　法第13条第1項に規定する労働者の健康管理等（以下「労働者の健康管理等」という。）を行うのに必要な医学に関する知識についての研修であつて厚生労働大臣の指定する者（法人に限る。）が行うものを修了した者

   2　産業医の養成等を行うことを目的とする医学の正規の課程を設置している産業医科大学その他の大学であつて厚生労働大臣が指定するものにおいて当該課程を修めて卒業した者であつて，その大学が行う実習を履修したもの

   3　労働衛生コンサルタント試験に合格した者で，その試験の区分が保健衛生であるもの

   4　学校教育法による大学において労働衛生に関する科目を担当する教授，准教授又は講師（常時勤務する者に限る。）の職にあり，又はあつた者

   5　前各号に掲げる者のほか，厚生労働大臣が定める者

③ 産業医は，第1項各号に掲げる事項について，総括安全衛生管理者に対して勧告し，又は衛生管理者に対して指導し，若しくは助言することができる。

④ 事業者は，産業医が法第13条第5項の規定による勧告をしたこと又は前項の規定による勧告，指導若しくは助言をしたことを理由として，産業医に対し，解任その他不利益な取扱いをしないようにしなければならない。

⑤　事業者は，令第22条第３項の業務に常時50人以上の労働者を従事させる事業場については，第１項各号に掲げる事項のうち当該労働者の歯又はその支持組織に関する事項について，適時，歯科医師の意見を聴くようにしなければならない。

⑥　前項の事業場の労働者に対して法第66条第３項の健康診断を行なつた歯科医師は，当該事業場の事業者又は総括安全衛生管理者に対し，当該労働者の健康障害（歯又はその支持組織に関するものに限る。）を防止するため必要な事項を勧告することができる。

⑦　産業医は，労働者の健康管理等を行うために必要な医学に関する知識及び能力の維持向上に努めなければならない。

（産業医に対する情報の提供）

第14条の２　法第13条第４項の厚生労働省令で定める情報は，次に掲げる情報とする。

　１　法第66条の５第１項，第66条の８第５項（法第66条の８の２第２項又は第66条の８の４第２項において読み替えて準用する場合を含む。）又は第66条の10第６項の規定により既に講じた措置又は講じようとする措置の内容に関する情報（これらの措置を講じない場合にあつては，その旨及びその理由）

　２　第52条の２第１項，第52条の７の２第１項又は第52条の７の４第１項の超えた時間が１月当たり80時間を超えた労働者の氏名及び当該労働者に係る当該超えた時間に関する情報

　３　前二号に掲げるもののほか，労働者の業務に関する情報であつて産業医が労働者の健康管理等を適切に行うために必要と認めるもの

②　法第13条第４項の規定による情報の提供は，次の各号に掲げる情報の区分に応じ，当該各号に定めるところにより行うものとする。

　１　前項第１号に掲げる情報　法第66条の４，第66条の８第４項（法第66条の８の２第２項又は第66条の８の４第２項において準用する場合を含む。）又は第66条の10第５項の規定による医師又は歯科医師からの意見聴取を行つた後，遅滞なく提供すること。

　２　前項第２号に掲げる情報　第52条の２第２項（第52条の７の２第２

　　項又は第52条の7の4第2項において準用する場合を含む。）の規定に
　　より同号の超えた時間の算定を行つた後，速やかに提供すること。
　3　前項第3号に掲げる情報　産業医から当該情報の提供を求められた
　　後，速やかに提供すること。
（産業医による勧告等）
第14条の3　産業医は，法第13条第5項の勧告をしようとするときは，あ
らかじめ，当該勧告の内容について，事業者の意見を求めるものとする。
②　事業者は，法第13条第5項の勧告を受けたときは，次に掲げる事項を
記録し，これを3年間保存しなければならない。
　1　当該勧告の内容
　2　当該勧告を踏まえて講じた措置の内容（措置を講じない場合にあつ
　　ては，その旨及びその理由）
③　法第13条第6項の規定による報告は，同条第5項の勧告を受けた後遅
滞なく行うものとする。
④　法第13条第6項の厚生労働省令で定める事項は，次に掲げる事項とす
る。
　1　当該勧告の内容
　2　当該勧告を踏まえて講じた措置又は講じようとする措置の内容（措
　　置を講じない場合にあつては，その旨及びその理由）
（産業医に対する権限の付与等）
第14条の4　事業者は，産業医に対し，第14条第1項各号に掲げる事項を
なし得る権限を与えなければならない。
②　前項の権限には，第14条第1項各号に掲げる事項に係る次に掲げる事
項に関する権限が含まれるものとする。
　1　事業者又は総括安全衛生管理者に対して意見を述べること。
　2　第14条第1項各号に掲げる事項を実施するために必要な情報を労働
　　者から収集すること。
　3　労働者の健康を確保するため緊急の必要がある場合において，労働
　　者に対して必要な措置をとるべきことを指示すること。

（産業医の定期巡視）

第15条　産業医は，少なくとも毎月1回（産業医が，事業者から，毎月1回以上，次に掲げる情報の提供を受けている場合であつて，事業者の同意を得ているときは，少なくとも2月に1回）作業場等を巡視し，作業方法又は衛生状態に有害のおそれがあるときは，直ちに，労働者の健康障害を防止するため必要な措置を講じなければならない。

　1　第11条第1項の規定により衛生管理者が行う巡視の結果

　2　前号に掲げるもののほか，労働者の健康障害を防止し，又は労働者の健康を保持するために必要な情報であつて，衛生委員会又は安全衛生委員会における調査審議を経て事業者が産業医に提供することとしたもの。

第13条の2　事業者は，前条第1項の事業場以外の事業場については，労働者の健康管理等を行うのに必要な医学に関する知識を有する医師その他厚生労働省で定める者に労働者の健康管理等の全部又は一部を行わせるように努めなければならない。

② 　前条第4項の規定は，前項に規定する者に労働者の健康管理等の全部又は一部を行わせる事業者について準用する。この場合において，同条第4項中「提供しなければ」とあるのは，「提供するように努めなければ」と読み替えるものとする。

第13条の3　事業者は，産業医又は前条第1項に規定する者による労働者の健康管理等の適切な実施を図るため，産業医又は同項に規定する者が労働者からの健康相談に応じ，適切に対応するために必要な体制の整備その他の必要な措置を講ずるように努めなければならない。

───**労働安全衛生規則**───

（産業医を選任すべき事業場以外の事業場の労働者の健康管理等）

第15条の2　法第13条の2第1項の厚生労働省令で定める者は，労働者の健康管理等を行うのに必要な知識を有する保健師とする。

② 　事業者は，法第13条第1項の事業場以外の事業場について，法第13条の2第1項に規定する者に労働者の健康管理等の全部又は一部を行わせるに当たつては，労働者の健康管理等を行う同条に規定する医師の選任，

国が法第19条の３に規定する援助として行う労働者の健康管理等に係る
業務についての相談その他の必要な援助の事業の利用等に努めるものと
する。

③　第14条の２第１項の規定は法第13条の２第２項において準用する法第
13条第４項の厚生労働省令で定める情報について，第14条の２第２項の
規定は法第13条の２第２項において準用する法第13条第４項の規定によ
る情報の提供について，それぞれ準用する。

（作業主任者）

第14条　事業者は，高圧室内作業その他の労働災害を防止するための管理
を必要とする作業で，政令で定めるものについては，都道府県労働局長
の免許を受けた者又は都道府県労働局長の登録を受けた者が行う技能講
習を修了した者のうちから，厚生労働省令で定めるところにより，当該
作業の区分に応じて，作業主任者を選任し，その者に当該作業に従事す
る労働者の指揮その他の厚生労働省令で定める事項を行わせなければな
らない。

----- **労働安全衛生法施行令** -----------------------------------

（作業主任者を選任すべき作業）

第６条　法第14条の政令で定める作業は，次のとおりとする。

1〜17　略

18　別表第３に掲げる特定化学物質を製造し，又は取り扱う作業（試験
研究のため取り扱う作業及び同表第２号３の３，11の２，13の２，15，
15の２，18の２から18の４まで，19の２から19の４まで，22の２から
22の５まで，23の２，33の２若しくは34の３に掲げる物又は同号37に
掲げる物で同号３の３，11の２，13の２，15，15の２，18の２から18
の４まで，19の２から19の４まで，22の２から22の５まで，23の２，３
３の２若しくは34の３に係るものを製造し，又は取り扱う作業で厚生
労働省令で定めるものを除く。）

19〜23　略

別表第３　特定化学物質（第６条，第15条，第17条，第18条，第18条の２，

第21条，第22条関係)

① 第1類物質

1　ジクロルベンジジン及びその塩

2　アルフア-ナフチルアミン及びその塩

3　塩素化ビフエニル（別名 PCB）

4　オルト-トリジン及びその塩

5　ジアニシジン及びその塩

6　ベリリウム及びその化合物

7　ベンゾトリクロリド

8　1から6までに掲げる物をその重量の1パーセントを超えて含有し，又は7に掲げる物をその重量の0.5パーセントを超えて含有する製剤その他の物（合金にあつては，ベリリウムをその重量の3パーセントを超えて含有するものに限る。）

② 第2類物質

1　アクリルアミド

2　アクリロニトリル

3　アルキル水銀化合物（アルキル基がメチル基又はエチル基である物に限る。）

3の2　インジウム化合物

3の3　エチルベンゼン

4　エチレンイミン

5　エチレンオキシド

6　塩化ビニル

7　塩素

8　オーラミン

8の2　オルト-トルイジン

9　オルト-フタロジニトリル

10　カドミウム及びその化合物

11　クロム酸及びその塩

11の2　クロロホルム

12　クロロメチルメチルエーテル

13　五酸化バナジウム

13の2　コバルト及びその無機化合物

14　コールタール

15　酸化プロピレン

15の2　三酸化二アンチモン

16　シアン化カリウム

17　シアン化水素

18　シアン化ナトリウム

18の2　四塩化炭素

18の3　1・4-ジオキサン

18の4　1・2-ジクロロエタン（別名二塩化エチレン）

19　3・3′-ジクロロ-4・4′-ジアミノジフェニルメタン

19の2　1・2-ジクロロプロパン

19の3　ジクロロメタン（別名二塩化メチレン）

19の4　ジメチル-2・2-ジクロロビニルホスフェイト（別名DDVP）

19の5　1・1-ジメチルヒドラジン

20　臭化メチル

21　重クロム酸及びその塩

22　水銀及びその無機化合物（硫化水銀を除く。）

22の2　スチレン

22の3　1・1・2・2-テトラクロロエタン（別名四塩化アセチレン）

22の4　テトラクロロエチレン（別名パークロルエチレン）

22の5　トリクロロエチレン

23　トリレンジイソシアネート

23の2　ナフタレン

23の3　ニツケル化合物（24に掲げる物を除き，粉状の物に限る。）

24　ニツケルカルボニル

25　ニトログリコール

26　パラジメチルアミノアゾベンゼン

27　パラーニトロクロルベンゼン

27の2　砒素及びその化合物（アルシン及び砒化ガリウムを除く。）

28　弗化水素

29　ベーターブロピオラクトン

30　ベンゼン

31　ペンタクロルフエノール（別名PCP）及びそのナトリウム塩

31の2　ホルムアルデヒド

32　マゼンタ

33　マンガン及びその化合物

33の2　メチルイソブチルケトン

34　沃化メチル

34の2　溶接ヒューム

34の3　リフラクトリーセラミックファイバー

35　硫化水素

36　硫酸ジメチル

37　1から36までに掲げる物を含有する製剤その他の物で，厚生労働省令で定めるもの

③　第3類物質

1　アンモニア

2　一酸化炭素

3　塩化水素

4　硝酸

5　二酸化硫黄

6　フエノール

7　ホスゲン

8　硫酸

9　1から8までに掲げる物を含有する製剤その他の物で，厚生労働省令で定めるもの

┌─ **労働安全衛生規則** ─

（作業主任者の選任）

第16条　法第14条の規定による作業主任者の選任は，別表第1の上欄（編注：左欄）に掲げる作業の区分に応じて，同表の中欄に掲げる資格を有する者のうちから行なうものとし，その作業主任者の名称は，同表の下欄（編注：右欄）に掲げるとおりとする。

② 　略

別表第1　（第16条，第17条関係）（抄）

作業の区分	資格を有する者	名　　称
令第6条第18号の作業のうち，次の二項に掲げる作業以外の作業	特定化学物質及び四アルキル鉛等作業主任者技能講習（講習科目を次項の金属アーク溶接等作業に係るものに限定したもの（以下「金属アーク溶接等作業主任者限定技能講習」という。）を除く。令第6条第20号の作業の項において同じ。）を修了した者	特定化学物質作業主任者
令第6条第18号の作業のうち，金属をアーク溶接する作業，アークを用いて金属を溶断し，又はガウジングする作業その他の溶接ヒュームを製造し，又は取り扱う作業（以下この項において「金属アーク溶接等作業」という。）	特定化学物質及び四アルキル鉛等作業主任者技能講習（金属アーク溶接等作業主任者限定技能講習を含む。）を修了した者	金属アーク溶接等作業主任者
令第6条第18号の作業のうち，特別有機溶剤又は令別表第3第2号37に掲げる物で特別有機溶剤に係るものを製造し，又は取り扱う作業	有機溶剤作業主任者技能講習を修了した者	特定化学物質作業主任者（特別有機溶剤等関係）

（作業主任者の職務の分担）

第17条　事業者は，別表第1の上欄（編注：左欄）に掲げる一の作業を同一の場所で行なう場合において，当該作業に係る作業主任者を2人以上選任したときは，それぞれの作業主任者の職務の分担を定めなければならない。

（作業主任者の氏名等の周知）

第18条　事業者は，作業主任者を選任したときは，当該作業主任者の氏名及びその者に行なわせる事項を作業場の見やすい箇所に掲示する等により関係労働者に周知させなければならない。

（統括安全衛生責任者）

第15条　事業者で，一の場所において行う事業の仕事の一部を請負人に請け負わせているもの（当該事業の仕事の一部を請け負わせる契約が二以上あるため，その者が二以上あることとなるときは，当該請負契約のうちの最も先次の請負契約における注文者とする。以下「元方事業者」という。）のうち，建設業その他政令で定める業種に属する事業（以下「特定事業」という。）を行う者（以下「特定元方事業者」という。）は，その労働者及びその請負人（元方事業者の当該事業の仕事が数次の請負契約によつて行われるときは，当該請負人の請負契約の後次のすべての請負契約の当事者である請負人を含む。以下「関係請負人」という。）の労働者が当該場所において作業を行うときは，これらの労働者の作業が同一の場所において行われることによつて生ずる労働災害を防止するため，統括安全衛生責任者を選任し，その者に元方安全衛生管理者の指揮をさせるとともに，第30条第1項各号の事項を統括管理させなければならない。ただし，これらの労働者の数が政令で定める数未満であるときは，この限りでない。

②　統括安全衛生責任者は，当該場所においてその事業の実施を統括管理する者をもつて充てなければならない。

③　第30条第 4 項の場合において，同項のすべての労働者の数が政令で定める数以上であるときは，当該指名された事業者は，これらの労働者に関し，これらの労働者の作業が同一の場所において行われることによつて生ずる労働災害を防止するため，統括安全衛生責任者を選任し，その者に元方安全衛生管理者の指揮をさせるとともに，同条第 1 項各号の事項を統括管理させなければならない。この場合においては，当該指名された事業者及び当該指名された事業者以外の事業者については，第 1 項の規定は，適用しない。

④，⑤　略

労働安全衛生法施行令

（統括安全衛生責任者を選任すべき業種等）

第 7 条　法第15条第 1 項の政令で定める業種は，造船業とする。

②　略

（安全衛生責任者）

第16条　第15条第 1 項又は第 3 項の場合において，これらの規定により統括安全衛生責任者を選任すべき事業者以外の請負人で，当該仕事を自ら行うものは，安全衛生責任者を選任し，その者に統括安全衛生責任者との連絡その他の厚生労働省令で定める事項を行わせなければならない。

②　前項の規定により安全衛生責任者を選任した請負人は，同項の事業者に対し，遅滞なく，その旨を通報しなければならない。

（安全委員会）

第17条

①，②　略

③　安全委員会の議長は，第 1 号の委員がなるものとする。

④　事業者は，第 1 号の委員以外の委員の半数については，当該事業場に労働者の過半数で組織する労働組合があるときにおいてはその労働組合，労働者の過半数で組織する労働組合がないときにおいては労働者の過半数を代表する者の推薦に基づき指名しなければならない。

⑤　前二項の規定は，当該事業場の労働者の過半数で組織する労働組合との間における労働協約に別段の定めがあるときは，その限度において適用しない。

（衛生委員会）

第18条　事業者は，政令で定める規模の事業場ごとに，次の事項を調査審議させ，事業者に対し意見を述べさせるため，衛生委員会を設けなければならない。

1　労働者の健康障害を防止するための基本となるべき対策に関すること。

2　労働者の健康の保持増進を図るための基本となるべき対策に関すること。

3　労働災害の原因及び再発防止対策で，衛生に係るものに関すること。

4　前三号に掲げるもののほか，労働者の健康障害の防止及び健康の保持増進に関する重要事項

②　衛生委員会の委員は，次の者をもつて構成する。ただし，第1号の者である委員は，1人とする。

1　総括安全衛生管理者又は総括安全衛生管理者以外の者で当該事業場においてその事業の実施を統括管理するもの若しくはこれに準ずる者のうちから事業者が指名した者

2　衛生管理者のうちから事業者が指名した者

3　産業医のうちから事業者が指名した者

4　当該事業場の労働者で，衛生に関し経験を有するもののうちから事業者が指名した者

③　事業者は，当該事業場の労働者で，作業環境測定を実施している作業環境測定士であるものを衛生委員会の委員として指名することができる。

④　前条第3項から第5項までの規定は，衛生委員会について準用する。この場合において，同条第3項及び第4項中「第1号の委員」とあるのは，「第18条第2項第1号の者である委員」と読み替えるものとする。

労働安全衛生法施行令

（衛生委員会を設けるべき事業場）

第9条　法第18条第1項の政令で定める規模の事業場は，常時50人以上の労働者を使用する事業場とする。

労働安全衛生規則

（衛生委員会の付議事項）

第22条　法第18条第1項第4号の労働者の健康障害の防止及び健康の保持増進に関する重要事項には，次の事項が含まれるものとする。

1　衛生に関する規程の作成に関すること。

2　法第28条の2第1項又は第57条の3第1項及び第2項の危険性又は有害性等の調査及びその結果に基づき講ずる措置のうち，衛生に係るものに関すること。

3　安全衛生に関する計画（衛生に係る部分に限る。）の作成，実施，評価及び改善に関すること。

4　衛生教育の実施計画の作成に関すること。

5　法第57条の4第1項及び第57条の5第1項の規定により行われる有害性の調査並びにその結果に対する対策の樹立に関すること。

6　法第65条第1項又は第5項の規定により行われる作業環境測定の結果及びその結果の評価に基づく対策の樹立に関すること。

7　定期に行われる健康診断，法第66条第4項の規定による指示を受けて行われる臨時の健康診断，法第66条の2の自ら受けた健康診断及び法に基づく他の省令の規定に基づいて行われる医師の診断，診察又は処置の結果並びにその結果に対する対策の樹立に関すること。

8　労働者の健康の保持増進を図るため必要な措置の実施計画の作成に関すること。

9　長時間にわたる労働による労働者の健康障害の防止を図るための対策の樹立に関すること。

10　労働者の精神的健康の保持増進を図るための対策の樹立に関すること。

11　第577条の２第１項，第２項及び第８項の規定により講ずる措置に関すること並びに同条第３項及び第４項の医師又は歯科医師による健康診断の実施に関すること。

12　厚生労働大臣，都道府県労働局長，労働基準監督署長，労働基準監督官又は労働衛生専門官から文書により命令，指示，勧告又は指導を受けた事項のうち，労働者の健康障害の防止に関すること。

（委員会の会議）

第23条　事業者は，安全委員会，衛生委員会又は安全衛生委員会（以下「委員会」という。）を毎月１回以上開催するようにしなければならない。

②　前項に定めるもののほか，委員会の運営について必要な事項は，委員会が定める。

③　事業者は，委員会の開催の都度，遅滞なく，委員会における議事の概要を次に掲げるいずれかの方法によつて労働者に周知させなければならない。

1　常時各作業場の見やすい場所に掲示し，又は備え付けること。

2　書面を労働者に交付すること。

3　事業者の使用に係る電子計算機に備えられたファイル又は電磁的記録媒体（電磁的記録（電子的方式，磁気的方式その他人の知覚によつては認識することができない方式で作られる記録であつて，電子計算機による情報処理の用に供されるものをいう。以下同じ。）に係る記録媒体をいう。以下同じ。）をもつて調製するファイルに記録し，かつ，各作業場に労働者が当該記録の内容を常時確認できる機器を設置すること。

④　事業者は，委員会の開催の都度，次に掲げる事項を記録し，これを３年間保存しなければならない。

1　委員会の意見及び当該意見を踏まえて講じた措置の内容

2　前号に掲げるもののほか，委員会における議事で重要なもの

⑤　産業医は，衛生委員会又は安全衛生委員会に対して労働者の健康を確保する観点から必要な調査審議を求めることができる。

（関係労働者の意見の聴取）

第23条の2　委員会を設けている事業者以外の事業者は，安全又は衛生に関する事項について，関係労働者の意見を聴くための機会を設けるようにしなければならない。

（安全衛生委員会）

第19条　事業者は，第17条及び前条の規定により安全委員会及び衛生委員会を設けなければならないときは，それぞれの委員会の設置に代えて，安全衛生委員会を設置することができる。

②　安全衛生委員会の委員は，次の者をもつて構成する。ただし，第1号の者である委員は，1人とする。

　1　総括安全衛生管理者又は総括安全衛生管理者以外の者で当該事業場においてその事業の実施を統括管理するもの若しくはこれに準ずる者のうちから事業者が指名した者

　2　安全管理者及び衛生管理者のうちから事業者が指名した者

　3　産業医のうちから事業者が指名した者

　4　当該事業場の労働者で，安全に関し経験を有するもののうちから事業者が指名した者

　5　当該事業場の労働者で，衛生に関し経験を有するもののうちから事業者が指名した者

③　事業者は，当該事業場の労働者で，作業環境測定を実施している作業環境測定士であるものを安全衛生委員会の委員として指名することができる。

④　第17条第3項から第5項までの規定は，安全衛生委員会について準用する。この場合において，同条第3項及び第4項中「第1号の委員」とあるのは，「第19条第2項第1号の者である委員」と読み替えるものとする。

（安全管理者等に対する教育等）

第19条の2　事業者は，事業場における安全衛生の水準の向上を図るため，

安全管理者，衛生管理者，安全衛生推進者，衛生推進者その他労働災害の防止のための業務に従事する者に対し，これらの者が従事する業務に関する能力の向上を図るための教育，講習等を行い，又はこれらを受ける機会を与えるように努めなければならない。

②　厚生労働大臣は，前項の教育，講習等の適切かつ有効な実施を図るため必要な指針を公表するものとする。

③　厚生労働大臣は，前項の指針に従い，事業者又はその団体に対し，必要な指導等を行うことができる。

第4章　労働者の危険又は健康障害を防止するための措置

（事業者の講ずべき措置等）

第20条　事業者は，次の危険を防止するため必要な措置を講じなければならない。

1　機械，器具その他の設備（以下「機械等」という。）による危険

2　爆発性の物，発火性の物，引火性の物等による危険

3　電気，熱その他のエネルギーによる危険

第22条　事業者は，次の健康障害を防止するため必要な措置を講じなければならない。

1　原材料，ガス，蒸気，粉じん，酸素欠乏空気，病原体等による健康障害

2　放射線，高温，低温，超音波，騒音，振動，異常気圧等による健康障害

3　計器監視，精密工作等の作業による健康障害

4　排気，排液又は残さい物による健康障害

第23条　事業者は，労働者を就業させる建設物その他の作業場について，通路，床面，階段等の保全並びに換気，採光，照明，保温，防湿，休養，避難及び清潔に必要な措置その他労働者の健康，風紀及び生命の保持のため必要な措置を講じなければならない。

第24条　事業者は，労働者の作業行動から生ずる労働災害を防止するため必要な措置を講じなければならない。

第25条　事業者は，労働災害発生の急迫した危険があるときは，直ちに作業を中止し，労働者を作業場から退避させる等必要な措置を講じなければならない。

第25条の2　建設業その他政令で定める業種に属する事業の仕事で，政令で定めるものを行う事業者は，爆発，火災等が生じたことに伴い労働者の救護に関する措置がとられる場合における労働災害の発生を防止するため，次の措置を講じなければならない。

1　労働者の救護に関し必要な機械等の備付け及び管理を行うこと。

2　労働者の救護に関し必要な事項についての訓練を行うこと。

3　前二号に掲げるもののほか，爆発，火災等に備えて，労働者の救護に関し必要な事項を行うこと。

②　前項に規定する事業者は，厚生労働省令で定める資格を有する者のうちから，厚生労働省令で定めるところにより，同項各号の措置のうち技術的事項を管理する者を選任し，その者に当該技術的事項を管理させなければならない。

第26条　労働者は，事業者が第20条から第25条まで及び前条第1項の規定に基づき講ずる措置に応じて，必要な事項を守らなければならない。

第27条　第20条から第25条まで及び第25条の2第1項の規定により事業者が講ずべき措置及び前条の規定により労働者が守らなければならない事項は，厚生労働省令で定める。

②　前項の厚生労働省令を定めるに当たつては，公害（環境基本法（平成5年法律第91号）第2条第3項に規定する公害をいう。）その他一般公衆の災害で，労働災害と密接に関連するものの防止に関する法令の趣旨に反しないように配慮しなければならない。

（技術上の指針等の公表等）

第28条　厚生労働大臣は，第20条から第25条まで及び第25条の2第1項の

規定により事業者が講ずべき措置の適切かつ有効な実施を図るため必要な業種又は作業ごとの技術上の指針を公表するものとする。

② 　厚生労働大臣は，前項の技術上の指針を定めるに当たつては，中高年齢者に関して，特に配慮するものとする。

③ 　厚生労働大臣は，次の化学物質で厚生労働大臣が定めるものを製造し，又は取り扱う事業者が当該化学物質による労働者の健康障害を防止するための指針を公表するものとする。

　　1 　第57条の4第4項の規定による勧告又は第57条の5第1項の規定による指示に係る化学物質

　　2 　前号に掲げる化学物質以外の化学物質で，がんその他の重度の健康障害を労働者に生ずるおそれのあるもの

④ 　厚生労働大臣は，第1項又は前項の規定により，技術上の指針又は労働者の健康障害を防止するための指針を公表した場合において必要があると認めるときは，事業者又はその団体に対し，当該技術上の指針又は労働者の健康障害を防止するための指針に関し必要な指導等を行うことができる。

（事業者の行うべき調査等）

第28条の2 　事業者は，厚生労働省令で定めるところにより，建設物，設備，原材料，ガス，蒸気，粉じん等による，又は作業行動その他業務に起因する危険性又は有害性等（第57条第1項の政令で定める物及び第57条の2第1項に規定する通知対象物による危険性又は有害性等を除く。）を調査し，その結果に基づいて，この法律又はこれに基づく命令の規定による措置を講ずるほか，労働者の危険又は健康障害を防止するため必要な措置を講ずるように努めなければならない。ただし，当該調査のうち，化学物質，化学物質を含有する製剤その他の物で労働者の危険又は健康障害を生ずるおそれのあるものに係るもの以外のものについては，製造業その他厚生労働省令で定める業種に属する事業者に限る。

② 　厚生労働大臣は，前条第1項及び第3項に定めるもののほか，前項の

措置に関して，その適切かつ有効な実施を図るため必要な指針を公表するものとする。

③　厚生労働大臣は，前項の指針に従い，事業者又はその団体に対し，必要な指導，援助等を行うことができる。

労働安全衛生規則

（危険性又は有害性等の調査）

第24条の11　法第28条の２第１項の危険性又は有害性等の調査は，次に掲げる時期に行うものとする。

1　建設物を設置し，移転し，変更し，又は解体するとき。

2　設備，原材料等を新規に採用し，又は変更するとき。

3　作業方法又は作業手順を新規に採用し，又は変更するとき。

4　前三号に掲げるもののほか，建設物，設備，原材料，ガス，蒸気，粉じん等による，又は作業行動その他業務に起因する危険性又は有害性等について変化が生じ，又は生ずるおそれがあるとき。

②　法第28条の２第１項ただし書の厚生労働省令で定める業種は，令第２条第１号に掲げる業種及び同条第２号に掲げる業種（製造業を除く。）とする。

（指針の公表）

第24条の12　第24条の規定は，法第28条の２第２項の規定による指針の公表について準用する。

（機械に関する危険性等の通知）

第24条の13　労働者に危険を及ぼし，又は労働者の健康障害をその使用により生ずるおそれのある機械（以下単に「機械」という。）を譲渡し，又は貸与する者（次項において「機械譲渡者等」という。）は，文書の交付等により当該機械に関する次に掲げる事項を，当該機械の譲渡又は貸与を受ける相手方の事業者（次項において「相手方事業者」という。）に通知するよう努めなければならない。

1　型式，製造番号その他の機械を特定するために必要な事項

2　機械のうち，労働者に危険を及ぼし，又は労働者の健康障害をその使用により生ずるおそれのある箇所に関する事項

　　3　機械に係る作業のうち，前号の箇所に起因する危険又は健康障害を
　　　生ずるおそれのある作業に関する事項
　　4　前号の作業ごとに生ずるおそれのある危険又は健康障害のうち最も
　　　重大なものに関する事項
　　5　前各号に掲げるもののほか，その他参考となる事項
②　厚生労働大臣は，相手方事業者の法第28条の2第1項の調査及び同項
　の措置の適切かつ有効な実施を図ることを目的として機械譲渡者等が行
　う前項の通知を促進するため必要な指針を公表することができる。
（危険有害化学物質等に関する危険性又は有害性等の表示等）

第24条の14　化学物質，化学物質を含有する製剤その他の労働者に対する
　危険又は健康障害を生ずるおそれのある物で厚生労働大臣が定めるもの
　（令第18条各号及び令別表第3第1号に掲げる物を除く。次項及び第24条
　の16において「危険有害化学物質等」という。）を容器に入れ，又は包装
　して，譲渡し，又は提供する者は，その容器又は包装（容器に入れ，か
　つ，包装して，譲渡し，又は提供するときにあつては，その容器）に次
　に掲げるものを表示するように努めなければならない。
　1　次に掲げる事項
　　イ　名称
　　ロ　人体に及ぼす作用
　　ハ　貯蔵又は取扱い上の注意
　　ニ　表示をする者の氏名（法人にあつては，その名称），住所及び電話
　　　番号
　　ホ　注意喚起語
　　ヘ　安定性及び反応性
　2　当該物を取り扱う労働者に注意を喚起するための標章で厚生労働大
　　臣が定めるもの
②　危険有害化学物質等を前項に規定する方法以外の方法により譲渡し，又
　は提供する者は，同項各号の事項を記載した文書を，譲渡し，又は提供
　する相手方に交付するよう努めなければならない。

第24条の15　特定危険有害化学物質等（化学物質，化学物質を含有する製

剤その他の労働者に対する危険又は健康障害を生ずるおそれのある物で厚生労働大臣が定めるもの（法第57条の２第１項に規定する通知対象物を除く。）をいう。以下この条及び次条において同じ。）を譲渡し，又は提供する者は，特定危険有害化学物質等に関する次に掲げる事項（前条第２項に規定する者にあつては，同条第１項に規定する事項を除く。）を，文書若しくは磁気ディスク，光ディスクその他の記録媒体の交付，ファクシミリ装置を用いた送信若しくは電子メールの送信又は当該事項が記載されたホームページのアドレス（二次元コードその他のこれに代わるものを含む。）及び当該アドレスに係るホームページの閲覧を求める旨の伝達により，譲渡し，又は提供する相手方の事業者に通知し，当該相手方が閲覧できるように努めなければならない。

1　名称
2　成分及びその含有量
3　物理的及び化学的性質
4　人体に及ぼす作用
5　貯蔵又は取扱い上の注意
6　流出その他の事故が発生した場合において講ずべき応急の措置
7　通知を行う者の氏名（法人にあつては，その名称），住所及び電話番号
8　危険性又は有害性の要約
9　安定性及び反応性
10　想定される用途及び当該用途における使用上の注意
11　適用される法令
12　その他参考となる事項

②　特定危険有害化学物質等を譲渡し，又は提供する者は，前項第４号の事項について，直近の確認を行つた日から起算して５年以内ごとに１回，最新の科学的知見に基づき，変更を行う必要性の有無を確認し，変更を行う必要があると認めるときは，当該確認をした日から１年以内に，当該事項に変更を行うように努めなければならない。

③　特定危険有害化学物質等を譲渡し，又は提供する者は，第１項の規定により通知した事項に変更を行う必要が生じたときは，文書若しくは磁

気ディスク，光ディスクその他の記録媒体の交付，ファクシミリ装置を
用いた送信若しくは電子メールの送信又は当該事項が記載されたホーム
ページのアドレス（二次元コードその他のこれに代わるものを含む。）及
び当該アドレスに係るホームページの閲覧を求める旨の伝達により，変
更後の同項各号の事項を，速やかに，譲渡し，又は提供した相手方の事
業者に通知し，当該相手方が閲覧できるように努めなければならない。

第24条の16　厚生労働大臣は，危険有害化学物質等又は特定危険有害化学
物質等の譲渡又は提供を受ける相手方の事業者の法第28条の2第1項の
調査及び同項の措置の適切かつ有効な実施を図ることを目的として危険
有害化学物質等又は特定危険有害化学物質等を譲渡し，又は提供する者
が行う前二条の規定による表示又は通知を促進するため必要な指針を公
表することができる。

（元方事業者の講ずべき措置等）

第29条　元方事業者は，関係請負人及び関係請負人の労働者が，当該仕事
に関し，この法律又はこれに基づく命令の規定に違反しないよう必要な
指導を行なわなければならない。

②　元方事業者は，関係請負人又は関係請負人の労働者が，当該仕事に関
し，この法律又はこれに基づく命令の規定に違反していると認めるとき
は，是正のため必要な指示を行なわなければならない。

③　前項の指示を受けた関係請負人又はその労働者は，当該指示に従わな
ければならない。

（特定元方事業者等の講ずべき措置）

第30条　特定元方事業者は，その労働者及び関係請負人の労働者の作業が
同一の場所において行われることによつて生ずる労働災害を防止するた
め，次の事項に関する必要な措置を講じなければならない。

1　協議組織の設置及び運営を行うこと。
2　作業間の連絡及び調整を行うこと。
3　作業場所を巡視すること。

　4　関係請負人が行う労働者の安全又は衛生のための教育に対する指導
　　及び援助を行うこと。

　5　仕事を行う場所が仕事ごとに異なることを常態とする業種で，厚生
　　労働省令で定めるものに属する事業を行う特定元方事業者にあつては，
　　仕事の工程に関する計画及び作業場所における機械，設備等の配置に
　　関する計画を作成するとともに，当該機械，設備等を使用する作業に
　　関し関係請負人がこの法律又はこれに基づく命令の規定に基づき講ず
　　べき措置についての指導を行うこと。

　6　前各号に掲げるもののほか，当該労働災害を防止するため必要な事項

②　特定事業の仕事の発注者（注文者のうち，その仕事を他の者から請け
　負わないで注文している者をいう。以下同じ。）で，特定元方事業者以
　外のものは，一の場所において行なわれる特定事業の仕事を二以上の請
　負人に請け負わせている場合において，当該場所において当該仕事に係
　る二以上の請負人の労働者が作業を行なうときは，厚生労働省令で定め
　るところにより，請負人で当該仕事を自ら行なう事業者であるもののう
　ちから，前項に規定する措置を講ずべき者として1人を指名しなければ
　ならない。一の場所において行なわれる特定事業の仕事の全部を請け負
　つた者で，特定元方事業者以外のもののうち，当該仕事を二以上の請負
　人に請け負わせている者についても，同様とする。

③　前項の規定による指名がされないときは，同項の指名は，労働基準監
　督署長がする。

④　第2項又は前項の規定による指名がされたときは，当該指名された事
　業者は，当該場所において当該仕事の作業に従事するすべての労働者に
　関し，第1項に規定する措置を講じなければならない。この場合におい
　ては，当該指名された事業者及び当該指名された事業者以外の事業者に
　ついては，第1項の規定は，適用しない。

```
┌─ 労働安全衛生規則 ─────────────────────────┐
```
（有機溶剤等の容器の集積箇所の統一）

第641条　特定元方事業者は，その労働者及び関係請負人の労働者の作業が同一の場所において行われる場合において，当該場所に次の容器が集積されるとき（第2号に掲げる容器については，屋外に集積されるときに限る。）は，当該容器を集積する箇所を統一的に定め，これを関係請負人に周知させなければならない。

　　1　有機溶剤等（有機則第1条第1項第2号の有機溶剤等をいう。以下同じ。）又は特別有機溶剤等（特化則第2条第1項第3号の3の特別有機溶剤等をいう。以下同じ。）を入れてある容器

　　2　有機溶剤等又は特別有機溶剤等を入れてあつた空容器で有機溶剤又は特別有機溶剤（特化則第1条第1項第3号の2の特別有機溶剤をいう。以下同じ。）の蒸気が発散するおそれのあるもの

②　特定元方事業者及び関係請負人は，当該場所に前項の容器を集積するとき（同項第2号に掲げる容器については，屋外に集積するときに限る。）は，同項の規定により統一的に定められた箇所に集積しなければならない。

第30条の2　製造業その他政令で定める業種に属する事業（特定事業を除く。）の元方事業者は，その労働者及び関係請負人の労働者の作業が同一の場所において行われることによつて生ずる労働災害を防止するため，作業間の連絡及び調整を行うことに関する措置その他必要な措置を講じなければならない。

②　前条第2項の規定は，前項に規定する事業の仕事の発注者について準用する。この場合において，同条第2項中「特定元方事業者」とあるのは「元方事業者」と，「特定事業の仕事を2以上」とあるのは「仕事を2以上」と，「前項」とあるのは「次条第1項」と，「特定事業の仕事の全部」とあるのは「仕事の全部」と読み替えるものとする。

③　前項において準用する前条第2項の規定による指名がされないときは，同項の指名は，労働基準監督署長がする。

④　第2項において準用する前条第2項又は前項の規定による指名がされ

たときは，当該指名された事業者は，当該場所において当該仕事の作業に従事するすべての労働者に関し，第1項に規定する措置を講じなければならない。この場合においては，当該指名された事業者及び当該指名された事業者以外の事業者については，同項の規定は，適用しない。

（注文者の講ずべき措置）

第31条　特定事業の仕事を自ら行う注文者は，建設物，設備又は原材料(以下「建設物等」という。)を，当該仕事を行う場所においてその請負人(当該仕事が数次の請負契約によつて行われるときは，当該請負人の請負契約の後次のすべての請負契約の当事者である請負人を含む。第31条の4において同じ。)の労働者に使用させるときは，当該建設物等について，当該労働者の労働災害を防止するため必要な措置を講じなければならない。

②　前項の規定は，当該事業の仕事が数次の請負契約によつて行なわれることにより同一の建設物等について同項の措置を講ずべき注文者が2以上あることとなるときは，後次の請負契約の当事者である注文者については，適用しない。

第31条の2　化学物質，化学物質を含有する製剤その他の物を製造し，又は取り扱う設備で政令で定めるものの改造その他の厚生労働省令で定める作業に係る仕事の注文者は，当該物について，当該仕事に係る請負人の労働者の労働災害を防止するため必要な措置を講じなければならない。

----**労働安全衛生法施行令**----------------

（法第31条の2の政令で定める設備）

第9条の3　法第31条の2の政令で定める設備は，次のとおりとする。

1　化学設備（別表第1に掲げる危険物（火薬類取締法第2条第1項に規定する火薬類を除く。）を製造し，若しくは取り扱い，又はシクロヘキサノール，クレオソート油，アニリンその他の引火点が65度以上の物を引火点以上の温度で製造し，若しくは取り扱う設備で，移動式以外のものをいい，アセチレン溶接装置，ガス集合溶接装置及び乾燥設備を除く。第15条第1項第5号において同じ。）及びその附属設備

2　前号に掲げるもののほか，法第57条の2第1項に規定する通知対象物を製造し，又は取り扱う設備（移動式以外のものに限る。）及びその附属設備

（請負人の講ずべき措置等）

第32条　第30条第1項又は第4項の場合において，同条第1項に規定する措置を講ずべき事業者以外の請負人で，当該仕事を自ら行うものは，これらの規定により講ぜられる措置に応じて，必要な措置を講じなければならない。

②　第30条の2第1項又は第4項の場合において，同条第1項に規定する措置を講ずべき事業者以外の請負人で，当該仕事を自ら行うものは，これらの規定により講ぜられる措置に応じて，必要な措置を講じなければならない。

③　第30条の3第1項又は第4項の場合において，第25条の2第1項各号の措置を講ずべき事業者以外の請負人で，当該仕事を自ら行うものは，第30条の3第1項又は第4項の規定により講ぜられる措置に応じて，必要な措置を講じなければならない。

④　第31条第1項の場合において，当該建設物等を使用する労働者に係る事業者である請負人は，同項の規定により講ぜられる措置に応じて，必要な措置を講じなければならない。

⑤　第31条の2の場合において，同条に規定する仕事に係る請負人は，同条の規定により講ぜられる措置に応じて，必要な措置を講じなければならない。

⑥　第30条第1項若しくは第4項，第30条の2第1項若しくは第4項，第30条の3第1項若しくは第4項，第31条第1項又は第31条の2の場合において，労働者は，これらの規定又は前各項の規定により講ぜられる措置に応じて，必要な事項を守らなければならない。

⑦　第1項から第5項までの請負人及び前項の労働者は，第30条第1項の

特定元方事業者等，第30条の2第1項若しくは第30条の3第1項の元方事業者等，第31条第1項若しくは第31条の2の注文者又は第1項から第5項までの請負人が第30条第1項若しくは第4項，第30条の2第1項若しくは第4項，第30条の3第1項若しくは第4項，第31条第1項，第31条の2又は第1項から第5項までの規定に基づく措置の実施を確保するためにする指示に従わなければならない。

（建築物貸与者の講ずべき措置）

第34条　建築物で，政令で定めるものを他の事業者に貸与する者(以下「建築物貸与者」という。) は，当該建築物の貸与を受けた事業者の事業に係る当該建築物による労働災害を防止するため必要な措置を講じなければならない。ただし，当該建築物の全部を一の事業者に貸与するときは，この限りでない。

労働安全衛生法施行令

（法第34条の政令で定める建築物）

第11条　法第34条の政令で定める建築物は，事務所又は工場の用に供される建築物とする。

（厚生労働省令への委任）

第36条　第30条第1項若しくは第4項，第30条の2第1項若しくは第4項，第30条の3第1項若しくは第4項，第31条第1項，第31条の2，第32条第1項から第5項まで，第33条第1項若しくは第2項又は第34条の規定によりこれらの規定に定める者が講ずべき措置及び第32条第6項又は第33条第3項の規定によりこれらの規定に定める者が守らなければならない事項は，厚生労働省令で定める。

第5章　機械等並びに危険物及び有害物に関する規制

第1節　機械等に関する規制

（譲渡等の制限等）

第42条　特定機械等以外の機械等で，別表第2に掲げるものその他危険若しくは有害な作業を必要とするもの，危険な場所において使用するもの又は危険若しくは健康障害を防止するため使用するもののうち，政令で定めるものは，厚生労働大臣が定める規格又は安全装置を具備しなければ，譲渡し，貸与し，又は設置してはならない。

別表第2　（第42条関係）

　1～7　略

　8　防じんマスク

　9　防毒マスク

　10～15　略

　16　電動ファン付き呼吸用保護具

　┌╌╌**労働安全衛生法施行令**╌╌╌╌╌╌╌╌╌╌╌╌╌╌╌╌╌╌╌╌╌╌╌╌╌╌╌╌╌╌╌╌╌╌╌

　（厚生労働大臣が定める規格又は安全装置を具備すべき機械等）

第13条

①～③　略

④　法別表第2に掲げる機械等には，本邦の地域内で使用されないことが明らかな機械等を含まないものとする。

⑤　次の表の上欄（編注：左欄）に掲げる機械等には，それぞれ同表の下欄（編注：右欄）に掲げる機械等を含まないものとする。

略	略
法別表第2第8号に掲げる防じんマスク	ろ過材又は面体を有していない防じんマスク

法別表第2第9号に掲げる防毒マスク	ハロゲンガス用又は有機ガス用防毒マスクその他厚生労働省令で定めるもの以外の防毒マスク
略	略
法別表第2第16号に掲げる電動ファン付き呼吸用保護具	ハロゲンガス用又は有機ガス用の防毒機能を有する電動ファン付き呼吸用保護具その他厚生労働省令で定めるもの以外の防毒機能を有する電動ファン付き呼吸用保護具

労働安全衛生規則

（規格を具備すべき防毒マスク）

第26条　令第13条第5項の厚生労働省令で定める防毒マスクは，次のとおりとする。

1　一酸化炭素用防毒マスク

2　アンモニア用防毒マスク

3　亜硫酸ガス用防毒マスク

（規格を具備すべき防毒機能を有する電動ファン付き呼吸用保護具）

第26条の2　令第13条第5項の厚生労働省令で定める防毒機能を有する電動ファン付き呼吸用保護具は，次のとおりとする。

1　アンモニア用の防毒機能を有する電動ファン付き呼吸用保護具

2　亜硫酸ガス用の防毒機能を有する電動ファン付き呼吸用保護具

（規格に適合した機械等の使用）

第27条　事業者は，法別表第2に掲げる機械等及び令第13条第3項各号に掲げる機械等については，法第42条の厚生労働大臣が定める規格又は安全装置を具備したものでなければ，使用してはならない。

（型式検定）

第44条の2　第42条の機械等のうち，別表第4に掲げる機械等で政令で定めるものを製造し，又は輸入した者は，厚生労働省令で定めるところに

より，厚生労働大臣の登録を受けた者（以下「登録型式検定機関」という。）が行う当該機械等の型式についての検定を受けなければならない。ただし，当該機械等のうち輸入された機械等で，その型式について次項の検定が行われた機械等に該当するものは，この限りでない。

② 前項に定めるもののほか，次に掲げる場合には，外国において同項本文の機械等を製造した者（以下この項及び第44条の4において「外国製造者」という。）は，厚生労働省令で定めるところにより，当該機械等の型式について，自ら登録型式検定機関が行う検定を受けることができる。

1 当該機械等を本邦に輸出しようとするとき。

2 当該機械等を輸入した者が外国製造者以外の者（以下この号において単に「他の者」という。）である場合において，当該外国製造者が当該他の者について前項の検定が行われることを希望しないとき。

③ 登録型式検定機関は，前二項の検定（以下「型式検定」という。）を受けようとする者から申請があつた場合には，当該申請に係る型式の機械等の構造並びに当該機械等を製造し，及び検査する設備等が厚生労働省令で定める基準に適合していると認めるときでなければ，当該型式を型式検定に合格させてはならない。

④ 登録型式検定機関は，型式検定に合格した型式について，型式検定合格証を申請者に交付する。

⑤ 型式検定を受けた者は，当該型式検定に合格した型式の機械等を本邦において製造し，又は本邦に輸入したときは，当該機械等に，厚生労働省令で定めるところにより，型式検定に合格した型式の機械等である旨の表示を付さなければならない。型式検定に合格した型式の機械等を本邦に輸入した者（当該型式検定を受けた者以外の者に限る。）についても，同様とする。

⑥ 型式検定に合格した型式の機械等以外の機械等には，前項の表示を付し，又はこれと紛らわしい表示を付してはならない。

⑦　第 1 項本文の機械等で，第 5 項の表示が付されていないものは，使用してはならない。

（型式検定合格証の有効期間等）

第44条の 3　型式検定合格証の有効期間（次項の規定により型式検定合格証の有効期間が更新されたときにあつては，当該更新された型式検定合格証の有効期間）は，前条第 1 項本文の機械等の種類に応じて，厚生労働省令で定める期間とする。

②　型式検定合格証の有効期間の更新を受けようとする者は，厚生労働省令で定めるところにより，型式検定を受けなければならない。

```
-----労働安全衛生法施行令--------------------------------
（型式検定を受けるべき機械等）
第14条の 2　法第44条の 2 第 1 項の政令で定める機械等は，次に掲げる機
  械等（本邦の地域内で使用されないことが明らかな場合を除く。）とする。
  1〜4　略
  5　防じんマスク（ろ過材及び面体を有するものに限る。）
  6　防毒マスク（ハロゲンガス用又は有機ガス用のものその他厚生労働
    省令で定めるものに限る。）
  7〜12　略
  13　防じん機能を有する電動ファン付き呼吸用保護具
  14　防毒機能を有する電動ファン付き呼吸用保護具（ハロゲンガス用又
    は有機ガス用のものその他厚生労働省令で定めるものに限る。）
```

（定期自主検査）

第45条　事業者は，ボイラーその他の機械等で，政令で定めるものについて，厚生労働省令で定めるところにより，定期に自主検査を行ない，及びその結果を記録しておかなければならない。

②〜④　略

労働安全衛生法施行令

（定期に自主検査を行うべき機械等）

第15条 法第45条第1項の政令で定める機械等は，次のとおりとする。

1〜8 略

9 局所排気装置，プッシュプル型換気装置，除じん装置，排ガス処理装置及び排液処理装置で，厚生労働省令で定めるもの

10 特定化学設備（別表第3第2号に掲げる第2類物質のうち厚生労働省令で定めるもの又は同表第3号に掲げる第3類物質を製造し，又は取り扱う設備で，移動式以外のものをいう。）及びその附属設備

以下 略

第2節 危険物及び有害物に関する規制

（製造等の禁止）

第55条 黄りんマッチ，ベンジジン，ベンジジンを含有する製剤その他の労働者に重度の健康障害を生ずる物で，政令で定めるものは，製造し，輸入し，譲渡し，提供し，又は使用してはならない。ただし，試験研究のため製造し，輸入し，又は使用する場合で，政令で定める要件に該当するときは，この限りでない。

労働安全衛生法施行令

（製造等が禁止される有害物等）

第16条 法第55条の政令で定める物は，次のとおりとする。

1 黄りんマッチ

2 ベンジジン及びその塩

3 4-アミノジフエニル及びその塩

4 石綿（次に掲げる物で厚生労働省令で定めるものを除く。）

　イ 石綿の分析のための試料の用に供される石綿

　ロ 石綿の使用状況の調査に関する知識又は技能の習得のための教育の用に供される石綿

　ハ イ又はロに掲げる物の原料又は材料として使用される石綿

5 4-ニトロジフエニル及びその塩

　6　ビス（クロロメチル）エーテル

　7　ベーターナフチルアミン及びその塩

　8　ベンゼンを含有するゴムのりで，その含有するベンゼンの容量が当
　　該ゴムのりの溶剤（希釈剤を含む。）の5パーセントを超えるもの

　9　第2号，第3号若しくは第5号から第7号までに掲げる物をその重
　　量の1パーセントを超えて含有し，又は第4号に掲げる物をその重量
　　の0.1パーセントを超えて含有する製剤その他の物

②　法第55条ただし書の政令で定める要件は，次のとおりとする。

　1　製造，輸入又は使用について，厚生労働省令で定めるところにより，
　　あらかじめ，都道府県労働局長の許可を受けること。この場合におい
　　て，輸入貿易管理令（昭和24年政令第414号）第9条第1項の規定によ
　　る輸入割当てを受けるべき物の輸入については，同項の輸入割当てを
　　受けたことを証する書面を提出しなければならない。

　2　厚生労働大臣が定める基準に従つて製造し，又は使用すること。

（製造の許可）

第56条　ジクロルベンジジン，ジクロルベンジジンを含有する製剤その他
　の労働者に重度の健康障害を生ずるおそれのある物で，政令で定めるも
　のを製造しようとする者は，厚生労働省令で定めるところにより，あら
　かじめ，厚生労働大臣の許可を受けなければならない。

②　厚生労働大臣は，前項の許可の申請があつた場合には，その申請を審
　査し，製造設備，作業方法等が厚生労働大臣の定める基準に適合してい
　ると認めるときでなければ，同項の許可をしてはならない。

③　第1項の許可を受けた者（以下「製造者」という。）は，その製造設
　備を，前項の基準に適合するように維持しなければならない。

④　製造者は，第2項の基準に適合する作業方法に従つて第1項の物を製
　造しなければならない。

⑤　厚生労働大臣は，製造者の製造設備又は作業方法が第2項の基準に適
　合していないと認めるときは，当該基準に適合するように製造設備を修

理し，改造し，若しくは移転し，又は当該基準に適合する作業方法に従
つて第1項の物を製造すべきことを命ずることができる。

⑥　厚生労働大臣は，製造者がこの法律若しくはこれに基づく命令の規定
又はこれらの規定に基づく処分に違反したときは，第1項の許可を取り
消すことができる。

労働安全衛生法施行令

（製造の許可を受けるべき有害物）

第17条　法第56条第1項の政令で定める物は，別表第3第1号に掲げる第
1類物質及び石綿分析用試料等とする。

（表示等）

第57条　爆発性の物，発火性の物，引火性の物その他の労働者に危険を生
ずるおそれのある物若しくはベンゼン，ベンゼンを含有する製剤その他
の労働者に健康障害を生ずるおそれのある物で政令で定めるもの又は前
条第1項の物を容器に入れ，又は包装して，譲渡し，又は提供する者は，
厚生労働省令で定めるところにより，その容器又は包装（容器に入れ，
かつ，包装して，譲渡し，又は提供するときにあつては，その容器）に
次に掲げるものを表示しなければならない。ただし，その容器又は包装
のうち，主として一般消費者の生活の用に供するためのものについては，
この限りでない。

1　次に掲げる事項

イ　名称

ロ　人体に及ぼす作用

ハ　貯蔵又は取扱い上の注意

ニ　イからハまでに掲げるもののほか，厚生労働省令で定める事項

2　当該物を取り扱う労働者に注意を喚起するための標章で厚生労働大
臣が定めるもの

②　前項の政令で定める物又は前条第1項の物を前項に規定する方法以外

の方法により譲渡し，又は提供する者は，厚生労働省令で定めるところにより，同項各号の事項を記載した文書を，譲渡し，又は提供する相手方に交付しなければならない。

労働安全衛生法施行令

（名称等を表示すべき危険物及び有害物）

第18条　法第57条第1項の政令で定める物は，次のとおりとする。

1　別表第9（編注：359頁）に掲げる物（アルミニウム，イットリウム，インジウム，カドミウム，銀，クロム，コバルト，すず，タリウム，タングステン，タンタル，銅，鉛，ニッケル，白金，ハフニウム，フェロバナジウム，マンガン，モリブデン又はロジウムにあつては，粉状のものに限る。）

2　別表第9に掲げる物を含有する製剤その他の物で，厚生労働省令で定めるもの

3　別表第3（編注：323頁）第1号1から7までに掲げる物を含有する製剤その他の物（同号8に掲げる物を除く。）で，厚生労働省令で定めるもの

労働安全衛生規則

（名称等を表示すべき危険物及び有害物）

第30条　令第18条第2号の厚生労働省令で定める物は，別表第2の上欄（編注：左欄）に掲げる物を含有する製剤その他の物（同欄に掲げる物の含有量が同表の中欄に定める値である物並びに四アルキル鉛を含有する製剤その他の物（加鉛ガソリンに限る。）及びニトログリセリンを含有する製剤その他の物（98パーセント以上の不揮発性で水に溶けない鈍感剤で鈍性化した物であつて，ニトログリセリンの含有量が1パーセント未満のものに限る。）を除く。）とする。ただし，運搬中及び貯蔵中において固体以外の状態にならず，かつ，粉状にならない物（次の各号のいずれかに該当するものを除く。）を除く。

1　危険物（令別表第1に掲げる危険物をいう。以下同じ。）

2　危険物以外の可燃性の物等爆発又は火災の原因となるおそれのある物

3 酸化カルシウム，水酸化ナトリウム等を含有する製剤その他の物で
あつて皮膚に対して腐食の危険を生ずるもの

別表第2（第30条，第34条の2関係）（抄）

物	第30条に規定する含有量（重量パーセント）	第34条の2に規定する含有量（重量パーセント）
アクリルアミド	0.1%未満	0.1%未満
アクリロニトリル	1%未満	0.1%未満
アクロレイン	1%未満	1%未満
アルキル水銀化合物	0.3%未満	0.1%未満
アンモニア	0.2%未満	0.1%未満
石綿（令第16条第1項第4号イからハまでに掲げる物で同号の厚生労働省令で定めるものに限る。）	0.1%未満	0.1%未満
一酸化炭素	0.3%未満	0.1%未満
インジウム	1%未満	1%未満
インジウム化合物	0.1%未満	0.1%未満
エチルベンゼン	0.1%未満	0.1%未満
エチレンイミン	0.1%未満	0.1%未満
エチレンオキシド	0.1%未満	0.1%未満
塩化水素	0.2%未満	0.1%未満
塩化ビニル	0.1%未満	0.1%未満
塩素	1%未満	1%未満
黄りん	1%未満	0.1%未満
オーラミン	1%未満	0.1%未満
オルト-フタロジニトリル	1%未満	1%未満
カドミウム及びその化合物	0.1%未満	0.1%未満
クロム酸及びクロム酸塩	0.1%未満	0.1%未満
1-クロロ-2-プロパノール	1%未満	1%未満
2-クロロ-1-プロパノール	1%未満	1%未満
クロロホルム	1%未満	0.1%未満
クロロメチルメチルエーテル	0.1%未満	0.1%未満
結晶質シリカ	0.1%未満	0.1%未満
五酸化バナジウム	0.1%未満	0.1%未満

コバルト及びその化合物	0.1%未満	0.1%未満
コールタール	0.1%未満	0.1%未満
酸化プロピレン	0.1%未満	0.1%未満
三酸化二アンチモン	0.1%未満	0.1%未満
シアン化カリウム	1%未満	1%未満
シアン化水素	1%未満	1%未満
シアン化ナトリウム	1%未満	0.1%未満
四塩化炭素	1%未満	0.1%未満
1・4-ジオキサン	1%未満	0.1%未満
3・3′-ジクロロ-4・4′-ジアミノジフェニルメタン	0.1%未満	0.1%未満
1・4-ジクロロ-2-ブテン	0.1%未満	0.1%未満
1・2-ジクロロプロパン	0.1%未満	0.1%未満
ジクロロメタン（別名二塩化メチレン）	1%未満	0.1%未満
ジチオりん酸 O・O-ジエチル-S-（ターシャリーブチルチオメチル）（別名テルブホス）	1%未満	0.1%未満
ジメチル-2・2-ジクロロビニルホスフェイト(別名DDVP)	1%未満	0.1%未満
ジメチルヒドラジン	0.1%未満	0.1%未満
臭化メチル	1%未満	0.1%未満
重クロム酸及び重クロム酸塩	0.1%未満	0.1%未満
硝酸	1%未満	1%未満
水銀及びその無機化合物	0.3%未満	0.1%未満
スチレン	0.3%未満	0.1%未満
1・1・2・2-テトラクロロエタン（別名四塩化アセチレン）	1%未満	0.1%未満
テトラクロロエチレン(別名パークロルエチレン)	0.1%未満	0.1%未満
トリクロロエチレン	0.1%未満	0.1%未満
トリレンジイソシアネート	1%未満	0.1%未満
ナフタレン	1%未満	0.1%未満
二酸化硫黄	1%未満	1%未満
ニッケル化合物	0.1%未満	0.1%未満
ニトログリコール	1%未満	1%未満
パラ-ジメチルアミノアゾベンゼン	1%未満	0.1%未満

パラーニトロクロロベンゼン	1％未満	0.1％未満
砒素及びその化合物	0.1％未満	0.1％未満
フェニルイソシアネート	1％未満	0.1％未満
フェノール	0.1％未満	0.1％未満
1・3-ブタジエン	0.1％未満	0.1％未満
2・3-ブタンジオン（別名ジアセチル）	1％未満	0.1％未満
1・3-プロパンスルトン	0.1％未満	0.1％未満
ベータープロピオラクトン	0.1％未満	0.1％未満
ベンゼン	0.1％未満	0.1％未満
ペンタクロロフェノール（別名PCP）及びそのナトリウム塩	0.3％未満	0.1％未満
ほう酸	0.3％未満	0.1％未満
ホスゲン	1％未満	1％未満
(2-ホルミルヒドラジノ)-4-(5-ニトロ-2-フリル)チアゾール	1％未満	1％未満
ホルムアルデヒド	0.1％未満	0.1％未満
マゼンタ	1％未満	0.1％未満
マンガン	0.3％未満	0.1％未満
無機マンガン化合物	1％未満	0.1％未満
メチルイソブチルケトン	1％未満	0.1％未満
2-メトキシ-2-メチルブタン（別名ターシャリーアミルメチルエーテル）	1％未満	0.1％未満
沃化物	1％未満	1％未満
リフラクトリーセラミックファイバー	1％未満	0.1％未満
硫化カルボニル	1％未満	1％未満
硫化水素	1％未満	1％未満
硫化ナトリウム	1％未満	1％未満
硫酸	1％未満	1％未満
硫酸ジエチル	0.1％未満	0.1％未満
硫酸ジメチル	0.1％未満	0.1％未満

第31条　令第18条第3号の厚生労働省令で定める物は，次に掲げる物とする。ただし，前条ただし書の物を除く。

　1　ジクロルベンジジン及びその塩を含有する製剤その他の物で，ジク

　　ロルベンジジン及びその塩の含有量が重量の0.1パーセント以上1パー
　　セント以下であるもの

　2　アルフア-ナフチルアミン及びその塩を含有する製剤その他の物で，
　　アルフア-ナフチルアミン及びその塩の含有量が重量の1パーセントで
　　あるもの

　3　塩素化ビフエニル（別名PCB）を含有する製剤その他の物で，塩素
　　化ビフエニルの含有量が重量の0.1パーセント以上1パーセント以下で
　　あるもの

　4　オルト-トリジン及びその塩を含有する製剤その他の物で，オルト-
　　トリジン及びその塩の含有量が重量の1パーセントであるもの

　5　ジアニシジン及びその塩を含有する製剤その他の物で，ジアニシジ
　　ン及びその塩の含有量が重量の1パーセントであるもの

　6　ベリリウム及びその化合物を含有する製剤その他の物で，ベリリウ
　　ム及びその化合物の含有量が重量の0.1パーセント以上1パーセント以
　　下（合金にあつては，0.1パーセント以上3パーセント以下）であるもの

　7　ベンゾトリクロリドを含有する製剤その他の物で，ベンゾトリクロリ
　　ドの含有量が重量の0.1パーセント以上0.5パーセント以下であるもの

（名称等の表示）

第32条　法第57条第1項の規定による表示は，当該容器又は包装に，同項
　各号に掲げるもの（以下この条において「表示事項等」という。）を印刷
　し，又は表示事項等を印刷した票箋を貼り付けて行わなければならない。
　ただし，当該容器又は包装に表示事項等の全てを印刷し，又は表示事項
　等の全てを印刷した票箋を貼り付けることが困難なときは，表示事項等
　のうち同項第1号ロからニまで及び同項第2号に掲げるものについては，
　これらを印刷した票箋を容器又は包装に結びつけることにより表示する
　ことができる。

第33条　法第57条第1項第1号ニの厚生労働省令で定める事項は，次のと
　おりとする。

　1　法第57条第1項の規定による表示をする者の氏名（法人にあつては，
　　その名称），住所及び電話番号

2　注意喚起語

3　安定性及び反応性

第33条の2　事業者は，令第17条に規定する物又は令第18条各号に掲げる物を容器に入れ，又は包装して保管するとき（法第57条第1項の規定による表示がされた容器又は包装により保管するときを除く。）は，当該物の名称及び人体に及ぼす作用について，当該物の保管に用いる容器又は包装への表示，文書の交付その他の方法により，当該物を取り扱う者に，明示しなければならない。

（文書の交付）

第34条　法第57条第2項の規定による文書は，同条第1項に規定する方法以外の方法により譲渡し，又は提供する際に交付しなければならない。ただし，継続的に又は反復して譲渡し，又は提供する場合において，既に当該文書の交付がなされているときは，この限りでない。

（文書の交付等）

第57条の2　労働者に危険若しくは健康障害を生ずるおそれのある物で政令で定めるもの又は第56条第1項の物（以下この条及び次条第1項において「通知対象物」という。）を譲渡し，又は提供する者は，文書の交付その他厚生労働省令で定める方法により通知対象物に関する次の事項（前条第2項に規定する者にあつては，同項に規定する事項を除く。）を，譲渡し，又は提供する相手方に通知しなければならない。ただし，主として一般消費者の生活の用に供される製品として通知対象物を譲渡し，又は提供する場合については，この限りでない。

1　名称

2　成分及びその含有量

3　物理的及び化学的性質

4　人体に及ぼす作用

5　貯蔵又は取扱い上の注意

6　流出その他の事故が発生した場合において講ずべき応急の措置

7　前各号に掲げるもののほか，厚生労働省令で定める事項

② 通知対象物を譲渡し，又は提供する者は，前項の規定により通知した事項に変更を行う必要が生じたときは，文書の交付その他厚生労働省令で定める方法により，変更後の同項各号の事項を，速やかに，譲渡し，又は提供した相手方に通知するよう努めなければならない。

③ 前二項に定めるもののほか，前二項の通知に関し必要な事項は，厚生労働省令で定める。

労働安全衛生法施行令

（名称等を通知すべき危険物及び有害物）

第18条の2 法第57条の2第1項の政令で定める物は，次のとおりとする。

1　別表第9に掲げる物
2　別表第9に掲げる物を含有する製剤その他の物で，厚生労働省令で定めるもの
3　別表第3第1号1から7までに掲げる物を含有する製剤その他の物（同号8に掲げる物を除く。）で，厚生労働省令で定めるもの

別表第9　名称等を表示し，又は通知すべき危険物及び有害物（第18条，第18条の2関係）

1　アクリルアミド
2　アクリル酸
3　アクリル酸エチル
3の2　アクリル酸2-(ジメチルアミノ)エチル
4　アクリル酸ノルマル-ブチル
5　アクリル酸2-ヒドロキシプロピル
6　アクリル酸メチル
7　アクリロニトリル
8　アクロレイン
8の2　アザチオプリン
9　アジ化ナトリウム
10　アジピン酸
11　アジポニトリル
11の2　亜硝酸イソブチル
11の3　アスファルト
11の4　アセタゾラミド(別名アセタゾールアミド)
11の5　アセチルアセトン
12　アセチルサリチル酸(別名アスピリン)
13　アセトアミド
14　アセトアルデヒド
15　アセトニトリル
16　アセトフェノン
17　アセトン
18　アセトンシアノヒドリン
18の2　アセトンチオセミカルバゾン
19　アニリン
19の2　アニリンとホルムアルデヒドの重縮合物
19の3　アフラトキシン
20　アミド硫酸アンモニウム
21　2-アミノエタノール
21の2　2-アミノエタンチオール(別名システアミン)
21の3　N-(2-アミノエチル)-2-アミノエタノール
21の4　3-アミノ-N-エチルカルバゾール
22　4-アミノ-6-ターシャリーブチル-3-メチルチオ-1・2・4-トリアジン-5(4H)-オン(別名メトリブジン)
23　3-アミノ-1H-1・2・4-トリアゾール(別名アミトロール)
24　4-アミノ-3・5・6-トリクロロピリジン-2-カルボン酸(別名ピクロラム)
24の2　(S)-2-アミノ-3-[4-[ビス(2-クロロエチル)アミノ]フェニル]プロパン酸(別名メルファラン)
24の3　2-アミノ-4-[ヒドロキシ(メチ

ル)ホスホリル]ブタン酸及びそのアン
モニウム塩
25 2-アミノピリジン
25の2 3-アミノ-1-プロペン
25の3 4-アミノ-1-ベータ-D-リボフラ
ノシル-1・3・5-トリアジン-2(1H)-オ
ン
26 亜硫酸水素ナトリウム
27 アリルアルコール
28 1-アリルオキシ-2・3-エポキシプロ
パン
28の2 4-アリル-1・2-ジメトキシベンゼ
ン
29 アリル水銀化合物
30 アリル-ノルマル-プロピルジスルフ
ィド
31 亜りん酸トリメチル
32 アルキルアルミニウム化合物
33 アルキル水銀化合物
33の2 17アルファ-アセチルオキシ-6-
クロロ-プレグナ-4・6-ジエン-3・20-ジ
オン
34 3-(アルファ-アセトニルベンジル)-
4-ヒドロキシクマリン(別名ワルファ
リン)
35 アルファ・アルファ-ジクロロトルエ
ン
36 アルファ-メチルスチレン
37 アルミニウム及びその水溶性塩
38 アンチモン及びその化合物
38の2 アントラセン
39 アンモニア
39の2 石綿(第16条第1項第4号イからハ
までに掲げる物で同号の厚生労働省令
で定めるものに限る。)
40 3-イソシアナトメチル-3・5・5-トリ
メチルシクロヘキシル=イソシアネー
ト
40の2 イソシアン酸3・4-ジクロロフェ
ニル
41 イソシアン酸メチル
42 イソプレン
42の2 4・4′-イソプロピリデンジフェノ
ール(別名ビスフェノール A)

43 N-イソプロピルアニリン
44 N-イソプロピルアミノホスホン酸
O-エチル-O-(3-メチル-4-メチルチオ
フェニル)(別名フェナミホス)
45 イソプロピルアミン
46 イソプロピルエーテル
47 削除
48 イソペンチルアルコール(別名イソ
アミルアルコール)
49 イソホロン
50 一塩化硫黄
51 一酸化炭素
52 一酸化窒素
53 一酸化二窒素
54 イットリウム及びその化合物
55 イプシロン-カプロラクタム
55の2 イブプロフェン
56 2-イミダゾリジンチオン
57 4・4′-(4-イミノシクロヘキサ-2・5-
ジエニリデンメチル)ジアニリン塩酸
塩(別名 CI ベイシックレッド9)
58 インジウム及びその化合物
59 インデン
59の2 ウラン
60 ウレタン
61 エタノール
62 エタンチオール
63 エチリデンノルボルネン
64 エチルアミン
64の2 O-エチル-O-(2-イソプロポキシ
カルボニルフェニル)-N-イソプロピ
ルチオホスホルアミド(別名イソフェ
ンホス)
65 エチルエーテル
65の2 O-エチル=S・S-ジプロピル=ホ
スホロジチオアート(別名エトプロホ
ス)
66 エチル-セカンダリ-ペンチルケトン
66の2 N-エチル-N-ニトロソ尿素
67 エチル-パラ-ニトロフェニルチオノ
ベンゼンホスホネイト(別名 EPN)
67の2 1-エチルピロリジン-2-オン
68 O-エチル-S-フェニル=エチルホス
ホノチオロチオナート(別名ホノホス)

68の2　5-エチル-5-フェニルバルビツル
酸(別名フェノバルビタール)
68の3　S-エチル=ヘキサヒドロ-1H-ア
ゼピン-1-カルボチオアート(別名モリ
ネート)
69　2-エチルヘキサン酸
70　エチルベンゼン
70の2　(3S・4R)-3-エチル-4-[(1-メチル
-1H-イミダゾール-5-イル)メチル]オ
キソラン-2-オン(別名ピロカルピン)
71　エチルメチルケトンペルオキシド
71の2　O-エチル=S-1-メチルプロピル
=(2-オキソ-3-チアゾリジニル)ホス
ホノチオアート(別名ホスチアゼート)
72　N-エチルモルホリン
72の2　エチレン
73　エチレンイミン
74　エチレンオキシド
75　エチレングリコール
75の2　エチレングリコールジエチルエ
ーテル(別名1・2-ジエトキシエタン)
76　エチレングリコールモノイソプロピ
ルエーテル
77　エチレングリコールモノエチルエー
テル(別名セロソルブ)
78　エチレングリコールモノエチルエー
テルアセテート(別名セロソルブアセ
テート)
79　エチレングリコールモノ-ノルマル-
ブチルエーテル(別名ブチルセロソル
ブ)
79の2　エチレングリコールモノブチル
エーテルアセテート
80　エチレングリコールモノメチルエー
テル(別名メチルセロソルブ)
81　エチレングリコールモノメチルエー
テルアセテート
82　エチレンクロロヒドリン
83　エチレンジアミン
83の2　N・N′-エチレンビス(ジチオカル
バミン酸)マンガン(別名マンネブ)
84　1・1′-エチレン-2・2′-ビピリジニウ
ム=ジブロミド(別名ジクアット)
85　2-エトキシ-2・2-ジメチルエタン

86　2-(4-エトキシフェニル)-2-メチル
プロピル=3-フェノキシベンジルエー
テル(別名エトフェンプロックス)
87　エピクロロヒドリン
87の2　エフェドリン
88　1・2-エポキシ-3-イソプロポキシプ
ロパン
89　2・3-エポキシ-1-プロパナール
90　2・3-エポキシ-1-プロパノール
91　2・3-エポキシプロピル=フェニルエ
ーテル
92　エメリー
93　エリオナイト
94　塩化亜鉛
94の2　塩化アクリロイル
95　塩化アリル
96　塩化アンモニウム
97　塩化シアン
98　塩化水素
99　塩化チオニル
100　塩化ビニル
101　塩化ベンジル
102　塩化ベンゾイル
103　塩化ホスホリル
103の2　塩基性フタル酸鉛
104　塩素
105　塩素化カンフェン(別名トキサフェ
ン)
106　塩素化ジフェニルオキシド
107　黄りん
108　4・4′-オキシビス(2-クロロアニリ
ン)
109　オキシビス(チオホスホン酸)O・O・
O′・O′-テトラエチル(別名スルホテ
ップ)
110　4・4′-オキシビスベンゼンスルホニ
ルヒドラジド
110の2　1・1′-オキシビス(2・3・4・5・6-ペ
ンタブロモベンゼン)(別名デカブロモ
ジフェニルエーテル)
111　オキシビスホスホン酸四ナトリウ
ム
111の2　オキシラン-2-カルボキサミド
111の3　オクタクロルテトラヒドロメタ

248の3　2・4-ジクロロ-1-ニトロベンゼン

248の4　2・2-ジクロロ-N-[2-ヒドロキシ-1-（ヒドロキシメチル）-2-（4-ニトロフェニル）エチル]アセトアミド（別名クロラムフェニコール）

249　3-(3・4-ジクロロフェニル)-1・1-ジメチル尿素（別名ジウロン）

249の2　(RS)-3-(3・5-ジクロロフェニル)-5-メチル-5-ビニル-1・3-オキサゾリジン-2・4-ジオン（別名ビンクロゾリン）

249の3　3-(3・4-ジクロロフェニル)-1-メトキシ-1-メチル尿素（別名リニュロン）

250　2・4-ジクロロフェノキシエチル硫酸ナトリウム

251　2・4-ジクロロフェノキシ酢酸

251の2　(RS)-2-(2・4-ジクロロフェノキシ)プロピオン酸（別名ジクロルプロップ）

252　1・4-ジクロロ-2-ブテン

253　ジクロロフルオロメタン（別名HCFC-21）

254　1・2-ジクロロプロパン

255　2・2-ジクロロプロピオン酸

256　1・3-ジクロロプロペン

257　ジクロロメタン（別名二塩化メチレン）

258　四酸化オスミウム

258の2　ジシアノメタン（別名マロノニトリル）

259　ジシアン

260　ジシクロペンタジエニル鉄

261　ジシクロペンタジエン

262　2・6-ジ-ターシャリ-ブチル-4-クレゾール

263　1・3-ジチオラン-2-イリデンマロン酸ジイソプロピル（別名イソプロチオラン）

264　ジチオりん酸O-エチル-O-(4-メチルチオフェニル)-S-ノルマル-プロピル（別名スルプロホス）

265　ジチオりん酸O・O-ジエチル-S-(2-エチルチオエチル)（別名ジスルホトン）

266　ジチオりん酸O・O-ジエチル-S-エチルチオメチル（別名ホレート）

266の2　ジチオりん酸O・O-ジエチル-S-(ターシャリ-ブチルチオメチル)（別名テルブホス）

267　ジチオりん酸O・O-ジメチル-S-[(4-オキソ-1・2・3-ベンゾトリアジン-3(4H)-イル)メチル]（別名アジンホスメチル）

268　ジチオりん酸O・O-ジメチル-S-1・2-ビス(エトキシカルボニル)エチル（別名マラチオン）

268の2　ジナトリウム＝4-アミノ-3-[4'-(2・4-ジアミノフェニルアゾ)-1・1'-ビフェニル-4-イルアゾ]-5-ヒドロキシ-6-フェニルアゾ-2・7-ナフタレンジスルホナート（別名CIダイレクトブラック38）

269　ジナトリウム＝4-[(2・4-ジメチルフェニル)アゾ]-3-ヒドロキシ-2・7-ナフタレンジスルホナート（別名ポンソーMX）

270　ジナトリウム＝8-[[3・3'-ジメチル-4'-[[4-[[(4-メチルフェニル)スルホニル]オキシ]フェニル]アゾ][1・1'-ビフェニル]-4-イル]アゾ]-7-ヒドロキシ-1・3-ナフタレンジスルホナート（別名CIアシッドレッド114）

271　ジナトリウム＝3-ヒドロキシ-4-[(2・4・5-トリメチルフェニル)アゾ]-2・7-ナフタレンジスルホナート（別名ポンソー3R）

272　2・4-ジニトロトルエン

272の2　2・6-ジニトロトルエン

272の3　2・4-ジニトロフェノール

273　ジニトロベンゼン

273の2　2・4-ジニトロ-6-(1-メチルプロピル)-フェノール

274　2-(ジノルマル-ブチルアミノ)エタノール

275　ジ-ノルマル-プロピルケトン

275の2　ジビニルスルホン（別名ビニル

276　ジビニルベンゼン

276の2　2-ジフェニルアセチル-1・3-イ
　　　ンダンジオン

277　ジフェニルアミン

277の2　5・5-ジフェニル-2・4-イミダゾ
　　　リジンジオン

278　ジフェニルエーテル

278の2　ジプロピル-4-メチルチオフェ
　　　ニルホスフェイト

279　1・2-ジブロモエタン(別名EDB)

280　1・2-ジブロモ-3-クロロプロパン

281　ジブロモジフルオロメタン

281の2　ジベンゾ[a・j]アクリジン

281の3　ジベンゾ[a・h]アントラセン
　　　(別名1・2：5・6-ジベンゾアントラセ
　　　ン)

282　ジベンゾイルペルオキシド

283　ジボラン

284　N・N-ジメチルアセトアミド

285　N・N-ジメチルアニリン

286　[4-[[4-(ジメチルアミノ)フェニ
　　　ル][4-[エチル(3-スルホベンジル)ア
　　　ミノ]フェニル]メチリデン]シクロヘ
　　　キサン-2・5-ジエン-1-イリデン](エチ
　　　ル)(3-スルホナトベンジル)アンモニ
　　　ウムナトリウム塩(別名ベンジルバイ
　　　オレット4B)

286の2　(4-[[4-(ジメチルアミノ)フェ
　　　ニル](フェニル)メチリデン]シクロヘ
　　　キサ-2・5-ジエン-1-イリデン)(ジメチ
　　　ル)アンモニウム＝クロリド(別名マラ
　　　カイトグリーン塩酸塩)

287　ジメチルアミン

287の2　N・N-ジメチルエチルアミン

288　ジメチルエチルメルカプトエチル
　　　チオホスフェイト(別名メチルジメト
　　　ン)

289　ジメチルエトキシシラン

290　ジメチルカルバモイル＝クロリド

290の2　3・7-ジメチルキサンチン(別名
　　　テオブロミン)

291　ジメチル-2・2-ジクロロビニルホス
　　　フェイト(別名DDVP)

292　ジメチルジスルフィド

292の2　N・N-ジメチルチオカルバミン
　　　酸S-4-フェノキシブチル(別名フェノ
　　　チオカルブ)

292の3　O・O-ジメチル-チオホスホリル
　　　＝クロリド

292の4　ジメチル＝2・2・2-トリクロロ-1
　　　-ヒドロキシエチルホスホナート(別名
　　　DEP)

293　N・N-ジメチルニトロソアミン

294　ジメチル-パラ-ニトロフェニルチ
　　　オホスフェイト(別名メチルパラチオ
　　　ン)

295　ジメチルヒドラジン

296　1・1′-ジメチル-4・4′-ビピリジニウ
　　　ム塩

297　2-(4・6-ジメチル-2-ピリミジニル
　　　アミノカルボニルアミノスルホニ
　　　ル)安息香酸メチル(別名スルホメチュ
　　　ロンメチル)

298　N・N-ジメチルホルムアミド

299　(1R・3R)-2・2-ジメチル-3-(2-メチ
　　　ル-1-プロペニル)シクロプロパンカル
　　　ボン酸(5-フェニルメチル-3-フラニ
　　　ル)メチル

299の2　1・2-ジメトキシエタン

300　1-[(2・5-ジメトキシフェニル)ア
　　　ゾ]-2-ナフトール(別名シトラスレッ
　　　ドナンバー2)

301　臭化エチル

302　臭化水素

303　臭化メチル

304　しゅう酸

304の2　十三酸化八ほう素二ナトリウム
　　　四水和物

305　臭素

306　臭素化ビフェニル

307　硝酸

308　硝酸アンモニウム

309　硝酸ノルマル-プロピル

310　硝酸リチウム

311　しょう脳

312　シラン

313　ジルコニウム化合物

314 人造鉱物繊維

315 水銀及びその無機化合物

316 水酸化カリウム

317 水酸化カルシウム

318 水酸化セシウム

319 水酸化ナトリウム

320 水酸化リチウム

321 水素化リチウム

322 すず及びその化合物

323 スチレン

324 削除

325 ステアリン酸ナトリウム

326 ステアリン酸鉛

327 ステアリン酸マグネシウム

328 ストリキニーネ

329 石油エーテル

330 石油ナフサ

331 石油ベンジン

332 セスキ炭酸ナトリウム

332の2 L-セリル-L-バリル-L-セリル-L-グルタミル-L-イソロイシル-L-グルタミニル-L-ロイシル-L-メチオニル-L-ヒスチジル-L-アスパラギニル-L-ロイシルグリシル-L-リシル-L-ヒスチジル-L-ロイシル-L-アスパラギニル-L-セリル-L-メチオニル-L-グルタミル-L-アルギニル-L-バリル-L-グルタミル-L-トリプトフィル-L-ロイシル-L-アルギニル-L-リシル-L-リシル-L-ロイシル-L-グルタミニル-L-アスパルチル-L-バリル-L-ヒスチジル-L-アスパラギニル-L-フェニルアラニン(別名テリパラチド)

333 セレン及びその化合物

333の2 ダイオキシン類(別表第3第1号3に掲げる物に該当するものを除く。)

334 2-ターシャリーブチルイミノ-3-イソプロピル-5-フェニルテトラヒドロ-4H-1・3・5-チアジアジン-4-オン(別名ブプロフェジン)

334の2 3-(4-ターシャリーブチルフェニル)-2-メチルプロパナール

335 タリウム及びその水溶性化合物

336 炭化けい素

337 タングステン及びその水溶性化合物

337の2 炭酸リチウム

338 タンタル及びその酸化物

338の2 2-(1・3-チアゾール-4-イル)-1H-ベンゾイミダゾール

338の3 2-チオキソ-3・5-ジメチルテトラヒドロ-2H-1・3・5-チアジアジン(別名ダゾメット)

339 チオジ(パラ-フェニレン)-ジオキシ-ビス(チオホスホン酸)O・O・O′・O′-テトラメチル(別名テメホス)

340 チオ尿素

341 4・4′-チオビス(6-ターシャリーブチル-3-メチルフェノール)

342 チオフェノール

343 チオりん酸 O・O-ジエチル-O-(2-イソプロピル-6-メチル-4-ピリミジニル)(別名ダイアジノン)

344 チオりん酸 O・O-ジエチル-エチルチオエチル(別名ジメトン)

345 チオりん酸 O・O-ジエチル-O-(6-オキソ-1-フェニル-1・6-ジヒドロ-3-ピリダジニル)(別名ピリダフェンチオン)

346 チオりん酸 O・O-ジエチル-O-(3・5・6-トリクロロ-2-ピリジル)(別名クロルピリホス)

346の2 チオりん酸 O・O-ジエチル-O-(2-ピラジニル)(別名チオナジン)

347 チオりん酸 O・O-ジエチル-O-[4-(メチルスルフィニル)フェニル](別名フェンスルホチオン)

348 チオりん酸 O・O-ジメチル-O-(2・4・5-トリクロロフェニル)(別名ロンネル)

349 チオりん酸 O・O-ジメチル-O-(3-メチル-4-ニトロフェニル)(別名フェニトロチオン)

350 チオりん酸 O・O-ジメチル-O-(3-メチル-4-メチルチオフェニル)(別名フェンチオン)

351 デカボラン

351の2 デキストラン鉄

352　鉄水溶性塩
353　1・4・7・8-テトラアミノアントラキノン(別名ジスパースブルー1)
354　テトラエチルチウラムジスルフィド(別名ジスルフィラム)
355　テトラエチルピロホスフェイト(別名 TEPP)
356　テトラエトキシシラン
357　1・1・2・2-テトラクロロエタン(別名四塩化アセチレン)
358　N-(1・1・2・2-テトラクロロエチルチオ)-1・2・3・6-テトラヒドロフタルイミド(別名キャプタフォル)
359　テトラクロロエチレン(別名パークロルエチレン)
360　削除
361　テトラクロロジフルオロエタン(別名 CFC-112)
362　テトラクロロナフタレン
363　1・2・3・4-テトラクロロベンゼン
364　テトラナトリウム＝3・3′-[(3・3′-ジメチル-4・4′-ビフェニリレン)ビス(アゾ)ビス[5-アミノ-4-ヒドロキシ-2・7-ナフタレンジスルホナート](別名トリパンブルー)
365　テトラナトリウム＝3・3′-[(3・3′-ジメトキシ-4・4′-ビフェニリレン)ビス(アゾ)]ビス[5-アミノ-4-ヒドロキシ-2・7-ナフタレンジスルホナート](別名 CI ダイレクトブルー15)
366　テトラニトロメタン
367　テトラヒドロフラン
367の2　テトラヒドロメチル無水フタル酸
368　テトラフルオロエチレン
368の2　2・3・5・6-テトラフルオロ-4-メチルベンジル＝(Z)-3-(2-クロロ-3・3・3-トリフルオロ-1-プロペニル)-2・2-ジメチルシクロプロパンカルボキシラート(別名テフルトリン)
369　1・1・2・2-テトラブロモエタン
370　テトラブロモメタン
371　テトラメチルこはく酸ニトリル
372　テトラメチルチウラムジスルフィド(別名チウラム)
372の2　テトラメチル尿素
373　テトラメトキシシラン
374　テトリル
375　テルフェニル
376　テルル及びその化合物
377　テレビン油
378　テレフタル酸
379　銅及びその化合物
380　灯油
380の2　(1′S-トランス)-7-クロロ-2′・4・6-トリメトキシ-6′-メチルスピロ[ベンゾフラン-2(3H)・1′-シクロヘキサ-2′-エン]-3・4′-ジオン(別名グリセオフルビン)
380の3　トリウム＝ビス(エタンジオアート)
381　トリエタノールアミン
382　トリエチルアミン
382の2　トリエチレンチオホスホルアミド(別名チオテパ)
382の3　トリクロロアセトアルデヒド(別名クロラール)
383　トリクロロエタン
383の2　2・2・2-トリクロロ-1・1-エタンジオール(別名抱水クロラール)
384　トリクロロエチレン
385　トリクロロ酢酸
386　1・1・2-トリクロロ-1・2・2-トリフルオロエタン
387　トリクロロナフタレン
388　1・1・1-トリクロロ-2・2-ビス(4-クロロフェニル)エタン(別名 DDT)
389　1・1・1-トリクロロ-2・2-ビス(4-メトキシフェニル)エタン(別名メトキシクロル)
389の2　トリクロロ(フェニル)シラン
390　2・4・5-トリクロロフェノキシ酢酸
391　トリクロロフルオロメタン(別名 CFC-11)
392　1・2・3-トリクロロプロパン
393　1・2・4-トリクロロベンゼン
394　トリクロロメチルスルフェニル＝クロリド

395　N-(トリクロロメチルチオ)-1・2・3
　　・6-テトラヒドロフタルイミド(別名キ
　　ャプタン)
396　トリシクロヘキシルすず＝ヒドロ
　　キシド
397　1・3・5-トリス(2・3-エポキシプロピ
　　ル)-1・3・5-トリアジン-2・4・6(1H・3H・
　　5H)-トリオン
398　トリス(N・N-ジメチルジチオカル
　　バメート)鉄(別名ファーバム)
399　トリニトロトルエン
399の2　トリニトロレゾルシン鉛
400　トリフェニルアミン
400の2　トリブチルアミン
401　トリブロモメタン
402　2-トリメチルアセチル-1・3-インダ
　　ンジオン
402の2　2・4・6-トリメチルアニリン(別
　　名メシジン)
403　トリメチルアミン
403の2　1・3・7-トリメチルキサンチン
　　(別名カフェイン)
404　トリメチルベンゼン
404の2　1・1・1-トリメチロールプロパン
　　トリアクリル酸エステル
404の3　5-[(3・4・5-トリメトキシフェニ
　　ル)メチル]ピリミジン-2・4-ジアミン
405　トリレンジイソシアネート
406　トルイジン
407　トルエン
407の2　ナトリウム＝2-プロピルペンタ
　　ノアート
408　ナフタレン
408の2　ナフタレン-1・4-ジオン
409　1-ナフチルチオ尿素
410　1-ナフチル-N-メチルカルバメー
　　ト(別名カルバリル)
411　鉛及びその無機化合物
412　二亜硫酸ナトリウム
413　ニコチン
413の2　二酢酸ジオキシドウラン(Ⅵ)及
　　びその二水和物
414　二酸化硫黄
415　二酸化塩素

416　二酸化窒素
416の2　二硝酸ジオキシドウラン(Ⅵ)六
　　水和物
417　二硝酸プロピレン
418　ニッケル及びその化合物
419　ニトリロ三酢酸
420　5-ニトロアセナフテン
421　ニトロエタン
422　ニトログリコール
423　ニトログリセリン
423の2　6-ニトロクリセン
424　ニトロセルローズ
424の2　N-ニトロソフェニルヒドロキ
　　シルアミンアンモニウム塩
425　N-ニトロソモルホリン
426　ニトロトルエン
426の2　1-ニトロピレン
426の3　1-(4-ニトロフェニル)-3-(3-ピ
　　リジルメチル)ウレア
427　ニトロプロパン
428　ニトロベンゼン
429　ニトロメタン
429の2　二ナトリウム＝エタン-1・2-ジ
　　イルジカルバモジチオアート
430　乳酸ノルマル-ブチル
431　二硫化炭素
432　ノナン
433　ノルマル-ブチルアミン
434　ノルマル-ブチルエチルケトン
435　ノルマル-ブチル-2・3-エポキシプ
　　ロピルエーテル
436　N-[1-(N-ノルマル-ブチルカルバ
　　モイル)-1H-2-ベンゾイミダゾリル]
　　カルバミン酸メチル(別名ベノミル)
436の2　発煙硫酸
437　白金及びその水溶性塩
438　ハフニウム及びその化合物
439　パラ-アニシジン
439の2　パラ-エトキシアセトアニリド
　　(別名フェナセチン)
440　パラ-クロロアニリン
440の2　パラ-クロロ-アルファ・アルフ
　　ァ・アルファ-トリフルオロトルエン
440の3　パラ-クロロトルエン

441 パラージクロロベンゼン

442 パラージメチルアミノアゾベンゼン

442の2 パラーターシャリーブチル安息香酸

443 パラーターシャリーブチルトルエン

444 パラーニトロアニリン

444の2 パラーニトロ安息香酸

445 パラーニトロクロロベンゼン

446 パラーフェニルアゾアニリン

447 パラーベンゾキノン

447の2 パラーメトキシニトロベンゼン

448 パラーメトキシフェノール

449 バリウム及びその水溶性化合物

449の2 2・2′-ビオキシラン

450 ピクリン酸

451 ビス(2・3-エポキシプロピル)エーテル

452 1・3-ビス〔(2・3-エポキシプロピル)オキシ〕ベンゼン

452の2 4-〔4-〔ビス(2-クロロエチル)アミノ〕フェニル〕ブタン酸

453 ビス(2-クロロエチル)エーテル

454 ビス(2-クロロエチル)スルフィド(別名マスタードガス)

454の2 N・N-ビス(2-クロロエチル)-2-ナフチルアミン

454の3 N・N′-ビス(2-クロロエチル)-N-ニトロソ尿素

454の4 ビス(2-クロロエチル)メチルアミン(別名HN2)

455 N・N-ビス(2-クロロエチル)メチルアミン-N-オキシド

455の2 ビス(3・4-ジクロロフェニル)ジアゼン

456 ビス(ジチオりん酸)S・S′-メチレン-O・O・O′・O′-テトラエチル(別名エチオン)

457 ビス(2-ジメチルアミノエチル)エーテル

457の2 2・2-ビス(4′-ハイドロキシ-3′・5′-ジブロモフェニル)プロパン

457の3 5・8-ビス〔2-(2-ヒドロキシエチルアミノ)エチルアミノ〕-1・4-アントラキノンジオール＝二塩酸塩

457の4 3・3-ビス(4-ヒドロキシフェニル)-1・3-ジヒドロイソベンゾフラン-1-オン(別名フェノールフタレイン)

457の5 S・S-ビス(1-メチルプロピル)＝O-エチル＝ホスホロジチオアート(別名カズサホス)

458 砒素及びその化合物

459 ヒドラジン及びその一水和物

460 ヒドラジンチオカルボヒドラジド

460の2 2-ヒドロキシアセトニトリル

460の3 3-ヒドロキシ-1・3・5(10)-エストラトリエン-17-オン(別名エストロン)

460の4 8-ヒドロキシキノリン(別名8-キノリノール)

460の5 (5S・5aR・8aR・9R)-9-(4-ヒドロキシ-3・5-ジメトキシフェニル)-8-オキソ-5・5a・6・8・8a・9-ヘキサヒドロフロ〔3′・4′：6・7〕ナフト〔2・3-d〕〔1・3〕ジオキソール-5-イル＝4・6-O-〔(R)-エチリデン〕-ベータ-D-グルコピラノシド(別名エトポシド)

460の6 (5S・5aR・8aR・9R)-9-(4-ヒドロキシ-3・5-ジメトキシフェニル)-8-オキソ-5・5a・6・8・8a・9-ヘキサヒドロフロ〔3′・4′：6・7〕ナフト〔2・3-D〕〔1・3〕ジオキソール-5-イル＝4・6-O-〔(R)-2-チエニルメチリデン〕-ベータ-D-グルコピラノシド(別名テニポシド)

460の7 N-(ヒドロキシメチル)アクリルアミド

461 ヒドロキノン

462 4-ビニル-1-シクロヘキセン

463 4-ビニルシクロヘキセンジオキシド

464 ビニルトルエン

464の2 4-ビニルピリジン

464の3 N-ビニル-2-ピロリドン

465 ビフェニル

466 ピペラジン二塩酸塩

467 ピリジン

468 ピレトラム

468の2 フィゾスチグミン(別名エセリン)

468の3　フェニルアセトニトリル(別名
　　シアン化ベンジル)
468の4　フェニルイソシアネート
469　フェニルオキシラン
469の2　2-(フェニルパラクロルフェニ
　　ルアセチル)-1・3-インダンジオン
470　フェニルヒドラジン
471　フェニルホスフィン
472　フェニレンジアミン
473　フェノチアジン
474　フェノール
475　フェロバナジウム
476　1・3-ブタジエン
477　ブタノール
477の2　フタル酸ジイソブチル
478　フタル酸ジエチル
478の2　フタル酸ジシクロヘキシル
479　フタル酸ジ-ノルマル-ブチル
479の2　フタル酸ジヘキシル
479の3　フタル酸ジペンチル
480　フタル酸ジメチル
480の2　フタル酸ノルマル-ブチル＝ベ
　　ンジル
481　フタル酸ビス(2-エチルヘキシル)
　　(別名 DEHP)
482　ブタン
482の2　ブタン-1・4-ジイル＝ジメタン
　　スルホナート
482の3　2・3-ブタンジオン(別名ジアセ
　　チル)
483　1-ブタンチオール
483の2　ブチルイソシアネート
483の3　ブチルリチウム
484　弗化カルボニル
485　弗化ビニリデン
486　弗化ビニル
486の2　弗素エデン閃石
487　弗素及びその水溶性無機化合物
488　2-ブテナール
488の2　ブテン
488の3　5-フルオロウラシル
489　フルオロ酢酸ナトリウム
490　フルフラール
491　フルフリルアルコール

492　1・3-プロパンスルトン
492の2　プロパンニトリル(別名プロピ
　　オノニトリル)
492の3　プロピオンアルデヒド
493　プロピオン酸
494　プロピルアルコール
494の2　2-プロピル吉草酸
495　プロピレンイミン
496　プロピレングリコールモノメチル
　　エーテル
496の2　N・N′-プロピレンビス(ジチオ
　　カルバミン酸)と亜鉛の重合物(別名プ
　　ロピネブ)
497　2-プロピン-1-オール
497の2　プロペン
497の3　ブロムアセトン
498　ブロモエチレン
499　2-ブロモ-2-クロロ-1・1・1-トリフ
　　ルオロエタン(別名ハロタン)
500　ブロモクロロメタン
500の2　ブロモジクロロ酢酸
501　ブロモジクロロメタン
502　5-ブロモ-3-セカンダリー-ブチル-6-
　　メチル-1・2・3・4-テトラヒドロピリミ
　　ジン-2・4-ジオン(別名ブロマシル)
503　ブロモトリフルオロメタン
503の2　1-ブロモプロパン
504　2-ブロモプロパン
504の2　3-ブロモ-1-プロペン(別名臭化
　　アリル)
505　ヘキサクロロエタン
506　1・2・3・4・10・10-ヘキサクロロ-6・7-
　　エポキシ-1・4・4a・5・6・7・8・8a-オクタ
　　ヒドロ-エキソ-1・4-エンド-5・8-ジメ
　　タノナフタレン(別名ディルドリン)
507　1・2・3・4・10・10-ヘキサクロロ-6・7-
　　エポキシ-1・4・4a・5・6・7・8・8a-オクタ
　　ヒドロ-エンド-1・4-エンド-5・8-ジメ
　　タノナフタレン(別名エンドリン)
508　1・2・3・4・5・6-ヘキサクロロシクロ
　　ヘキサン(別名リンデン)
509　ヘキサクロロシクロペンタジエン
510　ヘキサクロロナフタレン
511　1・4・5・6・7・7-ヘキサクロロビシク

ロ[2・2・1]-5-ヘプテン-2・3-ジカルボ
ン酸(別名クロレンド酸)
512　1・2・3・4・10・10-ヘキサクロロ-1・4・
4a・5・8・8a-ヘキサヒドロ-エキソ-1・4-
エンド-5・8-ジメタノナフタレン(別名
アルドリン)
513　ヘキサクロロヘキサヒドロメタノ
ベンゾジオキサチエピンオキサイド
(別名ベンゾエピン)
514　ヘキサクロロベンゼン
515　ヘキサヒドロ-1・3・5-トリニトロ-1
・3・5-トリアジン(別名シクロナイト)
516　ヘキサフルオロアセトン
516の2　ヘキサフルオロアルミン酸三ナ
トリウム
516の3　ヘキサフルオロプロペン
516の4　ヘキサブロモシクロドデカン
516の5　ヘキサメチルパラローズアニリ
ンクロリド(別名クリスタルバイオレ
ット)
517　ヘキサメチルホスホリックトリア
ミド
518　ヘキサメチレンジアミン
519　ヘキサメチレン=ジイソシアネー
ト
520　ヘキサン
521　1-ヘキセン
522　ベーターブチロラクトン
523　ベータープロピオラクトン
524　1・4・5・6・7・8・8-ヘプタクロロ-2・3-
エポキシ-2・3・3a・4・7・7a-ヘキサヒド
ロ-4・7-メタノ-1H-インデン(別名ヘ
プタクロルエポキシド)
525　1・4・5・6・7・8・8-ヘプタクロロ-3a・4
・7・7a-テトラヒドロ-4・7-メタノ-1H-
インデン(別名ヘプタクロル)
526　ヘプタン
527　ペルオキソ二硫酸アンモニウム
528　ペルオキソ二硫酸カリウム
529　ペルオキソ二硫酸ナトリウム
530　ペルフルオロオクタン酸及びその
アンモニウム塩
530の2　ペルフルオロ(オクタン-1-スル
ホン酸)(別名PFOS)

530の3　ペルフルオロノナン酸
530の4　ベンジルアルコール
531　ベンゼン
532　1・2・4-ベンゼントリカルボン酸1・2
-無水物
533　ベンゾ[a]アントラセン
534　ベンゾ[a]ピレン
535　ベンゾフラン
536　ベンゾ[e]フルオラセン
536の2　ペンタカルボニル鉄
537　ペンタクロロナフタレン
538　ペンタクロロニトロベンゼン
539　ペンタクロロフェノール(別名PCP)
及びそのナトリウム塩
540　1-ペンタナール
541　1・1・3・3-ペンタフルオロ-2-(ト
リフルオロメチル)-1-プロペン(別名
PFIB)
542　ペンタボラン
543　ペンタン
543の2　ほう酸アンモニウム
544　ほう酸及びそのナトリウム塩
545　ホスゲン
545の2　ポリ[グアニジン-N・N′-ジイル
ヘキサン-1・6-ジイルイミノ(イミノメ
チレン)]塩酸塩
546　(2-ホルミルヒドラジノ)-4-(5-ニ
トロ-2-フリル)チアゾール
547　ホルムアミド
548　ホルムアルデヒド
549　マゼンタ
550　マンガン及びその無機化合物
551　ミネラルスピリット(ミネラルシン
ナー、ペトロリウムスピリット、ホワ
イトスピリット及びミネラルターペン
を含む。)
552　無水酢酸
553　無水フタル酸
554　無水マレイン酸
555　メターキシリレンジアミン
556　メタクリル酸
556の2　メタクリル酸2-イソシアナトエ
チル
556の3　メタクリル酸2・3-エポキシプロ

ピル

556の4　メタクリル酸クロリド

556の5　メタクリル酸2-(ジエチルアミノ)エチル

557　メタクリル酸メチル

558　メタクリロニトリル

559　メタ-ジシアノベンゼン

560　メタノール

560の2　メタバナジン酸アンモニウム

560の3　メタンスルホニル=クロリド

560の4　メタンスルホニル=フルオリド

561　メタンスルホン酸エチル

562　メタンスルホン酸メチル

563　メチラール

564　メチルアセチレン

565　N-メチルアニリン

566　2・2′-[[4-(メチルアミノ)-3-ニトロフェニル]アミノ]ジエタノール(別名 HC ブルーナンバー1)

567　N-メチルアミノホスホン酸 O-(4-ターシャリ-ブチル-2-クロロフェニル)-O-メチル(別名クルホメート)

568　メチルアミン

568の2　メチル=イソチオシアネート

569　メチルイソブチルケトン

569の2　メチルイソプロペニルケトン

570　メチルエチルケトン

571　N-メチルカルバミン酸2-イソプロピルオキシフェニル(別名プロポキスル)

572　N-メチルカルバミン酸2・3-ジヒドロ-2・2-ジメチル-7-ベンゾ[b]フラニル(別名カルボフラン)

573　N-メチルカルバミン酸2-セカンダリ-ブチルフェニル(別名フェノブカルブ)

573の2　メチル=カルボノクロリダート

573の3　メチル=3-クロロ-5-(4・6-ジメトキシ-2-ピリミジニルカルバモイルスルファモイル)-1-メチルピラゾール-4-カルボキシラート(別名ハロスルフロンメチル)

574　メチルシクロヘキサノール

575　メチルシクロヘキサノン

576　メチルシクロヘキサン

577　2-メチルシクロペンタジエニルトリカルボニルマンガン

577の2　N-メチルジチオカルバミン酸(別名カーバム)

578　2-メチル-4・6-ジニトロフェノール

579　2-メチル-3・5-ジニトロベンズアミド(別名ジニトルミド)

579の2　メチル-N′・N′-ジメチル-N-[(メチルカルバモイル)オキシ]-1-チオオキサムイミデート(別名オキサミル)

580　メチル-ターシャリ-ブチルエーテル(別名 MTBE)

581　5-メチル-1・2・4-トリアゾロ[3・4-b]ベンゾチアゾール(別名トリシクラゾール)

582　2-メチル-4-(2-トリルアゾ)アニリン

582の2　メチルナフタレン

582の3　2-メチル-5-ニトロアニリン

583　2-メチル-1-ニトロアントラキノン

584　N-メチル-N-ニトロソカルバミン酸エチル

584の2　N-メチル-N-ニトロソ尿素

584の3　N-メチル-N′-ニトロ-N-ニトロソグアニジン

585　メチル-ノルマル-ブチルケトン

586　メチル-ノルマル-ペンチルケトン

587　メチルヒドラジン

588　メチルビニルケトン

588の2　3-(1-メチル-2-ピロリジニル)ピリジン硫酸塩(別名ニコチン硫酸塩)

588の3　N-メチル-2-ピロリドン

589　1-[(2-メチルフェニル)アゾ]-2-ナフトール(別名オイルオレンジ SS)

589の2　3-メチル-1-(プロパン-2-イル)-1H-ピラゾール-5-イル=ジメチルカルバマート

590　メチルプロピルケトン

590の2　メチル-(4-ブロム-2・5-ジクロルフェニル)-チオノベンゼンホスホネイト

591　5-メチル-2-ヘキサノン

591の2　メチル＝ベンゾイミダゾール-2
　　-イルカルバマート(別名カルベンダジ
　　ム)
592　4-メチル-2-ペンタノール
593　2-メチル-2・4-ペンタンジオール
593の2　メチルホスホン酸ジクロリド
593の3　メチルホスホン酸ジメチル
594　N-メチルホルムアミド
595　S-メチル-N-(メチルカルバモイル
　　オキシ)チオアセチミデート(別名メソ
　　ミル)
595の2　2-メチル-1-[4-(メチルチオ)フ
　　ェニル]-2-モルホリノ-1-プロパノン
595の3　7-メチル-3-メチレン-1・6-オク
　　タジエン
596　メチルメルカプタン
597　4・4′-メチレンジアニリン
598　メチレンビス(4・1-シクロヘキシレ
　　ン)＝ジイソシアネート
598の2　4・4′-メチレンビス(N・N-ジメ
　　チルアニリン)
598の3　メチレンビスチオシアネート
599　メチレンビス(4・1-フェニレン)＝
　　ジイソシアネート(別名MDI)
599の2　4・4′-メチレンビス(2-メチルシ
　　クロヘキサンアミン)
599の3　メトキシ酢酸
599の4　4-メトキシ-7H-フロ[3・2-g]
　　[1]ベンゾピラン-7-オン
599の5　9-メトキシ-7H-フロ[3・2-g]
　　[1]ベンゾピラン-7-オン
599の6　4-メトキシベンゼン-1・3-ジア
　　ミン硫酸塩
600　2-メトキシ-5-メチルアニリン
601　1-(2-メトキシ-2-メチルエトキシ)
　　-2-プロパノール
601の2　2-メトキシ-2-メチルブタン(別
　　名ターシャリ-アミルメチルエーテル)
602　メルカプト酢酸
602の2　6-メルカプトプリン
602の3　2-メルカプトベンゾチアゾール
602の4　モノフルオール酢酸
602の5　モノフルオール酢酸アミド
602の6　モノフルオール酢酸パラブロム

アニリド
603　モリブデン及びその化合物
604　モルホリン
605　沃素及びその化合物
606　ヨードホルム
606の2　四ナトリウム＝6・6′-[(3・3′-ジ
　　メトキシ[1・1′-ビフェニル]-4・4′-ジ
　　イル)ビス(ジアゼニル)]ビス(4-アミ
　　ノ-5-ヒドロキシナフタレン-1・3-ジス
　　ルホナート)
606の3　四ナトリウム＝6・6′-[([1・1′-
　　ビフェニル]-4・4′-ジイル)ビス(ジア
　　ゼニル)]ビス(4-アミノ-5-ヒドロキシ
　　ナフタレン-2・7-ジスルホナート)
606の4　ラクトニトリル(別名アセトア
　　ルデヒドシアンヒドリン)
606の5　ラサロシド
606の6　リチウム＝ビス(トリフルオロ
　　メタンスルホン)イミド
607　硫化カリウム
607の2　硫化カルボニル
608　硫化ジメチル
609　硫化水素
610　硫化水素ナトリウム
611　硫化ナトリウム
612　硫化りん
613　硫酸
614　硫酸ジイソプロピル
615　硫酸ジエチル
616　硫酸ジメチル
617　りん化水素
618　りん酸
619　りん酸ジ-ノルマル-ブチル
620　りん酸ジ-ノルマル-ブチル＝フェ
　　ニル
621　りん酸1・2-ジブロモ-2・2-ジクロロ
　　エチル＝ジメチル(別名ナレド)
622　りん酸ジメチル＝(E)-1-(N・N-ジ
　　メチルカルバモイル)-1-プロペン-2-
　　イル(別名ジクロトホス)
623　りん酸ジメチル＝(E)-1-(N-メチ
　　ルカルバモイル)-1-プロペン-2-イル
　　(別名モノクロトホス)
624　りん酸ジメチル＝1-メトキシカル

ボニル-1-プロペン-2-イル(別名メビ
ンホス)

625　りん酸トリス(2-クロロエチル)

626　りん酸トリス(2・3-ジブロモプロピ
ル)

626の2　りん酸トリス(ジメチルフェニ
ル)

626の3　りん酸トリトリル

627　りん酸トリ-ノルマル-ブチル

628　りん酸トリフェニル

628の2　りん酸トリメチル

629　レソルシノール

630　六塩化ブタジエン

631　ロジウム及びその化合物

632　ロジン

633　ロテノン

労働安全衛生規則

（名称等を通知すべき危険物及び有害物）

第34条の2　令第18条の2第2号の厚生労働省令で定める物は，別表第2（編注：354頁）の上欄（編注：左欄）に掲げる物を含有する製剤その他の物（同欄に掲げる物の含有量が同表の下欄（編注：右欄）に定める値である物及びニトログリセリンを含有する製剤その他の物（98パーセント以上の不揮発性で水に溶けない鈍感剤で鈍性化した物であつて，ニトログリセリンの含有量が0.1パーセント未満のものに限る。）を除く。）とする。

第34条の2の2　令第18条の2第3号の厚生労働省令で定める物は，次に掲げる物とする。

1　ジクロルベンジジン及びその塩を含有する製剤その他の物で，ジクロルベンジジン及びその塩の含有量が重量の0.1パーセント以上1パーセント以下であるもの

2　アルフア-ナフチルアミン及びその塩を含有する製剤その他の物で，アルフア-ナフチルアミン及びその塩の含有量が重量の1パーセントであるもの

3　塩素化ビフエニル（別名PCB）を含有する製剤その他の物で，塩素化ビフエニルの含有量が重量の0.1パーセント以上1パーセント以下であるもの

4　オルト-トリジン及びその塩を含有する製剤その他の物で，オルト-トリジン及びその塩の含有量が重量の0.1パーセント以上1パーセント以下であるもの

5　ジアニシジン及びその塩を含有する製剤その他の物で，ジアニシジ

ン及びその塩の含有量が重量の0.1パーセント以上1パーセント以下で
あるもの

6　ベリリウム及びその化合物を含有する製剤その他の物で，ベリリウ
ム及びその化合物の含有量が重量の0.1パーセント以上1パーセント以
下（合金にあつては，0.1パーセント以上3パーセント以下）であるもの

7　ベンゾトリクロリドを含有する製剤その他の物で，ベンゾトリクロ
リドの含有量が重量の0.1パーセント以上0.5パーセント以下であるもの

（名称等の通知）

第34条の2の3　法第57条の2第1項及び第2項の厚生労働省令で定める
方法は，磁気ディスク，光ディスクその他の記録媒体の交付，ファクシ
ミリ装置を用いた送信若しくは電子メールの送信又は当該事項が記載さ
れたホームページのアドレス（二次元コードその他のこれに代わるもの
を含む。）及び当該アドレスに係るホームページの閲覧を求める旨の伝達
とする。

第34条の2の4　法第57条の2第1項第7号の厚生労働省令で定める事項
は，次のとおりとする。

1　法第57条の2第1項の規定による通知を行う者の氏名（法人にあつ
ては，その名称），住所及び電話番号

2　危険性又は有害性の要約

3　安定性及び反応性

4　想定される用途及び当該用途における使用上の注意

5　適用される法令

6　その他参考となる事項

第34条の2の5　法第57条の2第1項の規定による通知は，同項の通知対
象物を譲渡し，又は提供する時までに行わなければならない。ただし，継
続的に又は反復して譲渡し，又は提供する場合において，既に当該通知
が行われているときは，この限りでない。

②　法第57条の2第1項の通知対象物を譲渡し，又は提供する者は，同項
第4号の事項について，直近の確認を行つた日から起算して5年以内ご
とに1回，最新の科学的知見に基づき，変更を行う必要性の有無を確認

し，変更を行う必要があると認めるときは，当該確認をした日から1年以内に，当該事項に変更を行わなければならない。

③　前項の者は，同項の規定により法第57条の2第1項第4号の事項に変更を行つたときは，変更後の同号の事項を，適切な時期に，譲渡し，又は提供した相手方の事業者に通知するものとし，文書若しくは磁気ディスク，光ディスクその他の記録媒体の交付，ファクシミリ装置を用いた送信若しくは電子メールの送信又は当該事項が記載されたホームページのアドレス（二次元コードその他のこれに代わるものを含む。）及び当該アドレスに係るホームページの閲覧を求める旨の伝達により，変更後の当該事項を，当該相手方の事業者が閲覧できるようにしなければならない。

第34条の2の6　法第57条の2第1項第2号の事項のうち，成分の含有量については，令別表第3第1号1から7までに掲げる物及び令別表第9に掲げる物ごとに重量パーセントを通知しなければならない。

②　前項の規定にかかわらず，1・4-ジクロロ-2-ブテン，鉛，1・3-ブタジエン，1・3-プロパンスルトン，硫酸ジエチル，令別表第3に掲げる物，令別表第4第6号に規定する鉛化合物，令別表第5第1号に規定する四アルキル鉛及び令別表第6の2に掲げる物以外の物であつて，当該物の成分の含有量について重量パーセントの通知をすることにより，契約又は交渉に関し，事業者の財産上の利益を不当に害するおそれがあるものについては，その旨を明らかにした上で，重量パーセントの通知を，10パーセント未満の端数を切り捨てた数値と当該端数を切り上げた数値との範囲をもつて行うことができる。この場合において，当該物を譲渡し，又は提供する相手方の事業者の求めがあるときは，成分の含有量に係る秘密が保全されることを条件に，当該相手方の事業場におけるリスクアセスメントの実施に必要な範囲内において，当該物の成分の含有量について，より詳細な内容を通知しなければならない。

（第57条第1項の政令で定める物及び通知対象物について事業者が行うべき調査等）

第57条の3　事業者は，厚生労働省令で定めるところにより，第57条第1

項の政令で定める物及び通知対象物による危険性又は有害性等を調査し
なければならない。

② 事業者は，前項の調査の結果に基づいて，この法律又はこれに基づく
命令の規定による措置を講ずるほか，労働者の危険又は健康障害を防止
するため必要な措置を講ずるように努めなければならない。

③ 厚生労働大臣は，第28条第1項及び第3項に定めるもののほか，前二
項の措置に関して，その適切かつ有効な実施を図るため必要な指針を公
表するものとする。

④ 厚生労働大臣は，前項の指針に従い，事業者又はその団体に対し，必
要な指導，援助等を行うことができる。

───**労働安全衛生規則**───

（化学物質管理者が管理する事項等）

第12条の5　事業者は，法第57条の3第1項の危険性又は有害性等の調査
（主として一般消費者の生活の用に供される製品に係るものを除く。以下
「リスクアセスメント」という。）をしなければならない令第18条各号に
掲げる物及び法第57条の2第1項に規定する通知対象物（以下「リスク
アセスメント対象物」という。）を製造し，又は取り扱う事業場ごとに，
化学物質管理者を選任し，その者に当該事業場における次に掲げる化学
物質の管理に係る技術的事項を管理させなければならない。ただし，法
第57条第1項の規定による表示（表示する事項及び標章に関することに
限る。），同条第2項の規定による文書の交付及び法第57条の2第1項の
規定による通知（通知する事項に関することに限る。）（以下この条にお
いて「表示等」という。）並びに第7号に掲げる事項（表示等に係るもの
に限る。以下この条において「教育管理」という。）を，当該事業場以外
の事業場（以下この項において「他の事業場」という。）において行つて
いる場合においては，表示等及び教育管理に係る技術的事項については，
他の事業場において選任した化学物質管理者に管理させなければならな
い。

　1　法第57条第1項の規定による表示，同条第2項の規定による文書及

び法第57条の2第1項の規定による通知に関すること。

2　リスクアセスメントの実施に関すること。

3　第577条の2第1項及び第2項の措置その他法第57条の3第2項の措置の内容及びその実施に関すること。

4　リスクアセスメント対象物を原因とする労働災害が発生した場合の対応に関すること。

5　第34条の2の8第1項各号の規定によるリスクアセスメントの結果の記録の作成及び保存並びにその周知に関すること。

6　第577条の2第11項の規定による記録の作成及び保存並びにその周知に関すること。

7　第1号から第4号までの事項の管理を実施するに当たつての労働者に対する必要な教育に関すること。

② 事業者は，リスクアセスメント対象物の譲渡又は提供を行う事業場(前項のリスクアセスメント対象物を製造し，又は取り扱う事業場を除く。)ごとに，化学物質管理者を選任し，その者に当該事業場における表示等及び教育管理に係る技術的事項を管理させなければならない。ただし，表示等及び教育管理を，当該事業場以外の事業場(以下この項において「他の事業場」という。)において行つている場合においては，表示等及び教育管理に係る技術的事項については，他の事業場において選任した化学物質管理者に管理させなければならない。

③ 前二項の規定による化学物質管理者の選任は，次に定めるところにより行わなければならない。

1　化学物質管理者を選任すべき事由が発生した日から14日以内に選任すること。

2　次に掲げる事業場の区分に応じ，それぞれに掲げる者のうちから選任すること。

イ　リスクアセスメント対象物を製造している事業場　厚生労働大臣が定める化学物質の管理に関する講習を修了した者又はこれと同等以上の能力を有すると認められる者

ロ　イに掲げる事業場以外の事業場　イに定める者のほか，第1項各

　　号の事項を担当するために必要な能力を有すると認められる者

④　事業者は，化学物質管理者を選任したときは，当該化学物質管理者に
　対し，第1項各号に掲げる事項をなし得る権限を与えなければならない。

⑤　事業者は，化学物質管理者を選任したときは，当該化学物質管理者の
　氏名を事業場の見やすい箇所に掲示すること等により関係労働者に周知
　させなければならない。

（保護具着用管理責任者の選任等）

第12条の6　化学物質管理者を選任した事業者は，リスクアセスメントの
　結果に基づく措置として，労働者に保護具を使用させるときは，保護具
　着用管理責任者を選任し，次に掲げる事項を管理させなければならない。

　1　保護具の適正な選択に関すること。

　2　労働者の保護具の適正な使用に関すること。

　3　保護具の保守管理に関すること。

②　前項の規定による保護具着用管理責任者の選任は，次に定めるところ
　により行わなければならない。

　1　保護具着用管理責任者を選任すべき事由が発生した日から14日以内
　　に選任すること。

　2　保護具に関する知識及び経験を有すると認められる者のうちから選
　　任すること。

③　事業者は，保護具着用管理責任者を選任したときは，当該保護具着用
　管理責任者に対し，第1項に掲げる業務をなし得る権限を与えなければ
　ならない。

④　事業者は，保護具着用管理責任者を選任したときは，当該保護具着用
　管理責任者の氏名を事業場の見やすい箇所に掲示すること等により関係
　労働者に周知させなければならない。

（リスクアセスメントの実施時期等）

第34条の2の7　リスクアセスメントは，次に掲げる時期に行うものとする。

　1　リスクアセスメント対象物を原材料等として新規に採用し，又は変
　　更するとき。

　2　リスクアセスメント対象物を製造し，又は取り扱う業務に係る作業

の方法又は手順を新規に採用し，又は変更するとき。

　3　前二号に掲げるもののほか，リスクアセスメント対象物による危険性又は有害性等について変化が生じ，又は生ずるおそれがあるとき。

② リスクアセスメントは，リスクアセスメント対象物を製造し，又は取り扱う業務ごとに，次に掲げるいずれかの方法（リスクアセスメントのうち危険性に係るものにあつては，第1号又は第3号（第1号に係る部分に限る。）に掲げる方法に限る。）により，又はこれらの方法の併用により行わなければならない。

　1　当該リスクアセスメント対象物が当該業務に従事する労働者に危険を及ぼし，又は当該リスクアセスメント対象物により当該労働者の健康障害を生ずるおそれの程度及び当該危険又は健康障害の程度を考慮する方法

　2　当該業務に従事する労働者が当該リスクアセスメント対象物にさらされる程度及び当該リスクアセスメント対象物の有害性の程度を考慮する方法

　3　前二号に掲げる方法に準ずる方法

（リスクアセスメントの結果等の記録及び保存並びに周知）

第34条の2の8　事業者は，リスクアセスメントを行つたときは，次に掲げる事項について，記録を作成し，次にリスクアセスメントを行うまでの期間（リスクアセスメントを行つた日から起算して3年以内に当該リスクアセスメント対象物についてリスクアセスメントを行つたときは，3年間）保存するとともに，当該事項を，リスクアセスメント対象物を製造し，又は取り扱う業務に従事する労働者に周知させなければならない。

　1　当該リスクアセスメント対象物の名称

　2　当該業務の内容

　3　当該リスクアセスメントの結果

　4　当該リスクアセスメントの結果に基づき事業者が講ずる労働者の危険又は健康障害を防止するため必要な措置の内容

② 前項の規定による周知は，次に掲げるいずれかの方法により行うものとする。

1　当該リスクアセスメント対象物を製造し，又は取り扱う各作業場の見やすい場所に常時掲示し，又は備え付けること。

2　書面を，当該リスクアセスメント対象物を製造し，又は取り扱う業務に従事する労働者に交付すること。

3　事業者の使用に係る電子計算機に備えられたファイル又は電磁的記録媒体をもつて調製するファイルに記録し，かつ，当該リスクアセスメント対象物を製造し，又は取り扱う各作業場に，当該リスクアセスメント対象物を製造し，又は取り扱う業務に従事する労働者が当該記録の内容を常時確認できる機器を設置すること。

（指針の公表）

第34条の２の９　第24条の規定は，法第57条の３第３項の規定による指針の公表について準用する。

（改善の指示等）

第34条の２の10　労働基準監督署長は，化学物質による労働災害が発生した，又はそのおそれがある事業場の事業者に対し，当該事業場において化学物質の管理が適切に行われていない疑いがあると認めるときは，当該事業場における化学物質の管理の状況について改善すべき旨を指示することができる。

②　前項の指示を受けた事業者は，遅滞なく，事業場における化学物質の管理について必要な知識及び技能を有する者として厚生労働大臣が定めるもの（以下この条において「化学物質管理専門家」という。）から，当該事業場における化学物質の管理の状況についての確認及び当該事業場が実施し得る望ましい改善措置に関する助言を受けなければならない。

③　前項の確認及び助言を求められた化学物質管理専門家は，同項の事業者に対し，当該事業場における化学物質の管理の状況についての確認結果及び当該事業場が実施し得る望ましい改善措置に関する助言について，速やかに，書面により通知しなければならない。

④　事業者は，前項の通知を受けた後，１月以内に，当該通知の内容を踏まえた改善措置を実施するための計画を作成するとともに，当該計画作成後，速やかに，当該計画に従い必要な改善措置を実施しなければなら

ない。

⑤　事業者は，前項の計画を作成後，遅滞なく，当該計画の内容について，第３項の通知及び前項の計画の写しを添えて，改善計画報告書（様式第４号）により，所轄労働基準監督署長に報告しなければならない。

⑥　事業者は，第４項の規定に基づき実施した改善措置の記録を作成し，当該記録について，第３項の通知及び第４項の計画とともに３年間保存しなければならない。

（化学物質の有害性の調査）

第57条の４　化学物質による労働者の健康障害を防止するため，既存の化学物質として政令で定める化学物質（第３項の規定によりその名称が公表された化学物質を含む。）以外の化学物質（以下この条において「新規化学物質」という。）を製造し，又は輸入しようとする事業者は，あらかじめ，厚生労働省令で定めるところにより，厚生労働大臣の定める基準に従つて有害性の調査（当該新規化学物質が労働者の健康に与える影響についての調査をいう。以下この条において同じ。）を行い，当該新規化学物質の名称，有害性の調査の結果その他の事項を厚生労働大臣に届け出なければならない。ただし，次の各号のいずれかに該当するときその他政令で定める場合は，この限りでない。

1　当該新規化学物質に関し，厚生労働省令で定めるところにより，当該新規化学物質について予定されている製造又は取扱いの方法等からみて労働者が当該新規化学物質にさらされるおそれがない旨の厚生労働大臣の確認を受けたとき。

2　当該新規化学物質に関し，厚生労働省令で定めるところにより，既に得られている知見等に基づき厚生労働省令で定める有害性がない旨の厚生労働大臣の確認を受けたとき。

3　当該新規化学物質を試験研究のため製造し，又は輸入しようとするとき。

4　当該新規化学物質が主として一般消費者の生活の用に供される製品

（当該新規化学物質を含有する製品を含む。）として輸入される場合で，厚生労働省令で定めるとき。

② 有害性の調査を行つた事業者は，その結果に基づいて，当該新規化学物質による労働者の健康障害を防止するため必要な措置を速やかに講じなければならない。

③ 厚生労働大臣は，第1項の規定による届出があつた場合（同項第2号の規定による確認をした場合を含む。）には，厚生労働省令で定めるところにより，当該新規化学物質の名称を公表するものとする。

④ 厚生労働大臣は，第1項の規定による届出があつた場合には，厚生労働省令で定めるところにより，有害性の調査について学識経験者の意見を聴き，当該届出に係る化学物質による労働者の健康障害を防止するため必要があると認めるときは，届出をした事業者に対し，施設又は設備の設置又は整備，保護具の備付けその他の措置を講ずべきことを勧告することができる。

⑤ 前項の規定により有害性の調査の結果について意見を求められた学識経験者は，当該有害性の調査の結果に関して知り得た秘密を漏らしてはならない。ただし，労働者の健康障害を防止するためやむを得ないときは，この限りでない。

労働安全衛生法施行令

（法第57条の4第1項の政令で定める化学物質）

第18条の3 法第57条の4第1項の政令で定める化学物質は，次のとおりとする。

1 元素
2 天然に産出される化学物質
3 放射性物質
4 附則第9条の2の規定により厚生労働大臣がその名称等を公表した化学物質

（法第57条の４第１項ただし書の政令で定める場合）

第18条の４　法第57条の４第１項ただし書の政令で定める場合は，同項に規定する新規化学物質（以下この条において「新規化学物質」という。）を製造し，又は輸入しようとする事業者が，厚生労働省令で定めるところにより，一の事業場における１年間の製造量又は輸入量（当該新規化学物質を製造し，及び輸入しようとする事業者にあつては，これらを合計した量）が100キログラム以下である旨の厚生労働大臣の確認を受けた場合において，その確認を受けたところに従つて当該新規化学物質を製造し，又は輸入しようとするときとする。

労働安全衛生規則

（有害性の調査）

第34条の３　法第57条の４第１項の規定による有害性の調査は，次に定めるところにより行わなければならない。

　1　変異原性試験，化学物質のがん原性に関し変異原性試験と同等以上の知見を得ることができる試験又はがん原性試験のうちいずれかの試験を行うこと。

　2　組織，設備等に関し有害性の調査を適正に行うため必要な技術的基礎を有すると認められる試験施設等において行うこと。

②　前項第２号の試験施設等が具備すべき組織，設備等に関する基準は，厚生労働大臣が定める。

（新規化学物質の名称，有害性の調査の結果等の届出）

第34条の４　法第57条の４第１項の規定による届出をしようとする者は，様式第４号の３による届書に，当該届出に係る同項に規定する新規化学物質（以下この節において「新規化学物質」という。）について行つた前条第１項に規定する有害性の調査の結果を示す書面，当該有害性の調査が同条第２項の厚生労働大臣が定める基準を具備している試験施設等において行われたことを証する書面及び当該新規化学物質について予定されている製造又は取扱いの方法を記載した書面を添えて，厚生労働大臣に提出しなければならない。

（労働者が新規化学物質にさらされるおそれがない旨の厚生労働大臣の確認の申請等）

第34条の5　法第57条の4第1項第1号の確認を受けようとする者は，当該確認に基づき最初に新規化学物質を製造し，又は輸入する日の30日前までに様式第4号の4による申請書に，当該新規化学物質について予定されている製造又は取扱いの方法を記載した書面を添えて，厚生労働大臣に提出しなければならない。

（新規化学物質の有害性がない旨の厚生労働大臣の確認の申請）

第34条の8　法第57条の4第1項第2号の確認を受けようとする者は，当該確認に基づき最初に新規化学物質を製造し，又は輸入する日の30日前までに様式第4号の4による申請書に，当該新規化学物質に関し既に得られている次条の有害性がない旨の知見等を示す書面を添えて，厚生労働大臣に提出しなければならない。

（法第57条の4第1項第2号の厚生労働省令で定める有害性）

第34条の9　法第57条の4第1項第2号の厚生労働省令で定める有害性は，がん原性とする。

　（少量新規化学物質の製造又は輸入に係る厚生労働大臣の確認の申請等）

第34条の10　令第18条の4の確認を受けようとする者は，当該確認に基づき最初に新規化学物質を製造し，又は輸入する日の30日前までに様式第4号の4による申請書を厚生労働大臣に提出しなければならない。

第57条の5　厚生労働大臣は，化学物質で，がんその他の重度の健康障害を労働者に生ずるおそれのあるものについて，当該化学物質による労働者の健康障害を防止するため必要があると認めるときは，厚生労働省令で定めるところにより，当該化学物質を製造し，輸入し，又は使用している事業者その他厚生労働省令で定める事業者に対し，政令で定める有害性の調査（当該化学物質が労働者の健康障害に及ぼす影響についての調査をいう。）を行い，その結果を報告すべきことを指示することができる。

②　前項の規定による指示は，化学物質についての有害性の調査に関する技術水準，調査を実施する機関の整備状況，当該事業者の調査の能力等

を総合的に考慮し，厚生労働大臣の定める基準に従つて行うものとする。

③　厚生労働大臣は，第1項の規定による指示を行おうとするときは，あらかじめ，厚生労働省令で定めるところにより，学識経験者の意見を聴かなければならない。

④　第1項の規定による有害性の調査を行つた事業者は，その結果に基づいて，当該化学物質による労働者の健康障害を防止するため必要な措置を速やかに講じなければならない。

⑤　第3項の規定により第1項の規定による指示について意見を求められた学識経験者は，当該指示に関して知り得た秘密を漏らしてはならない。ただし，労働者の健康障害を防止するためやむを得ないときは，この限りでない。

労働安全衛生法施行令

（法第57条の5第1項の政令で定める有害性の調査）

第18条の5　法第57条の5第1項の政令で定める有害性の調査は，実験動物を用いて吸入投与，経口投与等の方法により行うがん原性の調査とする。

労働安全衛生規則

（化学物質の有害性の調査の指示）

第34条の18　法第57条の5第1項の規定による指示は，同項に規定する有害性の調査を行うべき化学物質の名称，当該調査を行うべき理由，当該調査の方法その他必要な事項を記載した文書により行うものとする。

第6章　労働者の就業に当たつての措置

（安全衛生教育）

第59条　事業者は，労働者を雇い入れたときは，当該労働者に対し，厚生労働省令で定めるところにより，その従事する業務に関する安全又は衛生のための教育を行なわなければならない。

② 前項の規定は，労働者の作業内容を変更したときについて準用する。

③ 事業者は，危険又は有害な業務で，厚生労働省令で定めるものに労働者をつかせるときは，厚生労働省令で定めるところにより，当該業務に関する安全又は衛生のための特別の教育を行なわなければならない。

労働安全衛生規則

（雇入れ時等の教育）

第35条 事業者は，労働者を雇い入れ，又は労働者の作業内容を変更したときは，当該労働者に対し，遅滞なく，次の事項のうち当該労働者が従事する業務に関する安全又は衛生のため必要な事項について，教育を行なわなければならない。

1 機械等，原材料等の危険性又は有害性及びこれらの取扱い方法に関すること。

2 安全装置，有害物抑制装置又は保護具の性能及びこれらの取扱い方法に関すること。

3 作業手順に関すること。

4 作業開始時の点検に関すること。

5 当該業務に関して発生するおそれのある疾病の原因及び予防に関すること。

6 整理，整頓及び清潔の保持に関すること。

7 事故時等における応急措置及び退避に関すること。

8 前各号に掲げるもののほか，当該業務に関する安全又は衛生のために必要な事項

② 事業者は，前項各号に掲げる事項の全部又は一部に関し十分な知識及び技能を有していると認められる労働者については，当該事項についての教育を省略することができる。

第60条 事業者は，その事業場の業種が政令で定めるものに該当するときは，新たに職務につくこととなつた職長その他の作業中の労働者を直接指導又は監督する者（作業主任者を除く。）に対し，次の事項について，厚生労働省令で定めるところにより，安全又は衛生のための教育を行な

わなければならない。

1　作業方法の決定及び労働者の配置に関すること。

2　労働者に対する指導又は監督の方法に関すること。

3　前二号に掲げるもののほか，労働災害を防止するため必要な事項で，厚生労働省令で定めるもの

労働安全衛生法施行令

（職長等の教育を行うべき業種）

第19条　法第60条の政令で定める業種は，次のとおりとする。

1　建設業

2　製造業。ただし，次に掲げるものを除く。

　イ　たばこ製造業

　ロ　繊維工業（紡績業及び染色整理業を除く。）

　ハ　衣服その他の繊維製品製造業

　ニ　紙加工品製造業（セロファン製造業を除く。）

3　電気業

4　ガス業

5　自動車整備業

6　機械修理業

労働安全衛生規則

（職長等の教育）

第40条　法第60条第3号の厚生労働省令で定める事項は，次のとおりとする。

1　法第28条の2第1項又は第57条の3第1項及び第2項の危険性又は有害性等の調査及びその結果に基づき講ずる措置に関すること。

2　異常時等における措置に関すること。

3　その他現場監督者として行うべき労働災害防止活動に関すること。

②　法第60条の安全又は衛生のための教育は，次の表の上欄（編注：左欄）に掲げる事項について，同表の下欄（編注：右欄）に掲げる時間以上行わなければならないものとする。

事　　　項	時　間
法第60条第1号に掲げる事項 1　作業手順の定め方 2　労働者の適正な配置の方法	2時間
法第60条第2号に掲げる事項 1　指導及び教育の方法 2　作業中における監督及び指示の方法	2.5時間
前項第1号に掲げる事項 1　危険性又は有害性等の調査の方法 2　危険性又は有害性等の調査の結果に 　基づき講ずる措置 3　設備，作業等の具体的な改善の方法	4時間
前項第2号に掲げる事項 1　異常時における措置 2　災害発生時における措置	1.5時間
前項第3号に掲げる事項 1　作業に係る設備及び作業場所の保守 　管理の方法 2　労働災害防止についての関心の保持 　及び労働者の創意工夫を引き出す方法	2時間

③　事業者は，前項の表の上欄（編注：左欄）に掲げる事項の全部又は一部について十分な知識及び技能を有していると認められる者については，当該事項に関する教育を省略することができる。

（指定事業場等における安全衛生教育の計画及び実施結果報告）

第40条の3　事業者は，指定事業場又は所轄都道府県労働局長が労働災害の発生率等を考慮して指定する事業場について，法第59条又は第60条の規定に基づく安全又は衛生のための教育に関する具体的な計画を作成しなければならない。

②　前項の事業者は，4月1日から翌年3月31日までに行つた法第59条又は第60条の規定に基づく安全又は衛生のための教育の実施結果を，毎年4月30日までに，様式第4号の5により，所轄労働基準監督署長に報告しなければならない。

第60条の2　事業者は，前二条に定めるもののほか，その事業場における

安全衛生の水準の向上を図るため，危険又は有害な業務に現に就いている者に対し，その従事する業務に関する安全又は衛生のための教育を行うように努めなければならない。

②　厚生労働大臣は，前項の教育の適切かつ有効な実施を図るため必要な指針を公表するものとする。

③　厚生労働大臣は，前項の指針に従い，事業者又はその団体に対し，必要な指導等を行うことができる。

---労働安全衛生規則---

（指針の公表）

第40条の2　第24条の規定は，法第60条の2第2項の規定による指針の公表について準用する。

（就業制限）

第61条　事業者は，クレーンの運転その他の業務で，政令で定めるものについては，都道府県労働局長の当該業務に係る免許を受けた者又は都道府県労働局長の登録を受けた者が行う当該業務に係る技能講習を修了した者その他厚生労働省令で定める資格を有する者でなければ，当該業務に就かせてはならない。

②　前項の規定により当該業務につくことができる者以外の者は，当該業務を行なつてはならない。

③　第1項の規定により当該業務につくことができる者は，当該業務に従事するときは，これに係る免許証その他その資格を証する書面を携帯していなければならない。

④　職業能力開発促進法（昭和44年法律第64号）第24条第1項（同法第27条の2第2項において準用する場合を含む。）の認定に係る職業訓練を受ける労働者について必要がある場合においては，その必要の限度で，前三項の規定について，厚生労働省令で別段の定めをすることができる。

（中高年齢者等についての配慮）

第62条　事業者は，中高年齢者その他労働災害の防止上その就業に当たつ

て特に配慮を必要とする者については，これらの者の心身の条件に応じて適正な配置を行なうように努めなければならない。

第7章　健康の保持増進のための措置

（作業環境測定）

第65条　事業者は，有害な業務を行う屋内作業場その他の作業場で，政令で定めるものについて，厚生労働省令で定めるところにより，必要な作業環境測定を行い，及びその結果を記録しておかなければならない。

②　前項の規定による作業環境測定は，厚生労働大臣の定める作業環境測定基準に従つて行わなければならない。

③　厚生労働大臣は，第1項の規定による作業環境測定の適切かつ有効な実施を図るため必要な作業環境測定指針を公表するものとする。

④　厚生労働大臣は，前項の作業環境測定指針を公表した場合において必要があると認めるときは，事業者若しくは作業環境測定機関又はこれらの団体に対し，当該作業環境測定指針に関し必要な指導等を行うことができる。

⑤　都道府県労働局長は，作業環境の改善により労働者の健康を保持する必要があると認めるときは，労働衛生指導医の意見に基づき，厚生労働省令で定めるところにより，事業者に対し，作業環境測定の実施その他必要な事項を指示することができる。

----労働安全衛生法施行令----

（作業環境測定を行うべき作業場）

第21条　法第65条第1項の政令で定める作業場は，次のとおりとする。

　1～6　略

　7　別表第3第1号若しくは第2号に掲げる特定化学物質（同号34の2に掲げる物及び同号37に掲げる物で同号34の2に係るものを除く。）を製造し，若しくは取り扱う屋内作業場（同号3の3，11の2，13の2，15，15の2，18の2から18の4まで，19の2から19の4まで，22の2か

ら22の５まで，23の２，33の２若しくは34の３に掲げる物又は同号37
に掲げる物で同号３の３，11の２，13の２，15，15の２，18の２から
18の４まで，19の２から19の４まで，22の２から22の５まで，23の２，
33の２若しくは34の３に係るものを製造し，又は取り扱う作業で厚生
労働省令で定めるものを行うものを除く。)，石綿等を取り扱い，若し
くは試験研究のため製造する屋内作業場若しくは石綿分析用試料等を
製造する屋内作業場又はコークス炉上において若しくはコークス炉に
接してコークス製造の作業を行う場合の当該作業場

8～10　略

──**労働安全衛生規則**────────────────

（作業環境測定の指示）

第42条の３　法第65条第５項の規定による指示は，作業環境測定を実施す
べき作業場その他必要な事項を記載した文書により行うものとする。

（作業環境測定の結果の評価等）

第65条の２　事業者は，前条第１項又は第５項の規定による作業環境測定
の結果の評価に基づいて，労働者の健康を保持するため必要があると認
められるときは，厚生労働省令で定めるところにより，施設又は設備の
設置又は整備，健康診断の実施その他の適切な措置を講じなければなら
ない。

②　事業者は，前項の評価を行うに当たつては，厚生労働省令で定めると
ころにより，厚生労働大臣の定める作業環境評価基準に従つて行わなけ
ればならない。

③　事業者は，前項の規定による作業環境測定の結果の評価を行つたとき
は，厚生労働省令で定めるところにより，その結果を記録しておかなけ
ればならない。

（作業の管理）

第65条の３　事業者は，労働者の健康に配慮して，労働者の従事する作業
を適切に管理するように努めなければならない。

（作業時間の制限）

第65条の4　事業者は，潜水業務その他の健康障害を生ずるおそれのある
業務で，厚生労働省令で定めるものに従事させる労働者については，厚
生労働省令で定める作業時間についての基準に違反して，当該業務に従
事させてはならない。

（健康診断）

第66条　事業者は，労働者に対し，厚生労働省令で定めるところにより，
医師による健康診断（第66条の10第1項に規定する検査を除く。以下こ
の条及び次条において同じ。）を行なわなければならない。

②　事業者は，有害な業務で，政令で定めるものに従事する労働者に対し，
厚生労働省令で定めるところにより，医師による特別の項目についての
健康診断を行なわなければならない。有害な業務で，政令で定めるもの
に従事させたことのある労働者で，現に使用しているものについても，
同様とする。

③　事業者は，有害な業務で，政令で定めるものに従事する労働者に対し，
厚生労働省令で定めるところにより，歯科医師による健康診断を行なわ
なければならない。

④　都道府県労働局長は，労働者の健康を保持するため必要があると認め
るときは，労働衛生指導医の意見に基づき，厚生労働省令で定めるとこ
ろにより，事業者に対し，臨時の健康診断の実施その他必要な事項を指
示することができる。

⑤　労働者は，前各項の規定により事業者が行なう健康診断を受けなけれ
ばならない。ただし，事業者の指定した医師又は歯科医師が行なう健康
診断を受けることを希望しない場合において，他の医師又は歯科医師の
行なうこれらの規定による健康診断に相当する健康診断を受け，その結
果を証明する書面を事業者に提出したときは，この限りでない。

（自発的健康診断の結果の提出）

第66条の2　午後10時から午前5時まで（厚生労働大臣が必要であると認

める場合においては，その定める地域又は期間については午後11時から午前6時まで）の間における業務（以下「深夜業」という。）に従事する労働者であつて，その深夜業の回数その他の事項が深夜業に従事する労働者の健康の保持を考慮して厚生労働省令で定める要件に該当するものは，厚生労働省令で定めるところにより，自ら受けた健康診断（前条第5項ただし書の規定による健康診断を除く。）の結果を証明する書面を事業者に提出することができる。

（健康診断の結果の記録）

第66条の3 事業者は，厚生労働省令で定めるところにより，第66条第1項から第4項まで及び第5項ただし書並びに前条の規定による健康診断の結果を記録しておかなければならない。

（健康診断の結果についての医師等からの意見聴取）

第66条の4 事業者は，第66条第1項から第4項まで若しくは第5項ただし書又は第66条の2の規定による健康診断の結果(当該健康診断の項目に異常の所見があると診断された労働者に係るものに限る。)に基づき，当該労働者の健康を保持するために必要な措置について，厚生労働省令で定めるところにより，医師又は歯科医師の意見を聴かなければならない。

（健康診断実施後の措置）

第66条の5 事業者は，前条の規定による医師又は歯科医師の意見を勘案し，その必要があると認めるときは，当該労働者の実情を考慮して，就業場所の変更，作業の転換，労働時間の短縮，深夜業の回数の減少等の措置を講ずるほか，作業環境測定の実施，施設又は設備の設置又は整備，当該医師又は歯科医師の意見の衛生委員会若しくは安全衛生委員会又は労働時間等設定改善委員会（労働時間等の設定の改善に関する特別措置法（平成4年法律第90号）第7条に規定する労働時間等設定改善委員会をいう。以下同じ。）への報告その他の適切な措置を講じなければならない。

② 厚生労働大臣は，前項の規定により事業者が講ずべき措置の適切かつ

有効な実施を図るため必要な指針を公表するものとする。

③　厚生労働大臣は，前項の指針を公表した場合において必要があると認めるときは，事業者又はその団体に対し，当該指針に関し必要な指導等を行うことができる。

（健康診断の結果の通知）

第66条の６　事業者は，第66条第１項から第４項までの規定により行う健康診断を受けた労働者に対し，厚生労働省令で定めるところにより，当該健康診断の結果を通知しなければならない。

（保健指導等）

第66条の７　事業者は，第66条第１項の規定による健康診断若しくは当該健康診断に係る同条第５項ただし書の規定による健康診断又は第66条の２の規定による健康診断の結果，特に健康の保持に努める必要があると認める労働者に対し，医師又は保健師による保健指導を行うように努めなければならない。

②　労働者は，前条の規定により通知された健康診断の結果及び前項の規定による保健指導を利用して，その健康の保持に努めるものとする。

労働安全衛生法施行令

（健康診断を行うべき有害な業務）

第22条　法第66条第２項前段の政令で定める有害な業務は，次のとおりとする。

１〜２　略

３　別表第３第１号若しくは第２号に掲げる特定化学物質（同号５及び31の２の掲げる物並びに同号37に掲げる物で同号５又は31の２に係るものを除く。）を製造し，若しくは取り扱う業務（同号８若しくは32に掲げる物又は同号37に掲げる物で同号８若しくは32に係るものを製造する事業場以外の事業場においてこれらの物を取り扱う業務及び同号３の３，11の２，13の２，15，15の２，18の２から18の４まで，19の２から19の４まで，22の２から22の５まで，23の２，33の２若しくは34の３に掲げる物又は同号37に掲げる物で同号３の３，11の２，13の２，

15，15の2，18の2から18の4まで，19の2から19の4まで，22の2から22の5まで，23の2，33の2若しくは34の3に係るものを製造し，又は取り扱う業務で厚生労働省令で定めるものを除く。)，第16条第1項各号に掲げる物（同項第4号に掲げる物及び同項第9号に掲げる物で同項第4号に係るものを除く。）を試験研究のため製造し，若しくは使用する業務又は石綿等の取扱い若しくは試験研究のための製造若しくは石綿分析用試料等の製造に伴い石綿の粉じんを発散する場所における業務

4〜6　略

② 法第66条第2項後段の政令で定める有害な業務は，次の物を製造し，若しくは取り扱う業務（第11号若しくは第22号に掲げる物又は第24号に掲げる物で第11号若しくは第22号に係るものを製造する事業場以外の事業場においてこれらの物を取り扱う業務，第12号若しくは第16号に掲げる物又は第24号に掲げる物で第12号若しくは第16号に係るものを鉱石から製造する事業場以外の事業場においてこれらの物を取り扱う業務及び第9号の2，第13号の2，第14号の2，第14号の3，第15号の2から第15号の4まで，第16号の2若しくは第22号の2に掲げる物又は第24号に掲げる物で第9号の2，第13号の2，第14号の2，第14号の3，第15号の2から第15号の4まで，第16号の2若しくは第22号の2に係るものを製造し，又は取り扱う業務で厚生労働省令で定めるものを除く。）又は石綿等の製造若しくは取扱いに伴い石綿の粉じんを発散する場所における業務とする。

1　ベンジジン及びその塩

1の2　ビス（クロロメチル）エーテル

2　ベーターナフチルアミン及びその塩

3　ジクロルベンジジン及びその塩

4　アルフアーナフチルアミン及びその塩

5　オルトートリジン及びその塩

6　ジアニシジン及びその塩

7　ベリリウム及びその化合物

8　ベンゾトリクロリド

9　インジウム化合物

9の2　エチルベンゼン

9の3　エチレンイミン

10　塩化ビニル

11　オーラミン

11の2　オルト-トルイジン

12　クロム酸及びその塩

13　クロロメチルメチルエーテル

13の2　コバルト及びその無機化合物

14　コールタール

14の2　酸化プロピレン

14の3　三酸化二アンチモン

15　3・3′-ジクロロ-4・4′-ジアミノジフェニルメタン

15の2　1・2-ジクロロプロパン

15の3　ジクロロメタン（別名二塩化メチレン）

15の4　ジメチル-2・2-ジクロロビニルホスフェイト（別名DDVP）

15の5　1・1-ジメチルヒドラジン

16　重クロム酸及びその塩

16の2　ナフタレン

17　ニツケル化合物（次号に掲げる物を除き，粉状の物に限る。）

18　ニツケルカルボニル

19　パラ-ジメチルアミノアゾベンゼン

19の2　砒素及びその化合物（アルシン及び砒化ガリウムを除く。）

20　ベーター-プロピオラクトン

21　ベンゼン

22　マゼンタ

22の2　リフラクトリーセラミックファイバー

23　第1号から第7号までに掲げる物をその重量の1パーセントを超えて含有し，又は第8号に掲げる物をその重量の0.5パーセントを超えて

含有する製剤その他の物（合金にあつては，ベリリウムをその重量の
3パーセントを超えて含有するものに限る。）

24　第9号から第22号の2までに掲げる物を含有する製剤その他の物で，
厚生労働省令で定めるもの

③　法第66条第3項の政令で定める有害な業務は，塩酸，硝酸，硫酸，亜
硫酸，弗化水素，黄りんその他歯又はその支持組織に有害な物のガス，蒸
気又は粉じんを発散する場所における業務とする。

労働安全衛生規則

（雇入時の健康診断）

第43条　事業者は，常時使用する労働者を雇い入れるときは，当該労働者
に対し，次の項目について医師による健康診断を行わなければならない。
ただし，医師による健康診断を受けた後，3月を経過しない者を雇い入
れる場合において，その者が当該健康診断の結果を証明する書面を提出
したときは，当該健康診断の項目に相当する項目については，この限り
でない。

1　既往歴及び業務歴の調査

2　自覚症状及び他覚症状の有無の検査

3　身長，体重，腹囲，視力及び聴力（1,000ヘルツ及び4,000ヘルツの
音に係る聴力をいう。次条第1項第3号において同じ。）の検査

4　胸部エックス線検査

5　血圧の測定

6　血色素量及び赤血球数の検査（次条第1項第6号において「貧血検
査」という。）

7　血清グルタミックオキサロアセチックトランスアミナーゼ（GOT），
血清グルタミックピルビックトランスアミナーゼ（GPT）及びガンマー
グルタミルトランスペプチダーゼ（γ-GTP）の検査（次条第1項第7
号において「肝機能検査」という。）

8　低比重リポ蛋白コレステロール（LDL コレステロール），高比重リポ
蛋白コレステロール（HDL コレステロール）及び血清トリグリセライ

ドの量の検査（次条第1項第8号において「血中脂質検査」という。）

9　血糖検査

10　尿中の糖及び蛋白の有無の検査（次条第1項第10号において「尿検査」という。）

11　心電図検査

（定期健康診断）

第44条　事業者は，常時使用する労働者（第45条第1項に規定する労働者を除く。）に対し，1年以内ごとに1回，定期に，次の項目について医師による健康診断を行わなければならない。

1　既往歴及び業務歴の調査

2　自覚症状及び他覚症状の有無の検査

3　身長，体重，腹囲，視力及び聴力の検査

4　胸部エックス線検査及び喀痰検査

5　血圧の測定

6　貧血検査

7　肝機能検査

8　血中脂質検査

9　血糖検査

10　尿検査

11　心電図検査

② 第1項第3号，第4号，第6号から第9号まで及び第11号に掲げる項目については，厚生労働大臣が定める基準に基づき，医師が必要でないと認めるときは，省略することができる。

③ 第1項の健康診断は，前条，第45条の2又は法第66条第2項前段の健康診断を受けた者（前条ただし書に規定する書面を提出した者を含む。）については，当該健康診断の実施の日から1年間に限り，その者が受けた当該健康診断の項目に相当する項目を省略して行うことができる。

④ 第1項第3号に掲げる項目(聴力の検査に限る。)は，45歳未満の者(35歳及び40歳の者を除く。)については，同項の規定にかかわらず，医師が適当と認める聴力（1,000ヘルツ又は4,000ヘルツの音に係る聴力を除く。）

の検査をもつて代えることができる。

(満15歳以下の者の健康診断の特例)

第44条の2　事業者は，前二条の健康診断を行おうとする日の属する年度（4月1日から翌年3月31日までをいう。以下この条において同じ。）において満15歳以下の年齢に達する者で，当該年度において学校保健安全法第11条又は第13条（認定こども園法第27条において準用する場合を含む。）の規定による健康診断を受けたもの又は受けることが予定されているものについては，前二条の規定にかかわらず，これらの規定による健康診断（学校教育法による中学校若しくはこれに準ずる学校若しくは義務教育学校を卒業した者又は中等教育学校の前期課程を修了した者に係る第43条の健康診断を除く。）を行わないことができる。

②　前二条の健康診断を行おうとする日の属する年度において満15歳以下の年齢に達する者で，前項に規定する者以外のものについては，医師が必要でないと認めるときは，当該健康診断の項目の全部又は一部を省略することができる。

(特定業務従事者の健康診断)

第45条　事業者は，第13条第1項第3号に掲げる業務に常時従事する労働者に対し，当該業務への配置替えの際及び6月以内ごとに1回，定期に，第44条第1項各号に掲げる項目について医師による健康診断を行わなければならない。この場合において，同項第4号の項目については，1年以内ごとに1回，定期に，行えば足りるものとする。

②　前項の健康診断(定期のものに限る。)は，前回の健康診断において第44条第1項第6号から第9号まで及び第11号に掲げる項目について健康診断を受けた者については，前項の規定にかかわらず，医師が必要でないと認めるときは，当該項目の全部又は一部を省略して行うことができる。

③　第44条第2項及び第3項の規定は，第1項の健康診断について準用する。この場合において，同条第3項中「1年間」とあるのは，「6月間」と読み替えるものとする。

④　第1項の健康診断（定期のものに限る。）の項目のうち第44条第1項第3号に掲げる項目（聴力の検査に限る。）は，前回の健康診断において当

該項目について健康診断を受けた者又は45歳未満の者（35歳及び40歳の者を除く。）については，第1項の規定にかかわらず，医師が適当と認める聴力（1,000ヘルツ又は4,000ヘルツの音に係る聴力を除く。）の検査をもつて代えることができる。

（海外派遣労働者の健康診断）

第45条の2 事業者は，労働者を本邦外の地域に6月以上派遣しようとするときは，あらかじめ，当該労働者に対し，第44条第1項各号に掲げる項目及び厚生労働大臣が定める項目のうち医師が必要であると認める項目について，医師による健康診断を行わなければならない。

② 事業者は，本邦外の地域に6月以上派遣した労働者を本邦の地域内における業務に就かせるとき（一時的に就かせるときを除く。）は，当該労働者に対し，第44条第1項各号に掲げる項目及び厚生労働大臣が定める項目のうち医師が必要であると認める項目について，医師による健康診断を行わなければならない。

③ 第1項の健康診断は，第43条，第44条，前条又は法第66条第2項前段の健康診断を受けた者（第43条第1項ただし書に規定する書面を提出した者を含む。）については，当該健康診断の実施の日から6月間に限り，その者が受けた当該健康診断の項目に相当する項目を省略して行うことができる。

④ 第44条第2項の規定は，第1項及び第2項の健康診断について準用する。この場合において，同条第2項中「，第4号，第6号から第9号まで及び第11号」とあるのは，「及び第4号」と読み替えるものとする。

第46条 削除

（給食従業員の検便）

第47条 事業者は，事業に附属する食堂又は炊事場における給食の業務に従事する労働者に対し，その雇入れの際又は当該業務への配置替えの際，検便による健康診断を行なわなければならない。

（歯科医師による健康診断）

第48条 事業者は，令第22条第3項の業務に常時従事する労働者に対し，その雇入れの際，当該業務への配置替えの際及び当該業務についた後6月

以内ごとに1回，定期に，歯科医師による健康診断を行なわなければならない。

（健康診断の指示）

第49条　法第66条第4項の規定による指示は，実施すべき健康診断の項目，健康診断を受けるべき労働者の範囲その他必要な事項を記載した文書により行なうものとする。

（労働者の希望する医師等による健康診断の証明）

第50条　法第66条第5項ただし書の書面は，当該労働者の受けた健康診断の項目ごとに，その結果を記載したものでなければならない。

（自発的健康診断）

第50条の2　法第66条の2の厚生労働省令で定める要件は，常時使用され，同条の自ら受けた健康診断を受けた日前6月間を平均して1月当たり4回以上同条の深夜業に従事したこととする。

第50条の3　前条で定める要件に該当する労働者は，第44条第1項各号に掲げる項目の全部又は一部について，自ら受けた医師による健康診断の結果を証明する書面を事業者に提出することができる。ただし，当該健康診断を受けた日から3月を経過したときは，この限りでない。

第50条の4　法第66条の2の書面は，当該労働者の受けた健康診断の項目ごとに，その結果を記載したものでなければならない。

（健康診断結果の記録の作成）

第51条　事業者は，第43条，第44条若しくは第45条から第48条までの健康診断若しくは法第66条第4項の規定による指示を受けて行つた健康診断（同条第5項ただし書の場合において当該労働者が受けた健康診断を含む。次条において「第43条等の健康診断」という。）又は法第66条の2の自ら受けた健康診断の結果に基づき，健康診断個人票（様式第5号）を作成して，これを5年間保存しなければならない。

（健康診断の結果についての医師等からの意見聴取）

第51条の2　第43条等の健康診断の結果に基づく法第66条の4の規定による医師又は歯科医師からの意見聴取は，次に定めるところにより行わなければならない。

　　1　第43条等の健康診断が行われた日（法第66条第5項ただし書の場合
　　　にあつては，当該労働者が健康診断の結果を証明する書面を事業者に
　　　提出した日）から3月以内に行うこと。
　　2　聴取した医師又は歯科医師の意見を健康診断個人票に記載すること。
②　法第66条の2の自ら受けた健康診断の結果に基づく法第66条の4の規
　　定による医師からの意見聴取は，次に定めるところにより行わなければ
　　ならない。
　　1　当該健康診断の結果を証明する書面が事業者に提出された日から2
　　　月以内に行うこと。
　　2　聴取した医師の意見を健康診断個人票に記載すること。
③　事業者は，医師又は歯科医師から，前二項の意見聴取を行う上で必要
　　となる労働者の業務に関する情報を求められたときは，速やかに，これ
　　を提供しなければならない。
（指針の公表）
第51条の3　第24条の規定は，法第66条の5第2項の規定による指針の公
　　表について準用する。
（健康診断の結果の通知）
第51条の4　事業者は，法第66条第4項又は第43条，第44条若しくは第45
　　条から第48条までの健康診断を受けた労働者に対し，遅滞なく，当該健
　　康診断の結果を通知しなければならない。
（健康診断結果報告）
第52条　常時50人以上の労働者を使用する事業者は，第44条又は第45条の
　　健康診断（定期のものに限る。）を行つたときは，遅滞なく，定期健康診
　　断結果報告書（様式第6号）を所轄労働基準監督署長に提出しなければ
　　ならない。
②　事業者は，第48条の健康診断（定期のものに限る。）を行つたときは，
　　遅滞なく，有害な業務に係る歯科健康診断結果報告書（様式第6号の2）
　　を所轄労働基準監督署長に提出しなければならない。

（健康管理手帳）

第67条　都道府県労働局長は，がんその他の重度の健康障害を生ずるおそれのある業務で，政令で定めるものに従事していた者のうち，厚生労働省令で定める要件に該当する者に対し，離職の際に又は離職の後に，当該業務に係る健康管理手帳を交付するものとする。ただし，現に当該業務に係る健康管理手帳を所持している者については，この限りでない。

②　政府は，健康管理手帳を所持している者に対する健康診断に関し，厚生労働省令で定めるところにより，必要な措置を行なう。

③　健康管理手帳の交付を受けた者は，当該健康管理手帳を他人に譲渡し，又は貸与してはならない。

④　健康管理手帳の様式その他健康管理手帳について必要な事項は，厚生労働省令で定める。

労働安全衛生法施行令

（健康管理手帳を交付する業務）

第23条　法第67条第1項の政令で定める業務は，次のとおりとする。

1　ベンジジン及びその塩（これらの物をその重量の1パーセントを超えて含有する製剤その他の物を含む。）を製造し，又は取り扱う業務

2　ベーターナフチルアミン及びその塩（これらの物をその重量の1パーセントを超えて含有する製剤その他の物を含む。）を製造し，又は取り扱う業務

3　略

4　クロム酸及び重クロム酸並びにこれらの塩（これらの物をその重量の1パーセントを超えて含有する製剤その他の物を含む。）を製造し，又は取り扱う業務（これらの物を鉱石から製造する事業場以外の事業場における業務を除く。）

5　無機砒素化合物（アルシン及び砒化ガリウムを除く。）を製造する工程において粉砕をし，三酸化砒素を製造する工程において焙焼若しくは精製を行い，又は砒素をその重量の3パーセントを超えて含有する鉱石をポット法若しくはグリナワルド法により製錬する業務

6　コークス又は製鉄用発生炉ガスを製造する業務（コークス炉上において若しくはコークス炉に接して又はガス発生炉上において行う業務に限る。）

7　ビス（クロロメチル）エーテル（これをその重量の１パーセントを超えて含有する製剤その他の物を含む。）を製造し，又は取り扱う業務

8　ベリリウム及びその化合物（これらの物をその重量の１パーセントを超えて含有する製剤その他の物（合金にあつては，ベリリウムをその重量の３パーセントを超えて含有するものに限る。）を含む。）を製造し，又は取り扱う業務（これらの物のうち粉状の物以外の物を取り扱う業務を除く。）

9　ベンゾトリクロリドを製造し，又は取り扱う業務（太陽光線により塩素化反応をさせることによりベンゾトリクロリドを製造する事業場における業務に限る。）

10　塩化ビニルを重合する業務又は密閉されていない遠心分離機を用いてポリ塩化ビニル（塩化ビニルの共重合体を含む。）の懸濁液から水を分離する業務

11　略

12　ジアニシジン及びその塩（これらの物をその重量の１パーセントを超えて含有する製剤その他の物を含む。）を製造し，又は取り扱う業務

13　１・２－ジクロロプロパン（これをその重量の１パーセントを超えて含有する製剤その他の物を含む。）を取り扱う業務（厚生労働省令で定める場所における印刷機その他の設備の清掃の業務に限る。）

14　オルト－トルイジン（これをその重量の１パーセントを超えて含有する製剤その他の物を含む。）を製造し，又は取り扱う業務

15　３・３′－ジクロロ－４・４′－ジアミノジフェニルメタン（これをその重量の１パーセントを超えて含有する製剤その他の物を含む。）を製造し，又は取り扱う業務

労働安全衛生規則

（令第23条第13号の厚生労働省令で定める場所）

第52条の22　令第23条第13号の厚生労働省令で定める場所は，屋内作業場

等（屋内作業場及び有機溶剤中毒予防規則（昭和47年労働省令第36号。以
下「有機則」という。）第１条第２項各号に掲げる場所をいう。）とする。

（健康管理手帳の交付）

第53条　法第67条第１項の厚生労働省令で定める要件に該当する者は，労
働基準法の施行の日以降において，次の表の上欄（編注：左欄）に掲げ
る業務に従事し，その従事した業務に応じて，離職の際に又は離職の後
に，それぞれ，同表の下欄（編注：右欄）に掲げる要件に該当する者そ
の他厚生労働大臣が定める要件に該当する者とする。

業　　　務	要　　　　　件
令第23条第１号，第２号又は第12号の業務	当該業務に３月以上従事した経験を有すること。
令第23条第３号の業務	略
令第23条第４号の業務	当該業務に４年以上従事した経験を有すること。
令第23条第５号の業務	当該業務に５年以上従事した経験を有すること。
令第23条第６号の業務	当該業務に５年以上従事した経験を有すること。
令第23条第７号の業務	当該業務に３年以上従事した経験を有すること。
令第23条第８号の業務	両肺野にベリリウムによるび慢性の結節性陰影があること。
令第23条第９号の業務	当該業務に３年以上従事した経験を有すること。
令第23条第10号の業務	当該業務に４年以上従事した経験を有すること。
略	
令第23条第13号の業務	当該業務に２年以上従事した経験を有すること。
令第23条第14号の業務	当該業務に５年以上従事した経験を有すること。
令第23条第15号の業務	当該業務に２年以上従事した経験を有すること。

②　健康管理手帳（以下「手帳」という。）の交付は，前項に規定する要件
　に該当する者の申請に基づいて，所轄都道府県労働局長（離職の後に同
　項に規定する要件に該当する者にあつては，その者の住所を管轄する都
　道府県労働局長）が行うものとする。

③　前項の申請をしようとする者は，健康管理手帳交付申請書（様式第7
　号）に第1項の要件に該当する事実を証する書類（当該書類がない場合
　には，当該事実についての申立て書）（令第23条第8号又は第11号の業務
　に係る前項の申請（同号の業務に係るものについては，第1項の表令第
　23条第11号の業務（石綿等（令第6条第23号に規定する石綿等をいう。以
　下同じ。）を製造し，又は取り扱う業務に限る。）の項第2号から第4号
　までの要件に該当することを理由とするものを除く。）をしようとする者
　にあつては，胸部のエックス線直接撮影又は特殊なエックス線撮影によ
　る写真を含む。）を添えて，所轄都道府県労働局長（離職の後に第1項の
　要件に該当する者にあつては，その者の住所を管轄する都道府県労働局
　長）に提出しなければならない。

（手帳の様式）

第54条　手帳は，様式第8号による。

（受診の勧告）

第55条　都道府県労働局長は，手帳を交付するときは，当該手帳の交付を
　受ける者に対し，厚生労働大臣が定める健康診断を受けることを勧告す
　るものとする。

第56条　都道府県労働局長は，前条の勧告をするときは，手帳の交付を受
　ける者に対し，その者が受ける健康診断の回数，方法その他当該健康診
　断を受けることについて必要な事項を通知するものとする。

（手帳の提出等）

第57条　手帳の交付を受けた者（以下「手帳所持者」という。）は，第55条
　の勧告に係る健康診断（以下この条において「健康診断」という。）を受
　けるときは，手帳を当該健康診断を行なう医療機関に提出しなければな
　らない。

②　前項の医療機関は，手帳所持者に対し健康診断を行なつたときは，そ

の結果をその者の手帳に記載しなければならない。

③　第1項の医療機関は，手帳所持者に対し健康診断を行つたときは，遅滞なく，様式第9号による報告書を当該医療機関の所在地を管轄する都道府県労働局長に提出しなければならない。

（手帳の書替え）

第58条　手帳所持者は，氏名又は住所を変更したときは，30日以内に，健康管理手帳書替申請書（様式第10号）に手帳を添えてその者の住所を管轄する都道府県労働局長に提出し，手帳の書替えを受けなければならない。

（手帳の再交付）

第59条　手帳所持者は，手帳を滅失し，又は損傷したときは，健康管理手帳再交付申請書（様式第10号）をその者の住所を管轄する都道府県労働局長に提出し，手帳の再交付を受けなければならない。

②　手帳を損傷した者が前項の申請をするときは，当該申請書にその手帳を添えなければならない。

③　手帳所持者は，手帳の再交付を受けた後，滅失した手帳を発見したときは，速やかに，これを第1項の都道府県労働局長に返還しなければならない。

（手帳の返還）

第60条　手帳所持者が死亡したときは，当該手帳所持者の相続人又は法定代理人は，遅滞なく，手帳をその者の住所を管轄する都道府県労働局長に返還しなければならない。

（病者の就業禁止）

第68条　事業者は，伝染性の疾病その他の疾病で，厚生労働省令で定めるものにかかつた労働者については，厚生労働省令で定めるところにより，その就業を禁止しなければならない。

（受動喫煙の防止）

第68条の2　事業者は，室内又はこれに準ずる環境における労働者の受動喫煙（健康増進法（平成14年法律第103号）第28条第3号に規定する受

動喫煙をいう。第71条第1項において同じ。）を防止するため，当該事業者及び事業場の実情に応じ適切な措置を講ずるよう努めるものとする。

（健康教育等）

第69条　事業者は，労働者に対する健康教育及び健康相談その他労働者の健康の保持増進を図るため必要な措置を継続的かつ計画的に講ずるように努めなければならない。

② 　労働者は，前項の事業者が講ずる措置を利用して，その健康の保持増進に努めるものとする。

（体育活動等についての便宜供与等）

第70条　事業者は，前条第1項に定めるもののほか，労働者の健康の保持増進を図るため，体育活動，レクリエーションその他の活動についての便宜を供与する等必要な措置を講ずるように努めなければならない。

（健康の保持増進のための指針の公表等）

第70条の2　厚生労働大臣は，第69条第1項の事業者が講ずべき健康の保持増進のための措置に関して，その適切かつ有効な実施を図るため必要な指針を公表するものとする。

② 　厚生労働大臣は，前項の指針に従い，事業者又はその団体に対し，必要な指導等を行うことができる。

（健康診査等指針との調和）

第70条の3　第66条第1項の厚生労働省令，第66条の5第2項の指針，第66条の6の厚生労働省令及び前条第1項の指針は，健康増進法第9条第1項に規定する健康診査等指針と調和が保たれたものでなければならない。

┌─ 労働安全衛生規則 ─
第61条の2　第24条の規定は，法第70条の2第1項の規定による指針の公表について準用する。

（国の援助）

第71条 国は，労働者の健康の保持増進に関する措置の適切かつ有効な実施を図るため，必要な資料の提供，作業環境測定及び健康診断の実施の促進，受動喫煙の防止のための設備の設置の促進，事業場における健康教育等に関する指導員の確保及び資質の向上の促進その他の必要な援助に努めるものとする。

② 国は，前項の援助を行うに当たつては，中小企業者に対し，特別の配慮をするものとする。

第7章の2　快適な職場環境の形成のための措置

（事業者の講ずる措置）

第71条の2 事業者は，事業場における安全衛生の水準の向上を図るため，次の措置を継続的かつ計画的に講ずることにより，快適な職場環境を形成するように努めなければならない。

1　作業環境を快適な状態に維持管理するための措置

2　労働者の従事する作業について，その方法を改善するための措置

3　作業に従事することによる労働者の疲労を回復するための施設又は設備の設置又は整備

4　前三号に掲げるもののほか，快適な職場環境を形成するため必要な措置

（快適な職場環境の形成のための指針の公表等）

第71条の3 厚生労働大臣は，前条の事業者が講ずべき快適な職場環境の形成のための措置に関して，その適切かつ有効な実施を図るため必要な指針を公表するものとする。

② 厚生労働大臣は，前項の指針に従い，事業者又はその団体に対し，必要な指導等を行うことができる。

（国の援助）

第71条の4 国は，事業者が講ずる快適な職場環境を形成するための措置

の適切かつ有効な実施に資するため，金融上の措置，技術上の助言，資料の提供その他の必要な援助に努めるものとする。

┌─労働安全衛生規則─
第61条の3　都道府県労働局長は，事業者が快適な職場環境の形成のための措置の実施に関し必要な計画を作成し，提出した場合において，当該計画が法第71条の3の指針に照らして適切なものであると認めるときは，その旨の認定をすることができる。

② 　都道府県労働局長は，法第71条の4の援助を行うに当たつては，前項の認定を受けた事業者に対し，特別の配慮をするものとする。

第8章　免許等

（技能講習）

第76条　第14条又は第61条第1項の技能講習（以下「技能講習」という。）は，別表第18に掲げる区分ごとに，学科講習又は実技講習によつて行う。

② 　技能講習を行なつた者は，当該技能講習を修了した者に対し，厚生労働省令で定めるところにより，技能講習修了証を交付しなければならない。

③ 　技能講習の受講資格及び受講手続その他技能講習の実施について必要な事項は，厚生労働省令で定める。

別表第18　（第76条関係）

1～19　略

20　特定化学物質及び四アルキル鉛等作業主任者技能講習

21　略

22　有機溶剤作業主任者技能講習

以下　略

┌─労働安全衛生規則─
（受講手続）
第80条　技能講習を受けようとする者は，技能講習受講申込書（様式第15号）を当該技能講習を行う登録教習機関に提出しなければならない。

（技能講習修了証の交付）

第81条　技能講習を行つた登録教習機関は，当該講習を修了した者に対し，遅滞なく，技能講習修了証（様式第17号）を交付しなければならない。

（技能講習修了証の再交付等）

第82条　技能講習修了証の交付を受けた者で，当該技能講習に係る業務に現に就いているもの又は就こうとするものは，これを滅失し，又は損傷したときは，第3項に規定する場合を除き，技能講習修了証再交付申込書（様式第18号）を技能講習修了証の交付を受けた登録教習機関に提出し，技能講習修了証の再交付を受けなければならない。

②　前項に規定する者は，氏名を変更したときは，第3項に規定する場合を除き，技能講習修了証書替申込書（様式第18号）を技能講習修了証の交付を受けた登録教習機関に提出し，技能講習修了証の書替えを受けなければならない。

③　第1項に規定する者は，技能講習修了証の交付を受けた登録教習機関が当該技能講習の業務を廃止した場合（当該登録を取り消された場合及び当該登録がその効力を失つた場合を含む。）及び労働安全衛生法及びこれに基づく命令に係る登録及び指定に関する省令（昭和47年労働省令第44号）第24条第1項ただし書に規定する場合に，これを滅失し，若しくは損傷したとき又は氏名を変更したときは，技能講習修了証明書交付申込書（様式第18号）を同項ただし書に規定する厚生労働大臣が指定する機関に提出し，当該技能講習を修了したことを証する書面の交付を受けなければならない。

④　前項の場合において，厚生労働大臣が指定する機関は，同項の書面の交付を申し込んだ者が同項に規定する技能講習以外の技能講習を修了しているときは，当該技能講習を行つた登録教習機関からその者の当該技能講習の修了に係る情報の提供を受けて，その者に対して，同項の書面に当該技能講習を修了した旨を記載して交付することができる。

第10章　監督等

（計画の届出等）

第88条　事業者は，機械等で，危険若しくは有害な作業を必要とするもの，危険な場所において使用するもの又は危険若しくは健康障害を防止するため使用するもののうち，厚生労働省令で定めるものを設置し，若しくは移転し，又はこれらの主要構造部分を変更しようとするときは，その計画を当該工事の開始の日の30日前までに，厚生労働省令で定めるところにより，労働基準監督署長に届け出なければならない。ただし，第28条の２第１項に規定する措置その他の厚生労働省令で定める措置を講じているものとして，厚生労働省令で定めるところにより労働基準監督署長が認定した事業者については，この限りでない。

②　事業者は，建設業に属する事業の仕事のうち重大な労働災害を生ずるおそれがある特に大規模な仕事で，厚生労働省令で定めるものを開始しようとするときは，その計画を当該仕事の開始の日の30日前までに，厚生労働省令で定めるところにより，厚生労働大臣に届け出なければならない。

③　事業者は，建設業その他政令で定める業種に属する事業の仕事（建設業に属する事業にあつては，前項の厚生労働省令で定める仕事を除く。）で，厚生労働省令で定めるものを開始しようとするときは，その計画を当該仕事の開始の日の14日前までに，厚生労働省令で定めるところにより，労働基準監督署長に届け出なければならない。

④　事業者は，第１項の規定による届出に係る工事のうち厚生労働省令で定める工事の計画，第２項の厚生労働省令で定める仕事の計画又は前項の規定による届出に係る仕事のうち厚生労働省令で定める仕事の計画を作成するときは，当該工事に係る建設物若しくは機械等又は当該仕事から生ずる労働災害の防止を図るため，厚生労働省令で定める資格を有する者を参画させなければならない。

⑤　前三項の規定（前項の規定のうち，第1項の規定による届出に係る部分を除く。）は，当該仕事が数次の請負契約によつて行われる場合において，当該仕事を自ら行う発注者がいるときは当該発注者以外の事業者，当該仕事を自ら行う発注者がいないときは元請負人以外の事業者については，適用しない。

⑥　労働基準監督署長は第1項又は第3項の規定による届出があつた場合において，厚生労働大臣は第2項の規定による届出があつた場合において，それぞれ当該届出に係る事項がこの法律又はこれに基づく命令の規定に違反すると認めるときは，当該届出をした事業者に対し，その届出に係る工事若しくは仕事の開始を差し止め，又は当該計画を変更すべきことを命ずることができる。

⑦　厚生労働大臣又は労働基準監督署長は，前項の規定による命令（第2項又は第3項の規定による届出をした事業者に対するものに限る。）をした場合において，必要があると認めるときは，当該命令に係る仕事の発注者（当該仕事を自ら行う者を除く。）に対し，労働災害の防止に関する事項について必要な勧告又は要請を行うことができる。

──　労働安全衛生規則　────────────────────────

（計画の届出をすべき機械等）

第85条　法第88条第1項の厚生労働省令で定める機械等は，法に基づく他の省令に定めるもののほか，別表第7の上欄（編注：左欄）に掲げる機械等とする。ただし，別表第7の上欄（編注：左欄）に掲げる機械等で次の各号のいずれかに該当するものを除く。

　1　機械集材装置，運材索道（架線，搬器，支柱及びこれらに附属する物により構成され，原木又は薪炭材を一定の区間空中において運搬する設備をいう。以下同じ。），架設通路及び足場以外の機械等（法第37条第1項の特定機械等及び令第6条第14号の型枠支保工（以下「型枠支保工」という。）を除く。）で，6月未満の期間で廃止するもの

　2　機械集材装置，運材索道，架設通路又は足場で，組立てから解体ま

での期間が60日未満のもの

（計画の届出等）

第86条　事業者は，別表第7の上欄（編注：左欄）に掲げる機械等を設置し，若しくは移転し，又はこれらの主要構造部分を変更しようとするときは，法第88条第1項の規定により，様式第20号による届書に，当該機械等の種類に応じて同表の中欄に掲げる事項を記載した書面及び同表の下欄（編注：右欄）に掲げる図面等を添えて，所轄労働基準監督署長に提出しなければならない。

②　特定化学物質障害予防規則（昭和47年労働省令第39号。以下「特化則」という。）第49条第1項の規定による申請をした者が行う別表第7の16の項から20の3の項までの上欄（編注：左欄）に掲げる機械等の設置については，法第88条第1項の規定による届出は要しないものとする。

③　略

別表第7（第85条，第86条関係）（抄）

機械等の種類	事　　項	図　面　等
16　特化則第2条第1項第1号に掲げる第1類物質（以下この項において「第1類物質」という。）又は特化則第4条第1項の特定第2類物質等（以下この項において「特定第2類物質等」という。）を製造する設備	1　第1類物質又は特定第2類物質等を製造する業務の概要 2　主要構造部分の構造の概要 3　密閉の方式及び労働者に当該物質を取り扱わせるときは健康障害防止の措置の概要	1　周囲の状況及び四隣との関係を示す図面 2　第1類物質又は特定第2類物質等を製造する設備を設置する建築物の構造 3　第1類物質又は特定第2類物質等を製造する設備の配置の状況を示す図面 4　局所排気装置が設置されている場合にあつては，局所排気装置摘要書（様式第25号） 5　プッシュプル型換気装置が設置されている場合にあつてはプッシュプル型換気装置摘要書（様式第26号）

17　令第15条第1項第10号の特定化学設備（以下この項において「特定化学設備」という。）及びその附属設備	1　特定第2類物質（特化則第2条第1項第3号に掲げる特定第2類物質をいう。以下この項及び次項において同じ。）又は第3類物質（令別表第3第3号に掲げる物をいう。）を製造し，又は取り扱う業務の概要 2　主要構造部分の構造の概要 3　附属設備の構造の概要	1　周囲の状況及び四隣との関係を示す図面 2　特定化学設備を設置する建築物の構造 3　特定化学設備及びその附属設備の配置状況を示す図面 4　局所排気装置が設置されている場合にあつては，局所排気装置摘要書（様式第25号） 5　プッシュプル型換気装置が設置されている場合にあつてはプッシュプル型換気装置摘要書（様式第26号）
18　特定第2類物質又は特化則第2条第1項第5号に掲げる管理第2類物質（以下この項において「管理第2類物質」という。）のガス，蒸気又は粉じんが発散する屋内作業場に設ける発散抑制の設備（特化則第2条の2第2号又は第4号から第8号までに掲げる業務のみに係るものを除く。）	1　特定第2類物質又は管理第2類物質を製造し，又は取り扱う業務の概要 2　特定第2類物質又は管理第2類物質のガス，蒸気又は粉じんの発散源を密閉する設備にあつては，密閉の方式，主要構造部分の構造の概要及びその機能 3　全体換気装置にあつては，型式，主要構造部分の構造の概要及びその機能	1　周囲の状況及び四隣との関係を示す図面 2　作業場所の全体を示す図面 3　特定第2類物質又は管理第2類物質のガス，蒸気又は粉じんの発散源を密閉する設備又は全体換気装置の図面 4　局所排気装置が設置されている場合にあつては，局所排気装置摘要書（様式第25号） 5　プッシュプル型換気装置が設置されている場合にあつてはプッシュプル型換気装置摘要書（様式第26号）
19　特化則第10条第1項の排ガス	1　アクロレインを製造し，又は取り扱う業務の概要	1　周囲の状況及び四隣との関係を示す図面

処理装置であつて，アクロレインに係るもの	2　排気の処理方式及び処理能力 3　主要構造部分の構造の概要	2　排ガス処理装置の構造の図面 3　局所排気装置が設置されている場合にあつては，局所排気装置摘要書（様式第25号） 4　プッシュプル型換気装置が設置されている場合にあつてはプッシュプル型換気装置摘要書（様式第26号）
20　特化則第11条第1項の排液処理装置	1　排液処理の業務の概要 2　排液の処理方式及び処理能力 3　主要構造部分の構造の概要	1　周囲の状況及び四隣との関係を示す図面 2　排液処理装置の構造の図面 3　局所排気装置が設置されている場合にあつては，局所排気装置摘要書（様式第25号） 4　プッシュプル型換気装置が設置されている場合にあつてはプッシュプル型換気装置摘要書（様式第26号）
20の2　特化則第38条の17第1項の1・3-ブタジエン等（以下この項において「1・3-ブタジエン等」という。）に係る発散抑制の設備（屋外に設置されるものを除く。）	1　1・3-ブタジエン等を製造し，若しくは取り扱う設備から試料を採取し，又は当該設備の保守点検を行う作業の概要 2　1・3-ブタジエン等のガスの発散源を密閉する設備にあつては，密閉の方式，主要構造部分の構造の概要及びその機能 3　全体換気装置にあつては，型式，主要構造部分の構造の概要及びその機能	1　周囲の状況及び四隣との関係を示す図面 2　作業場所の全体を示す図面 3　1・3-ブタジエン等のガスの発散源を密閉する設備又は全体換気装置の図面 4　局所排気装置が設置されている場合にあつては，局所排気装置摘要書（様式第25号） 5　プッシュプル型換気装置が設置されている

		場合にあつてはプッシュプル型換気装置摘要書（様式第26号）
20の3　特化則第38条の18第1項の硫酸ジエチル等（以下この項において「硫酸ジエチル等」という。）に係る発散抑制の設備（屋外に設置されるものを除く。）	1　硫酸ジエチル等を触媒として取り扱う作業の概要 2　硫酸ジエチル等の蒸気の発散源を密閉する設備にあつては，密閉の方式，主要構造部分の構造の概要及びその機能 3　全体換気装置にあつては，型式，主要構造部分の構造の概要及びその機能	1　周囲の状況及び四隣との関係を示す図面 2　作業場所の全体を示す図面 3　硫酸ジエチル等の蒸気の発散源を密閉する設備又は全体換気装置の図面 4　局所排気装置が設置されている場合にあつては，局所排気装置摘要書（様式第25号） 5　プッシュプル型換気装置が設置されている場合にあつてはプッシュプル型換気装置摘要書（様式第26号）
20の4　特化則第38条の19の1・3-プロパンスルトン等(以下この項において「1・3-プロパンスルトン等」という。)を製造し，又は取り扱う設備及びその附属設備	1　1・3-プロパンスルトン等を製造し，又は取り扱う業務の概要 2　主要構造部分の構造の概要 3　附属設備の構造の概要 4　密閉の方式及び労働者に当該物質を取り扱わせるときは健康障害防止の措置の概要	1　周囲の状況及び四隣との関係を示す図面 2　1・3-プロパンスルトン等を製造し，又は取り扱う設備を設置する建築物の構造 3　1・3-プロパンスルトン等を製造し，又は取り扱う設備及びその附属設備の配置状況を示す図面 4　1・3-プロパンスルトン等を製造し，又は取り扱う設備及びその附属設備の図面

（法第88条第1項ただし書の厚生労働省令で定める措置）

第87条　法第88条第1項ただし書の厚生労働省令で定める措置は，次に掲げる措置とする。

1　法第28条の2第1項又は第57条の3第1項及び第2項の危険性又は有害性等の調査及びその結果に基づき講ずる措置

2　前号に掲げるもののほか，第24条の2の指針に従つて事業者が行う自主的活動

（認定の単位）

第87条の2　法第88条第1項ただし書の規定による認定（次条から第88条までにおいて「認定」という。）は，事業場ごとに，所轄労働基準監督署長が行う。

（欠格事項）

第87条の3　次のいずれかに該当する者は，認定を受けることができない。

1　法又は法に基づく命令の規定（認定を受けようとする事業場に係るものに限る。）に違反して，罰金以上の刑に処せられ，その執行を終わり，又は執行を受けることがなくなつた日から起算して2年を経過しない者

2　認定を受けようとする事業場について第87条の9の規定により認定を取り消され，その取消しの日から起算して2年を経過しない者

3　法人で，その業務を行う役員のうちに前二号のいずれかに該当する者があるもの

（認定の基準）

第87条の4　所轄労働基準監督署長は，認定を受けようとする事業場が次に掲げる要件のすべてに適合しているときは，認定を行わなければならない。

1　第87条の措置を適切に実施していること。

2　労働災害の発生率が，当該事業場の属する業種における平均的な労働災害の発生率を下回つていると認められること。

3　申請の日前1年間に労働者が死亡する労働災害その他の重大な労働災害が発生していないこと。

（認定の申請）

第87条の5 認定の申請をしようとする事業者は，認定を受けようとする事業場ごとに，計画届免除認定申請書（様式第20号の2）に次に掲げる書面を添えて，所轄労働基準監督署長に提出しなければならない。

1 第87条の3各号に該当しないことを説明した書面

2 第87条の措置の実施状況について，申請の日前3月以内に2人以上の安全に関して優れた識見を有する者又は衛生に関して優れた識見を有する者による評価を受け，当該措置を適切に実施していると評価されたことを証する書面及び当該評価の概要を記載した書面

3 前号の評価について，1人以上の安全に関して優れた識見を有する者及び1人以上の衛生に関して優れた識見を有する者による監査を受けたことを証する書面

4 前条第2号及び第3号に掲げる要件に該当することを証する書面（当該書面がない場合には，当該事実についての申立書）

② 前項第2号及び第3号の安全に関して優れた識見を有する者とは，次のいずれかに該当する者であつて認定の実施について利害関係を有しないものをいう。

1 労働安全コンサルタントとして3年以上その業務に従事した経験を有する者で，第24条の2の指針に従つて事業者が行う自主的活動の実施状況についての評価を3件以上行つたもの

2 前号に掲げる者と同等以上の能力を有すると認められる者

③ 第1項第2号及び第3号の衛生に関して優れた識見を有する者とは，次のいずれかに該当する者であつて認定の実施について利害関係を有しないものをいう。

1 労働衛生コンサルタントとして3年以上その業務に従事した経験を有する者で，第24条の2の指針に従つて事業者が行う自主的活動の実施状況についての評価を3件以上行つたもの

2 前号に掲げる者と同等以上の能力を有すると認められる者

④ 所轄労働基準監督署長は，認定をしたときは，様式第20号の3による認定証を交付するものとする。

（認定の更新）

第87条の6　認定は，3年ごとにその更新を受けなければ，その期間の経過によつて，その効力を失う。

②　第87条の3，第87条の4及び前条第1項から第3項までの規定は，前項の認定の更新について準用する。

（実施状況等の報告）

第87条の7　認定を受けた事業者は，認定に係る事業場（次条において「認定事業場」という。）ごとに，1年以内ごとに1回，実施状況等報告書（様式第20号の4）に第87条の措置の実施状況について行つた監査の結果を記載した書面を添えて，所轄労働基準監督署長に提出しなければならない。

（措置の停止）

第87条の8　認定を受けた事業者は，認定事業場において第87条の措置を行わなくなつたときは，遅滞なく，その旨を所轄労働基準監督署長に届け出なければならない。

（認定の取消し）

第87条の9　所轄労働基準監督署長は，認定を受けた事業者が次のいずれかに該当するに至つたときは，その認定を取り消すことができる。

1　第87条の3第1号又は第3号に該当するに至つたとき。

2　第87条の4第1号又は第2号に適合しなくなつたと認めるとき。

3　第87条の4第3号に掲げる労働災害を発生させたとき。

4　第87条の7の規定に違反して，同条の報告書及び書面を提出せず，又は虚偽の記載をしてこれらを提出したとき。

5　不正の手段により認定又はその更新を受けたとき。

（建設業の特例）

第88条　第87条の2の規定にかかわらず，建設業に属する事業の仕事を行う事業者については，当該仕事の請負契約を締結している事業場ごとに認定を行う。

②　前項の認定について次の表の上欄（編注：左欄）に掲げる規定の適用については，これらの規定中同表の中欄に掲げる字句は，それぞれ同表

の下欄（編注：右欄）に掲げる字句に読み替えるものとする。

第87条の3 第1号	事業場	建設業に属する事業の仕事に係る請負契約を締結している事業場及び当該事業場において締結した請負契約に係る仕事を行う事業場（以下「店社等」という。）
第87条の4	事業場が	店社等が
	当該事業場の属する業種	建設業
第87条の7	認定に係る事業場（次条において「認定事業場」という。）	認定に係る店社等
第87条の8	認定事業場	認定に係る店社等

（報告等）

第100条　厚生労働大臣，都道府県労働局長又は労働基準監督署長は，この法律を施行するため必要があると認めるときは，厚生労働省令で定めるところにより，事業者，労働者，機械等貸与者，建築物貸与者又はコンサルタントに対し，必要な事項を報告させ，又は出頭を命ずることができる。

②　厚生労働大臣，都道府県労働局長又は労働基準監督署長は，この法律を施行するため必要があると認めるときは，厚生労働省令で定めるところにより，登録製造時等検査機関等に対し，必要な事項を報告させることができる。

③　労働基準監督官は，この法律を施行するため必要があると認めるときは，事業者又は労働者に対し，必要な事項を報告させ，又は出頭を命ずることができる。

　┌─ **労働安全衛生規則** ─────────────

　（有害物ばく露作業報告）

　第95条の6　事業者は，労働者に健康障害を生ずるおそれのある物で厚生労働大臣が定めるものを製造し，又は取り扱う作業場において，労働者

を当該物のガス，蒸気又は粉じんにばく露するおそれのある作業に従事
させたときは，厚生労働大臣の定めるところにより，当該物のばく露の
防止に関し必要な事項について，様式第21号の7による報告書を所轄労
働基準監督署長に提出しなければならない。

（疾病の報告）

第97条の2　事業者は，化学物質又は化学物質を含有する製剤を製造し，又
は取り扱う業務を行う事業場において，1年以内に2人以上の労働者が
同種のがんに罹患したことを把握したときは，当該罹患が業務に起因す
るかどうかについて，遅滞なく，医師の意見を聴かなければならない。

②　事業者は，前項の医師が，同項の罹患が業務に起因するものと疑われ
ると判断したときは，遅滞なく，次に掲げる事項について，所轄都道府
県労働局長に報告しなければならない。

　1　がんに罹患した労働者が当該事業場で従事した業務において製造し，
又は取り扱つた化学物質の名称（化学物質を含有する製剤にあつては，
当該製剤が含有する化学物質の名称）

　2　がんに罹患した労働者が当該事業場において従事していた業務の内
容及び当該業務に従事していた期間

　3　がんに罹患した労働者の年齢及び性別

第11章　雑則

（法令等の周知）

第101条　事業者は，この法律及びこれに基づく命令の要旨を常時各作業
場の見やすい場所に掲示し，又は備え付けることその他の厚生労働省令
で定める方法により，労働者に周知させなければならない。

②　産業医を選任した事業者は，その事業場における産業医の業務の内容
その他の産業医の業務に関する事項で厚生労働省令で定めるものを，常
時各作業場の見やすい場所に掲示し，又は備え付けることその他の厚生
労働省令で定める方法により，労働者に周知させなければならない。

③　前項の規定は，第13条の２第１項に規定する者に労働者の健康管理等の全部又は一部を行わせる事業者について準用する。この場合において，前項中「周知させなければ」とあるのは，「周知させるように努めなければ」と読み替えるものとする。

④　事業者は第57条の２第１項又は第２項の規定により通知された事項を，化学物質，化学物質を含有する製剤その他の物で当該通知された事項に係るものを取り扱う各作業場の見やすい場所に常時掲示し，又は備え付けることその他の厚生労働省令で定める方法により，当該物を取り扱う労働者に周知させなければならない。

労働安全衛生規則

（法令等の周知の方法等）

第98条の２　法第101条第１項及び第２項（同条第３項において準用する場合を含む。次項において同じ。）の厚生労働省令で定める方法は，第23条第３項各号に掲げる方法とする。

②　法第101条第２項の厚生労働省令で定める事項は，次のとおりとする。

　　１　事業場における産業医（法第101条第３項において準用する場合にあつては，法第13条の２第１項に規定する者。以下この項において同じ。）の業務の具体的な内容

　　２　産業医に対する健康相談の申出の方法

　　３　産業医による労働者の心身の状態に関する情報の取扱いの方法

③　法第101条第４項の厚生労働省令で定める方法は，次に掲げる方法とする。

　　１　通知された事項に係る物を取り扱う各作業場の見やすい場所に常時掲示し，又は備え付けること。

　　２　書面を，通知された事項に係る物を取り扱う労働者に交付すること。

　　３　事業者の使用に係る電子計算機に備えられたファイル又は電磁的記録媒体をもつて調製するファイルに記録し，かつ，通知された事項に係る物を取り扱う各作業場に当該物を取り扱う労働者が当該記録の内容を常時確認できる機器を設置すること。

（書類の保存等）

第103条　事業者は，厚生労働省令で定めるところにより，この法律又は
これに基づく命令の規定に基づいて作成した書類（次項及び第3項の帳
簿を除く。）を，保存しなければならない。

②　登録製造時等検査機関，登録性能検査機関，登録個別検定機関，登録
型式検定機関，検査業者，指定試験機関，登録教習機関，指定コンサル
タント試験機関又は指定登録機関は，厚生労働省令で定めるところによ
り，製造時等検査，性能検査，個別検定，型式検定，特定自主検査，免
許試験，技能講習，教習，労働安全コンサルタント試験，労働衛生コン
サルタント試験又はコンサルタントの登録に関する事項で，厚生労働省
令で定めるものを記載した帳簿を備え，これを保存しなければならない。

③　コンサルタントは，厚生労働省令で定めるところにより，その業務に
関する事項で，厚生労働省令で定めるものを記載した帳簿を備え，これ
を保存しなければならない。

（心身の状態に関する情報の取扱い）

第104条　事業者は，この法律又はこれに基づく命令の規定による措置の
実施に関し，労働者の心身の状態に関する情報を収集し，保管し，又は
使用するに当たつては，労働者の健康の確保に必要な範囲内で労働者の
心身の状態に関する情報を収集し，並びに当該収集の目的の範囲内でこ
れを保管し，及び使用しなければならない。ただし，本人の同意がある
場合その他正当な事由がある場合は，この限りでない。

②　事業者は，労働者の心身の状態に関する情報を適正に管理するために
必要な措置を講じなければならない。

③　厚生労働大臣は，前二項の規定により事業者が講ずべき措置の適切か
つ有効な実施を図るため必要な指針を公表するものとする。

④　厚生労働大臣は，前項の指針を公表した場合において必要があると認
めるときは，事業者又はその団体に対し，当該指針に関し必要な指導等
を行うことができる。

（健康診断等に関する秘密の保持）

第105条　第65条の2第1項及び第66条第1項から第4項までの規定による健康診断，第66条の8第1項，第66条の8の2第1項及び第66条の8の4第1項の規定による面接指導，第66条の10第1項の規定による検査又は同条第3項の規定による面接指導の実施の事務に従事した者は，その実施に関して知り得た労働者の秘密を漏らしてはならない。

（疫学的調査等）

第108条の2　厚生労働大臣は，労働者がさらされる化学物質等又は労働者の従事する作業と労働者の疾病との相関関係をは握するため必要があると認めるときは，疫学的調査その他の調査（以下この条において「疫学的調査等」という。）を行うことができる。

②　厚生労働大臣は，疫学的調査等の実施に関する事務の全部又は一部を，疫学的調査等について専門的知識を有する者に委託することができる。

③　厚生労働大臣又は前項の規定による委託を受けた者は，疫学的調査等の実施に関し必要があると認めるときは，事業者，労働者その他の関係者に対し，質問し，又は必要な報告若しくは書類の提出を求めることができる。

④　第2項の規定により厚生労働大臣が委託した疫学的調査等の実施の事務に従事した者は，その実施に関して知り得た秘密を漏らしてはならない。ただし，労働者の健康障害を防止するためやむを得ないときは，この限りでない。

（手数料）

第112条　次の者は，政令で定めるところにより，手数料を国（指定試験機関が行う免許試験を受けようとする者にあつては指定試験機関，指定コンサルタント試験機関が行う労働安全コンサルタント試験又は労働衛生コンサルタント試験を受けようとする者にあつては指定コンサルタント試験機関，指定登録機関が行う登録を受けようとする者にあつては指定登録機関）に納付しなければならない。

1～1の2　略

2　技能講習（登録教習機関が行うものを除く。）を受けようとする者

3～7の2　略

8　第56条第1項の許可を受けようとする者

9～13　略

② 略

（公示）

第112条の2　厚生労働大臣は，次の場合には，厚生労働省令で定めるところにより，その旨を官報で告示しなければならない。

1　第38条第1項，第41条第2項，第44条第1項又は第44条の2第1項の規定による登録をしたとき。

2～11　略

②　都道府県労働局長は，次の場合には，厚生労働省令で定めるところにより，その旨を公示しなければならない。

1　第14条，第61条第1項又は第75条第3項の規定による登録をしたとき。

2　第77条第3項において準用する第47条の2又は第49条の規定による届出があつたとき。

3　第77条第3項において準用する第53条第1項の規定により登録を取り消し，又は技能講習若しくは教習の業務の全部若しくは一部の停止を命じたとき。

（厚生労働省令への委任）

第115条の2　この法律に定めるもののほか，この法律の規定の実施に関し必要な事項は，厚生労働省令で定める。

第12章　罰則

第117条　第37条第1項，第44条第1項，第44条の2第1項，第56条第1項，第75条の8第1項（第83条の3及び第85条の3において準用する場

合を含む。）又は第86条第２項の規定に違反した者は，１年以下の懲役
又は100万円以下の罰金に処する。

第119条　次の各号のいずれかに該当する者は，６月以下の懲役又は50万
円以下の罰金に処する。

1　第14条，第20条から第25条まで，第25条の２第１項，第30条の３第
　　１項若しくは第４項，第31条第１項，第31条の２，第33条第１項若し
　　くは第２項，第34条，第35条，第38条第１項，第40条第１項，第42条，
　　第43条，第44条第６項，第44条の２第７項，第56条第３項若しくは第
　　４項，第57条の４第５項，第57条の５第５項，第59条第３項，第61条
　　第１項，第65条第１項，第65条の４，第68条，第89条第５項（第89条
　　の２第２項において準用する場合を含む。），第97条第２項，第105条
　　又は第108条の２第４項の規定に違反した者

2　第43条の２，第56条第５項，第88条第６項，第98条第１項又は第99
　　条第１項の規定による命令に違反した者

3　第57条第１項の規定による表示をせず，若しくは虚偽の表示をし，
　　又は同条第２項の規定による文書を交付せず，若しくは虚偽の文書を
　　交付した者

4　略

第120条　次の各号のいずれかに該当する者は，50万円以下の罰金に処す
る。

1　第10条第１項，第11条第１項，第12条第１項，第13条第１項，第15
　　条第１項，第３項若しくは第４項，第15条の２第１項，第16条第１項，
　　第17条第１項，第18条第１項，第25条の２第２項（第30条の３第５項
　　において準用する場合を含む。），第26条，第30条第１項若しくは第４
　　項，第30条の２第１項若しくは第４項，第32条第１項から第６項まで，
　　第33条第３項，第40条第２項，第44条第５項，第44条の２第６項，第
　　45条第１項若しくは第２項，第57条の４第１項，第59条第１項（同条
　　第２項において準用する場合を含む。），第61条第２項，第66条第１項

から第3項まで，第66条の3，第66条の6，第66条の8の2第1項，第66条の8の4第1項，第87条第6項，第88条第1項から第4項まで，第101条第1項又は第103条第1項の規定に違反した者

2 第11条第2項（第12条第2項及び第15条の2第2項において準用する場合を含む。），第57条の5第1項，第65条第5項，第66条第4項，第98条第2項又は第99条第2項の規定による命令又は指示に違反した者

3 第44条第4項又は第44条の2第5項の規定による表示をせず，又は虚偽の表示をした者

4 略

5 第100条第1項又は第3項の規定による報告をせず，若しくは虚偽の報告をし，又は出頭しなかつた者

6 略

第122条 法人の代表者又は法人若しくは人の代理人，使用人その他の従業者が，その法人又は人の業務に関して，第116条，第117条，第119条又は第120条の違反行為をしたときは，行為者を罰するほか，その法人又は人に対しても，各本条の罰金刑を科する。

第2章　特定化学物質障害予防規則

（昭和47年 9 月30日労働省令第39号）

（改正　令和 5 年12月27日厚生労働省令第165号）

目次

第1章　総則

（事業者の責務）

第1条　事業者は，化学物質による労働者のがん，皮膚炎，神経障害その他の
健康障害を予防するため，使用する物質の毒性の確認，代替物の使用，作業
方法の確立，関係施設の改善，作業環境の整備，健康管理の徹底その他必要
な措置を講じ，もつて，労働者の危険の防止の趣旨に反しない限りで，化学
物質にばく露される労働者の人数並びに労働者がばく露される期間及び程度
を最小限度にするよう努めなければならない。

（定義等）

第2条　この省令において，次の各号に掲げる用語の意義は，当該各号に定め
るところによる。

1　第1類物質　労働安全衛生法施行令（以下「令」という。）別表第3第1号に掲げる物をいう。

2　第2類物質　令別表第3第2号に掲げる物をいう。

3　特定第2類物質　第2類物質のうち，令別表第3第2号1，2，4から7まで，8の2，12，15，17，19，19の4，19の5，20，23，23の2，24，26，27，28から30まで，31の2，34，35及び36に掲げる物並びに別表第1第1号，第2号，第4号から第7号まで，第8号の2，第12号，第15号，第17号，第19号，第19号の4，第19号の5，第20号，第23号，第23号の2，第24号，第26号，第27号，第28号から第30号まで，第31号の2，第34号，第35号及び第36号に掲げる物をいう。

3の2　特別有機溶剤　第2類物質のうち，令別表第3第2号3の3，11の2，18の2から18の4まで，19の2，19の3，22の2から22の5まで及び33の2に掲げる物をいう。

3の3　特別有機溶剤等　特別有機溶剤並びに別表第1第3号の3，第11号の2，第18号の2から第18号の4まで，第19号の2，第19号の3，第22号の2から第22号の5まで，第33号の2及び第37号に掲げる物をいう。

4　オーラミン等　第2類物質のうち，令別表第3第2号8及び32に掲げる物並びに別表第1第8号及び第32号に掲げる物をいう。

5　管理第2類物質　第2類物質のうち，特定第2類物質，特別有機溶剤等及びオーラミン等以外の物をいう。

6　第3類物質　令別表第3第3号に掲げる物をいう。

7　特定化学物質　第1類物質，第2類物質及び第3類物質をいう。

②　令別表第3第2号37の厚生労働省令で定める物は，別表第1に掲げる物とする。

③　令別表第3第3号9の厚生労働省令で定める物は，別表第2に掲げる物とする。

（適用の除外）

第2条の2　この省令は，事業者が次の各号のいずれかに該当する業務に労働者を従事させる場合は，当該業務については，適用しない。ただし，令別表第3第2号11の2，18の2，18の3，19の3，19の4，22の2から22の4まで若

しくは23の2に掲げる物又は別表第1第11号の2，第18号の2，第18号の3，第19号の3，第19号の4，第22号の2から第22号の4まで，第23号の2若しくは第37号（令別表第3第2号11の2，18の2，18の3，19の3又は22の2から22の4までに掲げる物を含有するものに限る。）に掲げる物を製造し，又は取り扱う業務に係る第44条及び第45条の規定の適用については，この限りでない。

1　次に掲げる業務（以下「特別有機溶剤業務」という。）以外の特別有機溶剤等を製造し，又は取り扱う業務

　イ　クロロホルム等有機溶剤業務（特別有機溶剤等（令別表第3第2号11の2，18の2から18の4まで，19の3，22の2から22の5まで又は33の2に掲げる物及びこれらを含有する製剤その他の物（以下「クロロホルム等」という。）に限る。）を製造し，又は取り扱う業務のうち，屋内作業場等（屋内作業場及び有機溶剤中毒予防規則（昭和47年労働省令第36号。以下「有機則」という。）第1条第2項各号に掲げる場所をいう。以下この号及び第39条第7項第2号において同じ。）において行う次に掲げる業務をいう。）

　　⑴　クロロホルム等を製造する工程におけるクロロホルム等のろ過，混合，攪拌，加熱又は容器若しくは設備への注入の業務

　　⑵　染料，医薬品，農薬，化学繊維，合成樹脂，有機顔料，油脂，香料，甘味料，火薬，写真薬品，ゴム若しくは可塑剤又はこれらのものの中間体を製造する工程におけるクロロホルム等のろ過，混合，攪拌又は加熱の業務

　　⑶　クロロホルム等を用いて行う印刷の業務

　　⑷　クロロホルム等を用いて行う文字の書込み又は描画の業務

　　⑸　クロロホルム等を用いて行うつや出し，防水その他物の面の加工の業務

　　⑹　接着のためにするクロロホルム等の塗布の業務

　　⑺　接着のためにクロロホルム等を塗布された物の接着の業務

　　⑻　クロロホルム等を用いて行う洗浄（⑿に掲げる業務に該当する洗浄の業務を除く。）又は払拭の業務

(9)　クロロホルム等を用いて行う塗装の業務（(12)に掲げる業務に該当する塗装の業務を除く。）

(10)　クロロホルム等が付着している物の乾燥の業務

(11)　クロロホルム等を用いて行う試験又は研究の業務

(12)　クロロホルム等を入れたことのあるタンク（令別表第3第2号11の2，18の2から18の4まで，19の3，22の2から22の5まで又は33の2に掲げる物の蒸気の発散するおそれがないものを除く。）の内部における業務

ロ　エチルベンゼン塗装業務（特別有機溶剤等（令別表第3第2号3の3に掲げる物及びこれを含有する製剤その他の物に限る。）を製造し，又は取り扱う業務のうち，屋内作業場等において行う塗装の業務をいう。以下同じ。）

ハ　1・2-ジクロロプロパン洗浄・払拭業務（特別有機溶剤等（令別表第3第2号19の2に掲げる物及びこれを含有する製剤その他の物に限る。）を製造し，又は取り扱う業務のうち，屋内作業場等において行う洗浄又は払拭の業務をいう。以下同じ。）

2　令別表第3第2号13の2に掲げる物又は別表第1第13号の2に掲げる物（第38条の11において「コバルト等」という。）を触媒として取り扱う業務

3　令別表第3第2号15に掲げる物又は別表第1第15号に掲げる物（以下「酸化プロピレン等」という。）を屋外においてタンク自動車等から貯蔵タンクに又は貯蔵タンクからタンク自動車等に注入する業務（直結できる構造のホースを用いて相互に接続する場合に限る。）

4　酸化プロピレン等を貯蔵タンクから耐圧容器に注入する業務（直結できる構造のホースを用いて相互に接続する場合に限る。）

5　令別表第3第2号15の2に掲げる物又は別表第1第15号の2に掲げる物（以下この号及び第38条の13において「三酸化二アンチモン等」という。）を製造し，又は取り扱う業務のうち，樹脂等により固形化された物を取り扱う業務

6　令別表第3第2号19の4に掲げる物又は別表第1第19号の4に掲げる物を製造し，又は取り扱う業務のうち，これらを成形し，加工し，又は包装

する業務以外の業務

7　令別表第3第2号23の2に掲げる物又は別表第1第23号の2に掲げる物
（以下この号において「ナフタレン等」という。）を製造し，又は取り扱う
業務のうち，次に掲げる業務

イ　液体状のナフタレン等を製造し，又は取り扱う設備（密閉式の構造の
ものに限る。ロにおいて同じ。）からの試料の採取の業務

ロ　液体状のナフタレン等を製造し，又は取り扱う設備から液体状のナフ
タレン等をタンク自動車等に注入する業務（直結できる構造のホースを
用いて相互に接続する場合に限る。）

ハ　液体状のナフタレン等を常温を超えない温度で取り扱う業務（イ及び
ロに掲げる業務を除く。）

8　令別表第3第2号34の3に掲げる物又は別表第1第34号の3に掲げる物
（以下この号及び第38条の20において「リフラクトリーセラミックファイバ
ー等」という。）を製造し，又は取り扱う業務のうち，バインダーにより固
形化された物その他のリフラクトリーセラミックファイバー等の粉じんの
発散を防止する処理が講じられた物を取り扱う業務（当該物の切断，穿孔，
研磨等のリフラクトリーセラミックファイバー等の粉じんが発散するおそ
れのある業務を除く。）

第2条の3　この省令（第22条，第22条の2，第38条の8（有機則第7章の規
定を準用する場合に限る。），第38条の13第3項から第5項まで，第38条の14，
第38条の20第2項から第4項まで及び第7項，第6章並びに第7章の規定を
除く。）は，事業場が次の各号（令第22条第1項第3号の業務に労働者が常時
従事していない事業場については，第4号を除く。）に該当すると当該事業場
の所在地を管轄する都道府県労働局長（以下この条において「所轄都道府県
労働局長」という。）が認定したときは，第36条の2第1項に掲げる物（令別
表第3第1号3，6又は7に掲げる物を除く。）を製造し，又は取り扱う作業
又は業務（前条の規定により，この省令が適用されない業務を除く。）につい
ては，適用しない。

1　事業場における化学物質の管理について必要な知識及び技能を有する者
として厚生労働大臣が定めるもの（第5号において「化学物質管理専門家」

という。）であつて，当該事業場に専属の者が配置され，当該者が当該事業
場における次に掲げる事項を管理していること。

　イ　特定化学物質に係る労働安全衛生規則（昭和47年労働省令第32号）第
　　34条の2の7第1項に規定するリスクアセスメントの実施に関すること。
　ロ　イのリスクアセスメントの結果に基づく措置その他当該事業場におけ
　　る特定化学物質による労働者の健康障害を予防するため必要な措置の内
　　容及びその実施に関すること。
2　過去3年間に当該事業場において特定化学物質による労働者が死亡する
　労働災害又は休業の日数が4日以上の労働災害が発生していないこと。
3　過去3年間に当該事業場の作業場所について行われた第36条の2第1項
　の規定による評価の結果が全て第1管理区分に区分されたこと。
4　過去3年間に当該事業場の労働者について行われた第39条第1項の健康
　診断の結果，新たに特定化学物質による異常所見があると認められる労働
　者が発見されなかつたこと。
5　過去3年間に1回以上，労働安全衛生規則第34条の2の8第1項第3号
　及び第4号に掲げる事項について，化学物質管理専門家（当該事業場に属
　さない者に限る。）による評価を受け，当該評価の結果，当該事業場におい
　て特定化学物質による労働者の健康障害を予防するため必要な措置が適切
　に講じられていると認められること。
6　過去3年間に事業者が当該事業場について労働安全衛生法（以下「法」と
　いう。）及びこれに基づく命令に違反していないこと。
②　前項の認定（以下この条において単に「認定」という。）を受けようとする
　事業場の事業者は，特定化学物質障害予防規則適用除外認定申請書（様式第
　1号）により，当該認定に係る事業場が同項第1号及び第3号から第5号ま
　でに該当することを確認できる書面を添えて，所轄都道府県労働局長に提出
　しなければならない。
③　所轄都道府県労働局長は，前項の申請書の提出を受けた場合において，認
　定をし，又はしないことを決定したときは，遅滞なく，文書で，その旨を当
　該申請書を提出した事業者に通知しなければならない。
④　認定は，3年ごとにその更新を受けなければ，その期間の経過によつて，そ

の効力を失う。

⑤　第1項から第3項までの規定は，前項の認定の更新について準用する。

⑥　認定を受けた事業者は，当該認定に係る事業場が第1項第1号から第5号までに掲げる事項のいずれかに該当しなくなつたときは，遅滞なく，文書で，その旨を所轄都道府県労働局長に報告しなければならない。

⑦　所轄都道府県労働局長は，認定を受けた事業者が次のいずれかに該当するに至つたときは，その認定を取り消すことができる。

　　1　認定に係る事業場が第1項各号に掲げる事項のいずれかに適合しなくなつたと認めるとき。

　　2　不正の手段により認定又はその更新を受けたとき。

　　3　特定化学物質に係る法第22条及び第57条の3第2項の措置が適切に講じられていないと認めるとき。

⑧　前三項の場合における第1項第3号の規定の適用については，同号中「過去3年間に当該事業場の作業場所について行われた第36条の2第1項の規定による評価の結果が全て第1管理区分に区分された」とあるのは，「過去3年間の当該事業場の作業場所に係る作業環境が第36条の2第1項の第1管理区分に相当する水準にある」とする。

第2章　製造等に係る措置

（第1類物質の取扱いに係る設備）

第3条　事業者は，第1類物質を容器に入れ，容器から取り出し，又は反応槽等へ投入する作業（第1類物質を製造する事業場において当該第1類物質を容器に入れ，容器から取り出し，又は反応槽等へ投入する作業を除く。）を行うときは，当該作業場所に，第1類物質のガス，蒸気若しくは粉じんの発散源を密閉する設備，囲い式フードの局所排気装置又はプッシュプル型換気装置を設けなければならない。ただし，令別表第3第1号3に掲げる物又は同号8に掲げる物で同号3に係るもの（以下「塩素化ビフエニル等」という。）を容器に入れ，又は容器から取り出す作業を行う場合で，当該作業場所に局所排気装置を設けたときは，この限りでない。

②　事業者は，令別表第3第1号6に掲げる物又は同号8に掲げる物で同号6

に係るもの（以下「ベリリウム等」という。）を加工する作業（ベリリウム等を容器に入れ，容器から取り出し，又は反応槽等へ投入する作業を除く。）を行うときは，当該作業場所に，ベリリウム等の粉じんの発散源を密閉する設備，局所排気装置又はプッシュプル型換気装置を設けなければならない。

（第2類物質の製造等に係る設備）

第4条　事業者は，特定第2類物質又はオーラミン等（以下「特定第2類物質等」という。）を製造する設備については，密閉式の構造のものとしなければならない。

②　事業者は，その製造する特定第2類物質等を労働者に取り扱わせるときは，隔離室での遠隔操作によらなければならない。ただし，粉状の特定第2類物質等を湿潤な状態にして取り扱わせるときは，この限りでない。

③　事業者は，その製造する特定第2類物質等を取り扱う作業の一部を請負人に請け負わせるときは，当該請負人に対し，隔離室での遠隔操作による必要がある旨を周知させるとともに，当該請負人に対し隔離室を使用させる等適切に遠隔操作による作業が行われるよう必要な配慮をしなければならない。ただし，粉状の特定第2類物質等を湿潤な状態にして取り扱うときは，この限りでない。

④　事業者は，その製造する特定第2類物質等を計量し，容器に入れ，又は袋詰めする作業を行う場合において，第1項及び第2項の規定によることが著しく困難であるときは，当該作業を当該特定第2類物質等が作業中の労働者の身体に直接接触しない方法により行い，かつ，当該作業を行う場所に囲い式フードの局所排気装置又はプッシュプル型換気装置を設けなければならない。

⑤　事業者は，前項の作業の一部を請負人に請け負わせる場合において，第1項の規定によること及び隔離室での遠隔操作によること又は粉状の特定第2類物質等を湿潤な状態にして取り扱うことが著しく困難であるときは，当該請負人に対し，当該作業を当該特定第2類物質等が身体に直接接触しない方法により行う必要がある旨を周知させなければならない。

第5条　事業者は，特定第2類物質のガス，蒸気若しくは粉じんが発散する屋内作業場（特定第2類物質を製造する場合，特定第2類物質を製造する事業

場において当該特定第2類物質を取り扱う場合，燻蒸作業を行う場合におい
て令別表第3第2号5，15，17，20若しくは31の2に掲げる物又は別表第1
第5号，第15号，第17号，第20号若しくは第31号の2に掲げる物（以下「臭
化メチル等」という。）を取り扱うとき，及び令別表第3第2号30に掲げる物
又は別表第1第30号に掲げる物（以下「ベンゼン等」という。）を溶剤（希釈
剤を含む。第38条の16において同じ。）として取り扱う場合に特定第2類物質
のガス，蒸気又は粉じんが発散する屋内作業場を除く。）又は管理第2類物質
のガス，蒸気若しくは粉じんが発散する屋内作業場については，当該特定第
2類物質若しくは管理第2類物質のガス，蒸気若しくは粉じんの発散源を密
閉する設備，局所排気装置又はプッシュプル型換気装置を設けなければなら
ない。ただし，当該特定第2類物質若しくは管理第2類物質のガス，蒸気若
しくは粉じんの発散源を密閉する設備，局所排気装置若しくはプッシュプル
型換気装置の設置が著しく困難なとき，又は臨時の作業を行うときは，この
限りでない。

② 　事業者は，前項ただし書の規定により特定第2類物質若しくは管理第2類
物質のガス，蒸気若しくは粉じんの発散源を密閉する設備，局所排気装置又
はプッシュプル型換気装置を設けない場合には，全体換気装置を設け，又は
当該特定第2類物質若しくは管理第2類物質を湿潤な状態にする等労働者の
健康障害を予防するため必要な措置を講じなければならない。

第6条 　前二条の規定は，作業場の空気中における第2類物質のガス，蒸気又
は粉じんの濃度が常態として有害な程度になるおそれがないと当該事業場の
所在地を管轄する労働基準監督署長（以下「所轄労働基準監督署長」という。）
が認定したときは，適用しない。

② 　前項の規定による認定を受けようとする事業者は，特定化学物質障害予防
規則一部適用除外認定申請書（様式第1号の2）に作業場の見取図を添えて，
所轄労働基準監督署長に提出しなければならない。

③ 　所轄労働基準監督署長は，前項の申請書の提出をうけた場合において，第
1項の規定による認定をし，又は認定をしないことを決定したときは，遅滞
なく，文書で，その旨を当該申請者に通知しなければならない。

④ 　第1項の規定による認定を受けた事業者は，第2項の申請書又は作業場の

見取図に記載された事項を変更したときは，遅滞なく，その旨を所轄労働基準監督署長に報告しなければならない。

⑤　所轄労働基準監督署長は，第1項の規定による認定をした作業場の空気中における第2類物質のガス，蒸気又は粉じんの濃度が同項の規定に適合すると認められなくなつたときは，遅滞なく，当該認定を取り消すものとする。

第6条の2　事業者は，第4条第4項及び第5条第1項の規定にかかわらず，次条第1項の発散防止抑制措置（第2類物質のガス，蒸気又は粉じんの発散を防止し，又は抑制する設備又は装置を設置することその他の措置をいう。以下この条及び次条において同じ。）に係る許可を受けるために同項に規定する第2類物質のガス，蒸気又は粉じんの濃度の測定を行うときは，次の措置を講じた上で，第2類物質のガス，蒸気又は粉じんの発散源を密閉する設備，局所排気装置及びプッシュプル型換気装置を設けないことができる。

1　次の事項を確認するのに必要な能力を有すると認められる者のうちから確認者を選任し，その者に，あらかじめ，次の事項を確認させること。

イ　当該発散防止抑制措置により第2類物質のガス，蒸気又は粉じんが作業場へ拡散しないこと。

ロ　当該発散防止抑制措置が第2類物質を製造し，又は取り扱う業務（臭化メチル等を用いて行う燻蒸作業を除く。以下同じ。）に従事する労働者に危険を及ぼし，又は労働者の健康障害を当該措置により生ずるおそれのないものであること。

2　当該発散防止抑制措置に係る第2類物質を製造し，又は取り扱う業務に従事する労働者に有効な呼吸用保護具を使用させること。

3　前号の業務の一部を請負人に請け負わせるときは，当該請負人に対し，有効な呼吸用保護具を使用する必要がある旨を周知させること。

②　労働者は，事業者から前項第2号の保護具の使用を命じられたときは，これを使用しなければならない。

第6条の3　事業者は，第4条第4項及び第5条第1項の規定にかかわらず，発散防止抑制措置を講じた場合であつて，当該発散防止抑制措置に係る作業場の第2類物質のガス，蒸気又は粉じんの濃度の測定（当該作業場の通常の状態において，法第65条第2項及び作業環境測定法施行規則（昭和50年労働省

令第20号）第3条の規定に準じて行われるものに限る。以下この条において
同じ。）の結果を第36条の2第1項の規定に準じて評価した結果，第1管理区
分に区分されたときは，所轄労働基準監督署長の許可を受けて，当該発散防
止抑制措置を講ずることにより，第2類物質のガス，蒸気又は粉じんの発散
源を密閉する設備，局所排気装置及びプッシュプル型換気装置を設けないこ
とができる。

②　前項の許可を受けようとする事業者は，発散防止抑制措置特例実施許可申
請書（様式第1号の3）に申請に係る発散防止抑制措置に関する次の書類を
添えて，所轄労働基準監督署長に提出しなければならない。

1　作業場の見取図

2　当該発散防止抑制措置を講じた場合の当該作業場の第2類物質のガス，蒸
気又は粉じんの濃度の測定の結果及び第36条の2第1項の規定に準じて当
該測定の結果の評価を記載した書面

3　前条第1項第1号の確認の結果を記載した書面

4　当該発散防止抑制措置の内容及び当該措置が第2類物質のガス，蒸気又
は粉じんの発散の防止又は抑制について有効である理由を記載した書面

5　その他所轄労働基準監督署長が必要と認めるもの

③　所轄労働基準監督署長は，前項の申請書の提出を受けた場合において，第
1項の許可をし，又はしないことを決定したときは，遅滞なく，文書で，そ
の旨を当該事業者に通知しなければならない。

④　第1項の許可を受けた事業者は，第2項の申請書及び書類に記載された事
項に変更を生じたときは，遅滞なく，文書で，その旨を所轄労働基準監督署
長に報告しなければならない。

⑤　第1項の許可を受けた事業者は，当該許可に係る作業場についての第36条
第1項の測定の結果の評価が第36条の2第1項の第1管理区分でなかつたと
き及び第1管理区分を維持できないおそれがあるときは，直ちに，次の措置
を講じなければならない。

1　当該評価の結果について，文書で，所轄労働基準監督署長に報告すること。

2　当該許可に係る作業場について，当該作業場の管理区分が第1管理区分
となるよう，施設，設備，作業工程又は作業方法の点検を行い，その結果

に基づき，施設又は設備の設置又は整備，作業工程又は作業方法の改善その他作業環境を改善するため必要な措置を講ずること。

3 当該許可に係る作業場については，労働者に有効な呼吸用保護具を使用させること。

4 当該許可に係る作業場において作業に従事する者（労働者を除く。）に対し，有効な呼吸用保護具を使用する必要がある旨を周知させること。

⑥ 第1項の許可を受けた事業者は，前項第2号の規定による措置を講じたときは，その効果を確認するため，当該許可に係る作業場について当該第2類物質の濃度を測定し，及びその結果の評価を行い，並びに当該評価の結果について，直ちに，文書で，所轄労働基準監督署長に報告しなければならない。

⑦ 所轄労働基準監督署長は，第1項の許可を受けた事業者が第5項第1号及び前項の報告を行わなかつたとき，前項の評価が第1管理区分でなかつたとき並びに第1項の許可に係る作業場についての第36条第1項の測定の結果の評価が第36条の2第1項の第1管理区分を維持できないおそれがあると認めたときは，遅滞なく，当該許可を取り消すものとする。

（局所排気装置等の要件）

第7条 事業者は，第3条，第4条第4項又は第5条第1項の規定により設ける局所排気装置（第3条第1項ただし書の局所排気装置を含む。次条第1項において同じ。）については，次に定めるところに適合するものとしなければならない。

1 フードは，第1類物質又は第2類物質のガス，蒸気又は粉じんの発散源ごとに設けられ，かつ，外付け式又はレシーバー式のフードにあつては，当該発散源にできるだけ近い位置に設けられていること。

2 ダクトは，長さができるだけ短く，ベンドの数ができるだけ少なく，かつ，適当な箇所に掃除口が設けられている等掃除しやすい構造のものであること。

3 除じん装置又は排ガス処理装置を付設する局所排気装置のファンは，除じん又は排ガス処理をした後の空気が通る位置に設けられていること。ただし，吸引されたガス，蒸気又は粉じんによる爆発のおそれがなく，かつ，ファンの腐食のおそれがないときは，この限りでない。

　　4　排気口は，屋外に設けられていること。

　　5　厚生労働大臣が定める性能を有するものであること。

②　事業者は，第3条，第4条第4項又は第5条第1項の規定により設けるプッシュプル型換気装置については，次に定めるところに適合するものとしなければならない。

　　1　ダクトは，長さができるだけ短く，ベンドの数ができるだけ少なく，かつ，適当な箇所に掃除口が設けられている等掃除しやすい構造のものであること。

　　2　除じん装置又は排ガス処理装置を付設するプッシュプル型換気装置のファンは，除じん又は排ガス処理をした後の空気が通る位置に設けられていること。ただし，吸引されたガス，蒸気又は粉じんによる爆発のおそれがなく，かつ，ファンの腐食のおそれがないときは，この限りでない。

　　3　排気口は，屋外に設けられていること。

　　4　厚生労働大臣が定める要件を具備するものであること。

（局所排気装置等の稼働）

第8条　事業者は，第3条，第4条第4項又は第5条第1項の規定により設ける局所排気装置又はプッシュプル型換気装置については，労働者が第1類物質又は第2類物質に係る作業に従事している間，厚生労働大臣が定める要件を満たすように稼働させなければならない。

②　事業者は，前項の作業の一部を請負人に請け負わせるときは，当該請負人が当該作業に従事する間（労働者が当該作業に従事するときを除く。），同項の局所排気装置又はプッシュプル型換気装置を同項の厚生労働大臣が定める要件を満たすように稼働させること等について配慮しなければならない。

③　事業者は，前二項の局所排気装置又はプッシュプル型換気装置の稼働時においては，バッフルを設けて換気を妨害する気流を排除する等当該装置を有効に稼働させるため必要な措置を講じなければならない。

第3章　用後処理

（除じん）

第9条　事業者は，第2類物質の粉じんを含有する気体を排出する製造設備の

　排気筒又は第1類物質若しくは第2類物質の粉じんを含有する気体を排出す
る第3条，第4条第4項若しくは第5条第1項の規定により設ける局所排気
装置若しくはプッシュプル型換気装置には，次の表の上欄（編注：左欄）に
掲げる粉じんの粒径に応じ，同表の下欄（編注：右欄）に掲げるいずれかの
除じん方式による除じん装置又はこれらと同等以上の性能を有する除じん装
置を設けなければならない。

粉じんの粒径（単位 マイクロメートル）	除 じ ん 方 式
5未満	ろ過除じん方式 電気除じん方式
5以上20未満	スクラバによる除じん方式 ろ過除じん方式 電気除じん方式
20以上	マルチサイクロン（処理風量が毎分20立方メートル 以内ごとに1つのサイクロンを設けたものをい う。）による除じん方式 スクラバによる除じん方式 ろ過除じん方式 電気除じん方式
備考　この表における粉じんの粒径は，重量法で測定した粒径分布にお いて最大頻度を示す粒径をいう。	

② 　事業者は，前項の除じん装置には，必要に応じ，粒径の大きい粉じんを除
　去するための前置き除じん装置を設けなければならない。

③ 　事業者は，前二項の除じん装置を有効に稼働させなければならない。

　（排ガス処理）

第10条　事業者は，次の表の上欄（編注：左欄）に掲げる物のガス又は蒸気を含
　有する気体を排出する製造設備の排気筒又は第4条第4項若しくは第5条第
　1項の規定により設ける局所排気装置若しくはプッシュプル型換気装置には，
　同表の下欄（編注：右欄）に掲げるいずれかの処理方式による排ガス処理装置
　又はこれらと同等以上の性能を有する排ガス処理装置を設けなければならな
　い。

物	処　理　方　式
アクロレイン	吸収方式 直接燃焼方式
弗化水素	吸収方式 吸着方式
硫化水素	吸収方式 酸化・還元方式
硫酸ジメチル	吸収方式 直接燃焼方式

② 　事業者は，前項の排ガス処理装置を有効に稼働させなければならない。

（排液処理）

第11条　事業者は，次の表の上欄（編注：左欄）に掲げる物を含有する排液（第
１類物質を製造する設備からの排液を除く。）については，同表の下欄（編注：
右欄）に掲げるいずれかの処理方式による排液処理装置又はこれらと同等以
上の性能を有する排液処理装置を設けなければならない。

物	処　理　方　式
アルキル水銀化合物（アルキル基がメチル基又は エチル基である物に限る。以下同じ。）	酸化・還元方式
塩酸	中和方式
硝酸	中和方式
シアン化カリウム	酸化・還元方式 活性汚泥方式
シアン化ナトリウム	酸化・還元方式 活性汚泥方式
ペンタクロルフエノール（別名PCP）及びその ナトリウム塩	凝集沈でん方式
硫酸	中和方式
硫化ナトリウム	酸化・還元方式

② 　事業者は，前項の排液処理装置又は当該排液処理装置に通じる排水溝若し

くはピットについては，塩酸，硝酸又は硫酸を含有する排液とシアン化カリウム若しくはシアン化ナトリウム又は硫化ナトリウムを含有する排液とが混合することにより，シアン化水素又は硫化水素が発生するおそれのあるときは，これらの排液が混合しない構造のものとしなければならない。

③　事業者は，第1項の排液処理装置を有効に稼働させなければならない。

（残さい物処理）

第12条　事業者は，アルキル水銀化合物を含有する残さい物については，除毒した後でなければ，廃棄してはならない。

②　事業者は，アルキル水銀化合物を製造し，又は取り扱う業務の一部を請負人に請け負わせるときは，当該請負人に対し，アルキル水銀化合物を含有する残さい物については，除毒した後でなければ，廃棄してはならない旨を周知させなければならない。

（ぼろ等の処理）

第12条の2　事業者は，特定化学物質（クロロホルム等及びクロロホルム等以外のものであつて別表第1第37号に掲げる物を除く。次項，第22条第1項，第22条の2第1項，第25条第2項及び第3項並びに第43条において同じ。）により汚染されたぼろ，紙くず等については，労働者が当該特定化学物質により汚染されることを防止するため，蓋又は栓をした不浸透性の容器に納めておく等の措置を講じなければならない。

②　事業者は，特定化学物質を製造し，又は取り扱う業務の一部を請負人に請け負わせるときは，当該請負人に対し，特定化学物質により汚染されたぼろ，紙くず等については，前項の措置を講ずる必要がある旨を周知させなければならない。

第4章　漏えいの防止

（腐食防止措置）

第13条　事業者は，特定化学設備（令第15条第1項第10号の特定化学設備をいう。以下同じ。）（特定化学設備のバルブ又はコックを除く。）のうち特定第2類物質又は第3類物質（以下この章において「第3類物質等」という。）が接触する部分については，著しい腐食による当該物質の漏えいを防止するため，

当該物質の種類，温度，濃度等に応じ，腐食しにくい材料で造り，内張りを施す等の措置を講じなければならない。

（接合部の漏えい防止措置）

第14条　事業者は，特定化学設備のふた板，フランジ，バルブ，コック等の接合部については，当該接合部から第３類物質等が漏えいすることを防止するため，ガスケットを使用し，接合面を相互に密接させる等の措置を講じなければならない。

（バルブ等の開閉方向の表示等）

第15条　事業者は，特定化学設備のバルブ若しくはコック又はこれらを操作するためのスイッチ，押しボタン等については，これらの誤操作による第３類物質等の漏えいを防止するため，次の措置を講じなければならない。

1　開閉の方向を表示すること。

2　色分け，形状の区分等を行うこと。

②　前項第２号の措置は，色分けのみによるものであつてはならない。

（バルブ等の材質等）

第16条　事業者は，特定化学設備のバルブ又はコックについては，次に定めるところによらなければならない。

1　開閉のひん度及び製造又は取扱いに係る第３類物質等の種類，温度，濃度等に応じ，耐久性のある材料で造ること。

2　特定化学設備の使用中にしばしば開放し，又は取り外すことのあるストレーナ等とこれらに最も近接した特定化学設備（配管を除く。第20条を除き，以下この章において同じ。）との間には，二重に設けること。ただし，当該ストレーナ等と当該特定化学設備との間に設けられるバルブ又はコックが確実に閉止していることを確認することができる装置を設けるときは，この限りでない。

（送給原材料等の表示）

第17条　事業者は，特定化学設備に原材料その他の物を送給する者が当該送給を誤ることによる第３類物質等の漏えいを防止するため，見やすい位置に，当該原材料その他の物の種類，当該送給の対象となる設備その他必要な事項を表示しなければならない。

（出入口）

第18条　事業者は，特定化学設備を設置する屋内作業場及び当該作業場を有する建築物の避難階（直接地上に通ずる出入口のある階をいう。以下同じ。）には，当該特定化学設備から第３類物質等が漏えいした場合に容易に地上の安全な場所に避難することができる２以上の出入口を設けなければならない。

② 　事業者は，前項の作業場を有する建築物の避難階以外の階については，その階から避難階又は地上に通ずる２以上の直通階段又は傾斜路を設けなければならない。この場合において，それらのうちの一については，すべり台，避難用はしご，避難用タラップ等の避難器具をもつて代えることができる。

③ 　前項の直通階段又は傾斜路のうちの一は，屋外に設けられたものでなければならない。ただし，すべり台，避難用はしご，避難用タラップ等の避難用器具が設けられている場合は，この限りでない。

（計測装置の設置）

第18条の２　事業者は，特定化学設備のうち発熱反応が行われる反応槽（そう）等で，異常化学反応等により第３類物質等が大量に漏えいするおそれのあるもの（以下「管理特定化学設備」という。）については，異常化学反応等の発生を早期には握するために必要な温度計，流量計，圧力計等の計測装置を設けなければならない。

（警報設備等）

第19条　事業者は，特定化学設備を設置する作業場又は特定化学設備を設置する作業場以外の作業場で，第３類物質等を合計100リットル（気体である物にあつては，その容積１立方メートルを２リットルとみなす。次項及び第24条第２号において同じ。）以上取り扱うものには，第３類物質等が漏えいした場合に関係者にこれを速やかに知らせるための警報用の器具その他の設備を備えなければならない。

② 　事業者は，管理特定化学設備（製造し，又は取り扱う第３類物質等の量が合計100リットル以上のものに限る。）については，異常化学反応等の発生を早期には握するために必要な自動警報装置を設けなければならない。

③ 　事業者は，前項の自動警報装置を設けることが困難なときは，監視人を置き，当該管理特定化学設備の運転中はこれを監視させる等の措置を講じなけ

ればならない。

④　事業者は，第1項の作業場には，第3類物質等が漏えいした場合にその除害に必要な薬剤又は器具その他の設備を備えなければならない。

（緊急しや断装置の設置等）

第19条の2　事業者は，管理特定化学設備については，異常化学反応等による第3類物質等の大量の漏えいを防止するため，原材料の送給をしや断し，又は製品等を放出するための装置，不活性ガス，冷却用水等を送給するための装置等当該異常化学反応等に対処するための装置を設けなければならない。

②　前項の装置に設けるバルブ又はコックについては，次に定めるところによらなければならない。

1　確実に作動する機能を有すること。

2　常に円滑に作動できるような状態に保持すること。

3　安全かつ正確に操作することのできるものとすること。

③　事業者は，第1項の製品等を放出するための装置については，労働者が当該装置から放出される特定化学物質により汚染されることを防止するため，密閉式の構造のものとし，又は放出される特定化学物質を安全な場所へ導き，若しくは安全に処理することができる構造のものとしなければならない。

（予備動力源等）

第19条の3　事業者は，管理特定化学設備，管理特定化学設備の配管又は管理特定化学設備の附属設備に使用する動力源については，次に定めるところによらなければならない。

1　動力源の異常による第3類物質等の漏えいを防止するため，直ちに使用することができる予備動力源を備えること。

2　バルブ，コック，スイッチ等については，誤操作を防止するため，施錠，色分け，形状の区分等を行うこと。

②　前項第2号の措置は，色分けのみによるものであつてはならない。

（作業規程）

第20条　事業者は，特定化学設備又はその附属設備を使用する作業に労働者を従事させるときは，当該特定化学設備又はその附属設備に関し，次の事項について，第3類物質等の漏えいを防止するため必要な規程を定め，これによ

り作業を行わなければならない。

1　バルブ，コック等（特定化学設備に原材料を送給するとき，及び特定化学設備から製品等を取り出すときに使用されるものに限る。）の操作

2　冷却装置，加熱装置，攪拌装置及び圧縮装置の操作

3　計測装置及び制御装置の監視及び調整

4　安全弁，緊急遮断装置その他の安全装置及び自動警報装置の調整

5　蓋板，フランジ，バルブ，コック等の接合部における第3類物質等の漏えいの有無の点検

6　試料の採取

7　管理特定化学設備にあつては，その運転が一時的又は部分的に中断された場合の運転中断中及び運転再開時における作業の方法

8　異常な事態が発生した場合における応急の措置

9　前各号に掲げるもののほか，第3類物質等の漏えいを防止するため必要な措置

②　事業者は，前項の作業の一部を請負人に請け負わせるときは，当該請負人に対し，同項の規程により作業を行う必要がある旨を周知させなければならない。

（床）

第21条　事業者は，第1類物質を取り扱う作業場（第1類物質を製造する事業場において当該第1類物質を取り扱う作業場を除く。），オーラミン等又は管理第2類物質を製造し，又は取り扱う作業場及び特定化学設備を設置する屋内作業場の床を不浸透性の材料で造らなければならない。

（設備の改造等の作業）

第22条　事業者は，特定化学物質を製造し，取り扱い，若しくは貯蔵する設備又は特定化学物質を発生させる物を入れたタンク等で，当該特定化学物質が滞留するおそれのあるものの改造，修理，清掃等で，これらの設備を分解する作業又はこれらの設備の内部に立ち入る作業（酸素欠乏症等防止規則（昭和47年労働省令第42号。以下「酸欠則」という。）第2条第8号の第2種酸素欠乏危険作業及び酸欠則第25条の2の作業に該当するものを除く。）に労働者を従事させるときは，次の措置を講じなければならない。

1　作業の方法及び順序を決定し，あらかじめ，これを作業に従事する労働者に周知させること。

2　特定化学物質による労働者の健康障害の予防について必要な知識を有する者のうちから指揮者を選任し，その者に当該作業を指揮させること。

3　作業を行う設備から特定化学物質を確実に排出し，かつ，当該設備に接続している全ての配管から作業箇所に特定化学物質が流入しないようバルブ，コック等を二重に閉止し，又はバルブ，コック等を閉止するとともに閉止板等を施すこと。

4　前号により閉止したバルブ，コック等又は施した閉止板等には，施錠をし，これらを開放してはならない旨を見やすい箇所に表示し，又は監視人を置くこと。

5　作業を行う設備の開口部で，特定化学物質が当該設備に流入するおそれのないものを全て開放すること。

6　換気装置により，作業を行う設備の内部を十分に換気すること。

7　測定その他の方法により，作業を行う設備の内部について，特定化学物質により健康障害を受けるおそれのないことを確認すること。

8　第3号により施した閉止板等を取り外す場合において，特定化学物質が流出するおそれのあるときは，あらかじめ，当該閉止板等とそれに最も近接したバルブ，コック等との間の特定化学物質の有無を確認し，必要な措置を講ずること。

9　非常の場合に，直ちに，作業を行う設備の内部の労働者を退避させるための器具その他の設備を備えること。

10　作業に従事する労働者に不浸透性の保護衣，保護手袋，保護長靴，呼吸用保護具等必要な保護具を使用させること。

②　事業者は，前項の作業の一部を請負人に請け負わせるときは，当該請負人に対し，同項第3号から第6号までの措置を講ずること等について配慮しなければならない。

③　事業者は，前項の請負人に対し，第1項第7号及び第8号の措置を講ずる必要がある旨並びに同項第10号の保護具を使用する必要がある旨を周知させなければならない。

④　事業者は，第1項第7号の確認が行われていない設備については，当該設備の内部に頭部を入れてはならない旨を，あらかじめ，作業に従事する者に周知させなければならない。

⑤　労働者は，事業者から第1項第10号の保護具の使用を命じられたときは，これを使用しなければならない。

第22条の2　事業者は，特定化学物質を製造し，取り扱い，若しくは貯蔵する設備等の設備（前条第1項の設備及びタンク等を除く。以下この条において同じ。）の改造，修理，清掃等で，当該設備を分解する作業又は当該設備の内部に立ち入る作業（酸欠則第2条第8号の第2種酸素欠乏危険作業及び酸欠則第25条の2の作業に該当するものを除く。）に労働者を従事させる場合において，当該設備の溶断，研磨等により特定化学物質を発生させるおそれのあるときは，次の措置を講じなければならない。

1　作業の方法及び順序を決定し，あらかじめ，これを作業に従事する労働者に周知させること。

2　特定化学物質による労働者の健康障害の予防について必要な知識を有する者のうちから指揮者を選任し，その者に当該作業を指揮させること。

3　作業を行う設備の開口部で，特定化学物質が当該設備に流入するおそれのないものを全て開放すること。

4　換気装置により，作業を行う設備の内部を十分に換気すること。

5　非常の場合に，直ちに，作業を行う設備の内部の労働者を退避させるための器具その他の設備を備えること。

6　作業に従事する労働者に不浸透性の保護衣，保護手袋，保護長靴，呼吸用保護具等必要な保護具を使用させること。

②　事業者は，前項の作業の一部を請負人に請け負わせる場合において，同項の設備の溶断，研磨等により特定化学物質を発生させるおそれのあるときは，当該請負人に対し，同項第3号び第4号の措置を講ずること等について配慮するとともに，当該請負人に対し，同項第6号の保護具を使用する必要がある旨を周知させなければならない。

③　労働者は，事業者から第1項第6号の保護具の使用を命じられたときは，こ

れを使用しなければならない。

（退避等）

第23条　事業者は，第3類物質等が漏えいした場合において健康障害を受ける
おそれのあるときは，作業に従事する者を作業場等から退避させなければな
らない。

②　事業者は，前項の場合には，第3類物質等による健康障害を受けるおそれ
のないことを確認するまでの間，作業場等に関係者以外の者が立ち入ること
について，禁止する旨を見やすい箇所に表示することその他の方法により禁
止するとともに，表示以外の方法により禁止したときは，当該作業場等が立
入禁止である旨を見やすい箇所に表示しなければならない。

（立入禁止措置）

第24条　事業者は，次の作業場に関係者以外の者が立ち入ることについて，禁
止する旨を見やすい箇所に表示することその他の方法により禁止するととも
に，表示以外の方法により禁止したときは，当該作業場が立入禁止である旨
を見やすい箇所に表示しなければならない。

　　1　第1類物質又は第2類物質（クロロホルム等及びクロロホルム等以外の
　　ものであつて別表第1第37号に掲げる物を除く。第37条及び第38条の2に
　　おいて同じ。）を製造し，又は取り扱う作業場（臭化メチル等を用いて燻蒸
　　作業を行う作業場を除く。）

　　2　特定化学設備を設置する作業場又は特定化学設備を設置する作業場以外
　　の作業場で第3類物質等を合計100リットル以上取り扱うもの

（容器等）

第25条　事業者は，特定化学物質を運搬し，又は貯蔵するときは，当該物質が
漏れ，こぼれる等のおそれがないように，堅固な容器を使用し，又は確実な
包装をしなければならない。

②　事業者は，前項の容器又は包装の見やすい箇所に当該物質の名称及び取扱
い上の注意事項を表示しなければならない。

③　事業者は，特定化学物質の保管については，一定の場所を定めておかなけ
ればならない。

④　事業者は，特定化学物質の運搬，貯蔵等のために使用した容器又は包装に

ついては，当該物質が発散しないような措置を講じ，保管するときは，一定
の場所を定めて集積しておかなければならない。

⑤　事業者は，特別有機溶剤等を屋内に貯蔵するときは，その貯蔵場所に，次
　の設備を設けなければならない。

　　1　当該屋内で作業に従事する者のうち貯蔵に関係する者以外の者がその貯
　　蔵場所に立ち入ることを防ぐ設備

　　2　特別有機溶剤又は令別表第6の2に掲げる有機溶剤（第36条の5及び別
　　表第1第37号において単に「有機溶剤」という。）の蒸気を屋外に排出する
　　設備

（救護組織等）

第26条　事業者は，特定化学設備を設置する作業場については，第3類物質等
　が漏えいしたときに備え，救護組織の確立，関係者の訓練等に努めなければ
　ならない。

第5章　管理

（特定化学物質作業主任者等の選任）

第27条　事業者は，令第6条第18号の作業については，特定化学物質及び四ア
　ルキル鉛等作業主任者技能講習（次項に規定する金属アーク溶接等作業主任
　者限定技能講習を除く。第51条第1項及び第3項において同じ。）（特別有機
　溶剤業務に係る作業にあつては，有機溶剤作業主任者技能講習）を修了した
　者のうちから，特定化学物質作業主任者を選任しなければならない。

②　事業者は，前項の規定にかかわらず，令第6条第18号の作業のうち，金属
　をアーク溶接する作業，アークを用いて金属を溶断し，又はガウジングする
　作業その他の溶接ヒュームを製造し，又は取り扱う作業（以下「金属アーク
　溶接等作業」という。）については，講習科目を金属アーク溶接等作業に係る
　ものに限定した特定化学物質及び四アルキル鉛等作業主任者技能講習（第51
　条第4項において「金属アーク溶接等作業主任者限定技能講習」という。）を
　修了した者のうちから，金属アーク溶接等作業主任者を選任することができ
　る。

③　令第6条第18号の厚生労働省令で定めるものは，次に掲げる業務とする。

1　第2条の2各号に掲げる業務

2　第38条の8において準用する有機則第2条第1項及び第3条第1項の場合におけるこれらの項の業務（別表第1第37号に掲げる物に係るものに限る。）

（特定化学物質作業主任者の職務）

第28条　事業者は，特定化学物質作業主任者に次の事項を行わせなければならない。

1　作業に従事する労働者が特定化学物質により汚染され，又はこれらを吸入しないように，作業の方法を決定し，労働者を指揮すること。

2　局所排気装置，プッシュプル型換気装置，除じん装置，排ガス処理装置，排液処理装置その他労働者が健康障害を受けることを予防するための装置を1月を超えない期間ごとに点検すること。

3　保護具の使用状況を監視すること。

4　タンクの内部において特別有機溶剤業務に労働者が従事するときは，第38条の8において準用する有機則第26条各号（第2号，第4号及び第7号を除く。）に定める措置が講じられていることを確認すること。

（金属アーク溶接等作業主任者の職務）

第28条の2　事業者は，金属アーク溶接等作業主任者に次の事項を行わせなければならない。

1　作業に従事する労働者が溶接ヒュームにより汚染され，又はこれを吸入しないように，作業の方法を決定し，労働者を指揮すること。

2　全体換気装置その他労働者が健康障害を受けることを予防するための装置を1月を超えない期間ごとに点検すること。

3　保護具の使用状況を監視すること。

（定期自主検査を行うべき機械等）

第29条　令第15条第1項第9号の厚生労働省令で定める局所排気装置，プッシュプル型換気装置，除じん装置，排ガス処理装置及び排液処理装置（特定化学物質（特別有機溶剤等を除く。）その他この省令に規定する物に係るものに限る。）は，次のとおりとする。

1　第3条，第4条第4項，第5条第1項，第38条の12第1項第2号，第38条の17第1項第1号若しくは第38条の18第1項第1号の規定により，又は

第50条第1項第6号若しくは第50条の2第1項第1号，第5号，第9号若しくは第12号の規定に基づき設けられる局所排気装置（第3条第1項ただし書及び第38条の16第1項ただし書の局所排気装置を含む。）

2　第3条，第4条第4項，第5条第1項，第38条の12第1項第2号，第38条の17第1項第1号若しくは第38条の18第1項第1号の規定により，又は第50条第1項第6号若しくは第50条の2第1項第1号，第5号，第9号若しくは第12号の規定に基づき設けられるプッシュプル型換気装置（第38条の16第1項ただし書のプッシュプル型換気装置を含む。）

3　第9条第1項，第38条の12第1項第3号若しくは第38条の13第4項第1号イの規定により，又は第50条第1項第7号ハ若しくは第8号（これらの規定を第50条の2第2項において準用する場合を含む。）の規定に基づき設けられる除じん装置

4　第10条第1項の規定により設けられる排ガス処理装置

5　第11条第1項の規定により，又は第50条第1項第10号（第50条の2第2項において準用する場合を含む。）の規定に基づき設けられる排液処理装置

（定期自主検査）

第30条　事業者は，前条各号に掲げる装置については，1年以内ごとに1回，定期に，次の各号に掲げる装置の種類に応じ，当該各号に掲げる事項について自主検査を行わなければならない。ただし，1年を超える期間使用しない同項の装置の当該使用しない期間においては，この限りでない。

1　局所排気装置

イ　フード，ダクト及びファンの摩耗，腐食，くぼみ，その他損傷の有無及びその程度

ロ　ダクト及び排風機におけるじんあいのたい積状態

ハ　ダクトの接続部における緩みの有無

ニ　電動機とファンを連結するベルトの作動状態

ホ　吸気及び排気の能力

ヘ　イからホまでに掲げるもののほか，性能を保持するため必要な事項

2　プッシュプル型換気装置

イ　フード，ダクト及びファンの摩耗，腐食，くぼみその他損傷の有無及

　　びその程度

　ロ　ダクト及び排風機におけるじんあいのたい積状態

　ハ　ダクトの接続部における緩みの有無

　ニ　電動機とファンを連結するベルトの作動状態

　ホ　送気，吸気及び排気の能力

　ヘ　イからホまでに掲げるもののほか，性能を保持するため必要な事項

　3　除じん装置，排ガス処理装置及び排液処理装置

　イ　構造部分の摩耗，腐食，破損の有無及びその程度

　ロ　除じん装置又は排ガス処理装置にあつては，当該装置内におけるじん
　　あいのたい積状態

　ハ　ろ過除じん方式の除じん装置にあつては，ろ材の破損又はろ材取付部
　　等の緩みの有無

　ニ　処理薬剤，洗浄水の噴出量，内部充てん物等の適否

　ホ　処理能力

　ヘ　イからホまでに掲げるもののほか，性能を保持するため必要な事項

② 　事業者は，前項ただし書の装置については，その使用を再び開始する際に
　同項各号に掲げる事項について自主検査を行なわなければならない。

第31条　事業者は，特定化学設備又はその附属設備については，2年以内ごと
　に1回，定期に，次の各号に掲げる事項について自主検査を行わなければな
　らない。ただし，2年を超える期間使用しない特定化学設備又はその附属設
　備の当該使用しない期間においては，この限りでない。

　1　特定化学設備又は附属設備（配管を除く。）については，次に掲げる事項

　イ　設備の内部にあつてその損壊の原因となるおそれのある物の有無

　ロ　内面及び外面の著しい損傷，変形及び腐食の有無

　ハ　ふた板，フランジ，バルブ，コック等の状態

　ニ　安全弁，緊急しや断装置その他の安全装置及び自動警報装置の機能

　ホ　冷却装置，加熱装置，攪拌装置，圧縮装置，計測装置及び制御装置の
　　機能

　ヘ　予備動力源の機能

　ト　イからへまでに掲げるもののほか，特定第2類物質又は第3類物質の

　漏えいを防止するため必要な事項

2　配管については，次に掲げる事項

　イ　溶接による継手部の損傷，変形及び腐食の有無

　ロ　フランジ，バルブ，コツク等の状態

　ハ　配管に近接して設けられた保温のための蒸気パイプの継手部の損傷，変
　　形及び腐食の有無

②　事業者は，前項ただし書の設備については，その使用を再び開始する際に
　同項各号に掲げる事項について自主検査を行なわなければならない。

　（定期自主検査の記録）

第32条　事業者は，前二条の自主検査を行なつたときは，次の事項を記録し，こ
　れを3年間保存しなければならない。

1　検査年月日

2　検査方法

3　検査箇所

4　検査の結果

5　検査を実施した者の氏名

6　検査の結果に基づいて補修等の措置を講じたときは，その内容

　（点検）

第33条　事業者は，第29条各号に掲げる装置を初めて使用するとき，又は分解
　して改造若しくは修理を行つたときは，当該装置の種類に応じ第30条第1項
　各号に掲げる事項について，点検を行わなければならない。

第34条　事業者は，特定化学設備又はその附属設備をはじめて使用するとき，分
　解して改造若しくは修理を行なつたとき，又は引続き1月以上使用を休止し
　た後に使用するときは，第31条第1項各号に掲げる事項について，点検を行
　なわなければならない。

②　事業者は，前項の場合のほか，特定化学設備又はその附属設備（配管を除
　く。）の用途の変更（使用する原材料の種類を変更する場合を含む。以下この
　項において同じ。）を行なつたときは，第31条第1項第1号イ，ニ及びホに掲
　げる事項並びにその用途の変更のために改造した部分の異常の有無について，
　点検を行なわなければならない。

（点検の記録）

第34条の2　事業者は，前二条の点検を行つたときは，次の事項を記録し，これを3年間保存しなければならない。

1　点検年月日

2　点検方法

3　点検箇所

4　点検の結果

5　点検を実施した者の氏名

6　点検の結果に基づいて補修等の措置を講じたときは，その内容

（補修等）

第35条　事業者は，第30条若しくは第31条の自主検査又は第33条若しくは第34条の点検を行つた場合において，異常を認めたときは，直ちに補修その他の措置を講じなければならない。

（測定及びその記録）

第36条　事業者は，令第21条第7号の作業場（石綿等（石綿障害予防規則（平成17年厚生労働省令第21号。以下「石綿則」という。）第2条第1項に規定する石綿等をいう。以下同じ。）に係るもの及び別表第1第37号に掲げる物を製造し，又は取り扱うものを除く。）について，6月以内ごとに1回，定期に，第1類物質（令別表第3第1号8に掲げる物を除く。）又は第2類物質（別表第1に掲げる物を除く。）の空気中における濃度を測定しなければならない。

②　事業者は，前項の規定による測定を行つたときは，その都度次の事項を記録し，これを3年間保存しなければならない。

1　測定日時

2　測定方法

3　測定箇所

4　測定条件

5　測定結果

6　測定を実施した者の氏名

7　測定結果に基づいて当該物質による労働者の健康障害の予防措置を講じたときは，当該措置の概要

③　事業者は，前項の測定の記録のうち，令別表第３第１号１，２若しくは４
から７までに掲げる物又は同表第２号３の２から６まで，８，８の２，11の
２，12，13の２から15の２まで，18の２から19の５まで，22の２から22の５ま
で，23の２から24まで，26，27の２，29，30，31の２，32，33の２若しくは34
の３に掲げる物に係る測定の記録並びに同号11若しくは21に掲げる物又は別
表第１第11号若しくは第21号に掲げる物（以下「クロム酸等」という。）を製
造する作業場及びクロム酸等を鉱石から製造する事業場においてクロム酸等
を取り扱う作業場について行つた令別表第３第２号11又は21に掲げる物に係
る測定の記録については，30年間保存するものとする。

④　令第21条第７号の厚生労働省令で定めるものは，次に掲げる業務とする。

1　第２条の２各号に掲げる業務

2　第38条の８において準用する有機則第３条第１項の場合における同項の
業務（別表第１第37号に掲げる物に係るものに限る。）

3　第38条の13第３項第２号イ及びロに掲げる作業（同条第４項各号に規定
する措置を講じた場合に行うものに限る。）

（測定結果の評価）

第36条の２　事業者は，令別表第３第１号３，６若しくは７に掲げる物又は同
表第２号１から３まで，３の３から７まで，８の２から11の２まで，13から
25まで，27から31の２まで若しくは33から36までに掲げる物に係る屋内作業
場について，前条第１項又は法第65条第５項の規定による測定を行つたとき
は，その都度，速やかに，厚生労働大臣の定める作業環境評価基準に従つて，
作業環境の管理の状態に応じ，第１管理区分，第２管理区分又は第３管理区
分に区分することにより当該測定の結果の評価を行わなければならない。

②　事業者は，前項の規定による評価を行つたときは，その都度次の事項を記
録して，これを３年間保存しなければならない。

1　評価日時

2　評価箇所

3　評価結果

4　評価を実施した者の氏名

③　事業者は，前項の評価の記録のうち，令別表第３第１号６若しくは７に掲げ

る物又は同表第2号3の3から6まで，8の2，11の2，13の2から15の2
まで，18の2から19の5まで，22の2から22の5まで，23の2から24まで，27
の2，29，30，31の2，33の2若しくは34の3に掲げる物に係る評価の記録
並びにクロム酸等を製造する作業場及びクロム酸等を鉱石から製造する事業
場においてクロム酸等を取り扱う作業場について行つた令別表第3第2号11
又は21に掲げる物に係る評価の記録については，30年間保存するものとする。
（評価の結果に基づく措置）

第36条の3　事業者は，前条第1項の規定による評価の結果，第3管理区分に
区分された場所については，直ちに，施設，設備，作業工程又は作業方法の点
検を行い，その結果に基づき，施設又は設備の設置又は整備，作業工程又は作
業方法の改善その他作業環境を改善するため必要な措置を講じ，当該場所の
管理区分が第1管理区分又は第2管理区分となるようにしなければならない。

②　事業者は，前項の規定による措置を講じたときは，その効果を確認するた
め，同項の場所について当該特定化学物質の濃度を測定し，及びその結果の
評価を行わなければならない。

③　事業者は，第1項の場所については，労働者に有効な呼吸用保護具を使用
させるほか，健康診断の実施その他労働者の健康の保持を図るため必要な措
置を講ずるとともに，前条第2項の規定による評価の記録，第1項の規定に
基づき講ずる措置及び前項の規定に基づく評価の結果を次に掲げるいずれか
の方法によつて労働者に周知させなければならない。

1　常時各作業場の見やすい場所に掲示し，又は備え付けること。

2　書面を労働者に交付すること。

3　事業者の使用に係る電子計算機に備えられたファイル又は電磁的記録媒
体（電磁的記録（電子的方式，磁気的方式その他人の知覚によつては認識
することができない方式で作られる記録であつて，電子計算機による情報
処理の用に供されるものをいう。）に係る記録媒体をいう。以下同じ。）を
もつて調製するファイルに記録し，かつ，各作業場に労働者が当該記録の
内容を常時確認できる機器を設置すること。

④　事業者は，第1項の場所において作業に従事する者（労働者を除く。）に対
し，有効な呼吸用保護具を使用する必要がある旨を周知させなければならな

い。

第36条の3の2　事業者は，前条第2項の規定による評価の結果，第3管理区分に区分された場所（同条第1項に規定する措置を講じていないこと又は当該措置を講じた後同条第2項の評価を行つていないことにより，第1管理区分又は第2管理区分となつていないものを含み，第5項各号の措置を講じているものを除く。）については，遅滞なく，次に掲げる事項について，事業場における作業環境の管理について必要な能力を有すると認められる者（当該事業場に属さない者に限る。以下この条において「作業環境管理専門家」という。）の意見を聴かなければならない。

1　当該場所について，施設又は設備の設置又は整備，作業工程又は作業方法の改善その他作業環境を改善するために必要な措置を講ずることにより第1管理区分又は第2管理区分とすることの可否

2　当該場所について，前号において第1管理区分又は第2管理区分とすることが可能な場合における作業環境を改善するために必要な措置の内容

②　事業者は，前項の第3管理区分に区分された場所について，同項第1号の規定により作業環境管理専門家が第1管理区分又は第2管理区分とすることが可能と判断した場合は，直ちに，当該場所について，同項第2号の事項を踏まえ，第1管理区分又は第2管理区分とするために必要な措置を講じなければならない。

③　事業者は，前項の規定による措置を講じたときは，その効果を確認するため，同項の場所について当該特定化学物質の濃度を測定し，及びその結果を評価しなければならない。

④　事業者は，第1項の第3管理区分に区分された場所について，前項の規定による評価の結果，第3管理区分に区分された場合又は第1項第1号の規定により作業環境管理専門家が当該場所を第1管理区分若しくは第2管理区分とすることが困難と判断した場合は，直ちに，次に掲げる措置を講じなければならない。

1　当該場所について，厚生労働大臣の定めるところにより，労働者の身体に装着する試料採取器等を用いて行う測定その他の方法による測定（以下この条において「個人サンプリング測定等」という。）により，特定化学物

質の濃度を測定し，厚生労働大臣の定めるところにより，その結果に応じ
て，労働者に有効な呼吸用保護具を使用させること（当該場所において作
業の一部を請負人に請け負わせる場合にあつては，労働者に有効な呼吸用
保護具を使用させ，かつ，当該請負人に対し，有効な呼吸用保護具を使用
する必要がある旨を周知させること。）。ただし，前項の規定による測定（当
該測定を実施していない場合（第1項第1号の規定により作業環境管理専
門家が当該場所を第1管理区分又は第2管理区分とすることが困難と判断
した場合に限る。）は，前条第2項の規定による測定）を個人サンプリング
測定等により実施した場合は，当該測定をもつて，この号における個人サ
ンプリング測定等とすることができる。

2　前号の呼吸用保護具（面体を有するものに限る。）について，当該呼吸用
保護具が適切に装着されていることを厚生労働大臣の定める方法により確
認し，その結果を記録し，これを3年間保存すること。

3　保護具に関する知識及び経験を有すると認められる者のうちから保護具
着用管理責任者を選任し，次の事項を行わせること。

イ　前二号及び次項第1号から第3号までに掲げる措置に関する事項（呼
吸用保護具に関する事項に限る。）を管理すること。

ロ　特定化学物質作業主任者の職務（呼吸用保護具に関する事項に限る。）
について必要な指導を行うこと。

ハ　第1号及び次項第2号の呼吸用保護具を常時有効かつ清潔に保持する
こと。

4　第1項の規定による作業環境管理専門家の意見の概要，第2項の規定に
基づき講ずる措置及び前項の規定に基づく評価の結果を，前条第3項各号
に掲げるいずれかの方法によつて労働者に周知させること。

⑤　事業者は，前項の措置を講ずべき場所について，第1管理区分又は第2管
理区分と評価されるまでの間，次に掲げる措置を講じなければならない。こ
の場合においては，第36条第1項の規定による測定を行うことを要しない。

1　6月以内ごとに1回，定期に，個人サンプリング測定等により特定化学
物質の濃度を測定し，前項第1号に定めるところにより，その結果に応じ
て，労働者に有効な呼吸用保護具を使用させること。

2　前号の呼吸用保護具（面体を有するものに限る。）を使用させるときは，1年以内ごとに1回，定期に，当該呼吸用保護具が適切に装着されていることを前項第2号に定める方法により確認し，その結果を記録し，これを3年間保存すること。

3　当該場所において作業の一部を請負人に請け負わせる場合にあつては，当該請負人に対し，第1号の呼吸用保護具を使用する必要がある旨を周知させること。

⑥　事業者は，第4項第1号の規定による測定（同号ただし書の測定を含む。）又は前項第1号の規定による測定を行つたときは，その都度，次の事項を記録し，これを3年間保存しなければならない。

1　測定日時

2　測定方法

3　測定箇所

4　測定条件

5　測定結果

6　測定を実施した者の氏名

7　測定結果に応じた有効な呼吸用保護具を使用させたときは，当該呼吸用保護具の概要

⑦　第36条第3項の規定は，前項の測定の記録について準用する。

⑧　事業者は，第4項の措置を講ずべき場所に係る前条第2項の規定による評価及び第3項の規定による評価を行つたときは，次の事項を記録し，これを3年間保存しなければならない。

1　評価日時

2　評価箇所

3　評価結果

4　評価を実施した者の氏名

⑨　第36条の2第3項の規定は，前項の評価の記録について準用する。

第36条の3の3　事業者は，前条第4項各号に掲げる措置を講じたときは，遅滞なく，第3管理区分措置状況届（様式第1号の4）を所轄労働基準監督署長に提出しなければならない。

第36条の4　事業者は，第36条の2第1項の規定による評価の結果，第2管理区分に区分された場所については，施設，設備，作業工程又は作業方法の点検を行い，その結果に基づき，施設又は設備の設置又は整備，作業工程又は作業方法の改善その他作業環境を改善するため必要な措置を講ずるよう努めなければならない。

②　前項に定めるもののほか，事業者は，同項の場所については，第36条の2第2項の規定による評価の記録及び前項の規定に基づき講ずる措置を次に掲げるいずれかの方法によつて労働者に周知させなければならない。

1　常時各作業場の見やすい場所に掲示し，又は備え付けること。

2　書面を労働者に交付すること。

3　事業者の使用に係る電子計算機に備えられたファイル又は電磁的記録媒体をもつて調製するファイルに記録し，かつ，各作業場に労働者が当該記録の内容を常時確認できる機器を設置すること。

（特定有機溶剤混合物に係る測定等）

第36条の5　特別有機溶剤又は有機溶剤を含有する製剤その他の物（特別有機溶剤又は有機溶剤の含有量（これらの物を2以上含む場合にあつては，それらの含有量の合計）が重量の5パーセント以下のもの及び有機則第1条第1項第2号に規定する有機溶剤混合物（特別有機溶剤を含有するものを除く。）を除く。第41条の2において「特定有機溶剤混合物」という。）を製造し，又は取り扱う作業場（第38条の8において準用する有機則第3条第1項の場合における同項の業務を行う作業場を除く。）については，有機則第28条（第1項を除く。）から第28条の4までの規定を準用する。この場合において，有機則第28条第2項中「当該有機溶剤の濃度」とあるのは「特定有機溶剤混合物（特定化学物質障害予防規則（昭和47年労働省令第39号）第36条の5に規定する特定有機溶剤混合物をいう。以下同じ。）に含有される同令第2条第3号の2に規定する特別有機溶剤（以下「特別有機溶剤」という。）又は令別表第6の2第1号から第47号までに掲げる有機溶剤の濃度（特定有機溶剤混合物が令別表第6の2第1号から第47号までに掲げる有機溶剤を含有する場合にあつては，特別有機溶剤及び当該有機溶剤の濃度。以下同じ。）」と，同条第3項第7号，有機則第28条の3第2項並びに第28条の3の2第3項，第4項第

1号及び第5項第1号中「有機溶剤」とあるのは「特定有機溶剤混合物に含有される特別有機溶剤又は令別表第6の2第1号から第47号までに掲げる有機溶剤」と, 同条第4項第3号ロ中「有機溶剤作業主任者」とあるのは「特定化学物質作業主任者」と読み替えるものとする。

（休憩室）

第37条 事業者は, 第1類物質又は第2類物質を常時, 製造し, 又は取り扱う作業に労働者を従事させるときは, 当該作業を行う作業場以外の場所に休憩室を設けなければならない。

② 事業者は, 前項の休憩室については, 同項の物質が粉状である場合は, 次の措置を講じなければならない。

　1　入口には, 水を流し, 又は十分湿らせたマットを置く等労働者の足部に付着した物を除去するための設備を設けること。

　2　入口には, 衣服用ブラシを備えること。

　3　床は, 真空掃除機を使用して, 又は水洗によつて容易に掃除できる構造のものとし, 毎日1回以上掃除すること。

③ 第1項の作業に従事した者は, 同項の休憩室に入る前に, 作業衣等に付着した物を除去しなければならない。

（洗浄設備）

第38条 事業者は, 第1類物質又は第2類物質を製造し, 又は取り扱う作業に労働者を従事させるときは, 洗眼, 洗身又はうがいの設備, 更衣設備及び洗濯のための設備を設けなければならない。

② 事業者は, 労働者の身体が第1類物質又は第2類物質により汚染されたときは, 速やかに, 労働者に身体を洗浄させ, 汚染を除去させなければならない。

③ 事業者は, 第1項の作業の一部を請負人に請け負わせるときは, 当該請負人に対し, 身体が第1類物質又は第2類物質により汚染されたときは, 速やかに身体を洗浄し, 汚染を除去する必要がある旨を周知させなければならない。

④ 労働者は, 第2項の身体の洗浄を命じられたときは, その身体を洗浄しなければならない。

（喫煙等の禁止）

第38条の2　事業者は，第1類物質又は第2類物質を製造し，又は取り扱う作業場における作業に従事する者の喫煙又は飲食について，禁止する旨を当該作業場の見やすい箇所に表示することその他の方法により禁止するとともに，表示以外の方法により禁止したときは，当該作業場において喫煙又は飲食が禁止されている旨を当該作業場の見やすい箇所に表示しなければならない。

② 　前項の作業場において作業に従事する者は，当該作業場で喫煙し，又は飲食してはならない。

（掲示）

第38条の3　事業者は，特定化学物質を製造し，又は取り扱う作業場には，次の事項を，見やすい箇所に掲示しなければならない。

1　特定化学物質の名称

2　特定化学物質により生ずるおそれのある疾病の種類及びその症状

3　特定化学物質の取扱い上の注意事項

4　次条に規定する作業場（次号に掲げる場所を除く。）にあつては，使用すべき保護具

5　次に掲げる場所にあつては，有効な保護具を使用しなければならない旨及び使用すべき保護具

　イ　第6条の2第1項の許可に係る作業場（同項の濃度の測定を行うときに限る。）

　ロ　第6条の3第1項の許可に係る作業場であつて，第36条第1項の測定の結果の評価が第36条の2第1項の第1管理区分でなかつた作業場及び第1管理区分を維持できないおそれがある作業場

　ハ　第22条第1項第10号の規定により，労働者に必要な保護具を使用させる作業場

　ニ　第22条の2第1項第6号の規定により，労働者に必要な保護具を使用させる作業場

　ホ　金属アーク溶接等作業を行う作業場

　ヘ　第36条の3第1項の場所

　ト　第36条の3の2第4項及び第5項の規定による措置を講ずべき場所

チ 第38条の7第1項第2号の規定により，労働者に有効な呼吸用保護具
を使用させる作業場

リ 第38条の13第3項第2号に該当する場合において，同条第4項の措置
を講ずる作業場

ヌ 第38条の20第2項各号に掲げる作業を行う作業場

ル 第44条第3項の規定により，労働者に保護眼鏡並びに不浸透性の保護
衣，保護手袋及び保護長靴を使用させる作業場

（作業の記録）

第38条の4 事業者は，第1類物質（塩素化ビフェニル等を除く。）又は令別表
第3第2号3の2から6まで，8，8の2，11から12まで，13の2から15の
2まで，18の2から19の5まで，21，22の2から22の5まで，23の2から24
まで，26，27の2，29，30，31の2，32，33の2若しくは34の3に掲げる物
若しくは別表第1第3号の2から第6号まで，第8号，第8号の2，第11号
から第12号まで，第13号の2から第15号の2まで，第18号の2から第19号の
5まで，第21号，第22号の2から第22号の5まで，第23号の2から第24号ま
で，第26号，第27号の2，第29号，第30号，第31号の2，第32号，第33号の
2若しくは第34号の3に掲げる物（以下「特別管理物質」と総称する。）を製
造し，又は取り扱う作業場（クロム酸等を取り扱う作業場にあつては，クロ
ム酸等を鉱石から製造する事業場においてクロム酸等を取り扱う作業場に限
る。）において常時作業に従事する労働者について，1月を超えない期間ごと
に次の事項を記録し，これを30年間保存するものとする。

1 労働者の氏名

2 従事した作業の概要及び当該作業に従事した期間

3 特別管理物質により著しく汚染される事態が生じたときは，その概要及
び事業者が講じた応急の措置の概要

第5章の2 特殊な作業等の管理

（塩素化ビフェニル等に係る措置）

第38条の5 事業者は，塩素化ビフェニル等を取り扱う作業に労働者を従事さ
せるときは，次に定めるところによらなければならない。

　1　その日の作業を開始する前に，塩素化ビフェニル等が入つている容器の状態及び当該容器が置いてある場所の塩素化ビフェニル等による汚染の有無を点検すること。

　2　前号の点検を行つた場合において，異常を認めたときは，当該容器を補修し，漏れた塩素化ビフェニル等を拭き取る等必要な措置を講ずること。

　3　塩素化ビフェニル等を容器に入れ，又は容器から取り出すときは，当該塩素化ビフェニル等が漏れないよう，当該容器の注入口又は排気口に直結できる構造の器具を用いて行うこと。

②　事業者は，前項の作業の一部を請負人に請け負わせるときは，当該請負人に対し，同項第3号に定めるところによる必要がある旨を周知させなければならない。

第38条の6　事業者は，塩素化ビフェニル等の運搬，貯蔵等のために使用した容器で，塩素化ビフェニル等が付着しているものについては，当該容器の見やすい箇所にその旨を表示しなければならない。

（インジウム化合物等に係る措置）

第38条の7　事業者は，令別表第3第2号3の2に掲げる物又は別表第1第3号の2に掲げる物（第3号において「インジウム化合物等」という。）を製造し，又は取り扱う作業に労働者を従事させるときは，次に定めるところによらなければならない。

　1　当該作業を行う作業場の床等は，水洗等によつて容易に掃除できる構造のものとし，水洗する等粉じんの飛散しない方法によつて，毎日1回以上掃除すること。

　2　厚生労働大臣の定めるところにより，当該作業場についての第36条第1項又は法第65条第5項の規定による測定の結果に応じて，労働者に有効な呼吸用保護具を使用させること。

　3　当該作業に使用した器具，工具，呼吸用保護具等について，付着したインジウム化合物等を除去した後でなければ作業場外に持ち出さないこと。ただし，インジウム化合物等の粉じんが発散しないように当該器具，工具，呼吸用保護具等を容器等に梱包したときは，この限りでない。

②　事業者は，前項の作業の一部を請負人に請け負わせるときは，当該請負人

に対し，同項第2号の呼吸用保護具を使用する必要がある旨を周知させるとともに，当該作業に使用した器具，工具，呼吸用保護具等であつて，インジウム化合物等の粉じんが発散しないように容器等に梱包されていないものについては，付着したインジウム化合物等を除去した後でなければ作業場外に持ち出してはならない旨を周知させなければならない。

③　労働者は，事業者から第1項第2号の呼吸用保護具の使用を命じられたときは，これを使用しなければならない。

（特別有機溶剤等に係る措置）

第38条の8　事業者が特別有機溶剤業務に労働者を従事させる場合には，有機則第1章から第3章まで，第4章（第19条及び第19条の2を除く。）及び第7章の規定を準用する。この場合において，次の表の上欄（編注：左欄）に掲げる有機則の規定中同表の中欄に掲げる字句は，それぞれ同表の下欄（編注：右欄）に掲げる字句と読み替えるものとする。

第1条第1項第1号	労働安全衛生法施行令（以下「令」という。）	労働安全衛生法施行令（以下「令」という。）別表第3第2号3の3，11の2，18の2から18の4まで，19の2，19の3，22の2から22の5まで若しくは33の2に掲げる物（以下「特別有機溶剤」という。）又は令
第1条第1項第2号	5パーセントを超えて含有するもの	5パーセントを超えて含有するもの（特別有機溶剤を含有する混合物にあつては，有機溶剤の含有量が重量の5パーセント以下の物で，特別有機溶剤のいずれか1つを重量の1パーセントを超えて含有するものを含む。）
第1条第1項第3号イ	令別表第6の2	令別表第3第2号11の2，18の2，18の4，22の3若しくは22の5に掲げる物又は令別表第6の2
	又は	若しくは
第1条第1項第3号ハ	5パーセントを超えて含有するもの	5パーセントを超えて含有するもの（令別表第3第2号11の2，18の2，18の4，22の3又は22の5に掲げる物を含有する混合物にあつては，イに掲げる物の含有量が重量の5パーセント以下の物で，同号11の2，18の2，18の4，22の3又は22の5に掲げる物のいずれか1つを重量の1パーセントを超えて含有するものを含む。）

第１条第１項第４号イ	令別表第６の２	令別表第３第２号３の３，18の３，19の２，19の３，22の２，22の４若しくは33の２に掲げる物又は令別表第６の２
	又は	若しくは
第１条第１項第４号ハ	５パーセントを超えて含有するもの	５パーセントを超えて含有するもの（令別表第３第２号３の３，18の３，19の２，19の３，22の２，22の４又は33の２に掲げる物を含有する混合物にあつては，イに掲げる物又は前号イに掲げる物の含有量が重量の５パーセント以下の物で，同表第２号３の３，18の３，19の２，19の３，22の２，22の４又は33の２に掲げる物のいずれか１つを重量の１パーセントを超えて含有するものを含む。）
第４条の２第１項	第28条第１項の業務（第２条第１項の規定により，第２章，第３章，第４章中第19条，第19条の２及び第24条から第26条まで，第７章並びに第９章の規定が適用されない業務を除く。）	特定化学物質障害予防規則（昭和47年労働省令第39号）第２条の２第１号に掲げる業務
第33条第１項	有機ガス用防毒マスク又は有機ガス用の防毒機能を有する電動ファン付き呼吸用保護具	有機ガス用防毒マスク又は有機ガス用の防毒機能を有する電動ファン付き呼吸用保護具（タンク等の内部において第４号に掲げる業務を行う場合にあつては，全面形のものに限る。次項において同じ。）

第38条の９　削除

（エチレンオキシド等に係る措置）

第38条の10　事業者は，令別表第３第２号５に掲げる物及び同号37に掲げる物で同号５に係るもの（以下この条において「エチレンオキシド等」という。）を用いて行う滅菌作業に労働者を従事させる場合において，次に定めるところによるときは，第５条の規定にかかわらず，局所排気装置又はプッシュプル型換気装置を設けることを要しない。

1　労働者がその中に立ち入ることができない構造の滅菌器を用いること。

2　滅菌器には，エアレーション（エチレンオキシド等が充塡された滅菌器の内部を減圧した後に大気に開放することを繰り返すこと等により，滅菌器の内部のエチレンオキシド等の濃度を減少させることをいう。第4号において同じ。）を行う設備を設けること。

3　滅菌器の内部にエチレンオキシド等を充塡する作業を開始する前に，滅菌器の扉等が閉じていることを点検すること。

4　エチレンオキシド等が充塡された滅菌器の扉等を開く前に労働者が行うエアレーションの手順を定め，これにより作業を行うこと。

5　当該滅菌作業を行う屋内作業場については，十分な通気を行うため，全体換気装置の設置その他必要な措置を講ずること。

6　当該滅菌作業の一部を請負人に請け負わせる場合においては，当該請負人に対し，第3号の点検をする必要がある旨及び第4号の手順により作業を行う必要がある旨を周知させること。

（コバルト等に係る措置）

第38条の11　事業者は，コバルト等を製造し，又は取り扱う作業に労働者を従事させるときは，当該作業を行う作業場の床等は，水洗等によつて容易に掃除できる構造のものとし，水洗する等粉じんの飛散しない方法によつて，毎日1回以上掃除しなければならない。

（コークス炉に係る措置）

第38条の12　事業者は，コークス炉上において又はコークス炉に接して行うコークス製造の作業に労働者を従事させるときは，次に定めるところによらなければならない。

1　コークス炉に石炭等を送入する装置，コークス炉からコークスを押し出す装置，コークスを消火車に誘導する装置又は消火車については，これらの運転室の内部にコークス炉等から発散する特定化学物質のガス，蒸気又は粉じん（以下この項において「コークス炉発散物」という。）が流入しない構造のものとすること。

2　コークス炉の石炭等の送入口及びコークス炉からコークスが押し出される場所に，コークス炉発散物を密閉する設備，局所排気装置又はプッシュ

プル型換気装置を設けること。

3　前号の規定により設ける局所排気装置若しくはプッシュプル型換気装置
又は消火車に積み込まれたコークスの消火をするための設備には，スクラ
バによる除じん方式若しくはろ過除じん方式による除じん装置又はこれら
と同等以上の性能を有する除じん装置を設けること。

4　コークス炉に石炭等を送入する時のコークス炉の内部の圧力を減少させ
るため，上昇管部に必要な設備を設ける等の措置を講ずること。

5　上昇管と上昇管のふた板との接合部からコークス炉発散物が漏えいする
ことを防止するため，上昇管と上昇管のふた板との接合面を密接させる等
の措置を講ずること。

6　コークス炉に石炭等を送入する場合における送入口の蓋の開閉は，労働
者がコークス炉発散物により汚染されることを防止するため，隔離室での
遠隔操作によること。

7　コークス炉上において，又はコークス炉に接して行うコークス製造の作業
に関し，次の事項について，労働者がコークス炉発散物により汚染されるこ
とを防止するために必要な作業規程を定め，これにより作業を行うこと。

　　イ　コークス炉に石炭等を送入する装置の操作

　　ロ　第4号の上昇管部に設けられた設備の操作

　　ハ　ふたを閉じた石炭等の送入口と当該ふたとの接合部及び上昇管と上昇
　　　管のふた板との接合部におけるコークス炉発散物の漏えいの有無の点検

　　ニ　石炭等の送入口のふたに付着した物の除去作業

　　ホ　上昇管の内部に付着した物の除去作業

　　ヘ　保護具の点検及び管理

　　ト　イからへまでに掲げるもののほか，労働者がコークス炉発散物により
　　　汚染されることを防止するために必要な措置

②　事業者は，前項の作業の一部を請負人に請け負わせるときは，当該請負人
に対し，次に掲げる措置を講じなければならない。

　1　コークス炉に石炭等を送入する場合における送入口の蓋の開閉を当該請
　　負人が行うときは，当該請負人がコークス炉発散物により汚染されること
　　を防止するため，隔離室での遠隔操作による必要がある旨を周知させると

ともに，隔離室を使用させる等適切に遠隔操作による作業が行われるよう
必要な配慮を行うこと。
　2　コークス炉上において，又はコークス炉に接して行うコークス製造の作
　　業に関し，前項第7号の事項について，同号の作業規程により作業を行う
　　必要がある旨を周知させること。
③　第7条第1項第1号から第3号まで及び第8条の規定は第1項第2号の局
　所排気装置について，第7条第2項第1号及び第2号並びに第8条の規定は
　第1項第2号のプッシュプル型換気装置について準用する。
　（三酸化二アンチモン等に係る措置）
第38条の13　事業者は，三酸化二アンチモン等を製造し，又は取り扱う作業に
　労働者を従事させるときは，次に定めるところによらなければならない。
　1　当該作業を行う作業場の床等は，水洗等によつて容易に掃除できる構造
　　のものとし，水洗する等粉じんの飛散しない方法によつて，毎日1回以上
　　掃除すること。
　2　当該作業に使用した器具，工具，呼吸用保護具等について，付着した三
　　酸化二アンチモン等を除去した後でなければ作業場外に持ち出さないこと。
　　ただし，三酸化二アンチモン等の粉じんが発散しないように当該器具，工
　　具，呼吸用保護具等を容器等に梱包したときは，この限りでない。
②　事業者は，三酸化二アンチモン等を製造し，又は取り扱う作業の一部を請
　負人に請け負わせるときは，当該請負人に対し，当該作業に使用した器具，工
　具，呼吸用保護具等であつて，三酸化二アンチモン等の粉じんが発散しない
　ように容器等に梱包されていないものについては，付着した三酸化二アンチ
　モン等を除去した後でなければ作業場外に持ち出してはならない旨を周知さ
　せなければならない。
③　事業者は，三酸化二アンチモン等を製造し，又は取り扱う作業に労働者を
　従事させる場合において，次の各号のいずれかに該当するときは，第5条の
　規定にかかわらず，三酸化二アンチモン等のガス，蒸気若しくは粉じんの発
　散源を密閉する設備，局所排気装置又はプッシュプル型換気装置を設けるこ
　とを要しない。
　1　粉状の三酸化二アンチモン等を湿潤な状態にして取り扱わせるとき（三

酸化二アンチモン等を製造し，又は取り扱う作業の一部を請負人に請け負
わせる場合にあつては，労働者に，粉状の三酸化二アンチモン等を湿潤な
状態にして取り扱わせ，かつ，当該請負人に対し，粉状の三酸化二アンチ
モン等を湿潤な状態にして取り扱う必要がある旨を周知させるとき）

2　次のいずれかに該当する作業に労働者を従事させる場合において，次項
に定める措置を講じたとき

イ　製造炉等に付着した三酸化二アンチモン等のかき落としの作業

ロ　製造炉等からの三酸化二アンチモン等の湯出しの作業

④　事業者が講ずる前項第2号の措置は，次の各号に掲げるものとする。

1　次に定めるところにより，全体換気装置を設け，労働者が前項第2号イ
及びロに掲げる作業に従事する間，これを有効に稼働させること。

イ　当該全体換気装置には，第9条第1項の表の上欄に掲げる粉じんの粒
径に応じ，同表の下欄に掲げるいずれかの除じん方式による除じん装置
又はこれらと同等以上の性能を有する除じん装置を設けること。

ロ　イの除じん装置には，必要に応じ，粒径の大きい粉じんを除去するた
めの前置き除じん装置を設けること。

ハ　イ及びロの除じん装置を有効に稼働させること。

2　前項第2号イ及びロに掲げる作業の一部を請負人に請け負わせるときは，
当該請負人が当該作業に従事する間（労働者が当該作業に従事するときを
除く。），前号の全体換気装置を有効に稼働させること等について配慮する
こと。

3　労働者に有効な呼吸用保護具及び作業衣又は保護衣を使用させること。

4　第2号の請負人に対し，有効な呼吸用保護具及び作業衣又は保護衣を使
用する必要がある旨を周知させること。

5　前項第2号イ及びロに掲げる作業を行う場所に当該作業に従事する者以
外の者（有効な呼吸用保護具及び作業衣又は保護衣を使用している者を除
く。）が立ち入ることについて，禁止する旨を見やすい箇所に表示すること
その他の方法により禁止するとともに，表示以外の方法により禁止したと
きは，当該場所が立入禁止である旨を見やすい箇所に表示すること。

⑤　労働者は，事業者から前項第3号の保護具等の使用を命じられたときは，こ

れらを使用しなければならない。

（燻蒸作業に係る措置）

第38条の14　事業者は，臭化メチル等を用いて行う燻蒸作業に労働者を従事さ
せるときは，次に定めるところによらなければならない。

1　燻蒸に伴う倉庫，コンテナー，船倉等の燻蒸する場所における空気中の
　エチレンオキシド，酸化プロピレン，シアン化水素，臭化メチル又はホル
　ムアルデヒドの濃度の測定は，当該倉庫，コンテナー，船倉等の燻蒸する
　場所の外から行うことができるようにすること。

2　投薬作業は，倉庫，コンテナー，船倉等の燻蒸しようとする場所の外か
　ら行うこと。ただし，倉庫燻蒸作業又はコンテナー燻蒸作業を行う場合に
　おいて，投薬作業を行う労働者に送気マスク，空気呼吸器，隔離式防毒マ
　スク又は防毒機能を有する電動ファン付き呼吸用保護具を使用させたとき，
　及び投薬作業の一部を請負人に請け負わせる場合において当該請負人に対
　し送気マスク，空気呼吸器，隔離式防毒マスク又は防毒機能を有する電動
　ファン付き呼吸用保護具を使用する必要がある旨を周知させたときは，こ
　の限りでない。

3　倉庫，コンテナー，船倉等の燻蒸中の場所からの臭化メチル等の漏えい
　の有無を点検すること。

4　前号の点検を行つた場合において，異常を認めたときは，直ちに目張り
　の補修その他必要な措置を講ずること。

5　倉庫，コンテナー，船倉等の燻蒸中の場所に作業に従事する者が立ち入
　ることについて，禁止する旨を見やすい箇所に表示することその他の方法
　により禁止するとともに，表示以外の方法により禁止したときは，当該場
　所が立入禁止である旨を見やすい箇所に表示すること。ただし，燻蒸の効
　果を確認する場合において，労働者に送気マスク，空気呼吸器，隔離式防
　毒マスク又は防毒機能を有する電動ファン付き呼吸用保護具を使用させ，及
　び当該確認を行う者（労働者を除く。）が送気マスク，空気呼吸器，隔離式
　防毒マスク又は防毒機能を有する電動ファン付き呼吸用保護具を使用して
　いることを確認し，かつ，監視人を置いたときは，当該労働者及び当該確
　認を行う者（労働者を除く。）を，当該燻蒸中の場所に立ち入らせることが

できる。

6　倉庫，コンテナー，船倉等の燻蒸中の場所の扉，ハッチボード等を開放するときは，当該場所から流出する臭化メチル等による労働者の汚染を防止するため，風向を確認する等必要な措置を講ずること。

7　倉庫燻蒸作業又はコンテナー燻蒸作業にあつては，次に定めるところによること。

　イ　倉庫又はコンテナーの燻蒸しようとする場所は，臭化メチル等の漏えいを防止するため，目張りをすること。

　ロ　投薬作業を開始する前に，目張りが固着していること及び倉庫又はコンテナーの燻蒸しようとする場所から投薬作業以外の作業に従事する者が退避したことを確認すること。

　ハ　倉庫の一部を燻蒸するときは，当該倉庫内の燻蒸が行われていない場所に当該倉庫内で作業に従事する者のうち燻蒸に関係する者以外の者が立ち入ることについて，禁止する旨を見やすい箇所に表示することその他の方法により禁止するとともに，表示以外の方法により禁止したときは，当該場所が立入禁止である旨を見やすい箇所に表示すること。

　ニ　倉庫若しくはコンテナーの燻蒸した場所に扉等を開放した後初めて作業に従事する者を立ち入らせる場合又は一部を燻蒸中の倉庫内の燻蒸が行われていない場所に作業に従事する者を立ち入らせる場合には，あらかじめ，当該倉庫若しくはコンテナーの燻蒸した場所又は当該燻蒸が行われていない場所における空気中のエチレンオキシド，酸化プロピレン，シアン化水素，臭化メチル又はホルムアルデヒドの濃度を測定すること。この場合において，当該燻蒸が行われていない場所に係る測定は，当該場所の外から行うこと。

8　天幕燻蒸作業にあつては，次に定めるところによること。

　イ　燻蒸に用いる天幕は，臭化メチル等の漏えいを防止するため，網，ロープ等で確実に固定し，かつ，当該天幕の裾を土砂等で押えること。

　ロ　投薬作業を開始する前に，天幕の破損の有無を点検すること。

　ハ　ロの点検を行つた場合において，天幕の破損を認めたときは，直ちに補修その他必要な措置を講ずること。

　　ニ　投薬作業を行うときは，天幕から流出する臭化メチル等による労働者
　　　の汚染を防止するため，風向を確認する等必要な措置を講ずること。
　9　サイロ燻蒸作業にあつては，次に定めるところによること。
　　イ　燻蒸しようとするサイロは，臭化メチル等の漏えいを防止するため，開
　　　口部等を密閉すること。ただし，開口部等を密閉することが著しく困難
　　　なときは，この限りでない。
　　ロ　投薬作業を開始する前に，燻蒸しようとするサイロが密閉されている
　　　ことを確認すること。
　　ハ　臭化メチル等により汚染されるおそれのないことを確認するまでの間，
　　　燻蒸したサイロに作業に従事する者が立ち入ることについて，禁止する
　　　旨を見やすい箇所に表示することその他の方法により禁止するとともに，
　　　表示以外の方法により禁止したときは，当該サイロが立入禁止である旨
　　　を見やすい箇所に表示すること。
10　はしけ燻蒸作業にあつては，次に定めるところによること。
　　イ　燻蒸しようとする場所は，臭化メチル等の漏えいを防止するため，天
　　　幕で覆うこと。
　　ロ　燻蒸しようとする場所に隣接する居住室等は，臭化メチル等が流入し
　　　ない構造のものとし，又は臭化メチル等が流入しないように目張りその
　　　他の必要な措置を講じたものとすること。
　　ハ　投薬作業を開始する前に，天幕の破損の有無を点検すること。
　　ニ　ハの点検を行つた場合において，天幕の破損を認めたときは，直ちに
　　　補修その他必要な措置を講ずること。
　　ホ　投薬作業を開始する前に，居住室等に臭化メチル等が流入することを防
　　　止するための目張りが固着していることその他の必要な措置が講じられ
　　　ていること及び燻蒸する場所から作業に従事する者が退避したことを確
　　　認すること。
　　ヘ　燻蒸した場所若しくは当該燻蒸した場所に隣接する居住室等に天幕を
　　　外した直後に作業に従事する者を立ち入らせる場合又は燻蒸中の場所に
　　　隣接する居住室等に作業に従事する者を立ち入らせる場合には，当該場
　　　所又は居住室等における空気中のエチレンオキシド，酸化プロピレン，シ

アン化水素，臭化メチル又はホルムアルデヒドの濃度を測定すること。この場合において，当該居住室等に係る測定は，当該居住室等の外から行うこと。

11　本船燻蒸作業にあつては，次に定めるところによること。

イ　燻蒸しようとする船倉は，臭化メチル等の漏えいを防止するため，ビニルシート等で開口部等を密閉すること。

ロ　投薬作業を開始する前に，燻蒸しようとする船倉がビニルシート等で密閉されていることを確認し，及び当該船倉から投薬作業以外の作業に従事する者が退避したことを確認すること。

ハ　燻蒸した船倉若しくは当該燻蒸した船倉に隣接する居住室等にビニルシート等を外した後初めて作業に従事する者を立ち入らせる場合又は燻蒸中の船倉に隣接する居住室等に作業に従事する者を立ち入らせる場合には，当該船倉又は居住室等における空気中のエチレンオキシド，酸化プロピレン，シアン化水素，臭化メチル又はホルムアルデヒドの濃度を測定すること。この場合において，当該居住室等に係る測定は，労働者に送気マスク，空気呼吸器，隔離式防毒マスク若しくは防毒機能を有する電動ファン付き呼吸用保護具を使用させるとき，又は当該測定を行う者（労働者を除く。）に対し送気マスク，空気呼吸器，隔離式防毒マスク若しくは防毒機能を有する電動ファン付き呼吸用保護具を使用する必要がある旨を周知させるときのほか，当該居住室等の外から行うこと。

12　第7号ニ，第10号ヘ又は前号ハの規定による測定の結果，当該測定に係る場所における空気中のエチレンオキシド，酸化プロピレン，シアン化水素，臭化メチル又はホルムアルデヒドの濃度が，次の表の上欄（編注：左欄）に掲げる物に応じ，それぞれ同表の下欄（編注：右欄）に掲げる値を超えるときは，当該場所に作業に従事する者が立ち入ることについて，禁止する旨を見やすい箇所に表示することその他の方法により禁止しなければならない。ただし，エチレンオキシド，酸化プロピレン，シアン化水素，臭化メチル又はホルムアルデヒドの濃度を当該値以下とすることが著しく困難な場合であつて当該場所の排気を行う場合において，労働者に送気マスク，空気呼吸器，隔離式防毒マスク又は防毒機能を有する電動ファン付

き呼吸用保護具を使用させ，及び作業に従事する者（労働者を除く。）が送気マスク，空気呼吸器，隔離式防毒マスク又は防毒機能を有する電動ファン付き呼吸用保護具を使用していることを確認し，かつ，監視人を置いたときは，当該労働者及び当該保護具を使用している作業に従事する者（労働者を除く。）を，当該場所に立ち入らせることができる。

物	値
エチレンオキシド	2ミリグラム又は1立方センチメートル
酸化プロピレン	5ミリグラム又は2立方センチメートル
シアン化水素	3ミリグラム又は3立方センチメートル
臭化メチル	4ミリグラム又は1立方センチメートル
ホルムアルデヒド	0.1ミリグラム又は0.1立方センチメートル
備考　この表の値は，温度25度，1気圧の空気1立方メートル当たりに占める当該物の重量又は容積を示す。	

② 事業者は，倉庫，コンテナー，船倉等の臭化メチル等を用いて燻蒸した場所若しくは当該場所に隣接する居住室等又は燻蒸中の場所に隣接する居住室等において燻蒸作業以外の作業に労働者を従事させようとするときは，次に定めるところによらなければならない。ただし，労働者が臭化メチル等により汚染されるおそれのないことが明らかなときは，この限りでない。

1 倉庫，コンテナー，船倉等の燻蒸した場所若しくは当該場所に隣接する居住室等又は燻蒸中の場所に隣接する居住室等における空気中のエチレンオキシド，酸化プロピレン，シアン化水素，臭化メチル又はホルムアルデヒドの濃度を測定すること。

2 前号の規定による測定の結果，当該測定に係る場所における空気中のエチレンオキシド，酸化プロピレン，シアン化水素，臭化メチル又はホルムアルデヒドの濃度が前項第12号の表の上欄（編注：左欄）に掲げる物に応じ，それぞれ同表の下欄（編注：右欄）に掲げる値を超えるときは，当該場所に作業に従事する者が立ち入ることについて，禁止する旨を見やすい箇所に表示することその他の方法により禁止すること。

（ニトログリコールに係る措置）

第38条の15　事業者は，ダイナマイトを製造する作業に労働者を従事させるときは，次に定めるところによらなければならない。

1　薬（ニトログリコールとニトログリセリンとを硝化綿に含浸させた物及び当該含浸させた物と充填剤等とを混合させた物をいう。以下この条において同じ。）を圧伸包装し，又は填薬する場合は，次の表の上欄（編注：左欄）に掲げる区分に応じ，それぞれニトログリコールの配合率（ニトログリコールの重量とニトログリセリンの重量とを合計した重量中に占めるニトログリコールの重量の比率をいう。）が同表の下欄（編注：右欄）に掲げる値以下である薬を用いること。

区　　　　　　　　分		値（単位　パーセント）
夏季において填薬する場合	隔離室での遠隔操作によらないで填薬する場合（薬の温度が28度を超える場合）	20
	隔離室での遠隔操作によらないで填薬する場合（薬の温度が28度以下である場合）	25
	隔離室での遠隔操作により填薬する場合	30
夏季において手作業により圧伸包装する場合		30
その他の場合		38
備考　夏季とは，北海道においては7月及び8月の2月，その他の地域においては5月から9月までの5月をいう。		

2　次の表の上欄（編注：左欄）に掲げる作業場におけるニトログリコール及び薬の温度は，それぞれ同表の下欄（編注：右欄）に掲げる値以下とすること。ただし，隔離室での遠隔操作により作業を行う場合は，この限りでない。

作　　業　　場	値（単位　度）
硝化する作業場	22
洗浄する作業場	
配合する作業場	
その他の作業場	32

3　手作業により墳薬する場合には，作業場の床等に薬がこぼれたときは，速やかに，あらかじめ指名した者に掃除させること。

4　ニトログリコール又は薬が付着している器具は，使用しないときは，ニトログリコールの蒸気が漏れないように蓋又は栓をした堅固な容器に納めておくこと。この場合において，当該容器は，通風がよい一定の場所に置くこと。

②　事業者は，前項の作業の一部を請負人に請け負わせるときは，当該請負人に対し，同項第1号から第3号までに定めるところによる必要がある旨を周知させなければならない。

（ベンゼン等に係る措置）

第38条の16　事業者は，ベンゼン等を溶剤として取り扱う作業に労働者を従事させてはならない。ただし，ベンゼン等を溶剤として取り扱う設備を密閉式の構造のものとし，又は当該作業を作業中の労働者の身体にベンゼン等が直接接触しない方法により行わせ，かつ，当該作業を行う場所に囲い式フードの局所排気装置又はプッシュプル型換気装置を設けたときは，この限りでない。

②　事業者は，前項の作業の一部を請負人に請け負わせるときは，当該請負人に対し，当該作業を身体にベンゼン等が直接接触しない方法により行う必要がある旨を周知させなければならない。ただし，ベンゼン等を溶剤として取り扱う設備を密閉式の構造のものとするときは，この限りでない。

③　第6条の2及び第6条の3の規定は第1項ただし書の局所排気装置及びプッシュプル型換気装置について，第7条第1項及び第8条の規定は第1項ただし書の局所排気装置について，第7条第2項及び第8条の規定は第1項ただし書のプッシュプル型換気装置について準用する。

（1・3-ブタジエン等に係る措置）

第38条の17　事業者は，1・3-ブタジエン若しくは1・4-ジクロロ-2-ブテン又は1・3-ブタジエン若しくは1・4-ジクロロ-2-ブテンをその重量の1パーセントを超えて含有する製剤その他の物（以下この条において「1・3-ブタジエン等」という。）を製造し，若しくは取り扱う設備から試料を採取し，又は当該設備の保守点検を行う作業に労働者を従事させるときは，次に定めるところによらなければならない。

1　1・3-ブタジエン等を製造し，若しくは取り扱う設備から試料を採取し，又は当該設備の保守点検を行う作業場所に，1・3-ブタジエン等のガスの発散源を密閉する設備，局所排気装置又はプッシュプル型換気装置を設けること。ただし，1・3-ブタジエン等のガスの発散源を密閉する設備，局所排気装置若しくはプッシュプル型換気装置の設置が著しく困難な場合又は臨時の作業を行う場合において，全体換気装置を設け，又は労働者に呼吸用保護具を使用させ，及び作業に従事する者（労働者を除く。）に対し呼吸用保護具を使用する必要がある旨を周知させる等健康障害を予防するため必要な措置を講じたときは，この限りでない。

2　1・3-ブタジエン等を製造し，若しくは取り扱う設備から試料を採取し，又は当該設備の保守点検を行う作業場所には，次の事項を，見やすい箇所に掲示すること。ただし，前号の規定により1・3-ブタジエン等のガスの発散源を密閉する設備，局所排気装置若しくはプッシュプル型換気装置を設けるとき，又は同号ただし書の規定により全体換気装置を設けるときは，ニの事項については，この限りでない。

　イ　1・3-ブタジエン等を製造し，若しくは取り扱う設備から試料を採取し，又は当該設備の保守点検を行う作業場所である旨

　ロ　1・3-ブタジエン等により生ずるおそれのある疾病の種類及びその症状

　ハ　1・3-ブタジエン等の取扱い上の注意事項

　ニ　当該作業場所においては呼吸用保護具を使用する必要がある旨及び使用すべき呼吸用保護具

3　1・3-ブタジエン等を製造し，若しくは取り扱う設備から試料を採取し，又は当該設備の保守点検を行う作業場所において常時作業に従事する労働者について，1月を超えない期間ごとに次の事項を記録し，これを30年間保存すること。

　イ　労働者の氏名

　ロ　従事した作業の概要及び当該作業に従事した期間

　ハ　1・3-ブタジエン等により著しく汚染される事態が生じたときは，その概要及び事業者が講じた応急の措置の概要

4　1・3-ブタジエン等を製造し，若しくは取り扱う設備から試料を採取し，又

は当該設備の保守点検を行う作業に労働者を従事させる事業者は，事業を
廃止しようとするときは，特別管理物質等関係記録等報告書（様式第11号）
に前号の作業の記録を添えて，所轄労働基準監督署長に提出すること。

② 第7条第1項及び第8条の規定は前項第1号の局所排気装置について，第
7条第2項及び第8条の規定は同号のプッシュプル型換気装置について準用
する。ただし，前項第1号の局所排気装置が屋外に設置されるものである場
合には第7条第1項第4号及び第5号の規定，前項第1号のプッシュプル型
換気装置が屋外に設置されるものである場合には同条第2項第3号及び第4
号の規定は，準用しない。

（硫酸ジエチル等に係る措置）

第38条の18　事業者は，硫酸ジエチル又は硫酸ジエチルをその重量の1パーセ
ントを超えて含有する製剤その他の物（以下この条において「硫酸ジエチル
等」という。）を触媒として取り扱う作業に労働者を従事させるときは，次に
定めるところによらなければならない。

1　硫酸ジエチル等を触媒として取り扱う作業場所に，硫酸ジエチル等の蒸
気の発散源を密閉する設備，局所排気装置又はプッシュプル型換気装置を
設けること。ただし，硫酸ジエチル等の蒸気の発散源を密閉する設備，局
所排気装置若しくはプッシュプル型換気装置の設置が著しく困難な場合又
は臨時の作業を行う場合において，全体換気装置を設け，又は労働者に呼
吸用保護具を使用させ，及び作業に従事する者（労働者を除く。）に対し呼
吸用保護具を使用する必要がある旨を周知させる等健康障害を予防するた
め必要な措置を講じたときは，この限りでない。

2　硫酸ジエチル等を触媒として取り扱う作業場所には，次の事項を，見や
すい箇所に掲示すること。ただし，前号の規定により硫酸ジエチル等の蒸
気の発散源を密閉する設備，局所排気装置若しくはプッシュプル型換気装
置を設けるとき，又は同号ただし書の規定により全体換気装置を設けると
きは，ニの事項については，この限りでない。

イ　硫酸ジエチル等を触媒として取り扱う作業場所である旨

ロ　硫酸ジエチル等により生ずるおそれのある疾病の種類及びその症状

ハ　硫酸ジエチル等の取扱い上の注意事項

　　ニ　当該作業場所においては呼吸用保護具を使用しなければならない旨及
　　　び使用すべき呼吸用保護具
　３　硫酸ジエチル等を触媒として取り扱う作業場所において常時作業に従事
　　する労働者について，１月を超えない期間ごとに次の事項を記録し，これ
　　を30年間保存すること。
　　イ　労働者の氏名
　　ロ　従事した作業の概要及び当該作業に従事した期間
　　ハ　硫酸ジエチル等により著しく汚染される事態が生じたときは，その概
　　　要及び事業者が講じた応急の措置の概要
　４　硫酸ジエチル等を触媒として取り扱う作業に労働者を従事させる事業者
　　は，事業を廃止しようとするときは，特別管理物質等関係記録等報告書（様
　　式第11号）に前号の作業の記録を添えて，所轄労働基準監督署長に提出す
　　ること。
② 　第７条第１項及び第８条の規定は前項第１号の局所排気装置について，第
　７条第２項及び第８条の規定は同号のプッシュプル型換気装置について準用
　する。ただし，前項第１号の局所排気装置が屋外に設置されるものである場
　合には第７条第１項第４号及び第５号の規定，前項第１号のプッシュプル型
　換気装置が屋外に設置されるものである場合には同条第２項第３号及び第４
　号の規定は，準用しない。
　（1・3-プロパンスルトン等に係る措置）
第38条の19　事業者は，1・3-プロパンスルトン又は1・3-プロパンスルトンをそ
　の重量の１パーセントを超えて含有する製剤その他の物（以下この条におい
　て「1・3-プロパンスルトン等」という。）を製造し，又は取り扱う作業に労働
　者を従事させるときは，次に定めるところによらなければならない。
　１　1・3-プロパンスルトン等を製造し，又は取り扱う設備については，密閉
　　式の構造のものとすること。
　２　1・3-プロパンスルトン等により汚染されたぼろ，紙くず等については，労
　　働者が1・3-プロパンスルトン等により汚染されることを防止するため，蓋
　　又は栓をした不浸透性の容器に納めておき，廃棄するときは焼却その他の
　　方法により十分除毒すること。

3　1・3-プロパンスルトン等を製造し，又は取り扱う設備（当該設備のバルブ又はコックを除く。）については，1・3-プロパンスルトン等の漏えいを防止するため堅固な材料で造り，当該設備のうち1・3-プロパンスルトン等が接触する部分については，著しい腐食による1・3-プロパンスルトン等の漏えいを防止するため，1・3-プロパンスルトン等の温度，濃度等に応じ，腐食しにくい材料で造り，内張りを施す等の措置を講ずること。

4　1・3-プロパンスルトン等を製造し，又は取り扱う設備の蓋板，フランジ，バルブ，コック等の接合部については，当該接合部から1・3-プロパンスルトン等が漏えいすることを防止するため，ガスケットを使用し，接合面を相互に密接させる等の措置を講ずること。

5　1・3-プロパンスルトン等を製造し，又は取り扱う設備のバルブ若しくはコック又はこれらを操作するためのスイッチ，押しボタン等については，これらの誤操作による1・3-プロパンスルトン等の漏えいを防止するため，次の措置を講ずること。

イ　開閉の方向を表示すること。

ロ　色分け，形状の区分等を行うこと。ただし，色分けのみによるものであつてはならない。

6　1・3-プロパンスルトン等を製造し，又は取り扱う設備のバルブ又はコックについては，次に定めるところによること。

イ　開閉の頻度及び製造又は取扱いに係る1・3-プロパンスルトン等の温度，濃度等に応じ，耐久性のある材料で造ること。

ロ　1・3-プロパンスルトン等を製造し，又は取り扱う設備の使用中にしばしば開放し，又は取り外すことのあるストレーナ等とこれらに最も近接した1・3-プロパンスルトン等を製造し，又は取り扱う設備（配管を除く。次号，第9号及び第10号において同じ。）との間には，二重に設けること。ただし，当該ストレーナ等と当該設備との間に設けられるバルブ又はコックが確実に閉止していることを確認することができる装置を設けるときは，この限りでない。

7　1・3-プロパンスルトン等を製造し，又は取り扱う設備に原材料その他の物を送給する者が当該送給を誤ることによる1・3-プロパンスルトン等の漏え

いを防止するため，見やすい位置に，当該原材料その他の物の種類，当該
送給の対象となる設備その他必要な事項を表示すること。

8　1・3-プロパンスルトン等を製造し，又は取り扱う作業を行うときは，次
の事項について，1・3-プロパンスルトン等の漏えいを防止するため必要な
規程を定め，これにより作業を行うこと。

イ　バルブ，コック等（1・3-プロパンスルトン等を製造し，又は取り扱う
設備又は容器に原材料を送給するとき，及び当該設備又は容器から製品
等を取り出すときに使用されるものに限る。）の操作

ロ　冷却装置，加熱装置，攪拌装置及び圧縮装置の操作

ハ　計測装置及び制御装置の監視及び調整

ニ　安全弁その他の安全装置の調整

ホ　蓋板，フランジ，バルブ，コック等の接合部における1・3-プロパンス
ルトン等の漏えいの有無の点検

ヘ　試料の採取及びそれに用いる器具の処理

ト　容器の運搬及び貯蔵

チ　設備又は容器の保守点検及び洗浄並びに排液処理

リ　異常な事態が発生した場合における応急の措置

ヌ　保護具の装着，点検，保管及び手入れ

ル　その他1・3-プロパンスルトン等の漏えいを防止するため必要な措置

9　1・3-プロパンスルトン等を製造し，又は取り扱う作業場及び1・3-プロパ
ンスルトン等を製造し，又は取り扱う設備を設置する屋内作業場の床を不
浸透性の材料で造ること。

10　1・3-プロパンスルトン等を製造し，又は取り扱う設備を設置する作業場
又は当該設備を設置する作業場以外の作業場で1・3-プロパンスルトン等を
合計100リットル以上取り扱うものに関係者以外の者が立ち入ることについ
て，禁止する旨を見やすい箇所に表示することその他の方法により禁止す
るとともに，表示以外の方法により禁止したときは，当該作業場が立入禁
止である旨を見やすい箇所に表示すること。

11　1・3-プロパンスルトン等を運搬し，又は貯蔵するときは，1・3-プロパン
スルトン等が漏れ，こぼれる等のおそれがないように，堅固な容器を使用

し，又は確実な包装をすること。

12　前号の容器又は包装の見やすい箇所に1·3-プロパンスルトン等の名称及び取扱い上の注意事項を表示すること。

13　1·3-プロパンスルトン等の保管については，一定の場所を定めておくこと。

14　1·3-プロパンスルトン等の運搬，貯蔵等のために使用した容器又は包装については，1·3-プロパンスルトン等が発散しないような措置を講じ，保管するときは，一定の場所を定めて集積しておくこと。

15　その日の作業を開始する前に，1·3-プロパンスルトン等を製造し，又は取り扱う設備及び1·3-プロパンスルトン等が入つている容器の状態並びに当該設備又は容器が置いてある場所の1·3-プロパンスルトン等による汚染の有無を点検すること。

16　前号の点検を行つた場合において，異常を認めたときは，当該設備又は容器を補修し，漏れた1·3-プロパンスルトン等を拭き取る等必要な措置を講ずること。

17　1·3-プロパンスルトン等を製造し，若しくは取り扱う設備若しくは容器に1·3-プロパンスルトン等を入れ，又は当該設備若しくは容器から取り出すときは，1·3-プロパンスルトン等が漏れないよう，当該設備又は容器の注入口又は排気口に直結できる構造の器具を用いて行うこと。

18　1·3-プロパンスルトン等を製造し，又は取り扱う作業場には，次の事項を，見やすい箇所に掲示すること。

　イ　1·3-プロパンスルトン等を製造し，又は取り扱う作業場である旨

　ロ　1·3-プロパンスルトン等により生ずるおそれのある疾病の種類及びその症状

　ハ　1·3-プロパンスルトン等の取扱い上の注意事項

　ニ　当該作業場においては有効な保護具を使用しなければならない旨及び使用すべき保護具

19　1·3-プロパンスルトン等を製造し，又は取り扱う作業場において常時作業に従事する労働者について，1月を超えない期間ごとに次の事項を記録し，これを30年間保存すること。

　イ　労働者の氏名

ロ　従事した作業の概要及び当該作業に従事した期間

ハ　1・3-プロパンスルトン等により著しく汚染される事態が生じたときは，その概要及び事業者が講じた応急の措置の概要

20　1・3-プロパンスルトン等による皮膚の汚染防止のため，保護眼鏡並びに不浸透性の保護衣，保護手袋及び保護長靴を使用させること。

21　事業を廃止しようとするときは，特別管理物質等関係記録等報告書（様式第11号）に第19号の作業の記録を添えて，所轄労働基準監督署長に提出すること。

② 事業者は，前項の作業の一部を請負人に請け負わせるときは，当該請負人に対し，同項第2号及び第17号の措置を講ずる必要がある旨，同項第8号の規程により作業を行う必要がある旨並びに1・3-プロパンスルトン等による皮膚の汚染防止のため，同項第20号の保護具を使用する必要がある旨を周知させなければならない。

③ 労働者は，事業者から第1項第20号の保護具の使用を命じられたときは，これを使用しなければならない。

（リフラクトリーセラミックファイバー等に係る措置）

第38条の20　事業者は，リフラクトリーセラミックファイバー等を製造し，又は取り扱う作業に労働者を従事させるときは，当該作業を行う作業場の床等は，水洗等によつて容易に掃除できる構造のものとし，水洗する等粉じんの飛散しない方法によつて，毎日1回以上掃除しなければならない。

② 事業者は，次の各号のいずれかに該当する作業に労働者を従事させるときは，次項に定める措置を講じなければならない。

1　リフラクトリーセラミックファイバー等を窯，炉等に張り付けること等の断熱又は耐火の措置を講ずる作業

2　リフラクトリーセラミックファイバー等を用いて断熱又は耐火の措置を講じた窯，炉等の補修の作業（前号及び次号に掲げるものを除く。）

3　リフラクトリーセラミックファイバー等を用いて断熱又は耐火の措置を講じた窯，炉等の解体，破砕等の作業（リフラクトリーセラミックファイバー等の除去の作業を含む。）

③　事業者が講ずる前項の措置は，次の各号に掲げるものとする。

　　1　前項各号に掲げる作業を行う作業場所を，それ以外の作業を行う作業場
　　　所から隔離すること。ただし，隔離することが著しく困難である場合にお
　　　いて，前項各号に掲げる作業以外の作業に従事する者がリフラクトリーセ
　　　ラミックファイバー等にばく露することを防止するため必要な措置を講じ
　　　たときは，この限りでない。

　　2　労働者に有効な呼吸用保護具及び作業衣又は保護衣を使用させること。

④　事業者は，第2項各号のいずれかに該当する作業の一部を請負人に請け負
　わせるときは，当該請負人に対し，次の事項を周知させなければならない。た
　だし，前項第1号ただし書の措置を講じたときは，第1号の事項については，
　この限りでない。

　　1　当該作業を行う作業場所を，それ以外の作業を行う作業場所から隔離す
　　　る必要があること

　　2　前項第2号の保護具等を使用する必要があること

⑤　事業者は，第2項第3号に掲げる作業に労働者を従事させるときは，第1
　項から第3項までに定めるところによるほか，次に定めるところによらなけ
　ればならない。

　　1　リフラクトリーセラミックファイバー等の粉じんを湿潤な状態にする等
　　　の措置を講ずること。

　　2　当該作業を行う作業場所に，リフラクトリーセラミックファイバー等の
　　　切りくず等を入れるための蓋のある容器を備えること。

⑥　事業者は，第2項第3号に掲げる作業の一部を請負人に請け負わせるとき
　は，当該請負人に対し，前項各号に定めるところによる必要がある旨を周知
　させなければならない。

⑦　労働者は，事業者から第3項第2号の保護具等の使用を命じられたときは，
　これらを使用しなければならない。

　（金属アーク溶接等作業に係る措置）

第38条の21　事業者は，金属アーク溶接等作業を行う屋内作業場については，当
　該金属アーク溶接等作業に係る溶接ヒュームを減少させるため，全体換気装
　置による換気の実施又はこれと同等以上の措置を講じなければならない。こ

の場合において，事業者は，第5条の規定にかかわらず，金属アーク溶接等作業において発生するガス，蒸気若しくは粉じんの発散源を密閉する設備，局所排気装置又はプッシュプル型換気装置を設けることを要しない。

② 事業者は，金属アーク溶接等作業を継続して行う屋内作業場において，新たな金属アーク溶接等作業の方法を採用しようとするとき，又は当該作業の方法を変更しようとするときは，あらかじめ，厚生労働大臣の定めるところにより，当該金属アーク溶接等作業に従事する労働者の身体に装着する試料採取機器等を用いて行う測定により，当該作業場について，空気中の溶接ヒュームの濃度を測定しなければならない。

③ 事業者は，前項の規定による空気中の溶接ヒュームの濃度の測定の結果に応じて，換気装置の風量の増加その他必要な措置を講じなければならない。

④ 事業者は，前項に規定する措置を講じたときは，その効果を確認するため，第2項の作業場について，同項の規定により，空気中の溶接ヒュームの濃度を測定しなければならない。

⑤ 事業者は，金属アーク溶接等作業に労働者を従事させるときは，当該労働者に有効な呼吸用保護具を使用させなければならない。

⑥ 事業者は，金属アーク溶接等作業の一部を請負人に請け負わせるときは，当該請負人に対し，有効な呼吸用保護具を使用する必要がある旨を周知させなければならない。

⑦ 事業者は，金属アーク溶接等作業を継続して行う屋内作業場において当該金属アーク溶接等作業に労働者を従事させるときは，厚生労働大臣の定めるところにより，当該作業場についての第2項及び第4項の規定による測定の結果に応じて，当該労働者に有効な呼吸用保護具を使用させなければならない。

⑧ 事業者は，金属アーク溶接等作業を継続して行う屋内作業場において当該金属アーク溶接等作業の一部を請負人に請け負わせるときは，当該請負人に対し，前項の測定の結果に応じて，有効な呼吸用保護具を使用する必要がある旨を周知させなければならない。

⑨ 事業者は，第7項の呼吸用保護具（面体を有するものに限る。）を使用させるときは，1年以内ごとに1回，定期に，当該呼吸用保護具が適切に装着さ

れていることを厚生労働大臣の定める方法により確認し，その結果を記録し，これを3年間保存しなければならない。

⑩　事業者は，第2項又は第4項の規定による測定を行つたときは，その都度，次の事項を記録し，これを当該測定に係る金属アーク溶接等作業の方法を用いなくなつた日から起算して3年を経過する日まで保存しなければならない。

1　測定日時

2　測定方法

3　測定箇所

4　測定条件

5　測定結果

6　測定を実施した者の氏名

7　測定結果に応じて改善措置を講じたときは，当該措置の概要

8　測定結果に応じた有効な呼吸用保護具を使用させたときは，当該呼吸用保護具の概要

⑪　事業者は，金属アーク溶接等作業に労働者を従事させるときは，当該作業を行う屋内作業場の床等を，水洗等によつて容易に掃除できる構造のものとし，水洗等粉じんの飛散しない方法によつて，毎日1回以上掃除しなければならない。

⑫　労働者は，事業者から第5項又は第7項の呼吸用保護具の使用を命じられたときは，これを使用しなければならない。

第6章　健康診断

（健康診断の実施）

第39条　事業者は，令第22条第1項第3号の業務（石綿等の取扱い若しくは試験研究のための製造又は石綿分析用試料等（石綿則第2条第4項に規定する石綿分析用試料等をいう。）の製造に伴い石綿の粉じんを発散する場所における業務及び別表第1第37号に掲げる物を製造し，又は取り扱う業務を除く。）に常時従事する労働者に対し，別表第3の上欄（編注：左欄）に掲げる業務の区分に応じ，雇入れ又は当該業務への配置替えの際及びその後同表の中欄に掲げる期間以内ごとに1回，定期に，同表の下欄（編注：右欄）に掲げる

項目について医師による健康診断を行わなければならない。

② 事業者は，令第22条第2項の業務（石綿等の製造又は取扱いに伴い石綿の粉じんを発散する場所における業務を除く。）に常時従事させたことのある労働者で，現に使用しているものに対し，別表第3の上欄（編注：左欄）に掲げる業務のうち労働者が常時従事した同項の業務の区分に応じ，同表の中欄に掲げる期間以内ごとに1回，定期に，同表の下欄（編注：右欄）に掲げる項目について医師による健康診断を行わなければならない。

③ 事業者は，前二項の健康診断（シアン化カリウム（これをその重量の5パーセントを超えて含有する製剤その他の物を含む。），シアン化水素（これをその重量の1パーセントを超えて含有する製剤その他の物を含む。）及びシアン化ナトリウム（これをその重量の5パーセントを超えて含有する製剤その他の物を含む。）を製造し，又は取り扱う業務に従事する労働者に対し行われた第1項の健康診断を除く。）の結果，他覚症状が認められる者，自覚症状を訴える者その他異常の疑いがある者で，医師が必要と認めるものについては，別表第4の上欄（編注：左欄）に掲げる業務の区分に応じ，それぞれ同表の下欄（編注：右欄）に掲げる項目について医師による健康診断を行わなければならない。

④ 第1項の業務（令第16条第1項各号に掲げる物（同項第4号に掲げる物及び同項第9号に掲げる物で同項第4号に係るものを除く。）及び特別管理物質に係るものを除く。）が行われる場所について第36条の2第1項の規定による評価が行われ，かつ，次の各号のいずれにも該当するときは，当該業務に係る直近の連続した3回の第1項の健康診断（当該健康診断の結果に基づき，前項の健康診断を実施した場合については，同項の健康診断）の結果，新たに当該業務に係る特定化学物質による異常所見があると認められなかつた労働者については，当該業務に係る第1項の健康診断に係る別表第3の規定の適用については，同表中欄中「6月」とあるのは，「1年」とする。

1　当該業務を行う場所について，第36条の2第1項の規定による評価の結果，直近の評価を含めて連続して3回，第1管理区分に区分された（第2条の3第1項の規定により，当該場所について第36条の2第1項の規定が適用されない場合は，過去1年6月の間，当該場所の作業環境が同項の第1管理区分に相当する水準にある）こと。

2　当該業務について，直近の第1項の規定に基づく健康診断の実施後に作業方法を変更（軽微なものを除く。）していないこと。

⑤　令第22条第2項第24号の厚生労働省令で定める物は，別表第5に掲げる物とする。

⑥　令第22条第1項第3号の厚生労働省令で定めるものは，次に掲げる業務とする。

1　第2条の2各号に掲げる業務

2　第38条の8において準用する有機則第3条第1項の場合における同項の業務（別表第1第37号に掲げる物に係るものに限る。次項第3号において同じ。）

⑦　令第22条第2項の厚生労働省令で定めるものは，次に掲げる業務とする。

1　第2条の2各号に掲げる業務

2　第2条の2第1号イに掲げる業務（ジクロロメタン（これをその重量の1パーセントを超えて含有する製剤その他の物を含む。）を製造し，又は取り扱う業務のうち，屋内作業場等において行う洗浄又は払拭の業務を除く。）

3　第38条の8において準用する有機則第3条第1項の場合における同項の業務

（健康診断の結果の記録）

第40条　事業者は，前条第1項から第3項までの健康診断（法第66条第5項ただし書の場合において当該労働者が受けた健康診断を含む。次条において「特定化学物質健康診断」という。）の結果に基づき，特定化学物質健康診断個人票（様式第2号）を作成し，これを5年間保存しなければならない。

②　事業者は，特定化学物質健康診断個人票のうち，特別管理物質を製造し，又は取り扱う業務（クロム酸等を取り扱う業務にあつては，クロム酸等を鉱石から製造する事業場においてクロム酸等を取り扱う業務に限る。）に常時従事し，又は従事した労働者に係る特定化学物質健康診断個人票については，これを30年間保存するものとする。

（健康診断の結果についての医師からの意見聴取）

第40条の2　特定化学物質健康診断の結果に基づく法第66条の4の規定による

医師からの意見聴取は，次に定めるところにより行わなければならない。

 1　特定化学物質健康診断が行われた日（法第66条第5項ただし書の場合に
あつては，当該労働者が健康診断の結果を証明する書面を事業者に提出し
た日）から3月以内に行うこと。

 2　聴取した医師の意見を特定化学物質健康診断個人票に記載すること。

② 事業者は，医師から，前項の意見聴取を行う上で必要となる労働者の業務
に関する情報を求められたときは，速やかに，これを提供しなければならな
い。

（健康診断の結果の通知）

第40条の3　事業者は，第39条第1項から第3項までの健康診断を受けた労働
者に対し，遅滞なく，当該健康診断の結果を通知しなければならない。

（健康診断結果報告）

第41条　事業者は，第39条第1項から第3項までの健康診断（定期のものに限
る。）を行つたときは，遅滞なく，特定化学物質健康診断結果報告書（様式第
3号）を所轄労働基準監督署長に提出しなければならない。

（特定有機溶剤混合物に係る健康診断）

第41条の2　特定有機溶剤混合物に係る業務（第38条の8において準用する有
機則第3条第1項の場合における同項の業務を除く。）については，有機則第
29条（第1項，第3項，第4項及び第6項を除く。）から第30条の3まで及び
第31条の規定を準用する。

（緊急診断）

第42条　事業者は，特定化学物質（別表第1第37号に掲げる物を除く。以下こ
の項及び次項において同じ。）が漏えいした場合において，労働者が当該特定
化学物質により汚染され，又は当該特定化学物質を吸入したときは，遅滞な
く，当該労働者に医師による診察又は処置を受けさせなければならない。

② 事業者は，特定化学物質を製造し，又は取り扱う業務の一部を請負人に請
け負わせる場合において，当該請負人に対し，特定化学物質が漏えいした場
合であつて，当該特定化学物質により汚染され，又は当該特定化学物質を吸
入したときは，遅滞なく医師による診察又は処置を受ける必要がある旨を周
知させなければならない。

③　第1項の規定により診察又は処置を受けさせた場合を除き，事業者は，労働者が特別有機溶剤等により著しく汚染され，又はこれを多量に吸入したときは，速やかに，当該労働者に医師による診察又は処置を受けさせなければならない。

④　第2項の診察又は処置を受けた場合を除き，事業者は，特別有機溶剤等を製造し，又は取り扱う業務の一部を請負人に請け負わせる場合において，当該請負人に対し，特別有機溶剤等により著しく汚染され，又はこれを多量に吸入したときは，速やかに医師による診察又は処置を受ける必要がある旨を周知させなければならない。

⑤　前二項の規定は，第38条の8において準用する有機則第3条第1項の場合における同項の業務については適用しない。

第7章　保　護　具

（呼吸用保護具）

第43条　事業者は，特定化学物質を製造し，又は取り扱う作業場には，当該物質のガス，蒸気又は粉じんを吸入することによる労働者の健康障害を予防するため必要な呼吸用保護具を備えなければならない。

（保護衣等）

第44条　事業者は，特定化学物質で皮膚に障害を与え，若しくは皮膚から吸収されることにより障害をおこすおそれのあるものを製造し，若しくは取り扱う作業又はこれらの周辺で行われる作業に従事する労働者に使用させるため，不浸透性の保護衣，保護手袋及び保護長靴並びに塗布剤を備え付けなければならない。

②　事業者は，前項の作業の一部を請負人に請け負わせるときは，当該請負人に対し，同項の保護衣等を備え付けておくこと等により当該保護衣等を使用することができるようにする必要がある旨を周知させなければならない。

③　事業者は，令別表第3第1号1，3，4，6若しくは7に掲げる物若しくは同号8に掲げる物で同号1，3，4，6若しくは7に係るもの若しくは同表第2号1から3まで，4，8の2，9，11の2，16から18の3まで，19，19の3から20まで，22から22の4まで，23，23の2，25，27，28，30，31（ペンタクロル

フエノール（別名 PCP）に限る。），33（シクロペンタジエニルトリカルボニ
ルマンガン又は2－メチルシクロペンタジエニルトリカルボニルマンガンに
限る。），34若しくは36に掲げる物若しくは別表第1第1号から第3号まで，第
4号，第8号の2，第9号，第11号の2，第16号から第18号の3まで，第19
号，第19号の3から第20号まで，第22号から第22号の4まで，第23号，第23
号の2，第25号，第27号，第28号，第30号，第31号（ペンタクロルフエノー
ル（別名 PCP）に係るものに限る。），第33号（シクロペンタジエニルトリカ
ルボニルマンガン又は2－メチルシクロペンタジエニルトリカルボニルマンガ
ンに係るものに限る。），第34号若しくは第36号に掲げる物を製造し，若しく
は取り扱う作業又はこれらの周辺で行われる作業であつて，皮膚に障害を与
え，又は皮膚から吸収されることにより障害をおこすおそれがあるものに労
働者を従事させるときは，当該労働者に保護眼鏡並びに不浸透性の保護衣，保
護手袋および保護長靴を使用させなければならない。

④　事業者は，前項の作業の一部を請負人に請け負わせるときは，当該請負人
に対し，同項の保護具を使用する必要がある旨を周知させなければならない。

⑤　労働者は，事業者から第3項の保護具の使用を命じられたときは，これを
使用しなければならない。

（保護具の数等）

第45条　事業者は，前二条の保護具については，同時に就業する労働者の人数
と同数以上を備え，常時有効かつ清潔に保持しなければならない。

第8章　製造許可等

（製造等の禁止の解除手続）

第46条　令第16条第2項第1号の許可（石綿等に係るものを除く。以下同じ。）
を受けようとする者は，様式第4号による申請書を，同条第1項各号に掲げ
る物（石綿等を除く。以下「製造等禁止物質」という。）を製造し，又は使用
しようとする場合にあつては当該製造等禁止物質を製造し，又は使用する場
所を管轄する労働基準監督署長を経由して当該場所を管轄する都道府県労働
局長に，製造等禁止物質を輸入しようとする場合にあつては当該輸入する製
造等禁止物質を使用する場所を管轄する労働基準監督署長を経由して当該場

所を管轄する都道府県労働局長に提出しなければならない。

② 都道府県労働局長は，令第16条第２項第１号の許可をしたときは，申請者に対し，様式第４号の２による許可証を交付するものとする。

（禁止物質の製造等に係る基準）

第47条　令第16条第２項第２号の厚生労働大臣が定める基準（石綿等に係るものを除く。）は，次のとおりとする。

1　製造等禁止物質を製造する設備は，密閉式の構造のものとすること。ただし，密閉式の構造とすることが作業の性質上著しく困難である場合において，ドラフトチエンバー内部に当該設備を設けるときは，この限りでない。

2　製造等禁止物質を製造する設備を設置する場所の床は，水洗によつて容易にそうじできる構造のものとすること。

3　製造等禁止物質を製造し，又は使用する者は，当該物質による健康障害の予防について，必要な知識を有する者であること。

4　製造等禁止物質を入れる容器については，当該物質が漏れ，こぼれる等のおそれがないように堅固なものとし，かつ，当該容器の見やすい箇所に，当該物質の成分を表示すること。

5　製造等禁止物質の保管については，一定の場所を定め，かつ，その旨を見やすい箇所に表示すること。

6　製造等禁止物質を製造し，又は使用する者は，不浸透性の保護前掛及び保護手袋を使用すること。

7　製造等禁止物質を製造する設備を設置する場所には，当該物質の製造作業中関係者以外の者が立ち入ることを禁止し，かつ，その旨を見やすい箇所に表示すること。

（製造の許可）

第48条　法第56条第１項の許可は，令別表第３第１号に掲げる物ごとに，かつ，当該物を製造するプラントごとに行なうものとする。

（許可手続）

第49条　法第56条第１項の許可を受けようとする者は，様式第５号による申請書に摘要書（様式第６号）を添えて，当該許可に係る物を製造する場所を管轄する労働基準監督署長を経由して厚生労働大臣に提出しなければならない。

② 厚生労働大臣は，法第56条第1項の許可をしたときは，申請者に対し，様式第7号による許可証（以下この条において「許可証」という。）を交付するものとする。

③ 許可証の交付を受けた者は，これを滅失し，又は損傷したときは，様式第8号による申請書を第1項の労働基準監督署長を経由して厚生労働大臣に提出し，許可証の再交付を受けなければならない。

④ 許可証の交付を受けた者は，氏名（法人にあつては，その名称）を変更したときは，様式第8号による申請書を第1項の労働基準監督署長を経由して厚生労働大臣に提出し，許可証の書替えを受けなければならない。

（製造許可の基準）

第50条 第1類物質のうち，令別表第3第1号1から5まで及び7に掲げる物並びに同号8に掲げる物で同号1から5まで及び7に係るもの（以下この条において「ジクロルベンジジン等」という。）の製造（試験研究のためのジクロルベンジジン等の製造を除く。）に関する法第56条第2項の厚生労働大臣の定める基準は，次のとおりとする。

1 ジクロルベンジジン等を製造する設備を設置し，又はその製造するジクロルベンジジン等を取り扱う作業場所は，それ以外の作業場所と隔離し，かつ，その場所の床及び壁は，不浸透性の材料で造ること。

2 ジクロルベンジジン等を製造する設備は，密閉式の構造のものとし，原材料その他の物の送給，移送又は運搬は，当該作業を行う労働者の身体に当該物が直接接触しない方法により行うこと。

3 反応槽については，発熱反応又は加熱を伴う反応により，攪拌機等のグランド部からガス又は蒸気が漏えいしないようガスケット等により接合部を密接させ，かつ，異常反応により原材料，反応物等が溢出しないようコンデンサーに十分な冷却水を通しておくこと。

4 ふるい分け機又は真空ろ過機で，その稼動中その内部を点検する必要があるものについては，その覆いは，密閉の状態で内部を観察できる構造のものとし，必要がある場合以外は当該覆いが開放できないようにするための施錠等を設けること。

5 ジクロルベンジジン等を労働者に取り扱わせるときは，隔離室での遠隔

操作によること。ただし，粉状のジクロルベンジジン等を湿潤な状態にして取り扱わせるときは，この限りでない。

6　ジクロルベンジジン等を計量し，容器に入れ，又は袋詰めする作業を行う場合において，前号に定めるところによることが著しく困難であるときは，当該作業を作業中の労働者の身体に当該物が直接接触しない方法により行い，かつ，当該作業を行う場所に囲い式フードの局所排気装置又はプッシュプル型換気装置を設けること。

7　前号の局所排気装置については，次に定めるところによること。

　イ　フードは，ジクロルベンジジン等のガス，蒸気又は粉じんの発散源ごとに設けること。

　ロ　ダクトは，長さができるだけ短く，ベンドの数ができるだけ少なく，かつ，適当な箇所に掃除口が設けられている等掃除しやすい構造とすること。

　ハ　ジクロルベンジジン等の粉じんを含有する気体を排出する局所排気装置にあつては，第9条第1項の表の上欄（編注：左欄）に掲げる粉じんの粒径に応じ，同表の下欄（編注：右欄）に掲げるいずれかの除じん方式による除じん装置又はこれらと同等以上の性能を有する除じん装置を設けること。この場合において，当該除じん装置には，必要に応じ，粒径の大きい粉じんを除去するための前置き除じん装置を設けること。

　ニ　ハの除じん装置を付設する局所排気装置のファンは，除じんをした後の空気が通る位置に設けること。ただし，吸引された粉じんによる爆発のおそれがなく，かつ，ハの除じん装置を付設する局所排気装置のファンの腐食のおそれがないときは，この限りでない。

　ホ　排気口は，屋外に設けること。

　ヘ　厚生労働大臣が定める性能を有するものとすること。

8　第6号のプッシュプル型換気装置については，次に定めるところによること。

　イ　ダクトは，長さができるだけ短く，ベンドの数ができるだけ少なく，かつ，適当な箇所に掃除口が設けられている等掃除しやすい構造とすること。

　ロ　ジクロルベンジジン等の粉じんを含有する気体を排出するプッシュプ

　　ル型換気装置にあっては，第9条第1項の表の上欄（編注：左欄）に掲
　　げる粉じんの粒径に応じ，同表の下欄（編注：右欄）に掲げるいずれか
　　の除じん方式による除じん装置又はこれらと同等以上の性能を有する除
　　じん装置を設けること。この場合において，当該除じん装置には，必要
　　に応じ，粒径の大きい粉じんを除去するための前置き除じん装置を設け
　　ること。
　ハ　ロの除じん装置を付設するプッシュプル型換気装置のファンは，除じ
　　んをした後の空気が通る位置に設けること。ただし，吸引された粉じん
　　による爆発のおそれがなく，かつ，ロの除じん装置を付設するプッシュ
　　プル型換気装置のファンの腐食のおそれがないときは，この限りでない。
　ニ　排気口は，屋外に設けること。
　ホ　厚生労働大臣が定める要件を具備するものとすること。
9　ジクロルベンジジン等の粉じんを含有する気体を排出する製造設備の排
　気筒には，第7号ハ又は前号ロの除じん装置を設けること。
10　第6号の局所排気装置及びプッシュプル型換気装置は，ジクロルベンジ
　ジン等に係る作業が行われている間，厚生労働大臣が定める要件を満たす
　ように稼動させること。
11　第7号ハ，第8号ロ及び第9号の除じん装置は，ジクロルベンジジン等
　に係る作業が行われている間，有効に稼動させること。
12　ジクロルベンジジン等を製造する設備からの排液で，第11条第1項の表
　の上欄（編注：左欄）に掲げる物を含有するものについては，同表の下欄
　（編注：右欄）に掲げるいずれかの処理方式による排液処理装置又はこれら
　と同等以上の性能を有する排液処理装置を設け，当該装置を有効に稼動さ
　せること。
13　ジクロルベンジジン等を製造し，又は取り扱う作業に関する次の事項に
　ついて，ジクロルベンジジン等の漏えい及び労働者の汚染を防止するため
　必要な作業規程を定め，これにより作業を行うこと。
　イ　バルブ，コック等（ジクロルベンジジン等を製造し，又は取り扱う設
　　備に原材料を送給するとき，及び当該設備から製品等を取り出すときに
　　使用されるものに限る。）の操作

　　ロ　冷却装置，加熱装置，攪拌装置及び圧縮装置の操作

　　ハ　計測装置及び制御装置の監視及び調整

　　ニ　安全弁，緊急しや断装置その他の安全装置及び自動警報装置の調整

　　ホ　ふた板，フランジ，バルブ，コック等の接合部におけるジクロルベン
　　　ジジン等の漏えいの有無の点検

　　ヘ　試料の採取及びそれに用いる器具の処理

　　ト　異常な事態が発生した場合における応急の措置

　　チ　保護具の装着，点検，保管及び手入れ

　　リ　その他ジクロルベンジジン等の漏えいを防止するため必要な措置

14　ジクロルベンジジン等を製造する設備から試料を採取するときは，次に
　定めるところによること。

　　イ　試料の採取に用いる容器等は，専用のものとすること。

　　ロ　試料の採取は，あらかじめ指定された箇所において，試料が飛散しな
　　　いように行うこと。

　　ハ　試料の採取に用いた容器等は，温水で十分洗浄した後，定められた場
　　　所に保管しておくこと。

15　ジクロルベンジジン等を取り扱う作業に労働者を従事させるときは，当該
　労働者に作業衣並びに不浸透性の保護手袋及び保護長靴を着用させること。

②　試験研究のためジクロルベンジジン等の製造に関する法第56条第2項の厚
　生労働大臣の定める基準は，次のとおりとする。

　1　ジクロルベンジジン等を製造する設備は，密閉式の構造のものとするこ
　　と。ただし，密閉式の構造とすることが作業の性質上著しく困難である場
　　合において，ドラフトチエンバー内部に当該設備を設けるときは，この限
　　りでない。

　2　ジクロルベンジジン等を製造する装置を設置する場所の床は，水洗によ
　　つて容易に掃除できる構造のものとすること。

　3　ジクロルベンジジン等を製造する者は，ジクロルベンジジン等による健
　　康障害の予防について，必要な知識を有する者であること。

　4　ジクロルベンジジン等を製造する者は，不浸透性の保護前掛及び保護手
　　袋を使用すること。

第50条の2　ベリリウム等の製造（試験研究のためのベリリウム等の製造を除く。）に関する法第56条第2項の厚生労働大臣の定める基準は，次項によるほか，次のとおりとする。

1　ベリリウム等を焼結し，又は煆焼する設備（水酸化ベリリウムから高純度酸化ベリリウムを製造する工程における設備を除く。次号において同じ。）は他の作業場所と隔離された屋内の場所に設置し，かつ，当該設備を設置した場所に局所排気装置又はプッシュプル型換気装置を設けること。

2　ベリリウム等を製造する設備（ベリリウム等を焼結し，又は煆焼する設備，アーク炉等により溶融したベリリウム等からベリリウム合金を製造する工程における設備及び水酸化ベリリウムから高純度酸化ベリリウムを製造する工程における設備を除く。）は，密閉式の構造のものとし，又は上方，下方及び側方に覆い等を設けたものとすること。

3　前号の規定により密閉式の構造とし，又は上方，下方及び側方に覆い等を設けたベリリウム等を製造する設備で，その稼動中内部を点検する必要があるものについては，その設備又は覆い等は，密閉の状態又は上方，下方及び側方が覆われた状態で内部を観察できるようにすること。その設備の外板等又は覆い等には必要がある場合以外は開放できないようにするための施錠等を設けること。

4　ベリリウム等を製造し，又は取り扱う作業場の床及び壁は，不浸透性の材料で造ること。

5　アーク炉等により溶融したベリリウム等からベリリウム合金を製造する工程において次の作業を行う場所に，局所排気装置又はプッシュプル型換気装置を設けること。

　イ　アーク炉上等において行う作業
　ロ　アーク炉等からの湯出しの作業
　ハ　溶融したベリリウム等のガス抜きの作業
　ニ　溶融したベリリウム等から浮渣を除去する作業
　ホ　溶融したベリリウム等の鋳込の作業

6　アーク炉については，電極を挿入する部分の間隙を小さくするため，サンドシール等を使用すること。

7 水酸化ベリリウムから高純度酸化ベリリウムを製造する工程における設
備については，次に定めるところによること。

イ 熱分解炉は，他の作業場所と隔離された屋内の場所に設置すること。

ロ その他の設備は，密閉式の構造のものとし，上方，下方及び側方に覆
い等を設けたものとし，又はふたをすることができる形のものとすること。

8 焼結，煆焼等を行つたベリリウム等は，吸引することにより匣鉢から取
り出すこと。

9 焼結，煆焼等に使用した匣鉢の破砕は他の作業場所と隔離された屋内の
場所で行い，かつ，当該破砕を行う場所に局所排気装置又はプッシュプル
型換気装置を設けること。

10 ベリリウム等の送給，移送又は運搬は，当該作業を行う労働者の身体に
ベリリウム等が直接接触しない方法により行うこと。

11 粉状のベリリウム等を労働者に取り扱わせるとき（送給し，移送し，又
は運搬するときを除く。）は，隔離室での遠隔操作によること。

12 粉状のベリリウム等を計量し，容器に入れ，容器から取り出し，又は袋
詰めする作業を行う場合において，前号に定めるところによることが著し
く困難であるときは，当該作業を行う労働者の身体にベリリウム等が直接
接触しない方法により行い，かつ，当該作業を行う場所に囲い式フードの
局所排気装置又はプッシュプル型換気装置を設けること。

13 ベリリウム等を製造し，又は取り扱う作業に関する次の事項について，ベ
リリウム等の粉じんの発散及び労働者の汚染を防止するために必要な作業
規程を定め，これにより作業を行うこと。

イ 容器へのベリリウム等の出し入れ

ロ ベリリウム等を入れてある容器の運搬

ハ ベリリウム等の空気輸送装置の点検

ニ ろ過集じん方式の集じん装置（ろ過除じん方式の除じん装置を含む。）
のろ材の取替え

ホ 試料の採取及びそれに用いる器具の処理

ヘ 異常な事態が発生した場合における応急の措置

ト 保護具の装着，点検，保管及び手入れ

　チ　その他ベリリウム等の粉じんの発散を防止するために必要な措置

14　ベリリウム等を取り扱う作業に労働者を従事させるときは，当該労働者に作業衣及び保護手袋（湿潤な状態のベリリウム等を取り扱う作業に従事する労働者に着用させる保護手袋にあつては，不浸透性のもの）を着用させること。

②　前条第1項第7号から第12号まで及び第14号の規定は，前項のベリリウム等の製造に関する法第56条第2項の厚生労働大臣の定める基準について準用する。この場合において，前条第1項第7号中「前号」とあるのは「第50条の2第1項第1号，第5号，第9号及び第12号」と，「ジクロルベンジジン等」とあるのは「ベリリウム等」と，同項第8号中「第6号」とあるのは「第50条の2第1項第1号，第5号，第9号及び第12号」と，「ジクロルベンジジン等」とあるのは「ベリリウム等」と，同項第9号中「ジクロルベンジジン等」とあるのは「ベリリウム等」と，同項第10号中「第6号」とあるのは「第50条の2第1項第1号，第5号，第9号及び第12号」と，「ジクロルベンジジン等」とあるのは「ベリリウム等」と，同項第11号，第12号及び第14号中「ジクロルベンジジン等」とあるのは「ベリリウム等」と読み替えるものとする。

③　前条第2項の規定は，試験研究のためのベリリウム等の製造に関する法第56条第2項の厚生労働大臣の定める基準について準用する。この場合において，前条第2項各号中「ジクロルベンジジン等」とあるのは「ベリリウム等」と読み替えるものとする。

第9章　特定化学物質及び四アルキル鉛等作業主任者技能講習

第51条　特定化学物質及び四アルキル鉛等作業主任者技能講習は，学科講習によつて行う。

②　学科講習は，特定化学物質及び四アルキル鉛に係る次の科目について行う。

　1　健康障害及びその予防措置に関する知識
　2　作業環境の改善方法に関する知識
　3　保護具に関する知識
　4　関係法令

③　労働安全衛生規則第80条から第82条の2まで及び前二項に定めるもののほ

か，特定化学物質及び四アルキル鉛等作業主任者技能講習の実施について必要な事項は，厚生労働大臣が定める。

④　前三項の規定は，金属アーク溶接等作業主任者限定技能講習について準用する。この場合において，「特定化学物質及び四アルキル鉛等作業主任者技能講習」とあるのは「金属アーク溶接等作業主任者限定技能講習」と，「特定化学物質及び四アルキル鉛に係る」とあるのは「溶接ヒュームに係る」と読み替えるものとする。

第10章　報　　告

第52条　削除

第53条　特別管理物質を製造し，又は取り扱う事業者は，事業を廃止しようとするときは，特別管理物質等関係記録等報告書（様式第11号）に次の記録及び特定化学物質健康診断個人票又はこれらの写しを添えて，所轄労働基準監督署長に提出するものとする。

1　第36条第3項の測定の記録

2　第38条の4の作業の記録

3　第40条第2項の特定化学物質健康診断個人票

附　則（昭和47年９月30日労働省令第39号）（抄）

（施行期日）

第１条　この省令は，昭和47年10月１日から施行する。ただし，第４条の規定は，昭和48年10月１日から施行する。

（廃止）

第２条　特定化学物質等障害予防規則（昭和46年労働省令第11号）は，廃止する。

附　則（昭和50年９月30日労働省令第26号）（抄）

（施行期日）

第１条　この省令は，昭和50年10月１日から施行する。（後略）

附　則（昭和51年３月25日労働省令第４号）（抄）

（施行期日）

1　この省令は，昭和51年４月１日から施行する。

附　則（昭和52年３月22日労働省令第３号）

この省令は，昭和52年４月１日から施行する。

附　則（昭和53年８月16日労働省令第33号）

この省令は，昭和53年９月１日から施行する。

附　則（昭和57年５月20日労働省令第18号）（抄）

（施行期日）

第１条　この省令は，公布の日から施行する。

附　則（昭和59年２月27日労働省令第３号）（抄）

1　この省令は，昭和59年３月１日から施行する。

附　則（昭和61年３月18日労働省令第８号）

この省令は，昭和61年４月１日から施行する。

附　則（昭和63年９月１日労働省令第26号）（抄）

（施行期日）

第１条　この省令は，昭和63年10月１日から施行する。

附　則（平成２年12月18日労働省令第30号）

この省令は平成３年１月１日から施行する。

　　附　則（平成6年3月30日労働省令第20号）（抄）
（施行期日）
第1条　この省令は，平成6年7月1日から施行する。

　　附　則（平成7年1月26日労働省令第3号）（抄）
（施行期日）
第1条　この省令は平成7年4月1日から施行する。（後略）

　　附　則（平成8年9月13日労働省令第35号）（抄）
（施行期日）
第1条　この省令は，平成8年10月1日から施行する。

　　附　則（平成9年3月25日労働省令第13号）（抄）
（施行期日）
第1条　この省令は，公布の日から施行する。（後略）

　　附　則（平成9年10月1日労働省令第32号）
この省令は，公布の日から施行する。

　　附　則（平成11年1月11日労働省令第4号）（抄）
（施行期日）
1　この省令は，公布の日から施行する。

　　附　則（平成12年1月31日労働省令第2号）（抄）
（施行期日）
第1条　この省令は，平成12年4月1日から施行する。

　　附　則（平成12年3月24日労働省令第7号）（抄）
（施行期日）
1　この省令は，平成12年4月1日から施行する。

　　附　則（平成12年10月31日労働省令第41号）（抄）
（施行期日）
第1条　この省令は，内閣法の一部を改正する法律（平成11年法律第88号）の
　　施行の日（平成13年1月6日）から施行する。

　　附　　則（平成13年4月27日厚生労働省令第122号）（抄）
（施行期日）
第1条　この省令は，平成13年5月1日から施行し，第1条の規定による改正後の労働安全衛生規則第334条の規定は，同年4月1日から適用する。

　　附　　則（平成13年7月16日厚生労働省令第172号）（抄）
　1　この省令は，平成13年10月1日から施行する。

　　附　　則（平成15年12月10日厚生労働省令第174号）（抄）
　1　この省令は，公布の日から施行する。（後略）

　　附　　則（平成15年12月19日厚生労働省令第175号）（抄）
（施行期日）
第1条　この省令は，平成16年3月31日から施行する。

　　附　　則（平成16年10月1日厚生労働省令第146号）（抄）
（施行期日）
第1条　この省令は，労働安全衛生法施行令の一部を改正する政令の施行の日（平成16年10月1日）から施行する。

　　附　　則（平成16年10月1日厚生労働省令第147号）
この省令は，平成17年4月1日から施行する。

　　附　　則（平成17年2月24日厚生労働省令第21号）（抄）
（施行期日）
第1条　この省令は，平成17年7月1日から施行する。

　　附　　則（平成18年1月5日厚生労働省令第1号）（抄）
（施行期日）
第1条　この省令は，平成18年4月1日から施行する。（後略）

　　附　　則（平成18年8月2日厚生労働省令第147号）（抄）
（施行期日）
第1条　この省令は，労働安全衛生法施行令の一部を改正する政令の施行の日（平成18年9月1日）から施行する。

　附　則（平成19年12月28日厚生労働省令第155号）（抄）

（施行期日）

第1条　この省令は，平成20年3月1日から施行する。（後略）

　附　則（平成20年11月12日厚生労働省令第158号）（抄）

（施行期日）

第1条　この省令は，平成21年4月1日から施行する。

　附　則（平成23年1月14日厚生労働省令第5号）（抄）

（施行期日）

第1条　この省令は，平成23年4月1日から施行する。

　附　則（平成24年2月7日厚生労働省令第18号）

この省令は，平成24年4月1日から施行する。

　附　則（平成24年4月2日厚生労働省令第71号）

この省令は，平成24年7月1日から施行する。

　附　則（平成24年10月1日厚生労働省令第143号）（抄）

（施行期日）

第1条　この省令は，平成25年1月1日から施行する。

　附　則（平成25年3月5日厚生労働省令第21号）

この省令は，平成25年4月1日から施行する。

　附　則（平成25年8月13日厚生労働省令第96号）（抄）

（施行期日）

第1条　この省令は，平成25年10月1日から施行する。

　附　則（平成26年8月25日厚生労働省令第101号）（抄）

（施行期日）

第1条　この省令は，平成26年11月1日から施行する。

　附　則（平成27年9月17日厚生労働省令第141号）（抄）

（施行期日）

第1条　この省令は，平成27年11月1日から施行する。ただし，第4条の規定
は，公布の日から施行し，同条の規定による改正後の労働安全衛生規則等の

一部を改正する省令附則第10条第3項の規定は，平成26年11月1日から適用する。

　附　則（平成28年11月30日厚生労働省令第172号）
（施行期日）
第1条　この省令は，平成29年1月1日から施行する。

　附　則（平成29年2月16日厚生労働省令第8号）
この省令は，平成29年4月1日から施行する。

　附　則（平成29年3月29日厚生労働省令第29号）
この省令は，平成29年6月1日から施行する。

　附　則（平成29年4月27日厚生労働省令第60号）
（施行期日）
第1条　この省令は，平成29年6月1日から施行する。

　附　則（平成30年4月6日厚生労働省令第59号）抄
（施行期日）
1　この省令は，平成30年6月1日から施行する。

　附　則（令和元年5月7日厚生労働省令第1号）抄
（施行期日）
第1条　この省令は，公布の日から施行する。

　附　則（令和2年3月3日厚生労働省令第20号）抄
（施行期日）
第1条　この省令は，令和2年7月1日から施行する。

　附　則（令和2年4月22日厚生労働省令第89号）　抄
（施行期日）
第1条　この省令は，令和3年4月1日から施行する。

　附　則（令和2年7月1日厚生労働省令第134号）　抄
（施行期日）
第1条　この省令は，令和3年4月1日から施行する。ただし，次の各号に掲げる規定は，当該各号に定める日から施行する。

　1　第1条中石綿障害予防規則第6条の2の改正規定並びに附則第3条第2
　　項及び第6条の規定　令和2年10月1日

附　則（令和2年8月28日厚生労働省令第154号）　　抄
（施行期日）
　1　この省令は，公布の日から施行する。

附　則（令和2年12月25日厚生労働省令第208号）　　抄
（施行期日）
第1条　この省令は，公布の日から施行する。

附　則（令和3年1月26日厚生労働省令第12号）　　抄
この省令は，公布の日から施行する。

附　則（令和4年2月24日厚生労働省令第25号）　　抄
　この省令は，労働安全衛生法施行令の一部を改正する政令（令和4年政令第
51号）の施行の日（令和5年4月1日）から施行する。

附　則（令和4年4月15日厚生労働省令第82号）　　抄
（施行期日）
　1　この省令は，令和5年4月1日から施行する。

附　則（令和4年5月31日厚生労働省令第91号）　　抄
（施行期日）
第1条　この省令は，公布の日から施行する。ただし，次の各号に掲げる規定
　は，当該各号に定める日から施行する。
　1　第2条，第4条，第6条，第8条，第10条，第12条及び第14条の規定
　　令和5年4月1日
　2　第3条，第5条，第7条，第9条，第11条，第13条及び第15条の規定
　　令和6年4月1日

附　則（令和5年1月18日厚生労働省令第5号）
（施行期日）
　1　この省令は，公布の日から施行する。

　附　　則（令和5年3月27日厚生労働省令第29号）　　抄

（施行期日）

第1条　この省令は，令和5年10月1日から施行する。

　附　　則（令和5年3月30日厚生労働省令第38号）

この省令は，公布の日から施行する。

　附　　則（令和5年4月3日厚生労働省令第66号）　　抄

（施行期日）

　1　この省令は，令和6年1月1日から施行する。

　附　　則（令和5年4月21日厚生労働省令第69号）

この省令は，公布の日から施行する。ただし，第2条及び第4条の規定は，令和5年10月1日から，第3条の規定は，令和6年4月1日から施行する。

　附　　則（令和5年4月24日厚生労働省令第70号）

この省令は，公布の日から施行する。ただし，第2条の規定は，令和6年1月1日から施行する。

　附　　則（令和5年12月27日厚生労働省令第165号）

この省令は，公布の日から施行する。

別表第1（第2条，第2条の2，第5条，第12条の2，第24条，第25条，第27条，第36条，第38条の4，第38条の7，第39条関係）

1　アクリルアミドを含有する製剤その他の物。ただし，アクリルアミドの含有量が重量の1パーセント以下のものを除く。

2　アクリロニトリルを含有する製剤その他の物。ただし，アクリロニトリルの含有量が重量の1パーセント以下のものを除く。

3　アルキル水銀化合物を含有する製剤その他の物。ただし，アルキル水銀化合物の含有量が重量の1パーセント以下のものを除く。

3の2　インジウム化合物を含有する製剤その他の物。ただし，インジウム化合物の含有量が重量の1パーセント以下のものを除く。

3の3　エチルベンゼンを含有する製剤その他の物。ただし，エチルベンゼンの含有量が重量の1パーセント以下のものを除く。

4　エチレンイミンを含有する製剤その他の物。ただし，エチレンイミンの含有量が重量の1パーセント以下のものを除く。

5　エチレンオキシドを含有する製剤その他の物。ただし，エチレンオキシドの含有量が重量の1パーセント以下のものを除く。

6　塩化ビニルを含有する製剤その他の物。ただし，塩化ビニルの含有量が重量の1パーセント以下のものを除く。

7　塩素を含有する製剤その他の物。ただし，塩素の含有量が重量の1パーセント以下のものを除く。

8　オーラミンを含有する製剤その他の物。ただし，オーラミンの含有量が重量の1パーセント以下のものを除く。

8の2　オルト-トルイジンを含有する製剤その他の物。ただし，オルト-トルイジンの含有量が重量の1パーセント以下のものを除く。

9　オルト-フタロジニトリルを含有する製剤その他の物。ただし，オルト-フタロジニトリルの含有量が重量の1パーセント以下のものを除く。

10　カドミウム又はその化合物を含有する製剤その他の物。ただし，カドミウム又はその化合物の含有量が重量の1パーセント以下のものを除く。

11　クロム酸又はその塩を含有する製剤その他の物。ただし，クロム酸又はその塩の含有量が重量の1パーセント以下のものを除く。

11の2　クロロホルムを含有する製剤その他の物。ただし，クロロホルムの含有量が重量の1パーセント以下のものを除く。

12　クロロメチルメチルエーテルを含有する製剤その他の物。ただし，クロロメチルメチルエーテルの含有量が重量の1パーセント以下のものを除く。

13　五酸化バナジウムを含有する製剤その他の物。ただし，五酸化バナジウムの含有量が重量の1パーセント以下のものを除く。

13の2　コバルト又はその無機化合物を含有する製剤その他の物。ただし，コバルト又はその無機化合物の含有量が重量の1パーセント以下のものを除く。

14　コールタールを含有する製剤その他の物。ただし，コールタールの含有量が重量の5パーセント以下のものを除く。

15　酸化プロピレンを含有する製剤その他の物。ただし，酸化プロピレンの含有量が重量の1パーセント以下のものを除く。

15の2　三酸化二アンチモンを含有する製剤その他の物。ただし，三酸化二アンチモンの含有量が重量の1パーセント以下のものを除く。

16　シアン化カリウムを含有する製剤その他の物。ただし，シアン化カリウムの含有量が重量の5パーセント以下のものを除く。

17　シアン化水素を含有する製剤その他の物。ただし，シアン化水素の含有量が重量の1パーセント以下のものを除く。

18　シアン化ナトリウムを含有する製剤その他の物。ただし，シアン化ナトリウムの含有量が重量の5パーセント以下のものを除く。

18の2　四塩化炭素を含有する製剤その他の物。ただし，四塩化炭素の含有量が重量の1パーセント以下のものを除く。

18の3　1・4-ジオキサンを含有する製剤その他の物。ただし，1・4-ジオキサンの含有量が重量の1パーセント以下のものを除く。

18の4　1・2-ジクロロエタンを含有する製剤その他の物。ただし，1・2-ジクロロエタンの含有量が重量の1パーセント以下のものを除く。

19　3・3′-ジクロロ-4・4′-ジアミノジフェニルメタンを含有する製剤その他の物。ただし，3・3′-ジクロロ-4・4′-ジアミノジフェニルメタンの含有量が重量の1パーセント以下のものを除く。

19の2　1・2-ジクロロプロパンを含有する製剤その他の物。ただし，1・2-ジクロロプロパンの含有量が重量の1パーセント以下のものを除く。

19の3　ジクロロメタンを含有する製剤その他の物。ただし，ジクロロメタンの含有量が重量の1パーセント以下のものを除く。

19の4　ジメチル-2・2-ジクロロビニルホスフェイトを含有する製剤その他の物。ただし，ジメチル-2・2-ジクロロビニルホスフェイトの含有量が重量の1パーセント以下のものを除く。

19の5　1・1-ジメチルヒドラジンを含有する製剤その他の物。ただし，1・1-ジメチルヒドラジンの含有量が重量の1パーセント以下のものを除く。

20　臭化メチルを含有する製剤その他の物。ただし，臭化メチルの含有量が重量の1パーセント以下のものを除く。

21　重クロム酸又はその塩を含有する製剤その他の物。ただし，重クロム酸又はその塩の含有量が重量の1パーセント以下のものを除く。

22　水銀又はその無機化合物（硫化水銀を除く。以下同じ。）を含有する製剤その他の物。ただし，水銀又はその無機化合物の含有量が重量の1パーセント以下のものを除く。

22の2　スチレンを含有する製剤その他の物。ただし，スチレンの含有量が重量の1パーセント以下のものを除く。

22の3　1・1・2・2-テトラクロロエタンを含有する製剤その他の物。ただし，1・1・2・2-テトラクロロエタンの含有量が重量の1パーセント以下のものを除く。

22の4　テトラクロロエチレンを含有する製剤その他の物。ただし，テトラクロロエチレンの含有量が重量の1パーセント以下のものを除く。

22の5　トリクロロエチレンを含有する製剤その他の物。ただし，トリクロロエチレンの含有量が重量の1パーセント以下のものを除く。

23　トリレンジイソシアネートを含有する製剤その他の物。ただし，トリレンジイソシアネートの含有量が重量の1パーセント以下のものを除く。

23の2　ナフタレンを含有する製剤その他の物。ただし，ナフタレンの含有量が重量の1パーセント以下のものを除く。

23の3　ニッケル化合物（ニッケルカルボニルを除き，粉状の物に限る。以下同じ。）を含有する製剤その他の物。ただし，ニッケル化合物の含有量が

重量の1パーセント以下のものを除く。

24　ニツケルカルボニルを含有する製剤その他の物。ただし，ニツケルカルボニルの含有量が重量の1パーセント以下のものを除く。

25　ニトログリコールを含有する製剤その他の物。ただし，ニトログリコールの含有量が重量の1パーセント以下のものを除く。

26　パラージメチルアミノアゾベンゼンを含有する製剤その他の物。ただし，パラージメチルアミノアゾベンゼンの含有量が重量の1パーセント以下のものを除く。

27　パラーニトロクロルベンゼンを含有する製剤その他の物。ただし，パラーニトロクロルベンゼンの含有量が重量の5パーセント以下のものを除く。

27の2　砒素又はその化合物（アルシン及び砒化ガリウムを除く。以下同じ。）を含有する製剤その他の物。ただし，砒素又はその化合物の含有量が重量の1パーセント以下のものを除く。

28　弗化水素を含有する製剤その他の物。ただし，弗化水素の含有量が重量の5パーセント以下のものを除く。

29　ベータープロピオラクトンを含有する製剤その他の物。ただし，ベータープロピオラクトンの含有量が重量の1パーセント以下のものを除く。

30　ベンゼンを含有する製剤その他の物。ただし，ベンゼンの含有量が容量の1パーセント以下のものを除く。

31　ペンタクロルフエノール（別名PCP）又はそのナトリウム塩を含有する製剤その他の物。ただし，ペンタクロルフエノール又はそのナトリウム塩の含有量が重量の1パーセント以下のものを除く。

31の2　ホルムアルデヒドを含有する製剤その他の物。ただし，ホルムアルデヒドの含有量が重量の1パーセント以下のものを除く。

32　マゼンタを含有する製剤その他の物。ただし，マゼンタの含有量が重量の1パーセント以下のものを除く。

33　マンガン又はその化合物を含有する製剤その他の物。ただし，マンガン又はその化合物の含有量が重量の1パーセント以下のものを除く。

33の2　メチルイソブチルケトンを含有する製剤その他の物。ただし，メチルイソブチルケトンの含有量が重量の1パーセント以下のものを除く。

34　沃化メチルを含有する製剤その他の物。ただし，沃化メチルの含有量が
重量の1パーセント以下のものを除く。

34の2　溶接ヒュームを含有する製剤その他の物。ただし，溶接ヒュームの
含有量が重量の1パーセント以下のものを除く。

34の3　リフラクトリーセラミックファイバーを含有する製剤その他の物。た
だし，リフラクトリーセラミックファイバーの含有量が重量の1パーセン
ト以下のものを除く。

35　硫化水素を含有する製剤その他の物。ただし，硫化水素の含有量が重量
の1パーセント以下のものを除く。

36　硫酸ジメチルを含有する製剤その他の物。ただし，硫酸ジメチルの含有
量が重量の1パーセント以下のものを除く。

37　エチルベンゼン，クロロホルム，四塩化炭素，1・4−ジオキサン，1・2−ジクロ
ロエタン，1・2−ジクロロプロパン，ジクロロメタン，スチレン，1・1・2・2−テ
トラクロロエタン，テトラクロロエチレン，トリクロロエチレン，メチルイソブ
チルケトン又は有機溶剤を含有する製剤その他の物。ただし，次に掲げるも
のを除く。

　　イ　第3号の3，第11号の2，第18号の2から第18号の4まで，第19号の2，
　　　第19号の3，第22号の2から第22号の5まで又は第33号の2に掲げる物

　　ロ　エチルベンゼン，クロロホルム，四塩化炭素，1・4−ジオキサン，1・2−ジク
　　　ロロエタン，1・2−ジクロロプロパン，ジクロロメタン，スチレン，1・1・2・2−
　　　テトラクロロエタン，テトラクロロエチレン，トリクロロエチレン，メチル
　　　イソブチルケトン又は有機溶剤の含有量（これらの物が二以上含まれる
　　　場合には，それらの含有量の合計）が重量の5パーセント以下のもの（イ
　　　に掲げるものを除く。）

　　ハ　有機則第1条第1項第2号に規定する有機溶剤含有物（イに掲げるも
　　　のを除く。）

別表第2（第2条関係）

1　アンモニアを含有する製剤その他の物。ただし，アンモニアの含有量が
　重量の1パーセント以下のものを除く。

2　一酸化炭素を含有する製剤その他の物。ただし，一酸化炭素の含有量が
　重量の1パーセント以下のものを除く。

3　塩化水素を含有する製剤その他の物。ただし，塩化水素の含有量が重量
　の1パーセント以下のものを除く。

4　硝酸を含有する製剤その他の物。ただし，硝酸の含有量が重量の1パー
　セント以下のものを除く。

5　二酸化硫黄を含有する製剤その他の物。ただし，二酸化硫黄の含有量が
　重量の1パーセント以下のものを除く。

6　フエノールを含有する製剤その他の物。ただし，フエノールの含有量が
　重量の5パーセント以下のものを除く。

7　ホスゲンを含有する製剤その他の物。ただし，ホスゲンの含有量が重量
　の1パーセント以下のものを除く。

8　硫酸を含有する製剤その他の物。ただし，硫酸の含有量が重量の1パー
　セント以下のものを除く。

別表第3（第39条関係）

業　　　務	期間	項　　　　　目
（1） ベンジジン及びその塩（これらの物をその重量の1パーセントを超えて含有する製剤その他の物を含む。）を製造し，又は取り扱う業務	6月	1　業務の経歴の調査（当該業務に常時従事する労働者に対して行う健康診断におけるものに限る。） 2　作業条件の簡易な調査（当該業務に常時従事する労働者に対して行う健康診断におけるものに限る。） 3　ベンジジン及びその塩による血尿，頻尿，排尿痛等の他覚症状又は自覚症状の既往歴の有無の検査 4　血尿，頻尿，排尿痛等の他覚症状又は自覚症状の有無の検査 5　皮膚炎等の皮膚所見の有無の検査（当該業務に常時従事する労働者に対して行う健康診断におけるものに限る。） 6　尿中の潜血検査 7　医師が必要と認める場合は，尿沈渣検鏡の検査又は尿沈渣のパパニコラ法による細胞診の検査
（2） ビス(クロロメチル)エーテル（これをその重量の1パーセントを超えて含有する製剤その他の物を含む。）を製造し，又は取り扱う業務	6月	1　業務の経歴の調査（当該業務に常時従事する労働者に対して行う健康診断におけるものに限る。） 2　作業条件の簡易な調査（当該業務に常時従事する労働者に対して行う健康診断におけるものに限る。） 3　ビス（クロロメチル）エーテルによるせき，たん，胸痛，体重減少等の他覚症状又は自覚症状の既往歴の有無の検査 4　せき，たん，胸痛，体重減少等の他覚症状又は自覚症状の有無の検査 5　当該業務に3年以上従事した経験を有する場合は，胸部のエツクス線直接撮影による検査

| （3） | ベーターナフチルアミン及びその塩（これらの物をその重量の1パーセントを超えて含有する製剤その他の物を含む。）を製造し，又は取り扱う業務 | 6月 | 1　業務の経歴の調査（当該業務に常時従事する労働者に対して行う健康診断におけるものに限る。）
2　作業条件の簡易な調査（当該業務に常時従事する労働者に対して行う健康診断におけるものに限る。）
3　ベーターナフチルアミン及びその塩による頭痛，悪心，めまい，昏迷，呼吸器の刺激症状，眼の刺激症状，顔面蒼白，チアノーゼ，運動失調，尿の着色，血尿，頻尿，排尿痛等の他覚症状又は自覚症状の既往歴の有無の検査
4　頭痛，悪心，めまい，昏迷，呼吸器の刺激症状，眼の刺激症状，顔面蒼白，チアノーゼ，運動失調，尿の着色，血尿，頻尿，排尿痛等の他覚症状又は自覚症状の有無の検査
5　皮膚炎等の皮膚所見の有無の検査（当該業務に常時従事する労働者に対して行う健康診断におけるものに限る。）
6　尿中の潜血検査
7　医師が必要と認める場合は，尿沈渣検鏡の検査又は尿沈渣のパパニコラ法による細胞診の検査 |
| （4） | ジクロルベンジジン及びその塩（これらの物をその重量の1パーセントを超えて含有する製剤その他の物を含む。）を製造し，又は取り扱う業務 | 6月 | 1　業務の経歴の調査（当該業務に常時従事する労働者に対して行う健康診断におけるものに限る。）
2　作業条件の簡易な調査（当該業務に常時従事する労働者に対して行う健康診断におけるものに限る。）
3　ジクロルベンジジン及びその塩による頭痛，めまい，せき，呼吸器の刺激症状，咽頭痛，血尿，頻尿，排尿痛等の他覚症状又は自覚症状の既往歴の有無の検査
4　頭痛，めまい，せき，呼吸器の刺激症状，咽頭痛，血尿，頻尿，排尿痛等の他覚症状又は自覚症状の有無の検査 |

			5　皮膚炎等の皮膚所見の有無の検査（当該業務に常時従事する労働者に対して行う健康診断におけるものに限る。） 6　尿中の潜血検査 7　医師が必要と認める場合は，尿沈渣検鏡の検査又は尿沈渣のパパニコラ法による細胞診の検査
（5）	アルフア-ナフチルアミン及びその塩（これらの物をその重量の1パーセントを超えて含有する製剤その他の物を含む。）を製造し，又は取り扱う業務	6月	1　業務の経歴の調査（当該業務に常時従事する労働者に対して行う健康診断におけるものに限る。） 2　作業条件の簡易な調査（当該業務に常時従事する労働者に対して行う健康診断におけるものに限る。） 3　アルフア-ナフチルアミン及びその塩による頭痛，悪心，めまい，昏迷，倦怠感，呼吸器の刺激症状，眼の刺激症状，顔面蒼白，チアノーゼ，運動失調，尿の着色，血尿，頻尿，排尿痛等の他覚症状又は自覚症状の既往歴の有無の検査 4　頭痛，悪心，めまい，昏迷，倦怠感，呼吸器の刺激症状，眼の刺激症状，顔面蒼白，チアノーゼ，運動失調，尿の着色，血尿，頻尿，排尿痛等の他覚症状又は自覚症状の有無の検査 5　皮膚炎等の皮膚所見の有無の検査（当該業務に常時従事する労働者に対して行う健康診断におけるものに限る。） 6　尿中の潜血検査 7　医師が必要と認める場合は，尿沈渣検鏡の検査又は尿沈渣のパパニコラ法による細胞診の検査
（6）	塩素化ビフエニル等を製造し，又は取り扱う業務	6月	1　業務の経歴の調査 2　作業条件の簡易な調査 3　塩素化ビフエニルによる皮膚症状，肝障害等の既往歴の有無の検査 4　食欲不振，脱力感等の他覚症状又は自覚症状の有無の検査

			5 毛嚢性痤瘡，皮膚の黒変等の皮膚所見の有無の検査
（7）	オルト-トリジン及びその塩（これらの物をその重量の1パーセントを超えて含有する製剤その他の物を含む。）を製造し，又は取り扱う業務	6月	1 業務の経歴の調査（当該業務に常時従事する労働者に対して行う健康診断におけるものに限る。） 2 作業条件の簡易な調査（当該業務に常時従事する労働者に対して行う健康診断におけるものに限る。） 3 オルト-トリジン及びその塩による眼の刺激症状，血尿，頻尿，排尿痛等の他覚症状又は自覚症状の既往歴の有無の検査 4 眼の刺激症状，血尿，頻尿，排尿痛等の他覚症状又は自覚症状の有無の検査 5 尿中の潜血検査 6 医師が必要と認める場合は，尿沈渣検鏡の検査又は尿沈渣のパパニコラ法による細胞診の検査
（8）	ジアニシジン及びその塩（これらの物をその重量の1パーセントを超えて含有する製剤その他の物を含む。）を製造し，又は取り扱う業務	6月	1 業務の経歴の調査（当該業務に常時従事する労働者に対して行う健康診断におけるものに限る。） 2 作業条件の簡易な調査（当該業務に常時従事する労働者に対して行う健康診断におけるものに限る。） 3 ジアニシジン及びその塩による皮膚の刺激症状，粘膜刺激症状，血尿，頻尿，排尿痛等の他覚症状又は自覚症状の既往歴の有無の検査 4 皮膚の刺激症状，粘膜刺激症状，血尿，頻尿，排尿痛等の他覚症状又は自覚症状の有無の検査 5 皮膚炎等の皮膚所見の有無の検査（当該業務に常時従事する労働者に対して行う健康診断におけるものに限る。） 6 尿中の潜血検査 7 医師が必要と認める場合は，尿沈渣検鏡の検査又は尿沈渣のパパニコラ法による細胞診の検査

(9)	ベリリウム等を製造し，又は取り扱う業務	6月	1　業務の経歴の調査（当該業務に常時従事する労働者に対して行う健康診断におけるものに限る。） 2　作業条件の簡易な調査（当該業務に常時従事する労働者に対して行う健康診断におけるものに限る。） 3　ベリリウム又はその化合物による呼吸器症状，アレルギー症状等の既往歴の有無の検査 4　乾性せき，たん，咽頭痛，喉のいらいら，胸痛，胸部不安感，息切れ，動悸，息苦しさ，倦怠感，食欲不振，体重減少等の他覚症状又は自覚症状の有無の検査 5　皮膚炎等の皮膚所見の有無の検査 6　肺活量の測定
		1年	胸部のエックス線直接撮影による検査
(10)	ベンゾトリクロリド（これをその重量の0.5パーセントを超えて含有する製剤その他の物を含む。）を製造し，又は取り扱う業務	6月	1　業務の経歴の調査（当該業務に常時従事する労働者に対して行う健康診断におけるものに限る。） 2　作業条件の簡易な調査（当該業務に常時従事する労働者に対して行う健康診断におけるものに限る。） 3　ベンゾトリクロリドによるせき，たん，胸痛，鼻汁，鼻出血，嗅覚脱失，副鼻腔炎，鼻ポリープ等の他覚症状又は自覚症状の既往歴の有無の検査 4　せき，たん，胸痛，鼻汁，鼻出血，嗅覚脱失，副鼻腔炎，鼻ポリープ，頸部等のリンパ節の肥大等の他覚症状又は自覚症状の有無の検査 5　ゆうぜい，色素沈着等の皮膚所見の有無の検査 6　令第23条第9号の業務に3年以上従事した経験を有する場合は，胸部のエックス線直接撮影による検査
(11)	アクリルアミド（これをその重量の1パ	6月	1　業務の経歴の調査 2　作業条件の簡易な調査

	ーセントを超えて含有する製剤その他の物を含む。）を製造し，又は取り扱う業務		3　アクリルアミドによる手足のしびれ，歩行障害，発汗異常等の他覚症状又は自覚症状の既往歴の有無の検査 4　手足のしびれ，歩行障害，発汗異常等の他覚症状又は自覚症状の有無の検査 5　皮膚炎等の皮膚所見の有無の検査
(12)	アクリロニトリル（これをその重量の1パーセントを超えて含有する製剤その他の物を含む。）を製造し，又は取り扱う業務	6月	1　業務の経歴の調査 2　作業条件の簡易な調査 3　アクリロニトリルによる頭重，頭痛，上気道刺激症状，全身倦怠感，易疲労感，悪心，嘔吐，鼻出血等の他覚症状又は自覚症状の既往歴の有無の検査 4　頭重，頭痛，上気道刺激症状，全身倦怠感，易疲労感，悪心，嘔吐，鼻出血等の他覚症状又は自覚症状の有無の検査
(13)	アルキル水銀化合物（これをその重量の1パーセントを超えて含有する製剤その他の物を含む。）を製造し，又は取り扱う業務	6月	1　業務の経歴の調査 2　作業条件の簡易な調査 3　アルキル水銀化合物による頭重，頭痛，口唇又は四肢の知覚異常，関節痛，不眠，嗜眠，抑鬱感，不安感，歩行失調，手指の振戦，体重減少等の他覚症状又は自覚症状の既往歴の有無の検査 4　頭重，頭痛，口唇又は四肢の知覚異常，関節痛，不眠，歩行失調，手指の振戦，体重減少等の他覚症状又は自覚症状の有無の検査 5　皮膚炎等の皮膚所見の有無の検査
(14)	インジウム化合物（これをその重量の1パーセントを超えて含有する製剤その他の物を含む。）を製造し，又は取り扱う業務	6月	1　業務の経歴の調査（当該業務に常時従事する労働者に対して行う健康診断におけるものに限る。） 2　作業条件の簡易な調査（当該業務に常時従事する労働者に対して行う健康診断におけるものに限る。） 3　インジウム化合物によるせき，たん，息切れ等の他覚症状又は自覚症状の既往歴の有無の検査

			4　せき，たん，息切れ等の他覚症状又は自覚症状の有無の検査 5　血清インジウムの量の測定 6　血清シアル化糖鎖抗原KL-6の量の測定 7　胸部のエックス線直接撮影又は特殊なエックス線撮影による検査（雇入れ又は当該業務への配置替えの際に行う健康診断におけるものに限る。）
(15)	エチルベンゼン（これをその重量の1パーセントを超えて含有する製剤その他の物を含む。）を製造し，又は取り扱う業務	6月	1　業務の経歴の調査（当該業務に常時従事する労働者に対して行う健康診断におけるものに限る。） 2　作業条件の簡易な調査（当該業務に常時従事する労働者に対して行う健康診断におけるものに限る。） 3　エチルベンゼンによる眼の痛み，発赤，せき，咽頭痛，鼻腔刺激症状，頭痛，倦怠感等の他覚症状又は自覚症状の既往歴の有無の検査 4　眼の痛み，発赤，せき，咽頭痛，鼻腔刺激症状，頭痛，倦怠感等の他覚症状又は自覚症状の有無の検査 5　尿中のマンデル酸の量の測定（当該業務に常時従事する労働者に対して行う健康診断におけるものに限る。）
(16)	エチレンイミン（これをその重量の1パーセントを超えて含有する製剤その他の物を含む。）を製造し，又は取り扱う業務	6月	1　業務の経歴の調査（当該業務に常時従事する労働者に対して行う健康診断におけるものに限る。） 2　作業条件の簡易な調査（当該業務に常時従事する労働者に対して行う健康診断におけるものに限る。） 3　エチレンイミンによる頭痛，せき，たん，胸痛，嘔吐，粘膜刺激症状等の他覚症状又は自覚症状の既往歴の有無の検査 4　頭痛，せき，たん，胸痛，嘔吐，粘膜刺激症状等の他覚症状又は自覚症状の有無の検査 5　皮膚炎等の皮膚所見の有無の検査

(17)	塩化ビニル（これをその重量の1パーセントを超えて含有する製剤その他の物を含む。）を製造し，又は取り扱う業務	6月	1　業務の経歴の調査（当該業務に常時従事する労働者に対して行う健康診断におけるものに限る。） 2　作業条件の簡易な調査（当該業務に常時従事する労働者に対して行う健康診断におけるものに限る。） 3　塩化ビニルによる全身倦怠感，易疲労感，食欲不振，不定の上腹部症状，黄疸，黒色便，手指の蒼白，疼痛又は知覚異常等の他覚症状又は自覚症状の既往歴及び肝疾患の既往歴の有無の検査 4　頭痛，めまい，耳鳴り，全身倦怠感，易疲労感，不定の上腹部症状，黄疸，黒色便，手指の疼痛又は知覚異常等の他覚症状又は自覚症状の有無の検査 5　肝又は脾の腫大の有無の検査 6　血清ビリルビン，血清グルタミックオキサロアセチックトランスアミナーゼ（GOT），血清グルタミックピルビックトランスアミナーゼ（GPT），アルカリホスフアターゼ等の肝機能検査 7　当該業務に10年以上従事した経験を有する場合は，胸部のエックス線直接撮影による検査
(18)	塩素（これをその重量の1パーセントを超えて含有する製剤その他の物を含む。）を製造し，又は取り扱う業務	6月	1　業務の経歴の調査 2　作業条件の簡易な調査 3　塩素による呼吸器症状，眼の症状等の既往歴の有無の検査 4　せき，たん，上気道刺激症状，流涙，角膜の異常，視力障害，歯の変化等の他覚症状又は自覚症状の有無の検査
(19)	オーラミン（これをその重量の1パーセントを超えて含有する製剤その他の物を含む。）を製造し，又は取り扱う業務	6月	1　業務の経歴の調査（当該業務に常時従事する労働者に対して行う健康診断におけるものに限る。） 2　作業条件の簡易な調査（当該業務に常時従事する労働者に対して行う健康診断におけるものに限る。） 3　オーラミンによる血尿，頻尿，排尿

			痛等の他覚症状又は自覚症状の既往歴の有無の検査 4　血尿，頻尿，排尿痛等の他覚症状又は自覚症状の有無の検査 5　尿中の潜血検査 6　医師が必要と認める場合は，尿沈渣検鏡の検査又は尿沈渣のパパニコラ法による細胞診の検査
(20)	オルトートルイジン（これをその重量の1パーセントを超えて含有する製剤その他の物を含む。）を製造し，又は取り扱う業務	6月	1　業務の経歴の調査（当該業務に常時従事する労働者に対して行う健康診断におけるものに限る。） 2　作業条件の簡易な調査（当該業務に常時従事する労働者に対して行う健康診断におけるものに限る。） 3　オルトートルイジンによる頭重，頭痛，めまい，疲労感，倦怠感，顔面蒼白，チアノーゼ，心悸亢進，尿の着色，血尿，頻尿，排尿痛等の他覚症状又は自覚症状の既往歴の有無の検査（頭重，頭痛，めまい，疲労感，倦怠感，顔面蒼白，チアノーゼ，心悸亢進，尿の着色等の急性の疾患に係る症状にあつては，当該業務に常時従事する労働者に対して行う健康診断におけるものに限る。） 4　頭重，頭痛，めまい，疲労感，倦怠感，顔面蒼白，チアノーゼ，心悸亢進，尿の着色，血尿，頻尿，排尿痛等の他覚症状又は自覚症状の有無の検査（頭重，頭痛，めまい，疲労感，倦怠感，顔面蒼白，チアノーゼ，心悸亢進，尿の着色等の急性の疾患に係る症状にあつては，当該業務に常時従事する労働者に対して行う健康診断におけるものに限る。） 5　尿中の潜血検査 6　医師が必要と認める場合は，尿中のオルトートルイジンの量の測定，尿沈渣検鏡の検査又は尿沈渣のパパニコラ

			法による細胞診の検査（尿中のオルト－トルイジンの量の測定にあつては，当該業務に常時従事する労働者に対して行う健康診断におけるものに限る。）
(21)	オルト－フタロジニトリル（これをその重量の1パーセントを超えて含有する製剤その他の物を含む。）を製造し，又は取り扱う業務	6月	1　業務の経歴の調査 2　作業条件の簡易な調査 3　てんかん様発作の既往歴の有無の検査 4　頭重，頭痛，もの忘れ，不眠，倦怠感，悪心，食欲不振，顔面蒼白，手指の振戦等の他覚症状又は自覚症状の有無の検査
(22)	カドミウム又はその化合物（これらの物をその重量の1パーセントを超えて含有する製剤その他の物を含む。）を製造し，又は取り扱う業務	6月	1　業務の経歴の調査 2　作業条件の簡易な調査 3　カドミウム又はその化合物によるせき，たん，喉のいらいら，鼻粘膜の異常，息切れ，食欲不振，悪心，嘔吐，反復性の腹痛又は下痢，体重減少等の他覚症状又は自覚症状の既往歴の有無の検査 4　せき，たん，のどのいらいら，鼻粘膜の異常，息切れ，食欲不振，悪心，嘔吐，反復性の腹痛又は下痢，体重減少等の他覚症状又は自覚症状の有無の検査 5　血液中のカドミウムの量の測定 6　尿中のベータ2－ミクログロブリンの量の測定
(23)	クロム酸等を製造し，又は取り扱う業務	6月	1　業務の経歴の調査（当該業務に常時従事する労働者に対して行う健康診断におけるものに限る。） 2　作業条件の簡易な調査（当該業務に常時従事する労働者に対して行う健康診断におけるものに限る。） 3　クロム酸若しくは重クロム酸又はこれらの塩によるせき，たん，胸痛，鼻腔の異常，皮膚症状等の他覚症状又は自覚症状の既往歴の有無の検査

			4　せき，たん，胸痛等の他覚症状又は自覚症状の有無の検査 5　鼻粘膜の異常，鼻中隔穿孔等の鼻腔の所見の有無の検査 6　皮膚炎，潰瘍等の皮膚所見の有無の検査 7　令第23条第4号の業務に4年以上従事した経験を有する場合は，胸部のエックス線直接撮影による検査
(24)	クロロホルム（これをその重量の1パーセントを超えて含有する製剤その他の物を含む。）を製造し，又は取り扱う業務	6月	1　業務の経歴の調査 2　作業条件の簡易な調査 3　クロロホルムによる頭重，頭痛，めまい，食欲不振，悪心，嘔吐，知覚異常，眼の刺激症状，上気道刺激症状，皮膚又は粘膜の異常等の他覚症状又は自覚症状の既往歴の有無の検査 4　頭重，頭痛，めまい，食欲不振，悪心，嘔吐，知覚異常，眼の刺激症状，上気道刺激症状，皮膚又は粘膜の異常等の他覚症状又は自覚症状の有無の検査 5　血清グルタミックオキサロアセチックトランスアミナーゼ（GOT），血清グルタミックピルビックトランスアミナーゼ（GPT）及び血清ガンマーグルタミルトランスペプチダーゼ(γ-GTP)の検査
(25)	クロロメチルメチルエーテル（これをその重量の1パーセントを超えて含有する製剤その他の物を含む。）を製造し，又は取り扱う業務	6月	1　業務の経歴の調査（当該業務に常時従事する労働者に対して行う健康診断におけるものに限る。） 2　作業条件の簡易な調査（当該業務に常時従事する労働者に対して行う健康診断におけるものに限る。） 3　クロロメチルメチルエーテルによるせき，たん，胸痛，体重減少等の他覚症状又は自覚症状の既往歴の有無の検査 4　せき，たん，胸痛，体重減少等の他覚症状又は自覚症状の有無の検査 5　胸部のエックス線直接撮影による検査

(26)	五酸化バナジウム（これをその重量の1パーセントを超えて含有する製剤その他の物を含む。）を製造し，又は取り扱う業務	6月	1　業務の経歴の調査 2　作業条件の簡易な調査 3　五酸化バナジウムによる呼吸器症状等の他覚症状又は自覚症状の既往歴の有無の検査 4　せき，たん，胸痛，呼吸困難，手指の振戦，皮膚の蒼白，舌の緑着色，指端の手掌部の角化等の他覚症状又は自覚症状の有無の検査 5　肺活量の測定 6　血圧の測定
(27)	コバルト又はその無機化合物（これらの物をその重量の1パーセントを超えて含有する製剤その他の物を含む。）を製造し，又は取り扱う業務	6月	1　業務の経歴の調査（当該業務に常時従事する労働者に対して行う健康診断におけるものに限る。） 2　作業条件の簡易な調査（当該業務に常時従事する労働者に対して行う健康診断におけるものに限る。） 3　コバルト又はその無機化合物によるせき，息苦しさ，息切れ，喘鳴，皮膚炎等の他覚症状又は自覚症状の既往歴の有無の検査 4　せき，息苦しさ，息切れ，喘鳴，皮膚炎等の他覚症状又は自覚症状の有無の検査
(28)	コールタール（これをその重量の5パーセントを超えて含有する製剤その他の物を含む。）を製造し，又は取り扱う業務	6月	1　業務の経歴の調査（当該業務に常時従事する労働者に対して行う健康診断におけるものに限る。） 2　作業条件の簡易な調査（当該業務に常時従事する労働者に対して行う健康診断におけるものに限る。） 3　コールタールによる胃腸症状，呼吸器症状，皮膚症状等の既往歴の有無の検査 4　食欲不振，せき，たん，眼の痛み等の他覚症状又は自覚症状の有無の検査 5　露出部分の皮膚炎，にきび様変化，黒皮症，いぼ，潰瘍，ガス斑等の皮膚所見の有無の検査

			6　令第23条第6号の業務に5年以上従事した経験を有する場合は，胸部のエックス線直接撮影による検査
(29)	酸化プロピレン（これをその重量の1パーセントを超えて含有する製剤その他の物を含む。）を製造し，又は取り扱う業務	6月	1　業務の経歴の調査（当該業務に常時従事する労働者に対して行う健康診断におけるものに限る。） 2　作業条件の簡易な調査（当該業務に常時従事する労働者に対して行う健康診断におけるものに限る。） 3　酸化プロピレンによる眼の痛み，せき，咽頭痛，皮膚の刺激等の他覚症状又は自覚症状の既往歴の有無の検査 4　眼の痛み，せき，咽頭痛等の他覚症状又は自覚症状の有無の検査 5　皮膚炎等の皮膚所見の有無の検査
(30)	三酸化二アンチモン（これをその重量の1パーセントを超えて含有する製剤その他の物を含む。）を製造し，又は取り扱う業務	6月	1　業務の経歴の調査（当該業務に常時従事する労働者に対して行う健康診断におけるものに限る。） 2　作業条件の簡易な調査（当該業務に常時従事する労働者に対して行う健康診断におけるものに限る。） 3　三酸化二アンチモンによるせき，たん，頭痛，嘔吐，腹痛，下痢，アンチモン皮疹等の皮膚症状等の他覚症状又は自覚症状の既往歴の有無の検査（頭痛，嘔吐，腹痛，下痢，アンチモン皮疹等の皮膚症状等の急性の疾患に係る症状にあつては，当該業務に常時従事する労働者に対して行う健康診断におけるものに限る。） 4　せき，たん，頭痛，嘔吐，腹痛，下痢，アンチモン皮疹等の皮膚症状等の他覚症状又は自覚症状の有無の検査（頭痛，嘔吐，腹痛，下痢，アンチモン皮疹等の皮膚症状等の急性の疾患に係る症状にあつては，当該業務に常時従事する労働者に対して行う健康診断におけるものに限る。） 5　医師が必要と認める場合は，尿中の

			アンチモンの量の測定又は心電図検査（尿中のアンチモンの量の測定にあつては，当該業務に常時従事する労働者に対して行う健康診断におけるものに限る。）
(31)	次の物を製造し，又は取り扱う業務 1　シアン化カリウム 2　シアン化水素 3　シアン化ナトリウム 4　第1号又は第3号に掲げる物をその重量の5パーセントを超えて含有する製剤その他の物 5　第2号に掲げる物をその重量の1パーセントを超えて含有する製剤その他の物	6月	1　業務の経歴の調査 2　作業条件の調査 3　シアン化カリウム，シアン化水素又はシアン化ナトリウムによる頭重，頭痛，疲労感，倦怠感，結膜充血，異味，胃腸症状等の他覚症状又は自覚症状の既往歴の有無の検査 4　頭重，頭痛，疲労感，倦怠感，結膜充血，異味，胃腸症状等の他覚症状又は自覚症状の有無の検査
(32)	四塩化炭素（これをその重量の1パーセントを超えて含有する製剤その他の物を含む。）を製造し，又は取り扱う業務	6月	1　業務の経歴の調査 2　作業条件の簡易な調査 3　四塩化炭素による頭重，頭痛，めまい，食欲不振，悪心，嘔吐，眼の刺激症状，皮膚の刺激症状，皮膚又は粘膜の異常等の他覚症状又は自覚症状の既往歴の有無の検査 4　頭重，頭痛，めまい，食欲不振，悪心，嘔吐，眼の刺激症状，皮膚の刺激症状，皮膚又は粘膜の異常等の他覚症状又は自覚症状の有無の検査 5　皮膚炎等の皮膚所見の有無の検査 6　血清グルタミックオキサロアセチックトランスアミナーゼ（GOT），血清グルタミックピルビックトランスアミナーゼ（GPT）及び血清ガンマーグル

			タミルトランスペプチダーゼ(γ-GTP) の検査
(33)	1・4-ジオキサン（こ れをその重量の1パ ーセントを超えて含 有する製剤その他の 物を含む。）を製造 し，又は取り扱う業 務	6月	1　業務の経歴の調査 2　作業条件の簡易な調査 3　1・4-ジオキサンによる頭重，頭痛，めまい，悪心，嘔吐，けいれん，眼の刺激症状，皮膚又は粘膜の異常等の他覚症状又は自覚症状の既往歴の有無の検査 4　頭重，頭痛，めまい，悪心，嘔吐，けいれん，眼の刺激症状，皮膚又は粘膜の異常等の他覚症状又は自覚症状の有無の検査 5　血清グルタミックオキサロアセチックトランスアミナーゼ（GOT），血清グルタミックピルビックトランスアミナーゼ（GPT）及び血清ガンマーグルタミルトランスペプチダーゼ(γ-GTP) の検査
(34)	1・2-ジクロロエタン （これをその重量の 1パーセントを超え て含有する製剤その 他の物を含む。）を 製造し，又は取り扱 う業務	6月	1　業務の経歴の調査 2　作業条件の簡易な調査 3　1・2-ジクロロエタンによる頭重，頭痛，めまい，悪心，嘔吐，傾眠，眼の刺激症状，上気道刺激症状，皮膚又は粘膜の異常等の他覚症状又は自覚症状の既往歴の有無の検査 4　頭重，頭痛，めまい，悪心，嘔吐，傾眠，眼の刺激症状，上気道刺激症状，皮膚又は粘膜の異常等の他覚症状又は自覚症状の有無の検査 5　皮膚炎等の皮膚所見の有無の検査 6　血清グルタミックオキサロアセチックトランスアミナーゼ（GOT），血清グルタミックピルビックトランスアミナーゼ（GPT）及び血清ガンマーグルタミルトランスペプチダーゼ(γ-GTP) の検査

(35)	3・3′-ジクロロ-4・4′-ジアミノジフェニルメタン（これをその重量の1パーセントを超えて含有する製剤その他の物を含む。）を製造し，又は取り扱う業務	6月	1　業務の経歴の調査（当該業務に常時従事する労働者に対して行う健康診断におけるものに限る。） 2　作業条件の簡易な調査（当該業務に常時従事する労働者に対して行う健康診断におけるものに限る。） 3　3・3′-ジクロロ-4・4′-ジアミノジフェニルメタンによる上腹部の異常感，倦怠感，せき，たん，胸痛，血尿，頻尿，排尿痛等の他覚症状又は自覚症状の既往歴の有無の検査 4　上腹部の異常感，倦怠感，せき，たん，胸痛，血尿，頻尿，排尿痛等の他覚症状又は自覚症状の有無の検査 5　尿中の潜血検査 6　医師が必要と認める場合は，尿中の3・3′-ジクロロ-4・4′-ジアミノジフェニルメタンの量の測定，尿沈渣検鏡の検査，尿沈渣のパパニコラ法による細胞診の検査，肝機能検査又は腎機能検査（尿中の3・3′-ジクロロ-4・4′-ジアミノジフェニルメタンの量の測定にあつては，当該業務に常時従事する労働者に対して行う健康診断におけるものに限る。）
(36)	1・2-ジクロロプロパン（これをその重量の1パーセントを超えて含有する製剤その他の物を含む。）を製造し，又は取り扱う業務	6月	1　業務の経歴の調査（当該業務に常時従事する労働者に対して行う健康診断におけるものに限る。） 2　作業条件の簡易な調査（当該業務に常時従事する労働者に対して行う健康診断におけるものに限る。） 3　1・2-ジクロロプロパンによる眼の痛み，発赤，せき，咽頭痛，鼻腔刺激症状，皮膚炎，悪心，嘔吐，黄疸，体重減少，上腹部痛等の他覚症状又は自覚症状の既往歴の有無の検査（眼の痛み，発赤，せき等の急性の疾患に係る症状にあつては，当該業務に常時従事する労働者に対して行う健康診断における

			ものに限る。)
			4　眼の痛み, 発赤, せき, 咽頭痛, 鼻腔刺激症状, 皮膚炎, 悪心, 嘔吐, 黄疸, 体重減少, 上腹部痛等の他覚症状又は自覚症状の有無の検査（眼の痛み, 発赤, せき等の急性の疾患に係る症状にあつては, 当該業務に常時従事する労働者に対して行う健康診断におけるものに限る。）
			5　血清総ビリルビン, 血清グルタミツクオキサロアセチツクトランスアミナーゼ（GOT）, 血清グルタミツクピルビツクトランスアミナーゼ（GPT）, ガンマ-グルタミルトランスペプチダーゼ（γ-GTP）及びアルカリホスフアターゼの検査
(37)	ジクロロメタン（これをその重量の1パーセントを超えて含有する製剤その他の物を含む。）を製造し, 又は取り扱う業務	6月	1　業務の経歴の調査（当該業務に常時従事する労働者に対して行う健康診断におけるものに限る。）
			2　作業条件の簡易な調査（当該業務に常時従事する労働者に対して行う健康診断におけるものに限る。）
			3　ジクロロメタンによる集中力の低下, 頭重, 頭痛, めまい, 易疲労感, 倦怠感, 悪心, 嘔吐, 黄疸, 体重減少, 上腹部痛等の他覚症状又は自覚症状の既往歴の有無の検査（集中力の低下, 頭重, 頭痛等の急性の疾患に係る症状にあつては, 当該業務に常時従事する労働者に対して行う健康診断におけるものに限る。）
			4　集中力の低下, 頭重, 頭痛, めまい, 易疲労感, 倦怠感, 悪心, 嘔吐, 黄疸, 体重減少, 上腹部痛等の他覚症状又は自覚症状の有無の検査（集中力の低下, 頭重, 頭痛等の急性の疾患に係る症状にあつては, 当該業務に常時従事する労働者に対して行う健康診断におけるものに限る。）

			5　血清総ビリルビン，血清グルタミックオキサロアセチックトランスアミナーゼ（GOT），血清グルタミックピルビックトランスアミナーゼ（GPT），血清ガンマーグルタミルトランスペプチダーゼ(γ-GTP）及びアルカリホスファターゼの検査
(38)	ジメチル-2・2-ジクロロビニルホスフェイト（これをその重量の1パーセントを超えて含有する製剤その他の物を含む。）を製造し，又は取り扱う業務	6月	1　業務の経歴の調査（当該業務に常時従事する労働者に対して行う健康診断におけるものに限る。） 2　作業条件の簡易な調査（当該業務に常時従事する労働者に対して行う健康診断におけるものに限る。） 3　ジメチル-2・2-ジクロロビニルホスフェイトによる皮膚炎，縮瞳，流涙，唾液分泌過多，めまい，筋線維束れん縮，悪心，下痢等の他覚症状又は自覚症状の既往歴の有無の検査（皮膚炎，縮瞳，流涙等の急性の疾患に係る症状にあつては，当該業務に常時従事する労働者に対して行う健康診断におけるものに限る。） 4　皮膚炎，縮瞳，流涙，唾液分泌過多，めまい，筋線維束れん縮，悪心，下痢等の他覚症状又は自覚症状の有無の検査（皮膚炎，縮瞳，流涙等の急性の疾患に係る症状にあつては，当該業務に常時従事する労働者に対して行う健康診断におけるものに限る。） 5　血清コリンエステラーゼ活性値の測定（当該業務に常時従事する労働者に対して行う健康診断におけるものに限る。）
(39)	1・1-ジメチルヒドラジン（これをその重量の1パーセントを超えて含有する製剤その他の物を含む。）を製造し，又は取り	6月	1　業務の経歴の調査（当該業務に常時従事する労働者に対して行う健康診断におけるものに限る。） 2　作業条件の簡易な調査（当該業務に常時従事する労働者に対して行う健康診断におけるものに限る。）

	扱う業務		3　1・1-ジメチルヒドラジンによる眼の痛み，せき，咽頭痛等の他覚症状又は自覚症状の既往歴の有無の検査 4　眼の痛み，せき，咽頭痛等の他覚症状又は自覚症状の有無の検査
(40)	臭化メチル（これをその重量の1パーセントを超えて含有する製剤その他の物を含む。）を製造し，又は取り扱う業務	6月	1　業務の経歴の調査 2　作業条件の簡易な調査 3　臭化メチルによる頭重，頭痛，めまい，流涙，鼻炎，咽喉痛，せき，食欲不振，悪心，嘔吐，腹痛，下痢，四肢のしびれ，視力低下，記憶力低下，発語障害，腱反射亢進，歩行困難等の他覚症状又は自覚症状の既往歴の有無の検査 4　頭重，頭痛，めまい，食欲不振，四肢のしびれ，視力低下，記憶力低下，発語障害，腱反射亢進，歩行困難等の他覚症状又は自覚症状の有無の検査 5　皮膚所見の有無の検査
(41)	水銀又はその無機化合物（これらの物をその重量の1パーセントを超えて含有する製剤その他の物を含む。）を製造し，又は取り扱う業務	6月	1　業務の経歴の調査 2　作業条件の簡易な調査 3　水銀又はその無機化合物による頭痛，不眠，手指の振戦，乏尿，多尿，歯肉炎，口内炎等の他覚症状又は自覚症状の既往歴の有無の検査 4　頭痛，不眠，手指の振戦，乏尿，多尿，歯肉炎，口内炎等の他覚症状又は自覚症状の有無の検査 5　尿中の潜血及び蛋白の有無の検査
(42)	スチレン（これをその重量の1パーセントを超えて含有する製剤その他の物を含む。）を製造し，又は取り扱う業務	6月	1　業務の経歴の調査 2　作業条件の簡易な調査 3　スチレンによる頭重，頭痛，めまい，悪心，嘔吐，眼の刺激症状，皮膚又は粘膜の異常，頸部等のリンパ節の腫大の有無等の他覚症状又は自覚症状の既往歴の有無の検査 4　頭重，頭痛，めまい，悪心，嘔吐，眼の刺激症状，皮膚又は粘膜の異常，

			頸部等のリンパ節の腫大の有無等の他覚症状又は自覚症状の有無の検査 5　尿中のマンデル酸及びフェニルグリオキシル酸の総量の測定 6　白血球数及び白血球分画の検査 7　血清グルタミックオキサロアセチックトランスアミナーゼ（GOT），血清グルタミックピルビックトランスアミナーゼ（GPT）及び血清ガンマーグルタミルトランスペプチダーゼ(γ-GTP)の検査
(43)	1・1・2・2-テトラクロロエタン(これをその重量の1パーセントを超えて含有する製剤その他の物を含む。)を製造し，又は取り扱う業務	6月	1　業務の経歴の調査 2　作業条件の簡易な調査 3　1・1・2・2-テトラクロロエタンによる頭重，頭痛，めまい，悪心，嘔吐，上気道刺激症状，皮膚又は粘膜の異常等の他覚症状又は自覚症状の既往歴の有無の検査 4　頭重，頭痛，めまい，悪心，嘔吐，上気道刺激症状，皮膚又は粘膜の異常等の他覚症状又は自覚症状の有無の検査 5　皮膚炎等の皮膚所見の有無の検査 6　血清グルタミックオキサロアセチックトランスアミナーゼ（GOT），血清グルタミックピルビックトランスアミナーゼ（GPT）及び血清ガンマーグルタミルトランスペプチダーゼ(γ-GTP)の検査
(44)	テトラクロロエチレン（これをその重量の1パーセントを超えて含有する製剤その他の物を含む。）を製造し，又は取り扱う業務	6月	1　業務の経歴の調査 2　作業条件の簡易な調査 3　テトラクロロエチレンによる頭重，頭痛，めまい，悪心，嘔吐，傾眠，振顫，知覚異常，眼の刺激症状，上気道刺激症状，皮膚又は粘膜の異常等の他覚症状又は自覚症状の既往歴の有無の検査 4　頭重，頭痛，めまい，悪心，嘔吐，傾眠，振顫，知覚異常，眼の刺激症状，

			上気道刺激症状，皮膚又は粘膜の異常等の他覚症状又は自覚症状の有無の検査 5　皮膚炎等の皮膚所見の有無の検査 6　尿中のトリクロル酢酸又は総三塩化物の量の測定 7　血清グルタミックオキサロアセチックトランスアミナーゼ（GOT），血清グルタミックピルビックトランスアミナーゼ（GPT）及び血清ガンマーグルタミルトランスペプチダーゼ(γ-GTP)の検査 8　尿中の潜血検査
(45)	トリクロロエチレン（これをその重量の1パーセントを超えて含有する製剤その他の物を含む。）を製造し，又は取り扱う業務	6月	1　業務の経歴の調査 2　作業条件の簡易な調査 3　トリクロロエチレンによる頭重，頭痛，めまい，悪心，嘔吐，傾眠，振顫，知覚異常，皮膚又は粘膜の異常，頸部等のリンパ節の腫大の有無等の他覚症状又は自覚症状の既往歴の有無の検査 4　頭重，頭痛，めまい，悪心，嘔吐，傾眠，振顫，知覚異常，皮膚又は粘膜の異常，頸部等のリンパ節の腫大の有無等の他覚症状又は自覚症状の有無の検査 5　皮膚炎等の皮膚所見の有無の検査 6　尿中のトリクロル酢酸又は総三塩化物の量の測定 7　血清グルタミックオキサロアセチックトランスアミナーゼ（GOT），血清グルタミックピルビックトランスアミナーゼ（GPT）及び血清ガンマーグルタミルトランスペプチダーゼ(γ-GTP)の検査 8　医師が必要と認める場合は，尿中の潜血検査又は腹部の超音波による検査，尿路造影検査等の画像検査

(46)	トリレンジイソシア ネート（これをその 重量の1パーセント を超えて含有する製 剤その他の物を含 む。）を製造し，又 は取り扱う業務	6月	1　業務の経歴の調査 2　作業条件の簡易な調査 3　トリレンジイソシアネートによる頭 重，頭痛，眼の痛み，鼻の痛み，咽頭 痛，咽頭部異和感，せき，たん，胸部 圧迫感，息切れ，胸痛，呼吸困難，全 身倦怠感，眼，鼻又は咽頭の粘膜の炎 症，体重減少，アレルギー性喘息等の 他覚症状又は自覚症状の既往歴の有無 の検査 4　頭重，頭痛，眼の痛み，鼻の痛み， 咽頭痛，咽頭部異和感，せき，たん， 胸部圧迫感，息切れ，胸痛，呼吸困難， 全身倦怠感，眼，鼻又は咽頭の粘膜の 炎症，体重減少，アレルギー性喘息等 の他覚症状又は自覚症状の有無の検査 5　皮膚炎等の皮膚所見の有無の検査
(47)	ナフタレン（これを その重量の1パーセ ントを超えて含有す る製剤その他の物を 含む。）を製造し，又 は取り扱う業務	6月	1　業務の経歴の調査（当該業務に常時 従事する労働者に対して行う健康診断 におけるものに限る。） 2　作業条件の簡易な調査（当該業務に 常時従事する労働者に対して行う健康 診断におけるものに限る。） 3　ナフタレンによる眼の痛み，流涙， 眼のかすみ，羞明，視力低下，せき， たん，咽頭痛，頭痛，食欲不振，悪心， 嘔吐，皮膚の刺激等の他覚症状又は自 覚症状の既往歴の有無の検査（眼の痛 み，流涙，せき，たん，咽頭痛，頭痛， 食欲不振，悪心，嘔吐，皮膚の刺激等 の急性の疾患に係る症状にあつては， 当該業務に常時従事する労働者に対し て行う健康診断におけるものに限 る。） 4　眼の痛み，流涙，眼のかすみ，羞明， 視力低下，せき，たん，咽頭痛，頭痛， 食欲不振，悪心，嘔吐等の他覚症状又 は自覚症状の有無の検査（眼の痛み， 流涙，せき，たん，咽頭痛，頭痛，食

			欲不振，悪心，嘔吐等の急性の疾患に係る症状にあつては，当該業務に常時従事する労働者に対して行う健康診断におけるものに限る。） 5　皮膚炎等の皮膚所見の有無の検査（当該業務に常時従事する労働者に対して行う健康診断におけるものに限る。） 6　尿中の潜血検査（当該業務に常時従事する労働者に対して行う健康診断におけるものに限る。）
(48)	ニツケル化合物（これをその重量の1パーセントを超えて含有する製剤その他の物を含む。）を製造し，又は取り扱う業務	6月	1　業務の経歴の調査（当該業務に常時従事する労働者に対して行う健康診断におけるものに限る。） 2　作業条件の簡易な調査（当該業務に常時従事する労働者に対して行う健康診断におけるものに限る。） 3　ニツケル化合物による皮膚，気道等に係る他覚症状又は自覚症状の既往歴の有無の検査 4　皮膚，気道等に係る他覚症状又は自覚症状の有無の検査 5　皮膚炎等の皮膚所見の有無の検査
(49)	ニツケルカルボニル（これをその重量の1パーセントを超えて含有する製剤その他の物を含む。）を製造し，又は取り扱う業務	6月	1　業務の経歴の調査（当該業務に常時従事する労働者に対して行う健康診断におけるものに限る。） 2　作業条件の簡易な調査（当該業務に常時従事する労働者に対して行う健康診断におけるものに限る。） 3　ニツケルカルボニルによる頭痛，めまい，悪心，嘔吐，せき，胸痛，呼吸困難，皮膚掻痒感，鼻粘膜の異常等の他覚症状又は自覚症状の既往歴の有無の検査 4　頭痛，めまい，悪心，嘔吐，せき，胸痛，呼吸困難，皮膚掻痒感，鼻粘膜の異常等の他覚症状又は自覚症状の有無の検査

		1年	胸部のエックス線直接撮影による検査
(50)	ニトログリコール（これをその重量の1パーセントを超えて含有する製剤その他の物を含む。）を製造し，又は取り扱う業務	6月	1　業務の経歴の調査 2　作業条件の簡易な調査 3　ニトログリコールによる頭痛，胸部異和感，心臓症状，四肢末端のしびれ感，冷感，神経痛，脱力感等の他覚症状又は自覚症状の既往歴の有無の検査 4　頭重，頭痛，肩こり，胸部異和感，心臓症状，四肢末端のしびれ感，冷感，神経痛，脱力感，胃腸症状等の他覚症状又は自覚症状の有無の検査 5　血圧の測定 6　赤血球数等の赤血球系の血液検査
(51)	パラ－ジメチルアミノアゾベンゼン（これをその重量の1パーセントを超えて含有する製剤その他の物を含む。）を製造し，又は取り扱う業務	6月	1　業務の経歴の調査（当該業務に常時従事する労働者に対して行う健康診断におけるものに限る。） 2　作業条件の簡易な調査（当該業務に常時従事する労働者に対して行う健康診断におけるものに限る。） 3　パラ－ジメチルアミノアゾベンゼンによるせき，咽頭痛，喘鳴，呼吸器の刺激症状，眼の刺激症状，血尿，頻尿，排尿痛等の他覚症状又は自覚症状の既往歴の有無の検査 4　せき，咽頭痛，喘鳴，呼吸器の刺激症状，眼の刺激症状，血尿，頻尿，排尿痛等の他覚症状又は自覚症状の有無の検査 5　皮膚炎等の皮膚所見の有無の検査（当該業務に常時従事する労働者に対して行う健康診断におけるものに限る。） 6　尿中の潜血検査 7　医師が必要と認める場合は，尿沈渣検鏡の検査又は尿沈渣のパパニコラ法による細胞診の検査

(52)	パラーニトロクロル ベンゼン（これをそ の重量の5パーセン トを超えて含有する 製剤その他の物を含 む。）を製造し，又 は取り扱う業務	6月	1　業務の経歴の調査 2　作業条件の簡易な調査 3　パラーニトロクロルベンゼンによる 　頭重，頭痛，めまい，倦怠感，疲労感， 　顔面蒼白，チアノーゼ，貧血，心悸亢 　進，尿の着色等の他覚症状又は自覚症 　状の既往歴の有無の検査 4　頭重，頭痛，めまい，倦怠感，疲労 　感，顔面蒼白，チアノーゼ，貧血，心 　悸亢進，尿の着色等の他覚症状又は自 　覚症状の有無の検査
(53)	砒素又はその化合物 （これらの物をその 重量の1パーセント を超えて含有する製 剤その他の物を含 む。）を製造し，又 は取り扱う業務	6月	1　業務の経歴の調査（当該業務に常時 　従事する労働者に対して行う健康診断 　におけるものに限る。） 2　作業条件の簡易な調査（当該業務に 　常時従事する労働者に対して行う健康 　診断におけるものに限る。） 3　砒素又はその化合物による鼻粘膜の 　異常，呼吸器症状，口内炎，下痢，便 　秘，体重減少，知覚異常等の他覚症状 　又は自覚症状の既往歴の有無の検査 4　せき，たん，食欲不振，体重減少， 　知覚異常等の他覚症状又は自覚症状の 　有無の検査 5　鼻粘膜の異常，鼻中隔穿孔等の鼻腔 　の所見の有無の検査 6　皮膚炎，色素沈着，色素脱失，角化 　等の皮膚所見の有無の検査 7　令第23条第5号の業務に5年以上従 　事した経験を有する場合は，胸部のエ 　ックス線直接撮影による検査
(54)	弗化水素（これをそ の重量の5パーセン トを超えて含有する 製剤その他の物を含 む。）を製造し，又 は取り扱う業務	6月	1　業務の経歴の調査 2　作業条件の簡易な調査 3　弗化水素による呼吸器症状，眼の症 　状等の他覚症状又は自覚症状の既往歴 　の有無の検査 4　眼，鼻又は口腔の粘膜の炎症，歯牙 　の変色等の他覚症状又は自覚症状の有

			無の検査 5　皮膚炎等の皮膚所見の有無の検査
(55)	ベータープロピオラクトン（これをその重量の1パーセントを超えて含有する製剤その他の物を含む。）を製造し，又は取り扱う業務	6月	1　業務の経歴の調査（当該業務に常時従事する労働者に対して行う健康診断におけるものに限る。） 2　作業条件の簡易な調査（当該業務に常時従事する労働者に対して行う健康診断におけるものに限る。） 3　ベータープロピオラクトンによるせき，たん，胸痛，体重減少等の他覚症状又は自覚症状の既往歴の有無の検査 4　せき，たん，胸痛，体重減少等の他覚症状又は自覚症状の有無の検査 5　露出部分の皮膚炎等の皮膚所見の有無の検査 6　胸部のエックス線直接撮影による検査
(56)	ベンゼン等を製造し，又は取り扱う業務	6月	1　業務の経歴の調査（当該業務に常時従事する労働者に対して行う健康診断におけるものに限る。） 2　作業条件の簡易な調査（当該業務に常時従事する労働者に対して行う健康診断におけるものに限る。） 3　ベンゼンによる頭重，頭痛，めまい，心悸亢進，倦怠感，四肢のしびれ，食欲不振，出血傾向等の他覚症状又は自覚症状の既往歴の有無の検査 4　頭重，頭痛，めまい，心悸亢進，倦怠感，四肢のしびれ，食欲不振等の他覚症状又は自覚症状の有無の検査 5　赤血球数等の赤血球系の血液検査 6　白血球数の検査
(57)	ペンタクロルフエノール（別名PCP）又はそのナトリウム塩（これらの物をその重量の1パーセントを超えて含有する製	6月	1　業務の経歴の調査 2　作業条件の簡易な調査 3　ペンタクロルフエノール又はそのナトリウム塩によるせき，たん，咽頭痛，のどのいらいら，頭痛，めまい，易疲労感，倦怠感，食欲不振等の胃腸症状，

	剤その他の物を含む。）を製造し，又は取り扱う業務		甘味嗜好，多汗，発熱，心悸亢進，眼の痛み，皮膚掻痒感等の他覚症状又は自覚症状の既往歴の有無の検査 4　せき，たん，咽頭痛，のどのいらいら，頭痛，めまい，易疲労感，倦怠感，食欲不振等の胃腸症状，甘味嗜好，多汗，眼の痛み，皮膚掻痒感等の他覚症状又は自覚症状の有無の検査 5　皮膚炎等の皮膚所見の有無の検査 6　血圧の測定 7　尿中の糖の有無の検査
(58)	マゼンタ（これをその重量の1パーセントを超えて含有する製剤その他の物を含む。）を製造し，又は取り扱う業務	6月	1　業務の経歴の調査（当該業務に常時従事する労働者に対して行う健康診断におけるものに限る。） 2　作業条件の簡易な調査（当該業務に常時従事する労働者に対して行う健康診断におけるものに限る。） 3　マゼンタによる血尿，頻尿，排尿痛等の他覚症状又は自覚症状の既往歴の有無の検査 4　血尿，頻尿，排尿痛等の他覚症状又は自覚症状の有無の検査 5　尿中の潜血検査 6　医師が必要と認める場合は，尿沈渣検鏡の検査又は尿沈渣のパパニコラ法による細胞診の検査
(59)	マンガン又はその化合物（これらの物をその重量の1パーセントを超えて含有する製剤その他の物を含む。）を製造し，又は取り扱う業務	6月	1　業務の経歴の調査 2　作業条件の簡易な調査 3　マンガン又はその化合物によるせき，たん，仮面様顔貌，膏顔，流涎，発汗異常，手指の振戦，書字拙劣，歩行障害，不随意性運動障害，発語異常等のパーキンソン症候群様症状の既往歴の有無の検査 4　せき，たん，仮面様顔貌，膏顔，流涎，発汗異常，手指の振戦，書字拙劣，歩行障害，不随意性運動障害，発語異常等のパーキンソン症候群様症状の有無の検査

			5　　握力の測定
(60)	メチルイソブチルケトン（これをその重量の1パーセントを超えて含有する製剤その他の物を含む。）を製造し、又は取り扱う業務	6月	1　　業務の経歴の調査 2　　作業条件の簡易な調査 3　　メチルイソブチルケトンによる頭重，頭痛，めまい，悪心，嘔吐，眼の刺激症状，上気道刺激症状，皮膚又は粘膜の異常等の他覚症状又は自覚症状の既往歴の有無の検査 4　　頭重，頭痛，めまい，悪心，嘔吐，眼の刺激症状，上気道刺激症状，皮膚又は粘膜の異常等の他覚症状又は自覚症状の有無の検査 5　　医師が必要と認める場合は，尿中のメチルイソブチルケトンの量の測定
(61)	沃化メチル（これをその重量の1パーセントを超えて含有する製剤その他の物を含む。）を製造し，又は取り扱う業務	6月	1　　業務の経歴の調査 2　　作業条件の簡易な調査 3　　沃化メチルによる頭重，めまい，眠気，悪心，嘔吐，倦怠感，目のかすみ等の他覚症状又は自覚症状の既往歴の有無の検査 4　　頭重，めまい，眠気，悪心，嘔吐，倦怠感，目のかすみ等の他覚症状又は自覚症状の有無の検査 5　　皮膚炎等の皮膚所見の有無の検査
(62)	溶接ヒューム（これをその重量の1パーセントを超えて含有する製剤その他の物を含む。）を製造し，又は取り扱う業務	6月	1　　業務の経歴の調査 2　　作業条件の簡易な調査 3　　溶接ヒュームによるせき，たん，仮面様顔貌，膏顔，流涎，発汗異常，手指の振顫，書字拙劣，歩行障害，不随意性運動障害，発語異常等のパーキンソン症候群様症状の既往歴の有無の検査 4　　せき，たん，仮面様顔貌，膏顔，流涎，発汗異常，手指の振顫，書字拙劣，歩行障害，不随意性運動障害，発語異常等のパーキンソン症候群様症状の有無の検査 5　　握力の測定

| (63) | リフラクトリーセラミックファイバー（これをその重量の1パーセントを超えて含有する製剤その他の物を含む。）を製造し，又は取り扱う業務 | 6月 | 1　業務の経歴の調査（当該業務に常時従事する労働者に対して行う健康診断におけるものに限る。）
2　作業条件の簡易な調査（当該業務に常時従事する労働者に対して行う健康診断におけるものに限る。）
3　喫煙歴及び喫煙習慣の状況に係る調査
4　リフラクトリーセラミックファイバーによるせき，たん，息切れ，呼吸困難，胸痛，呼吸音の異常，眼の痛み，皮膚の刺激等についての他覚症状又は自覚症状の既往歴の有無の検査（眼の痛み，皮膚の刺激等の急性の疾患に係る症状にあつては，当該業務に常時従事する労働者に対して行う健康診断におけるものに限る。）
5　せき，たん，息切れ，呼吸困難，胸痛，呼吸音の異常，眼の痛み等についての他覚症状又は自覚症状の有無の検査（眼の痛み等の急性の疾患に係る症状にあつては，当該業務に常時従事する労働者に対して行う健康診断におけるものに限る。）
6　皮膚炎等の皮膚所見の有無の検査（当該業務に常時従事する労働者に対して行う健康診断におけるものに限る。）
7　胸部のエックス線直接撮影による検査 |
| (64) | 硫化水素（これをその重量の1パーセントを超えて含有する製剤その他の物を含む。）を製造し，又は取り扱う業務 | 6月 | 1　業務の経歴の調査
2　作業条件の簡易な調査
3　硫化水素による呼吸器症状，眼の症状等の他覚症状又は自覚症状の既往歴の有無の検査
4　頭痛，不眠，易疲労感，めまい，易興奮性，悪心，せき，上気道刺激症状，胃腸症状，結膜及び角膜の異常，歯牙の変化等の他覚症状又は自覚症状の有無の検査 |

(65)	硫酸ジメチル（これをその重量の1パーセントを超えて含有する製剤その他の物を含む。）を製造し、又は取り扱う業務	6月	1　業務の経歴の調査 2　作業条件の簡易な調査 3　硫酸ジメチルによる呼吸器症状，眼の症状，皮膚症状等の他覚症状又は自覚症状の既往歴の有無の検査 4　せき，たん，嗄声，流涙，結膜及び角膜の異常，脱力感，胃腸症状等の他覚症状又は自覚症状の有無の検査 5　皮膚炎等の皮膚所見の有無の検査 6　尿中の蛋白の有無の検査
(66)	4-アミノジフエニル及びその塩（これらの物をその重量の1パーセントを超えて含有する製剤その他の物を含む。）を試験研究のために製造し，又は使用する業務	6月	1　業務の経歴の調査 2　作業条件の簡易な調査 3　4-アミノジフエニル及びその塩による頭痛，めまい，眠気，倦怠感，呼吸器の刺激症状，疲労感，顔面蒼白，チアノーゼ，運動失調，尿の着色，血尿，頻尿，排尿痛等の他覚症状又は自覚症状の既往歴の有無の検査 4　頭痛，めまい，眠気，倦怠感，呼吸器の刺激症状，疲労感，顔面蒼白，チアノーゼ，運動失調，尿の着色，血尿，頻尿，排尿痛等の他覚症状又は自覚症状の有無の検査 5　尿中の潜血検査 6　医師が必要と認める場合は，尿沈渣検鏡の検査又は尿沈渣のパパニコラ法による細胞診の検査
(67)	4-ニトロジフエニル及びその塩（これらの物をその重量の1パーセントを超えて含有する製剤その他の物を含む。）を試験研究のために製造し，又は使用する業務	6月	1　業務の経歴の調査 2　作業条件の簡易な調査 3　4-ニトロジフエニル及びその塩による頭痛，めまい，眠気，倦怠感，呼吸器の刺激症状，眼の刺激症状，疲労感，顔面蒼白，チアノーゼ，運動失調，尿の着色，血尿，頻尿，排尿痛等の他覚症状又は自覚症状の既往歴の有無の検査 4　頭痛，めまい，眠気，倦怠感，呼吸器の刺激症状，眼の刺激症状，疲労感，顔面蒼白，チアノーゼ，運動失調，尿

			の着色，血尿，頻尿，排尿痛等の他覚症状又は自覚症状の有無の検査 5　尿中の潜血検査 6　医師が必要と認める場合は，尿沈渣検鏡の検査又は尿沈渣のパパニコラ法による細胞診の検査

別表第4（第39条関係）

業　　　　務	項　　　　目
（1）次の物を製造し，又は取り扱う業務 　1　ベンジジン及びその塩 　2　ジクロルベンジジン及びその塩 　3　オルトートリジン及びその塩 　4　ジアニシジン及びその塩 　5　オーラミン 　6　パラ-ジメチルアミノアゾベンゼン 　7　マゼンタ 　8　前各号に掲げる物をその重量の1パーセントを超えて含有する製剤その他の物	1　作業条件の調査（当該業務に常時従事する労働者に対して行う健康診断におけるものに限る。） 2　医師が必要と認める場合は，膀胱鏡検査又は腹部の超音波による検査，尿路造影検査等の画像検査
（2）ビス（クロロメチル）エーテル（これをその重量の1パーセントを超えて含有する製剤その他の物を含む）を製造し，又は取り扱う業務	1　作業条件の調査（当該業務に常時従事する労働者に対して行う健康診断におけるものに限る。） 2　医師が必要と認める場合は，胸部の特殊なエックス線撮影による検査，喀痰の細胞診又は気管支鏡検査
（3）次の物を製造し，又は取り扱う業務 　1　ベーターナフチルアミン及びその塩 　2　アルフアーナフチルアミン及びその塩 　3　オルトートルイジン 　4　前三号に掲げる物をその重量の1パーセントを超えて含有する製剤その他の物	1　作業条件の調査（当該業務に常時従事する労働者に対して行う健康診断におけるものに限る。） 2　医師が必要と認める場合は，膀胱鏡検査，腹部の超音波による検査，尿路造影検査等の画像検査又は赤血球数，網状赤血球数，メトヘモグロビンの量等の赤血球系の血液検査（赤血球数，網状赤血球数，メトヘモグロビンの量等の赤血球系の血液検査にあつては，当該業務に常時従事する労働者に対して行う健康診断におけるものに限る。）

（4）	塩素化ビフエニル等を製造し，又は取り扱う業務	1　作業条件の調査 2　赤血球数等の赤血球系の血液検査 3　白血球数の検査 4　肝機能検査
（5）	ベリリウム等を製造し，又は取り扱う業務	1　作業条件の調査（当該業務に常時従事する労働者に対して行う健康診断におけるものに限る。） 2　胸部理学的検査 3　肺換気機能検査 4　医師が必要と認める場合は，肺拡散機能検査，心電図検査，尿中若しくは血液中のベリリウムの量の測定，皮膚貼布試験又はヘマトクリット値の測定
（6）	ベンゾトリクロリド（これをその重量の0.5パーセントを超えて含有する製剤その他の物を含む。）を製造し，又は取り扱う業務	1　作業条件の調査（当該業務に常時従事する労働者に対して行う健康診断におけるものに限る。） 2　医師が必要と認める場合は，特殊なエックス線撮影による検査,喀痰の細胞診,気管支鏡検査，頭部のエックス線撮影等による検査，血液検査(血液像を含む。)，リンパ節の病理組織学的検査又は皮膚の病理組織学的検査
（7）	アクリルアミド（これをその重量の1パーセントを超えて含有する製剤その他の物を含む。）を製造し，又は取り扱う業務	1　作業条件の調査 2　末梢神経に関する神経学的検査
（8）	アクリロニトリル（これをその重量の1パーセントを超えて含有する製剤その他の物を含む。）を製造し，又は取り扱う業務	1　作業条件の調査 2　血漿コリンエステラーゼ活性値の測定 3　肝機能検査
（9）	インジウム化合物（これをその重量の1パーセントを超えて含有する製剤その他の物を含む。）を製造し，又は取り扱う業務	1　作業条件の調査（当該業務に常時従事する労働者に対して行う健康診断におけるものに限る。） 2　医師が必要と認める場合は，胸部のエックス線直接撮影若しくは特殊なエック

		ス線撮影による検査（雇入れ又は当該業務への配置替えの際に行う健康診断におけるものを除く。），血清サーファクタントプロテインD（血清SP-D）の検査等の血液化学検査，肺機能検査，喀痰_{かくたん}の細胞診又は気管支鏡検査
(10)	エチルベンゼン（これをその重量の1パーセントを超えて含有する製剤その他の物を含む。）を製造し，又は取り扱う業務	1　作業条件の調査（当該業務に常時従事する労働者に対して行う健康診断におけるものに限る。） 2　医師が必要と認める場合は，神経学的検査，肝機能検査又は腎機能検査
(11)	アルキル水銀化合物（これをその重量の1パーセントを超えて含有する製剤その他の物を含む。）を製造し，又は取り扱う業務	1　作業条件の調査 2　血液中及び尿中の水銀の量の測定 3　視野狭窄_{さく}の有無の検査 4　聴力の検査 5　知覚異常，ロンベルグ症候，拮抗_{きっ}運動反復不能症候等の神経学的検査 6　神経学的異常所見のある場合で，医師が必要と認めるときは，筋電図検査又は脳波検査
(12)	エチレンイミン（これをその重量の1パーセントを超えて含有する製剤その他の物を含む。）を製造し，又は取り扱う業務	1　作業条件の調査（当該業務に常時従事する労働者に対して行う健康診断におけるものに限る。） 2　骨髄性細胞の算定 3　医師が必要と認める場合は，胸部のエックス線直接撮影若しくは特殊なエックス線撮影による検査，喀痰_{かくたん}の細胞診，気管支鏡検査又は腎機能検査
(13)	塩化ビニル（これをその重量の1パーセントを超えて含有する製剤その他の物を含む。）を製造し，又は取り扱う業務	1　作業条件の調査（当該業務に常時従事する労働者に対して行う健康診断におけるものに限る。） 2　肝又は脾_ひの腫大を認める場合は，血小板数，ガンマーグルタミルトランスペプチダーゼ（γ-GTP）及びクンケル反応（ZTT）の検査 3　医師が必要と認める場合は，ジアノグリーン法（ICG）の検査，血清乳酸脱水

		素酵素（LDH）の検査，血清脂質等の検査，特殊なエックス線撮影による検査，肝若しくは脾のシンチグラムによる検査又は中枢神経系の神経学的検査
(14)	塩素（これをその重量の1パーセントを超えて含有する製剤その他の物を含む。）を製造し，又は取り扱う業務	1　作業条件の調査 2　胸部理学的検査又は胸部のエックス線直接撮影による検査 3　呼吸器に係る他覚症状又は自覚症状がある場合は，肺換気機能検査
(15)	オルト－フタロジニトリル（これをその重量の1パーセントを超えて含有する製剤その他の物を含む。）を製造し，又は取り扱う業務	1　作業条件の調査 2　赤血球数等の赤血球系の血液検査 3　てんかん様発作等の脳神経系の異常所見が認められる場合は，脳波検査 4　胃腸症状がある場合で，医師が必要と認めるときは，肝機能検査又は尿中のフタル酸の量の測定
(16)	カドミウム又はその化合物（これらの物をその重量の1パーセントを超えて含有する製剤その他の物を含む。）を製造し，又は取り扱う業務	1　作業条件の調査 2　医師が必要と認める場合は，尿中のカドミウムの量の測定，尿中のアルファ1－ミクログロブリンの量若しくはN－アセチルグルコサミニターゼの量の測定，腎機能検査，胸部エックス線直接撮影若しくは特殊なエックス線撮影による検査又は喀痰の細胞診 3　呼吸器に係る他覚症状又は自覚症状がある場合は，肺換気機能検査
(17)	クロム酸等を製造し，又は取り扱う業務	1　作業条件の調査（当該業務に常時従事する労働者に対して行う健康診断におけるものに限る。） 2　医師が必要と認める場合は，エックス線直接撮影若しくは特殊なエックス線撮影による検査，喀痰の細胞診，気管支鏡検査又は皮膚の病理学的検査
(18)	次の物を製造し，又は取り扱う業務 1　クロロホルム 2　1・4－ジオキサン	1　作業条件の調査 2　医師が必要と認める場合は，神経学的検査，肝機能検査（血清グルタミックオキサロアセチックトランスアミナーゼ

	3　前二号に掲げる物をその重量の1パーセントを超えて含有する製剤その他の物	（GOT），血清グルタミックピルビックトランスアミナーゼ（GPT）及び血清ガンマ-グルタミルトランスペプチダーゼ(γ-GTP）の検査を除く。）又は腎機能検査
(19)	クロロメチルメチルエーテル（これをその重量の1パーセントを超えて含有する製剤その他の物を含む。）を製造し，又は取り扱う業務	1　作業条件の調査（当該業務に常時従事する労働者に対して行う健康診断におけるものに限る。） 2　医師が必要と認める場合は，胸部の特殊なエツクス線撮影による検査，喀痰^{かくたん}の細胞診又は気管支鏡検査
(20)	コバルト又はその無機化合物（これらの物をその重量の1パーセントを超えて含有する製剤その他の物を含む。）を製造し，又は取り扱う業務	1　作業条件の調査（当該業務に常時従事する労働者に対して行う健康診断におけるものに限る。） 2　尿中のコバルトの量の測定 3　医師が必要と認める場合は，胸部のエツクス線直接撮影若しくは特殊なエツクス線撮影による検査，肺機能検査，心電図検査又は皮膚貼布試験
(21)	五酸化バナジウム（これをその重量の1パーセントを超えて含有する製剤その他の物を含む。）を製造し，又は取り扱う業務	1　作業条件の調査 2　視力の検査 3　胸部理学的検査又は胸部のエツクス線直接撮影による検査 4　医師が必要と認める場合は，肺換気機能検査，血清コレステロール若しくは血清トリグリセライドの測定又は尿中のバナジウムの量の測定
(22)	コールタール（これをその重量の5パーセントを超えて含有する製剤その他の物を含む。）を製造し，又は取り扱う業務	1　作業条件の調査（当該業務に常時従事する労働者に対して行う健康診断におけるものに限る。） 2　医師が必要と認める場合は，胸部のエツクス線直接撮影若しくは特殊なエツクス線撮影による検査，喀痰^{かくたん}の細胞診，気管支鏡検査又は皮膚の病理学的検査
(23)	酸化プロピレン（これをその重量の1パーセントを超えて含有する製剤そ	1　作業条件の調査（当該業務に常時従事する労働者に対して行う健康診断におけるものに限る。）

	の他の物を含む。）を製造し，又は取り扱う業務	2　医師が必要と認める場合には，上気道の病理学的検査又は耳鼻科学的検査
(24)	三酸化二アンチモン（これをその重量の1パーセントを超えて含有する製剤その他の物を含む。）を製造し，又は取り扱う業務	1　作業条件の調査（当該業務に常時従事する労働者に対して行う健康診断におけるものに限る。） 2　医師が必要と認める場合は，胸部のエックス線直接撮影若しくは特殊なエックス線撮影による検査，喀痰の細胞診又は気管支鏡検査
(25)	次の物を製造し，又は取り扱う業務 1　四塩化炭素 2　1・2-ジクロロエタン 3　前二号に掲げる物をその重量の1パーセントを超えて含有する製剤その他の物	1　作業条件の調査 2　医師が必要と認める場合は，腹部の超音波による検査等の画像検査，CA19-9等の血液中の腫瘍マーカーの検査，神経学的検査，肝機能検査（血清グルタミックオキサロアセチックトランスアミナーゼ（GOT），血清グルタミックピルビックトランスアミナーゼ（GPT）及び血清ガンマーグルタミルトランスペプチダーゼ（γ-GTP）の検査を除く。）又は腎機能検査
(26)	3・3′-ジクロロ-4・4′-ジアミノジフェニルメタン（これをその重量の1パーセントを超えて含有する製剤その他の物を含む。）を製造し，又は取り扱う業務	1　作業条件の調査（当該業務に常時従事する労働者に対して行う健康診断におけるものに限る。） 2　医師が必要と認める場合は，膀胱鏡検査，腹部の超音波による検査，尿路造影検査等の画像検査，胸部のエックス線直接撮影若しくは特殊なエックス線撮影による検査，喀痰の細胞診又は気管支鏡検査
(27)	1・2-ジクロロプロパン（これをその重量の1パーセントを超えて含有する製剤その他の物を含む。）を製造し，又は取り扱う業務	1　作業条件の調査（当該業務に常時従事する労働者に対して行う健康診断におけるものに限る。） 2　医師が必要と認める場合は，腹部の超音波による検査等の画像検査，CA19-9等の血液中の腫瘍マーカーの検査，赤血球数等の赤血球系の血液検査又は血清間接ビリルビンの検査（赤血球系の血液検査及び血清間接ビリルビンの検査にあつ

		ては，当該業務に常時従事する労働者に対して行う健康診断におけるものに限る。)
(28)	ジクロロメタン（これをその重量の1パーセントを超えて含有する製剤その他の物を含む。）を製造し，又は取り扱う業務	1　作業条件の調査（当該業務に常時従事する労働者に対して行う健康診断におけるものに限る。) 2　医師が必要と認める場合は，腹部の超音波による検査等の画像検査，CA19-9等の血液中の腫瘍マーカーの検査，血液中のカルボキシヘモグロビンの量の測定又は呼気中の一酸化炭素の量の測定（血液中のカルボキシヘモグロビンの量の測定及び呼気中の一酸化炭素の量の測定にあつては，当該業務に常時従事する労働者に対して行う健康診断におけるものに限る。)
(29)	ジメチル-2・2-ジクロロビニルホスフェイト（これをその重量の1パーセントを超えて含有する製剤その他の物を含む。）を製造し，又は取り扱う業務	1　作業条件の調査（当該業務に常時従事する労働者に対して行う健康診断におけるものに限る。) 2　赤血球コリンエステラーゼ活性値の測定（当該業務に常時従事する労働者に対して行う健康診断におけるものに限る。) 3　肝機能検査（当該業務に常時従事する労働者に対して行う健康診断におけるものに限る。) 4　白血球数及び白血球分画の検査 5　神経学的検査（当該業務に常時従事する労働者に対して行う健康診断におけるものに限る。)
(30)	1・1-ジメチルヒドラジン（これをその重量の1パーセントを超えて含有する製剤その他の物を含む。）を製造し，又は取り扱う業務	1　作業条件の調査（当該業務に常時従事する労働者に対して行う健康診断におけるものに限る。) 2　肝機能検査
(31)	臭化メチル（これをその重量の1パーセントを超えて含有する製剤その他	1　作業条件の調査 2　医師が必要と認める場合は，運動機能の検査，視力の精密検査及び視野の検査

	の物を含む。）を製造し，又は取り扱う業務	又は脳波検査
(32)	水銀又はその無機化合物（これらの物をその重量の1パーセントを超えて含有する製剤その他の物を含む。）を製造し，又は取り扱う業務	1　作業条件の調査 2　神経学的検査 3　尿中の水銀の量の測定及び尿沈渣検鏡の検査
(33)	スチレン（これをその重量の1パーセントを超えて含有する製剤その他の物を含む。）を製造し，又は取り扱う業務	1　作業条件の調査 2　医師が必要と認める場合は，血液像その他の血液に関する精密検査，聴力低下の検査等の耳鼻科学的検査，色覚検査等の眼科的検査，神経学的検査，肝機能検査（血清グルタミックオキサロアセチックトランスアミナーゼ（GOT），血清グルタミックピルビックトランスアミナーゼ（GPT）及び血清ガンマ－グルタミルトランスペプチダーゼ（γ-GTP）の検査を除く。），特殊なエックス線撮影による検査又は核磁気共鳴画像診断装置による画像検査
(34)	1・1・2・2-テトラクロロエタン（これをその重量の1パーセントを超えて含有する製剤その他の物を含む。）を製造し，又は取り扱う業務	1　作業条件の調査 2　医師が必要と認める場合は，白血球数及び白血球分画の検査，神経学的検査，赤血球数等の赤血球系の血液検査又は肝機能検査（血清グルタミックオキサロアセチックトランスアミナーゼ（GOT），血清グルタミックピルビックトランスアミナーゼ（GPT）及び血清ガンマ－グルタミルトランスペプチダーゼ（γ-GTP）の検査を除く。）
(35)	テトラクロロエチレン（これをその重量の1パーセントを超えて含有する製剤その他の物を含む。）を製造し，又は取り扱う業務	1　作業条件の調査 2　医師が必要と認める場合は，尿沈渣検鏡の検査，尿沈渣のパパニコラ法による細胞診の検査，膀胱鏡検査，腹部の超音波による検査，尿路造影検査等の画像検査，神経学的検査，肝機能検査（血清グ

		ルタミツクオキサロアセチツクトランスアミナーゼ（GOT），血清グルタミツクピルビツクトランスアミナーゼ（GPT）及び血清ガンマーグルタミルトランスペプチダーゼ（γ-GTP）の検査を除く。）又は腎機能検査
(36)	トリクロロエチレン（これをその重量の１パーセントを超えて含有する製剤その他の物を含む。）を製造し，又は取り扱う業務	1　作業条件の調査 2　医師が必要と認める場合は，白血球数及び白血球分画の検査，血液像その他の血液に関する精密検査，CA19-9等の血液中の腫瘍マーカーの検査，神経学的検査，肝機能検査（血清グルタミツクオキサロアセチツクトランスアミナーゼ（GOT），血清グルタミツクピルビツクトランスアミナーゼ（GPT）及び血清ガンマーグルタミルトランスペプチダーゼ（γ-GTP）の検査を除く。），腎機能検査，特殊なエックス線撮影による検査又は核磁気共鳴画像診断装置による画像検査
(37)	トリレンジイソシアネート（これをその重量の１パーセントを超えて含有する製剤その他の物を含む。）を製造し，又は取り扱う業務	1　作業条件の調査 2　呼吸器に係る他覚症状又は自覚症状のある場合は，胸部理学的検査，胸部のエックス線直接撮影による検査又は閉塞性呼吸機能検査 3　医師が必要と認める場合は，肝機能検査，腎機能検査又はアレルギー反応の検査
(38)	ナフタレン（これをその重量の１パーセントを超えて含有する製剤その他の物を含む。）を製造し，又は取り扱う業務	1　作業条件の調査（当該業務に常時従事する労働者に対して行う健康診断におけるものに限る。） 2　医師が必要と認める場合は，尿中のヘモグロビンの有無の検査，尿中の１-ナフトール及び２-ナフトールの量の測定，視力検査等の眼科検査，赤血球数等の赤血球系の血液検査又は血清間接ビリルビンの検査（尿中のヘモグロビンの有無の検査，尿中の１-ナフトール及び２-ナフトールの量の測定，赤血球数等の赤血球

		系の血液検査並びに血清間接ビリルビンの検査にあつては，当該業務に常時従事する労働者に対して行う健康診断におけるものに限る。）
(39)	ニツケル化合物（これをその重量の1パーセントを超えて含有する製剤その他の物を含む。）を製造し，又は取り扱う業務	1　作業条件の調査（当該業務に常時従事する労働者に対して行う健康診断におけるものに限る。） 2　医師が必要と認める場合は，尿中のニツケルの量の測定，胸部のエツクス線直接撮影若しくは特殊なエツクス線撮影による検査，喀痰の細胞診，皮膚貼布試験，皮膚の病理学的検査，血液免疫学的検査，腎尿細管機能検査又は鼻腔の耳鼻科学的検査
(40)	ニツケルカルボニル（これをその重量の1パーセントを超えて含有する製剤その他の物を含む。）を製造し，又は取り扱う業務	1　作業条件の調査（当該業務に常時従事する労働者に対して行う健康診断におけるものに限る。） 2　肺換気機能検査 3　胸部理学的検査 4　医師が必要と認める場合は，尿中又は血液中のニツケルの量の測定
(41)	ニトログリコール（これをその重量の1パーセントを超えて含有する製剤その他の物を含む。）を製造し，又は取り扱う業務	1　作業条件の調査 2　尿中又は血液中のニトログリコールの量の測定 3　心電図検査 4　医師が必要と認める場合は，自律神経機能検査（薬物によるものを除く。），肝機能検査又は循環機能検査
(42)	パラ-ニトロクロルベンゼン（これをその重量の5パーセントを超えて含有する製剤その他の物を含む。）を製造し，又は取り扱う業務	1　作業条件の調査 2　赤血球数，網状赤血球数，メトヘモグロビン量，ハインツ小体の有無等の赤血球系の血液検査 3　尿中の潜血検査 4　肝機能検査 5　神経学的検査 6　医師が必要と認める場合は，尿中のアニリン若しくはパラ-アミノフエノール

		の量の測定又は血液中のニトロソアミン及びヒドロキシアミン，アミノフエノール，キノソイミン等の代謝物の量の測定
(43)	砒素又はその化合物（これらの物をその重量の1パーセントを超えて含有する製剤その他の物を含む。）を製造し，又は取り扱う業務	1　作業条件の調査（当該業務に常時従事する労働者に対して行う健康診断におけるものに限る。） 2　医師が必要と認める場合は，胸部のエックス線直接撮影若しくは特殊なエックス線撮影による検査，尿中の砒素化合物（砒酸，亜砒酸及びメチルアルソン酸に限る。）の量の測定，肝機能検査，赤血球系の血液検査，喀痰の細胞診，気管支鏡検査又は皮膚の病理学的検査
(44)	弗化水素（これをその重量の5パーセントを超えて含有する製剤その他の物を含む。）を製造し，又は取り扱う業務	1　作業条件の調査 2　胸部理学的検査又は胸部のエックス線直接撮影による検査 3　赤血球数等の赤血球系の血液検査 4　医師が必要と認める場合は，出血時間測定，長管骨のエックス線撮影による検査，尿中の弗素の量の測定又は血液中の酸性ホスフアターゼ若しくはカルシウムの量の測定
(45)	ベータープロピオクラクトン（これをその重量の1パーセントを超えて含有する製剤その他の物を含む。）を製造し，又は取り扱う業務	1　作業条件の調査（当該業務に常時従事する労働者に対して行う健康診断におけるものに限る。） 2　医師が必要と認める場合は，胸部の特殊なエックス線撮影による検査，喀痰の細胞診，気管支鏡検査又は皮膚の病理学的検査
(46)	ベンゼン等を製造し，又は取り扱う業務	1　作業条件の調査（当該業務に常時従事する労働者に対して行う健康診断におけるものに限る。） 2　血液像その他の血液に関する精密検査 3　神経学的検査
(47)	ペンタクロルフエノール（別名PCP）又はそのナトリウム塩（これらの物	1　作業条件の調査 2　呼吸器に係る他覚症状又は自覚症状がある場合は，胸部理学的検査及び胸部の

	をその重量の1パーセントを超えて含有する製剤その他の物を含む。）を製造し，又は取り扱う業務	エツクス線直接撮影による検査 3　肝機能検査 4　白血球数の検査 5　医師が必要と認める場合は，尿中のペンタクロルフエノールの量の測定
(48)	マンガン又はその化合物（これらの物をその重量の1パーセントを超えて含有する製剤その他の物を含む。）を製造し，又は取り扱う業務	1　作業条件の調査 2　呼吸器に係る他覚症状又は自覚症状がある場合は，胸部理学的検査及び胸部のエツクス線直接撮影による検査 3　パーキンソン症候群様症状に関する神経学的検査 4　医師が必要と認める場合は，尿中又は血液中のマンガンの量の測定
(49)	メチルイソブチルケトン（これをその重量の1パーセントを超えて含有する製剤その他の物を含む。）を製造し，又は取り扱う業務	1　作業条件の調査 2　医師が必要と認める場合は，神経学的検査又は腎機能検査
(50)	沃化メチル（これをその重量の1パーセントを超えて含有する製剤その他の物を含む。）を製造し，又は取り扱う業務	1　作業条件の調査 2　医師が必要と認める場合は，視覚検査，運動神経機能検査又は神経学的検査
(51)	溶接ヒューム（これをその重量の1パーセントを超えて含有する製剤その他の物を含む。）を製造し，又は取り扱う業務	1　作業条件の調査 2　呼吸器に係る他覚症状又は自覚症状がある場合は，胸部理学的検査及び胸部のエツクス線直接撮影による検査 3　パーキンソン症候群様症状に関する神経学的検査 4　医師が必要と認める場合は，尿中又は血液中のマンガンの量の測定
(52)	リフラクトリーセラミックファイバー（これをその重量の1パーセントを超えて含有する製剤その他の物を含む。）を製造	1　作業条件の調査（当該業務に常時従事する労働者に対して行う健康診断におけるものに限る。） 2　医師が必要と認める場合は，特殊なエツクス線撮影による検査，肺機能検査，

	し，又は取り扱う業務	血清シアル化糖鎖抗原 KL-6 の量の測定若しくは血清サーフアクタントプロテイン D（血清 SP-D）の検査等の血液生化学検査，喀痰の細胞診又は気管支鏡検査
(53)	硫化水素（これをその重量の1パーセントを超えて含有する製剤その他の物を含む。）を製造し，又は取り扱う業務	1　作業条件の調査 2　胸部理学的検査又は胸部のエツクス線直接撮影による検査
(54)	硫酸ジメチル（これをその重量の1パーセントを超えて含有する製剤その他の物を含む。）を製造し，又は取り扱う業務	1　作業条件の調査 2　胸部理学的検査又は胸部のエツクス線直接撮影による検査 3　医師が必要と認める場合は，腎機能検査又は肺換気機能検査
(55)	次の物を試験研究のために製造し，又は使用する業務 1　4-アミノジフエニル及びその塩 2　4-ニトロジフエニル及びその塩 3　前二号に掲げる物をその重量の1パーセントを超えて含有する製剤その他の物	1　作業条件の調査 2　医師が必要と認める場合は，膀胱鏡検査，腹部の超音波による検査，尿路造影検査等の画像検査又は赤血球数，網状赤血球数，メトヘモグロビンの量等の赤血球系の血液検査

別表第5（第39条関係）

1　インジウム化合物を含有する製剤その他の物。ただし，インジウム化合物の含有量が重量の1パーセント以下のものを除く。

1の2　エチルベンゼンを含有する製剤その他の物。ただし，エチルベンゼンの含有量が重量の1パーセント以下のものを除く。

1の3　エチレンイミンを含有する製剤その他の物。ただし，エチレンイミンの含有量が重量の1パーセント以下のものを除く。

2　塩化ビニルを含有する製剤その他の物。ただし，塩化ビニルの含有量が重量の1パーセント以下のものを除く。

3　オーラミンを含有する製剤その他の物。ただし，オーラミンの含有量が重量の1パーセント以下のものを除く。

3の2　オルト-トルイジンを含有する製剤その他の物。ただし，オルト-トルイジンの含有量が重量の1パーセント以下のものを除く。

4　クロム酸又はその塩を含有する製剤その他の物。ただし，クロム酸又はその塩の含有量が重量の1パーセント以下のものを除く。

5　クロロメチルメチルエーテルを含有する製剤その他の物。ただし，クロロメチルメチルエーテルの含有量が重量の1パーセント以下のものを除く。

5の2　コバルト又はその無機化合物を含有する製剤その他の物。ただし，コバルト又はその無機化合物の含有量が重量の1パーセント以下のものを除く。

6　コールタールを含有する製剤その他の物。ただし，コールタールの含有量が重量の5パーセント以下のものを除く。

6の2　酸化プロピレンを含有する製剤その他の物。ただし，酸化プロピレンの含有量が重量の1パーセント以下のものを除く。

6の3　三酸化二アンチモンを含有する製剤その他の物。ただし，三酸化二アンチモンの含有量が重量の1パーセント以下のものを除く。

7　3・3′-ジクロロ-4・4′-ジアミノジフェニルメタンを含有する製剤その他の物。ただし，3・3′-ジクロロ-4・4′-ジアミノジフェニルメタンの含有量が重量の1パーセント以下のものを除く。

7の2　1・2-ジクロロプロパンを含有する製剤その他の物。ただし，1・2-ジ

クロロプロパンの含有量が重量の1パーセント以下のものを除く。

7の3　ジクロロメタンを含有する製剤その他の物。ただし，ジクロロメタンの含有量が重量の1パーセント以下のものを除く。

7の4　ジメチル-2・2-ジクロロビニルホスフェイトを含有する製剤その他の物。ただし，ジメチル-2・2-ジクロロビニルホスフェイトの含有量が重量の1パーセント以下のものを除く。

7の5　1・1-ジメチルヒドラジンを含有する製剤その他の物。ただし，1・1-ジメチルヒドラジンの含有量が重量の1パーセント以下のものを除く。

8　重クロム酸又はその塩を含有する製剤その他の物。ただし，重クロム酸又はその塩の含有量が重量の1パーセント以下のものを除く。

8の2　ナフタレンを含有する製剤その他の物。ただし，ナフタレンの含有量が重量の1パーセント以下のものを除く。

9　ニッケル化合物を含有する製剤その他の物。ただし，ニッケル化合物の含有量が重量の1パーセント以下のものを除く。

10　ニッケルカルボニルを含有する製剤その他の物。ただし，ニッケルカルボニルの含有量が重量の1パーセント以下のものを除く。

11　パラージメチルアミノアゾベンゼンを含有する製剤その他の物。ただし，パラージメチルアミノアゾベンゼンの含有量が重量の1パーセント以下のものを除く。

12　砒素又はその化合物を含有する製剤その他の物。ただし，砒素又はその化合物の含有量が重量の1パーセント以下のものを除く。

13　ベーター プロピオラクトンを含有する製剤その他の物。ただし，ベーター プロピオラクトンの含有量が重量の1パーセント以下のものを除く。

14　ベンゼンを含有する製剤その他の物。ただし，ベンゼンの含有量が容量の1パーセント以下のものを除く。

15　マゼンタを含有する製剤その他の物。ただし，マゼンタの含有量が重量の1パーセント以下のものを除く。

16　リフラクトリーセラミックファイバーを含有する製剤その他の物。ただし，リフラクトリーセラミックファイバーの含有量が重量の1パーセント以下のものを除く。

様式第１号（第２条の３関係）

特定化学物質障害予防規則適用除外認定申請書（新規認定・更新）

事 業 の 種 類	
事 業 場 の 名 称	
事 業 場 の 所 在 地	郵便番号（　　　　　　） 　　　　　　　　　　電話　　　（　　　）
申請に係る特定化学物質の名称	
申請に係る特定化学物質を製造し、又は取り扱う作業又は業務に常時従事する労働者の人数	

　　　年　　月　　日

　　　　　　　　　　　　　　　　　　　　　　　　　　事業者職氏名

　　都道府県労働局長　殿

備考
1　表題の「新規認定」又は「更新」のうち該当しない文字は、抹消すること。
2　適用除外の新規認定又は更新を受けようとする事業場の所在地を管轄する都道府県労働局長に提出すること。なお、更新の場合は、過去に適用除外の認定を受けたことを証する書面の写しを添付すること。
3　「事業の種類」の欄は、日本標準産業分類の中分類により記入すること。
4　次に掲げる書面を添付すること。
　①　事業場に配置されている化学物質管理専門家が、特定化学物質障害予防規則第２条の３第１項第１号に規定する事業場における化学物質の管理について必要な知識及び技能を有する者であることを証する書面の写し
　②　上記①の者が当該事業場に専属であることを証する書面の写し（当該書面がない場合には、当該事実についての申立書）
　③　特定化学物質障害予防規則第２条の３第１項第３号及び第４号に該当することを証する書面
　④　特定化学物質障害予防規則第２条の３第１項第５号の化学物質管理専門家による評価結果を証する書面
5　4④の書面は、当該評価を実施した化学物質管理専門家が、特定化学物質障害予防規則第２条の３第１項第１号に規定する事業場における化学物質の管理について必要な知識及び技能を有する者であることを証する書面の写しを併せて添付すること。
6　4④の書面は、評価を実施した化学物質管理専門家が、当該事業場に所属しないことを証する書面の写し（当該書面がない場合には、当該事実についての申立書）を併せて添付すること。
7　この申請書に記載しきれない事項については、別紙に記載して添付すること。

様式第1号の2　（第6条関係）

特定化学物質障害予防規則一部適用除外認定申請書

事 業 の 種 類		
事 業 場 の 名 称		
事 業 場 の 所 在 地	電話　　　（　　　）	
労 働 者 数		
申請に係る作業従事労働者数		
申請に係る第二類物質の名称及び製造量又は取扱量	名　　　称	
	製造量又は取扱量	／月
申請の設備に係る作業の内容		
申請に係る作業場における第二類物質の濃度測定結果		

　　　　　年　　　月　　　日

　　　　　　　　　　　　　　　　　　　　　　　事業者職氏名

　労働基準監督署長殿

備考
1　「事業の種類」の欄は，日本標準産業分類の中分類により記入すること。
2　申請に係る作業場の見取図及び申請に係る装置の仕様書を添付すること。
3　第二類物質の濃度測定結果については，測定方法，測定回数及び測定者名をも記入すること。
4　申請に係る物質について特定化学物質障害予防規則第39条第1項の規定により行つた健康診断の結果を添付すること。
5　この申請書に記載しきれない事項については，別紙に記載して添付すること。

様式第1号の3（第6条の3関係）

発散防止抑制措置特例実施許可申請書

事業場の所在地	電話（　　）
事業場の名称	
事業の種類	
労働者数	
申請に係る発散防止抑制措置が実施される作業場の第二類物質に係る作業の従事労働者数	
申請に係る発散防止抑制措置が実施される作業場に係る作業の概要	
申請に係る発散防止抑制措置が実施される作業場において使用する第二類物質の種類及び量	種類
	消費量
申請に係る発散防止抑制措置を講じた場合の当該第二類物質の濃度の測定年月日及び管理区分	
第6条の2第1項の確認者の氏名及び略歴	
安全衛生管理体制の概要	
安全衛生委員会等での審議	有・無
労働者の代表者からの意見の聴取	有・無
備考	

　　　年　　月　　日

　　労働基準監督署長　殿

　　　　　　　　　　　　事業者職氏名

〔備考〕
1　「事業の種類」の欄は、日本標準産業分類の中分類により記入すること。
2　「第6条の2第1項の確認者の氏名及び略歴」の欄中「略歴」にあっては、第6条の2第1項第1号イ及びロの事項を確認するのに必要な能力に関する資格、職歴、勤務年数等を記入すること。
3　申請に係る発散防止抑制措置が他の事業場により製造されたものである場合は、「備考」の欄に当該事業場の名称、連絡先等を記入すること。
4　この申請書に記載しきれない事項については、別紙に記載して添付すること。

様式第 1 号の 4（第36条の 3 の 3 関係）（表面）

第三管理区分措置状況届

事　業　の　種　類		
事　業　場　の　名　称		
事　業　場　の　所　在　地		郵便番号（　　　　） 　　　　　　　　　　　電話　　　（　　　）
労　働　者　数		人
第三管理区分に区分された場所において製造し、又は取り扱う特定化学物質の名称		
第三管理区分に区分された場所における作　業　の　内　容		
作業環境管理専門家の　意　見　概　要	所属事業場名	
	氏　　　　名	
	作業環境管理専門家から意見を聴取した日	年　　　月　　　日
	意　見　概　要	第一管理区分又は第二管理区分とすることの可否　　可　・　否
		可の場合、必要な措置の概要
呼吸用保護具等の状況	有効な呼吸用保護具の使用　　　　　　　　　　有　・　無	
	保護具着用管理責任者の選任　　　　　　　　　有　・　無	
	作業環境管理専門家意見等の労働者への周知　有　・　無	

　　　年　　　月　　　日

　　　　　　　　　　　　　　　　　　　　　事業者職氏名

　労働基準監督署長殿

様式第1号の4　（第36条の3の3関係）（裏面）

備考

1　「事業の種類」の欄は，日本標準産業分類の中分類により記入すること。

2　次に掲げる書面を添付すること。

　①　意見を聴取した作業環境管理専門家が，特定化学物質障害予防規則第36条の
　　　3の2第1項に規定する事業場における作業環境の管理について必要な能力を
　　　有する者であることを証する書面の写し

　②　作業環境管理専門家から聴取した意見の内容を明らかにする書面

　③　この届出に係る作業環境測定の結果及びその結果に基づく評価の記録の写し

　④　特定化学物質障害予防規則第36条の3の2第4項第1号に規定する個人サン
　　　プリング測定等の結果の記録の写し

　⑤　特定化学物質障害予防規則第36条の3の2第4項第2号に規定する呼吸用保
　　　護具が適切に装着されていることを確認した結果の記録の写し

様式第2号（第40条関係）（表面）

特定化学物質健康診断個人票

氏名		生年月日	年　月　日	雇入年月日	年　月　日
		性　　別	男・女		
業　　　　　務　　　　　名					
健　康　診　断　の　時　期 （雇入れ・配置替え・定期）					
第一次健康診断	健　診　年　月　日	年月日	年月日	年月日	年月日
	作業条件の簡易な調査の結果				
	既　　　　往　　　　歴				
	検診又は検査の項目				
	医師の診断及び第二次健康診断の要否				
	健康診断を実施した医師の氏名				
	備　　　　　　　　　考				
第二次健康診断	健　診　年　月　日				
	作　業　条　件　の　調　査　の　結　果				
	検診又は検査の項目				
	医　師　の　診　断				
	健康診断を実施した医師の氏名				
	備　　　　　　　　　考				
医　師　の　意　見					
意見を述べた医師の氏名					

様式第2号（第40条関係）（裏面）

業　　務　　の　　経　　歴						
	業務等	期　　間	年　数	業務名	期　　間	年　数
現在の勤務先にくる前	事業場名 業　務　名	年　月から 年　月まで	年　月	現在の勤務先に来てから	年　月から 年　月まで	年　月
	事業場名 業　務　名	年　月から 年　月まで	年　月		年　月から 年　月まで	年　月
	事業場名 業　務　名	年　月から 年　月まで	年　月		年　月から 年　月まで	年　月
	事業場名 業　務　名	年　月から 年　月まで	年　月		年　月から 年　月まで	年　月
	事業場名 業　務　名	年　月から 年　月まで	年　月		年　月から 年　月まで	年　月
	業務に従事した期間の合計	年　月			年　月から 年　月まで	年　月

備考

1　第一次健康診断及び第二次健康診断の「検診又は検査の項目」の欄は，業務ごとに定められた項目についての検診又は検査をした結果を記載すること。

2　「医師の診断」の欄は，異常なし，要精密検査，要治療等の医師の診断を記入すること。

3　「医師の意見」の欄は，健康診断の結果，異常の所見があると診断された場合に，就業上の措置について医師の意見を記入すること。

様式第3号（第41条関係）（表面）

特定化学物質健康診断結果報告書 ⓪①②③④⑤⑥⑦⑧⑨

帳票種別 80305	労働保険番号	①都道府県	所掌	管轄	基　幹　番　号	枝番号	被一括事業場番号

対象年　②元号 7平成 9令和 数字　年 1～9年は右

健診年月日　③元号 7平成 9令和 数字　年 月 日 1～9年は右 1～9月は右 1～9日は右

（　月～　月分）（報告　回目）

第二次健康診断　　　　　　年　月　日

| 事業の種類 | | 事業場の名称 | |

| 事業場の所在地 | 郵便番号（　　） | | |
| | | 電話（　　） | |

| 健康診断実施機関の名称及び所在地 | | 在籍労働者数 | 人 |

項　目	特定化学物質業務の種別	特定化学物質業務コード ④□□□ 具体的業務内容（　　　）	特定化学物質業務コード ⑤□□□ 具体的業務内容（　　　）	特定化学物質業務コード ⑥□□□ 具体的業務内容（　　　）
従事労働者数		⑦□□□□人	⑧□□□□人	⑨□□□□人
受診労働者数		⑩□□□□人	⑪□□□□人	⑫□□□□人
上記のうち第二次健康診断を要するとされた者の数		人	人	人
第二次健康診断受診者数		人	人	人
上記のうち有所見者数		⑬□□□□人	⑭□□□□人	⑮□□□□人
疾病にかかつていると診断された者の数		⑯□□□□人	⑰□□□□人	⑱□□□□人

| 職員記入欄 | ⑲ページ □ | ⑳登記・修正等 空白 登記 3 修正 9 取消 | ㉑補助キー □ 1～9 | 産業医 | 氏　名 所属機関の名称及び所在地 | 受付印 |

年　月　日

事業者職氏名

労働基準監督署長殿

折り曲げる場合は（◀）の所を谷に折り曲げること

様式第3号（第41条関係）（裏面）

備考

1　□□□で表示された枠（以下「記入枠」という。）に記入する文字は，光学的文字読取装置（OCR）で直接読み取りを行うので，この用紙は汚したり，穴をあけたり，必要以上に折り曲げたりしないこと。

2　記載すべき事項のない欄又は記入枠は，空欄のままとすること。

3　記入枠の部分は，必ず黒のボールペンを使用し，様式右上に記載された「標準字体」にならつて，枠からはみ出さないように大きめのアラビア数字で明瞭に記載すること。

4　「対象年」の欄は，報告対象とした健康診断の実施年を記入すること。

5　1年を通し順次健診を実施して，一定期間をまとめて報告する場合は，「対象年」の欄の（　月～　月分）にその期間を記入すること。また，この場合の健診年月日は報告日に最も近い健診年月日を記入すること。

6　「対象年」の欄の（報告　回目）は，当該年の何回目の報告かを記入すること。

7　「事業の種類」の欄は，日本標準産業分類の中分類によつて記入すること。

8　「健康診断実施機関の名称及び所在地」の欄は，健康診断を実施した機関が2以上あるときは，その各々について記入すること。

9　「在籍労働者数」，「従事労働者数」及び「受診労働者数」の欄は，健診年月日現在の人数を記入すること。なお，この場合，「在籍労働者数」は常時使用する労働者数を，「従事労働者数」は別表に掲げる特定化学物質業務に常時従事する労働者数をそれぞれ記入すること。

10　「特定化学物質業務の種別」の欄は，別表を参照して，該当コードを全て記入し，（　　）内には具体的業務内容を記入すること。なお，該当コードを記入枠に記入しきれない場合には，報告書を複数枚使用し，2枚目以降の報告書については，該当コード及び具体的業務内容並びに該当コードごとの従事労働者数等の項目のほか「労働保険番号」，「健診年月日」及び「事業場の名称」の欄を記入すること。

別　表

コード	特定化学物質業務の内容	コード	特定化学物質業務の内容
001	黄りんマッチを試験研究のため製造し，又は使用する業務	003	4-アミノジフエニル及びその塩（これらの物をその重量の1％を超えて含有する製剤その他の物を含む。）を試験研究のため製造し，又は使用する業務
002	ベンジジン及びその塩（これらの物をその重量の1％を超えて含有する製剤その他の物を含む。）を製造し，又は取り扱う業務		

004	4-ニトロジフエニル及びその塩（これらの物をその重量の1％を超えて含有する製剤その他の物を含む。）を試験研究のため製造し，又は使用する業務	106	ベリリウム及びその化合物（これらの物をその重量の1％を超えて含有する製剤その他の物を含む。合金にあつては，ベリリウムをその重量の3％を超えて含有するものに限る。）を製造し，又は取り扱う業務
005	ビス（クロロメチル）エーテル（これをその重量の1％を超えて含有する製剤その他の物を含む。）を製造し，又は取り扱う業務	107	ベンゾトリクロリド（これをその重量の0.5％を超えて含有する製剤その他の物を含む。）を製造し，又は取り扱う業務
006	ベーターナフチルアミン及びその塩（これらの物をその重量の1％を超えて含有する製剤その他の物を含む。）を製造し，又は取り扱う業務	201	アクリルアミド（これをその重量の1％を超えて含有する製剤その他の物を含む。）を製造し，又は取り扱う業務
007	ベンゼンを含有するゴムのりで，その含有するベンゼンの容量が当該ゴムのりの溶剤（希釈剤を含む。）の5％を超えるものを試験研究のため製造し，又は使用する業務	202	アクリロニトリル（これをその重量の1％を超えて含有する製剤その他の物を含む。）を製造し，又は取り扱う業務
101	ジクロルベンジジン及びその塩（これらの物をその重量の1％を超えて含有する製剤その他の物を含む。）を製造し，又は取り扱う業務	203	アルキル水銀化合物（アルキル基がメチル基又はエチル基であるものに限る。）（これをその重量の1％を超えて含有する製剤その他の物を含む。）を製造し，又は取り扱う業務
102	アルフアーナフチルアミン及びその塩（これらの物をその重量の1％を超えて含有する製剤その他の物を含む。）を製造し，又は取り扱う業務	205	エチレンイミン（これをその重量の1％を超えて含有する製剤その他の物を含む。）を製造し，又は取り扱う業務
103	塩素化ビフエニル（別名PCB）（これをその重量の1％を超えて含有する製剤その他の物を含む。）を製造し，又は取り扱う業務	206	塩化ビニル（これをその重量の1％を超えて含有する製剤その他の物を含む。）を製造し，又は取り扱う業務
104	オルトートリジン及びその塩（これらの物をその重量の1％を超えて含有する製剤その他の物を含む。）を製造し，又は取り扱う業務	207	塩素（これをその重量の1％を超えて含有する製剤その他の物を含む。）を製造し，又は取り扱う業務
105	ジアニシジン及びその塩（これらの物をその重量の1％を超えて含有する製剤その他の物を含む。）を製造し，又は取り扱う業務	208	オーラミン（これをその重量の1％を超えて含有する製剤その他の物を含む。）を製造する事業場において製造し，又は取り扱う業務

２０９	オルトーフタロジニトリル（これをその重量の１％を超えて含有する製剤その他の物を含む。）を製造し，又は取り扱う業務	２２０	臭化メチル（これをその重量の１％を超えて含有する製剤その他の物を含む。）を製造し，又は取り扱う業務
２１０	カドミウム及びその化合物（これらの物をその重量の１％を超えて含有する製剤その他の物を含む。）を製造し，又は取り扱う業務	２２１	重クロム酸及びその塩（これらの物をその重量の１％を超えて含有する製剤その他の物を含む。）を製造し，又は取り扱う業務
２１１	クロム酸及びその塩（これらの物をその重量の１％を超えて含有する製剤その他の物を含む。）を製造し，又は取り扱う業務	２２２	水銀及びその無機化合物（硫化水銀を除く。）（これらの物をその重量の１％を超えて含有する製剤その他の物を含む。）を製造し，又は取り扱う業務
２１２	クロロメチルメチルエーテル（これをその重量の１％を超えて含有する製剤その他の物を含む。）を製造し，又は取り扱う業務	２２３	トリレンジイソシアネート（これをその重量の１％を超えて含有する製剤その他の物を含む。）を製造し，又は取り扱う業務
２１３	五酸化バナジウム（これをその重量の１％を超えて含有する製剤その他の物を含む。）を製造し，又は取り扱う業務	２２４	ニツケルカルボニル（これをその重量の１％を超えて含有する製剤その他の物を含む。）を製造し，又は取り扱う業務
２１４	コールタール（これをその重量の５％を超えて含有する製剤その他の物を含む。）を製造し，又は取り扱う業務	２２５	ニトログリコール（これをその重量の１％を超えて含有する製剤その他の物を含む。）を製造し，又は取り扱う業務
２１６	シアン化カリウム（これをその重量の５％を超えて含有する製剤その他の物を含む。）を製造し，又は取り扱う業務	２２６	パラージメチルアミノアゾベンゼン（これをその重量の１％を超えて含有する製剤その他の物を含む。）を製造し，又は取り扱う業務
２１７	シアン化水素（これをその重量の１％を超えて含有する製剤その他の物を含む。）を製造し，又は取り扱う業務	２２７	パラーニトロクロルベンゼン（これをその重量の５％を超えて含有する製剤その他の物を含む。）を製造し，又は取り扱う業務
２１８	シアン化ナトリウム（これをその重量の５％を超えて含有する製剤その他の物を含む。）を製造し，又は取り扱う業務	２２８	弗化水素（これをその重量の５％を超えて含有する製剤その他の物を含む。）を製造し，又は取り扱う業務
２１９	3・3′-ジクロロ-4・4′-ジアミノジフェニルメタン（これをその重量の１％を超えて含有する製剤その他の物を含む。）を製造し，又は取り扱う業務	２２９	ベーターブロビオラクトン（これをその重量の１％を超えて含有する製剤その他の物を含む。）を製造し，又は取り扱う業務

２３０	ベンゼン（これをその重量の１％を超えて含有する製剤その他の物を含む。）を製造し，又は取り扱う業務	２４０	１・１-ジメチルヒドラジン（これをその重量の１％を超えて含有する製剤その他の物を含む。）を製造し，又は取り扱う業務
２３１	ペンタクロルフエノール（別名PCP）及びそのナトリウム塩（これらの物をその重量の１％を超えて含有する製剤その他の物を含む。）を製造し，又は取り扱う業務	２４１	インジウム化合物（これをその重量の１％を超えて含有する製剤その他の物を含む。）を製造し，又は取り扱う業務
２３２	マゼンタ（これをその重量の１％を超えて含有する製剤その他の物を含む。）を製造する事業場において製造し，又は取り扱う業務	２４２	エチルベンゼン（これをその重量の１％を超えて含有する製剤その他の物を含む。）を製造し，又は取り扱う業務
２３３	マンガン及びその化合物（これらの物をその重量の１％を超えて含有する製剤その他の物を含む。）を製造し，又は取り扱う業務	２４３	コバルト又はその化合物（これらの物をその重量の１％を超えて含有する製剤その他の物を含む。）を製造し，又は取り扱う業務
２３４	沃化メチル(これをその重量の１％を超えて含有する製剤その他の物を含む。)を製造し，又は取り扱う業務	２４４	１・２-ジクロロプロパン（これをその重量の１％を超えて含有する製剤その他の物を含む。）を製造し，又は取り扱う業務
２３５	硫化水素（これをその重量の１％を超えて含有する製剤その他の物を含む。）を製造し，又は取り扱う業務	２４５	クロロホルム（これをその重量の１％を超えて含有する製剤その他の物を含む。）を製造し，又は取り扱う業務
２３６	硫酸ジメチル(これをその重量の１％を超えて含有する製剤その他の物を含む。)を製造し，又は取り扱う業務	２４６	四塩化炭素（これをその重量の１％を超えて含有する製剤その他の物を含む。）を製造し，又は取り扱う業務
２３７	ニツケル化合物（ニツケルカルボニルを除き，粉状の物に限る。）（これをその重量の１％を超えて含有する製剤その他の物を含む。）を製造し，又は取り扱う業務	２４７	１・４-ジオキサン（これをその重量の１％を超えて含有する製剤その他の物を含む。）を製造し，又は取り扱う業務
２３８	砒素及びその化合物（アルシン及び砒化ガリウムを除く。）（これらの物をその重量の１％を超えて含有する製剤その他の物を含む。）を製造し，又は取り扱う業務	２４８	１・２-ジクロロエタン（これをその重量の１％を超えて含有する製剤その他の物を含む。）を製造し，又は取り扱う業務
２３９	酸化プロピレン（これをその重量の１％を超えて含有する製剤その他のものを含む。）を製造し，又は取り扱う業務	２４９	ジクロロメタン（これをその重量の１％を超えて含有する製剤その他の物を含む。）を製造し，又は取り扱う業務

2 5 0	ジメチル-2・2-ジクロロビニルホスフェイト（これをその重量の1％を超えて含有する製剤その他の物を含む。）を製造し，又は取り扱う業務
2 5 1	スチレン（これをその重量の1％を超えて含有する製剤その他の物を含む。）を製造し，又は取り扱う業務
2 5 2	1・1・2・2-テトラクロロエタン（これをその重量の1％を超えて含有する製剤その他の物を含む。）を製造し，又は取り扱う業務
2 5 3	テトラクロロエチレン（これをその重量の1％を超えて含有する製剤その他の物を含む。）を製造し，又は取り扱う業務
2 5 4	トリクロロエチレン（これをその重量の1％を超えて含有する製剤その他の物を含む。）を製造し，又は取り扱う業務
2 5 5	メチルイソブチルケトン（これをその重量の1％を超えて含有する製剤その他の物を含む。）を製造し，又は取り扱う業務

2 5 6	ナフタレン（これをその重量の1％を超えて含有する製剤その他の物を含む。）を製造し，又は取り扱う業務
2 5 7	リフラクトリーセラミックファイバー（これをその重量の1％を超えて含有する製剤その他の物を含む。）を製造し，又は取り扱う業務
2 5 8	オルト-トルイジン（これをその重量の1％を超えて含有する製剤その他の物を含む。）を製造し，又は取り扱う業務
2 5 9	三酸化二アンチモン（これをその重量の1％を超えて含有する製剤その他の物を含む。）を製造し，又は取り扱う業務
2 6 0	溶接ヒューム（これをその重量の1％を超えて含有する製剤その他の物を含む。）を製造し，又は取り扱う業務

様式第４号（第46条関係）

製　　造
製造等禁止物質　輸　　入　許可申請書
使　　用

物　　質　　の　　名　　称			
目　　　　　　　　　的			
製造若しくは使用の期間又は輸入年月	製造　年　月～　年　月		
	使用　年　月～　年　月		
	輸入　年　月		
物　　質　　の　　数　　量			
製　造　又　は　使　用　の　概　要			
従　事　労　働　者　数	製造　　　　　　　名		使用　　　　　　　名
製造設備等	建家の概要	床　　面　　積	㎡
		構造（床を含む。）	
	製　造　設　備　の　概　要		（密閉式の構造，ドラフトチエンバーの内部に設置）別添図面のとおり
	使　用　設　備　の　概　要		別添図面のとおり
保管	製造等禁止物質を入れる容　器　の　概　要		
	製造等禁止物質を保管する場所		
保護具	不浸透性の保護前掛の種類別個数		
	不浸透性の保護手袋の種類別個数		
	その他の保護具の種類別個数		
試　験　研　究　機　関　の　名　称			
試　験　研　究　機　関　の　所　在　地			
試験研究機関の代表者職氏名			
参　　考　　事　　項			

　　年　月　日

住　　所
氏　　名

　　労働局長殿

備考
1　表題中の「製造」，「輸入」及び「使用」のうち該当しない文字は，抹消すること。
2　「建家の概要」の欄は，製造等禁止物質を製造し，又は使用する作業場所について記入すること。
3　「構造（床を含む。）」の欄は，鉄筋コンクリート造り，木造等の別及び床については，その材質を記入すること。
4　「製造設備の概要」の欄は，該当するものに○を付すこと。また，主要な製造設備ごとの密閉状況及び配管の接続部を示す図面又はドラフトチエンバーの構造を示す図面を添付すること。
5　「製造等禁止物質を入れる容器の概要」の欄は，容器の材質及びその容量について記入すること。
6　「不浸透性の保護前掛の種類別個数」及び「不浸透性の保護手袋の種類別個数」の欄は，当該保護具の材質及びその個数を記入すること。
7　「その他の保護具の種類別個数」の欄は，防じんマスク，防毒マスク等の種類別にその個数を記入すること。
8　「参考事項」の欄は，定期の健康診断の実施予定月及び実施機関名並びに製造等禁止物質を輸入する場合にあっては，輸入事務を代行する機関名及びその所在地を記入すること。
9　住所は，届出をしようとする者が法人である場合にあっては，主たる事務所の所在地を記入すること。
10　氏名は，届出をしようとする者が法人である場合にあっては，名称及び代表者の氏名を記入すること。
11　許可申請書は，製造し，又は使用する試験研究機関の所在地を管轄する労働基準監督署長を経由して提出すること。

様式第4号の2（第46条関係）

製造等許可番号第　　号

製造等禁止物質　製　造／輸　入／使　用　許可証

物　質　の　名　称	
申　請　者　の　住　所	
申　請　者　の　氏　名	
試験研究機関の名称及び所在地　名　称	
所在地	

労働安全衛生法施行令第16条第2項第1号の規定により，申請のあつた上記物質の　製造／輸入／使用　を許可する。

　　　年　月　日

　　　　　　　　　　　　　　　　労働局長　　　　　印

様式第5号（第49条関係）

特定化学物質製造許可申請書

製造許可を受けようとする物質の名称	
製造しようとする事業場等の名称及び所在地	
製造しようとする事業場等の代表者の職氏名	

　　　年　月　日

| 収　入印　紙 |

　　　　　　　　　　　　　　　住　所
　　　　　　　　　　　　　　　氏　名

　　厚生労働大臣　殿

備考
1　製造しようとする事業場等の所在地を管轄する労働基準監督署長を経由して提出すること。
2　収入印紙は，申請者において消印しないこと。
3　住所は，申請者が法人である場合にあつては，主たる事務所の所在地を記入すること。
4　氏名は，申請者が法人である場合にあつては，名称及び代表者の氏名を記入すること。

様式第6号（第49条関係）

摘　　要　　書

		事業の概要	摘要
事業の種類			
	事業場の労働従事労働者数	労働者数	名
第1類物質製造業務従事労働者数			
生産計画等	当該物質の生産計画	物質名（　　） 年間を通じて生産 特定時期（　月）に生産	生産予定量
	当該物質の最大生産能力		
	当該物質の自家消費量	年間を通じて消費 特定時期（　月）に消費	消費量
事業場概要の	敷地総面積		㎡
	建家等の配置状況	別添図面のとおり	
製造施設	建家の概要 延床面積		㎡
	構造（床・壁を含む。）		
	建家内の他の作業場所との隔離状況	別添図面のとおり	
	製造設備の概要	別添図面のとおり	
	粉状の物を取り扱う場所の概要及び発じん防止措置		
	除じん装置 対象物質名		
	処理方式及びその能力		
	主要構造部分の設計図	別添図面のとおり	

設備等	排ガス処理装置　処理対象物質名	
	処理方式及びその能力	
	主要構造部分の設計図	別添図面のとおり
	排液処理装置　処理対象物質名	
	処理方式及びその能力	
	主要構造部分の設計図	別添図面のとおり
清潔	休憩室の概要	
	洗浄設備の概要	
作業方法	製造工程	
	作業手順	
	操作上の注意事項	
保護具等	呼吸用保護具の種類別個数	
	その他の保護具の種類別個数	
	塗布剤の備付け量	

作業主任者等の選任状況	特定化学物質作業主任者の作業場別選任（予定）数	
	衛生管理者数	
	産業医の氏名	
衛生に関する規定の内容	別添のとおり	

備考
1　「事業の種類」の欄は、日本標準産業分類の中分類により記入すること。
2　「事業の概要」の欄は、具体的に記入すること。
3　「建家等の配置状況」の欄は、図面上に当該物質の製造設備及び用後処理設備を明示すること。
4　「構造」の欄は、建築物ごとに、その構造及び材質を記入すること。
5　「製造設備の概要」の欄は、プラント並びに主要な製造設備ごとに、主要な製造設備ごとの密閉状況及び製造設備ごとの密閉状況及び配管の接続部を示す図面を添付すること。
6　「粉状の物を取り扱う場所の概要及び発じん防止措置」の欄は、図面のほか、局所排気装置がある場合には、局所排気装置摘要書（労働安全衛生規則様式第25号）を、プッシュプル型換気装置がある場合には、プッシュプル型換気装置摘要書（労働安全衛生規則様式第26号）を添付すること。
　　この場合において、同摘要書の記載事項のうち、空気清浄装置の欄の記載は要しない。
7　「休憩室の概要」の欄は、その面積及び備品を記入し、室の図面を添付すること。
8　「洗浄設備の概要」の欄は、その内容を具体的に記入すること。
9　「作業手順」及び「操作上の注意事項」の欄は、製造工程における各装置ごとに記入すること。
10　この摘要に記載しきれない事項については、別紙に記載して添付すること。

様式第7号（第49条関係）

　　　　製造許可番号　第　　　　　号

特定化学物質製造許可証

物　質　の　名　称	
申　請　者　の　住　所	
申　請　者　の　氏　名	
製造を行う事業場等の所在地	
製造を行う事業場等の名称	

　労働安全衛生法第56条第1項の規定により，申請のあつた上記物質の製造（申請に係るプラントにおける製造に限る。）を許可する。

　　　　年　　　　月　　　　日

　　　　　　　　　　　　　　　　　　　　　厚生労働大臣　　　　　　　　印

様式第8号（第49条関係）

特定化学物質製造許可証　再交付／書替　申請書

製造許可番号及び許可年月日	
製造を行う事業場等の所在地及び名称	
再交付又は書替えの理由	

　　　　年　　　　月　　　　日

　　　　　　　　　　　　　　　　　　　　　　　　住　　所
　　　　　　　　　　　　　　　　　　　　　　　　氏　　名

　　　厚生労働大臣　殿

　備考
　　1　住所は，申請者が法人である場合にあつては，主たる事務所の所在地を記入すること。
　　2　氏名は，申請者が法人である場合にあつては，名称及び代表者の氏名を記入すること。
　　3　申請書は，製造を行う事業場等の所在地を管轄する労働基準監督署長を経由して提出すること。

様式第11号（第38条の17，第38条の18，第53条関係）

特別管理物質等関係記録等報告書

事 業 の 種 類	
事 業 場 の 名 称	
事 業 場 の 所 在 地	電話　　（　　　）
製造し，又は取り扱つた特別管理物質等の名称	

　　　　年　　　月　　　日

　　　　　　　　　　　　　　　　　　事業者職氏名

　　労働基準監督署長殿

　備考
　　1　「事業の種類」の欄は日本標準産業分類の中分類により記入すること。
　　2　この報告書に記載しきれない事項については別紙に記載して添付すること。

様式第15号（労働安全衛生規則第75条，第80条関係）

（　　　　　　）技 能 講 習 ／ 運転実技教習　受講申込書

（ふ　り　が　な）氏　　名	
旧姓を使用した氏名又は通称の併記の希望の有無（い ず れ か を ○ で 囲 む）	有 ／ 無
併 記 を 希 望 す る氏 名 又 は 通 称	
生　年　　月　　日	
住　　　　　所	
講習の一部免除を希望する範囲	

収入印紙　　　　　　年　　月　　日

申込者　氏　　　　名

（　　　　　　　）殿

備考
1 表題の（　　）内には，受講しようとする技能講習又は運転実技教習の種類を記入すること。
2 表題中，「技能講習」又は「運転実技教習」のうち該当しない文字は，抹消すること。
3 「氏名」の欄は，旧姓を使用した氏名又は通称の併記の希望の有無を○で囲むこと。併記を希望する場合には，併記を希望する氏名又は通称を記入すること。
4 技能講習を受けようとする者は，技能講習を受けることのできる資格を有することを証する書面を添付すること。
5 技能講習の一部の免除を受けようとする者は，その資格を有することを証する書面を添付すること。
6 都道府県労働局長の行う技能講習を受講する者にあつては，受講料は収入印紙を受講申込書に貼り付けて納入するものとし，その収入印紙は，申込者において消印しないこと。
7 末尾の（　　）内には，技能講習を行う都道府県労働局長又は技能講習若しくは運転実技教習を行う登録教習機関の名称を記入すること。

様式第17号（労働安全衛生規則第81条関係）

技能講習修了証

（第4面）　　　　　　　　　　　　　（第1面）

注　意　事　項 1　本修了証は，大切にし，作業中は 　　必ず携帯すること。 2　本修了証を減失し，又は損傷した 　　ときは，再交付を受けること。 3　「備考」の欄は，本人において記 　　入しないこと。	（　　）技能講習修了証

64mm

←　　　91mm　　　→　　　←　　　91mm　　　→

（第2面）　　　　　　　　　　　　　（第3面）

| 第　　　号

　　　　　年　　月　　日交付

　　　都道府県労働局長
　　　登 録 教 習 機 関　[印]

備　考 | 氏　　名

　　　　　年　　月　　日生

住　　所 |

備考
　1　技能講習の受講の申込時に旧姓を使用した氏名又は通称（以下「旧姓
　　等」という。）の併記の希望があつた場合には，氏名と併せて括弧書き
　　で併記を希望する旧姓等を記入すること。
　2　「備考」の欄には，旧姓等を併記する場合は括弧書きで記載されたも
　　のが旧姓等である旨，その他必要な事項を記入すること。

様式第18号（労働安全衛生規則第82条関係）

（　　　　　　　　）技能講習 $\left(\begin{array}{c}修 了 証 再 交 付\\修 了 証 書 替\\修了証明書交付\end{array}\right)$ 申込書

（ふ り が な） 氏　　　　名	
旧姓を使用した氏名又は通称の併記の希望の有無 （ い ず れ か を ○ で 囲 む ）	有 ／ 無
併 記 を 希 望 す る 氏 名 又 は 通 称	
生 　 年 　 月 　 日	
住 　 　 　 所	
再 交 付 等 の 理 由	

　年　　月　　日

申込者　氏　　　　　名

（　　　　　　　　）殿

備考
　1　表題の（　）内には労働安全衛生法別表第18各号の技能講習の種類を記入し，「修了
　　証再交付」,「修了証書替」及び「修了証明書交付」のうち，該当しない文字を抹消する
　　こと。
　2　「氏名」の欄は，旧姓を使用した氏名又は通称の併記の希望の有無を○で囲むこと。併
　　記を希望する場合には，併記を希望する氏名又は通称を記入すること。
　3　損傷による修了証の再交付又は修了証明書の交付の申込みの場合にあつては旧修了証
　　を，氏名の変更による修了証の書替え又は修了証明書の交付の申込みの場合にあつては
　　旧修了証及び記載事項の異動を証する書面を添付すること。
　4　末尾の（　）内には，技能講習修了証の交付を受けた登録教習機関（登録教習機関が
　　当該技能講習の業務を廃止した場合（当該登録を取り消された場合及び当該登録がその
　　効力を失つた場合を含む。）及び労働安全衛生法及びこれに基づく命令に係る登録及び
　　指定に関する省令第24条第 1 項ただし書に規定する場合にあつては，同項ただし書に規
　　定する厚生労働大臣が指定する機関）の名称を記入すること。

様式第20号（労働安全衛生規則第86条関係）

機　械　等　設置・移転・変更届

事 業 の 種 類		事 業 場 の 名　　　称		常時使用す る労働者数	
設　　置　　地		主たる事務所 の 所 在 地	電話　（　　）		
計 画 の 概 要					
製造し、又は取 り扱う物質等及 び当該業務に従 事する労働者数	種　類　等		取 扱 量	従事労働者数	
				男	女	計
参 画 者 の 氏 名		参　画　者　の 経 歴 の 概 要			
工　事　着　手 予 定 年 月 日		工 事 落 成 予 定 年　　月　　日			

年　　　月　　　日

事業者職氏名

労働基準監督署長　　殿

備考

1　表題の「設置」，「移転」及び「変更」のうち，該当しない文字を抹消すること。

2　「事業の種類」の欄は，日本標準産業分類の中分類により記入すること。

3　「設置地」の欄は，「主たる事務所の所在地」と同一の場合は記入を要しないこと。

4　「計画の概要」の欄は，機械等の設置，移転又は変更の概要を簡潔に記入すること。

5　「製造し，又は取り扱う物質等及び当該業務に従事する労働者数」の欄は，別表第7の13
　の項から25の項まで（22の項を除く。）の上欄に掲げる機械等の設置等の場合に記入するこ
　と。

　　この場合において，以下の事項に注意すること。

　イ　別表第7の21の項の上欄に掲げる機械等の設置等の場合は，「種類等」及び「取扱量」の
　　記入は要しないこと。

　ロ　「種類等」の欄は，有機溶剤等にあってはその名称及び有機溶剤中毒予防規則第1条第
　　1項第3号から第5号までに掲げる区分を，鉛等にあってはその名称を，焼結鉱等にあっ
　　ては焼結鉱，煙灰又は電解スライムの別を，四アルキル鉛等にあっては四アルキル鉛又は
　　加鉛ガソリンの別を，粉じんにあっては粉じんとなる物質の種類を記入すること。

　ハ　「取扱量」の欄には，日，週，月等一定の期間に通常取り扱う量を記入し，別表第7の14
　　の項の上欄に掲げる機械等の設置等の場合は，鉛等又は焼結鉱の種類ごとに記入すること。

　ニ　「従事労働者数」の欄は，別表第7の14の項，15の項，23の項及び24の項の上欄に掲げる
　　機械等の設置等の場合は，合計数の記入で足りること。

6　「参画者の氏名」及び「参画者の経歴の概要」の欄は，型枠支保工又は足場に係る工事の場
　合に記入すること。

7　「参画者の経歴の概要」の欄には，参画者の資格に関する職歴，勤務年数等を記入すること。

8　別表第7の22の項の上欄に掲げる機械等の設置等の場合は，「事業場の名称」の欄には建
　築物の名称を，「常時使用する労働者」の欄には利用事業場数及び利用労働者数を，「設置地」
　の欄には建築物の住所を，「計画の概要」の欄には建築物の用途，建築物の大きさ（延床面
　積及び階数），設備の種類（空気調和設備，機械換気設備の別）及び換気の方式を記入し，そ
　の他の事項については記入を要しないこと。

9　この届出に記載しきれない事項は，別紙に記載して添付すること。

様式第25号（労働安全衛生規則別表第7関係）
局所排気装置摘要書

別表第7の区分						
対象作業工程名						
局所排気を行うべき物質の名称						
局所排気装置の配置図及び排気系統を示す線図						

フード

	番　号					
	型　式	囲い式 外付け式 (側方，下方，上方) レシーバー式	囲い式 外付け式 (側方，下方，上方) レシーバー式	囲い式 外付け式 (側方，下方，上方) レシーバー式	囲い式 外付け式 (側方，下方，上方) レシーバー式	囲い式 外付け式 (側方，下方，上方) レシーバー式
	制御風速（m/s）					
	排風量（m³/min）					
	フードの形状，寸法，発散源との位置関係を示す図面					

局所排気装置の設計値	装置全体の圧力損失（hPa）及び計算方法					
	ファン前後の速度圧差（hPa）			ファン前後の静圧差(hPa)		

設置ファン等の仕様

排風機	最大静圧（hPa）						ターボ・リミットロード・エアホイル・ラジアル・遠心（シロッコ・プレートファン・ガイドベーン（有．無））	ボルテックス・軸流・斜流
	ファン静圧（hPa）			ファン型式				
	排風量（m³/min）							その他（　　）
	回転数（rpm）							
	静圧効率（%）							
	軸動力（kW）							
	ファンを駆動する電動機	型式	定格出力（kW）	相	電圧（V）	定格周波数（Hz）	回転数（rpm）

空気清浄装置

除じん装置	定格処理風量（m³/min）			圧力損失の大きさ（hPa）	（定格値）（設計値）	
	前置き除じん装置の有無及び型式	有（型式　　　　　　） 無				
	主　方　式		粉じん取出方法			
	形状及び寸法					
	集じん容量（g/h）		粉じん落とし機構 有（自動式・手動式） 無			
排ガス処理装置	ガス中に液を分散させる方式 ガス・液ともに分散させる方式 液中にガスを分散させる方式 吸着方式 その他（　　）	吸収液又は吸着剤	水酸化ナトリウム 水消石灰 アンモニア 硫活性炭酸水 その他（　　）	処理後の措置	再生・回収 焼却 埋廃棄物処理業への委託処理 その他 冷却没者	

備考
1　「別表第7の区分」の欄には，当該局所排気装置に該当する別表第7の項の番号を記入すること。
2　別表第7の24の項の局所排気装置にあっては，「対象作業工程名」の欄に粉じん障害防止規則別表第2の号別区分を記入すること。
3　「フード」の欄には，各フードごとに番号を記入し，型式については該当するもの（外付け式のフードにあっては，吸引方向）に○を付するとともに，所要事項を記入すること。
4　「設置ファン等の仕様」の欄の排風機のうち，「最大静圧」以外は，ファンの動作点の数値を記入すること。「ファン型式」の欄は，該当するものに○を付すること。
5　別表第7の13の項の局所排気装置にあっては，「空気清浄装置」の欄は記入を要しないこと。また，同表の14の項又は24の項の局所排気装置にあっては，「空気清浄装置」の欄のうち除じん装置の欄のみ記入すること。
6　「空気清浄装置」の欄のうち，「排ガス処理装置」，「吸収液又は吸着剤」及び「処理後の措置」の欄は，該当するものに○を付すること。
7　「空気清浄装置」の欄のうち排ガス処理装置については，その図面を添付すること。
8　この摘要書に記載しきれない事項は，別紙に記載して添付すること。

様式第26号（労働安全衛生規則別表第7関係）

<h2 style="text-align:center">プッシュプル型換気装置摘要書</h2>

対象作業工程名				
換気を行うべき物質の名称				
プッシュプル型換気装置の型式等	型　　　式		密閉式（送風機（有・無））・開放式	
	気流の向き		下降流・斜降流・水平流・その他（　　　　）	
プッシュプル型換気装置の配置図及び給排気系統を示す線図				

フード等	吹出し開口面面積（m²）		吸込み開口面面積（m²）	
	吹出し開口面風速（m/s）		吸込み開口面風速（m/s）	
	吹出し風量（m³/min）		吸込み風量（m³/min）	
	吹出し側フード，吸込み側フード及びブースの構造を示す図面			

		給　気　側	排　気　側
プッシュプル型換気装置の設計値	装置全体の圧力損失（hPa）及び計算方法		
	ファン前後の速度圧差（hPa）		
	ファン前後の静圧差（hPa）		

設置ファン等の仕様	送風機等	ファ　ン　型　式	ターボ，ラジアル，リミットロード，エアホイル，シロッコ，遠心軸流，斜流，アキシャル，（ガイドベーン（有・無）），その他（　　）	ターボ，ラジアル，リミットロード，エアホイル，シロッコ，遠心軸流，斜流，アキシャル，（ガイドベーン（有・無）），その他（　　）
		最　大　静　圧（　hPa　）		
		ファ　ン　静　圧（　hPa　）		
		送風量及び排風量（m³/min）		
		回　転　数（　rpm　）		
		静　圧　効　率（　%　）		
		軸　動　力（　kW　）		
	電動機（ファンを駆動する）	型　　　　　　　式		
		定　格　出　力（　kW　）		
		相		
		電　　　　圧（　V　）		
		定　格　周　波　数（Hz）		
		回　転　数（　rpm　）		

除じん装置	前置き除じん装置の有無及び型式	有（型式　　　　　　　　　　　　）　　無		
	主　　方　　式		粉じん取出方法	
	形　状　及　び　寸　法			
	集　じ　ん　容　量（g/h）		粉じん落とし機構	有（自動式・手動式）無

備考
1　「プッシュプル型換気装置の型式等」の欄は，該当するものに○を付すこと。
2　送風機を設けないプッシュプル型換気装置については，「給気側」の欄の記入を要しないこと。
3　吹出し側フード，吸込み側フード及びブースの構造を示す図面には，寸法を記入すること。
4　吹出し側フードの開口部の任意の点と吸込み側フードの開口部の任意の点を結ぶ線分が通ることのある区域以外の区域を換気区域とするときは，当該換気区域を明示すること。
5　「ファン型式」の欄は，該当するものに○を付すこと。「最大静圧」の欄以外は，ファンの動作点の数値を記入すること。
6　別表第7の13の項のプッシュプル型換気装置にあつては，「除じん装置」の欄は記入を要しないこと。
7　この摘要書に記載しきれない事項は，別紙に記載して添付すること。

1　特定化学物質障害予防規則の規定に基づく厚生労働大臣が定める性能

（昭和50年9月30日労働省告示第75号）

（改正　令和4年11月17日厚生労働省告示第335号）

特定化学物質障害予防規則（昭和47年労働省令第39号）第7条第1項第5号（第38条の16第3項，第38条の17第2項及び第38条の18第2項において準用する場合を含む。）及び第50条第1項第7号ヘ（第50条の2第2項において準用する場合を含む。）の厚生労働大臣が定める性能を次のとおりとする。

1　労働安全衛生法施行令（昭和47年政令第318号。以下「令」という。）別表第3第1号3，6若しくは7に掲げる物若しくは同号8に掲げる物で同号3，6若しくは7に係るもの，同表第2号1から3まで，4から7まで，8の2から11まで，13から18まで，19，19の4から22まで，23から25まで，27から31の2まで，33，34若しくは34の3から36までに掲げる物若しくは特定化学物質障害予防規則別表第1第1号から第3号まで，第4号から第7号まで，第8号の2から第11号まで，第13号から第18号まで，第19号，第19号の4から第22号まで，第23号から第25号まで，第27号から第31号の2まで，第33号，第34号若しくは第34号の3から第36号までに掲げる物又は1・4-ジクロロ-2-ブテン若しくは1・4-ジクロロ-2-ブテンを重量の1パーセントを超えて含有する製剤その他の物のガス，蒸気又は粉じんが発散する作業場に設ける局所排気装置にあつては，そのフードの外側における令別表第3第1号3，6若しくは7に掲げる物，同表第2号1から3まで，4から7まで，8の2から11まで，13から18まで，19，19の4から22まで，23から25まで，27から31の2まで，33，34若しくは34の3から36までに掲げる物又は1・4-ジクロロ-2-ブテンの濃度が，次の表の上欄（編注：左欄）に掲げる物の種類に応じ，それぞれ同表の下欄（編注：右欄）に定める値を超えないものとすること。

物　　の　　種　　類	値
塩素化ビフエニル（別名 PCB）	0.01ミリグラム
ベリリウム及びその化合物	ベリリウムとして0.001ミリグラム
ベンゾトリクロリド	0.05立方センチメートル
アクリルアミド	0.1ミリグラム
アクリロニトリル	2立方センチメートル
アルキル水銀化合物（アルキル基がメチル基又はエチル基である物に限る。）	水銀として0.01ミリグラム
エチレンイミン	0.05立方センチメートル
エチレンオキシド	1.8ミリグラム又は1立方センチメートル
塩化ビニル	2立方センチメートル
塩素	0.5立方センチメートル
オルト-トルイジン	1立方センチメートル
オルト-フタロジニトリル	0.01ミリグラム
カドミウム及びその化合物	カドミウムとして0.05ミリグラム
クロム酸及びその塩	クロムとして0.05ミリグラム
五酸化バナジウム	バナジウムとして0.03ミリグラム
コバルト及びその無機化合物	コバルトとして0.02ミリグラム
コールタール	ベンゼン可溶性成分として0.2ミリグラム
酸化プロピレン	2立方センチメートル
三酸化二アンチモン	アンチモンとして0.1ミリグラム
シアン化カリウム	シアンとして3ミリグラム
シアン化水素	3立方センチメートル
シアン化ナトリウム	シアンとして3ミリグラム
3・3′-ジクロロ-4・4′-ジアミノジフェニルメタン	0.005ミリグラム
1・4-ジクロロ-2-ブテン	0.005立方センチメートル
ジメチル-2・2-ジクロロビニルホスフェイト（別名 DDVP）	0.1ミリグラム
1・1-ジメチルヒドラジン	0.01立方センチメートル
臭化メチル	1立方センチメートル
重クロム酸及びその塩	クロムとして0.05ミリグラム
水銀及びその無機化合物（硫化水銀を除く。）	水銀として0.025ミリグラム
トリレンジイソシアネート	0.005立方センチメートル
ナフタレン	10立方センチメートル

物 の 種 類	値
ニツケル化合物（ニツケルカルボニルを除き，粉状の物に限る。）	ニツケルとして0.1ミリグラム
ニツケルカルボニル	0.007ミリグラム又は0.001立方センチメートル
ニトログリコール	0.05立方センチメートル
パラーニトロクロルベンゼン	0.6ミリグラム
砒素及びその化合物（アルシン及び砒化ガリウムを除く。）	砒素として0.003ミリグラム
弗化水素	0.5立方センチメートル
ベータープロピオラクトン	0.5立方センチメートル
ベンゼン	1立方センチメートル
ペンタクロルフエノール（別名 PCP）及びそのナトリウム塩	ペンタクロルフエノールとして0.5ミリグラム
ホルムアルデヒド	0.1立方センチメートル
マンガン及びその化合物	マンガンとして0.05ミリグラム
沃化メチル	2立方センチメートル
リフラクトリーセラミックファイバー	0.3
硫化水素	1立方センチメートル
硫酸ジメチル	0.1立方センチメートル

備考　この表の値は，リフラクトリーセラミックファイバーにあつては1気圧の空気1立方センチメートル当たりに占める5マイクロメートル以上の繊維の数を，リフラクトリーセラミックファイバー以外の物にあつては温度25度，1気圧の空気1立方メートル当たりに占める当該物の重量又は容積を示す。

2　令別表第3第1号1，2，4若しくは5に掲げる物若しくは同号8に掲げる物で同号1，2，4若しくは5に係るもの，同表第2号3の2，8，12，26，若しくは32に掲げる物若しくは特定化学物質障害予防規則別表第1第3号の2，第8号，第12号，第26号若しくは第32号に掲げる物又は1・3-ブタジエン若しくは1・3-ブタジエンを重量の1パーセントを超えて含有する製剤その他の物若しくは硫酸ジエチル若しくは硫酸ジエチルを重量の1パーセントを超えて含有する製剤その他の物のガス，蒸気又は粉じんが発散する作業場に設ける局所排気装置にあつては，次の表の上欄（編注：左欄）に掲げる物の状態に応じ，それぞれ同表の下欄（編注：右欄）に定める制御風速を出し得ること。

物　　の　　状　　態	制御風速 $\left(\begin{array}{c}単 位 \quad 1 秒 当 た り\\ メ ー ト ル\end{array}\right)$
ガ　ス　状	0.5
粒　子　状	1.0

備考
1　この表における制御風速は，局所排気装置のすべてのフードを開放した場合の風速をいう。
2　この表における制御風速は，フードの型式に応じて，それぞれ次に掲げる風速をいう。
　イ　囲い式フード又はブース式フードにあつては，フードの開口面における最小風速
　ロ　外付け式フード又はレシーバー式フードにあつては，当該フードにより第1類物質又は第2類物質のガス，蒸気又は粉じんを吸引しようとする範囲内における当該フードの開口面から最も離れた作業位置の風速

附　則　略

2　特定化学物質障害予防規則第7条第2項第4号及び第50条第1項第8号ホの厚生労働大臣が定める要件

（平成15年12月10日厚生労働省告示第377号）
（改正　平成18年2月16日厚生労働省告示第58号）

特定化学物質障害予防規則第7条第2項第4号及び第50条第1項第8号ホの厚生労働大臣が定める要件は，次のとおりとする。

1　密閉式プッシュプル型換気装置（ブースを有するプッシュプル型換気装置であって，送風機により空気をブース内へ供給し，かつ，ブースについて，フードの開口部を除き，天井，壁及び床が密閉されているもの並びにブース内へ空気を供給する開口部を有し，かつ，ブースについて，当該開口部及び吸込み側フードの開口部を除き，天井，壁及び床が密閉されているものをいう。以下同じ。）は，次に定めるところに適合するものであること。

イ　排風機によりブース内の空気を吸引し，当該空気をダクトを通して排気口から排出するものであること。

ロ　ブース内に下向きの気流（以下「下降気流」という。）を発生させること，第1類物質又は第2類物質のガス，蒸気又は粉じんの発散源にできるだけ近い位置に吸込み側フードを設けること等により，第1類物質又は第2類物質のガス，蒸気又は粉じんの発散源から吸込み側フードへ流れる空気を第1類物質又は第2類物質に係る作業に従事する労働者が吸入するおそれがない構造のものであること。

ハ　捕捉面（吸込み側フードから最も離れた位置の第1類物質又は第2類物質のガス，蒸気又は粉じんの発散源を通り，かつ，気流の方向に垂直な平面（ブース内に発生させる気流が下降気流であって，ブース内に第1類物質又は第2類物質に係る作業に従事する労働者が立ち入る構造の密閉式プッシュプル型換気装置にあっては，ブースの床上1.5メートルの高さの水平な平面）をいう。以下ハにおいて同じ。）における気流が次に定めるところに適合するものであること。

$$\sum_{i=1}^{n} \frac{V_i}{n} \geqq 0.2$$

$$\frac{3}{2}\sum_{i=1}^{n}\frac{V_i}{n} \geqq V_1 \geqq \frac{1}{2}\sum_{i=1}^{n}\frac{V_i}{n}$$

$$\frac{3}{2}\sum_{i=1}^{n}\frac{V_i}{n} \geqq V_2 \geqq \frac{1}{2}\sum_{i=1}^{n}\frac{V_i}{n}$$

・・・・・・・・・・

$$\frac{3}{2}\sum_{i=1}^{n}\frac{V_i}{n} \geqq V_n \geqq \frac{1}{2}\sum_{i=1}^{n}\frac{V_i}{n}$$

これらの式において，n及びV_1，V_2，…，V_nは，それぞれ次の値を表すものとする。

n　捕捉面を16以上の等面積の四辺形（一辺の長さが2メートル以下であるものに限る。）に分けた場合における当該四辺形（当該四辺形の面積が0.25平方メートル以下の場合は，捕捉面を6以上の等面積の四辺形に分けた場合における当該四辺形。以下ハにおいて「四辺形」という。）の総数

V_1，V_2，…，V_n　ブース内に作業の対象物が存在しない状態での，各々の四辺形の中心点における捕捉面に垂直な方向の風速（単位　メートル毎秒）

2　開放式プッシュプル型換気装置（密閉式プッシュプル型換気装置以外のプッシュプル型換気装置をいう。以下同じ。）は，次のいずれかに適合するものであること。

イ　次に掲げる要件を満たすものであること。

⑴　送風機により空気を供給し，かつ，排風機により当該空気を吸引し，当該空気をダクトを通して排気口から排出するものであること。

⑵　第1類物質又は第2類物質のガス，蒸気又は粉じんの発散源が換気区域（吹出し側フードの開口部の任意の点と吸込み側フードの開口部の任意の点を結ぶ線分が通ることのある区域をいう。以下イにおいて同じ。）の内部に位置するものであること。

⑶　換気区域内に下降気流を発生させること，第1類物質又は第2類物質のガス，蒸気又は粉じんの発散源にできるだけ近い位置に吸込み側フードを設けること等により，第1類物質又は第2類物質のガス，蒸気又は粉じんの発散源から吸込み側フードへ流れる空気を第1類物質又は第2類物質に係る作業に従事する労働者が吸入するおそれがない構造のものであること。

(4) 捕捉面（吸込み側フードから最も離れた位置の第1類物質又は第2類物質のガス，蒸気又は粉じんの発散源を通り，かつ，気流の方向に垂直な平面（換気区域内に発生させる気流が下降気流であって，換気区域内に第1類物質又は第2類物質に係る作業に従事する労働者が立ち入る構造の開放式プッシュプル型換気装置にあっては，換気区域の床上1.5メートルの高さの水平な平面）をいう。以下同じ。）における気流が，次に定めるところに適合するものであること。

$$\sum_{i=1}^{n} \frac{V_i}{n} \geqq 0.2$$

$$\frac{3}{2} \sum_{i=1}^{n} \frac{V_i}{n} \geqq V_1 \geqq \frac{1}{2} \sum_{i=1}^{n} \frac{V_i}{n}$$

$$\frac{3}{2} \sum_{i=1}^{n} \frac{V_i}{n} \geqq V_2 \geqq \frac{1}{2} \sum_{i=1}^{n} \frac{V_i}{n}$$

・・・・・・・・・・

$$\frac{3}{2} \sum_{i=1}^{n} \frac{V_i}{n} \geqq V_n \geqq \frac{1}{2} \sum_{i=1}^{n} \frac{V_i}{n}$$

これらの式において，n及びV_1，V_2，…，V_nは，それぞれ次の値を表すものとする。

n　捕捉面を16以上の等面積の四辺形（一辺の長さが2メートル以下であるものに限る。）に分けた場合における当該四辺形（当該四辺形の面積が0.25平方メートル以下の場合は，捕捉面を6以上の等面積の四辺形に分けた場合における当該四辺形。以下(4)において「四辺形」という。）の総数

V_1，V_2，…，V_n　換気区域内に作業の対象物が存在しない状態での，各々の四辺形の中心点における捕捉面に垂直な方向の風速（単位　メートル毎秒）

(5) 換気区域と換気区域以外の区域との境界におけるすべての気流が，吸込み側フードの開口部に向かうものであること。

ロ　次に掲げる要件を満たすものであること。

(1) イ(1)に掲げる要件

(2) 第1類物質又は第2類物質のガス，蒸気又は粉じんの発散源が換気区域（吹出し側フードの開口部から吸込み側フードの開口部に向かう気流が発生する区域をいう。以下ロにおいて同じ。）の内部に位置するものであること。

(3) イ(3)に掲げる要件

(4) イ(4)に掲げる要件

3　特定化学物質障害予防規則第8条第1項の厚生労働大臣が定める要件

（平成15年12月10日厚生労働省告示第378号）

（改正　令和4年11月17日厚生労働省告示第335号）

特定化学物質障害予防規則（昭和47年労働省令第39号。以下「特化則」という。）第8条第1項（第38条の12第3項，第38条の16第3項，第38条の17第2項及び第38条の18第2項において準用する場合を含む。）の厚生労働大臣が定める要件は，次のとおりとする。

1　特化則第3条，第4条第4項又は第5条第1項の規定により設ける局所排気装置（同令第3条第1項ただし書の局所排気装置を含む。）にあっては，次に定めるところによること。

　イ　特定化学物質障害予防規則の規定に基づく厚生労働大臣が定める性能（昭和50年労働省告示第75号。以下「性能告示」という。）第1号に規定する局所排気装置にあっては，そのフードの外側における労働安全衛生法施行令（昭和47年政令第318号）別表第3第1号3，6若しくは7に掲げる物，同表第2号1から3まで，4から7まで，8の2から11まで，13から18まで，19，19の4から22まで，23から25まで，27から31の2まで，33，34若しくは34の3から36までに掲げる物又は1・4-ジクロロ-2-ブテン若しくは1・4-ジクロロ-2-ブテンを重量の1パーセントを超えて含有する製剤その他の物の濃度が，性能告示第1号の表の上欄（編注：左欄）に掲げる物の種類に応じ，それぞれ同表の下欄（編注：右欄）に定める値を常態として超えないように稼働させること。

　ロ　性能告示第2号に規定する局所排気装置にあっては，同号の表の上欄（編注：左欄）に掲げる物の状態に応じ，それぞれ同表の下欄（編注：右欄）に定める制御風速以上の制御風速で稼働させること。

2　特化則第3条，第4条第4項又は第5条第1項の規定により設けるプッシュプル型換気装置にあっては，次に定めるところによること。

　イ　特定化学物質障害予防規則第7条第2項第4号及び第50条第1項第8号ホの厚生労働大臣が定める要件（平成15年厚生労働省告示第377号。以下「要

件告示」という。）第1号に規定する密閉式プッシュプル型換気装置にあっ
ては，同号ハに規定する捕捉面における気流が同号ハに定めるところに適
合するように稼働させること。

ロ　要件告示第2号に規定する開放式プッシュプル型換気装置にあっては，次
に掲げる要件を満たすように稼働させること。

(1)　要件告示第2号イの要件を満たす開放式プッシュプル型換気装置にあ
っては，同号イ(4)の捕捉面における気流が同号イ(4)に定めるところに適
合した状態を保つこと。

(2)　要件告示第2号ロの要件を満たす開放式プッシュプル型換気装置にあ
っては，同号イ(4)の捕捉面における気流が同号ロ(4)に定めるところに適
合した状態を保つこと。

4　化学物質関係作業主任者技能講習規程（抄）

（平成6年6月30日労働省告示第65号）

（改正　令和5年4月3日厚生労働省告示第168号）

（講師）

第1条　〈前略〉特定化学物質及び四アルキル鉛等作業主任者技能講習（以下「技能講習」と総称する。）の講師は，労働安全衛生法（昭和47年法律第57号）別表第20第11号の表の講習科目の欄に掲げる講習科目に応じ，それぞれ同表の条件の欄に掲げる条件のいずれかに適合する知識経験を有する者とする。

〈労働安全衛生法別表第20第11号〉

　特定化学物質及び四アルキル鉛等作業主任者技能講習（後略）

講習科目		条　　件
学科講習	健康障害及びその予防措置に関する知識	1　学校教育法による大学において医学に関する学科を修めて卒業した者で，その後2年以上労働衛生に関する研究又は実務に従事した経験を有するものであること。 2　前号に掲げる者と同等以上の知識経験を有する者であること。
	作業環境の改善方法に関する知識	1　大学等において工学に関する学科を修めて卒業した者で，その後2年以上労働衛生に係る工学に関する研究又は実務に従事した経験を有するものであること。 2　前号に掲げる者と同等以上の知識経験を有する者であること。
	保護具に関する知識	1　大学等において工学に関する学科を修めて卒業した者で，その後2年以上保護具に関する研究又は実務に従事した経験を有するものであること。 2　前号に掲げる者と同等以上の知識経験を有する者であること。
	関係法令	1　大学等を卒業した者で，その後1年以上労働衛生の実務に従事した経験を有するものであること。 2　前号に掲げる者と同等以上の知識経験を有する者であること。

（講習科目の範囲及び時間）

第２条　技能講習は，次の表の上欄（編注：左欄）に掲げる講習科目に応じ，そ
れぞれ，同表の中欄に掲げる範囲について同表の下欄（編注：右欄）に掲げ
る講習時間により，教本等必要な教材を用いて行うものとする。

講習科目	範囲				講習時間
	（略）	（略）	特定化学物質及び四アルキル鉛等作業主任者技能講習（金属アーク溶接等作業主任者限定技能講習（特定化学物質障害予防規則（昭和47年労働省令第39号）第27条第２項に規定する金属アーク溶接等作業主任者限定技能講習をいう。以下同じ。）を除く。）	金属アーク溶接等作業主任者限定技能講習	
健康障害及びその予防措置に関する知識	（略）	（略）	特定化学物質による健康障害及び四アルキル鉛中毒の病理，症状，予防方法及び応急措置	溶接ヒュームによる健康障害の病理，症状，予防方法及び応急措置	４時間（鉛作業主任者技能講習にあっては３時間，金属アーク溶接等作業主任者限定技能講習にあっては１時間）
作業環境の改善方法に関する知識	（略）	（略）	特定化学物質及び四アルキル鉛の性質　特定化学物質の製造又は取扱い及び四アルキル鉛等業務に係る器具その他の設備の管理　作業環境の評価及び改善の方法	溶接ヒュームの性質　金属アーク溶接等作業（金属をアーク溶接する作業，アークを用いて金属を溶断し，又はガウジングする作業その他	４時間（鉛作業主任者技能講習にあっては３時間，金属アーク溶接等作業主任者限定技能講習にあっては２時間）

				の溶接ヒュームを製造し，又は取り扱う作業をいう。以下同じ。）に係る器具その他の設備の管理　作業環境の評価及び改善の方法	
保護具に関する知識	（略）	（略）	特定化学物質の製造又は取扱い及び四アルキル鉛等業務に係る保護具の種類，性能，使用方法及び管理	金属アーク溶接等作業に係る保護具の種類，性能，使用方法及び管理	2時間（鉛作業主任者技能講習にあっては1時間）
関係法令	（略）	（略）	労働安全衛生法，労働安全衛生法施行令及び労働安全衛生規則中の関係条項　特定化学物質障害予防規則　四アルキル鉛中毒予防規則	労働安全衛生法，労働安全衛生法施行令及び労働安全衛生規則中の関係条項　特定化学物質障害予防規則	2時間（鉛作業主任者技能講習にあっては3時間，金属アーク溶接等作業主任者限定技能講習にあっては1時間）

②　前項の技能講習は，おおむね100人以内の受講者を1単位として行うものとする。

（修了試験）

第3条　技能講習においては，修了試験を行うものとする。

②　前項の修了試験は，講習科目について，筆記試験又は口述試験によつて行う。

③　前項に定めるもののほか，修了試験の実施について必要な事項は，厚生労働省労働基準局長の定めるところによる。

5 化学物質等による危険性又は有害性等の調査等に関する指針

(平成27年9月18日危険性又は有害性等の調査等に関する指針公示第3号)

(改正 令和5年4月27日危険性又は有害性等の調査等に関する指針公示第4号)

1 趣旨等

本指針は，労働安全衛生法（昭和47年法律第57号。以下「法」という。）第57条の3第3項の規定に基づき，事業者が，化学物質，化学物質を含有する製剤その他の物で労働者の危険又は健康障害を生ずるおそれのあるものによる危険性又は有害性等の調査（以下「リスクアセスメント」という。）を実施し，その結果に基づいて労働者の危険又は健康障害を防止するため必要な措置（以下「リスク低減措置」という。）が各事業場において適切かつ有効に実施されるよう，「化学物質による健康障害防止のための濃度の基準の適用等に関する技術上の指針」（令和5年4月27日付け技術上の指針公示第24号）と相まって，リスクアセスメントからリスク低減措置の実施までの一連の措置の基本的な考え方及び具体的な手順の例を示すとともに，これらの措置の実施上の留意事項を定めたものである。

また，本指針は，「労働安全衛生マネジメントシステムに関する指針」（平成11年労働省告示第53号）に定める危険性又は有害性等の調査及び実施事項の特定の具体的実施事項としても位置付けられるものである。

2 適用

本指針は，リスクアセスメント対象物（リスクアセスメントをしなければならない労働安全衛生法施行令（昭和47年政令第318号。以下「令」という。）第18条各号に掲げる物及び法第57条の2第1項に規定する通知対象物をいう。以下同じ。）に係るリスクアセスメントについて適用し，労働者の就業に係る全てのものを対象とする。

3 実施内容

事業者は，法第57条の3第1項に基づくリスクアセスメントとして，(1)から(3)までに掲げる事項を，労働安全衛生規則（昭和47年労働省令第32号。以下「安衛則」という。）第34条の2の8に基づき(5)に掲げる事項を実施しなければならない。また，法第57条の3第2項に基づき，安衛則第577条の2に基

づく措置その他の法令の規定による措置を講ずるほか(4)に掲げる事項を実施するよう努めなければならない。

⑴　リスクアセスメント対象物による危険性又は有害性の特定

⑵　⑴により特定されたリスクアセスメント対象物による危険性又は有害性並びに当該リスクアセスメント対象物を取り扱う作業方法，設備等により業務に従事する労働者に危険を及ぼし，又は当該労働者の健康障害を生ずるおそれの程度及び当該危険又は健康障害の程度（以下「リスク」という。）の見積り（安衛則第577条の2第2項の厚生労働大臣が定める濃度の基準（以下「濃度基準値」という。）が定められている物質については，屋内事業場における労働者のばく露の程度が濃度基準値を超えるおそれの把握を含む。）

⑶　⑵の見積りに基づき，リスクアセスメント対象物への労働者のばく露の程度を最小限度とすること及び濃度基準値が定められている物質については屋内事業場における労働者のばく露の程度を濃度基準値以下とすることを含めたリスク低減措置の内容の検討

⑷　⑶のリスク低減措置の実施

⑸　リスクアセスメント結果等の記録及び保存並びに周知

4　実施体制等

⑴　事業者は，次に掲げる体制でリスクアセスメント及びリスク低減措置（以下「リスクアセスメント等」という。）を実施するものとする。

　ア　総括安全衛生管理者が選任されている場合には，当該者にリスクアセスメント等の実施を統括管理させること。総括安全衛生管理者が選任されていない場合には，事業の実施を統括管理する者に統括管理させること。

　イ　安全管理者又は衛生管理者が選任されている場合には，当該者にリスクアセスメント等の実施を管理させること。

　ウ　化学物質管理者（安衛則第12条の5第1項に規定する化学物質管理者をいう。以下同じ。）を選任し，安全管理者又は衛生管理者が選任されている場合にはその管理の下，化学物質管理者にリスクアセスメント等に関する技術的事項を管理させること。

　エ　安全衛生委員会，安全委員会又は衛生委員会が設置されている場合には，これらの委員会においてリスクアセスメント等に関することを調査審議させること。また，リスクアセスメント等の対象業務に従事する労働者に化学物質の管理の実施状況を共有し，当該管理の実施状況について，これらの労働者の意見を聴取する機会を設け，リスクアセスメント等の実施を決定する段階において労働者を参画させること。

　オ　リスクアセスメント等の実施に当たっては，必要に応じ，事業場内の化学物質管理専門家や作業環境管理専門家のほか，リスクアセスメント対象物に係る危険性及び有害性や，機械設備，化学設備，生産技術等についての専門的知識を有する者を参画させること。

　カ　上記のほか，より詳細なリスクアセスメント手法の導入又はリスク低減措置の実施に当たっての，技術的な助言を得るため，事業場内に化学物質管理専門家や作業環境管理専門家等がいない場合は，外部の専門家の活用を図ることが望ましいこと。

⑵　事業者は，⑴のリスクアセスメント等の実施を管理する者等（カの外部の専門家を除く。）に対し，化学物質管理者の管理のもとで，リスクアセスメント等を実施するために必要な教育を実施するものとする。

5　実施時期

⑴　事業者は，安衛則第34条の2の7第1項に基づき，次のアからウまでに掲げる時期にリスクアセスメントを行うものとする。

　ア　リスクアセスメント対象物を原材料等として新規に採用し，又は変更するとき。

　イ　リスクアセスメント対象物を製造し，又は取り扱う業務に係る作業の方法又は手順を新規に採用し，又は変更するとき。

　ウ　リスクアセスメント対象物による危険性又は有害性等について変化が生じ，又は生ずるおそれがあるとき。具体的には，以下の㈠，㈡が含まれること。

　　㈠　過去に提供された安全データシート（以下「SDS」という。）の危険性又は有害性に係る情報が変更され，その内容が事業者に提供された場合

　(イ)　濃度基準値が新たに設定された場合又は当該値が変更された場合

⑵　事業者は，⑴のほか，次のアからウまでに掲げる場合にもリスクアセスメントを行うよう努めること。

　ア　リスクアセスメント対象物に係る労働災害が発生した場合であって，過去のリスクアセスメント等の内容に問題があることが確認された場合

　イ　前回のリスクアセスメント等から一定の期間が経過し，リスクアセスメント対象物に係る機械設備等の経年による劣化，労働者の入れ替わり等に伴う労働者の安全衛生に係る知識経験の変化，新たな安全衛生に係る知見の集積等があった場合

　ウ　既に製造し，又は取り扱っていた物質がリスクアセスメント対象物として新たに追加された場合など，当該リスクアセスメント対象物を製造し，又は取り扱う業務について過去にリスクアセスメント等を実施したことがない場合

⑶　事業者は，⑴のア又はイに掲げる作業を開始する前に，リスク低減措置を実施することが必要であることに留意するものとする。

⑷　事業者は，⑴のア又はイに係る設備改修等の計画を策定するときは，その計画策定段階においてもリスクアセスメント等を実施することが望ましいこと。

6　リスクアセスメント等の対象の選定

　事業者は，次に定めるところにより，リスクアセスメント等の実施対象を選定するものとする。

⑴　事業場において製造又は取り扱う全てのリスクアセスメント対象物をリスクアセスメント等の対象とすること。

⑵　リスクアセスメント等は，対象のリスクアセスメント対象物を製造し，又は取り扱う業務ごとに行うこと。ただし，例えば，当該業務に複数の作業工程がある場合に，当該工程を1つの単位とする，当該業務のうち同一場所において行われる複数の作業を1つの単位とするなど，事業場の実情に応じ適切な単位で行うことも可能であること。

⑶　元方事業者にあっては，その労働者及び関係請負人の労働者が同一の場所で作業を行うこと（以下「混在作業」という。）によって生ずる労働災害

を防止するため，当該混在作業についても，リスクアセスメント等の対象とすること。

7 情報の入手等

(1) 事業者は，リスクアセスメント等の実施に当たり，次に掲げる情報に関する資料等を入手するものとする。

　入手に当たっては，リスクアセスメント等の対象には，定常的な作業のみならず，非定常作業も含まれることに留意すること。

　また，混在作業等複数の事業者が同一の場所で作業を行う場合にあっては，当該複数の事業者が同一の場所で作業を行う状況に関する資料等も含めるものとすること。

　ア　リスクアセスメント等の対象となるリスクアセスメント対象物に係る危険性又は有害性に関する情報（SDS 等）

　イ　リスクアセスメント等の対象となる作業を実施する状況に関する情報（作業標準，作業手順書等，機械設備等に関する情報を含む。）

(2) 事業者は，(1)のほか，次に掲げる情報に関する資料等を，必要に応じ入手するものとすること。

　ア　リスクアセスメント対象物に係る機械設備等のレイアウト等，作業の周辺の環境に関する情報

　イ　作業環境測定結果等

　ウ　災害事例，災害統計等

　エ　その他，リスクアセスメント等の実施に当たり参考となる資料等

(3) 事業者は，情報の入手に当たり，次に掲げる事項に留意するものとする。

　ア　新たにリスクアセスメント対象物を外部から取得等しようとする場合には，当該リスクアセスメント対象物を譲渡し，又は提供する者から，当該リスクアセスメント対象物に係る SDS を確実に入手すること。

　イ　リスクアセスメント対象物に係る新たな機械設備等を外部から導入しようとする場合には，当該機械設備等の製造者に対し，当該設備等の設計・製造段階においてリスクアセスメントを実施することを求め，その結果を入手すること。

　ウ　リスクアセスメント対象物に係る機械設備等の使用又は改造等を行お

うとする場合に，自らが当該機械設備等の管理権原を有しないときは，管理権原を有する者等が実施した当該機械設備等に対するリスクアセスメントの結果を入手すること。

(4)　元方事業者は，次に掲げる場合には，関係請負人におけるリスクアセスメントの円滑な実施に資するよう，自ら実施したリスクアセスメント等の結果を当該業務に係る関係請負人に提供すること。

　　ア　複数の事業者が同一の場所で作業する場合であって，混在作業におけるリスクアセスメント対象物による労働災害を防止するために元方事業者がリスクアセスメント等を実施したとき。

　　イ　リスクアセスメント対象物にばく露するおそれがある場所等，リスクアセスメント対象物による危険性又は有害性がある場所において，複数の事業者が作業を行う場合であって，元方事業者が当該場所に関するリスクアセスメント等を実施したとき。

8　危険性又は有害性の特定

　事業者は，リスクアセスメント対象物について，リスクアセスメント等の対象となる業務を洗い出した上で，原則としてアからウまでに即して危険性又は有害性を特定すること。また，必要に応じ，エに掲げるものについても特定することが望ましいこと。

　ア　国際連合から勧告として公表された「化学品の分類及び表示に関する世界調和システム（GHS)」（以下「GHS」という。）又は日本産業規格 Z7252 に基づき分類されたリスクアセスメント対象物の危険性又は有害性（SDS を入手した場合には，当該 SDS に記載されている GHS 分類結果）

　イ　リスクアセスメント対象物の管理濃度及び濃度基準値。これらの値が設定されていない場合であって，日本産業衛生学会の許容濃度又は米国産業衛生専門家会議（ACGIH）の TLV-TWA 等のリスクアセスメント対象物のばく露限界（以下「ばく露限界」という。）が設定されている場合にはその値（SDS を入手した場合には，当該 SDS に記載されているばく露限界）

　ウ　皮膚等障害化学物質等（安衛則第594条の2で定める皮膚若しくは眼に障害を与えるおそれ又は皮膚から吸収され，若しくは皮膚に侵入して，健康障害を生ずるおそれがあることが明らかな化学物質又は化学物質を含有す

る製剤）への該当性

エ　アからウまでによって特定される危険性又は有害性以外の，負傷又は疾
病の原因となるおそれのある危険性又は有害性。この場合，過去にリスク
アセスメント対象物による労働災害が発生した作業，リスクアセスメント
対象物による危険又は健康障害のおそれがある事象が発生した作業等によ
り事業者が把握している情報があるときには，当該情報に基づく危険性又
は有害性が必ず含まれるよう留意すること。

9　リスクの見積り

(1)　事業者は，リスク低減措置の内容を検討するため，安衛則第34条の2の
7第2項に基づき，次に掲げるいずれかの方法（危険性に係るものにあっ
ては，ア又はウに掲げる方法に限る。）により，又はこれらの方法の併用に
よりリスクアセスメント対象物によるリスクを見積もるものとする。

ア　リスクアセスメント対象物が当該業務に従事する労働者に危険を及ぼ
し，又はリスクアセスメント対象物により当該労働者の健康障害を生ず
るおそれの程度（発生可能性）及び当該危険又は健康障害の程度（重篤
度）を考慮する方法。具体的には，次に掲げる方法があること。

(ア)　発生可能性及び重篤度を相対的に尺度化し，それらを縦軸と横軸と
し，あらかじめ発生可能性及び重篤度に応じてリスクが割り付けられ
た表を使用してリスクを見積もる方法

(イ)　発生可能性及び重篤度を一定の尺度によりそれぞれ数値化し，それ
らを加算又は乗算等してリスクを見積もる方法

(ウ)　発生可能性及び重篤度を段階的に分岐していくことによりリスクを
見積もる方法

(エ)　ILOの化学物質リスク簡易評価法（コントロール・バンディング）等
を用いてリスクを見積もる方法

(オ)　化学プラント等の化学反応のプロセス等による災害のシナリオを仮
定して，その事象の発生可能性と重篤度を考慮する方法

イ　当該業務に従事する労働者がリスクアセスメント対象物にさらされる
程度（ばく露の程度）及び当該リスクアセスメント対象物の有害性の程
度を考慮する方法。具体的には，次に掲げる方法があること。

　(ｱ)　管理濃度が定められている物質については，作業環境測定により測定した当該物質の第一評価値を当該物質の管理濃度と比較する方法

　(ｲ)　濃度基準値が設定されている物質については，個人ばく露測定により測定した当該物質の濃度を当該物質の濃度基準値と比較する方法

　(ｳ)　管理濃度又は濃度基準値が設定されていない物質については，対象の業務について作業環境測定等により測定した作業場所における当該物質の気中濃度等を当該物質のばく露限界と比較する方法

　(ｴ)　数理モデルを用いて対象の業務に係る作業を行う労働者の周辺のリスクアセスメント対象物の気中濃度を推定し，当該物質の濃度基準値又はばく露限界と比較する方法

　(ｵ)　リスクアセスメント対象物への労働者のばく露の程度及び当該物質による有害性の程度を相対的に尺度化し，それらを縦軸と横軸とし，あらかじめばく露の程度及び有害性の程度に応じてリスクが割り付けられた表を使用してリスクを見積もる方法

ウ　ア又はイに掲げる方法に準ずる方法。具体的には，次に掲げる方法があること。

　(ｱ)　リスクアセスメント対象物に係る危険又は健康障害を防止するための具体的な措置が労働安全衛生法関係法令（主に健康障害の防止を目的とした有機溶剤中毒予防規則（昭和47年労働省令第36号），鉛中毒予防規則（昭和47年労働省令第37号），四アルキル鉛中毒予防規則（昭和47年労働省令第38号）及び特定化学物質障害予防規則（昭和47年労働省令第39号）の規定並びに主に危険の防止を目的とした令別表第1に掲げる危険物に係る安衛則の規定）の各条項に規定されている場合に，当該規定を確認する方法。

　(ｲ)　リスクアセスメント対象物に係る危険を防止するための具体的な規定が労働安全衛生法関係法令に規定されていない場合において，当該物質のSDSに記載されている危険性の種類（例えば「爆発物」など）を確認し，当該危険性と同種の危険性を有し，かつ，具体的措置が規定されている物に係る当該規定を確認する方法

　(ｳ)　毎回異なる環境で作業を行う場合において，典型的な作業を洗い出

し，あらかじめ当該作業において労働者がばく露される物質の濃度を
測定し，その測定結果に基づくリスク低減措置を定めたマニュアル等
を作成するとともに，当該マニュアル等に定められた措置が適切に実
施されていることを確認する方法

(2)　事業者は，(1)のア又はイの方法により見積りを行うに際しては，用いる
リスクの見積り方法に応じて，7で入手した情報等から次に掲げる事項等
必要な情報を使用すること。

ア　当該リスクアセスメント対象物の性状

イ　当該リスクアセスメント対象物の製造量又は取扱量

ウ　当該リスクアセスメント対象物の製造又は取扱い（以下「製造等」と
いう。）に係る作業の内容

エ　当該リスクアセスメント対象物の製造等に係る作業の条件及び関連設
備の状況

オ　当該リスクアセスメント対象物の製造等に係る作業への人員配置の状
況

カ　作業時間及び作業の頻度

キ　換気設備の設置状況

ク　有効な保護具の選択及び使用状況

ケ　当該リスクアセスメント対象物に係る既存の作業環境中の濃度若しく
はばく露濃度の測定結果又は生物学的モニタリング結果

(3)　事業者は，(1)のアの方法によるリスクの見積りに当たり，次に掲げる事
項等に留意するものとする。

ア　過去に実際に発生した負傷又は疾病の重篤度ではなく，最悪の状況を
想定した最も重篤な負傷又は疾病の重篤度を見積もること。

イ　負傷又は疾病の重篤度は，傷害や疾病等の種類にかかわらず，共通の
尺度を使うことが望ましいことから，基本的に，負傷又は疾病による休
業日数等を尺度として使用すること。

ウ　リスクアセスメントの対象の業務に従事する労働者の疲労等の危険性
又は有害性への付加的影響を考慮することが望ましいこと。

(4)　事業者は，一定の安全衛生対策が講じられた状態でリスクを見積もる場

合には，用いるリスクの見積り方法における必要性に応じて，次に掲げる
事項等を考慮すること。

ア　安全装置の設置，立入禁止措置，排気・換気装置の設置その他の労働
災害防止のための機能又は方策（以下「安全衛生機能等」という。）の信
頼性及び維持能力

イ　安全衛生機能等を無効化する又は無視する可能性

ウ　作業手順の逸脱，操作ミスその他の予見可能な意図的・非意図的な誤
使用又は危険行動の可能性

エ　有害性が立証されていないが，一定の根拠がある場合における当該根
拠に基づく有害性

10　リスク低減措置の検討及び実施

(1)　事業者は，法令に定められた措置がある場合にはそれを必ず実施するほ
か，法令に定められた措置がない場合には，次に掲げる優先順位でリスク
アセスメント対象物に労働者がばく露する程度を最小限度とすることを含
めたリスク低減措置の内容を検討するものとする。ただし，9⑴イの方
法を用いたリスクの見積り結果として，労働者がばく露される程度が濃度
基準値又はばく露限界を十分に下回ることが確認できる場合は，当該リス
クは，許容範囲内であり，追加のリスク低減措置を検討する必要がないも
のとして差し支えないものであること。

ア　危険性又は有害性のより低い物質への代替，化学反応のプロセス等の
運転条件の変更，取り扱うリスクアセスメント対象物の形状の変更等又
はこれらの併用によるリスクの低減

イ　リスクアセスメント対象物に係る機械設備等の防爆構造化，安全装置
の二重化等の工学的対策又はリスクアセスメント対象物に係る機械設備
等の密閉化，局所排気装置の設置等の衛生工学的対策

ウ　作業手順の改善，立入禁止等の管理的対策

エ　リスクアセスメント対象物の有害性に応じた有効な保護具の選択及び
使用

(2)　⑴の検討に当たっては，より優先順位の高い措置を実施することにした
場合であって，当該措置により十分にリスクが低減される場合には，当該

措置よりも優先順位の低い措置の検討まで要するものではないこと。また，リスク低減に要する負担がリスク低減による労働災害防止効果と比較して大幅に大きく，両者に著しい不均衡が発生する場合であって，措置を講ずることを求めることが著しく合理性を欠くと考えられるときを除き，可能な限り高い優先順位のリスク低減措置を実施する必要があるものとする。

(3)　死亡，後遺障害又は重篤な疾病をもたらすおそれのあるリスクに対して，適切なリスク低減措置の実施に時間を要する場合は，暫定的な措置を直ちに講ずるほか，(1)において検討したリスク低減措置の内容を速やかに実施するよう努めるものとする。

(4)　リスク低減措置を講じた場合には，当該措置を実施した後に見込まれるリスクを見積もることが望ましいこと。

11　リスクアセスメント結果等の労働者への周知等

(1)　事業者は，安衛則第34条の2の8に基づき次に掲げる事項をリスクアセスメント対象物を製造し，又は取り扱う業務に従事する労働者に周知するものとする。

　ア　対象のリスクアセスメント対象物の名称

　イ　対象業務の内容

　ウ　リスクアセスメントの結果

　　(ア)　特定した危険性又は有害性

　　(イ)　見積もったリスク

　エ　実施するリスク低減措置の内容

(2)　(1)の周知は，安衛則第34条の2の8第2項に基づく方法によること。

(3)　法第59条第1項に基づく雇入れ時教育及び同条第2項に基づく作業変更時教育においては，安衛則第35条第1項第1号，第2号及び第5号に掲げる事項として，(1)に掲げる事項を含めること。

　なお，5の(1)に掲げるリスクアセスメント等の実施時期のうちアからウまでについては，法第59条第2項の「作業内容を変更したとき」に該当するものであること。

(4)　事業者は(1)に掲げる事項について記録を作成し，次にリスクアセスメントを行うまでの期間（リスクアセスメントを行った日から起算して3年以

内に当該リスクアセスメント対象物についてリスクアセスメントを行った
ときは，3年間）保存しなければならないこと。

12　その他

　リスクアセスメント対象物以外のものであって，化学物質，化学物質を含
有する製剤その他の物で労働者に危険又は健康障害を生ずるおそれのあるも
のについては，法第28条の2及び安衛則第577条の3に基づき，この指針に準
じて取り組むよう努めること。

6 労働安全衛生法第28条第3項の規定に基づき厚生労働大臣が定める化学物質による健康障害を防止するための指針

（平成24年10月10日健康障害を防止するための指針公示第23号）
（改正 令和2年2月7日健康障害を防止するための指針公示第27号）

労働安全衛生法（昭和47年法律第57号）第28条第3項の規定に基づき，厚生労働大臣が定める化学物質による労働者の健康障害を防止するための指針を次のとおり公表する。

1 趣旨

この指針は，労働安全衛生法第28条第3項の規定に基づき厚生労働大臣が定める化学物質（以下「対象物質」という。）又は対象物質を含有する物（対象物質の含有量が重量の1パーセント以下のものを除く。以下「対象物質等」という。）を製造し，又は取り扱う業務に関し，対象物質による労働者の健康障害の防止に資するため，その製造，取扱い等に際し，事業者が講ずべき措置について定めたものである。

2 対象物質（CAS登録番号）

この指針において，対象物質（CAS登録番号）は，アクリル酸メチル（96-33-3），アクロレイン（107-02-8），2-アミノ-4-クロロフェノール（95-85-2），アントラセン（120-12-7），エチルベンゼン（100-41-4），2·3-エポキシ-1-プロパノール（556-52-5），塩化アリル（107-05-1），オルト-フェニレンジアミン及びその塩（95-54-5ほか），キノリン及びその塩（91-22-5ほか），1-クロロ-2-ニトロベンゼン（88-73-3），クロロホルム（67-66-3），酢酸ビニル（108-05-4），四塩化炭素（56-23-5），1·4-ジオキサン（123-91-1），1·2-ジクロロエタン（別名二塩化エチレン）（107-06-2），1·4-ジクロロ-2-ニトロベンゼン（89-61-2），2·4-ジクロロ-1-ニトロベンゼン（611-06-3），1·2-ジクロロプロパン（78-87-5），ジクロロメタン（別名二塩化メチレン）（75-09-2），N·N-ジメチルアセトアミド（127-19-5），ジメチル-2·2-ジクロロビニルホスフェイト（別名DDVP）（62-73-7），N·N-ジメチルホルムアミド（68-12-2），スチレン（100-42-5），4-ターシャリーブチルカテコール（98-29-3），多層カーボンナノ

チューブ（がんその他の重度の健康障害を労働者に生ずるおそれのあるもの
として厚生労働省労働基準局長が定めるものに限る。），1・1・2・2-テトラクロ
ロエタン（別名四塩化アセチレン）(79-34-5)，テトラクロロエチレン（別名パ
ークロルエチレン）（127-18-4)，1・1・1-トリクロルエタン（71-55-6)，トリク
ロロエチレン（79-01-6)，ノルマル-ブチル-2・3-エポキシプロピルエーテル
(2426-08-6)，パラ-ジクロルベンゼン(106-46-7)，パラ-ニトロアニソール（1
00-17-4)，パラ-ニトロクロルベンゼン（100-00-5)，ヒドラジン及びその塩並
びにヒドラジン一水和物（302-01-2，7803-57-8ほか)，ビフェニル（92-52-4)，
2-ブテナール（123-73-9，4170-30-3及び15798-64-8)，1-ブロモ-3-クロロプ
ロパン（109-70-6)，1-ブロモブタン（109-65-9)，メタクリル酸2,3-エポキシ
プロピル（106-91-2）並びにメチルイソブチルケトン（108-10-1）をいう。

　なお，CAS登録番号とは，米国化学会の一部門であるCAS（Chemical
Abstracts　Service）が運営・管理する化学物質登録システムから付与される
固有の数値識別番号をいい，オルト-フェニレンジアミン及びその塩，キノリ
ン及びその塩並びにヒドラジン及びその塩並びにヒドラジン一水和物につい
ては，その代表的なもののみを例示している。

3　対象物質へのばく露を低減するための措置について

⑴　N・N-ジメチルホルムアミド及び1・1・1-トリクロルエタン（以下「N・N-
　ジメチルホルムアミドほか1物質」という。）又はこれらのいずれかをその
　重量の1パーセントを超えて含有するもののうち，有機溶剤中毒予防規則
　（昭和47年労働省令第36号。以下「有機則」という。）第1条第1項第1号
　に規定する有機溶剤の含有量がその重量の5パーセントを超えるもの（以
　下「N・N-ジメチルホルムアミド等」という。）を製造し，又は取り扱う業
　務のうち，有機則第1条第1項第6号に規定する有機溶剤業務（以下「N・
　N-ジメチルホルムアミド等有機溶剤業務」という。）については，労働者の
　N・N-ジメチルホルムアミドほか1物質へのばく露の低減を図るため，設備
　の密閉化，局所排気装置の設置等既に有機則において定める措置のほか，次
　の措置を講ずること。
　　ア　事業場におけるN・N-ジメチルホルムアミド等の製造量，取扱量，作業
　　の頻度，作業時間，作業の態様等を勘案し，必要に応じ，次に掲げる作

業環境管理に係る措置，作業管理に係る措置その他必要な措置を講ずること。

(ｱ)　作業環境管理

①　使用条件等の変更

②　作業工程の改善

(ｲ)　作業管理

①　労働者がN・N-ジメチルホルムアミドほか1物質にばく露しないような作業位置，作業姿勢又は作業方法の選択

②　呼吸用保護具，不浸透性の保護衣，保護手袋等の保護具の使用

③　N・N-ジメチルホルムアミドほか1物質にばく露される時間の短縮

イ　N・N-ジメチルホルムアミド等を作業場外へ排出する場合は，当該物質を含有する排気，排液等による事業場の汚染の防止を図ること。

ウ　保護具については，同時に就業する労働者の人数分以上を備え付け，常時有効かつ清潔に保持すること。また，労働者に送気マスクを使用させたときは，清浄な空気の取り入れが可能となるよう吸気口の位置を選定し，当該労働者が有害な空気を吸入しないように措置すること。

エ　次の事項に係る基準を定め，これに基づき作業させること。

(ｱ)　設備，装置等の操作，調整及び点検

(ｲ)　異常な事態が発生した場合における応急の措置

(ｳ)　保護具の使用

(2)　パラ-ニトロクロルベンゼン又はパラ-ニトロクロルベンゼンをその重量の5パーセントを超えて含有するもの（以下「パラ-ニトロクロルベンゼン等」という。）を製造し，又は取り扱う業務（以下「パラ-ニトロクロルベンゼン製造・取扱い業務」という。）については，労働者のパラ-ニトロクロルベンゼンへのばく露の低減を図るため，設備の密閉化，局所排気装置の設置等既に特定化学物質障害予防規則（昭和47年労働省令第39号。以下「特化則」という。）において定める措置のほか，次の措置を講ずること。

ア　事業場におけるパラ-ニトロクロルベンゼン等の製造量，取扱量，作業の頻度，作業時間，作業の態様等を勘案し，必要に応じ，次に掲げる作業環境管理に係る措置，作業管理に係る措置その他必要な措置を講ずる

こと。

　　(ｱ)　作業環境管理

　　　①　使用条件等の変更

　　　②　作業工程の改善

　　(ｲ)　作業管理

　　　①　労働者がパラ-ニトロクロルベンゼンにばく露しないような作業位
　　　　置, 作業姿勢又は作業方法の選択

　　　②　呼吸用保護具, 不浸透性の保護衣, 保護手袋等の保護具の使用

　　　③　パラ-ニトロクロルベンゼンにばく露される時間の短縮

　イ　パラ-ニトロクロルベンゼン等を作業場外へ排出する場合は, 当該物質
　　を含有する排気, 排液等による事業場の汚染の防止を図ること。

　ウ　保護具については, 同時に就業する労働者の人数分以上を備え付け, 常
　　時有効かつ清潔に保持すること。また, 労働者に送気マスクを使用させ
　　たときは, 清浄な空気の取り入れが可能となるよう吸気口の位置を選定
　　し, 当該労働者が有害な空気を吸入しないように措置すること。

　エ　次の事項に係る基準を定め, これに基づき作業させること。

　　(ｱ)　設備, 装置等の操作, 調整及び点検

　　(ｲ)　異常な事態が発生した場合における応急の措置

　　(ｳ)　保護具の使用

(3)　エチルベンゼン, クロロホルム, 四塩化炭素, 1・4-ジオキサン, 1・2-ジ
　クロロエタン, 1・2-ジクロロプロパン, ジクロロメタン, ジメチル-2・2-ジ
　クロロビニルホスフェイト, スチレン, 1・1・2・2-テトラクロロエタン, テ
　トラクロロエチレン, トリクロロエチレン及びメチルイソブチルケトン (以
　下「エチルベンゼンほか12物質」という。) 又はエチルベンゼンほか12物質
　のいずれかをその重量の1パーセントを超えて含有するもの (以下「エチ
　ルベンゼン等」という。) を製造し, 又は取り扱う業務のうち, 特化則第2
　条の2第1号イに規定するクロロホルム等有機溶剤業務, 同号ロに規定す
　るエチルベンゼン塗装業務, 同号ハに規定する1・2-ジクロロプロパン洗浄
　・払拭業務及びジメチル-2・2-ジクロロビニルホスフェイト又はこれをその
　重量の1パーセントを超えて含有する製剤その他の物を成形し, 加工し, 又

は包装する業務のいずれにも該当しない業務（以下「クロロホルム等特化
則適用除外業務」という。）については，労働者のエチルベンゼンほか12物
質へのばく露の低減を図るため，次の措置を講ずること。

ア　事業場におけるエチルベンゼン等の製造量，取扱量，作業の頻度，作
　業時間，作業の態様等を勘案し，必要に応じ，危険性又は有害性等の調
　査等を実施し，その結果に基づいて，次に掲げる作業環境管理に係る措
　置，作業管理に係る措置その他必要な措置を講ずること。

　(ｱ)　作業環境管理
　　①　使用条件等の変更
　　②　作業工程の改善
　　③　設備の密閉化
　　④　局所排気装置等の設置

　(ｲ)　作業管理
　　①　作業を指揮する者の選任
　　②　労働者がエチルベンゼンほか12物質にばく露しないような作業位
　　　置，作業姿勢又は作業方法の選択
　　③　呼吸用保護具，不浸透性の保護衣，保護手袋等の保護具の使用
　　④　エチルベンゼンほか12物質にばく露される時間の短縮

イ　上記アによりばく露を低減するための装置等の設置等を行った場合，次
　により当該装置等の管理を行うこと。

　(ｱ)　局所排気装置等については，作業が行われている間，適正に稼働さ
　　せること。

　(ｲ)　局所排気装置等については，定期的に保守点検を行うこと。

　(ｳ)　エチルベンゼン等を作業場外へ排出する場合は，当該物質を含有す
　　る排気，排液等による事業場の汚染の防止を図ること。

ウ　保護具については，同時に就業する労働者の人数分以上を備え付け，常
　時有効かつ清潔に保持すること。また，労働者に送気マスクを使用させ
　たときは，清浄な空気の取り入れが可能となるよう吸気口の位置を選定
　し，当該労働者が有害な空気を吸入しないように措置すること。

　エ　次の事項に係る基準を定め，これに基づき作業させること。

　　(ア)　設備，装置等の操作，調整及び点検

　　(イ)　異常な事態が発生した場合における応急の措置

　　(ウ)　保護具の使用

(4)　対象物質等（エチルベンゼン等を除く。(4)及び4(3)において同じ。）を製造し，又は取り扱う業務（N・N-ジメチルホルムアミド等有機溶剤業務及びパラ-ニトロクロルベンゼン製造・取扱い業務を除く。(4)及び4において同じ。）については，労働者の対象物質（エチルベンゼンほか12物質を除く。(4)及び4(3)において同じ。）へのばく露の低減を図るため，次の措置を講ずること。

　ア　事業場における対象物質等の製造量，取扱量，作業の頻度，作業時間，作業の態様等を勘案し，必要に応じ，危険性又は有害性等の調査等を実施し，その結果に基づいて，次に掲げる作業環境管理に係る措置，作業管理に係る措置その他必要な措置を講ずること。

　　(ア)　作業環境管理

　　　①　使用条件等の変更

　　　②　作業工程の改善

　　　③　設備の密閉化

　　　④　局所排気装置等の設置

　　(イ)　作業管理

　　　①　作業を指揮する者の選任

　　　②　労働者が対象物質にばく露しないような作業位置，作業姿勢又は作業方法の選択

　　　③　呼吸用保護具，不浸透性の保護衣，保護手袋等の保護具の使用

　　　④対象物質にばく露される時間の短縮

　イ　上記アによりばく露を低減するための装置等の設置等を行った場合，次により当該装置等の管理を行うこと。

　　(ア)　局所排気装置等については，作業が行われている間，適正に稼働させること。

　　(イ)　局所排気装置等については，定期的に保守点検を行うこと。

(ウ) 対象物質等を作業場外へ排出する場合は，当該物質を含有する排気，排液等による事業場の汚染の防止を図ること。

ウ　保護具については，同時に就業する労働者の人数分以上を備え付け，常時有効かつ清潔に保持すること。また，労働者に送気マスクを使用させたときは，清浄な空気の取り入れが可能となるよう吸気口の位置を選定し，当該労働者が有害な空気を吸入しないように措置すること。

エ　次の事項に係る基準を定め，これに基づき作業させること。

(ア) 設備，装置等の操作，調整及び点検

(イ) 異常な事態が発生した場合における応急の措置

(ウ) 保護具の使用

4　作業環境測定について

(1)　N・N-ジメチルホルムアミド等有機溶剤業務については有機則に定めるところにより，パラ-ニトロクロルベンゼン製造・取扱い業務については特化則に定めるところにより，作業環境測定及び測定の結果の評価を行うこととするほか，作業環境測定の結果及び結果の評価の記録を30年間保存するよう努めること。

(2)　クロロホルム等特化則適用除外業務については，次の措置を講ずること。

ア　屋内作業場について，エチルベンゼンほか12物質の空気中における濃度を定期的に測定すること。なお，測定は作業環境測定士が実施することが望ましい。また，測定は6月以内ごとに1回実施するよう努めること。

イ　作業環境測定を行ったときは，当該測定結果の評価を行い，その結果に基づき施設，設備，作業工程及び作業方法等の点検を行うこと。これらの点検結果に基づき，必要に応じて使用条件等の変更，作業工程の改善，作業方法の改善その他作業環境改善のための措置を講ずるとともに，呼吸用保護具の着用その他労働者の健康障害を予防するため必要な措置を講ずること。

ウ　作業環境測定の結果及び結果の評価の記録を30年間保存するよう努めること。

(3)　対象物質等を製造し，又は取り扱う業務については，次の措置を講ずること。

　ア　屋内作業場について，対象物質（アクロレインを除く。）の空気中にお
　　　ける濃度を定期的に測定すること。なお，測定は作業環境測定士が実施
　　　することが望ましい。また，測定は６月以内ごとに１回実施するよう努
　　　めること。

　イ　作業環境測定（2-アミノ-4-クロロフェノール，アントラセン，キノリ
　　　ン及びその塩，1・4-ジクロロ-2-ニトロベンゼン，多層カーボンナノチュ
　　　ーブ（がんその他の重度の健康障害を労働者に生ずるおそれのあるもの
　　　として厚生労働省労働基準局長が定めるものに限る。）並びに1-ブロモブ
　　　タン又はこれらをその重量の１パーセントを超えて含有するもの（以下
　　　「2-アミノ-4-クロロフェノール等」という。）を製造し，又は取り扱う
　　　業務に係る作業環境測定を除く。）を行ったときは，当該測定結果の評価
　　　を行い，その結果に基づき施設，設備，作業工程及び作業方法等の点検
　　　を行うこと。これらの点検結果に基づき，必要に応じて使用条件等の変
　　　更，作業工程の改善，作業方法の改善その他作業環境改善のための措置
　　　を講ずるとともに，呼吸用保護具の着用その他労働者の健康障害を予防
　　　するため必要な措置を講ずること。

　ウ　作業環境測定の結果及び結果の評価の記録（2-アミノ-4-クロロフェ
　　　ノール等を製造し，又は取り扱う業務については，作業環境測定の結果
　　　の記録に限る。）を30年間保存するよう努めること。

5　労働衛生教育について

⑴　対象物質等を製造し，又は取り扱う業務（特化則第２条の２第１号イに
　　規定するクロロホルム等有機溶剤業務，同号ロに規定するエチルベンゼン
　　塗装業務，同号ハに規定する1・2-ジクロロプロパン洗浄・払拭業務及びジ
　　メチル-2・2-ジクロロビニルホスフェイト又はこれをその重量の１パーセン
　　トを超えて含有する製剤その他の物を成形し，加工し，又は包装する業務
　　を除く。6において同じ。）に従事している労働者に対しては速やかに，ま
　　た，当該業務に従事させることとなった労働者に対しては従事させる前に，
　　次の事項について労働衛生教育を行うこと。

　ア　対象物質の性状及び有害性
　イ　対象物質等を使用する業務

ウ　対象物質による健康障害，その予防方法及び応急措置

エ　局所排気装置その他の対象物質へのばく露を低減するための設備及び
それらの保守，点検の方法

オ　作業環境の状態の把握

カ　保護具の種類，性能，使用方法及び保守管理

キ　関係法令

(2)　上記の事項に係る労働衛生教育の時間は総じて4.5時間以上とすること。

6　労働者の把握について

対象物質等を製造し，又は取り扱う業務に常時従事する労働者について，1
月を超えない期間ごとに次の事項を記録すること。

(1)　労働者の氏名

(2)　従事した業務の概要及び当該業務に従事した期間

(3)　対象物質により著しく汚染される事態が生じたときは，その概要及び講
じた応急措置の概要

なお，上記の事項の記録は，当該記録を行った日から30年間保存するよ
う努めること。

7　危険有害性等の表示及び譲渡提供時の文書交付について

(1)　対象物質等のうち，労働安全衛生法第57条及び第57条の2の規定の対象
となるもの（以下「表示・通知対象物」という。）を譲渡し，又は提供する
場合は，これらの規定に基づき，容器又は包装に名称等の表示を行うとと
もに，相手方に安全データシート（以下「SDS」という。）の交付等により
名称等を通知すること。また，SDSの交付等により表示・通知対象物の名
称等を通知された場合は，同法第101条第2項の規定に基づき，通知された
事項を作業場に掲示する等により労働者に周知すること。さらに，労働者
（表示・通知対象物を製造し，又は輸入する事業者の労働者を含む。）に表
示・通知対象物を取り扱わせる場合は，化学物質等の危険性又は有害性等
の表示又は通知等の促進に関する指針（平成24年厚生労働省告示第133号。
以下「表示・通知促進指針」という。）第4条第1項の規定に基づき，容器
又は包装に名称等の表示を行うこと。このほか，労働者（表示・通知対象
物を製造し，又は輸入する事業者の労働者をいう。以下(1)において同じ。）

に表示・通知対象物を取り扱わせる場合は，表示・通知促進指針第4条第
5項及び第5条第1項の規定に基づき，SDSを作成するとともに，その記
載事項を作業場に掲示する等により労働者に周知すること。
(2)　対象物質等のうち，上記(1)以外のもの（以下「表示・通知努力義務対象
物」という。）を譲渡し，又は提供する場合は，労働安全衛生規則（昭和47
年労働省令第32号）第24条の14及び第24条の15並びに表示・通知促進指針
第2条第1項及び第3条第1項の規定に基づき，容器又は包装に名称等の
表示を行うとともに，相手方にSDSの交付等により名称等を通知すること。
また，労働者（表示・通知努力義務対象物を製造し，又は取り扱う事業者
の労働者を含む。以下同じ。）に表示・通知努力義務対象物を取り扱わせる
場合は，表示・通知促進指針第4条第1項及び第5条第1項の規定に基づ
き，容器又は包装に名称等を表示するとともに，譲渡提供者から通知され
た事項（表示・通知努力義務対象物を製造し，又は輸入する事業者にあっ
ては，表示・通知促進指針第4条第5項の規定に基づき作成したSDSの記
載事項）を作業場に掲示する等により労働者に周知すること。

7　金属アーク溶接等作業を継続して行う屋内作業場に係る溶接ヒュームの濃度の測定の方法等

（令和２年７月31日厚生労働省告示第286号）

（改正　令和５年４月３日厚生労働省告示第168号）

（溶接ヒュームの濃度の測定）

第１条　特定化学物質障害予防規則（昭和47年労働省令第39号。以下「特化則」という。）第38条の21第２項の規定による溶接ヒュームの濃度の測定は，次に定めるところによらなければならない。

1　試料空気の採取は，特化則第27条第２項に規定する金属アーク溶接等作業（次号及び第３号において「金属アーク溶接等作業」という。）に従事する労働者の身体に装着する試料採取機器を用いる方法により行うこと。この場合において，当該試料採取機器の採取口は，当該労働者の呼吸する空気中の溶接ヒュームの濃度を測定するために最も適切な部位に装着しなければならない。

2　前号の規定による試料採取機器の装着は，金属アーク溶接等作業のうち労働者にばく露される溶接ヒュームの量がほぼ均一であると見込まれる作業（以下この号において「均等ばく露作業」という。）ごとに，それぞれ，適切な数（二以上に限る。）の労働者に対して行うこと。ただし，均等ばく露作業に従事する一の労働者に対して，必要最小限の間隔をおいた二以上の作業日において試料採取機器を装着する方法により試料空気の採取が行われたときは，この限りでない。

3　試料空気の採取の時間は，当該採取を行う作業日ごとに，労働者が金属アーク溶接等作業に従事する全時間とすること。

4　溶接ヒュームの濃度の測定は，次に掲げる方法によること。

イ　作業環境測定基準（昭和51年労働省告示第46号）第２条第２項の要件に該当する分粒装置を用いるろ過捕集方法又はこれと同等以上の性能を有する試料採取方法

ロ　吸光光度分析方法若しくは原子吸光分析方法又はこれらと同等以上の性能を有する分析方法

（呼吸用保護具の使用）

第2条　特化則第38条の21第7項に規定する呼吸用保護具は，当該呼吸用保護具に係る要求防護係数を上回る指定防護係数を有するものでなければならない。

②　前項の要求防護係数は，次の式により計算するものとする。

$$PF_r = \frac{C}{0.05}$$

この式において，PF_r 及びCは，それぞれ次の値を表すものとする。

PF_r　要求防護係数

C　前条の測定における溶接ヒューム中のマンガンの濃度の測定値のうち最大のもの（単位ミリグラム毎立方メートル）

③　第1項の指定防護係数は，別表第1から別表第3までの上欄（編注：左欄）に掲げる呼吸用保護具の種類に応じ，それぞれ同表の下欄（編注：右欄）に掲げる値とする。ただし，別表第4の上欄（編注：左欄）に掲げる呼吸用保護具を使用した作業における当該呼吸用保護具の外側及び内側の溶接ヒュームの濃度の測定又はそれと同等の測定の結果により得られた当該呼吸用保護具に係る防護係数が同表の下欄（編注：右欄）に掲げる指定防護係数を上回ることを当該呼吸用保護具の製造者が明らかにする書面が当該呼吸用保護具に添付されている場合は，同表の上欄（編注：左欄）に掲げる呼吸用保護具の種類に応じ，それぞれ同表の下欄（編注：右欄）に掲げる値とすることができる。

（呼吸用保護具の装着の確認）

第3条　特化則第38条の21第9項の厚生労働大臣が定める方法は，同条第7項の呼吸用保護具（面体を有するものに限る。）を使用する労働者について，日本産業規格 T8150（呼吸用保護具の選択，使用及び保守管理方法）に定める方法又はこれと同等の方法により当該労働者の顔面と当該呼吸用保護具の面体との密着の程度を示す係数（以下この項及び次項において「フィットファクタ」という。）を求め，当該フィットファクタが呼吸用保護具の種類に応じた要求フィットファクタを上回っていることを確認する方法とする。

②　フィットファクタは，次の式により計算するものとする。

$$FF = \frac{C_{out}}{C_{in}}$$

> この式において FF, C_{out} 及び C_{in} は，それぞれ次の値を表すものとする。
> FF   フィットファクタ
> C_{out} 呼吸用保護具の外側の測定対象物の濃度
> C_{in} 呼吸用保護具の内側の測定対象物の濃度

③ 第1項の要求フィットファクタは，呼吸用保護具の種類に応じ，次に掲げる値とする。

1   全面形面体を有する呼吸用保護具   500

2   半面形面体を有する呼吸用保護具   100

別表第1（第2条関係）

防じんマスクの種類			指定防護係数
取替え式	全面形面体	RS3又はRL3	50
		RS2又はRL2	14
		RS1又はRL1	4
	半面形面体	RS3又はRL3	10
		RS2又はRL2	10
		RS1又はRL1	4
使い捨て式		DS3又はDL3	10
		DS2又はDL2	10
		DS1又はDL1	4
備考　RS1，RS2，RS3，RL1，RL2，RL3，DS1，DS2，DS3，DL1，DL2及びDL3は，防じんマスクの規格（昭和63年労働省告示第19号）第1条第3項の規定による区分であること。			

別表第2（第2条関係）

防じん機能を有する電動ファン付き呼吸用保護具の種類			指定防護係数
全面形面体	S級	PS3又はPL3	1,000
	A級	PS2又はPL2	90
	A級又はB級	PS1又はPL1	19
半面形面体	S級	PS3又はPL3	50
	A級	PS2又はPL2	33
	A級又はB級	PS1又はPL1	14
フード又はフェイスシールドを有するもの	S級	PS3又はPL3	25
	A級		20
	S級又はA級	PS2又はPL2	20
	S級，A級又はB級	PS1又はPL1	11

備考　S級，A級及びB級は，電動ファン付き呼吸用保護具の規格（平成26年厚生労働省告示第455号）第2条第4項の規定による区分（別表第4において同じ。）であること。PS1，PS2，PS3，PL1，PL2及びPL3は，同条第5項の規定による区分（同表において同じ。）であること。

別表第3（第2条関係）

その他の呼吸用保護具の種類			指定防護係数
循環式呼吸器	全面形面体	圧縮酸素形かつ陽圧形	10,000
		圧縮酸素形かつ陰圧形	50
		酸素発生形	50
	半面形面体	圧縮酸素形かつ陽圧形	50
		圧縮酸素形かつ陰圧形	10
		酸素発生形	10
空気呼吸器	全面形面体	プレッシャデマンド形	10,000
		デマンド形	50
	半面形面体	プレッシャデマンド形	50
		デマンド形	10

エアラインマスク	全面形面体	プレッシャデマンド形	1,000
		デマンド形	50
		一定流量形	1,000
	半面形面体	プレッシャデマンド形	50
		デマンド形	10
		一定流量形	50
	フード又はフェイスシールドを有するもの	一定流量形	25
ホースマスク	全面形面体	電動送風機形	1,000
		手動送風機形又は肺力吸引形	50
	半面形面体	電動送風機形	50
		手動送風機形又は肺力吸引形	10
	フード又はフェイスシールドを有するもの	電動送風機形	25

別表第4 （第2条関係）

呼吸用保護具の種類		指定防護係数
防じん機能を有する電動ファン付き呼吸用保護具であって半面形面体を有するもの	S級かつPS3又はPL3	300
防じん機能を有する電動ファン付き呼吸用保護具であってフードを有するもの		1,000
防じん機能を有する電動ファン付き呼吸用保護具であってフェイスシールドを有するもの		300
フードを有するエアラインマスク	一定流量形	1,000

8　防じんマスク，防毒マスク及び電動ファン付き呼吸用 保護具の選択，使用等について

（令和5年5月25日基発0525第3号）

　標記について，これまで防じんマスク，防毒マスク等の呼吸用保護具を使用する労働者の健康障害を防止するため，「防じんマスクの選択，使用等について」（平成17年2月7日付け基発第0207006号。以下「防じんマスク通達」という。）及び「防毒マスクの選択，使用等について」（平成17年2月7日付け基発第0207007号。以下「防毒マスク通達」という。）により，その適切な選択，使用，保守管理等に当たって留意すべき事項を示してきたところである。

　今般，労働安全衛生規則等の一部を改正する省令（令和4年厚生労働省令第91号。以下「改正省令」という。）等により，新たな化学物質管理が導入されたことに伴い，呼吸用保護具の選択，使用等に当たっての留意事項を下記のとおり定めたので，関係事業場に対して周知を図るとともに，事業場の指導に当たって遺漏なきを期されたい。

　なお，防じんマスク通達及び防毒マスク通達は，本通達をもって廃止する。

記

第1　共通事項

1　趣旨等

　改正省令による改正後の労働安全衛生規則（昭和47年労働省令第32号。以下「安衛則」という。）第577条の2第1項において，事業者に対し，リスクアセスメントの結果等に基づき，代替物の使用，発散源を密閉する設備，局所排気装置又は全体換気装置の設置及び稼働，作業の方法の改善，有効な呼吸用保護具を使用させること等必要な措置を講ずることにより，リスクアセスメント対象物に労働者がばく露される程度を最小限度にすることが義務付けられた。さらに，同条第2項において，厚生労働大臣が定めるものを製造し，又は取り扱う業務を行う屋内作業場においては，労働者がこれらの物にばく露される程度を，厚生労働大臣が定める濃度の基準（以下「濃度基準値」

という。）以下とすることが事業者に義務付けられた。

　これらを踏まえ，化学物質による健康障害防止のための濃度の基準の適用等に関する技術上の指針（令和5年4月27日付け技術上の指針第24号。以下「技術上の指針」という。）が定められ，化学物質等による危険性又は有害性等の調査等に関する指針（平成27年9月18日付け危険性又は有害性等の調査等に関する指針公示第3号。以下「化学物質リスクアセスメント指針」という。）と相まって，リスクアセスメント及びその結果に基づく必要な措置のために実施すべき事項が規定されている。

　本指針は，化学物質リスクアセスメント指針及び技術上の指針で定めるリスク低減措置として呼吸用保護具を使用する場合に，その適切な選択，使用，保守管理等に当たって留意すべき事項を示したものである。

2　基本的考え方

(1)　事業者は，化学物質リスクアセスメント指針に規定されているように，危険性又は有害性の低い物質への代替，工学的対策，管理的対策，有効な保護具の使用という優先順位に従い，対策を検討し，労働者のばく露の程度を濃度基準値以下とすることを含めたリスク低減措置を実施すること。その際，保護具については，適切に選択され，使用されなければ効果を発揮しないことを踏まえ，本質安全化，工学的対策等の信頼性と比較し，最も低い優先順位が設定されていることに留意すること。

(2)　事業者は，労働者の呼吸域における物質の濃度が，保護具の使用を除くリスク低減措置を講じてもなお，当該物質の濃度基準値を超えること等，リスクが高い場合，有効な呼吸用保護具を選択し，労働者に適切に使用させること。その際，事業者は，呼吸用保護具の選択及び使用が適切に実施されなければ，所期の性能が発揮されないことに留意し，呼吸用保護具が適切に選択及び使用されているかの確認を行うこと。

3　管理体制等

(1)　事業者は，リスクアセスメントの結果に基づく措置として，労働者に呼吸用保護具を使用させるときは，保護具に関して必要な教育を受けた保護具着用管理責任者（安衛則第12条の6第1項に規定する保護具着用管理責任者をいう。以下同じ。）を選任し，次に掲げる事項を管理させなければな

らないこと。

　ア　呼吸用保護具の適正な選択に関すること

　イ　労働者の呼吸用保護具の適正な使用に関すること

　ウ　呼吸用保護具の保守管理に関すること

　エ　改正省令による改正後の特定化学物質障害予防規則（昭和47年労働省令第39号。以下「特化則」という。）第36条の3の2第4項等で規定する第3管理区分に区分された場所（以下「第3管理区分場所」という。）における，同項第1号及び第2号並びに同条第5項第1号から第3号までに掲げる措置のうち，呼吸用保護具に関すること

　オ　第3管理区分場所における特定化学物質作業主任者の職務（呼吸用保護具に関する事項に限る。）について必要な指導を行うこと

⑵　事業者は，化学物質管理者の管理の下，保護具着用管理責任者に，呼吸用保護具を着用する労働者に対して，作業環境中の有害物質の種類，発散状況，濃度，作業時のばく露の危険性の程度等について教育を行わせること。また，事業者は，保護具着用管理責任者に，各労働者が着用する呼吸用保護具の取扱説明書，ガイドブック，パンフレット等（以下「取扱説明書等」という。）に基づき，適正な装着方法，使用方法及び顔面と面体の密着性の確認方法について十分な教育や訓練を行わせること。

⑶　事業者は，保護具着用管理責任者に，安衛則第577条の2第11項に基づく有害物質のばく露の状況の記録を把握させ，ばく露の状況を踏まえた呼吸用保護具の適正な保守管理を行わせること。

4　呼吸用保護具の選択

⑴　呼吸用保護具の種類の選択

　ア　事業者は，あらかじめ作業場所に酸素欠乏のおそれがないことを労働者等に確認させること。酸素欠乏又はそのおそれがある場所及び有害物質の濃度が不明な場所ではろ過式呼吸用保護具を使用させてはならないこと。酸素欠乏のおそれがある場所では，日本産業規格 T8150「呼吸用保護具の選択，使用及び保守管理方法」（以下「JIS T 8150」という。）を参照し，指定防護係数が1000以上の全面形面体を有する，別表2及び別表3に記載している循環式呼吸器，空気呼吸器，エアラインマスク及び

ホースマスク（以下「給気式呼吸用保護具」という。）の中から有効なものを選択すること。

イ　防じんマスク及び防じん機能を有する電動ファン付き呼吸用保護具（以下「P-PAPR」という。）は，酸素濃度18%以上の場所であっても，有害なガス及び蒸気（以下「有毒ガス等」という。）が存在する場所においては使用しないこと。このような場所では，防毒マスク，防毒機能を有する電動ファン付き呼吸用保護具（以下「G-PAPR」という。）又は給気式呼吸用保護具を使用すること。粉じん作業であっても，他の作業の影響等によって有毒ガス等が流入するような場合には，改めて作業場の作業環境の評価を行い，適切な防じん機能を有する防毒マスク，防じん機能を有するG-PAPR又は給気式呼吸用保護具を使用すること。

ウ　安衛則第280条第1項において，引火性の物の蒸気又は可燃性ガスが爆発の危険のある濃度に達するおそれのある箇所において電気機械器具（電動機，変圧器，コード接続器，開閉器，分電盤，配電盤等電気を通ずる機械，器具その他の設備のうち配線及び移動電線以外のものをいう。以下同じ。）を使用するときは，当該蒸気又はガスに対しその種類及び爆発の危険のある濃度に達するおそれに応じた防爆性能を有する防爆構造電気機械器具でなければ使用してはならない旨規定されており，非防爆タイプの電動ファン付き呼吸用保護具を使用してはならないこと。また，引火性の物には，常温以下でも危険となる物があることに留意すること。

エ　安衛則第281条第1項又は第282条第1項において，それぞれ可燃性の粉じん（マグネシウム粉，アルミニウム粉等爆燃性の粉じんを除く。）又は爆燃性の粉じんが存在して爆発の危険のある濃度に達するおそれのある箇所及び爆発の危険のある場所で電気機械器具を使用するときは，当該粉じんに対し防爆性能を有する防爆構造電気機械器具でなければ使用してはならない旨規定されており，非防爆タイプの電動ファン付き呼吸用保護具を使用してはならないこと。

(2)　要求防護係数を上回る指定防護係数を有する呼吸用保護具の選択

ア　金属アーク等溶接作業を行う事業場においては，「金属アーク溶接等作業を継続して行う屋内作業場に係る溶接ヒュームの濃度の測定の方法等」

（令和2年厚生労働省告示第286号。以下「アーク溶接告示」という。）で定める方法により，第3管理区分場所においては，「第3管理区分に区分された場所に係る有機溶剤等の濃度の測定の方法等」（令和4年厚生労働省告示第341号。以下「第3管理区分場所告示」という。）に定める方法により濃度の測定を行い，その結果に基づき算出された要求防護係数を上回る指定防護係数を有する呼吸用保護具を使用しなければならないこと。

イ　濃度基準値が設定されている物質については，技術上の指針の3から6に示した方法により測定した当該物質の濃度を用い，技術上の指針の7－3に定める方法により算出された要求防護係数を上回る指定防護係数を有する呼吸用保護具を選択すること。

ウ　濃度基準値又は管理濃度が設定されていない物質で，化学物質の評価機関によりばく露限界の設定がなされている物質については，原則として，技術上の指針の2－1(3)及び2－2に定めるリスクアセスメントのための測定を行い，技術上の指針の5－1(2)アで定める8時間時間加重平均値を8時間時間加重平均のばく露限界（TWA）と比較し，技術上の指針の5－1(2)イで定める15分間時間加重平均値を短時間ばく露限界値（STEL）と比較し，別紙1の計算式によって要求防護係数を求めること。

　　さらに，求めた要求防護係数と別表1から別表3までに記載された指定防護係数を比較し，要求防護係数より大きな値の指定防護係数を有する呼吸用保護具を選択すること。

エ　有害物質の濃度基準値やばく露限界に関する情報がない場合は，化学物質管理者，化学物質管理専門家をはじめ，労働衛生に関する専門家に相談し，適切な指定防護係数を有する呼吸用保護具を選択すること。

(3)　法令に保護具の種類が規定されている場合の留意事項

　　安衛則第592条の5，有機溶剤中毒予防規則（昭和47年労働省令第36号。以下「有機則」という。）第33条，鉛中毒予防規則（昭和47年労働省令第37号。以下「鉛則」という。）第58条，四アルキル鉛中毒予防規則（昭和47年労働省令第38号。以下「四アルキル鉛則」という。）第4条，特化則第38条の13及び第43条，電離放射線障害防止規則（昭和47年労働省令第41号。以

下「電離則」という。）第38条並びに粉じん障害防止規則（昭和54年労働省令第18号。以下「粉じん則」という。）第27条のほか労働安全衛生法令に定める防じんマスク，防毒マスク，P-PAPR又はG-PAPRについては，法令に定める有効な性能を有するものを労働者に使用させなければならないこと。なお，法令上，呼吸用保護具のろ過材の種類等が指定されているものについては，別表5を参照すること。

なお，別表5中の金属のヒューム（溶接ヒュームを含む。）及び鉛については，化学物質としての有害性に着目した基準値により要求防護係数が算出されることとなるが，これら物質については，粉じんとしての有害性も配慮すべきことから，算出された要求防護係数の値にかかわらず，ろ過材の種類をRS2，RL2，DS2，DL2以上のものとしている趣旨であること。

(4) 呼吸用保護具の選択に当たって留意すべき事項

　ア　事業者は，有害物質を直接取り扱う作業者について，作業環境中の有害物質の種類，作業内容，有害物質の発散状況，作業時のばく露の危険性の程度等を考慮した上で，必要に応じ呼吸用保護具を選択，使用等させること。

　イ　事業者は，防護性能に関係する事項以外の要素（着用者，作業，作業強度，環境等）についても考慮して呼吸用保護具を選択させること。なお，呼吸用保護具を着用しての作業は，通常より身体に負荷がかかることから，着用者によっては，呼吸用保護具着用による心肺機能への影響，閉所恐怖症，面体との接触による皮膚炎，腰痛等の筋骨格系障害等を生ずる可能性がないか，産業医等に確認すること。

　ウ　事業者は，保護具着用管理責任者に，呼吸用保護具の選択に際して，目の保護が必要な場合は，全面形面体又はルーズフィット形呼吸用インタフェースの使用が望ましいことに留意させること。

　エ　事業者は，保護具着用管理責任者に，作業において，事前の計画どおりの呼吸用保護具が使用されているか，着用方法が適切か等について確認させること。

　オ　作業者は，事業者，保護具着用管理責任者等から呼吸用保護具着用の指示が出たら，それに従うこと。また，作業中に臭気，息苦しさ等の異

常を感じたら，速やかに作業を中止し避難するとともに，状況を保護具
着用管理責任者等に報告すること。

5　呼吸用保護具の適切な装着

(1)　フィットテストの実施

　　金属アーク溶接等作業を行う作業場所においては，アーク溶接告示で定
める方法により，第3管理区分場所においては，第3管理区分場所告示に
定める方法により，1年以内ごとに1回，定期に，フィットテストを実施
しなければならないこと。

　　上記以外の事業場であって，リスクアセスメントに基づくリスク低減措
置として呼吸用保護具を労働者に使用させる事業場においては，技術上の
指針の7－4及び次に定めるところにより，1年以内ごとに1回，フィッ
トテストを行うこと。

ア　呼吸用保護具（面体を有するものに限る。）を使用する労働者について，
　　JIS T 8150に定める方法又はこれと同等の方法により当該労働者の顔面
　　と当該呼吸用保護具の面体との密着の程度を示す係数（以下「フィット
　　ファクタ」という。）を求め，当該フィットファクタが要求フィットファ
　　クタを上回っていることを確認する方法とすること。

イ　フィットファクタは，別紙2により計算するものとすること。

ウ　要求フィットファクタは，別表4に定めるところによること。

(2)　フィットテストの実施に当たっての留意事項

ア　フィットテストは，労働者によって使用される面体がその労働者の顔
　　に密着するものであるか否かを評価する検査であり，労働者の顔に合っ
　　た面体を選択するための方法（手順は，JIS T 8150を参照。）である。な
　　お，顔との密着性を要求しないルーズフィット形呼吸用インタフェース
　　は対象外である。面体を有する呼吸用保護具は，面体が労働者の顔に密
　　着した状態を維持することによって初めて呼吸用保護具本来の性能が得
　　られることから，フィットテストにより適切な面体を有する呼吸用保護
　　具を選択することは重要であること。

イ　面体を有する呼吸用保護具については，着用する労働者の顔面と面体
　　とが適切に密着していなければ，呼吸用保護具としての本来の性能が得

られないこと。特に，着用者の吸気時に面体内圧が陰圧（すなわち，大気圧より低い状態）になる防じんマスク及び防毒マスクは，着用する労働者の顔面と面体とが適切に密着していない場合は，粉じんや有毒ガス等が面体の接顔部から面体内へ漏れ込むことになる。また，通常の着用状態であれば面体内圧が常に陽圧（すなわち，大気圧より高い状態）になる面体形の電動ファン付き呼吸用保護具であっても，着用する労働者の顔面と面体とが適切に密着していない場合は，多量の空気を使用することになり，連続稼働時間が短くなり，場合によっては本来の防護性能が得られない場合もある。

ウ　面体については，フィットテストによって，着用する労働者の顔面に合った形状及び寸法の接顔部を有するものを選択及び使用し，面体を着用した直後には，(3)に示す方法又はこれと同等以上の方法によってシールチェック（面体を有する呼吸用保護具を着用した労働者自身が呼吸用保護具の装着状態の密着性を調べる方法。以下同じ。）を行い，各着用者が顔面と面体とが適切に密着しているかを確認すること。

エ　着用者の顔面と面体とを適正に密着させるためには，着用時の面体の位置，しめひもの位置及び締め方等を適切にさせることが必要であり，特にしめひもについては，耳にかけることなく，後頭部において固定させることが必要であり，加えて，次の①，②，③のような着用を行わせないことに留意すること。

①　面体と顔の間にタオル等を挟んで使用すること。

②　着用者のひげ，もみあげ，前髪等が面体の接顔部と顔面の間に入り込む，排気弁の作動を妨害する等の状態で使用すること。

③　ヘルメットの上からしめひもを使用すること。

オ　フィットテストは，定期に実施するほか，面体を有する呼吸用保護具を選択するとき又は面体の密着性に影響すると思われる顔の変形（例えば，顔の手術などで皮膚にくぼみができる等）があったときに，実施することが望ましいこと。

カ　フィットテストは，個々の労働者と当該労働者が使用する面体又はこの面体と少なくとも接顔部の形状，サイズ及び材質が同じ面体との組合

せで行うこと。合格した場合は，フィットテストと同じ型式，かつ，同じ寸法の面体を労働者に使用させ，不合格だった場合は，同じ型式であって寸法が異なる面体若しくは異なる型式の面体を選択すること又はルーズフィット形呼吸用インタフェースを有する呼吸用保護具を使用すること等について検討する必要があること。

⑶　シールチェックの実施

シールチェックは，ろ過式呼吸用保護具（電動ファン付き呼吸用保護具については，面体形のみ）の取扱説明書に記載されている内容に従って行うこと。シールチェックの主な方法には，陰圧法と陽圧法があり，それぞれ次のとおりであること。なお，ア及びイに記載した方法とは別に，作業場等に備え付けた簡易機器等によって，簡易に密着性を確認する方法（例えば，大気じんを利用する機器，面体内圧の変動を調べる機器等）がある。

ア　陰圧法によるシールチェック

面体を顔面に押しつけないように，フィットチェッカー等を用いて吸気口をふさぐ（連結管を有する場合は，連結管の吸気口をふさぐ又は連結管を握って閉塞させる）。息をゆっくり吸って，面体の顔面部と顔面との間から空気が面体内に流入せず，面体が顔面に吸いつけられることを確認する。

イ　陽圧法によるシールチェック

面体を顔面に押しつけないように，フィットチェッカー等を用いて排気口をふさぐ。息を吐いて，空気が面体内から流出せず，面体内に呼気が滞留することによって面体が膨張することを確認する。

6　電動ファン付き呼吸用保護具の故障時等の措置

⑴　電動ファン付き呼吸用保護具に付属する警報装置が警報を発したら，速やかに安全な場所に移動すること。警報装置には，ろ過材の目詰まり，電池の消耗等による風量低下を警報するもの，電池の電圧低下を警報するもの，面体形のものにあっては，面体内圧が陰圧に近づいていること又は達したことを警報するもの等があること。警報装置が警報を発した場合は，新しいろ過材若しくは吸収缶又は充電された電池との交換を行うこと。

⑵　電動ファン付き呼吸用保護具が故障し，電動ファンが停止した場合は，速

やかに退避すること。

第2　防じんマスク及び P-PAPR の選択及び使用に当たっての留意事項

1　防じんマスク及び P-PAPR の選択

(1)　防じんマスク及び P-PAPR は，機械等検定規則（昭和47年労働省令第45号。以下「検定則」という。）第14条の規定に基づき付されている型式検定合格標章により，型式検定合格品であることを確認すること。なお，吸気補助具付き防じんマスクについては，検定則に定める型式検定合格標章に「補」が記載されている。

　　また，吸気補助具が分離できるもの等，2箇所に型式検定合格標章が付されている場合は，型式検定合格番号が同一となる組合せが適切な組合せであり，当該組合せで使用して初めて型式検定に合格した防じんマスクとして有効に機能するものであること。

(2)　安衛則第592条の5，鉛則第58条，特化則第43条，電離則第38条及び粉じん則第27条のほか労働安全衛生法令に定める呼吸用保護具のうち P-PAPR については，粉じん等の種類及び作業内容に応じ，令和5年厚生労働省告示第88号による改正後の電動ファン付き呼吸用保護具の規格（平成26年厚生労働省告示第455号。以下「改正規格」という。）第2条第4項及び第5項のいずれかの区分に該当するものを使用すること。

(3)　防じんマスクを選択する際は，次の事項について留意の上，防じんマスクの性能等が記載されている取扱説明書等を参考に，それぞれの作業に適した防じんマスクを選択するすること。

　ア　粉じん等の有害性が高い場合又は高濃度ばく露のおそれがある場合は，できるだけ粒子捕集効率が高いものであること。

　イ　粉じん等とオイルミストが混在する場合には，区分がLタイプ（RL3，RL2，RL1，DL3，DL2及びDL1）の防じんマスクであること。

　ウ　作業内容，作業強度等を考慮し，防じんマスクの重量，吸気抵抗，排気抵抗等が当該作業に適したものであること。特に，作業強度が高い場合にあっては，P-PAPR，送気マスク等，吸気抵抗及び排気抵抗の問題がない形式の呼吸用保護具の使用を検討すること。

⑷　P-PAPR を選択する際は，次の事項について留意の上，P-PAPR の性能
　　が記載されている取扱説明書等を参考に，それぞれの作業に適した P-PAPR
　　を選択すること。

　　ア　粉じん等の種類及び作業内容の区分並びにオイルミスト等の混在の有
　　　　無の区分のうち，複数の性能の P-PAPR を使用することが可能（別表5
　　　　参照）であっても，作業環境中の粉じん等の種類，作業内容，粉じん等
　　　　の発散状況，作業時のばく露の危険性の程度等を考慮した上で，適切な
　　　　ものを選択すること。

　　イ　粉じん等とオイルミストが混在する場合には，区分が L タイプ（PL3，
　　　　PL2及び PL1）のろ過材を選択すること。

　　ウ　着用者の作業中の呼吸量に留意して，「大風量形」又は「通常風量形」
　　　　を選択すること。

　　エ　粉じん等に対して有効な防護性能を有するものの範囲で，作業内容を
　　　　考慮して，呼吸用インタフェース（全面形面体，半面形面体，フード又
　　　　はフェイスシールド）について適するものを選択すること。

2　防じんマスク及び P-PAPR の使用

⑴　ろ過材の交換時期については，次の事項に留意すること。

　　ア　ろ過材を有効に使用できる時間は，作業環境中の粉じん等の種類，粒
　　　　径，発散状況，濃度等の影響を受けるため，これらの要因を考慮して設
　　　　定する必要があること。なお，吸気抵抗上昇値が高いものほど目詰まり
　　　　が早く，短時間で息苦しくなる場合があるので，作業時間を考慮するこ
　　　　と。

　　イ　防じんマスク又は P-PAPR の使用中に息苦しさを感じた場合には，ろ
　　　　過材を交換すること。オイルミストを捕集した場合は，固体粒子の場合
　　　　とは異なり，ほとんど吸気抵抗上昇がない。ろ過材の種類によっては，多
　　　　量のオイルミストを捕集すると，粒子捕集効率が低下するものもあるの
　　　　で，製造者の情報に基づいてろ過材の交換時期を設定すること。

　　ウ　砒素，クロム等の有害性が高い粉じん等に対して使用したろ過材は，1
　　　　回使用するごとに廃棄すること。また，石綿，インジウム等を取り扱う
　　　　作業で使用したろ過材は，そのまま作業場から持ち出すことが禁止され

ているので，1回使用するごとに廃棄すること。

　　エ　使い捨て式防じんマスクにあっては，当該マスクに表示されている使
　　　　用限度時間に達する前であっても，息苦しさを感じる場合，又は著しい
　　　　型くずれを生じた場合には，これを廃棄し，新しいものと交換すること。

　(2)　粉じん則第27条では，ずい道工事における呼吸用保護具の使用が義務付
　　　けられている作業が決められており，P-PAPR の使用が想定される場合も
　　　ある。しかし，「雷管取扱作業」を含む坑内作業での P-PAPR の使用は，漏
　　　電等による爆発の危険がある。このような場合は爆発を防止するために防
　　　じんマスクを使用する必要があるが，面体形の P-PAPR は電動ファンが停
　　　止しても防じんマスクと同等以上の防じん機能を有することから，「雷管取
　　　扱作業」を開始する前に安全な場所で電池を取り外すことで，使用しても
　　　差し支えないこと（平成26年11月28日付け基発1128第12号「電動ファン付
　　　き呼吸用保護具の規格の適用等について」）とされていること。

第3　防毒マスク及び G-PAPR の選択及び使用に当たっての留意事項

1　防毒マスク及び G-PAPR の選択及び使用

　(1)　防毒マスクは，検定則第14条の規定に基づき，吸収缶（ハロゲンガス用，
　　　有機ガス用，一酸化炭素用，アンモニア用及び亜硫酸ガス用のものに限る。）
　　　及び面体ごとに付されている型式検定合格標章により，型式検定合格品で
　　　あることを確認すること。この場合，吸収缶と面体に付される型式検定合
　　　格標章は，型式検定合格番号が同一となる組合せが適切な組合せであり，当
　　　該組合せで使用して初めて型式検定に合格した防毒マスクとして有効に機
　　　能するものであること。ただし，吸収缶については，単独で型式検定を受
　　　けることが認められているため，型式検定合格番号が異なっている場合が
　　　あるため，製品に添付されている取扱説明書により，使用できる組合せで
　　　あることを確認すること。

　　　　なお，ハロゲンガス，有機ガス，一酸化炭素，アンモニア及び亜硫酸ガ
　　　ス以外の有毒ガス等に対しては，当該有毒ガス等に対して有効な吸収缶を
　　　使用すること。なお，これらの吸収缶を使用する際は，日本産業規格 T 8152
　　　「防毒マスク」に基づいた吸収缶を使用すること又は防毒マスクの製造者，

販売業者又は輸入業者（以下「製造者等」という。）に問い合わせること等
により，適切な吸収缶を選択する必要があること。

(2)　G-PAPR は，令和５年厚生労働省令第29号による改正後の検定則第14条
の規定に基づき，電動ファン，吸収缶（ハロゲンガス用，有機ガス用，ア
ンモニア用及び亜硫酸ガス用のものに限る。）及び面体ごとに付されている
型式検定合格標章により，型式検定合格品であることを確認すること。こ
の場合，電動ファン，吸収缶及び面体に付される型式検定合格標章は，型
式検定合格番号が同一となる組合せが適切な組合せであり，当該組合せで
使用して初めて型式検定に合格した G-PAPR として有効に機能するもので
あること。

　　なお，ハロゲンガス，有機ガス，アンモニア及び亜硫酸ガス以外の有毒
ガス等に対しては，当該有毒ガス等に対して有効な吸収缶を使用すること。
なお，これらの吸収缶を使用する際は，日本産業規格 T 8154「有毒ガス用
電動ファン付き呼吸用保護具」に基づいた吸収缶を使用する又は G-PAPR
の製造者等に問い合わせるなどにより，適切な吸収缶を選択する必要があ
ること。

(3)　有機則第33条，四アルキル鉛則第２条，特化則第38条の13第１項のほか
労働安全衛生法令に定める呼吸用保護具のうち G-PAPR については，粉じ
ん又は有毒ガス等の種類及び作業内容に応じ，改正規格第２条第１項表中
の面体形又はルーズフィット形を使用すること。

(4)　防毒マスク及び G-PAPR を選択する際は，次の事項について留意の上，
防毒マスクの性能が記載されている取扱説明書等を参考に，それぞれの作
業に適した防毒マスク及び G-PAPR を選択すること。

　ア　作業環境中の有害物質（防毒マスクの規格（平成２年労働省告示第68
　　号）第１条の表下欄及び改正規格第１条の表下欄に掲げる有害物質をい
　　う。）の種類，濃度及び粉じん等の有無に応じて，面体及び吸収缶の種類
　　を選ぶこと。

　イ　作業内容，作業強度等を考慮し，防毒マスクの重量，吸気抵抗，排気
　　抵抗等が当該作業に適したものを選ぶこと。

　ウ　防じんマスクの使用が義務付けられている業務であっても，近くで有

毒ガス等の発生する作業等の影響によって、有毒ガス等が混在する場合には、改めて作業環境の評価を行い、有効な防じん機能を有する防毒マスク、防じん機能を有するG-PAPR又は給気式呼吸用保護具を使用すること。

エ　吹付け塗装作業等のように、有機溶剤の蒸気と塗料の粒子等の粉じんとが混在している場合については、有効な防じん機能を有する防毒マスク、防じん機能を有するG-PAPR又は給気式呼吸用保護具を使用すること。

オ　有毒ガス等に対して有効な防護性能を有するものの範囲で、作業内容について、呼吸用インタフェース（全面形面体、半面形面体、フード又はフェイスシールド）について適するものを選択すること。

⑸　防毒マスク及びG-PAPRの吸収缶等の選択に当たっては、次に掲げる事項に留意すること。

ア　要求防護係数より大きい指定防護係数を有する防毒マスクがない場合は、必要な指定防護係数を有するG-PAPR又は給気式呼吸用保護具を選択すること。

　　また、対応する吸収缶の種類がない場合は、第1の4（1）の要求防護係数より高い指定防護係数を有する給気式呼吸用保護具を選択すること。

イ　防毒マスクの規格第2条及び改正規格第2条で規定する使用の範囲内で選択すること。ただし、この濃度は、吸収缶の性能に基づくものであるので、防毒マスク及びG-PAPRとして有効に使用できる濃度は、これより低くなることがあること。

ウ　有毒ガス等と粉じん等が混在する場合は、第2に記載した防じんマスク及びP-PAPRの種類の選択と同様の手順で、有毒ガス等及び粉じん等に適した面体の種類及びろ過材の種類を選択すること。

エ　作業環境中の有毒ガス等の濃度に対して除毒能力に十分な余裕のあるものであること。なお、除毒能力の高低の判断方法としては、防毒マスク、G-PAPR、防毒マスクの吸収缶及びG-PAPRの吸収缶に添付されている破過曲線図から、一定のガス濃度に対する破過時間（吸収缶が除毒能力を喪失するまでの時間。以下同じ。）の長短を比較する方法があるこ

と。

　例えば，次の図に示す吸収缶A及び吸収缶Bの破過曲線図では，ガス濃度0.04%の場合を比べると，破過時間は吸収缶Aが200分，吸収缶Bが300分となり，吸収缶Aに比べて吸収缶Bの除毒能力が高いことがわかること。

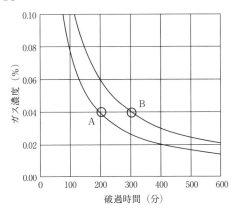

オ　有機ガス用防毒マスク及び有機ガス用G-PAPRの吸収缶は，有機ガスの種類により防毒マスクの規格第7条及び改正規格第7条に規定される除毒能力試験の試験用ガス（シクロヘキサン）と異なる破過時間を示すので，対象物質の破過時間について製造者に問い合わせること。

カ　メタノール，ジクロロメタン，二硫化炭素，アセトン等に対する破過時間は，防毒マスクの規格第7条及び改正規格第7条に規定される除毒能力試験の試験用ガスによる破過時間と比べて著しく短くなるので注意すること。この場合，使用時間の管理を徹底するか，対象物質に適した専用吸収缶について製造者に問い合わせること。

⑹　有毒ガス等が粉じん等と混在している作業環境中では，粉じん等を捕集する防じん機能を有する防毒マスク又は防じん機能を有するG-PAPRを選択すること。その際，次の事項について留意すること。

ア　防じん機能を有する防毒マスク及びG-PAPRの吸収缶は，作業環境中の粉じん等の種類，発散状況，作業時のばく露の危険性の程度等を考慮した上で，適切な区分のものを選ぶこと。なお，作業環境中に粉じん等

に混じってオイルミスト等が存在する場合にあっては，試験粒子にフタ
ル酸ジオクチルを用いた粒子捕集効率試験に合格した防じん機能を有す
る防毒マスク（L3，L2，L1）又は防じん機能を有するG-PAPR（PL
3，PL2，PL1）を選ぶこと。また，粒子捕集効率が高いほど，粉じん
等をよく捕集できること。

　イ　吸収缶の破過時間に加え，捕集する作業環境中の粉じん等の種類，粒
　　径，発散状況及び濃度が使用限度時間に影響するので，これらの要因を
　　考慮して選択すること。なお，防じん機能を有する防毒マスク及び防じ
　　ん機能を有するG-PAPRの吸収缶の取扱説明書には，吸気抵抗上昇値が
　　記載されているが，これが高いものほど目詰まりが早く，より短時間で
　　息苦しくなることから，使用限度時間は短くなること。

　ウ　防じん機能を有する防毒マスク及び防じん機能を有するG-PAPRの吸
　　収缶のろ過材は，一般に粉じん等を捕集するに従って吸気抵抗が高くな
　　るが，防毒マスクのS3，S2又はS1のろ過材（G-PAPRの場合はPL
　　3，PL2，PL1のろ過材）では，オイルミスト等が堆積した場合に吸気
　　抵抗が変化せずに急激に粒子捕集効率が低下するものがあり，また，防
　　毒マスクのL3，L2又はL1のろ過材（G-PAPRの場合はPL3，PL2，
　　PL1のろ過材）では，多量のオイルミスト等の堆積により粒子捕集効率
　　が低下するものがあるので，吸気抵抗の上昇のみを使用限度の判断基準
　　にしないこと。

(7)　2種類以上の有毒ガス等が混在する作業環境中で防毒マスク又はG-
　PAPRを選択及び使用する場合には，次の事項について留意すること。

　①　作業環境中に混在する2種類以上の有毒ガス等についてそれぞれ合格
　　した吸収缶を選定すること。

　②　この場合の吸収缶の破過時間は，当該吸収缶の製造者等に問い合わせ
　　ること。

2　防毒マスク及びG-PAPRの吸収缶

(1)　防毒マスク又はG-PAPRの吸収缶の使用時間については，次の事項に留
　意すること。

　ア　防毒マスク又はG-PAPRの使用時間について，当該防毒マスク又は

　G-PAPR の取扱説明書等及び破過曲線図，製造者等への照会結果等に基
づいて，作業場所における空気中に存在する有毒ガス等の濃度並びに作
業場所における温度及び湿度に対して余裕のある使用限度時間をあらか
じめ設定し，その設定時間を限度に防毒マスク又は G-PAPR を使用する
こと。

　　使用する環境の温度又は湿度によっては，吸収缶の破過時間が短くな
る場合があること。例えば，有機ガス用防毒マスクの吸収缶及び有機ガ
ス用 G-PAPR の吸収缶は，使用する環境の温度又は湿度が高いほど破過
時間が短くなる傾向があり，沸点の低い物質ほど，その傾向が顕著であ
ること。また，一酸化炭素用防毒マスクの吸収缶は，使用する環境の湿
度が高いほど破過時間が短くなる傾向にあること。

イ　防毒マスク，G-PAPR，防毒マスクの吸収缶及び G-PAPR の吸収缶に
　添付されている使用時間記録カード等に，使用した時間を必ず記録し，使
　用限度時間を超えて使用しないこと。

ウ　着用者の感覚では，有毒ガス等の危険性を感知できないおそれがある
　ので，吸収缶の破過を知るために，有毒ガス等の臭いに頼るのは，適切
　ではないこと。

エ　防毒マスク又は G-PAPR の使用中に有毒ガス等の臭気等の異常を感知
　した場合は，速やかに作業を中止し避難するとともに，状況を保護具着
　用管理責任者等に報告すること。

オ　一度使用した吸収缶は，破過曲線図，使用時間記録カード等により，十
　分な除毒能力が残存していることを確認できるものについてのみ，再使
　用しても差し支えないこと。ただし，メタノール，二硫化炭素等破過時
　間が試験用ガスの破過時間よりも著しく短い有毒ガス等に対して使用し
　た吸収缶は，吸収缶の吸収剤に吸着された有毒ガス等が時間とともに吸
　収剤から微量ずつ脱着して面体側に漏れ出してくることがあるため，再
　使用しないこと。

第4 呼吸用保護具の保守管理上の留意事項

1 呼吸用保護具の保守管理

⑴ 事業者は，ろ過式呼吸用保護具の保守管理について，取扱説明書に従って適切に行わせるほか，交換用の部品（ろ過材，吸収缶，電池等）を常時備え付け，適時交換できるようにすること。

⑵ 事業者は，呼吸用保護具を常に有効かつ清潔に使用するため，使用前に次の点検を行うこと。

　ア　吸気弁，面体，排気弁，しめひも等に破損，亀裂又は著しい変形がないこと。

　イ　吸気弁及び排気弁は，弁及び弁座の組合せによって機能するものであることから，これらに粉じん等が付着すると機能が低下することに留意すること。なお，排気弁に粉じん等が付着している場合には，相当の漏れ込みが考えられるので，弁及び弁座を清掃するか，弁を交換すること。

　ウ　弁は，弁座に適切に固定されていること。また，排気弁については，密閉状態が保たれていること。

　エ　ろ過材及び吸収缶が適切に取り付けられていること。

　オ　ろ過材及び吸収缶に水が侵入したり，破損（穴あき等）又は変形がないこと。

　カ　ろ過材及び吸収缶から異臭が出ていないこと。

　キ　ろ過材が分離できる吸収缶にあっては，ろ過材が適切に取り付けられていること。

　ク　未使用の吸収缶にあっては，製造者が指定する保存期限を超えていないこと。また，包装が破損せず気密性が保たれていること。

⑶ ろ過式呼吸用保護具を常に有効かつ清潔に保持するため，使用後は粉じん等及び湿気の少ない場所で，次の点検を行うこと。

　ア　ろ過式呼吸用保護具の破損，亀裂，変形等の状況を点検し，必要に応じ交換すること。

　イ　ろ過式呼吸用保護具及びその部品（吸気弁，面体，排気弁，しめひも等）の表面に付着した粉じん，汗，汚れ等を乾燥した布片又は軽く水で湿らせた布片で取り除くこと。なお，著しい汚れがある場合の洗浄方法，

電気部品を含む箇所の洗浄の可否等については，製造者の取扱説明書に従うこと。

ウ　ろ過材の使用に当たっては，次に掲げる事項に留意すること。

①　ろ過材に付着した粉じん等を取り除くために，圧搾空気等を吹きかけたり，ろ過材をたたいたりする行為は，ろ過材を破損させるほか，粉じん等を再飛散させることとなるので行わないこと。

②　取扱説明書等に，ろ過材を再使用すること（水洗いして再使用することを含む。）ができる旨が記載されている場合は，再使用する前に粒子捕集効率及び吸気抵抗が当該製品の規格値を満たしていることを，測定装置を用いて確認すること。

(4)　吸収缶に充塡されている活性炭等は吸湿又は乾燥により能力が低下するものが多いため，使用直前まで開封しないこと。また，使用後は上栓及び下栓を閉めて保管すること。栓がないものにあっては，密封できる容器又は袋に入れて保管すること。

(5)　電動ファン付き呼吸用保護具の保守点検に当たっては，次に掲げる事項に留意すること。

ア　使用前に電動ファンの送風量を確認することが指定されている電動ファン付き呼吸用保護具は，製造者が指定する方法によって使用前に送風量を確認すること。

イ　電池の保守管理について，充電式の電池は，電圧警報装置が警報を発する等，製造者が指定する状態になったら，再充電すること。なお，充電式の電池は，繰り返し使用していると使用時間が短くなることを踏まえて，電池の管理を行うこと。

(6)　点検時に次のいずれかに該当する場合には，ろ過式呼吸用保護具の部品を交換し，又はろ過式呼吸用保護具を廃棄すること。

ア　ろ過材については，破損した場合，穴が開いた場合，著しい変形を生じた場合又はあらかじめ設定した使用限度時間に達した場合。

イ　吸収缶については，破損した場合，著しい変形が生じた場合又はあらかじめ設定した使用限度時間に達した場合。

ウ　呼吸用インタフェース，吸気弁，排気弁等については，破損，亀裂若

しくは著しい変形を生じた場合又は粘着性が認められた場合。

エ　しめひもについては，破損した場合又は弾性が失われ，伸縮不良の状態が認められた場合。

オ　電動ファン（又は吸気補助具）本体及びその部品（連結管等）については，破損，亀裂又は著しい変形を生じた場合。

カ　充電式の電池については，損傷を負った場合若しくは充電後においても極端に使用時間が短くなった場合又は充電ができなくなった場合。

(7)　点検後，直射日光の当たらない，湿気の少ない清潔な場所に専用の保管場所を設け，管理状況が容易に確認できるように保管すること。保管の際，呼吸用インタフェース，連結管，しめひも等は，積み重ね，折り曲げ等によって，亀裂，変形等の異常を生じないようにすること。

(8)　使用済みのろ過材，吸収缶及び使い捨て式防じんマスクは，付着した粉じんや有毒ガス等が再飛散しないように容器又は袋に詰めた状態で廃棄すること。

第5　製造者等が留意する事項　（略）

別紙1　要求防護係数の求め方

要求防護係数の求め方は，次による。

測定の結果得られた化学物質の濃度がCで，化学物質の濃度基準値（有害物質のばく露限界濃度を含む）がC_0であるときの要求防護係数（PF_r）は，式(1)によって算出される。

$$PF_r = \frac{C}{C_0} \quad \cdots\cdots\cdots\cdots (1)$$

複数の有害物質が存在する場合で，これらの物質による人体への影響（例えば，ある器官に与える毒性が同じか否か）が不明な場合は，労働衛生に関する専門家に相談すること。

別紙2　フィットファクタの求め方

フィットファクタは，次の式により計算するものとする。

呼吸用保護具の外側の測定対象物の濃度がC_{out}で，呼吸用保護具の内側の測定対象物の濃度がC_{in}であるときのフィットファクタ（FF）は式(2)によって算出される。

$$FF = \frac{C_{out}}{C_{in}} \quad \cdots\cdots\cdots(2)$$

別表1　ろ過式呼吸用保護具の指定防護係数

当該呼吸用保護具の種類					指定防護係数
防じんマスク	取替え式	全面形面体		RS 3 又は RL 3	50
				RS 2 又は RL 2	14
				RS 1 又は RL 1	4
		半面形面体		RS 3 又は RL 3	10
				RS 2 又は RL 2	10
				RS 1 又は RL 1	4
	使い捨て式			DS 3 又は DL 3	10
				DS 2 又は DL 2	10
				DS 1 又は DL 1	4
防毒マスク[a]	全面形面体				50
	半面形面体				10
防じん機能を有する電動ファン付き呼吸用保護具（P-PAPR）	面体形	全面形面体	S 級	PS 3 又は PL 3	1,000
			A 級	PS 2 又は PL 2	90
			A 級 又は B 級	PS 1 又は PL 1	19
		半面形面体	S 級	PS 3 又は PL 3	50
			A 級	PS 2 又は PL 2	33
			A 級 又は B 級	PS 1 又は PL 1	14
	ルーズフィット形	フード又はフェイスシールド	S 級	PS 3 又は PL 3	25
			A 級	PS 3 又は PL 3	20
			S 級 又は A 級	PS 2 又は PL 2	20

				S級, A級又は B級	PS 1 又は PL 1	11
防毒機能を有する電動ファン付き呼吸用保護具 (G-PAPR)[b]	防じん機能を有しないもの	面体形	全面形面体			1,000
			半面形面体			50
		ルーズフィット形	フード又はフェイスシールド			25
	防じん機能を有するもの	面体形	全面形面体	PS 3 又は PL 3		1,000
				PS 2 又は PL 2		90
				PS 1 又は PL 1		19
			半面形面体	PS 3 又は PL 3		50
				PS 2 又は PL 2		33
				PS 1 又は PL 1		14
		ルーズフィット形	フード又はフェイスシールド	PS 3 又は PL 3		25
				PS 2 又は PL 2		20
				PS 1 又は PL 1		11

注[a]　防じん機能を有する防毒マスクの粉じん等に対する指定防護係数は，防じんマスクの指定防護係数を適用する。

　　　有毒ガス等と粉じん等が混在する環境に対しては，それぞれにおいて有効とされるものについて，面体の種類が共通のものが選択の対象となる。

注[b]　防毒機能を有する電動ファン付き呼吸用保護具の指定防護係数の適用は，次による。なお，有毒ガス等と粉じん等が混在する環境に対しては，①と②のそれぞれにおいて有効とされるものについて，呼吸用インタフェースの種類が共通のものが選択の対象となる。

①　有毒ガス等に対する場合：防じん機能を有しないものの欄に記載されている数値を適用。

②　粉じん等に対する場合：防じん機能を有するものの欄に記載されている数値を適用。

別表2　その他の呼吸用保護具の指定防護係数

呼吸用保護具の種類			指定防護係数
循環式呼吸器	全面形面体	圧縮酸素形かつ陽圧形	10,000
		圧縮酸素形かつ陰圧形	50
		酸素発生形	50
	半面形面体	圧縮酸素形かつ陽圧形	50
		圧縮酸素形かつ陰圧形	10
		酸素発生形	10
空気呼吸器	全面形面体	プレッシャデマンド形	10,000
		デマンド形	50
	半面形面体	プレッシャデマンド形	50
		デマンド形	10
エアラインマスク	全面形面体	プレッシャデマンド形	1,000
		デマンド形	50
		一定流量形	1,000
	半面形面体	プレッシャデマンド形	50
		デマンド形	10
		一定流量形	50
	フード又はフェイスシールド	一定流量形	25
ホースマスク	全面形面体	電動送風機形	1,000
		手動送風機形又は肺力吸引形	50
	半面形面体	電動送風機形	50
		手動送風機形又は肺力吸引形	10
	フード又はフェイスシールド	電動送風機形	25

別表3　高い指定防護係数で運用できる呼吸用保護具の種類の指定防護係数

呼吸用保護具の種類			指定防護係数
防じん機能を有する電動ファン付き呼吸用保護具	半面形面体	S級かつPS3又はPL3	300
	フード	S級かつPS3又はPL3	1,000
	フェイスシールド	S級かつPS3又はPL3	300
防毒機能を有する電動ファン付き呼吸用保護具[a]	防じん機能を有しないもの	半面形面体	300
		フード	1,000
		フェイスシールド	300
	防じん機能を有するもの	半面形面体　PS3又はPL3	300
		フード　PS3又はPL3	1,000
		フェイスシールド　PS3又はPL3	300
フードを有するエアラインマスク		一定流量形	1,000

注記　この表の指定防護係数は，JIS T 8150の附属書JCに従って該当する呼吸用保護具の防護係数を求め，この表に記載されている指定防護係数を上回ることを該当する呼吸用保護具の製造者が明らかにする書面が製品に添付されている場合に使用できる。

注[a]　防毒機能を有する電動ファン付き呼吸用保護具の指定防護係数の適用は，次による。なお，有毒ガス等と粉じん等が混在する環境に対しては，①と②のそれぞれにおいて有効とされるものについて，呼吸用インタフェースの種類が共通のものが選択の対象となる。

① 有毒ガス等に対する場合：防じん機能を有しないものの欄に記載されている数値を適用。

② 粉じん等に対する場合：防じん機能を有するものの欄に記載されている数値を適用。

別表4　要求フィットファクタ及び使用できるフィットテストの種類

面体の種類	要求フィットファクタ	フィットテストの種類	
		定性的フィットテスト	定量的フィットテスト
全面形面体	500	—	○
半面形面体	100	○	○

注記　半面形面体を用いて定性的フィットテストを行った結果が合格の場合，フィットファクタは100以上とみなす。

別表5　粉じん等の種類及び作業内容に応じて選択可能な防じんマスク及び防じん機能を有する電動ファン付き呼吸用保護具

粉じん等の種類及び作業内容	オイルミストの有無	防じんマスク			防じん機能を有する電動ファン付き呼吸用保護具			
		種類	呼吸用インタフェースの種類	ろ過材の種類	種類	呼吸用インタフェースの種類	漏れ率の区分	ろ過材の種類
○ 安衛則第592条の5　廃棄物の焼却施設に係る作業で，ダイオキシン類の粉じんばく露のおそれのある作業において使用する防じんマスク及び防じん機能を有する電動ファン付き呼吸用保護具	混在しない	取替え式	全面形面体	RS3, RL3	面体形	全面形面体	S級	PS3, PL3
		取替え式	半面形面体	RS3, RL3	面体形	半面形面体	S級	PS3, PL3
					ルーズフィット形	フード	S級	PS3, PL3
					ルーズフィット形	フェイスシールド	S級	PS3, PL3
	混在する	取替え式	全面形面体	RL3	面体形	全面形面体	S級	PL3
		取替え式	半面形面体	RL3	面体形	半面形面体	S級	PL3
					ルーズフィット形	フード	S級	PL3
					ルーズフィット形	フェイスシールド	S級	PL3
○ 電離則第38条　放射性物質がこぼれたとき等による汚染のおそれがある区域内の作業又は緊急作業において使用する防じんマスク及び防じん機能を有する呼吸用保護具	混在しない	取替え式	全面形面体	RS3, RL3	面体形	全面形面体	S級	PS3, PL3
		取替え式	半面形面体	RS3, RL3	面体形	半面形面体	S級	PS3, PL3
					ルーズフィット形	フード	S級	PS3, PL3
					ルーズフィット形	フェイスシールド	S級	PS3, PL3
	混在する	取替え式	全面形面体	RL3	面体形	全面形面体	S級	PL3
		取替え式	半面形面体	RL3	面体形	半面形面体	S級	PL3
					ルーズフィット形	フード	S級	PL3
					ルーズフィット形	フェイスシールド	S級	PL3
○ 鉛則第58条，特化則第38条の21，特化則第43条及び粉じん則第27条　金属のヒューム（溶接ヒュームを含む。）を発散する場所における作業において使用する防じんマスク及び防じん機能を有する電動ファン付き呼吸用保護具（※1）	混在しない	取替え式	全面形面体	RS3, RL3, RS2, RL2				
		取替え式	半面形面体	RS3, RL3, RS2, RL2				
		使い捨て式		DS3, DL3, DS2, DL2				
	混在する	取替え式	全面形面体	RL3, RL2				
		取替え式	半面形面体	RL3, RL2				
		使い捨て式		DL3, DL2				
○ 鉛則第58条及び特化則第43条　管理濃度が 0.1mg/m³ 以下の物質の粉じんを発散する場所における作業において使用する防じんマスク及び防じん機能を有する電動ファン付き呼吸用保護具（※1）	混在しない	取替え式	全面形面体	RS3, RL3, RS2, RL2				
		取替え式	半面形面体	RS3, RL3, RS2, RL2				
		使い捨て式		DS3, DL3, DS2, DL2				
	混在する	取替え式	全面形面体	RL3, RL2				
		取替え式	半面形面体	RL3, RL2				
		使い捨て式		DL3, DL2				
○ 石綿則第14条　負圧隔離養生及び隔離養生（負圧不要）の内部で，石綿等の除去等を行う作業＜吹き付けられた石綿等の除去，石綿含有保温材等の除去，石綿等の封じ込めもしくは囲い込み，石綿含有成形板等の除去，石綿含有仕上塗材の除去＞において使用する防じん機能を有する電動ファン付き呼吸用保護具	混在しない				面体形	全面形面体	S級	PS3, PL3
					面体形	半面形面体	S級	PS3, PL3
					ルーズフィット形	フード	S級	PS3, PL3
					ルーズフィット形	フェイスシールド	S級	PS3, PL3
	混在する				面体形	全面形面体	S級	PL3
					面体形	半面形面体	S級	PL3
					ルーズフィット形	フード	S級	PL3
					ルーズフィット形	フェイスシールド	S級	PL3
○ 石綿則第14条　負圧隔離養生及び隔離養生（負圧不要）の外部（又は負圧隔離及び隔離養生措置を必要としない石綿等の除去等を行う作業場）で，石綿等の除去等を行う作業＜吹き付けられた石綿等の除去，石綿含有保温材等の除去，石綿等の封じ込めもしくは囲い込み，石綿含有成形板等の除去，石綿含有仕上塗材の除去＞において使用する防じんマスク及び防じん機能を有する電動ファン付き呼吸用保護具（※3）	混在しない	取替え式	全面形面体	RS3, RL3	面体形	全面形面体	S級	PS3, PL3
		取替え式	半面形面体	RS3, RL3	面体形	半面形面体	S級	PS3, PL3
					ルーズフィット形	フード	S級	PS3, PL3
					ルーズフィット形	フェイスシールド	S級	PS3, PL3
	混在する	取替え式	全面形面体	PL3	面体形	全面形面体	S級	PL3
		取替え式	半面形面体	PL3	面体形	半面形面体	S級	PL3
					ルーズフィット形	フード	S級	PL3
					ルーズフィット形	フェイスシールド	S級	PL3

○ 石綿則第14条 　負圧隔離養生及び隔離養生（負圧隔離養生措置を必要としない石綿等の除去等を行う作業場）で，石綿等の切断等を伴わない囲い込み／石綿含有形板等の切断等を伴わずに除去する作業において使用する防じんマスク	混在しない	取替え式	全面形面体	RS3, RL3, RS2, RL2
			半面形面体	RS3, RL3, RS2, RL2
	混在する	取替え式	全面形面体	RL3, RL2
			半面形面体	RL3, RL2
○ 石綿則第14条 　石綿含有成形板等及び石綿含有仕上塗材の除去等作業を行う作業場で，石綿等の除去等以外の作業を行う場合において使用する防じんマスク	混在しない	取替え式	全面形面体	RS3, RL3, RS2, RL2
			半面形面体	RS3, RL3, RS2, RL2
	混在する	取替え式	全面形面体	RL3, RL2
			半面形面体	RL3, RL2
○ 除染則第16条 　高濃度汚染土壌等を取り扱う作業であって，粉じん濃度が10ミリグラム毎立方メートルを超える場所において使用する防じんマスク（※2）	混在しない	取替え式	全面形面体	RS3, RL3, RS2, RL2
			半面形面体	RS3, RL3, RS2, RL2
		使い捨て式		DS3, DL3, DS2, DL2
	混在する	取替え式	全面形面体	RL3, RL2
			半面形面体	RL3, RL2
		使い捨て式		DL3, DL2

※1：防じん機能を有する電動ファン付き呼吸用保護具のろ過材は，粒子捕集効率が95パーセント以上であればよい。
※2：それ以外の場所において使用する防じんマスクのろ過材は，粒子捕集効率が80パーセント以上であればよい。
※3：防じん機能を有する電動ファン付き呼吸用保護具を使用する場合は，大風量型とすること。

9 第 3 管理区分に区分された場所に係る有機溶剤等の濃度の測定の方法等

（令和 4 年11月30日厚生労働省告示第341号）

（改正 令和 5 年 4 月17日厚生労働省告示第174号）

（有機溶剤の濃度の測定の方法等）

第 1 条 有機溶剤中毒予防規則（昭和47年労働省令第36号。以下「有機則」という。）第28条の 3 の 2 第 4 項（特定化学物質障害予防規則（昭和47年労働省令第39号。以下「特化則」という。）第36条の 5 において準用する場合を含む。以下同じ。）第 1 号の規定による測定は，作業環境測定基準（昭和51年労働省告示第46号。以下「測定基準」という。）第13条第 5 項において読み替えて準用する測定基準第10条第 5 項各号に定める方法によらなければならない。

② 前項の規定にかかわらず，有機溶剤（特化則第36条の 5 において準用する有機則第28条の 3 の 2 第 4 項第 1 号の規定による測定を行う場合にあっては，特化則第 2 条第 1 項第 3 号の 2 に規定する特別有機溶剤（次項において「特別有機溶剤」という。）を含む。以下同じ。）の濃度の測定は，次に定めるところによることができる。

  1 試料空気の採取は，有機則第28条の 3 の 2 第 4 項柱書に規定する第 3 管理区分に区分された場所において作業に従事する労働者の身体に装着する試料採取機器を用いる方法により行うこと。この場合において，当該試料採取機器の採取口は，当該労働者の呼吸する空気中の有機溶剤の濃度を測定するために最も適切な部位に装着しなければならない。

  2 前号の規定による試料採取機器の装着は，同号の作業のうち労働者にばく露される有機溶剤の量がほぼ均一であると見込まれる作業ごとに，それぞれ，適切な数（ 2 以上に限る。）の労働者に対して行うこと。ただし，当該作業に従事する一の労働者に対して，必要最小限の間隔をおいた 2 以上の作業日において試料採取機器を装着する方法により試料空気の採取が行われたときは，この限りでない。

  3 試料空気の採取の時間は，当該採取を行う作業日ごとに，労働者が第 1

号の作業に従事する全時間とすること。

③　前二項に定めるところによる測定は，測定基準別表第2（特別有機溶剤にあっては，測定基準別表第1）の上欄（編注：左欄）に掲げる物の種類に応じ，それぞれ同表の中欄に掲げる試料採取方法又はこれと同等以上の性能を有する試料採取方法及び同表の下欄（編注：右欄）に掲げる分析方法又はこれと同等以上の性能を有する分析方法によらなければならない。

第2条　有機則第28条の3の2第4項第1号に規定する呼吸用保護具（第6項において単に「呼吸用保護具」という。）は，要求防護係数を上回る指定防護係数を有するものでなければならない。

②　前項の要求防護係数は，次の式により計算するものとする。

$$PF_r = \frac{C}{C_0}$$

この式において，PF_r，C及びC_0は，それぞれ次の値を表すものとする。

PF_r　要求防護係数

C　有機溶剤の濃度の測定の結果得られた値

C_0　作業環境評価基準（昭和63年労働省告示第79号。以下この条及び第8条において「評価基準」という。）別表の上欄（編注：左欄）に掲げる物の種類に応じ，それぞれ同表の下欄（編注：右欄）に掲げる管理濃度

③　前項の有機溶剤の濃度の測定の結果得られた値は，次の各号に掲げる場合の区分に応じ，それぞれ当該各号に定める値とする。

1　C測定（測定基準第13条第5項において読み替えて準用する測定基準第10条第5項第1号から第4号までの規定により行う測定をいう。次号において同じ。）を行った場合又はA測定（測定基準第13条第4項において読み替えて準用する測定基準第2条第1項第1号から第2号までの規定により行う測定をいう。次号において同じ。）を行った場合（次号に掲げる場合を除く。）　空気中の有機溶剤の濃度の第1評価値（評価基準第2条第1項（評価基準第4条において読み替えて準用する場合を含む。）の第1評価値をいう。以下同じ。）

2　C測定及びD測定（測定基準第13条第5項において読み替えて準用する測定基準第10条第5項第5号及び第6号の規定により行う測定をいう。以

　下この号において同じ。）を行った場合又はＡ測定及びＢ測定（測定基準第
　13条第４項において読み替えて準用する測定基準第２条第１項第２号の２
　の規定により行う測定をいう。以下この号において同じ。）を行った場合　空
　気中の有機溶剤の濃度の第１評価値又はＢ測定若しくはＤ測定の測定値
　（２以上の測定点においてＢ測定を行った場合又は２以上の者に対してＤ
　測定を行った場合には，それらの測定値のうちの最大の値）のうちいずれ
　か大きい値

　3　前条第２項に定めるところにより測定を行った場合　当該測定における
　有機溶剤の濃度の測定値のうち最大の値

④　有機溶剤を２種類以上含有する混合物に係る単位作業場所（測定基準第２
　条第１項第１号に規定する単位作業場所をいう。）においては，評価基準第２
　条第４項の規定により計算して得た換算値を測定値とみなして前項第２号及
　び第３号の規定を適用する。この場合において，第２項の管理濃度に相当す
　る値は，１とするものとする。

⑤　第１項の指定防護係数は，別表第１から別表第４までの上欄（編注：左欄）
　に掲げる呼吸用保護具の種類に応じ，それぞれ同表の下欄（編注：右欄）に
　掲げる値とする。ただし，別表第５の上欄（編注：左欄）に掲げる呼吸用保
　護具を使用した作業における当該呼吸用保護具の外側及び内側の有機溶剤の
　濃度の測定又はそれと同等の測定の結果により得られた当該呼吸用保護具に
　係る防護係数が，同表の下欄（編注：右欄）に掲げる指定防護係数を上回る
　ことを当該呼吸用保護具の製造者が明らかにする書面が当該呼吸用保護具に
　添付されている場合は，同表の上欄（編注：左欄）に掲げる呼吸用保護具の
　種類に応じ，それぞれ同表の下欄（編注：右欄）に掲げる値とすることがで
　きる。

⑥　呼吸用保護具は，ガス状の有機溶剤を製造し，又は取り扱う作業場におい
　ては，当該有機溶剤の種類に応じ，十分な除毒能力を有する吸収缶を備えた
　防毒マスク又は別表第４に規定する呼吸用保護具でなければならない。

⑦　前項の吸収缶は，使用時間の経過により破過したものであってはならない。

第３条　有機則第28条の３の２第４項第２号の厚生労働大臣の定める方法は，同
　項第１号の呼吸用保護具（面体を有するものに限る。）を使用する労働者につ

いて，日本産業規格 T8150（呼吸用保護具の選択，使用及び保守管理方法）に
定める方法又はこれと同等の方法により当該労働者の顔面と当該呼吸用保護
具の面体との密着の程度を示す係数（以下この条において「フィットファク
タ」という。）を求め，当該フィットファクタが要求フィットファクタを上回
っていることを確認する方法とする。

② フィットファクタは，次の式により計算するものとする。

$$FF = \frac{C_{out}}{C_{in}}$$

この式において FF，C_{out} 及び C_{in} は，それぞれ次の値を表すものとする。

　FF　　フィットファクタ

　C_{out}　　呼吸用保護具の外側の測定対象物の濃度

　C_{in}　　呼吸用保護具の内側の測定対象物の濃度

③ 第1項の要求フィットファクタは，呼吸用保護具の種類に応じ，次に掲げ
る値とする。

　1　全面形面体を有する呼吸用保護具　500

　2　半面形面体を有する呼吸用保護具　100

（鉛の濃度の測定の方法等）

第4条　鉛中毒予防規則（昭和47年労働省令第37号。以下「鉛則」という。）第
52条の3の2第4項第1号の規定による測定は，測定基準第11条第3項にお
いて読み替えて準用する測定基準第10条第5項各号に定める方法によらなけ
ればならない。

② 前項の規定にかかわらず，鉛の濃度の測定は，次に定めるところによるこ
とができる。

　1　試料空気の採取は，鉛則第52条の3の2第4項柱書に規定する第3管理
　　区分に区分された場所において作業に従事する労働者の身体に装着する試
　　料採取機器を用いる方法により行うこと。この場合において，当該試料採
　　取機器の採取口は，当該労働者の呼吸する空気中の鉛の濃度を測定するた
　　めに最も適切な部位に装着しなければならない。

　2　前号の規定による試料採取機器の装着は，同号の作業のうち労働者にば
　　く露される鉛の量がほぼ均一であると見込まれる作業ごとに，それぞれ，適

切な数（2以上に限る。）の労働者に対して行うこと。ただし，当該作業に従事する一の労働者に対して，必要最小限の間隔をおいた2以上の作業日において試料採取機器を装着する方法により試料空気の採取が行われたときは，この限りでない。

3　試料空気の採取の時間は，当該採取を行う作業日ごとに，労働者が第1号の作業に従事する全時間とすること。

③　前二項に定めるところによる測定は，ろ過捕集方法又はこれと同等以上の性能を有する試料採取方法及び吸光光度分析方法若しくは原子吸光分析方法又はこれらと同等以上の性能を有する分析方法によらなければならない。

第5条　鉛則第52条の3の2第4項第1号に規定する呼吸用保護具は，要求防護係数を上回る指定防護係数を有するものでなければならない。

②　前項の要求防護係数は，次の式により計算するものとする。

$$PF_r = \frac{C}{C_0}$$

この式において，PF_r，C及びC_0は，それぞれ次の値を表すものとする。
PF_r　要求防護係数
C　鉛の濃度の測定の結果得られた値
C_0　$0.05mg/m^3$

③　前項の鉛の濃度の測定の結果得られた値は，次の各号に掲げる場合の区分に応じ，それぞれ当該各号に定める値とする。

1　C測定（測定基準第11条第3項において読み替えて準用する測定基準第10条第5項第1号から第4号までの規定により行う測定をいう。次号において同じ。）を行った場合（次号に掲げる場合を除く。）　空気中の鉛の濃度の第1評価値

2　C測定及びD測定（測定基準第11条第3項において準用する測定基準第10条第5項第5号及び第6号の規定により行う測定をいう。以下この号において同じ。）を行った場合　空気中の鉛の濃度の第1評価値又はD測定の測定値（2以上の者に対してD測定を行った場合には，それらの測定値のうちの最大の値）のうちいずれか大きい値

3　前条第2項に定めるところにより測定を行った場合　当該測定における

　鉛の濃度の測定値のうち最大の値

④　第1項の指定防護係数は，別表第1，別表第3及び別表第4の上欄（編注：左欄）に掲げる呼吸用保護具の種類に応じ，それぞれ同表の下欄（編注：右欄）に掲げる値とする。ただし，別表第5の上欄（編注：左欄）に掲げる呼吸用保護具を使用した作業における当該呼吸用保護具の外側及び内側の鉛の濃度の測定又はそれと同等の測定の結果により得られた当該呼吸用保護具に係る防護係数が，同表の下欄（編注：右欄）に掲げる指定防護係数を上回ることを当該呼吸用保護具の製造者が明らかにする書面が当該呼吸用保護具に添付されている場合は，同表の上欄（編注：左欄）に掲げる呼吸用保護具の種類に応じ，それぞれ同表の下欄（編注：右欄）に掲げる値とすることができる。

第6条　第3条の規定は，鉛則第52条の3の2第4項第2号の厚生労働大臣の定める方法について準用する。

（特定化学物質の濃度の測定の方法等）

第7条　特化則第36条の3の2第4項第1号の規定による測定は，次の各号に掲げる区分に応じ，それぞれ当該各号に定めるところによらなければならない。

　1　労働安全衛生法施行令（昭和47年政令第318号。次号において「令」という。）別表第3第1号6又は同表第2号2，5，8の2から11まで，13，13の2，15，15の2，19，19の4，20から22まで，23，23の2，27の2，30，31の2，33，34の3若しくは36に掲げる物（以下この条において「特定個人サンプリング法対象特化物」という。）の濃度の測定　測定基準第10条第5項各号に定める方法

　2　令別表第3第1号3，6若しくは7に掲げる物又は同表第2号1から3まで，3の3から7まで，8の2から11の2まで，13から25まで，27から31の2まで若しくは33から36までに掲げる物（以下第8条において「特定化学物質」という。）であって，前号に掲げる物以外のものの濃度の測定　測定基準第10条第4項において読み替えて準用する測定基準第2条第1項第1号から第3号までに定める方法

②　前項の規定にかかわらず，特定個人サンプリング法対象特化物の濃度の測

定は，次に定めるところによることができる。

1　試料空気の採取は，特化則第36条の3の2第4項柱書に規定する第3管理区分に区分された場所において作業に従事する労働者の身体に装着する試料採取機器を用いる方法により行うこと。この場合において，当該試料採取機器の採取口は，当該労働者の呼吸する空気中の特定個人サンプリング法対象特化物の濃度を測定するために最も適切な部位に装着しなければならない。

2　前号の規定による試料採取機器の装着は，同号の作業のうち労働者にばく露される特定個人サンプリング法対象特化物の量がほぼ均一であると見込まれる作業ごとに，それぞれ，適切な数（2以上に限る。）の労働者に対して行うこと。ただし，当該作業に従事する一の労働者に対して，必要最小限の間隔をおいた2以上の作業日において試料採取機器を装着する方法により試料空気の採取が行われたときは，この限りでない。

3　試料空気の採取の時間は，当該採取を行う作業日ごとに，労働者が第1号の作業に従事する全時間とすること。

③　前二項に定めるところによる測定は，測定基準別表第1の上欄（編注：左欄）に掲げる物の種類に応じ，それぞれ同表の中欄に掲げる試料採取方法又はこれと同等以上の性能を有する試料採取方法及び同表の下欄（編注：右欄）に掲げる分析方法又はこれと同等以上の性能を有する分析方法によらなければならない。

第8条　特化則第36条の3の2第4項第1号に規定する呼吸用保護具（第5項において単に「呼吸用保護具」という。）は，要求防護係数を上回る指定防護係数を有するものでなければならない。

②　前項の要求防護係数は，次の式により計算するものとする。

$$\mathrm{PF_r} = \frac{C}{C_0}$$

（この式において，$\mathrm{PF_r}$，C 及び C_0 は，それぞれ次の値を表すものとする。

　PFr　要求防護係数

　C　特定化学物質の濃度の測定の結果得られた値

　C_0　評価基準別表の上欄（編注：左欄）に掲げる物の種類に応じ，それぞ

れ同表の下欄（編注：右欄）に掲げる管理濃度）

③ 前項の特定化学物質の濃度の測定の結果得られた値は，次の各号に掲げる場合の区分に応じ，それぞれ当該各号に定める値とする。

1 Ｃ測定（測定基準第10条第5項第1号から第4号までの規定により行う測定をいう。次号において同じ。）を行った場合又はＡ測定（測定基準第10条第4項において読み替えて準用する測定基準第2条第1項第1号から第2号までの規定により行う測定をいう。次号において同じ。）を行った場合（次号に掲げる場合を除く。） 空気中の特定化学物質の濃度の第1評価値

2 Ｃ測定及びＤ測定（測定基準第10条第5項第5号及び第6号の規定により行う測定をいう。以下この号において同じ。）を行った場合又はＡ測定及びＢ測定（測定基準第10条第4項において読み替えて準用する測定基準第2条第1項第2号の2の規定により行う測定をいう。以下この号において同じ。）を行った場合 空気中の特定化学物質の濃度の第1評価値又はＢ測定若しくはＤ測定の測定値（2以上の測定点においてＢ測定を行った場合又は2以上の者に対してＤ測定を行った場合には，それらの測定値のうちの最大の値）のうちいずれか大きい値

3 前条第2項に定めるところにより測定を行った場合 当該測定における特定化学物質の濃度の測定値のうち最大の値

④ 第1項の指定防護係数は，別表第1から別表第4までの上欄（編注：左欄）に掲げる呼吸用保護具の種類に応じ，それぞれ同表の下欄（編注：右欄）に掲げる値とする。ただし，別表第5の上欄（編注：左欄）に掲げる呼吸用保護具を使用した作業における当該呼吸用保護具の外側及び内側の特定化学物質の濃度の測定又はそれと同等の測定の結果により得られた当該呼吸用保護具に係る防護係数が同表の下欄（編注：右欄）に掲げる指定防護係数を上回ることを当該呼吸用保護具の製造者が明らかにする書面が，当該呼吸用保護具に添付されている場合は，同表の上欄（編注：左欄）に掲げる呼吸用保護具の種類に応じ，それぞれ同表の下欄（編注：右欄）に掲げる値とすることができる。

⑤ 呼吸用保護具は，ガス状の特定化学物質を製造し，又は取り扱う作業場においては，当該特定化学物質の種類に応じ，十分な除毒能力を有する吸収缶

を備えた防毒マスク又は別表第4に規定する呼吸用保護具でなければならない。

⑥　前項の吸収缶は，使用時間の経過により破過したものであってはならない。

第9条　第3条の規定は，特化則第36条の3の2第4項第2号の厚生労働大臣の定める方法について準用する。

（粉じんの濃度の測定の方法等）

第10条　粉じん障害防止規則（昭和54年労働省令第18号。以下「粉じん則」という。）第26条の3の2第4項第1号の規定による測定は，次の各号に掲げる区分に応じ，それぞれ当該各号に定めるところによらなければならない。

　1　粉じん（遊離けい酸の含有率が極めて高いものを除く。）の濃度の測定　測定基準第2条第4項において読み替えて準用する測定基準第10条第5項各号に定める方法

　2　前号に掲げる測定以外のもの　測定基準第2条第1項第1号から第3号までに定める方法

②　前項の規定にかかわらず，粉じんの濃度の測定は，次に定めるところによることができる。

　1　試料空気の採取は，粉じん則第26条の3の2第4項柱書に規定する第3管理区分に区分された場所において作業に従事する労働者の身体に装着する試料採取機器を用いる方法により行うこと。この場合において，当該試料採取機器の採取口は，当該労働者の呼吸する空気中の粉じんの濃度を測定するために最も適切な部位に装着しなければならない。

　2　前号の規定による試料採取機器の装着は，同号の作業のうち労働者にばく露される粉じんの量がほぼ均一であると見込まれる作業ごとに，それぞれ，適切な数（2以上に限る。）の労働者に対して行うこと。ただし，当該作業に従事する一の労働者に対して，必要最小限の間隔をおいた2以上の作業日において試料採取機器を装着する方法により試料空気の採取が行われたときは，この限りでない。

　3　試料空気の採取の時間は，当該採取を行う作業日ごとに，労働者が第1号の作業に従事する全時間とすること。

③　前二項に定めるところによる測定は，次のいずれかの方法によらなければ

ならない。ただし，第2号に掲げる方法による場合においては，粉じん則第26条第3項の規定による厚生労働大臣の登録を受けた者により，1年以内ごとに1回，定期に較正を受けた測定機器を使用しなければならない。

1　測定基準第2条第2項の要件に該当する分粒装置を用いるろ過捕集方法及び重量分析方法

2　相対濃度指示方法（1以上の試料空気の採取において前号に掲げる方法を同時に行うことによって得られた数値又は厚生労働省労働基準局長が示す数値を質量濃度変換係数として使用する場合に限る。）

④　第1項及び第2項に定めるところによる測定のうち土石，岩石又は鉱物の粉じん中の遊離けい酸の含有率の測定は，エックス線回折分析方法又は重量分析方法によらなければならない。

第11条　粉じん則第26条の3の2第4項第1号に規定する呼吸用保護具は，要求防護係数を上回る指定防護係数を有するものでなければならない。

②　前項の要求防護係数は，次の式により計算するものとする。

$$PF_r = \frac{C}{C_0}$$

この式において，PF_r，C及びC_0は，それぞれ次の値を表すものとする。

PF_r　要求防護係数

C　粉じんの濃度の測定の結果得られた値

C_0　3.0/(1.19Q + 1)（この式において，Qは，当該粉じんの遊離けい酸含有率（単位パーセント）の値を表すものとする。）

③　前項の粉じんの濃度の測定の結果得られた値は，次の各号に掲げる場合の区分に応じ，それぞれ当該各号に定める値とする。

1　A測定（測定基準第2条第1項第1号から第2号までの規定により行う測定をいう。次号において同じ。）を行った場合（次号に掲げる場合を除く。）　空気中の粉じんの濃度の第1評価値

2　A測定及びB測定（測定基準第2条第1項第2号の2の規定により行う測定をいう。以下この号において同じ。）を行った場合　空気中の粉じんの濃度の第1評価値又はB測定の測定値（2以上の測定点においてB測定を行った場合には，それらの測定値のうちの最大の値）のうちいずれか大き

　　い値

3　前条第2項に定めるところにより測定を行った場合　当該測定における
　　粉じんの濃度の測定値のうち最大の値

④　第1項の指定防護係数は，別表第1，別表第3及び別表第4の上欄（編注：
　　左欄）に掲げる呼吸用保護具の種類に応じ，それぞれ同表の下欄（編注：右
　　欄）に掲げる値とする。ただし，別表第5の上欄（編注：左欄）に掲げる呼
　　吸用保護具を使用した作業における当該呼吸用保護具の外側及び内側の粉じ
　　んの濃度の測定又はそれと同等の測定の結果により得られた当該呼吸用保護
　　具に係る防護係数が，同表の下欄（編注：右欄）に掲げる指定防護係数を上
　　回ることを当該呼吸用保護具の製造者が明らかにする書面が当該呼吸用保護
　　具に添付されている場合は，同表の上欄（編注：左欄）に掲げる呼吸用保護
　　具の種類に応じ，それぞれ同表の下欄（編注：右欄）に掲げる値とすること
　　ができる。

第12条　第3条の規定は，粉じん則第26条の3の2第4項第2号の厚生労働大
　　臣の定める方法について準用する。

別表第1（第2条，第5条，第8条及び第11条関係）

防じんマスクの種類			指定防護係数
取替え式	全面形面体	RS3又はRL3	50
		RS2又はRL2	14
		RS1又はRL1	4
	半面形面体	RS3又はRL3	10
		RS2又はRL2	10
		RS1又はRL1	4
使い捨て式		DS3又はDL3	10
		DS2又はDL2	10
		DS1又はDL1	4
備考　RS1，RS2，RS3，RL1，RL2，RL3，DS1，DS2，DS3，DL1，DL2及びDL3は，防じんマスクの規格（昭和63年労働省告示第19号）第1条第3項の規定による区分であること。			

別表第2（第2条及び第8条関係）

防毒マスクの種類	指定防護係数
全面形面体	50
半面形面体	10

別表第3（第2条，第5条，第8条及び第11条関係）

電動ファン付き呼吸用保護具の種類				指定防護係数
防じん機能を有する電動ファン付き呼吸用保護具	全面形面体	S級	PS3又はPL3	1,000
		A級	PS2又はPL2	90
		A級又はB級	PS1又はPL1	19
	半面形面体	S級	PS3又はPL3	50
		A級	PS2又はPL2	33
		A級又はB級	PS1又はPL1	14
	フード又はフェイスシールドを有するもの	S級	PS3又はPL3	25
		A級		20
		S級又はA級	PS2又はPL2	20
		S級，A級又はB級	PS1又はPL1	11
防毒機能を有する電動ファン付き呼吸用保護具	防じん機能を有しないもの	全面形面体		1,000
		半面形面体		50
		フード又はフェイスシールドを有するもの		25
	防じん機能を有するもの	全面形面体	PS3又はPL3	1,000
			PS2又はPL2	90
			PS1又はPL1	19
		半面形面体	PS3又はPL3	50
			PS2又はPL2	33
			PS1又はPL1	14
		フード又はフェイスシールドを有するもの	PS3又はPL3	25
			PS2又はPL2	20
			PS1又はPL1	11

備考　S級，A級及びB級は，電動ファン付き呼吸用保護具の規格（平成26
年厚生労働省告示第455号）第2条第4項の規定による区分（別表第5に
おいて同じ。）であること。PS1，PS2，PS3，PL1，PL2及びPL3
は，同条第5項の規定による区分（別表第5において同じ。）であること。

別表第4（第2条，第5条，第8条及び第11条関係）

その他の呼吸用保護具の種類			指定防護係数
循環式呼吸器	全面形面体	圧縮酸素形かつ陽圧形	10,000
		圧縮酸素形かつ陰圧形	50
		酸素発生形	50
	半面形面体	圧縮酸素形かつ陽圧形	50
		圧縮酸素形かつ陰圧形	10
		酸素発生形	10
空気呼吸器	全面形面体	プレッシャデマンド形	10,000
		デマンド形	50
	半面形面体	プレッシャデマンド形	50
		デマンド形	10
エアラインマスク	全面形面体	プレッシャデマンド形	1,000
		デマンド形	50
		一定流量形	1,000
	半面形面体	プレッシャデマンド形	50
		デマンド形	10
		一定流量形	50
	フード又はフェイスシールドを有するもの	1定流量形	25
ホースマスク	全面形面体	電動送風機形	1,000
		手動送風機形又は肺力吸引形	50
	半面形面体	電動送風機形	50
		手動送風機形又は肺力吸引形	10

フード又はフェイスシールドを有するもの	電動送風機形	25

別表第5　（第2条，第5条，第8条及び第11条関係）

呼吸用保護具の種類		指定防護係数
防じん機能を有する電動ファン付き呼吸用保護具であって半面形面体を有するもの	S級かつ PS 3又はPL 3	300
防じん機能を有する電動ファン付き呼吸用保護具であってフードを有するもの		1,000
防じん機能を有する電動ファン付き呼吸用保護具であってフェイスシールドを有するもの		300
防毒機能を有する電動ファン付き呼吸用保護具であって防じん機能を有するもののうち，半面形面体を有するもの	PS 3又はPL 3	300
防毒機能を有する電動ファン付き呼吸用保護具であって防じん機能を有するもののうち，フードを有するもの		1,000
防毒機能を有する電動ファン付き呼吸用保護具であって防じん機能を有するもののうち，フェイスシールドを有するもの		300
防毒機能を有する電動ファン付き呼吸用保護具であって防じん機能を有しないもののうち，半面形面体を有するもの		300
防毒機能を有する電動ファン付き呼吸用保護具であって防じん機能を有しないもののうち，フードを有するもの		1,000
防毒機能を有する電動ファン付き呼吸用保護具であって防じん機能を有しないもののうち，フェイスシールドを有するもの		300
フードを有するエアラインマスク	一定流量形	1,000

10　インジウム化合物等を製造し，又は取り扱う作業場において労働者に使用させなければならない呼吸用保護具

（平成24年12月３日厚生労働省告示第579号）

（改正　令和５年３月27日厚生労働省告示第88号）

1　事業者は，労働安全衛生法施行令（昭和47年政令第318号）別表第３第２号３の２に掲げる物又は特定化学物質障害予防規則別表第１第３号の２に掲げる物を製造し，又は取り扱う作業に労働者を従事させるときは，次の表の上欄（編注：左欄）に掲げる単位作業場所（作業環境測定基準（昭和51年労働省告示第46号）第２条第１項第１号に規定する単位作業場所をいう。）についての空気中のインジウム化合物の濃度に係る特定化学物質障害予防規則第36条第１項又は労働安全衛生法（昭和47年法律第57号）第65条第５項の規定による測定の結果から得られた値の区分に応じて，それぞれ同表の下欄（編注：右欄）に掲げる呼吸用保護具又はこれと同等以上の性能を有する呼吸用保護具を使用させなければならない。

区　分	呼吸用保護具
$0.3\mu\mathrm{g/m^3}$以上$3\mu\mathrm{g/m^3}$未満	半面形の面体を有する取替え式防じんマスク（粒子捕集効率が99.9％以上のものに限る。）
$3\mu\mathrm{g/m^3}$以上$7.5\mu\mathrm{g/m^3}$未満	防じん機能を有する電動ファン付き呼吸用保護具であってフード又はフェイスシールドを有するもの（粒子捕集効率が99.97％以上のものに限る。）
$7.5\mu\mathrm{g/m^3}$以上$15\mu\mathrm{g/m^3}$未満	全面形の面体を有する取替え式防じんマスク（粒子捕集効率が99.9％以上のものに限る。）
$15\mu\mathrm{g/m^3}$以上$30\mu\mathrm{g/m^3}$未満	防じん機能を有する電動ファン付き呼吸用保護具であって全面形面体を有するもの（粒子捕集効率が99.97％以上のものに限る。）又は全面形の面体を有する一定流量形のエアラインマスク
$30\mu\mathrm{g/m^3}$以上$300\mu\mathrm{g/m^3}$未満	全面形の面体を有するプレッシャデマンド形のエアラインマスク
$300\mu\mathrm{g/m^3}$以上	全面形の面体を有するプレッシャデマンド形の空気呼吸器又は全面形の面体を有する圧縮酸素形で，かつ，陽圧形の酸素呼吸器

2　前号の値は，次のイ又はロに掲げる場合に応じて，それぞれ当該イ又はロに掲げるものとする。

ロ　A測定（作業環境測定基準第10条第4項において準用する作業環境測定基準第2条第1項第1号から第2号までの規定により行う測定をいう。以下同じ。）のみを行った場合　空気中のインジウムの濃度の第1評価値（作業環境評価基準（昭和63年労働省告示第79号）第2条第1項の第1評価値をいう。以下同じ。）

ロ　A測定及びB測定（作業環境測定基準第10条第4項において準用する作業環境測定基準第2条第1項第2号の2の規定により行う測定をいう。以下同じ。）を行った場合　空気中のインジウムの濃度の第1評価値又はB測定の測定値（2以上の測定点においてB測定を実施した場合には，そのうちの最大値）のうちいずれか大きい値

3　前号の規定は，C測定（作業環境測定基準第10条第5項第1号から第4号までの規定により行う測定をいう。）及びD測定（作業環境測定基準第10条第5項第5号及び第6号の規定により行う測定をいう。）について準用する。この場合において，前号イ中「A測定（作業環境測定基準第10条第4項において準用する作業環境測定基準第2条第1項第1号から第2号までの規定により行う測定をいう。以下同じ。）」とあるのは「C測定（作業環境基準第10条第5項第1号から第4号までの規定により行う測定をいう。以下同じ。）」と，「作業環境評価基準（昭和63年労働省告示第79号）第2条第1項」とあるのは「作業環境評価基準（昭和63年労働省告示第79号）第4条において読み替えて準用する作業環境評価基準第2条第1項」と，同号ロ中「A測定」とあるのは「C測定」と，「B測定（作業環境測定基準第10条第4項において準用する作業環境測定基準第2条第1項第2号の2の規定により行う測定をいう。以下同じ。）」とあるのは「D測定（作業環境測定基準第10条第5項第5号及び第6号の規定により行う測定をいう。以下同じ。）」と，「B測定の測定値（2以上の測定点においてB測定を実施した場合には，そのうちの最大値）」とあるのは「D測定の測定値（2人以上の者に対してD測定を実施した場合には，そのうちの最大値）」と，それぞれ読み替えるものとする。

4　第1号の表の粒子捕集効率のうち，防じんマスクに係るものについては，防じんマスクの規格（昭和63年労働省告示第19号）第6条に規定する試験方法により，防じん機能を有する電動ファン付き呼吸用保護具に係るものについ

ては，電動ファン付き呼吸用保護具の規格（平成26年厚生労働省告示第455号）第7条に規定する試験方法により測定しなければならない。

11 「インジウム化合物等を製造し，又は取り扱う作業場において労働者に使用させなければならない呼吸用保護具」の適用について

（平成24年12月3日基発1203第1号）
（改正　平成26年11月28日基発1128第12号）

　労働安全衛生規則等の一部を改正する省令（平成24年厚生労働省令第143号。以下「改正省令」という。）により新たに規定された特定化学物質障害予防規則（以下「特化則」という。）第38条の7第1項第2号の規定に基づき，「インジウム化合物等を製造し，又は取り扱う作業場において労働者に使用させなければならない呼吸用保護具」（平成24年厚生労働省告示第579号。以下「本告示」という。）が本日公示され，平成25年1月1日から適用することとされたところであるが，その制定の趣旨，内容等については下記のとおりであるので，関係者への周知徹底を図るとともに，その運用に遺漏なきを期されたい。

記

1　制定の趣旨

　　インジウム化合物等を製造し，又は取り扱う作業においては，インジウム化合物による労働者の健康障害を防止するため，インジウム化合物について実施した動物実験の結果から得られた知見に基づき，労働者が吸入する空気中のインジウム化合物の濃度をインジウムとして$0.3\mu g/m^3$以下とする必要がある。このため，本告示では，作業環境測定の結果から得られた値の区分ごとに，労働者が吸入する空気中のインジウム化合物の濃度が上記濃度以下となるよう，特化則第38条の7第1項第2号の規定に基づき労働者に使用させる呼吸用保護具を規定したものである。具体的には，原則として，日本工業規格（以下「JIS」という。）T8150で定める呼吸用保護具の種類ごとの指定防護係数（訓練された着用者が，正常に機能する呼吸用保護具を正しく着用した場合に，少なくとも得られるであろうと期待される防護係数（呼吸用保護具の外の空気中の有害物質の濃度を着用者の吸気中の濃度で除して得た値をいう。）をいう。別添参照。）を基に，$0.3\mu g/m^3$に当該作業場で使用する呼吸用保護具の防護係数を乗じて得た値をインジウム化合物の管理濃度とみなして，当該作業場の作業環境測定の結果について作業環境評価基準（昭和63年

労働省告示第79号）第2条に規定する方法により評価を行った場合に同条の第1管理区分に該当するように，呼吸用保護具の種類を規定したものである。

2　制定の内容

⑴　本告示第1号の表の下欄（編注：右欄）に掲げる呼吸用保護具と同等以上の性能を有する呼吸用保護具とは，原則として，JIS T8150で定める指定防護係数が同欄に掲げる呼吸用保護具と同等以上のものをいうこと。

　　ただし，電動ファン付き呼吸用保護具については，技術開発の進展が著しく，JIS T8150で定める指定防護係数を上回る防護係数が確保できる場合があることから，⑵エ及びオに示す場合には，労働者ごとに実際に装着させることにより確認した防護係数を用いることができること。

⑵　本告示第1号の表の下欄（編注：右欄）に掲げる呼吸用保護具について，それらの呼吸用保護具と同等以上の性能を有するものを含めて示すと，次のものがあること。

　ア　「0.3μg/m³以上3μg/m³未満」の区分に対応する呼吸用保護具は，10以上の防護係数が確保できるものであり，具体的には，①粒子捕集効率が99.9％以上の取替え式防じんマスク，②粒子捕集効率が99.97％以上の電動ファン付き呼吸用保護具であって，「電動ファン付き呼吸用保護具の規格」（平成26年厚生労働省告示第455号。以下「規格」という。）で定める電動ファンの性能区分が大風量形のもの及び③給気式呼吸用保護具，が該当すること。

　イ　「3μg/m³以上7.5μg/m³未満」の区分に対応する呼吸用保護具は，25以上の防護係数が確保できるものであり，具体的には，①粒子捕集効率が99.9％以上の全面形の面体を有する取替え式防じんマスク，②粒子捕集効率が99.97％以上の電動ファン付き呼吸用保護具であって，規格で定める電動ファンの性能区分が大風量形のもの及び③JIS T8150で定める指定防護係数が25以上の給気式呼吸用保護具が該当すること。

　ウ　「7.5μg/m³以上15μg/m³未満」の区分に対応する呼吸用保護具は，50以上の防護係数が確保できるものであり，具体的には，①粒子捕集効率が99.9％以上の全面形の面体を有する取替え式防じんマスク，②粒子捕集効率が99.97％以上の電動ファン付き呼吸用保護具（ルーズフィット形

のものを除く。）であって，規格で定める電動ファンの性能区分が大風量
形のもの及び③JIS T8150で定める指定防護係数が50以上の給気式呼吸用
保護具が該当すること。

エ　「15μg/m³以上30μg/m³未満」の区分に対応する呼吸用保護具は，100
以上の防護係数が確保できるものであり，具体的には，①粒子捕集効率
が99.97％以上の全面形の面体を有する電動ファン付き呼吸用保護具，粒
子捕集効率が99.97％以上の半面形の面体を有する電動ファン付き呼吸用
保護具のうち，規格で定める電動ファンの性能区分が大風量形，かつ，漏
れ率が1％以下（規格で定める漏れ率に係る性能区分がS級又はA級）
であって，(4)の方法により，労働者ごとに防護係数が100以上であること
が確認されたもの及び②JIS T8150で定める指定防護係数が100以上の給
気式呼吸用保護具が該当すること。

オ　「30μg/m³以上300μg/m³未満」の区分に対応する呼吸用保護具は，1,000
以上の防護係数が確保できるものであり，具体的には，①粒子捕集効率
が99.97％以上の全面形の面体を有する電動ファン付き呼吸用保護具のう
ち，規格で定める電動ファンの性能区分が大風量形，かつ，漏れ率が0.1
％以下（規格で定める漏れ率に係る性能区分がS級）であって，(4)の方
法により，労働者ごとに防護係数が1,000以上であることが確認されたも
の及び②JIS T8150で定める指定防護係数が1,000以上の給気式呼吸用保
護具が該当すること。

カ　「300μg/m³以上」の区分に対応する呼吸用保護具は，5,000以上の防護
係数が確保できるものであり，具体的には，JIS T8150で定める指定防護
係数が5,000以上の給気式呼吸用保護具が該当すること。

(3)　(2)の粒子捕集効率は，本告示第3号の試験方法により測定した値とする
こと。

(4)　(2)エ及びオの労働者ごとの防護係数の確認は，当該確認に係る電動ファ
ン付き呼吸用保護具を特化則第38条の7第1項第2号の規定に基づき，当
該労働者に初めて使用させるとき，及びその後6月以内ごとに1回，定期
に，JIS T8150で定める方法により防護係数を求めることにより行う必要が
あること。

　　また，事業者は，当該確認を行ったときは，労働者の氏名，電動ファン
　付き呼吸用保護具の種類，確認を行った年月日，防護係数の値を記録し，こ
　れを30年間保存する必要があること。
3　その他の留意事項
⑴　防じんマスク及び電動ファン付き呼吸用保護具については，労働安全衛
　　生法第44条の2の型式検定に合格したものを使用する必要があること。
⑵　2⑵の呼吸用保護具であって，2⑷により防護係数の確認を行う呼吸用
　　保護具以外のものについても，当該呼吸用保護具を特化則第38条の7第1
　　項第2号の規定に基づき，労働者に初めて使用させるとき，及びその後6
　　月以内ごとに1回，定期に，JIS T8150で定める方法により防護係数を求め
　　ることにより，2⑵アからカまでにおいてそれぞれ規定している防護係数
　　が確保されていることを確認するように努めるべきこと。
⑶　防じんマスク又は電動ファン付き呼吸用保護具を使用させる場合には，そ
　　の都度，フィットチェッカー等を用いて，面体と顔面との密着性を確認す
　　るように努めるべきこと。
⑷　眼鏡を着用する労働者に全面形の面体を有する呼吸用保護具を使用させ
　　る場合には，眼鏡によって面体と顔面との密着性が損なわれるおそれがあ
　　るため，呼吸用保護具のメーカーが推奨する眼鏡と面体との隙間をふさぐ
　　部品等を使用して密着性を確保するように努めるべきこと。
⑸　本告示においては，作業環境測定の結果から得られた値が$0.3\,\mu\mathrm{g/m^3}$未満
　　の場合には使用させるべき呼吸用保護具を規定していないが，予防的観点
　　から作業の状況に応じて防じんマスク等を使用させることが望ましいこと。

マスクの種類			指定防護係数[a]
防じんマスク（動力なし）	使い捨て式		3～10[b]
	取替え式（半面形）		
	取替え式（全面形）		4～50[b]
電動ファン付き呼吸用保護具	半面形		4～50
	全面形		4～100
	フード形		4～25
	フェイスシールド形		4～25
送気マスク	デマンド形	半面形	10
		全面形	50
	一定流量形	半面形	50
		全面形	100
		フード形	25
		フェイスシールド形	25
	プレッシャデマンド形	半面形	50
		全面形	1000
送気・空気呼吸器複合式プレッシャデマンド形全面形マスク			1000
空気呼吸器	デマンド形	半面形	10
		全面形	50
	プレッシャデマンド形	全面形	5000
酸素呼吸器	陽圧形	全面形	5000

a)　呼吸用保護具が正常に機能している場合に，期待される最低の防護係数

b)　ろ過式（防じんマスクや電動ファン付き呼吸用保護具）の防護係数は，面体等の漏れ率［Lm（％）］及びフィルタの透過率［Lf（％）］から100/（Lm＋Lf）によって算出

12　労働安全衛生規則等の一部を改正する省令等の施行について（抄）

令和4年5月31日基発0531第9号
（改正　令和5年10月17日基発1017第2号）

労働安全衛生規則等の一部を改正する省令（令和4年厚生労働省令第91号。以下「改正省令」という。）及び化学物質等の危険性又は有害性等の表示又は通知等の促進に関する指針の一部を改正する件（令和4年厚生労働省告示第190号。以下「改正告示」という。）については，令和4年5月31日に公布され，公布日から施行（一部については，令和5年4月1日又は令和6年4月1日から施行）することとされたところである。その改正の趣旨，内容等については，下記のとおりであるので，関係者への周知徹底を図るとともに，その運用に遺漏なきを期されたい。

記

第1　改正の趣旨及び概要等

1　改正の趣旨

今般，国内で輸入，製造，使用されている化学物質は数万種類にのぼり，その中には，危険性や有害性が不明な物質が多く含まれる。さらに，化学物質による休業4日以上の労働災害（がん等の遅発性疾病を除く。）のうち，特定化学物質障害予防規則（昭和47年労働省令第39号。以下「特化則」という。）等の特別則の規制の対象となっていない物質を起因とするものが約8割を占めている。これらを踏まえ，従来，特別則による規制の対象となっていない物質への対策の強化を主眼とし，国によるばく露の上限となる基準等の制定，危険性・有害性に関する情報の伝達の仕組みの整備・拡充を前提として，事業者が，危険性・有害性の情報に基づくリスクアセスメントの結果に基づき，国の定める基準等の範囲内で，ばく露防止のために講ずべき措置を適切に実施する制度を導入することとしたところである。

これらを踏まえ，今般，労働安全衛生規則（昭和47年労働省令第32号。以下「安衛則」という。），特化則，有機溶剤中毒予防規則（昭和47年労働省令

第36号。以下「有機則」という。）, 鉛中毒予防規則（昭和47年労働省令第37号。以下「鉛則」という。）, 四アルキル鉛中毒予防規則（昭和47年労働省令第38号。以下「四アルキル則」という。）, 粉じん障害防止規則（昭和54年労働省令第18号。以下「粉じん則」という。）（以下特化則, 有機則, 鉛則及び粉じん則を「特化則等」と総称する。）, 石綿障害予防規則（平成17年厚生労働省令第21号）及び厚生労働省の所管する法令の規定に基づく民間事業者等が行う書面の保存等における情報通信の技術の利用に関する省令（平成17年厚生労働省令第44号）並びに化学物質等の危険性又は有害性等の表示又は通知等の促進に関する指針（平成24年厚生労働省告示第133号。以下「告示」という。）について, 所要の改正を行ったものである。

2　改正省令の概要

　(1)　事業場における化学物質の管理体制の強化

　　ア　化学物質管理者の選任（安衛則第12条の5関係）

　　　①　事業者は, 労働安全衛生法（昭和47年法律第57号。以下「法」という。）第57条の3第1項の危険性又は有害性等の調査（主として一般消費者の生活の用に供される製品に係るものを除く。以下「リスクアセスメント」という。）をしなければならない労働安全衛生法施行令（昭和47年政令第318号。以下「令」という。）第18条各号に掲げる物及び法第57条の2第1項に規定する通知対象物（以下「リスクアセスメント対象物」という。）を製造し, 又は取り扱う事業場ごとに, 化学物質管理者を選任し, その者に化学物質に係るリスクアセスメントの実施に関すること等の当該事業場における化学物質の管理に係る技術的事項を管理させなければならないこと。

　　　②　事業者は, リスクアセスメント対象物の譲渡又は提供を行う事業場（①の事業場を除く。）ごとに, 化学物質管理者を選任し, その者に当該事業場におけるラベル表示及び安全データシート（以下「SDS」という。）等による通知等（以下「表示等」という。）並びに教育管理に係る技術的事項を管理させなければならないこと。

　　　③　化学物質管理者の選任は, 選任すべき事由が発生した日から14日以内に行い, リスクアセスメント対象物を製造する事業場において

は，厚生労働大臣が定める化学物質の管理に関する講習を修了した
者等のうちから選任しなければならないこと。

④　事業者は，化学物質管理者を選任したときは，当該化学物質管理
者に対し，必要な権限を与えるとともに，当該化学物質管理者の氏
名を事業場の見やすい箇所に掲示すること等により関係労働者に周
知させなければならないこと。

イ　保護具着用管理責任者の選任（安衛則第12条の６関係）

①　化学物質管理者を選任した事業者は，リスクアセスメントの結果
に基づく措置として，労働者に保護具を使用させるときは，保護具
着用管理責任者を選任し，有効な保護具の選択，保護具の保守管理
その他保護具に係る業務を担当させなければならないこと。

②　保護具着用管理責任者の選任は，選任すべき事由が発生した日か
ら14日以内に行うこととし，保護具に関する知識及び経験を有する
と認められる者のうちから選任しなければならないこと。

③　事業者は，保護具着用管理責任者を選任したときは，当該保護具
着用管理責任者に対し，必要な権限を与えるとともに，当該保護具
着用管理責任者の氏名を事業場の見やすい箇所に掲示すること等に
より関係労働者に周知させなければならないこと。

ウ　雇入れ時等における化学物質等に係る教育の拡充（安衛則第35条関
係）

労働者を雇い入れ，又は労働者の作業内容を変更したときに行わな
ければならない安衛則第35条第１項の教育について，令第２条第３号
に掲げる業種の事業場の労働者については，安衛則第35条第１項第１
号から第４号までの事項の教育の省略が認められてきたが，改正省令
により，この省略規定を削除し，同項第１号から第４号までの事項の
教育を事業者に義務付けたこと。

(2)　化学物質の危険性・有害性に関する情報の伝達の強化

ア　SDS 等による通知方法の柔軟化（安衛則第24条の15第１項及び第３
項*，第34条の２の３関係）　※公布日時点においては第24条の15第２項
法第57条の２第１項及び第２項の規定による通知の方法として，

相手方の承諾を要件とせず，電子メールの送信や，通知事項が記載された
ホームページのアドレス（二次元コードその他のこれに代わるものを含む。）を伝達し閲覧を求めること等による方法を新たに認めたこと。

イ 「人体に及ぼす作用」の定期確認及び「人体に及ぼす作用」についての記載内容の更新（安衛則第24条の15第2項及び第3項，第34条の2の5第2項及び第3項関係）

法第57条の2第1項の規定による通知事項の1つである「人体に及ぼす作用」について，直近の確認を行った日から起算して5年以内ごとに1回，記載内容の変更の要否を確認し，変更を行う必要があると認めるときは，当該確認をした日から1年以内に変更を行わなければならないこと。また，変更を行ったときは，当該通知を行った相手方に対して，適切な時期に，変更内容を通知するものとしたこと。加えて，安衛則第24条の15第2項及び第3項の規定による特定危険有害化学物質等に係る通知における「人体に及ぼす作用」についても，同様の確認及び更新を努力義務としたこと。

ウ SDS等における通知事項の追加及び成分含有量表示の適正化（安衛則第24条の15第1項，第34条の2の4，第34条の2の6関係）

法第57条の2第1項の規定により通知するSDS等における通知事項に，「想定される用途及び当該用途における使用上の注意」を追加したこと。また，安衛則第24条の15第1項の規定により通知を行うことが努力義務となっている特定危険有害化学物質等に係る通知事項についても，同事項を追加したこと。

また，法第57条の2第1項の規定により通知するSDS等における通知事項のうち，「成分の含有量」について，重量パーセントを通知しなければならないこととしたこと。

エ 化学物質を事業場内において別容器等で保管する際の措置の強化（安衛則第33条の2関係）

事業者は，令第17条に規定する物（以下「製造許可物質」という。）又は令第18条に規定する物（以下「ラベル表示対象物」という。）をラ

ベル表示のない容器に入れ，又は包装して保管するときは，当該容器
又は包装への表示，文書の交付その他の方法により，当該物を取り扱
う者に対し，当該物の名称及び人体に及ぼす作用を明示しなければな
らないこと。

(3)　リスクアセスメントに基づく自律的な化学物質管理の強化

　ア　リスクアセスメントに係る記録の作成及び保存並びに労働者への周
　　知（安衛則第34条の2の8関係）

　　　事業者は，リスクアセスメントを行ったときは，リスクアセスメン
　　ト対象物の名称等の事項について，記録を作成し，次にリスクアセス
　　メントを行うまでの期間（リスクアセスメントを行った日から起算し
　　て3年以内に次のリスクアセスメントを行ったときは，3年間）保存
　　するとともに，当該事項を，リスクアセスメント対象物を製造し，又
　　は取り扱う業務に従事する労働者に周知させなければならないこと。

　イ　化学物質による労働災害が発生した事業場等における化学物質管理
　　の改善措置（安衛則第34条の2の10関係）

　　①　労働基準監督署長は，化学物質による労働災害が発生した，又は
　　　そのおそれがある事業場の事業者に対し，当該事業場において化学
　　　物質の管理が適切に行われていない疑いがあると認めるときは，当
　　　該事業場における化学物質の管理の状況について，改善すべき旨を
　　　指示することができること。

　　②　①の指示を受けた事業者は，遅滞なく，事業場の化学物質の管理
　　　の状況について必要な知識及び技能を有する者として厚生労働大臣
　　　が定めるもの（以下「化学物質管理専門家」という。）から，当該事
　　　業場における化学物質の管理の状況についての確認及び当該事業場
　　　が実施し得る望ましい改善措置に関する助言を受けなければならな
　　　いこと。

　　③　②の確認及び助言を求められた化学物質管理専門家は，事業者に
　　　対し，確認後速やかに，当該確認した内容及び当該事業場が実施し
　　　得る望ましい改善措置に関する助言を，書面により通知しなければ
　　　ならないこと。

④ 事業者は，③の通知を受けた後，1月以内に，当該通知の内容を
踏まえた改善措置を実施するための計画を作成するとともに，当該
計画作成後，速やかに，当該計画に従い改善措置を実施しなければ
ならないこと。

⑤ 事業者は，④の計画を作成後，遅滞なく，当該計画の内容につい
て，③の通知及び当該計画の写しを添えて，改善計画報告書（安衛
則様式第4号）により所轄労働基準監督署長に報告しなければなら
ないこと。

⑥ 事業者は，④の計画に基づき実施した改善措置の記録を作成し，当
該記録について，③の通知及び当該計画とともにこれらを3年間保
存しなければならないこと。

ウ リスクアセスメント対象物に係るばく露低減措置等の事業者の義務
（安衛則第577条の2，第577条の3関係）

① 労働者がリスクアセスメント対象物にばく露される程度の低減措
置（安衛則第577条の2第1項関係）

事業者は，リスクアセスメント対象物を製造し，又は取り扱う事
業場において，リスクアセスメントの結果等に基づき，労働者の健
康障害を防止するため，代替物の使用等の必要な措置を講ずること
により，リスクアセスメント対象物に労働者がばく露される程度を
最小限度にしなければならないこと。

② 労働者がばく露される程度を一定の濃度の基準以下としなければ
ならない物質に係るばく露濃度の抑制措置（安衛則第577条の2第2
項関係）

事業者は，リスクアセスメント対象物のうち，一定程度のばく露
に抑えることにより，労働者に健康障害を生ずるおそれがない物と
して厚生労働大臣が定めるものを製造し，又は取り扱う業務（主と
して一般消費者の生活の用に供される製品に係るものを除く。）を行
う屋内作業場においては，当該業務に従事する労働者がこれらの物
にばく露される程度を，厚生労働大臣が定める濃度の基準（以下「濃
度基準値」という。）以下としなければならないこと。

③　リスクアセスメントの結果に基づき事業者が行う健康診断，健康診断の結果に基づく必要な措置の実施等（安衛則第577条の2第3項から第5項まで，第8項及び第9項関係）

　　事業者は，リスクアセスメント対象物による健康障害の防止のため，リスクアセスメントの結果に基づき，関係労働者の意見を聴き，必要があると認めるときは，医師又は歯科医師（以下「医師等」という。）が必要と認める項目について，医師等による健康診断を行い，その結果に基づき必要な措置を講じなければならないこと。

　　また，事業者は，安衛則第577条の2第2項の業務に従事する労働者が，濃度基準値を超えてリスクアセスメント対象物にばく露したおそれがあるときは，速やかに，医師等が必要と認める項目について，医師等による健康診断を行い，その結果に基づき必要な措置を講じなければならないこと。

　　事業者は，上記の健康診断（以下「リスクアセスメント対象物健康診断」という。）を行ったときは，リスクアセスメント対象物健康診断個人票（安衛則様式第24号の2）を作成し，5年間（がん原性物質（がん原性がある物として厚生労働大臣が定めるものをいう。以下同じ。）に係るものは30年間）保存しなければならないこと。

　　事業者は，リスクアセスメント対象物健康診断を受けた労働者に対し，遅滞なく，当該健康診断の結果を通知しなければならないこと。

④　ばく露低減措置の内容及び労働者のばく露の状況についての労働者の意見聴取，記録作成・保存（安衛則第577条の2第10から第12項まで※関係）　※令和5年4月1日時点においては第577条の2第2項から第4項まで

　　事業者は，安衛則第577条の2第1項，第2項及び第8項の規定により講じたばく露低減措置等について，関係労働者の意見を聴くための機会を設けなければならないこと。

　　また，事業者は，(i)安衛則第577条の2第1項，第2項及び第8項の規定により講じた措置の状況，(ii)リスクアセスメント対象物を製

造し，又は取り扱う業務に従事する労働者のばく露状況，(iii)労働者
の氏名，従事した作業の概要及び当該作業に従事した期間並びにが
ん原性物質により著しく汚染される事態が生じたときはその概要及
び事業者が講じた応急の措置の概要（リスクアセスメント対象物が
がん原性物質である場合に限る。），(iv)安衛則第577条の２第10項の規
定による関係労働者の意見の聴取状況について，１年を超えない期
間ごとに１回，定期に，記録を作成し，当該記録を３年間（(ii)及び
(iii)について，がん原性物質に係るものは30年間）保存するとともに，
(i)及び(iv)の事項を労働者に周知させなければならないこと。

⑤　リスクアセスメント対象物以外の物質にばく露される程度を最小
限とする努力義務（安衛則第577条の３関係）

　　事業者は，リスクアセスメント対象物以外の化学物質を製造し，又
は取り扱う事業場において，当該化学物質に係る危険性又は有害性
等の調査結果等に基づき，労働者の健康障害を防止するため，代替
物の使用等の必要な措置を講ずることにより，リスクアセスメント
対象物以外の化学物質にばく露される程度を最小限度にするよう努
めなければならないこと。

エ　保護具の使用による皮膚等障害化学物質等への直接接触の防止（安
衛則第594条の２及び安衛則第594条の３*関係）　※令和５年４月１日
時点においては第594条の２

　　事業者は，化学物質又は化学物質を含有する製剤（皮膚若しくは眼
に障害を与えるおそれ又は皮膚から吸収され，若しくは皮膚に浸入し
て，健康障害を生ずるおそれがあることが明らかなものに限る。以下
「皮膚等障害化学物質等」という。）を製造し，又は取り扱う業務（法
及びこれに基づく命令の規定により労働者に保護具を使用させなけれ
ばならない業務及びこれらの物を密閉して製造し，又は取り扱う業務
を除く。）に労働者を従事させるときは，不浸透性の保護衣，保護手袋，
履物又は保護眼鏡等適切な保護具を使用させなければならないこと。

　　また，事業者は，化学物質又は化学物質を含有する製剤（皮膚等障
害化学物質等及び皮膚若しくは眼に障害を与えるおそれ又は皮膚から

吸収され，若しくは皮膚に浸入して，健康障害を生ずるおそれがない
ことが明らかなものを除く。）を製造し，又は取り扱う業務（法及びこ
れに基づく命令の規定により労働者に保護具を使用させなければなら
ない業務及びこれらの物を密閉して製造し，又は取り扱う業務を除
く。）に労働者を従事させるときは，当該労働者に保護衣，保護手袋，
履物又は保護眼鏡等適切な保護具を使用させることに努めなければな
らないこと。

⑷　衛生委員会の付議事項の追加（安衛則第22条関係）

　　衛生委員会の付議事項に，⑶ウ①及び②により講ずる措置に関するこ
と並びに⑶ウ③の医師等による健康診断の実施に関することを追加する
こと。

⑸　事業場におけるがんの発生の把握の強化（安衛則第97条の２関係）

　　事業者は，化学物質又は化学物質を含有する製剤を製造し，又は取り
扱う業務を行う事業場において，１年以内に２人以上の労働者が同種の
がんに罹患したことを把握したときは，当該罹患が業務に起因するかど
うかについて，遅滞なく，医師の意見を聴かなければならないこととし，
当該医師が，当該がんへの罹患が業務に起因するものと疑われると判断
したときは，遅滞なく，当該がんに罹患した労働者が取り扱った化学物
質の名称等の事項について，所轄都道府県労働局長に報告しなければな
らないこと。

⑹　化学物質管理の水準が一定以上の事業場に対する個別規制の適用除外
（特化則第２条の３，有機則第４条の２，鉛則第３条の２及び粉じん則第
３条の２関係）

　ア　特化則等の規定（健康診断及び呼吸用保護具に係る規定を除く。）は，
専属の化学物質管理専門家が配置されていること等の一定の要件を満
たすことを所轄都道府県労働局長が認定した事業場については，特化
則等の規制対象物質を製造し，又は取り扱う業務等について，適用し
ないこと。

　イ　アの適用除外の認定を受けようとする事業者は，適用除外認定申請
書（特化則様式第１号，有機則様式第１号の２，鉛則様式第１号の２，

粉じん則様式第1号の2）に，当該事業場がアの要件に該当すること
を確認できる書面を添えて，所轄都道府県労働局長に提出しなければ
ならないこと。

ウ　所轄都道府県労働局長は，適用除外認定申請書の提出を受けた場合
において，認定をし，又はしないことを決定したときは，遅滞なく，文
書でその旨を当該申請書を提出した事業者に通知すること。

エ　認定は，3年ごとにその更新を受けなければ，その期間の経過によ
って，その効力を失うこと。

オ　上記のアからウまでの規定は，エの認定の更新について準用するこ
と。

カ　認定を受けた事業者は，当該認定に係る事業場がアの要件を満たさ
なくなったときは，遅滞なく，文書で，その旨を所轄都道府県労働局
長に報告しなければならないこと。

キ　所轄都道府県労働局長は，認定を受けた事業者がアの要件を満たさ
なくなったと認めるとき等の取消要件に該当するに至ったときは，そ
の認定を取り消すことができること。

(7)　作業環境測定結果が第3管理区分の作業場所に対する措置の強化

ア　作業環境測定の評価結果が第3管理区分に区分された場合の義務（特
化則第36条の3の2第1項から第3項まで，有機則第28条の3の2第
1項から第3項まで，鉛則第52条の3の2第1項から第3項まで，粉
じん則第26条の3の2第1項から第3項まで関係）

　　特化則等に基づく作業環境測定結果の評価の結果，第3管理区分に
区分された場所について，作業環境の改善を図るため，事業者に対し
て以下の措置の実施を義務付けたこと。

①　当該場所の作業環境の改善の可否及び改善が可能な場合の改善措
置について，事業場における作業環境の管理について必要な能力を
有すると認められる者（以下「作業環境管理専門家」という。）であ
って，当該事業場に属さない者からの意見を聴くこと。

②　①において，作業環境管理専門家が当該場所の作業環境の改善が
可能と判断した場合，当該場所の作業環境を改善するために必要な

措置を講じ，当該措置の効果を確認するため，当該場所における対
象物質の濃度を測定し，その結果の評価を行うこと。
イ　作業環境管理専門家が改善困難と判断した場合等の義務（特化則第
36条の3の2第4項，有機則第28条の3の2第4項，鉛則第52条の3
の2第4項，粉じん則第26条の3の2第4項関係）
　　ア①で作業環境管理専門家が当該場所の作業環境の改善は困難と判
断した場合及びア②の評価の結果，なお第3管理区分に区分された場
合，事業者は，以下の措置を講ずること。
①　労働者の身体に装着する試料採取器等を用いて行う測定その他の
方法による測定（以下「個人サンプリング測定等」という。）により
対象物質の濃度測定を行い，当該測定結果に応じて，労働者に有効
な呼吸用保護具を使用させること。また，当該呼吸用保護具（面体
を有するものに限る。）が適切に着用されていることを確認し，その
結果を記録し，これを3年間保存すること。なお，当該場所におい
て作業の一部を請負人に請け負わせる場合にあっては，当該請負人
に対し，有効な呼吸用保護具を使用する必要がある旨を周知させる
こと。
②　保護具に関する知識及び経験を有すると認められる者のうちから，
保護具着用管理責任者を選任し，呼吸用保護具に係る業務を担当さ
せること。
③　ア①の作業環境管理専門家の意見の概要並びにア②の措置及び評
価の結果を労働者に周知すること。
④　上記①から③までの措置を講じたときは，第3管理区分措置状況
届（特化則様式第1号の4，有機則様式第2号の3，鉛則様式第1
号の4，粉じん則様式第5号）を所轄労働基準監督署長に提出する
こと。
ウ　作業環境測定の評価結果が改善するまでの間の義務（特化則第36条
の3の2第5項，有機則第28条の3の2第5項，鉛則第52条の3の2
第5項，粉じん則第26条の3の2第5項関係）
　　特化則等に基づく作業環境測定結果の評価の結果，第3管理区分に

区分された場所について，第1管理区分又は第2管理区分と評価され
るまでの間，上記イ①の措置に加え，以下の措置を講ずること。

　6月以内ごとに1回，定期に，個人サンプリング測定等により特定
化学物質等の濃度を測定し，その結果に応じて，労働者に有効な呼吸
用保護具を使用させること。

エ　記録の保存

　イ①又はウの個人サンプリング測定等を行ったときは，その都度，結
果及び評価の結果を記録し，3年間（ただし，粉じんについては7年
間，クロム酸等については30年間）保存すること。

(8)　作業環境管理やばく露防止措置等が適切に実施されている場合におけ
る特殊健康診断の実施頻度の緩和（特化則第39条第4項，有機則第29条
第6項，鉛則第53条第4項及び四アルキル則第22条第4項関係）

　本規定による特殊健康診断の実施について，以下の①から③までの要
件のいずれも満たす場合（四アルキル則第22条第4項の規定による健康
診断については，以下の②及び③の要件を満たす場合）には，当該特殊
健康診断の対象業務に従事する労働者に対する特殊健康診断の実施頻度
を6月以内ごとに1回から，1年以内ごとに1回に緩和することができ
ること。ただし，危険有害性が特に高い製造禁止物質及び特別管理物質
に係る特殊健康診断の実施については，特化則第39条第4項に規定され
る実施頻度の緩和の対象とはならないこと。

①　当該労働者が業務を行う場所における直近3回の作業環境測定の評
価結果が第1管理区分に区分されたこと。

②　直近3回の健康診断の結果，当該労働者に新たな異常所見がないこ
と。

③　直近の健康診断実施後に，軽微なものを除き作業方法の変更がない
こと。

3　改正告示の概要

　改正省令による2(2)アのSDS等による通知方法の柔軟化及び2(2)エのラベ
ル表示対象物を事業場内において別容器等で保管する際の措置の強化に伴い，
告示においても，同趣旨の改正を行ったこと。

4　施行日及び経過措置

(1)　施行日（改正省令附則第1条関係）

　　改正省令及び改正告示は，公布日から施行することとしたこと。ただ
し，2(2)イ及びエ，(3)ア，ウ①，④，⑤，エ前段（努力義務），エ後段，
(4)（2(3)ウ①に係るものに限る。），(5)，(6)，(8)に係る規定及び当該規定
に係る経過措置については，令和5年4月1日から，2(1)，2(2)ウ，(3)
イ，ウ②，③，エ前段（義務），(4)（2(3)ウ②及び③に係るものに限る。），
(7)に係る規定及び当該規定に係る経過措置については，令和6年4月1
日から施行することとしたこと。

(2)　経過措置（改正省令附則第3条から第5条関係）

　ア　改正省令の施行の際現にある，改正省令第4条及び第8条による改
　　正前の様式による用紙は，当分の間，これを取り繕って使用すること
　　ができることとしたこと。

　イ　改正省令（改正省令第1条を除く。）の施行前にした行為に対する罰
　　則の適用については，なお従前の例によること。

第2～第4　（略）

第 3 章　作業環境測定法（抄）

（昭和50年 5 月 1 日法律第28号）

（改正　令和 4 年 6 月17日法律第68号）

作業環境測定法施行令（抄）

（昭和50年 8 月 1 日政令第244号）

（改正　令和元年12月13日政令第183号）

作業環境測定法施行規則（抄）

（昭和50年 8 月 1 日労働省令第20号）

（改正　令和 5 年12月26日厚生労働省令第164号）

第 1 章　総則

（目的）

第 1 条　この法律は，労働安全衛生法（昭和47年法律第57号）と相まつて，作業環境の測定に関し作業環境測定士の資格及び作業環境測定機関等について必要な事項を定めることにより，適正な作業環境を確保し，もつて職場における労働者の健康を保持することを目的とする。

（定義）

第 2 条　この法律において，次の各号に掲げる用語の意義は，それぞれ当該各号に定めるところによる。

　1　事業者　労働安全衛生法第 2 条第 3 号に規定する事業者をいう。

　2　作業環境測定　労働安全衛生法第 2 条第 4 号に規定する作業環境測定をいう。

　3　指定作業場　労働安全衛生法第65条第 1 項の作業場のうち政令で定める作業場をいう。

　4　作業環境測定士　第 1 種作業環境測定士及び第 2 種作業環境測定士をいう。

　5　第 1 種作業環境測定士　厚生労働大臣の登録を受け，指定作業場に

ついて作業環境測定の業務を行うほか，第1種作業環境測定士の名称を用いて事業場（指定作業場を除く。次号において同じ。）における作業環境測定の業務を行う者をいう。

6　第2種作業環境測定士　厚生労働大臣の登録を受け，指定作業場について作業環境測定の業務（厚生労働省令で定める機器を用いて行う分析（解析を含む。）の業務を除く。以下この号において同じ。）を行うほか，第2種作業環境測定士の名称を用いて事業場における作業環境測定の業務を行う者をいう。

7　作業環境測定機関　厚生労働大臣又は都道府県労働局長の登録を受け，他人の求めに応じて，事業場における作業環境測定を行うことを業とする者をいう。

作業環境測定法施行令

（指定作業場）

第1条　作業環境測定法（以下「法」という。）第2条第3号の政令で定める作業場は，次のとおりとする。

1　労働安全衛生法施行令（昭和47年政令第318号）第21条第1号，第7号，第8号及び第10号に掲げる作業場

2　略

作業環境測定法施行規則

（法第2条第6号の厚生労働省令で定める機器）

第2条　作業環境測定法（以下「法」という。）第2条第6号の厚生労働省令で定める機器は，次に掲げる機器（以下「簡易測定機器」という。）以外の機器とする。

1　検知管方式によりガス若しくは蒸気の濃度を測定する機器又はこれと同等以上の性能を有する機器

2　グラスファイバーろ紙（0.3マイクロメートルのステアリン酸粒子を99.9パーセント以上捕集する性能を有するものに限る。）を装着して相対沈降径がおおむね10マイクロメートル以下の浮遊粉じんを重量法に

より測定する機器を標準として較正された浮遊粉じんの重量を測定する機器

3　その他厚生労働大臣が定める機器

（作業環境測定の実施）

第3条　事業者は，労働安全衛生法第65条第1項の規定により，指定作業場について作業環境測定を行うときは，厚生労働省令で定めるところにより，その使用する作業環境測定士にこれを実施させなければならない。

②　事業者は，前項の規定による作業環境測定を行うことができないときは，厚生労働省令で定めるところにより，当該作業環境測定を作業環境測定機関に委託しなければならない。ただし，国又は地方公共団体の機関その他の機関で，厚生労働大臣が指定するものに委託するときは，この限りでない。

―― **作業環境測定法施行規則** ―――――――――――――――――――――――

（作業環境測定の実施）

第3条　事業者は，労働安全衛生法（昭和47年法律第57号）第65条第1項の規定により，法第2条第3号に規定する指定作業場（以下「指定作業場」という。）について同条第2号に規定する作業環境測定（以下「作業環境測定」という。）を行うときは，次に定めるところによらなければならない。

1　デザイン及びサンプリングは，次に掲げる区分に応じ，それぞれ次に定める者に実施させること。

　イ　当該指定作業場において作業に従事する労働者の身体に装着する試料採取機器等を用いて行う作業環境測定に係るデザイン及びサンプリング（以下「個人サンプリング法」という。）　法第2条第4号に規定する作業環境測定士（以下「作業環境測定士」という。）のうち，個人サンプリング法について登録を受けているもの

　ロ　個人サンプリング法以外のもの　作業環境測定士

2　分析（解析を含む。以下同じ。）は，次に掲げる区分に応じ，それぞれ次に定める者に実施させること。

　　イ　簡易測定機器以外の機器を用いて行う分析　法第2条第5号に規
　　　定する第1種作業環境測定士（以下「第1種作業環境測定士」とい
　　　う。）のうち，当該指定作業場の属する別表に掲げる作業場の種類に
　　　ついて登録を受けているもの
　　ロ　イに規定する分析以外のもの　作業環境測定士
②　事業者は，法第3条第1項の規定による作業環境測定を行うことがで
　きないときは，次に定めるところによらなければならない。
　1　デザイン及びサンプリングは，次に掲げる区分に応じ，それぞれ次
　　に定める法第2条第7号に規定する作業環境測定機関（以下「作業環
　　境測定機関」という。）又は法第3条第2項ただし書の厚生労働大臣が
　　指定する機関（以下「指定測定機関」という。）に委託すること。
　　イ　個人サンプリング法　個人サンプリング法について登録を受けて
　　　いる作業環境測定機関又は指定測定機関
　　ロ　個人サンプリング法以外のもの　作業環境測定機関又は指定測定
　　　機関
　2　分析は，次に掲げる区分に応じ，それぞれ次に定める作業環境測定
　　機関又は指定測定機関に委託すること。
　　イ　簡易測定機器以外の機器を用いて行う分析　当該指定作業場の属
　　　する別表に掲げる作業場の種類について登録を受けている作業環境
　　　測定機関又は当該作業場の種類について指定を受けている指定測定
　　　機関
　　ロ　イに規定する分析以外のもの　作業環境測定機関又は指定測定機
　　　関
（法第3条第2項ただし書の規定による指定）
第4条　法第3条第2項ただし書の規定による指定（以下この条において
　「指定」という。）を受けようとする者は，作業環境測定を行おうとする
　別表に掲げる作業場の種類を記載した申請書に他人の求めに応じて事業
　場における作業環境測定を行うことができることを証する業務規程その
　他の書面を添えて，その者の住所を管轄する都道府県労働局長を経由し
　て厚生労働大臣に提出しなければならない。

②　厚生労働大臣は，指定を受けようとする者が作業環境測定を行うために必要な能力を有すると認めたときは，その者が作業環境測定を行うことができる別表に掲げる作業場の種類を定めて指定を行うものとする。

別表　作業場の種類（第3条〜第5条，第6条，第16条，第17条，第51条の8，第52条，第54条，第59条，第61条関係）

1〜2　略

3　労働安全衛生法施行令別表第3第1号若しくは第2号に掲げる特定化学物質（同号34の2及び34の3に掲げる物，特定化学物質障害予防規則別表第1第34号の2及び第34号の3に掲げる物及び次号に掲げる物を除く。）を製造し，若しくは取り扱う屋内作業場又はコークス炉上において若しくはコークス炉に接してコークス製造の作業を行う場合の当該作業場

4　労働安全衛生法施行令別表第3第1号6に掲げる物若しくは同号8に掲げる物で同号6に係るもの若しくは同表第2号3の2，10，11，13，13の2，15の2，21，22，23の3，27の2若しくは33に掲げる物若しくは特定化学物質障害予防規則別表第1第3号の2，第10号，第11号，第13号，第13号の2，第15号の2，第21号，第22号，第23号の3，第27号の2若しくは第33号に掲げる物を製造し，若しくは取り扱う屋内作業場又は労働安全衛生法施行令別表第4第1号から第8号まで，第10号若しくは第16号に掲げる鉛業務（遠隔操作によつて行う隔離室におけるものを除く。）を行う屋内作業場

5　労働安全衛生法施行令別表第6の2第1号から第47号までに掲げる有機溶剤に係る有機溶剤中毒予防規則（昭和47年労働省令第36号）第1条第1項第6号に規定する有機溶剤業務のうち同令第3条第1項の場合における同項の業務以外の業務を行う屋内作業場又は同表第1号から第47号までに掲げる有機溶剤を含有する特定有機溶剤混合物（特定化学物質障害予防規則第36条の5に規定する特定有機溶剤混合物をいい，有機溶剤中毒予防規則第1条第1項第2号に規定する有機溶剤含有物を除く。）を製造し，又は取り扱う作業場

第4条　作業環境測定士は，労働安全衛生法第65条第1項の規定による作業環境測定を実施するときは，同条第2項の作業環境測定基準に従つてこれを実施しなければならない。

②　作業環境測定機関は，他人の求めに応じて労働安全衛生法第65条第1項の規定による作業環境測定を行うときは，同条第2項の作業環境測定基準に従つてこれを行わなければならない。

第2章　作業環境測定士等

第1節　作業環境測定士
（作業環境測定士の資格）

第5条　作業環境測定士試験（以下「試験」という。）に合格し，かつ，厚生労働大臣又は都道府県労働局長の登録を受けた者が行う講習(以下「講習」という。）を修了した者その他これと同等以上の能力を有すると認められる者で，厚生労働省令で定めるものは，作業環境測定士となる資格を有する。

（欠格条項）

第6条　次の各号のいずれかに該当する者は，作業環境測定士となることができない。

　1　心身の故障により作業環境測定士の業務を適正に行うことができない者として厚生労働省令で定めるもの

　2　第12条第2項の規定により登録を取り消され，その取消しの日から起算して2年を経過しない者

　3　この法律又は労働安全衛生法（これらに基づく命令を含む。）の規定に違反して，罰金以上の刑に処せられ，その執行を終わり，又は執行を受けることがなくなつた日から起算して2年を経過しない者

―作業環境測定法施行規則―

（欠格条項）

第5条の15　法第6条第1号の厚生労働省令で定める者は，精神の機能の

障害により作業環境測定士の業務を適正に行うに当たつて必要な認知，判断及び意思疎通を適切に行うことができない者とする。

（登録）

第7条　作業環境測定士となる資格を有する者が作業環境測定士となるには，厚生労働省令で定めるところにより，作業環境測定士名簿に，次の事項について登録を受けなければならない。

1　登録年月日及び登録番号

2　氏名及び生年月日

3　作業環境測定士の種別

4　その他厚生労働省令で定める事項

―**作業環境測定法施行規則**―

（登録事項）

第6条　法第7条第4号の厚生労働省令で定める事項は，次に掲げる区分に応じ，それぞれ次に定める事項とする。

1　法別表第1第1種作業環境測定士講習の項講習科目の欄第2号又は同表第2種作業環境測定士講習の項講習科目の欄第2号に掲げる科目のうち個人サンプリング法に係るものを修了した者　個人サンプリング法を行うことができること

2　第1種作業環境測定士講習を修了した者　法別表第1第1種作業環境測定士講習の項講習科目の欄第3号に掲げる科目に係る指定作業場の種類に応じた別表に掲げる作業場の種類

3　第5条第1項第2号又は第3号に掲げる者で，同条第3項の規定によりその種別が第1種作業環境測定士であると厚生労働大臣が認定したもの　その者が作業環境測定を行うことができる別表に掲げる作業場の種類

4　第5条第1項第2号又は第3号に掲げる者及び第5条の2の規定により第2種作業環境測定士としての資格を有する者　個人サンプリング法を行うことができること

②　旧姓を使用した氏名又は通称の併記を希望する場合にあつては，前項の厚生労働省令で定める事項は，同項各号に定める事項のほか，その氏名又は通称とする。

（作業環境測定士名簿）

第8条　作業環境測定士名簿は，厚生労働省に備える。

②　事業者その他の関係者は，作業環境測定士名簿の閲覧を求めることができる。

（登録の手続）

第9条　第7条の登録を受けようとする者は，同条第2号から第4号までに掲げる事項を記載した申請書を厚生労働大臣に提出しなければならない。

②〜④　略

（登録の取消し等）

第12条　厚生労働大臣は，作業環境測定士が第6条第1号若しくは第3号に該当するに至つたとき，又は第17条の規定により試験の合格の決定を取り消されたときは，その登録を取り消さなければならない。

②　厚生労働大臣は，作業環境測定士が次の各号のいずれかに該当するときは，その登録を取り消し，又は期間を定めて指定作業場についての作業環境測定の業務の停止若しくはその名称の使用の停止を命ずることができる。

1　登録に関し不正の行為があつたとき。

2　第4条第1項，前条又は第44条第4項の規定に違反したとき。

3　作業環境測定の実施に関し，虚偽の測定結果を表示したとき。

4　第48条第1項の条件に違反したとき。

5　前各号に掲げるもののほか，作業環境測定の業務（当該作業環境測定士が作業環境測定機関の行う作業環境測定の業務に従事する場合における当該業務を含む。）に関し不正の行為があつたとき。

（試験）

第14条　試験は，厚生労働大臣が行う。

②　試験は，第1種作業環境測定士試験及び第2種作業環境測定士試験とし，厚生労働省令で定めるところにより，筆記試験及び口述試験又は筆記試験のみによつて行う。

③　厚生労働大臣は，厚生労働省令で定めるところにより，厚生労働省令で定める資格を有する者に対し，前項の筆記試験又は口述試験の全部又は一部を免除することができる。

作業環境測定法施行規則

（試験）

第14条　法第14条第2項の第1種作業環境測定士試験（以下「第1種試験」という。）及び同項の第2種作業環境測定士試験（以下「第2種試験」という。）は，筆記試験のみによつて行う。

（受験資格）

第15条　次の各号のいずれかに該当する者でなければ，試験を受けることができない。

　1　学校教育法（昭和22年法律第26号）による大学又は高等専門学校において理科系統の正規の課程を修めて卒業した者（当該課程を修めて同法による専門職大学の前期課程を修了した者を含む。以下「理科系統大学等卒業者」という。）で，その後1年以上労働衛生の実務に従事した経験を有するもの

　2　学校教育法による高等学校又は中等教育学校において理科系統の正規の学科を修めて卒業した者で，その後3年以上労働衛生の実務に従事した経験を有するもの

　3　前二号に掲げる者と同等以上の能力を有すると認められる者で，厚生労働省令で定めるもの

作業環境測定法施行規則

（受験資格）

第15条　法第15条第3号の厚生労働省令で定める者は，次のとおりとする。

1　学校教育法による大学又は高等専門学校において理科系統の正規の課程以外の課程を修めて卒業した者（機構により学士の学位を授与された者（当該課程を修めた者に限る。）若しくはこれと同等以上の学力を有すると認められる者又は当該課程を修めて専門職大学前期課程を修了した者を含む。）で，その後3年以上労働衛生の実務に従事した経験を有するもの

2　学校教育法による高等学校（旧中等学校令（昭和18年勅令第36号）による中等学校を含む。以下同じ。）又は中等教育学校において理科系統の正規の学科以外の学科を修めて卒業した者（学校教育法施行規則（昭和22年文部省令第11号）第150条に規定する者又はこれと同等以上の学力を有すると認められる者を含む。）で，その後5年以上労働衛生の実務に従事した経験を有するもの

3　機構により学士の学位を授与された者（理科系統の正規の課程を修めた者に限る。）又はこれと同等以上の学力を有すると認められる者で，その後1年以上労働衛生の実務に従事した経験を有するもの

3の2　職業能力開発促進法施行規則（昭和44年労働省令第24号）第9条に定める応用課程の高度職業訓練のうち同令別表第7に定めるところにより行われるもの（当該訓練において履修すべき専攻学科の主たる科目が理科系統の科目であるものに限る。）を修了した者で，その後1年以上労働衛生の実務に従事した経験を有するもの

4　職業能力開発促進法施行規則第9条に定める専門課程又は同令第36条の2第2項に定める特定専門課程の高度職業訓練のうち同令別表第6に定めるところにより行われるもの（職業能力開発促進法施行規則等の一部を改正する省令（平成5年労働省令第1号。第6号において「平成5年改正省令」という。）による改正前の職業能力開発促進法施行規則（以下「旧能開規則」という。）別表第3の2に定めるところにより行われる専門課程の養成訓練並びに職業訓練法施行規則及び雇用

保険法施行規則の一部を改正する省令（昭和60年労働省令第23号）による改正前の職業訓練法施行規則（次号及び第17条第12号において「昭和60年改正前の職業訓練法施行規則」という。）別表第１の専門訓練課程及び職業訓練法の一部を改正する法律（昭和53年法律第40号）による改正前の職業訓練法（以下「旧職業訓練法」という。）第９条第１項の特別高等訓練課程の養成訓練を含む。）（当該訓練において履修すべき専攻学科又は専門学科の主たる科目が理科系統の科目であるものに限る。）を修了した者で，その後１年以上労働衛生の実務に従事した経験を有するもの

5　　職業能力開発促進法施行規則第９条に定める普通課程の普通職業訓練のうち同令別表第２に定めるところにより行われるもの（旧能開規則別表第３に定めるところにより行われる普通課程の養成訓練並びに昭和60年改正前の職業訓練法施行規則別表第１の普通訓練課程及び旧職業訓練法第９条第１項の高等訓練課程の養成訓練を含む。）（当該訓練において履修すべき専攻学科又は専門学科の主たる科目が理科系統の科目であるものに限る。）を修了した者で，その後３年以上労働衛生の実務に従事した経験を有するもの

6　　職業訓練法施行規則の一部を改正する省令（昭和53年労働省令第37号。第17条第12号において「昭和53年改正省令」という。）附則第２条第１項に規定する専修訓練課程の普通職業訓練（平成５年改正省令による改正前の同項に規定する専修訓練課程及び旧職業訓練法第９条第１項の専修訓練課程の養成訓練を含む。）（当該訓練において履修すべき専門学科の主たる科目が理科系統の科目であるものに限る。）を修了した者で，その後４年以上労働衛生の実務に従事した経験を有するもの

7　　職業能力開発促進法施行規則別表第11の３の３に掲げる検定職種のうち，１級，２級又は単一等級の技能検定（当該技能検定において必要とされる知識が主として理学又は工学に関する知識であるものに限る。）に合格した者で，その後１年以上労働衛生の実務に従事した経験を有するもの

8　　８年以上労働衛生の実務に従事した経験を有する者

9　第17条各号に掲げる者

10　その他前各号に掲げる者と同等以上の能力を有すると認められる者
として厚生労働大臣が定める者

（名称の使用制限）

第18条　作業環境測定士でない者は，その名称中に作業環境測定士という
文字を用いてはならない。

②　第2種作業環境測定士は，第1種作業環境測定士という名称を用いて
はならない。

第2節　指定試験機関

（指定）

第20条　厚生労働大臣は，申請により指定する者に，試験の実施に関する
事務（以下「試験事務」という。）を行わせる。

②　前項の規定による指定（以下この節において「指定」という。）を受
けた者（以下「指定試験機関」という。）は，試験事務の実施に関し第
17条に規定する厚生労働大臣の職権を行うことができる。

③　厚生労働大臣は，指定試験機関に試験事務を行わせるときは，当該試
験事務を行わないものとする。

（指定の公示等）

第22条　厚生労働大臣は，指定をしたときは，指定試験機関の名称及び住
所，試験事務を行う事務所の所在地並びに試験事務の開始の日を官報で
公示しなければならない。

②，③　略

第3節　登録講習機関

第32条　第5条又は第44条第1項の規定による登録は，厚生労働省令で定
めるところにより，講習又は同項に規定する研修を行おうとする者の申
請により行う。

②以下　略

第3章　作業環境測定機関

（作業環境測定機関）

第33条　作業環境測定機関になろうとする者は，厚生労働省令で定めるところにより，作業環境測定機関名簿に，次の事項について登録を受けなければならない。

1　登録年月日及び登録番号

2　氏名又は名称及び住所並びに法人にあつては，その代表者の氏名

3　その他厚生労働省令で定める事項

② 略

作業環境測定法施行規則

（登録事項）

第52条　法第33条第1項第3号の厚生労働省令で定める事項は，次のとおりとする。

1　作業環境測定機関になろうとする者が個人サンプリング法を行うことができる場合にあつては，その旨

2　作業環境測定機関になろうとする者が分析を行うことができる別表に掲げる作業場の種類

（登録の申請）

第53条　法第33条第1項の登録を受けようとする者は，作業環境測定機関登録申請書（様式第16号）に同項第2号に掲げる事項及び前条に規定する事項を証する書面を添えて，その事務所の所在地を管轄する都道府県労働局長（その事務所が2以上の都道府県労働局の管轄区域にわたる場合にあつては，厚生労働大臣）に提出しなければならない。

（準用）

第34条　労働安全衛生法第46条第2項の規定は前条第1項の登録について，同法第47条第1項及び第2項，第50条第4項並びに第54条の5の規定は作業環境測定機関について準用する。……略……

②　第８条から第10条まで，第12条第２項，第13条及び第19条の規定は，作業環境測定機関に関して準用する。この場合において，第８条中「作業環境測定士名簿」とあるのは「作業環境測定機関名簿」と，同条第１項中「厚生労働省」とあるのは「厚生労働省又は都道府県労働局」と，第９条第１項及び第３項並びに第10条中「第７条」とあるのは「第33条第１項」と，第９条第１項中「から第４号まで」とあるのは「及び第３号」と，同条第１項，第３項及び第４項，第10条，第12条第２項並びに第13条中「厚生労働大臣」とあるのは「厚生労働大臣又は都道府県労働局長」と，……略……第12条第２項各号列記以外の部分中「指定作業場についての作業環境測定の業務の停止若しくはその名称の使用の停止」とあるのは「作業環境測定の業務の全部若しくは一部の停止」と，同項第２号中「第４条第１項，前条又は第44条第４項」とあるのは「第４条第２項」と，同項第５号中「作業環境測定の業務（当該作業環境測定士が作業環境測定機関の行う作業環境測定の業務に従事する場合における当該業務を含む。）」とあるのは「作業環境測定の業務」と，……略……読み替えるものとする。

> ┌─ **作業環境測定法施行規則** ─
>
> （登録の基準）
>
> **第54条**　法第33条第２項の厚生労働省令で定める基準は，次のとおりとする。
>
> 　1　作業環境測定機関になろうとする者が個人サンプリング法を行おうとする場合にあつては，第６条第１項第１号に定める事項について登録を受けている作業環境測定士が置かれること。
>
> 　2　第52条第２号に規定する別表に掲げる作業場の種類について法第７条の登録を受けている第１種作業環境測定士が置かれること。
>
> 　3　作業環境測定に使用する機器及び設備が厚生労働大臣の定める基準に適合するものであること。
>
> 　4　作業環境測定の業務を行うために必要な事務所を有すること。

（秘密保持義務等）

第35条　作業環境測定機関の役員若しくは職員（作業環境測定機関である作業環境測定士を含む。）又はこれらの職にあつた者は，作業環境測定の業務に関して知り得た秘密を漏らし，又は盗用してはならない。

（名称の使用制限）

第37条　作業環境測定機関でない者は，作業環境測定機関又はこれに類似する名称を用いてはならない。

②　協会以外の者は，その名称中に日本作業環境測定協会という文字を用いてはならない。

第4章　雑則

（労働基準監督署長及び労働基準監督官）

第38条　労働基準監督署長及び労働基準監督官は，厚生労働省令で定めるところにより，この法律の施行に関する事務をつかさどる。

（労働基準監督官の権限）

第39条　労働基準監督官は，この法律を施行するため必要があると認めるときは，事業場に立ち入り，関係者に質問し，又は帳簿，書類その他の物件を検査することができる。

②　前項の場合において，労働基準監督官は，その身分を示す証票を携帯し，関係者に提示しなければならない。

③　第1項の規定による立入検査の権限は，犯罪捜査のために認められたものと解釈してはならない。

第40条　労働基準監督官は，この法律の規定に違反する罪について，刑事訴訟法（昭和23年法律第131号）の規定による司法警察員の職務を行う。

（厚生労働大臣等の権限）

第41条　厚生労働大臣又は都道府県労働局長は，作業環境測定機関，指定試験機関，登録講習機関又は指定登録機関の業務の適正な運営を確保す

るため必要があると認めるときは，その職員をしてこれらの事務所に立ち入り，関係者に質問し，その業務に関係のある帳簿，書類その他の物件を検査し，又は検査に必要な限度において無償で作業環境測定機関の業務に関係のある試料その他の物件を収去させることができる。

② 　第39条第2項及び第3項の規定は，前項の規定による立入検査について準用する。

（報告等）

第42条　厚生労働大臣，都道府県労働局長，労働基準監督署長又は労働基準監督官は，この法律を施行するため必要があると認めるときは，厚生労働省令で定めるところにより，事業者に対し，必要な事項を報告させ，又は出頭を命ずることができる。

② 　厚生労働大臣，都道府県労働局長又は労働基準監督署長は，この法律を施行するため必要があると認めるときは，厚生労働省令で定めるところにより，作業環境測定機関，指定試験機関，登録講習機関若しくは指定登録機関又は作業環境測定士に対し，必要な事項を報告させることができる。

> ┌─ **作業環境測定法施行規則** ─
>
> （報告等）
>
> **第68条**　厚生労働大臣，都道府県労働局長，労働基準監督署長又は労働基準監督官は，法第42条第1項の規定により，事業者に対し必要な事項を報告させ，又は出頭を命ずるときは，次の事項を通知するものとする。
>
> 　1　報告をさせ，又は出頭を命ずる理由
>
> 　2　出頭を命ずる場合には，聴取しようとする事項

（研修の指示）

第44条　都道府県労働局長は，作業環境測定の適正な実施を確保するため必要があると認めるときは，作業環境測定士に対し，期間を定めて，厚生労働大臣又は都道府県労働局長の登録を受けた者が行う研修(以下「研修」という。) を受けるよう指示することができる。

② 作業環境測定士が事業者又は作業環境測定機関に使用されているとき
は，前項の指示は，当該事業者又は作業環境測定機関に対して行うもの
とする。

③ 前項の指示を受けた事業者又は作業環境測定機関は，当該指示に係る
期間内に，当該作業環境測定士に研修を受けさせなければならない。

④ 第1項又は第2項の規定により研修を受けるよう指示された作業環境
測定士は，当該指示に係る期間内に，研修を受けなければならない。

⑤ 研修は，別表第4に掲げる研修科目によつて行う。

⑥ 前各項に定めるもののほか，受講手続その他研修について必要な事項
は，厚生労働省令で定める。

（指定試験機関等がした処分等に係る審査請求）

第45条　指定試験機関が行う試験事務又は指定登録機関が行う登録事務に
係る処分又はその不作為については，厚生労働大臣に対し審査請求をす
ることができる。この場合において，厚生労働大臣は，行政不服審査法
（平成26年法律第68号）第25条第2項及び第3項，第46条第1項及び第
2項，第47条並びに第49条第3項の規定の運用については，指定試験機
関又は指定登録機関の上級行政庁とみなす。

（政府の援助）

第47条　政府は，作業環境測定士の資質の向上並びに作業環境測定機関及
び登録講習機関の業務の適正化を図るため，資料の提供，測定手法の開
発及びその成果の普及その他必要な援助を行うように努めるものとする。

（手数料）

第49条　次の者は，政令で定めるところにより，実費を勘案して政令で定
める額の手数料を国（指定試験機関の行う試験を受けようとする者又は
指定試験機関から合格証の再交付を受けようとする者にあつては指定試
験機関，指定登録機関の行う登録を受けようとする者又は指定登録機関
から作業環境測定士登録証の再交付若しくは書換えを受けようとする者
にあつては指定登録機関）に納付しなければならない。

1　試験を受けようとする者

2　第5条又は第44条第1項の登録の更新を受けようとする者

3　講習又は研修（都道府県労働局長が行う講習又は研修に限る。）を受けようとする者

4　第7条の登録を受けようとする者

5　作業環境測定士登録証又は作業環境測定機関登録証の再交付又は書換えを受けようとする者

6　合格証又は講習修了証の再交付（都道府県労働局長が行う講習修了証の再交付に限る。）を受けようとする者

②　前項の規定により指定試験機関又は指定登録機関に納められた手数料は，それぞれ，指定試験機関又は指定登録機関の収入とする。

（厚生労働省令への委任）

第51条　この法律に定めるもののほか，この法律の施行に関して必要な事項は，厚生労働省令で定める。

第5章　罰則

第52条　第27条第1項（第32条の2第4項において準用する場合を含む。）又は第35条の規定に違反した者は，1年以下の懲役又は100万円以下の罰金に処する。

第54条　次の各号のいずれかに該当する者は，50万円以下の罰金に処する。

1　第3条，第18条，第37条又は第44条第3項の規定に違反した者

2　第12条第2項の規定による命令に違反した者

3　第39条第1項の規定による立入り若しくは検査を拒み，妨げ，若しくは忌避し，又は質問に対して陳述をせず，若しくは虚偽の陳述をした者

4　第42条第1項の規定による報告をせず，若しくは虚偽の報告をし，又は出頭しなかつた者

作業環境測定基準（抄）

（昭和51年4月22日労働省告示第46号）

（改正　令和5年4月17日厚生労働省告示第174号）

（定義）

第1条　この告示において，次の各号に掲げる用語の意義は，それぞれ当該各号に定めるところによる。

1　液体捕集方法　試料空気を液体に通し，又は液体の表面と接触させることにより溶解，反応等をさせて，当該液体に測定しようとする物を捕集する方法をいう。

2　固体捕集方法　試料空気を固体の粒子の層を通して吸引すること等により吸着等をさせて，当該固体の粒子に測定しようとする物を捕集する方法をいう。

3　直接捕集方法　試料空気を溶解，反応，吸着等をさせないで，直接，捕集袋，捕集びん等に捕集する方法をいう。

4　冷却凝縮捕集方法　試料空気を冷却した管等と接触させることにより凝縮をさせて測定しようとする物を捕集する方法をいう。

5　ろ過捕集方法　試料空気をろ過材（0.3マイクロメートルの粒子を95パーセント以上捕集する性能を有するものに限る。）を通して吸引することにより当該ろ過材に測定しようとする物を捕集する方法をいう。

（粉じんの濃度等の測定）

第2条　労働安全衛生法施行令（昭和47年政令第318号。以下「令」という。）第21条第1号の屋内作業場における空気中の土石，岩石，鉱物，金属又は炭素の粉じんの濃度の測定は，次に定めるところによらなければならない。

1　測定点は，単位作業場所（当該作業場の区域のうち労働者の作業中の行動範囲，有害物の分布等の状況等に基づき定められる作業環境測定のために必要な区域をいう。以下同じ。）の床面上に6メートル以下の等間隔で引いた縦の線と横の線との交点の床上50センチメートル以上150センチメートル以下の位置（設備等があつて測定が著しく困難な位置を除く。）とすること。ただし，単位作業場所における空気中の土石，岩石，鉱物，金属又は

炭素の粉じんの濃度がほぼ均一であることが明らかなときは，測定点に係る交点は，当該単位作業場所の床面上に6メートルを超える等間隔で引いた縦の線と横の線との交点とすることができる。

1の2　前号の規定にかかわらず，同号の規定により測定点が5に満たないこととなる場合にあつても，測定点は，単位作業場所について5以上とすること。ただし，単位作業場所が著しく狭い場合であつて，当該単位作業場所における空気中の土石，岩石，鉱物，金属又は炭素の粉じんの濃度がほぼ均一であることが明らかなときは，この限りでない。

2　前二号の測定は，作業が定常的に行われている時間に行うこと。

2の2　土石，岩石，鉱物，金属又は炭素の粉じんの発散源に近接する場所において作業が行われる単位作業場所にあつては，前三号に定める測定のほか，当該作業が行われる時間のうち，空気中の土石，岩石，鉱物，金属又は炭素の粉じんの濃度が最も高くなると思われる時間に，当該作業が行われる位置において測定を行うこと。

3　1の測定点における試料空気の採取時間は，10分間以上の継続した時間とすること。ただし，相対濃度指示方法による測定については，この限りでない。

4　空気中の土石，岩石，鉱物，金属又は炭素の粉じんの濃度の測定は，次のいずれかの方法によること。

イ　分粒装置を用いるろ過捕集方法及び重量分析方法

ロ　相対濃度指示方法（当該単位作業場所における1以上の測定点においてイに掲げる方法を同時に行う場合に限る。）

②，③，④　略

（特定化学物質の濃度の測定）

第10条　令第21条第7号に掲げる作業場（石綿等（令第6条第23号に規定する石綿等をいう。以下同じ。）を取り扱い，又は試験研究のため製造する屋内作業場，石綿分析用試料等（令第6条第23号に規定する石綿分析用試料等をいう。以下同じ。）を製造する屋内作業場及び特定化学物質障害予防規則（昭和47年労働省令第39号。第3項及び第13条において「特化則」という。）別表第1第37号に掲げる物を製造し，又は取り扱う屋内作業場を除く。）における空

気中の令別表第3第1号1から7までに掲げる物又は同表第2号1から36までに掲げる物（同号34の2に掲げる物を除く。）の濃度の測定は，別表第1の上欄（編注：左欄）に掲げる物の種類に応じて，それぞれ同表の中欄に掲げる試料採取方法又はこれと同等以上の性能を有する試料採取方法及び同表の下欄（編注：右欄）に掲げる分析方法又はこれと同等以上の性能を有する分析方法によらなければならない。

② 前項の規定にかかわらず，空気中の次に掲げる物の濃度の測定は，検知管方式による測定機器又はこれと同等以上の性能を有する測定機器を用いる方法によることができる。ただし，空気中の次の各号のいずれかに掲げる物の濃度を測定する場合において，当該物以外の物が測定値に影響を及ぼすおそれのあるときは，この限りでない。

1 アクリロニトリル

2 エチレンオキシド

3 塩化ビニル

4 塩素

5 クロロホルム

6 シアン化水素

7 四塩化炭素

8 臭化メチル

9 スチレン

10 テトラクロロエチレン（別名パークロルエチレン）

11 トリクロロエチレン

12 弗化水素

13 ベンゼン

14 ホルムアルデヒド

15 硫化水素

③ 前二項の規定にかかわらず，前項各号に掲げる物又は令別表第3第2号3の3，18の3，18の4，19の2，19の3，22の3若しくは33の2（前項第5号，第7号又は第9号から第11号までに掲げる物のいずれかを主成分とする混合物として製造され，又は取り扱われる場合に限る。）について，特化則第

36条の2第1項の規定による測定結果の評価が2年以上行われ，その間，当該評価の結果，第1管理区分に区分されることが継続した単位作業場所については，当該単位作業場所に係る事業場の所在地を管轄する労働基準監督署長（以下「所轄労働基準監督署長」という。）の許可を受けた場合には，当該特定化学物質の濃度の測定は，検知管方式による測定機器又はこれと同等以上の性能を有する測定機器を用いる方法によることができる。この場合において，当該単位作業場所における1以上の測定点において第1項に掲げる方法を同時に行うものとする。

④　第2条第1項第1号から第3号までの規定は，前三項に規定する測定について準用する。この場合において，同条第1項第1号，第1号の2及び第2号の2中「土石，岩石，鉱物，金属又は炭素の粉じん」とあるのは，「令別表第3第1号1から7までに掲げる物又は同表第2号1から36までに掲げる物（同号34の2に掲げる物を除く。）」と，同項第3号ただし書中「相対濃度指示方法」とあるのは「直接捕集方法又は検知管方式による測定機器若しくはこれと同等以上の性能を有する測定機器を用いる方法」と読み替えるものとする。

⑤　前項の規定にかかわらず，第1項に規定する測定のうち，令別表第3第1号6又は同表第2号2，3の2，5，8から11まで，13，13の2，15，15の2，19，19の4，20から22まで，23，23の2，26，27の2，30，31の2から33まで，34の3若しくは36に掲げる物（以下この項において「個人サンプリング法対象特化物」という。）の濃度の測定は，次に定めるところによることができる。

1　試料空気の採取等は，単位作業場所において作業に従事する労働者の身体に装着する試料採取機器等を用いる方法により行うこと。

2　前号の規定による試料採取機器等の装着は，単位作業場所において，労働者にばく露される個人サンプリング法対象特化物の量がほぼ均一であると見込まれる作業ごとに，それぞれ，適切な数の労働者に対して行うこと。ただし，その数は，それぞれ，5人を下回つてはならない。

3　第1号の規定による試料空気の採取等の時間は，前号の労働者が一の作業日のうち単位作業場所において作業に従事する全時間とすること。ただし，当該作業に従事する時間が2時間を超える場合であつて，同一の作業

を反復する等労働者にばく露される個人サンプリング法対象特化物の濃度
がほぼ均一であることが明らかなときは，2時間を下回らない範囲内にお
いて当該試料空気の採取等の時間を短縮することができる。

4　単位作業場所において作業に従事する労働者の数が5人を下回る場合に
あつては，第2号ただし書及び前号本文の規定にかかわらず，一の労働者
が一の作業日のうち単位作業場所において作業に従事する時間を分割し，2
以上の第1号の規定による試料空気の採取等が行われたときは，当該試料
空気の採取等は，当該2以上の採取された試料空気の数と同数の労働者に
対して行われたものとみなすことができること。

5　個人サンプリング法対象特化物の発散源に近接する場所において作業が
行われる単位作業場所にあつては，前各号に定めるところによるほか，当
該作業が行われる時間のうち，空気中の個人サンプリング法対象特化物の
濃度が最も高くなると思われる時間に，試料空気の採取等を行うこと。

6　前号の規定による試料空気の採取等の時間は，15分間とすること。

⑥　第3項の許可を受けようとする事業者は，作業環境測定特例許可申請書（様
式第1号）に作業環境測定結果摘要書（様式第2号）及び次の図面を添えて，
所轄労働基準監督署長に提出しなければならない。

1　作業場の見取図

2　単位作業場所における測定対象物の発散源の位置，主要な設備の配置及
び測定点の位置を示す図面

⑦　所轄労働基準監督署長は，前項の申請書の提出を受けた場合において，第
3項の許可をし，又はしないことを決定したときは，遅滞なく，文書で，そ
の旨を当該事業者に通知しなければならない。

⑧　第3項の許可を受けた事業者は，当該単位作業場所に係るその後の測定の
結果の評価により当該単位作業場所が第1管理区分でなくなつたときは，遅
滞なく，文書で，その旨を所轄労働基準監督署長に報告しなければならない。

⑨　所轄労働基準監督署長は，前項の規定による報告を受けた場合及び事業場
を臨検した場合において，第3項の許可に係る単位作業場所について第1管
理区分を維持していないと認めたとき又は維持することが困難であると認め
たときは，遅滞なく，当該許可を取り消すものとする。

（有機溶剤等の濃度の測定）

第13条　令第21条第10号の屋内作業場（同条第7号の作業場（特化則第36条の
　5の作業場に限る。）を含む。）における空気中の令別表第6の2第1号から
　第47号までに掲げる有機溶剤（特化則第36条の5において準用する有機溶剤
　中毒予防規則（昭和47年労働省令第36号。以下この条において「有機則」と
　いう。）第28条第2項の規定による測定を行う場合にあつては，特化則第2条
　第3号の2に規定する特別有機溶剤（以下この条において「特別有機溶剤」と
　いう。）を含む。）の濃度の測定は，別表第2（特別有機溶剤にあつては別表
　第1）の上欄に掲げる物の種類に応じて，それぞれ同表の中欄に掲げる試料
　採取方法又はこれと同等以上の性能を有する試料採取方法及び同表の下欄に
　掲げる分析方法又はこれと同等以上の性能を有する分析方法によらなければ
　ならない。

②　前項の規定にかかわらず，空気中の次に掲げる物（特化則第36条の5にお
　いて準用する有機則第28条第2項の規定による測定を行う場合にあつては，第
　10条第2項第5号，第7号又は第9号から第11号までに掲げる物を含む。）の
　濃度の測定は，検知管方式による測定機器又はこれと同等以上の性能を有す
　る測定機器を用いる方法によることができる。ただし，空気中の次の各号の
　いずれかに掲げる物（特化則第36条の5において準用する有機則第28条第2
　項の規定による測定を行う場合にあつては，第10条第2項第5号，第7号又
　は第9号から第11号までに掲げる物のいずれかを含む。）の濃度を測定する場
　合において，当該物以外の物が測定値に影響を及ぼすおそれのあるときは，こ
　の限りでない。

　1　アセトン
　2　イソブチルアルコール
　3　イソプロピルアルコール
　4　イソペンチルアルコール（別名イソアミルアルコール）
　5　エチルエーテル
　6　キシレン
　7　クレゾール
　8　クロルベンゼン

　9　酢酸イソブチル

　10　酢酸イソプロピル

　11　酢酸エチル

　12　酢酸ノルマル-ブチル

　13　シクロヘキサノン

　14　1・2-ジクロルエチレン（別名二塩化アセチレン）

　15　N・N-ジメチルホルムアミド

　16　テトラヒドロフラン

　17　1・1・1-トリクロルエタン

　18　トルエン

　19　二硫化炭素

　20　ノルマルヘキサン

　21　2-ブタノール

　22　メチルエチルケトン

　23　メチルシクロヘキサノン

③　前二項の規定にかかわらず，令別表第6の2第1号から第47号までに掲げ
　る物（特別有機溶剤（令別表第3第2号3の3，18の3，18の4，19の2，19
　の3，22の3又は33の2に掲げる物にあつては，前項各号又は第10条第2項
　第5号，第7号若しくは第9号から第11号までに掲げる物を主成分とする混
　合物として製造され，又は取り扱われる場合に限る。以下この条において同
　じ。）を含み，令別表第6の2第2号，第6号から第10号まで，第17号，第20
　号から第22号まで，第24号，第34号，第39号，第40号，第42号，第44号，第45
　号及び第47号に掲げる物にあつては，前項各号又は第10条第2項第5号，第
　7号若しくは第9号から第11号までに掲げる物を主成分とする混合物として
　製造され，又は取り扱われる場合に限る。以下この条において「有機溶剤」と
　いう。）について有機則第28条の2第1項（特化則第36条の5において準用す
　る場合を含む。）の規定による測定結果の評価が2年以上行われ，その間，当
　該評価の結果，第1管理区分に区分されることが継続した単位作業場所につ
　いては，所轄労働基準監督署長の許可を受けた場合には，当該有機溶剤の濃
　度の測定（特別有機溶剤にあつては，特化則第36条の5において準用する有

機則第28条第2項の規定に基づき行うものに限る。)は,検知管方式による測定機器又はこれと同等以上の性能を有する測定機器を用いる方法によることができる。この場合において,当該単位作業場所における1以上の測定点において第1項に掲げる方法(特別有機溶剤にあつては,第10条第1項に掲げる方法)を同時に行うものとする。

④ 第2条第1項第1号から第3号までの規定は,前三項に規定する測定について準用する。この場合において,同条第1項第1号,第1号の2及び第2号の2中「土石,岩石,鉱物,金属又は炭素の粉じん」とあるのは「令別表第6の2第1号から第47号までに掲げる有機溶剤(特別有機溶剤を含む。)」と,同項第3号ただし書中「相対濃度指示方法」とあるのは「直接捕集方法又は検知管方式による測定機器若しくはこれと同等以上の性能を有する測定機器を用いる方法」と読み替えるものとする。

⑤ 第10条第5項の規定は,第1項に規定する測定について準用する。この場合において,同条第5項中「前項」とあるのは「第13条第4項」と,「第1項」とあるのは「同条第1項」と,「令別表第3第1号6又は同表第2号2,3の2,5,8から11まで,13,13の2,15,15の2,19,19の4,20から22まで,23,23の2,26,27の2,30,31の2から33まで,34の3若しくは36に掲げる物(以下この項において「個人サンプリング法対象特化物」という。)」とあるのは「令別表第6の2第1号から第47号までに掲げる有機溶剤(特化則第36条の5において準用する有機則第28条第2項の規定による測定を行う場合にあつては,特別有機溶剤を含む。)」と,第10条第5項第2号,第3号及び第5号中「個人サンプリング法対象特化物」とあるのは「令別表第6の2第1号から第47号までに掲げる有機溶剤(特化則第36条の5において準用する有機則第28条第2項の規定による測定を行う場合にあつては,特別有機溶剤を含む。)」と読み替えるものとする。

⑥ 第10条第6項から第9項までの規定は,第3項の許可について準用する。

別表第1 （第10条関係）

物 の 種 類	試料採取方法	分 析 方 法
ジクロルベンジジン及びその塩	液体捕集方法	吸光光度分析方法
アルファーナフチルアミン及びその塩	液体捕集方法	吸光光度分析方法又は蛍光光度分析方法
塩素化ビフェニル（別名PCB）	液体捕集方法又は固体捕集方法	ガスクロマトグラフ分析方法
オルトートリジン及びその塩	液体捕集方法	吸光光度分析方法
ジアニシジン及びその塩	液体捕集方法	吸光光度分析方法
ベリリウム及びその化合物	ろ過捕集方法	吸光光度分析方法，原子吸光分析方法又は蛍光光度分析方法
ベンゾトリクロリド	固体捕集方法又は直接捕集方法	ガスクロマトグラフ分析方法
アクリルアミド	固体捕集方法及びろ過捕集方法	ガスクロマトグラフ分析方法
アクリロニトリル	液体捕集方法，固体捕集方法又は直接捕集方法	1　液体捕集方法にあつては，吸光光度分析方法 2　固体捕集方法又は直接捕集方法にあつては，ガスクロマトグラフ分析方法
アルキル水銀化合物（アルキル基がメチル基又はエチル基である物に限る。）	液体捕集方法	吸光光度分析方法，ガスクロマトグラフ分析方法又は原子吸光分析方法
インジウム化合物	第2条第2項の規定による要件に該当する分粒装置を用いるろ過捕集方法	誘導結合プラズマ質量分析方法
エチルベンゼン	固体捕集方法又は直接捕集方法	ガスクロマトグラフ分析方法

物　の　種　類	試料採取方法	分　析　方　法
エチレンイミン	液体捕集方法	吸光光度分析方法又は高速液体クロマトグラフ分析方法
エチレンオキシド	固体捕集方法	ガスクロマトグラフ分析方法
塩化ビニル	直接捕集方法	ガスクロマトグラフ分析方法
塩素	液体捕集方法	吸光光度分析方法
オーラミン	ろ過捕集方法	吸光光度分析方法
オルト-トルイジン	固体捕集方法	ガスクロマトグラフ分析方法
オルト-フタロジニトリル	固体捕集方法及びろ過捕集方法	ガスクロマトグラフ分析方法
カドミウム及びその化合物	ろ過捕集方法	吸光光度分析方法又は原子吸光分析方法
クロム酸及びその塩	液体捕集方法又はろ過捕集方法	吸光光度分析方法又は原子吸光分析方法
クロロホルム	液体捕集方法，固体捕集方法又は直接捕集方法	1　液体捕集方法にあつては，吸光光度分析方法 2　固体捕集方法又は直接捕集方法にあつては，ガスクロマトグラフ分析方法
クロロメチルメチルエーテル	液体捕集方法	吸光光度分析方法
五酸化バナジウム	ろ過捕集方法	吸光光度分析方法又は原子吸光分析方法
コバルト及びその無機化合物	ろ過捕集方法	原子吸光分析方法
コールタール	ろ過捕集方法	重量分析方法
酸化プロピレン	固体捕集方法	ガスクロマトグラフ分析方法
三酸化二アンチモン	ろ過捕集方法	原子吸光分析方法
シアン化カリウム	液体捕集方法	吸光光度分析方法
シアン化水素	液体捕集方法	吸光光度分析方法

物 の 種 類	試料採取方法	分 析 方 法
シアン化ナトリウム	液体捕集方法	吸光光度分析方法
四塩化炭素	液体捕集方法又は固体捕集方法	1　液体捕集方法にあつては，吸光光度分析方法 2　固体捕集方法にあつては，ガスクロマトグラフ分析方法
1・4-ジオキサン	固体捕集方法又は直接捕集方法	ガスクロマトグラフ分析方法
1・2-ジクロロエタン（別名二塩化エチレン）	液体捕集方法，固体捕集方法又は直接捕集方法	1　液体捕集方法にあつては，吸光光度分析方法 2　固体捕集方法又は直接捕集方法にあつては，ガスクロマトグラフ分析方法
3・3′-ジクロロ-4・4′-ジアミノジフェニルメタン	固体捕集方法	ガスクロマトグラフ分析方法
1・2-ジクロロプロパン	固体捕集方法	ガスクロマトグラフ分析方法
ジクロロメタン（別名二塩化メチレン）	固体捕集方法又は直接捕集方法	ガスクロマトグラフ分析方法
ジメチル-2・2-ジクロロビニルホスフェイト（別名DDVP）	固体捕集方法	ガスクロマトグラフ分析方法
1・1-ジメチルヒドラジン	固体捕集方法	高速液体クロマトグラフ分析方法
臭化メチル	液体捕集方法，固体捕集方法又は直接捕集方法	1　液体捕集方法にあつては，吸光光度分析方法 2　固体捕集方法又は直接捕集方法にあつては，ガスクロマトグラフ分析方法
重クロム酸及びその塩	液体捕集方法又はろ過捕集方法	吸光光度分析方法又は原子吸光分析方法

物　の　種　類	試料採取方法	分　析　方　法
水銀及びその無機化合物（硫化水銀を除く。）	液体捕集方法又は固体捕集方法	1　液体捕集方法にあつては，吸光光度分析方法又は原子吸光分析方法 2　固体捕集方法にあつては，原子吸光分析方法
スチレン	液体捕集方法，固体捕集方法又は直接捕集方法	1　液体捕集方法にあつては，吸光光度分析方法 2　固体捕集方法又は直接捕集方法にあつては，ガスクロマトグラフ分析方法
1・1・2・2-テトラクロロエタン（別名四塩化アセチレン）	液体捕集方法又は固体捕集方法	1　液体捕集方法にあつては，吸光光度分析方法 2　固体捕集方法にあつては，ガスクロマトグラフ分析方法
テトラクロロエチレン（別名パークロルエチレン）	固体捕集方法又は直接捕集方法	ガスクロマトグラフ分析方法
トリクロロエチレン	液体捕集方法，固体捕集方法又は直接捕集方法	1　液体捕集方法にあつては，吸光光度分析方法 2　固体捕集方法又は直接捕集方法にあつては，ガスクロマトグラフ分析方法
トリレンジイソシアネート	液体捕集方法又は固体捕集方法	1　液体捕集方法にあつては，吸光光度分析方法 2　固体捕集方法にあつては，高速液体クロマトグラフ分析方法
ナフタレン	固体捕集方法	ガスクロマトグラフ分析方法
ニツケル化合物（ニツケルカルボニルを除き，粉状の物に限る。）	ろ過捕集方法	原子吸光分析方法

物　の　種　類	試料採取方法	分　析　方　法
ニッケルカルボニル	液体捕集方法又は固体捕集方法	1　液体捕集方法にあつては，吸光光度分析方法又は原子吸光分析方法 2　固体捕集方法にあつては，原子吸光分析方法
ニトログリコール	液体捕集方法	吸光光度分析方法
パラージメチルアミノアゾベンゼン	ろ過捕集方法	吸光光度分析方法
パラーニトロクロルベンゼン	液体捕集方法又は固体捕集方法	1　液体捕集方法にあつては，吸光光度分析方法又はガスクロマトグラフ分析方法 2　固体捕集方法にあつては，ガスクロマトグラフ分析方法
砒素及びその化合物（アルシン及び砒化ガリウムを除く。）	ろ過捕集方法	吸光光度分析方法又は原子吸光分析方法
弗化水素	液体捕集方法	吸光光度分析方法又は高速液体クロマトグラフ分析方法
ベータープロピオラクトン	直接捕集方法又は固体捕集方法	ガスクロマトグラフ分析方法
ベンゼン	液体捕集方法，固体捕集方法又は直接捕集方法	1　液体捕集方法にあつては，吸光光度分析方法 2　固体捕集方法又は直接捕集方法にあつては，ガスクロマトグラフ分析方法
ペンタクロルフェノール（別名PCP）及びそのナトリウム塩	液体捕集方法	吸光光度分析方法
ホルムアルデヒド	固体捕集方法	ガスクロマトグラフ分析方法又は高速液体クロマトグラフ分析方法
マゼンタ	ろ過捕集方法	吸光光度分析方法

物　の　種　類	試料採取方法	分　析　方　法
マンガン及びその化合物	第2条第2項の規定による要件に該当する分粒装置を用いるろ過捕集方法	吸光光度分析方法又は原子吸光分析方法
メチルイソブチルケトン	液体捕集方法,固体捕集方法又は直接捕集方法	1　液体捕集方法にあつては,吸光光度分析方法 2　固体捕集方法又は直接捕集方法にあつては,ガスクロマトグラフ分析方法
沃化メチル	直接捕集方法	ガスクロマトグラフ分析方法
リフラクトリーセラミックファイバー	ろ過捕集方法	計数方法
硫化水素	液体捕集方法又は直接捕集方法	1　液体捕集方法にあつては,吸光光度分析方法 2　直接捕集方法にあつては,ガスクロマトグラフ分析方法
硫酸ジメチル	液体捕集方法又は固体捕集方法	1　液体捕集方法にあつては,吸光光度分析方法 2　固体捕集方法にあつては,ガスクロマトグラフ分析方法

様式第1号（第10条，第13条関係）

作業環境測定特例許可申請書

事　業　の　種　類	事　業　場　の　名　称	事　業　場　の　所　在　地
		（電話　　　-　　　　）
申請に係る単位作業場所における有害業務	作　業　の　内　容	従　事　労　働　者　数
		（うち年少者　　　　　　）
申請に係る単位作業場所における測定対象物質の種類及び使用量	種　　　　　　類	使　用　量　（kg/月）
	（主成分　　　　　　　　）	

　　　年　　月　　日

　　　　労働基準監督署長　殿　　　　　　事業者職氏名

備考
1　「事業の種類」の欄は，日本標準産業分類の中分類により記入すること。
2　「申請に係る単位作業場所における有害業務」及び「申請に係る単位作業場所における測定対象物質の種類及び使用量」の欄は，二以上の単位作業場所について申請を行う場合にあっては，単位作業場所ごとに記入すること。
3　「種類」の欄は，当該物質の名称を記入すること。なお，申請に係る単位作業場所において，当該物質が有機溶剤又は特別有機溶剤を二種類以上含有する混合物として製造され，又は取り扱われる場合にあっては，「混合有機溶剤」と記入し，（　　　　）内に主成分の名称を記入すること。
4　この申請書に記載しきれない事項については，別紙に記載して添付すること。

様式第2号（第10条、第13条関係）

作 業 環 境 測 定 結 果 摘 要 書

測定実施年月日	測定対象物の名称	一日目の測定		二日目の測定		第一評価値	第二評価値	B測定値又はD測定値	管理濃度	管理区分	氏名又は名称	登録番号	整理番号
		M_1	σ_1	M_2	σ_2								

（主成分　　　　　　　　）

作業環境測定士又は作業環境測定機関

備考
1　本摘要書は、単位作業場所ごとに記入すること。
2　「整理番号」の欄は、二以上の単位作業場所について申請を行う場合にあっては、各々に単位作業場所（様式第1号）に記入した単位作業場所の順に整理番号を付すること。
3　「測定対象物の名称」の欄は、当該物質の名称を記入すること。なお、申請に係る各単位作業場所において、当該物質が特別有機溶剤を二種類以上含有する混合物として製造され、又は取り扱われる場合にあっては、「混合有機溶剤」と記入し、（　）内に主成分の名称を記入すること。
4　「一日目の測定」及び「二日目の測定」の欄中M及びM_2はA測定又はC測定の測定値の幾何平均値をσ_1及びσ_2はA測定又はC測定の測定値の幾何標準偏差をそれぞれ記入すること。なお、「二日目の測定」の欄は、当該測定を行わない場合には記入を要しないこと。
5　「B測定値又はD測定値」の欄は、B測定値又はD測定値が二以上ある場合には、そのうちの最大値を記入すること。なお、「B測定値又はD測定値」の欄は、当該測定を行わない場合には記入を要しないこと。

作業環境評価基準（抄）

（昭和63年9月1日労働省告示第79号）
（改正　令和2年4月22日厚生労働省告示第192号）

（適用）

第1条　この告示は，労働安全衛生法第65条第1項の作業場のうち，労働安全
衛生法施行令（昭和47年政令第318号）第21条第1号，第7号，第8号及び第
10号に掲げるものについて適用する。

（測定結果の評価）

第2条　労働安全衛生法第65条の2第1項の作業環境測定の結果の評価は，単
位作業場所（作業環境測定基準（昭和51年労働省告示第46号）第2条第1項
第1号に規定する単位作業場所をいう。以下同じ。）ごとに，次の各号に掲げ
る場合に応じ，それぞれ当該各号の表の下欄（編注：右欄）に掲げるところ
により，第1管理区分から第3管理区分までに区分することにより行うもの
とする。

1　A測定（作業環境測定基準第2条第1項第1号から第2号までの規定に
より行う測定（作業環境測定基準第10条第4項，第10条の2第2項，第11
条第2項及び第13条第4項において準用する場合を含む。）をいう。以下同
じ。）のみを行つた場合

管　理　区　分	評価値と測定対象物に係る別表に掲げる管理濃度との比較の結果
第 1 管 理 区 分	第1評価値が管理濃度に満たない場合
第 2 管 理 区 分	第1評価値が管理濃度以上であり，かつ，第2評価値が管理濃度以下である場合
第 3 管 理 区 分	第2評価値が管理濃度を超える場合

2　A測定及びB測定（作業環境測定基準第2条第1項第2号の2の規定に
より行う測定（作業環境測定基準第10条第4項，第10条の2第2項，第11
条第2項及び第13条第4項において準用する場合を含む。）をいう。以下同
じ。）を行つた場合

管　理　区　分	評価値又はB測定の測定値と測定対象物に係る別表に掲げる管理濃度との比較の結果
第 1 管 理 区 分	第1評価値及びB測定の測定値（2以上の測定点においてB測定を実施した場合には，そのうちの最大値。以下同じ。）が管理濃度に満たない場合
第 2 管 理 区 分	第2評価値が管理濃度以下であり，かつ，B測定の測定値が管理濃度の1.5倍以下である場合（第1管理区分に該当する場合を除く。）
第 3 管 理 区 分	第2評価値が管理濃度を超える場合又はB測定の測定値が管理濃度の1.5倍を超える場合

② 測定対象物の濃度が当該測定で採用した試料採取方法及び分析方法によつて求められる定量下限の値に満たない測定点がある単位作業場所にあつては，当該定量下限の値を当該測定点における測定値とみなして，前項の区分を行うものとする。

③ 測定値が管理濃度の10分の1に満たない測定点がある単位作業場所にあつては，管理濃度の10分の1を当該測定点における測定値とみなして，第1項の区分を行うことができる。

④ 労働安全衛生法施行令別表第6の2第1号から第47号までに掲げる有機溶剤（特定化学物質障害予防規則（昭和47年労働省令第39号）第36条の5において準用する有機溶剤中毒予防規則（昭和47年労働省令第36号）第28条の2第1項の規定による作業環境測定の結果の評価にあつては，特定化学物質障害予防規則第2条第1項第3号の2に規定する特別有機溶剤を含む。以下この項において同じ。）を2種類以上含有する混合物に係る単位作業場所にあつては，測定点ごとに，次の式により計算して得た換算値を当該測定点における測定値とみなして，第1項の区分を行うものとする。この場合において，管理濃度に相当する値は，1とするものとする。

$$C = \frac{C_1}{E_1} + \frac{C_2}{E_2} + \cdots$$

この式において，C，C_1，C_2……及びE_1，E_2……は，それぞれ次の値を表すものとする。

C　換算値

C₁，C₂……　有機溶剤の種類ごとの測定値

E₁，E₂……　有機溶剤の種類ごとの管理濃度

（評価値の計算）

第３条　前条第１項の第１評価値及び第２評価値は，次の式により計算するものとする。

$$\log EA_1 = \log M_1 + 1.645\sqrt{\log^2 \sigma_1 + 0.084}$$

$$\log EA_2 = \log M_1 + 1.151\,(\log^2 \sigma_1 + 0.084)$$

これらの式において，EA_1, M_1, σ_1 及び EA_2 は，それぞれ次の値を表すものとする。

EA_1　　第１評価値

M_1　　A測定の測定値の幾何平均値

σ_1　　A測定の測定値の幾何標準偏差

EA_2　　第２評価値

② 前項の規定にかかわらず，連続する２作業日（連続する２作業日について測定を行うことができない合理的な理由がある場合にあつては，必要最小限の間隔を空けた２作業日）に測定を行つたときは，第１評価値及び第２評価値は，次の式により計算することができる。

$$\log EA_1 = \frac{1}{2}(\log M_1 + \log M_2) + 1.645\sqrt{\frac{1}{2}(\log^2 \sigma_1 + \log^2 \sigma_2) + \frac{1}{2}(\log M_1 - \log M_2)^2}$$

$$\log EA_2 = \frac{1}{2}(\log M_1 + \log M_2) + 1.151\left\{\frac{1}{2}(\log^2 \sigma_1 + \log^2 \sigma_2) + \frac{1}{2}(\log M_1 - \log M_2)^2\right\}$$

これらの式において，EA_1, M_1, M_2, σ_1, σ_2 及び EA_2 は，それぞれ次の値を表すものとする。

EA_1　　第１評価値

M_1　　１日目のA測定の測定値の幾何平均値

M_2　　２日目のA測定の測定値の幾何平均値

σ_1　　１日目のA測定の測定値の幾何標準偏差

σ_2　　２日目のA測定の測定値の幾何標準偏差

EA_2　　第２評価値

第４条　前二条の規定は，C測定（作業環境測定基準第10条第５項第１号から

第4号までの規定により行う測定（作業環境測定基準第11条第3項及び第13条第5項において準用する場合を含む。）をいう。）及びD測定（作業環境測定基準第10条第5項第5号及び第6号の規定により行う測定（作業環境測定基準第11条第3項及び第13条第5項において準用する場合を含む。）をいう。）について準用する。この場合において，第2条第1項第1号中「A測定（作業環境測定基準第2条第1項第1号から第2号までの規定により行う測定（作業環境測定基準第10条第4項，第10条の2第2項，第11条第2項及び第13条第4項において準用する場合を含む。）をいう。以下同じ。）」とあるのは「C測定（作業環境測定基準第10条第5項第1号から第4号までの規定により行う測定（作業環境測定基準第11条第3項及び第13条第5項において準用する場合を含む。）をいう。以下同じ。）」と，同項第2号中「A測定及びB測定（作業環境測定基準第2条第1項第2号の2の規定により行う測定（作業環境測定基準第10条第4項，第10条の2第2項，第11条第2項及び第13条第4項において準用する場合を含む。）をいう。以下同じ。）」とあるのは「C測定及びD測定（作業環境測定基準第10条第5項第5号及び第6号の規定により行う測定（作業環境測定基準第11条第3項及び第13条第5項において準用する場合を含む。）をいう。以下同じ。）」と，「B測定の測定値」とあるのは「D測定の測定値」と，「（2以上の測定点においてB測定を実施した場合には，そのうちの最大値。以下同じ。）」とあるのは「（2人以上の者に対してD測定を実施した場合には，そのうちの最大値。以下同じ。）」と，同条第2項及び第3項中「測定点がある単位作業場所」とあるのは「測定値がある単位作業場所」と，同条第2項から第4項までの規定中「測定点における測定値」とあるのは「測定値」と，同条第4項中「測定点ごとに」とあるのは「測定値ごとに」と，前条中「$\log EA_1$」とあるのは「$\log EC_1$」と，「$\log EA_2$」とあるのは「$\log EC_2$」と，「EA_1」とあるのは「EC_1」と，「EA_2」とあるのは「EC_2」と，「A測定の測定値」とあるのは「C測定の測定値」と，それぞれ読み替えるものとする。

別表（第2条関係）（抄）

物　　の　　種　　類	管　理　濃　度
2　アクリルアミド	0.1mg/m³
3　アクリロニトリル	2ppm
4　アルキル水銀化合物（アルキル基がメチル基又はエチル基である物に限る。）	水銀として0.01mg/m³
4の2　エチルベンゼン	20ppm
5　エチレンイミン	0.05ppm
6　エチレンオキシド	1ppm
7　塩化ビニル	2ppm
8　塩素	0.5ppm
9　塩素化ビフェニル（別名PCB）	0.01mg/m³
9の2　オルト－トルイジン	1ppm
9の3　オルト－フタロジニトリル	0.01mg/m³
10　カドミウム及びその化合物	カドミウムとして0.05mg/m³
11　クロム酸及びその塩	クロムとして0.05mg/m³
11の2　クロロホルム	3ppm
12　五酸化バナジウム	バナジウムとして0.03mg/m³
12の2　コバルト及びその無機化合物	コバルトとして0.02mg/m³
13　コールタール	ベンゼン可溶性成分として0.2mg/m³
13の2　酸化プロピレン	2ppm
13の3　三酸化二アンチモン	アンチモンとして0.1mg/m³
14　シアン化カリウム	シアンとして3mg/m³
15　シアン化水素	3ppm
16　シアン化ナトリウム	シアンとして3mg/m³
16の2　四塩化炭素	5ppm
16の3　1・4－ジオキサン	10ppm

物　　の　　種　　類	管　理　濃　度
16の4　1・2-ジクロロエタン（別名二塩化エチレン）	10ppm
17　3・3′-ジクロロ-4・4′-ジアミノジフェニルメタン	0.005mg/m³
17の2　1・2-ジクロロプロパン	1 ppm
17の3　ジクロロメタン（別名二塩化メチレン）	50ppm
17の4　ジメチル-2・2-ジクロロビニルホスフェイト（別名DDVP)	0.1mg/m³
17の5　1・1-ジメチルヒドラジン	0.01ppm
18　臭化メチル	1ppm
19　重クロム酸及びその塩	クロムとして0.05mg/m³
20　水銀及びその無機化合物（硫化水銀を除く。）	水銀として0.025mg/m³
20の2　スチレン	20ppm
20の3　1・1・2・2-テトラクロロロエタン（別名四塩化アセチレン）	1 ppm
20の4　テトラクロロエチレン（別名パークロルエチレン）	25ppm
20の5　トリクロロエチレン	10ppm
21　トリレンジイソシアネート	0.005ppm
21の2　ナフタレン	10ppm
21の3　ニッケル化合物（ニッケルカルボニルを除き，粉状の物に限る。）	ニッケルとして0.1mg/m³
22　ニッケルカルボニル	0.001ppm
23　ニトログリコール	0.05ppm
24　パラ-ニトロクロルベンゼン	0.6mg/m³

物 の 種 類	管 理 濃 度
24の2 砒素及びその化合物（アルシン及び砒化ガリウムを除く。）	砒素として0.003mg/m³
25 弗化水素	0.5ppm
26 ベーター プロピオラクトン	0.5ppm
27 ベリリウム及びその化合物	ベリリウムとして0.001mg/m³
28 ベンゼン	1ppm
28の2 ベンゾトリクロリド	0.05ppm
29 ペンタクロルフェノール（別名PCP）及びそのナトリウム塩	ペンタクロルフェノールとして0.5mg/m³
29の2 ホルムアルデヒド	0.1ppm
30 マンガン及びその化合物	マンガンとして0.05mg/m³
30の2 メチルイソブチルケトン	20ppm
31 沃化メチル	2ppm
31の2 リフラクトリーセラミックファイバー	5マイクロメートル以上の繊維として0.3本毎立方センチメートル
32 硫化水素	1ppm
33 硫酸ジメチル	0.1ppm
（中 略）	
備考 この表の下欄（編注：右欄）の値は，温度25度，1気圧の空気中における濃度を示す。	

法令	規制内容	〔製造等禁止物質〕1 黄りんマッチ	2 ベンジジン及びその塩	3 4-アミノジフェニル及びその塩	4 石綿	5 4-ニトロジフェニル及びその塩	6 ビス(クロロメチル)エーテル	7 ベータ-ナフチルアミン及びその塩	8 ベンゼンを含有するゴムのり（ベンゼンの容量が当該溶剤の5%を超えるものに限る。）	〔第一類物質〕1 ジクロルベンジジン及びその塩	2 アルファ-ナフチルアミン及びその塩	3 塩素化ビフェニル（PCB）	4 オルト-トリジン及びその塩	5 ジアニシジン及びその塩	6 ベリリウム及びその化合物	7 ベンゾトリクロリド
区分	禁止物質	○	○	○	○	○	○	○	○							
区分	特定化学物質 第1類物質									○	○	○	○	○	○	○
区分	第2類物質 特定第2類物質															
区分	第2類物質 特別有機溶剤等															
区分	第2類物質 オーラミン等															
区分	第2類物質 管理第2類物質															
区分	第3類物質															
区分	第3類物質等															
区分	特別管理物質									○	○	○	○	○	○	○
労働安全衛生法 55	製造等の禁止	○	○	○	○	○	○	○	○							
労働安全衛生法 56	製造の許可									○	○	○	○	○	○	○
労働安全衛生法 57～57の3	表示等・通知・リスクアセスメント									○	○	○	○	○	○	○
労働安全衛生法 59	労働衛生教育（雇入れ時）									○	○	○	○	○	○	○
労働安全衛生法 67	健康管理 対象		○	○						○					○	○
労働安全衛生法 67	手帳要件		3カ月	3カ月	(注)6	3年		3カ月		3カ月					(注)4	3年
特定化学物質障害予防規則 3	第1類物質の取扱い設備				石綿障害予防規則の規制による					○	○	○	○	○	○	○
特定化学物質障害予防規則 4	特定第2類物質等の製造等に係る設備 密閉式															
特定化学物質障害予防規則 4	局排プッシュプル															
特定化学物質障害予防規則 5	特定第2類物質又は管理第2類物質に係る設備 密閉式															
特定化学物質障害予防規則 5	局排プッシュプル															
特定化学物質障害予防規則 7	局排の性能									制	制	0.01 mg	制	制	0.001 mg	0.05 cm³
特定化学物質障害予防規則 9～12	用後処理装置の設置 除じん									○	○	○	○	○	○	○
特定化学物質障害予防規則 9～12	排ガス															
特定化学物質障害予防規則 9～12	排液															
特定化学物質障害予防規則 9～12	残さい物処理															
特定化学物質障害予防規則 12の2	ぼろ等の処理									○	○	○	○	○	○	○
特定化学物質障害予防規則 第4章	漏えいの防止															
特定化学物質障害予防規則 21	床の構造									○	○	○	○	○	○	○
特定化学物質障害予防規則 24	立ち入り禁止の措置									○	○	○	○	○	○	○
特定化学物質障害予防規則 25	容器等									○	○	○	○	○	○	○
特定化学物質障害予防規則 27	作業主任者の選任									○	○	○	○	○	○	○
特定化学物質障害予防規則 36	作業環境の測定 実施									○	○	○	○	○	○	○
特定化学物質障害予防規則 36	記録の保存									30	30	3	30	30	30	30
特定化学物質障害予防規則 36の2	作業環境測定の結果の評価 実施											○			○	○
特定化学物質障害予防規則 36の2	記録の保存											3			30	30
特定化学物質障害予防規則 36の2	管理濃度											0.01 mg/m³			0.001 mg/m³	0.05 ppm
特定化学物質障害予防規則 37	休憩室									○	○	○	○	○	○	○
特定化学物質障害予防規則 38	洗浄設備									○	○	○	○	○	○	○
特定化学物質障害予防規則 38の2	喫煙等の禁止									○	○	○	○	○	○	○
特定化学物質障害予防規則 38の3	掲示									○	○	○	○	○	○	○
特定化学物質障害予防規則 38の4	作業記録									○	○	○	○	○	○	○
特定化学物質障害予防規則 第5章の2	特別規定															
特定化学物質障害予防規則 39・40	健康診断 雇入れ,定期		○	○						○	○	○	○	○	○*	○
特定化学物質障害予防規則 39・40	配転後		○							○	○	○	○	○	○	○
特定化学物質障害予防規則 39・40	記録の保存		5	5		5	5	5		30	30	5	30	30	30	30
特定化学物質障害予防規則 42	緊急診断									○	○	○	○	○	○	○
特定化学物質障害予防規則 53	記録の報告									○	○	○	○	○	○	○

（注）
1　「健康管理手帳」の「要件」の欄内の数字は、健康管理手帳の交付要件としての当該業務の従事期間を示す。
2　「局排の性能」の欄内、数字は「厚生労働大臣が定める値」（空気1m³当たりに占める重量、容積）を示し、「制」とあるのは「厚生労働大臣が定める値」で、ガス状の物質は制御風速0.5m/sec.、粒子状の物質は1.0m/sec. である。
3　「作業環境の測定」および「健康診断」の「記録の保存」の欄中の数字は、保存年数を示す。
4　両肺野にベリリウムによる慢性の結節性陰影があること。
5　定期健康診断の○印は6月以内ごとに1回行う。ただし、*は1年以内ごとに1回胸部エックス線直接撮影による検査を行うこと。

法令	規制内容	1 アクリルアミド	2 アクリロニトリル	3 アルキル水銀化合物（アルキル基がメチル基又はエチル基である物に限る。）	3の2 インジウム化合物	3の3 エチルベンゼン	4 エチレンイミン	5 エチレンオキシド	6 塩化ビニル	7 塩素	8 オーラミン	8の2 オルト-トルイジン	9 オルト-フタロジニトリル	10 カドミウム及びその化合物	11 クロム酸及びその塩	11の2 クロロホルム	12 クロロメチルメチルエーテル
区分（特定化学物質）	禁止物質（第1類物質）																
	第1類物質																
	第2類物質 特定第2類物質	○	○				○	○	○	○		○					○
	第2類物質 特別有機溶剤等					○										○	
	第2類物質 オーラミン等										○						
	第2類物質 管理第2類物質			○	○								○	○	○		
	第3類物質																
	第3類物質等									○							
	特別管理物質				○	○	○	○	○		○	○			○	○	○
労働安全衛生法	55 製造等の禁止																
	56 製造の許可										○						
	57～57の3 表示等・通知・リスクアセスメント	○	○	○	○	○	○	○	○	○	○	○	○	○	○	○	○
	59 労働衛生教育（雇い入れ時）	○	○	○	○	○	○	○	○	○	○	○	○	○	○	○	○
	67 健康管理手帳 対象								○			○			○		
	67 健康管理手帳 要件								4年			5年			4年		
特定化学物質障害予防規則	3 第1類物質の取扱い設備																
	4 特定第2類物質等の製造等に係る設備 密閉式	○	○				○	○	○	○		○					○
	4 局排	○	○				○	○	○	○		○					○
	4 プッシュプル	○	○				○	○	○	○		○					○
	5 特定第2類物質又は管理第2類物質に係る設備 密閉式	○	○	○	○		○	○	○	○		○	○	○	○		○
	5 局排	○	○	○	○		○	○	○	○		○	○	○	○		○
	5 プッシュプル	○	○	○	○		○	○	○	○		○	○	○	○		○
	7 局排の性能	0.1 mg	2 cm³	0.01 mg	制	第38条の8により有機則の準用	0.05 cm³	1.8 mg 又は 1 cm³	2 cm³	0.5 cm³	制	1 cm³	0.01 mg	0.05 mg	0.05 mg	第38条の8により有機則の準用	制
	9～12 用後処理装置の設置 除じん	○			○								○	○	○		○
	排ガス				○												○
	排液				○												○
	残さい物処理				○												○
	12の2 ぼろ等の処理				○	○	○	○	○		○	○			○	○	○
	第4章 漏えいの防止	○	○	○	○		○	○	○	○		○	○	○	○		○
	21 床の構造	○		○	○		○		○			○	○	○	○		○
	24 立入り禁止の措置	○	○	○	○	○	○	○	○	○	○	○	○	○	○	○	○
	25 容器等	○	○	○	○	○	○	○	○	○	○	○	○	○	○	○	○
	27 作業主任者の選任	○	○	○	○	有	○	○	○	○	○	○	○	○	○	有	○
	36 作業環境の測定 実施	○	○	○	○	○	○	○	○	○	○	○	○	○	○	○	○
	36 記録の保存	3	3	3	30	30	30	30	30	3	30	30	3	3	30	30	30
	36の2 作業環境測定の結果の評価 実施	○	○	○	○	○	○	○	○	○	○	○	○	○	○	○	
	36の2 記録の保存	3	3	3	30	30	30	30	30	3	30	30	3	3	30	30	
	管理濃度	0.1 mg/m³	2 ppm	0.01 mg/m³		20 ppm	0.05 ppm	1 ppm	2 ppm	0.5 ppm		1 ppm	0.01 mg/m³	0.05 mg/m³	0.05 mg/m³	3 ppm	
	37 休憩室	○	○	○	○	○	○	○	○	○	○	○	○	○	○	○	○
	38 洗浄設備	○	○	○	○	○	○	○	○	○	○	○	○	○	○	○	○
	38の2 喫煙等の禁止	○	○	○	○	○	○	○	○	○	○	○	○	○	○	○	○
	38の3 掲示				○	○	○	○	○		○	○			○	○	○
	38の4 作業記録				○	○	○	○	○		○	○			○	○	○
	第5章の2 特別規定					有機則										有機則	
	39・40 健康診断 雇入れ,定期	○	○	○	○	○	○	○	○	※	○	○	○	○	○	○	○
	39・40 配転後				○	○	○	○	○		○	○			○	○	○
	39・40 記録の保存	5	5	5	30	30	30	30	30	5	30	30	5	5	30	30	30
	42 緊急診断	○	○	○	○	○	○	○	○	○	○	○	○	○	○	○	○
	53 記録の報告				○	○	○	○	○		○	○			○	○	○

6 ①両肺野に石綿による不整形陰影があり、または石綿による胸膜肥厚の陰影があること（これについては石綿を製造し、または取り扱う業務以外の周辺業務の場合も含む。）。②石綿等の製造作業、石綿等が使用されている保温材、耐火被覆材等の張付け、補修、除去の作業、石綿等の吹付けの作業または石綿等が吹き付けられた建築物、工作物等の解体、破砕等の作業に１年以上従事した経験を有し、かつ初めて石綿等の粉じんにばく露した日から10年以上を経過していること、③石綿等を取り扱う作業（②の作業を除く）に10年以上従事した経験を有していること、等のいずれかに該当すること。

7 屋内作業場等における印刷機その他の設備の清掃の業務に２年以上従事した経験を有すること。

13	13の2	14	15	15の2	16	17	18	18の2	18の3	18の4	19	19の2	19の3	19の4	19の5	20	21	22	22の2	22の3	22の4	22の5	23	23の2	23の3	24	25
五酸化バナジウム	コバルト及びその無機化合物	コールタール	酸化プロピレン	三酸化二アンチモン	シアン化カリウム	シアン化水素	シアン化ナトリウム	四塩化炭素	1・4-ジオキサン	1・2-ジクロロエタン	3・3'-ジクロロ-4・4'-ジアミノジフェニルメタン	1・2-ジクロロプロパン	ジクロロメタン	ジメチル-2・2-ジクロロビニルホスフェイト	1・1-ジメチルヒドラジン	臭化メチル	重クロム酸及びその塩	水銀及びその無機化合物（硫化水銀を除く。）	スチレン	1・1・2・2-テトラクロロエタン	テトラクロロエチレン	トリクロロエチレン	トリレンジイソシアネート	ナフタレン	ニッケル化合物（ニッケルカルボニルを除き，粉状の物に限る。）	ニッケルカルボニル	ニトログリコール
			○		○		○				○													○	○		○
								○	○	○									○	○	○	○					
○	○	○														○	○	○									
			○								○																
			○								○																
			○								○																
			5年								(注)7					4年											
											○																
											○																
○	○	○	○	○	○	○	○	第38条の8により有機則の準用			○	第38条の8により有機則の準用		○	○	○	○	○	第38条の8により有機則の準用				○	○	○	○	○
○	○	○	○	○	○	○	○				○			○	○	○	○	○					○	○	○	○	○
0.03mg	0.02mg	0.2mg	2cm³	アンチモンとして0.1mg	3mg	3cm³	3mg				0.005mg			0.1mg	0.01cm³	1cm³	0.05mg	0.025mg					0.005cm³	10cm³	0.1mg	0.007mg又は0.001cm³	0.05cm³
○	○	○	○	○	○	○	○				○			○	○	○	○	○					○	○	○	○	○
○	○	○	○	○	○	○	○				○			○	○	○	○	○					○	○	○	○	○
								有	有	有		有	有						有	有	有	有					
3	30	30	30	30	3	3	3	30	30	30	30	30	30	30	3	30	30	3	30	30	30	30	3	30	30	30	30
3	30	30	30	30	3	3	3	30	30	30	30	30	30	30	3	30	30	3	30	30	30	30	3	30	30	30	30
0.03mg/m³	0.02mg/m³	0.2mg/m³（ベンゼン可溶性成分として0.2mg/m³）	2ppm	アンチモンとして0.1mg/m³	3	3	3	mg/m³	ppm	mg/m³	0.005	1	50	0.1	0.01	1	0.05	0.025	mg/m³	20	1	25	10	0.005	10	0.1	0.001ppm	0.05ppm
○	○	○	○	○	○	○	○				○			○	○	○	○	○					○	○	○	○	○
○	○	○	○	○	○	○	○				○			○	○	○	○	○					○	○	○	○	○
○	○	○	○	○	○	○	○				○			○	○	○	○	○					○	○	○	○	○
○	○	○	○	○	○	○	○				○			○	○	○	○	○					○	○	○	○	○
								有機則				有機則							有機則								
○	○	○	○	○	○	○	○				○			○	○	○	○	○					○	○	○	○*	○
5	30	30	30	30	5	5	5	30	30	30	30	30	30	30	3	30	30	5	30	30	30	30	3	30	30	30	30

8　※のエチレンオキシド，ホルムアルデヒドについては，特化則健康診断はないが，安衛則第45条に基づき一般定期健康診断を6月以内ごとに1回行う必要がある。

9　エチルベンゼン，クロロホルム，四塩化炭素，1・4-ジオキサン，1・2-ジクロロエタン，ジクロロメタン，スチレン，1・1・2・2-テトラクロロエタン，テトラクロロエチレン，トリクロロエチレン，メチルイソブチルケトン，コバルト及びその無機化合物，酸化プロピレン，三酸化二アンチモン，1・2-ジクロロプロパン，ジメチル-2・2-ジクロロビニルホスフェイト，ナフタレン，リフラクトリーセラミックファイバーは，作業の種類によって適用除外の規定がある。

10　「作業主任者の選任」欄の「有」は，有機溶剤作業主任者技能講習を修了した者から選任する。

法令 / 規制内容	26 パラ－ジメチルアミノアゾベンゼン	27 パラ－ニトロクロルベンゼン	27の2 砒素及びその化合物（アルシン及び砒化ガリウムを除く。）	28 弗化水素	29 ベータ－プロピオラクトン	30 ベンゼン	31 ペンタクロルフェノール及びそのナトリウム塩	31の2 ホルムアルデヒド	32 マゼンタ	33 マンガン及びその化合物	33の2 メチルイソブチルケトン	34 沃化メチル	34の2 溶接ヒューム	34の3 リフラクトリーセラミックファイバー	35 硫化水素	36 硫酸ジメチル
区分 禁止物質																
第1類物質																
特定化学物質 第2類物質 特定第2類物質	○	○		○	○	○		○				○			○	○
第2類物質 特別有機溶剤等											○					
第2類物質 オーラミン等									○							
第2類物質 管理第2類物質			○				○			○			○	○		
第3類物質																
特別管理物質	○		○		○	○		○	○					○		
労働安全衛生法 55 製造等の禁止																
56 製造の許可																
57～57の3 表示等・通知・リスクアセスメント	○	○	○	○	○	○	○	○	○	○	○	○	○	○	○	○
59 労働衛生教育（雇い入れ時）			○													
67 健康管理手帳 対象			○													
67 健康管理手帳 要件			5年													
特定化学物質障害予防規則 3 第1類物質の取扱い設備											第38条の8により有機則の準用					
4 特定第2類物質等の製造に係る設備 密閉式	○	○		○	○	○		○				○			○	○
4 局排	○	○		○	○	○		○				○			○	○
4 プッシュブル	○	○		○	○	○		○				○			○	○
5 特定第2類物質又は管理第2類物質に係る設備 密閉式	○	○	○	○	○	○	○	○		○		○			○	○
5 局排	○	○	○	○	○	○	○	○		○		○			○	○
5 プッシュブル	○	○	○	○	○	○	○	○		○		○			○	○
7 局排の性能	制	0.6 mg	0.003 mg	0.5 cm³	0.5 cm³	1 cm³	0.5 mg	0.1 cm³	制	0.05 mg		2 cm³		0.3本/cm³	1 cm³	0.1 cm³
9～12 用後処理装置の設置 除じん	○	○	○				○			○				○		
9～12 排ガス				○				○							○	○
9～12 排液							○									
9～12 残さい物処理																
12の2 ぼろ等の処理	○		○										○	○		
第4章 漏えいの防止	○	○	○	○	○	○	○	○	○	○		○			○	○
21 床の構造	○	○	○	○	○	○	○	○	○	○		○			○	○
24 立入り禁止の措置	○	○	○	○	○	○	○	○	○	○		○			○	○
25 容器等	○	○	○	○	○	○	○	○	○	○		○			○	○
27 作業主任者の選任	○	○	○	○	○	○	○	○	○	○	有機則	○		○	○	○
36 作業環境の測定 実施	○	○	○	○	○	○	○	○	○	○	○	○		○	○	○
36 記録の保存	30	3	30	3	30	30	3	30	30	3	30	3		30	3	3
36の2 作業環境測定の結果の評価 実施	○	○	○	○	○	○	○	○	○	○	○	○		○	○	○
36の2 記録の保存	3	3	3	3	3	3	3	3	3	3	3	3		3	3	3
管理濃度		0.6 mg/m³	0.003 mg/m³	0.5 ppm	0.5 ppm	1 ppm	0.5 mg/m³	0.1 ppm		マンガンとして 0.05 mg/m³	20 ppm	2 ppm		0.3本/cm³	0.1 ppm	0.1 ppm
37 休憩室	○	○	○	○	○	○	○	○	○	○	○	○		○	○	○
38 洗浄設備	○	○	○	○	○	○	○	○	○	○	○	○		○	○	○
38の2 喫煙等の禁止	○	○	○	○	○	○	○	○	○	○	○	○		○	○	○
38の3 掲示	○		○		○	○		○	○		○			○		
38の4 作業記録	○		○		○	○		○	○		○			○		
第5章の2 特別規定											有機則					
39・40 健康診断 雇入れ,定期	○	○	○	○	○	○	○	※	○	○	○	○	○	○	○	○
39・40 配転後	○		○		○	○		○	○		○			○		
39・40 記録の保存	30	5	30	5	30	30	5	5	30	5	30	5		30	5	5
42 緊急診断				○											○	○
53 記録の報告								○								

10　◆は該当条文と同様の内容を特別規定（特化則第38条の17～第38条の19）で定めていることを示す。

（第三類物質）	1 アンモニア	2 一酸化炭素	3 塩化水素	4 硝酸	5 二酸化硫黄	6 フェノール	7 ホスゲン	8 硫酸	（その他）	アクロレイン	硫化ナトリウム	1・3-ブタジエン	1・4-ジクロロ-2-ブテン	硫酸ジエチル	1・3-プロパンスルトン
	○	○	○	○	○	○	○	○							
	○	○	○	○	○	○	○	○							
	○	○	○	○	○	○	○	○							
	○	○	○	○	○	○	○	○							
															◆
												◆	◆	◆	
												◆	◆	◆	
												◆	◆	◆	
												制	0.005 cm³	制	
										○					
			○	○			○				○				
	○	○	○	○	○	○	○	○							◆
	○	○	○	○	○	○	○	○							一部◆
	○	○	○	○	○	○	○	○							◆
	○	○	○	○	○	○	○	○							◆
	○	○	○	○	○	○	○	○							◆
	○	○	○	○	○	○	○	○							
												◆	◆	◆	◆
												◆	◆	◆	◆
												◆	◆	◆	◆
	○	○	○	○	○	○	○	○							
												◆	◆	◆	◆

労働安全衛生法等の改正について

　本書に収録した関係諸法令は，令和6年1月31日までに公布された
ものである。施行日が令和6年4月1日以前のものについては，本文に
改正を加えた。施行日が同年4月2日以降のものについては，本文には
直接改正を加えず，改正文を以下に示す。

●労働安全衛生法

　〔令和4年6月17日法律第68号により改正され，令和7年6月1日から施行〕

・**第117条及び119条**（p428）

第117条及び第119条中「懲役」を「拘禁刑」に改める。

●労働安全衛生法施行令

　〔令和5年8月30日政令第265号により改正され，令和7年4月1日から施行〕

・**第18条**（p353）

第18条を次のように改める。

　（名称等を表示すべき危険物及び有害物）

第18条　法第57条第1項の政令で定める物は，次のとおりとする。

　1　別表第9に掲げる物（アルミニウム，イットリウム，インジウム，カ
　　ドミウム，銀，クロム，コバルト，すず，タリウム，タングステン，タ
　　ンタル，銅，鉛，ニッケル，ハフニウム，マンガン又はロジウムにあつ
　　ては，粉状のものに限る。）

　2　国が行う化学品の分類（産業標準化法（昭和24年法律第185号）に基づ
　　く日本産業規格Z7252（GHSに基づく化学品の分類方法）に定める方
　　法による化学物質の危険性及び有害性の分類をいう。）の結果，危険性又

は有害性があるものと令和3年3月31日までに区分された物（次条第2
号において「特定危険性有害性区分物質」という。）のうち，次に掲げる
物以外のもので厚生労働省令で定めるもの

イ　別表第3第1号1から7までに掲げる物

ロ　前号に掲げる物

ハ　危険性があるものと区分されていない物であつて，粉じんの吸入に
よりじん肺その他の呼吸器の健康障害を生ずる有害性のみがあるもの
と区分されたもの

3　前二号に掲げる物を含有する製剤その他の物（前二号に掲げる物の含
有量が厚生労働大臣の定める基準未満であるものを除く。）

4　別表第3第1号1から7までに掲げる物を含有する製剤その他の物（同
号8に掲げる物を除く。）で，厚生労働省令で定めるもの

・第18条の2　（p359）

第18条の2を次のように改める。

（名称等を通知すべき危険物及び有害物）

18条の2　法第57条の2第1項の政令で定める物は，次のとおりとする。

1　別表第9に掲げる物

2　特定危険性有害性区分物質のうち，次に掲げる物以外のもので厚生労
働省令で定めるもの

イ　別表第3第1号1から7までに掲げる物

ロ　前号に掲げる物

ハ　危険性があるものと区分されていない物であつて，粉じんの吸入に
よりじん肺その他の呼吸器の健康障害を生ずる有害性のみがあるもの
と区分されたもの

3　前二号に掲げる物を含有する製剤その他の物（前二号に掲げる物の含
有量が厚生労働大臣の定める基準未満であるものを除く。）

4　別表第3第1号1から7までに掲げる物を含有する製剤その他の物（同
号8に掲げる物を除く。）で，厚生労働省令で定めるもの

・**別表第9**（p359）

別表第9を次のように改める。

別表第9　名称等を表示し，又は通知すべき危険物及び有害物（第18条，第18条の2関係）

1　アリル水銀化合物

2　アルキルアルミニウム化合物

3　アルキル水銀化合物

4　アルミニウム及びその水溶性塩

5　アンチモン及びその化合物

6　イットリウム及びその化合物

7　インジウム及びその化合物

8　ウラン及びその化合物

9　カドミウム及びその化合物

10　銀及びその水溶性化合物

11　クロム及びその化合物

12　コバルト及びその化合物

13　ジルコニウム化合物

14　水銀及びその無機化合物

15　すず及びその化合物

16　セレン及びその化合物

17　タリウム及びその水溶性化合物

18　タングステン及びその水溶性化合物

19　タンタル及びその酸化物

20　鉄水溶性塩

21　テルル及びその化合物

22　銅及びその化合物

23　鉛及びその無機化合物

24　ニッケル及びその化合物

25　白金及びその水溶性塩

26　ハフニウム及びその化合物

　27　バリウム及びその水溶性化合物

　28　砒素及びその化合物

　29　弗素及びその水溶性無機化合物

　30　マンガン及びその無機化合物

　31　モリブデン及びその化合物

　32　沃素及びその化合物

　33　ロジウム及びその化合物

●労働安全衛生規則

〔令和5年9月29日厚生労働省令第121号により改正され，令和7年4月1日から施行〕

・**第30条**（p353）

第30条を次のように改める。

（名称等を表示すべき危険物及び有害物）

第30条　令第18条第2号の厚生労働省令で定める物は，別表第2の物の欄に掲げる物とする。ただし，運搬中及び貯蔵中において固体以外の状態にならず，かつ，粉状にならない物（次の各号のいずれかに該当するものを除く。）を除く。

　1～3　（略）

・**第31条**（p356）

第31条を次のように改める。

第31条　令第18条第4号の厚生労働省令で定める物は，次に掲げる物とする。ただし，前条ただし書の物を除く。

　1～7　（略）

・**第34条の2**（p375）

第34条の2を次のように改める。

（名称等を通知すべき危険物及び有害物）

第34条の2　令第18条の２第２号の厚生労働省令で定める物は，別表第２の物の欄に掲げる物とする。

・**第34条の２の２**（p375）

第34条の２の２を次のように改める。

第34条の２の２　令第18条の２第４号の厚生労働省令で定める物は，次に掲げる物とする。

　１〜７（略）

・**第34条の２の６**（p377）

第34条の２の６を次のように改める。

第34条の２の６　法第57条の２第１項第２号の事項のうち，成分の含有量については，令第18条の２第１号及び第２号に掲げる物並びに令別表第３第１号１から７までに掲げる物ごとに重量パーセントを通知しなければならない。

②（略）

・**別表第２**（p354）

別表第２を次のように改める。

別表第２（第30条，第34条の２関係）

項	物	備考
1	亜鉛	
2	亜塩素酸ナトリウム	
3	アクリルアミド	
4	アクリル酸	
5	アクリル酸イソオクチル	
6	アクリル酸イソブチル	
7	アクリル酸エチル	
8	アクリル酸２-エチルヘキシル	

9	アクリル酸 2-エトキシエチル	
10	アクリル酸グリシジル	
	中略	
2267	りん酸トリ-ノルマル-ブチル	
2268	りん酸トリフェニル	
2269	りん酸トリメチル	
2270	りん酸ナトリウム（別名りん酸三ナトリウム）	
2271	レソルシノール	
2272	六塩化ブタジエン	
2273	六弗化硫黄	
2274	ロジン	
2275	ロダン酢酸エチル	
2276	ロテノン	

＊別表第2の全文は下記を参照。
　令和5年9月29日厚生労働省令第121号
　https://www.mhlw.go.jp/content/11300000/001150522.pdf

●作業環境測定法

〔令和4年6月17日法律第68号により改正され，令和7年6月1日から施行〕

・**第52条**（p709）
第52条を次のように改める。

第52条　第27条第1項（第32条の2第4項において準用する場合を含む。）又
は第35条の規定に違反した者は，1年以下の拘禁刑又は100万円以下の罰金
に処する。

特定化学物質障害予防規則の解説

昭和48年 2 月 1 日	第 1 版 発 行
昭和51年 3 月15日	第 1 版 発 行（改訂）
昭和53年 3 月15日	第 1 版 発 行（二訂）
昭和59年 9 月20日	第 1 版 発 行（三訂）
平成元年10月31日	第 1 版第 1 刷発行（四訂）
平成 7 年 5 月31日	第 5 版第 1 刷発行
平成18年 7 月15日	第10版第 1 刷発行
平成26年 3 月18日	第15版第 1 刷発行
平成27年 1 月28日	第16版第 1 刷発行
平成28年 2 月29日	第17版第 1 刷発行
平成29年 7 月31日	第18版第 1 刷発行
平成30年 6 月15日	第19版第 1 刷発行
平成31年 4 月26日	第20版第 1 刷発行
令和 2 年 8 月31日	第21版第 1 刷発行
令和 6 年 4 月10日	第22版第 1 刷発行

編　　者　中央労働災害防止協会
発 行 者　平 山　　剛
発 行 所　中央労働災害防止協会
〒108-0023
東京都港区芝浦 3 丁目17番12号
吾妻ビル 9 階
電 話　販売　03(3452)6401
編集　03(3452)6209
印刷・製本　新 日 本 印 刷 株 式 会 社

落丁・乱丁本はお取り替えいたします　　　©JISHA 2024
ISBN 978-4-8059-2149-4　C3032
中災防ホームページ　https://www.jisha.or.jp/